国家科学技术学术著作出版基金资助出版

炼钢厂多尺度建模与协同制造

刘青　王彬　著

北京
冶金工业出版社
2025

内 容 提 要

本书以炼钢-连铸过程多尺度建模与优化控制研究为核心，构建了从基础理论、技术路线到实际应用的完整框架。从技术基础层级、工序装置层级、工序界面层级、计划与调度层级以及系统综合层级，为炼钢-连铸过程智能化的实现提供了理论基础。结合案例介绍了关键工艺智能精准控制技术在炼钢-连铸过程中的应用，提出工艺智能控制模型与生产运行模式-计划与调度优化模型的协同机制，并完成炼钢-连铸流程综合优化控制系统的设计和研发，投入实际生产应用实践，取得了良好的应用效果。

本书可供钢铁冶金及智能制造领域的科研、生产、工程设计、管理、教学人员阅读参考。

图书在版编目（CIP）数据

炼钢厂多尺度建模与协同制造／刘青，王彬著．北京：冶金工业出版社，2025．2．-- ISBN 978-7-5240-0110-2

Ⅰ．TF758．7

中国国家版本馆 CIP 数据核字第 2025ZZ3839 号

炼钢厂多尺度建模与协同制造

出版发行	冶金工业出版社	**电　　话**	(010)64027926
地　　址	北京市东城区嵩祝院北巷 39 号	**邮　　编**	100009
网　　址	www．mip1953．com	**电子信箱**	service@ mip1953．com

责任编辑　刘小峰　曾　媛　美术编辑　彭子赫　版式设计　郑小利

责任校对　郑　娟　责任印制　禹　蕊

北京顶佳世纪印刷有限公司印刷

2025 年 2 月第 1 版，2025 年 2 月第 1 次印刷

710mm×1000mm　1/16；32．5 印张；636 千字；502 页

定价 288．00 元

投稿电话　(010)64027932　投稿信箱　tougao@cnmip．com．cn

营销中心电话　(010)64044283

冶金工业出版社天猫旗舰店　yjgycbs．tmall．com

（本书如有印装质量问题，本社营销中心负责退换）

序　一

进入到21世纪，中国钢铁工业的跨越式发展极大地推动了全球钢铁产业的迅猛发展与进步，截至2023年，世界年钢产量约19亿吨左右，其中我国的钢产量逾10亿吨。在这一发展进程中，中国的冶金科技工作者结合新中国成立以来钢铁工业的长期实践，不断总结，推动了冶金学科的创新发展，出版了《冶金流程工程学》《冶金流程集成理论与方法》《冶金流程学》等理论著作，这些理论论著还被译为英文版、日文版出版，受到了国际冶金学界的关注，对全球钢铁产业的发展产生了重要的影响。特别是近十年来，“智能制造”得到了不断发展与深化，钢铁工业的数字化与网络化水平不断提高；钢铁制造流程的数字物理系统（CPS）正在逐步发展成为智能化钢厂构建的核心组成部分。在我国“双碳”发展战略和经济转型升级与高质量发展的大背景下，钢铁工业作为典型而又规模宏大的流程制造业，是国民经济的支柱产业，面临着前所未有的机遇与挑战。如何在保持高质量生产的过程中，实现绿色低碳节能减排和降本增效，已经成为冶金工作者们亟待解决的重大关键问题。智能制造无疑是钢铁工业自身转型升级、实现绿色低碳高质量发展的重要途径和抓手。

刘青教授及其研究团队立足于冶金流程学理论与方法，基于微观基础冶金学、专业工艺冶金学、宏观动态冶金学三个层次冶金学集成的思想，结合其多年在炼钢-连铸过程建模与流程优化领域的科研与实践，对炼钢-连铸流程智能化相关的研发工作进行了深入思考与系统总结，从工序/装置尺度、工序界面/衔接尺度和炼钢厂运行尺度，针对复杂的炼钢厂生产流程开展了炼钢-精炼-连铸多工序/装置的工艺建模，炼钢-连铸区段运行解析、生产计划与调度的建模，炼钢-连铸区段运行优化与动态协同等系统建模与集成调控的研究工作。进而，通过对不同尺度/层级所建模型进行融合与集成，实现了多工序的横向协同和多层级的纵向协同，支撑了炼钢厂运行的动态优化与决策，促进了炼钢-连铸生产流程稳定有序连续高效运行。

这些研究是冶金流程工程学中工序功能集的解析优化、工序关系集的协同优化理论的实践与创新，是侧重于物理侧（物理工艺系统）对炼钢厂智能制造进行创新研究的综合成果，不仅在理论上丰富了冶金流程工程学的知识体系，而且在实践中为钢铁工业的智能化发展提供了宝贵的经验，这对炼钢-连铸流程实现智能化的探索与实践具有重要的参考价值和引导作用。

中国工程院院士
2024 年 12 月 2 日

序　二

智能化、绿色化、品牌化是21世纪钢铁工业的发展方向，也是钢铁工业设计的核心内容。钢铁工业是典型的流程工业，其主要由炼铁区段、炼钢区段、轧钢区段组成，每个区段又由若干工序组成，其中炼钢区段是钢铁生产流程的核心区段，在炼钢-连铸生产过程中，发生着从化学冶金向物理冶金转变的复杂变化，其行为过程集中体现了物质状态转变、物质性质控制与物质流流程管制等复杂流程运行特征。当前，在钢铁工业智能制造的探索与实践中，轧钢区段的智能化实践取得了很大的进展，出现一批示范生产线，炼铁区段的智能制造也有较大的进步。然而，由于炼钢区段的特殊复杂性，智能制造探索进程相对缓慢，主要问题是在复杂生产条件下，炼钢-连铸过程的各工序、各层级机理模型的研究尚有欠缺，单纯依靠统计分析炼钢-连铸过程产生的大量数据，建立生产过程的数据模型，从中提取炼钢-连铸流程的运行规律并实施炼钢-连铸过程的控制，存在较大的偏差，产生明显的不足，致使炼钢区段的智能制造推进缓慢。

刘青教授及其研究团队立足于炼钢区段的物理系统，深入解析各工序、各层级的运行过程，明确其中冶金规律与运行规律，系统建立了各工序、各层级的机理模型；与此同时，深入解析炼钢-连铸过程的大量生产运行数据，建立了各工序、各层级相应的数据模型，实施了机理模型和数据模型的融合与协同，实现了炼钢厂多工序、多层级的协同运行与控制，为完善炼钢厂智能化绿色化生产流程的工业设计标准做了极为有益的工作。刘青教授总结的著作成果具有原创性和很强的创新性，填补了通过机理模型和数据模型的融合与协同来探索炼钢厂智能制造的空白，该著作具有较高的学术水平，对于从事炼钢厂智能制造探索的广大科技人员具有很高的参考价值，书中的成果对炼钢-连铸过程智能制造的探索与实践具有引领示范作用。

中国工程院院士

2024 年 12 月 5 日

序　三

随着全球包括德国“工业4.0”“中国制造2025”等智能制造战略的推进，钢铁生产流程的智能制造有了较大的进步与发展。总的来看，产品型制造业的智能化推进较快，流程型制造业因制造过程发生众多复杂化学和物理的变化，产品加工工艺和生产流程的工业设计难度较大，其智能化的推进过程相对较慢。因此，对于钢铁冶金等流程型工业的智能制造，在专注做好数字化、网络化的基础上，紧密结合冶金工艺过程非常重要，尤其是对炼钢-连铸区段，认识并掌握炼钢、炉外精炼、连铸生产过程的工艺与生产规律，通过建立描述上述诸工序过程的机理模型，实现对工艺过程的精准控制，提高工业设计水平，一直是制约炼钢厂实现智能化的难点，从这个角度来说，冶金过程的模型化是实现智能控制的核心。

刘青教授团队长期在冶金过程模拟与流程优化领域从事研发工作，针对制约炼钢厂智能制造的核心难题，即对炼钢、精炼、连铸过程的冶金机理与运行规律的把握不精确，立足于从工序/装置的PCS到炼钢厂的MES开展了较为系统的建模研发，其研究是从冶金制造过程入手，掌握其运行规律，进而结合控制与信息系统，探索物理系统与信息系统的深入融合，实现了多工序、多层级的融合与协同。其研究成果具有原创性和较强的创新性，填补了从冶金过程角度开展炼钢厂智能化探索的空白，从产品加工工艺和生产流程方面对于建立炼钢厂工业设计的标准进行了系统深入的探索，所建立的模型驱动的智能制造系统对炼钢-连铸流程智能化研究与实践具有很强的借鉴和引领作用。

该书具有较高的学术水平，对于从事炼钢厂智能制造研发与实践的同行具有很好的参考价值。

英国皇家工程院院士
英国工程和自然科学研究委员会金属
材料行业数字化转型博士培训中心主任
英国莱斯特大学材料工程教授

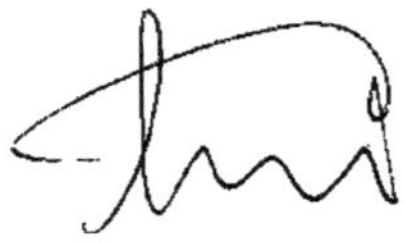

2024 年 12 月 2 日

前言

高端化、智能化、绿色化是国家对制造业发展的战略规划与总体要求。产品品牌化（高品质）、数字智能化、低碳绿色化是21世纪钢铁工业的发展方向。近年来，随着国内外制造技术、自动化、信息化、网络化水平的不断提高，一些发达国家相继提出了其智能制造发展战略。其中，以德国“工业4.0”、美国工业互联网为代表的发展战略相继发布，我国于2015年提出了“中国制造2025”规划，几乎同时主要发达国家相继公布了各自的智能制造或人工智能的发展战略。为了在新一轮产业革命中立于不败之地，全球制造业纷纷开展各自领域的智能制造技术研究与开发，近年来人工智能的发展也是日新月异，工业大数据、具身智能、数字孪生、工业大模型、工业元宇宙等前沿科技不断开拓创新，可以说，全球进入了智能制造与人工智能的时代。

进入21世纪以来，我国钢铁工业实现了跨越式发展，极大地带动了全球钢铁产业的快速发展，世界年产钢量接近20亿吨，其中我国的钢产量占一半以上。在这一发展进程中，殷瑞钰院士对新中国成立以来钢铁工业的长期实践进行了深入思考与系统总结，于2004年、2013年、2023年先后出版了《冶金流程工程学》《冶金流程集成理论与方法》《冶金流程学》，2009年还出版了《冶金流程工程学》（第2版），这些理论著作显著地推动了冶金学科的发展与创新，论著还被译为英文版、日文版发行，引起了国际冶金界的极大关注，对世界钢铁工业的发展产生了巨大影响。

钢铁工业是典型的流程制造业，其主要由炼铁区段、炼钢区段、轧钢区段组成，每个区段配置有若干工序，每个工序内又有多台设备，其中炼钢区段是钢铁制造流程的核心区段，发生着从化学冶金向物理冶金转变的极为复杂的众多变化，其过程集中体现了物质状态转变、物质性质控制与物质流程管制等复杂生产流程的运行特征。在钢铁工业智能制造的探索中，轧钢区段的智能化实践取得了很好的进展，出现了一批工信部认定的示范生产线；炼铁区段的智能化实践也取得了较大进步，铁区的集控已经得到了较大的发展与推广。然而，由于炼钢区段的生产过程“多输入-多输出”且原辅料成分波动等特点，过程运行不稳定及复杂多变性致使智能化探索进程缓慢，存在的主要问题是在高温高复杂高动态生产环境下各工序/装置、各层级的机理模型尚不完善，生产工况多，尽管通过对炼钢-连铸过程产生的大数据进行分析，可建立生产过程的数据模型，然而从中提取炼钢-连铸流程的运行规律并实施过程控制常会存在较大的偏差，影响生产顺行，这些情况使得炼钢区段的智能化进程缓慢，亟须探索新的路径。

本人于1992年、1996年先后师从田乃媛教授、殷瑞钰院士攻读硕士和博士学位，在长达近10年的求学过程中，得到了两位先生悉心的指导与教诲，受益匪浅。两位先生高尚的品德、勤勉的作风、谦逊的品格、严谨的学风一直影响着我激励着我努力工作。在2002年毕业之后，一直秉承先生教诲的“想出来-说出来-写出来-做出来”的科学研究与工程实践理念，在冶金过程建模与流程优化领域长期从事科研、教学、人才培养的工作中不断领会与不懈实践，形成了“想清楚-说清楚-写清楚-做清楚”的育人“方针”，实施后取得了良好的效果。

2004年《冶金流程工程学》出版后，我的心里终于有了“主心骨”，感到从事冶金流程研究终于“名正言顺”了，心里想着要把先生的理论思想应用到炼钢-连铸流程优化的研究与实践中。2009年《冶金流程工程学》（第2版）出版后，时任冶金工业出版社副社长张卫先生鼓励我把以往的科研工作做一个总结，写一本书，作为冶金流程工程学理论的实践案例，写书的想法开始在我的心中扎了根。之后，冶金工业出版社的刘小峰副总编辑经常鼓励我，要完成“任务”，把长期研究与实践的体会总结出来，让更多的人了解冶金流程工程学的应用……2021年在刘小峰先生的协助下，申请获批了国家科学技术学术著作出版基金，为本书的出版增添了更大的动力。

本书是对多年从事炼钢-连铸流程优化相关研究的探索、思考与总结，并且，借鉴了国内外相关领域的研究成果，构成了本书的主要内容。本书包括综合篇、工序建模篇、区段建模篇、协同控制篇，共7章内容，第1章为绪论；第2章为冶炼过程解析与控制；第3章为连铸过程解析与控制；第4章为炼钢-连铸区段运行模式解析；第5章为炼钢-连铸过程生产计划与调度；第6章为炼钢-连铸区段运行优化与动态协同；第7章为炼钢-连铸过程智能化展望。

本书总结了多年来与研究生们一起进行炼钢-连铸过程多尺度建模与优化控制的科研成果与实践案例，提出了炼钢厂协同制造技术，可为相关领域的科研、生产、设计、管理及高等学校的师生提供参考。

在对炼钢-连铸过程的解析与优化的研究与探索中，得到了教育部新世纪优秀人才支持计划项目、国家自然科学基金、十二五国家科技支撑计划项目、863计划项目、教育部博士学科点基金、江苏省双创人才项目、中央高校基本科研业务费项目、钢铁冶金新技术国家重点实验室自主课题，以及多个钢铁企业科研项目的支持，在此深表谢意！本书的出版得到了国家科学技术学术著作出版基金、绿色低碳钢铁冶金全国重点实验室出版基金的资助。

在这里，要向长期以来为本书出版给予热情支持并百忙之中做序的殷瑞钰院士、毛新平院士、董洪标院士表示衷心感谢！

另外，向宝钢自动化领域的知名专家杜斌博士表达由衷的谢意，多年的交往，受益良多，他对本书获得国家出版基金给予了鼎力相助。

这里，还要提及我的小伙伴王彬博士，他自2007—2014年致力于炼钢-连铸流程运行优化的研究中，协助我带领同学们深入钢厂开展了大量探索实践，取得了突出的成绩，成果获得了教育部和行业的科技奖励。

在书稿的整理过程中，得到了杨建平、曹玲玲、韩延申、信自成、孙建坤、邹雷雷、林文辉、邵鑫、王慧胜等多位博士和洪宇杰、王兴宇、刘倩、余相灼、周凯啸等多位硕士的帮助。感谢多年来参与相关研究或实践的王宝、王宏斌、杨振国、汪宙、卿家胜、窦坤、张江山、王晨等博士与查晓燕、王良周、吴凯、白居冰、王亚玲、刘晓军、卢军辉、尹佳、王先勇、王欣、卢新春、张菊根、张立强、白素宏、王闯、穆衍清、张建峰、付国庆、王刚、张壮等硕士。

在此，对本书完成过程中给予指导、帮助、进行交流讨论的各位专家、朋友、同学一并致以诚挚的谢意！

由于炼钢-连铸流程优化领域涉及多学科且复杂性高，写作过程中常感到自身知识的不足，本书的阐述与总结难免存在不足之处，敬请国内外学者、同行专家与读者批评指正。

刘　青

2024 年 12 月 8 日于北京

目　　录

综　合　篇

工序建模篇

区段建模篇

协同控制篇

综合篇

ZONGHE PIAN

1 绪 论

1.1 智能制造的起源与发展

近年来，随着国内外装备制造技术与自动化、信息化水平的不断提高，以信息物理系统（Cyber-Physical Systems，CPS）为技术核心的“智能制造”理念应运而生，并被誉为“第四次工业革命”。信息物理融合系统这个概念首先在美国被提出。2006 年底，美国国家自然科学基金会（NSF）宣布该系统为国家科研核心课题，具体定义为基于计算机算法与物理组件无缝集成的一套工程系统[1]，其在容量性、适应性、可扩展性及安全性等方面均优于目前已开发的嵌入型系统，具有广阔的应用前景。随着信息物理系统概念的提出，“智能制造”浪潮的兴起，为了在新一轮工业革命中占得先机，一些发达国家或联盟组织根据自身的发展特点及技术优势纷纷制定并提出了“智能制造”发展战略，本节选择几个典型智能制造规划战略进行介绍，根据战略或规划的发布时间顺序进行了汇总，如表 1-1 所示。下面将对几个代表性的国家/区域智能制造战略进行简要概述。

表 1-1 几个代表性的国际智能制造战略及规划

国家	战略/规划	提出时间
中国	中国制造 2025（Made in China）	2015 年 3 月
	新一代人工智能发展规划	2017 年 7 月
	高端智能再制造行动计划	2017 年 10 月
美国	先进制造业国家战略规划（Report to the Predident Accelerating US Advanced Manufacturing）	2012 年 2 月
	工业互联网（Industrial Internet）	2012 年 10 月
	美国先进制造业领导力战略（Strategy for American Leadership in Advanced Manufacturing）	2018 年 11 月
英国	英国工业 2050（The Future of Manufacturing）	2013 年 10 月
欧盟	未来工厂（Factory of the Future）	2009 年 7 月
	智能制造系统 2020（IMS 2020）	2009 年 11 月
德国	工业 4.0-1（Adustry 4.0）	2013 年 4 月
	国家工业战略 2030（Nationale Industrie Strategie 2030）	2019 年 2 月
法国	新工业法国（New Industrial of France）	2013 年 9 月

续表 1-1

国家	战略/规划	提出时间
日本	机器人新战略（New Robot Strategy）	2015 年 6 月
	社会 5.0（Society 5.0）	2016 年 1 月
俄罗斯	《俄罗斯 2013—2020 国家科技发展纲要》	2012 年 12 月
韩国	未来增长动力计划（South Korea Future Grown Engine Plan）	2014 年 6 月

1.1.1 欧盟未来工厂计划与“智能制造系统 2020”

欧洲空中客车集团紧跟时代步伐，2009 年提出“未来工厂”建设构想[2]，目标是通过先进制造技术创新，实现空中客车生产工厂高度数字化、智能化，大幅提升其产品的制造效率和制造质量，赢得国际市场竞争力。在“未来工厂”建设中，空客集团围绕机器人技术、虚拟现实技术、3D 打印技术等先进制造技术开展深入研究，部分技术创新成果已经开始在空客集团各子公司获得初步应用[3]，详情见表 1-2[4]。

表 1-2 “未来工厂”计划初步应用成果

编号	应 用 简 介
1	“即插即用”机器人——实现飞机装配线高度自动化：装配线自动化是未来工厂建设中要改变的主要领域之一，其趋势是不断引进智能机器人来执行重复作业，将劳动工人解放出来承担更重要的任务。随着空客公司和空客直升机公司的机器人使用量不断增加，机器人与工人的协同工作也将越来越多
2	虚拟现实技术——促进飞机生产车间数字化、智能化：当前，数字样机、激光投射、复杂 3D 环境等数字化技术已经在航空航天领域得以全面应用。空客集团已经将虚拟现实技术应用于产品设计开发过程，正在验证虚拟现实技术在生产过程的产生应用效益
3	3D 打印技术——实现飞机装配过程中急需零件的快速制造：在整个空客集团，大多数项目都在加速研究采用 3D 打印技术来制造成本更低、质量更轻的飞机零部件。此外，3D 打印技术在飞机装配线上也起着重要作用，可以实现飞机装配过程中所需零件的及时制造，避免许多其他的额外工作，实现更高的生产效率
4	集成化生产——统筹兼顾整个生产系统：要实现飞机制造首件合格的目标，意味着从开始交付的零件就要无缺陷，且整个生产系统也要更加精益。对民用飞机来说，批量相对较大，在生产线中考虑新技术的制造成熟度很重要，而对于生产批量较小的军用飞机和直升机而言，除制造成熟度外，还要在生产线中考虑柔性和模块化

在智能制造的大背景下，欧盟于 2009 年 1 月提出了“智能制造系统 2020”

计划（IMS2020）[5]，旨在加强欧盟在新一轮工业革命中的竞争力。通过在可持续生产、能源高效利用、科技创新、技术标准化等智能制造关键领域建立区域制造联盟，为各个国家及团体组织之间的交流与合作提供了技术平台，并拟定了五项发展规划：（1）制定五个关键制造业领域未来十几年（至2020年）研究发展的技术路线；（2）通过加强和支持跨区域合作项目，确定支持IMS研究的新方案和框架；（3）在IMS计划内，制定以中小企业为重点发展对象的方案与措施，以增加中小企业参与国际研发合作项目的积极性；（4）为了有效地分享各国的科技创新与技术成果，建立国际和区域组织联盟；（5）通过立法，为IMS研究成果提供产业转化的试验基地。IMS2020的发展愿景可总结为以下三点：（1）实现以用户为中心的快速、自适应制造，形成定制化的、恒久的全生命周期解决方案；（2）建立高度柔性和自组织的价值链，可以不同方式组织生产系统，并且减少从终端用户介入到形成解决方案的时间；（3）通过政府、工业界和社会共同设计监管框架并坚定执行，改变个人与企业文化，实现可持续的制造。

1.1.2 美国先进制造业国家战略规划与工业互联网

2012年2月22日，美国总统执行办公室国家科学技术委员会发布了“先进制造业国家战略计划”的研究报告[6]。这是美国政府在2009年和2011年先后发布《重振美国制造业政策框架》《先进制造伙伴（AMP）计划》后，从国家战略层面提出的加快创新、促进美国先进制造业发展的具体建议和措施。该报告从投资、劳动力和创新等方面提出了促进美国先进制造业发展的三大原则和五大目标及相应的对策措施[7]。

美国“先进制造业国家战略计划”明确了三大原则：（1）完善先进制造业创新政策；（2）加强“产业公地”建设；（3）优化政府投资。该报告提出的五大目标分别是：（1）加快中小企业投资；（2）提高劳动力技能；（3）建立健全伙伴关系；（4）调整优化政府投资；（5）加大研发投资力度。

2014年10月，美国国家先进制造业联盟指导委员会发布《振兴美国先进制造业》报告2.0，指出加快创新、保证人才输送管理、改善商业环境是振兴美国制造业的三大支柱。特别是在创新方面，将在增加美国竞争力的新型制造技术领域增加大量投资[8]。

在“先进制造业国家战略计划”的发展导向下，2012年秋季美国通用电气公司（GE）发布《工业互联网：打破智慧与机器的边界》白皮书[9]，并被上升为国家战略计划[10]。随后，以GE、思科、IBM为代表的80多家制造业、互联网企业成立了工业互联网联盟，基于企业发展与市场需求考虑，在技术、标准、产业化等方面作出前瞻性布局，推动全国乃至世界制造业互联[11]。那么，何谓工业互联网？GE董事长伊斯梅尔提出了“工业互联网”的概念，认为其是一个由机器、设备、集群和网络组成的庞大的物理世界，能够在更深的层面与连接能力、大数据、数字分析相结合，其主要内容如图 1-1 所示。目标是升级关键的工业领域，进行工业互联网革命。

图 1-1　“工业互联网”战略规划的主要内容

图片来源：GE 工业互联网报告

2018 年 10 月，美国国家科学技术委员会下属的先进制造技术委员会发布了《先进制造业美国领导力战略》报告，提出了三大目标，展示了未来四年内的行动计划：（1）开发和转化新的制造技术；（2）教育、培训和集聚制造业劳动力；（3）扩展国内制造供应链的能力。针对每个目标，报告确定了若干个战略目标、相应的一系列需要优先发展的任务，其中，开发和转化新的制造技术是实施战略计划的着力点，主要涉及以下内容：（1）未来智能制造系统，包括智能与数字制造、先进工业机器人、人工智能基础设施、制造业的网络安全等；（2）先进材料和加工技术，包括高性能材料、增材制造、关键材料等；（3）领先集成电路设计与制造，包括半导体设计工具与制造、新材料、器件和架构等。

在互联网技术的基础上，发展工业互联网还需要哪些必要条件呢？具体可归纳为三方面，即工业智能机器、高级分析和工作人员三大要素[12]。（1）智能机器要素是以崭新的方法将现实世界的机器、设备、团队和网络通过先进的传感器、控制器和软件应用程序连接起来，并需硬件使信息高效集成和更快传输等。（2）高级分析方法要素是使用基于物理的分析法、预测算法、自动化和材料科学、电气工程及其他关键学科的深厚专业知识来理解机器与大型系统的运作方式。这可使得来自不同设备制造商的相似资产或不同资产种类的数据实现新的数据标准；能使数据更快转换信息资产，并为技术构建的集成和分析做准备；（3）工作人员要素是建立员工之间的实时连接，连接各种工作场所的人员，以支持更为智能的设计、操作、维护以及高质量的服务与安全保障。

1.1.3 德国“工业4.0”

德国“工业4.0”是由德国产、学、研各界共同制定，立足于德国雄厚的机械制造与装备技术基础，以提高德国工业综合竞争力为主要目的的战略。2010年，德国凯泽斯劳滕大学人工智能研究所和斯图加特大学生产与自动化研究所针对智能工厂关键技术开展了研究和应用，并结合物联网技术提出了物联工厂的概念。2011年，德国人工智能研究中心在“汉诺威工业博览会”上提出“工业4.0”的原型概念，力图通过信息物理系统来推动第四次工业革命（图1-2），实现生产制造的智能化。在德国政府推出的《高技术战略2020》中，“工业4.0”位列十大未来项目之一，获得政府2亿欧元资助，旨在奠定德国在关键技术上的国际领先地位，强化德国作为技术经济强国的核心竞争力。2013年，德国政府将其上升到国家战略高度，成为德国面向2020年高科技战略的十大目标之一[13]。

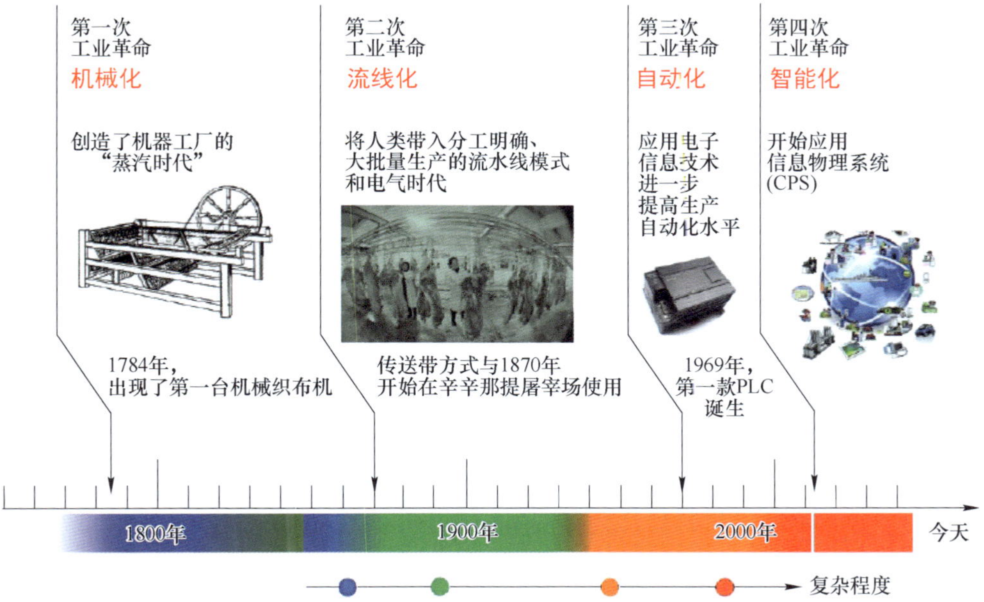

图1-2　工业革命的四个阶段

德国“工业4.0”战略规划[14-15]，可简要归纳为三方面，即“一个核心”、“两重战略”和“三方集成”。

（1）一个核心。“工业4.0”的核心为“先进制造+智能网络”的融合，即通过信息物理系统，构建智能工厂，实现工业智能化生产的目的。CPS建立在信息与通信技术高速发展的基础上：1）通过大量部署各类传感元件及构建各类数据库实现海量多源异构数据的采集与存储；2）将信息技术（IT）控件小型化与自主化，然后将其嵌入各类制造设备中，从而实现设备的智能化运行；3）依托日新月异的通信技术实现数据的高速与无错传输；4）无论后台的控制设备，还是前端嵌入制造设备的IT控件，都可以通过人工开发的软件系统进行数据处理与指令发送，从而达到生产过程的智能化以及便于人工实时控制的目的。

（2）两重战略。基于CPS，“工业4.0”通过采用双重战略来巩固德国制造业领军的地位：1）“领先的供应商战略”，关注生产领域，要求德国的装备制造商遵循“工业4.0”的理念，将先进的信息技术、完善的解决方案与传统的生产技术相结合，生产出具备“智能”与乐于“交流”的生产设备；2）“领先的市场战略”，强调整个德国国内制造业市场的有效整合，构建遍布德国不同地区，涉及所有行业，涵盖各类大、中、小企业的高速互联网络是实现这一战略的关键。在此基础上，生产工艺可以重新定义与进一步细化，从而实现更为专业化的生产，提高德国制造业的生产效率。

（3）三方集成。“工业4.0”具体实施中需要三方集成的支撑：1）关注产品的生产制造过程，力求在智能工厂内通过联网建成生产的纵向集成；2）关注产品整个生命周期的不同阶段，包括产品设计与开发、原材料采购、生产计划制定、生产过程管控及产品售后维护等，实现各个阶段之间的信息共享，从而达成工程数字化集成，也即端与端集成；3）关注全社会价值网络的实现，从产品的研究、开发与应用拓展至建立标准化策略，提高社会分工合作的有效性、探索新的商业模式以及考虑社会的可持续发展等，从而实现德国制造业的横向集成。

通信技术的不断发展，为三方集成的实现提供了保证。具体技术如下：

机器对机器（Machine to Machine，M2M）技术，用于终端设备之间的数据交换。M2M技术的发展，使得制造设备之间能够主动地进行通信，配合预先安装在制造设备内部的嵌入式软硬件系统实现生产过程的智能化。

物联网技术是在互联网技术基础上延伸和扩展的一种网络技术，其用户端延伸和扩展到了任何物品和物品之间，进行信息交换和通信。其应用范围超越了单纯的机器对机器的互联，将整个社会的人与物连接成一个巨大的网络。

各类应用软件系统包括实现企业系统化管理的企业资源计划系统（ERP）、产品全生命周期管理（PLM）、供应链管理（SCM）、系统生命周期管理（SysLM）等。这些系统在“工业4.0”中进一步发挥协同的作用，成为企业进行智能化生产和管理的利器。

此外，由于德国“工业4.0”战略具有很强的灵活性与强劲性，其将催生动态的、实时优化、自我组织的价值链，并可通过一系列标准（如成本、可用性和资源消耗等）进行自我优化，实现“工业4.0”战略的愿景，包括：

（1）所有参与者及生产资源高度互动。互动主要围绕制造资源网络（制造机械、机器人、输送机械和仓储系统及生产设施）进行，这些网络独立自主，在不同情况下能自我管理、自我配置，还装备了传感器，分散安装，并融入了相关规划及管理系统。智能工厂作为这一愿景的关键组成部分，将被纳入公司内部价值网络，它的特点是包括制造过程和制造产品的端对端工程，实现数字和物理世界的无缝衔接。智能工厂将使不断复杂的制造流程便于管理，并能同时确保生产过程的吸引力、生产效益以及工厂在市区环境的可持续性发展。

（2）智能产品明确可识别，并随处可见。在生产环节，制造流程的所有细节均可被控。在某些领域，智能产品可以控制各生产阶段，进行半自主生产。并可确保智能产品了解自身发挥最优性能的参数，并辨别生命周期中发生磨损和毁坏的标记。这些数据可集合使用，便于智能工厂的物流、布局、维护的优化以及与业务管理应用的整合。

（3）将个人客户和产品的独特特性融入到设计、配置、订购、计划、生产、运营和回收阶段。可在制造和运营之前最后一分钟或进行中提出改变的请求，使生产一件定制产品和小批量产品也能产生利润。

（4）员工能根据具体情况进行控制、监管和配置智能制造资源网络和制造步骤。员工无须完成例行任务，他们可以更多地关注创新和具有附加值的活动，在确保产品质量方面起到关键作用。同时，灵活的工作条件可将他们的工作和个人需求更好地结合起来。

（5）进一步扩展相关的网络基础设施，并通过服务水平协议进一步规范网络服务质量。实现满足大流量数据应用程序和服务供应商的高带宽需求，保证关键应用程序的运行。

总而言之，德国“工业 4.0”是利用信息通信技术将产品、机器、资源和人有机结合，通过网络空间虚拟技术建立一个高度灵活的、个性化的、数字化的智能制造模式，以此提高德国的工业竞争力，为在新一轮工业革命中抢占先机。

1.1.4 日本“机器人新战略”与“社会 5.0”

2015 年 1 月 23 日，日本政府公布了《机器人新战略》[16]。该战略首先列举了欧美与我国在机器人技术方面的进步或赶超情况，逐渐将人工智能、物联网等技术应用于工业机器人的研发与控制，工业机器人用于工业生产后，显著提高了产品制造、装配、检测与物流管理水平，如图 1-3 所示。这些变化，将使机器人开始应用海量数据实现自律化，使机器人之间实现网络化，物联网时代也将随之真正到来。日本《机器人新战略》提出三大核心目标，即“世界机器人创新基地”“世界第一的机器人应用国家”“迈向世界领先的机器人新时代”（表 1-3）[17]。

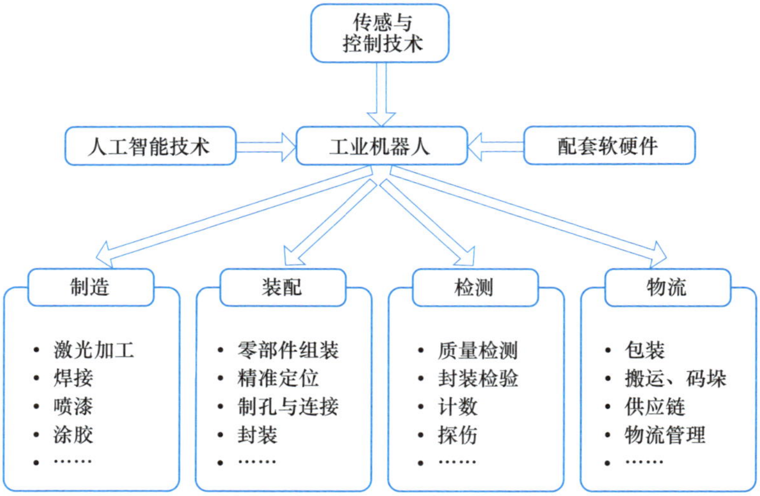

图 1-3　工业机器人在实际生产中的应用

表 1-3　日本“机器人新战略”三大核心目标

目　标	内　容
世界机器人创新基地——巩固机器人产业培育能力	通过产、学、政合作，增加用户与厂商对接机会等措施，引导创新；推进人才培育、下一代技术开发、国际标准化
世界第一的机器人应用国家——展示（现实社会中到处都有机器人）	在制造业、服务业、医疗护理、公共建设、农业等领域广泛推广应用；在机器人开发与推广应用过程中，不断完善环境与体制建设
迈向世界领先的机器人新时代	在物联网时代到来之际，制定机器人互联、自律性采集数据等功能的管理制度与国际标准

为实现上述三大核心目标，该战略制定了五年计划，旨在确保日本在机器人领域的世界领先地位（表 1-4）。

表 1-4　机器人战略五年行动计划

编号	行动内容
1	设立“日本机器人革命促进会”，承担总体协调职能
2	伴随机器人要素技术的进化、人与机器人协同工作方式的发展，来研究开发下一代机器人中要实现的数据终端化、网络化、云计算等技术
3	为向国际推广、向国内普及而积极开展国际标准化与国内标准化
4	大规模建设机器人应用的实验场地
5	培育机器人与信息技术相结合的跨学科人才
6	调整行业管理制度，同时制定保护消费者隐私以及机器人安全性等的规则
7	扩充机器人大奖
8	研究举办机器人奥运会

在“机器人战略”实施后，于2016年1月，日本政府发布的第五期《科学技术基本计划》[18]中首次提出的“社会5.0”概念，即超越“工业4.0”的“超智慧社会”概念，将其作为日本今后科技创新的一个主要目标和任务，强调科技创新服务于人类社会变革的重要作用，并要先于世界其他国家实现“超智慧社会”，如图1-5所示。“社会5.0”不仅意味着经济发展向着以人为中心转型，同时，也意味着社会发展向着更加以人为中心的高度人性化社会转型。科技创新不仅是服务于经济转型的工具，更应当是服务于社会转型的工具。该计划指出实现“社会5.0”的平台建设，需从五个方面入手[19]：（1）建立基本数据库平台，人流、物流、车流、环境等基本数据是发现和创造新价值和新服务模式的必要基础。（2）推进大数据的应用，其基本原则是既能充分顾及个人隐私保护，又能够充分利用实时的各行业大数据信息以进一步提升产业竞争力。（3）推进能够适应新技术的知识产权战略和国际标准化战略。日本新一轮《科技创新战略》将能够应对物联网等技术进步的下一代知识产权体系的构建和实施国际标准化战略列为必要的研究部署措施之一。（4）推进制度改革，形成社会共识。（5）推进能力开发和人才培育，为先于其他国家实现“社会5.0”，人才是必不可少的。日本对其智能化制造战略的升级表明，通过全社会、全方位、全视角的融合协同，使日本进入超级智慧社会（图1-4）。

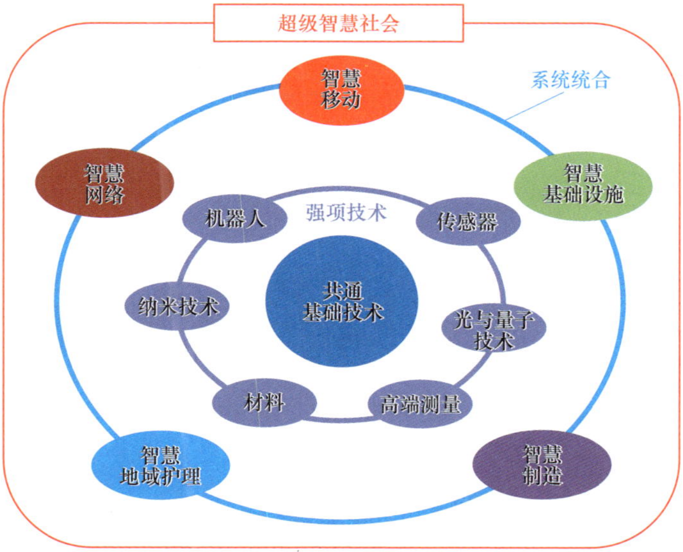

图1-4 超级智慧社会（“社会5.0”）

1.1.5 中国制造2025

改革开放四十多年以来，我国在基础制造业、信息通信等领域取得了长足的进步，但与发达国家相比，仍存在一定的差距。抓住此次“工业革命”的契机，开展智能制造的研究与探索，已成为我国由制造大国向制造强国转变的关键。2015 年 3 月 5 日，时任总理李克强在全国两会上所作的政府工作报告中指出，要实施“中国制造 2025”，加快从制造大国转向制造强国。这是我国首次表明创建智造强国，实现制造业的升级。同年 5 月 8 日，国务院印发了强化高端制造业的国家战略规划“中国制造 2025”，部署全面推进实施制造强国战略[20]。“中国制造 2025”的指导思想是：坚持走中国特色新型工业化道路，以促进制造业创新发展为主题，以提质增效为中心，以加快新一代信息技术与制造业深度融合为主线，以推进智能制造为主攻方向，以满足经济社会发展和国防建设对重大技术装备的需求为目标，强化工业基础能力，提高综合集成水平，完善多层次多类型人才培养体系，促进产业转型升级，培育有中国特色的制造文化，实现制造业由大变强的历史跨越。同年 10 月 29 日，时任德国总理默克尔访华，中德总理达成共识，携手推进“中国制造 2025”与德国“工业 4.0”战略对接。作为中国制造强国的第一个 10 年计划的行动纲领，“中国制造 2025”与德国“工业 4.0”对接，可以学习借鉴世界制造业先进国家的技术思路与理念，并共同推动新工业革命和新业态的形成，将对全球制造业格局产生深远影响。

“中国制造 2025”将分类开展流程制造、离散制造、智能装备和产品、智能制造新业态新模式、智能化管理、智能服务六个重点方面行动，涉及新一代信息技术产业、高档数控机床和机器人、航空航天装备、先进轨道交通装备、新材料等十大领域，如图 1-5 所示；此外，还确定了十二项具体指标，见表 1-5。

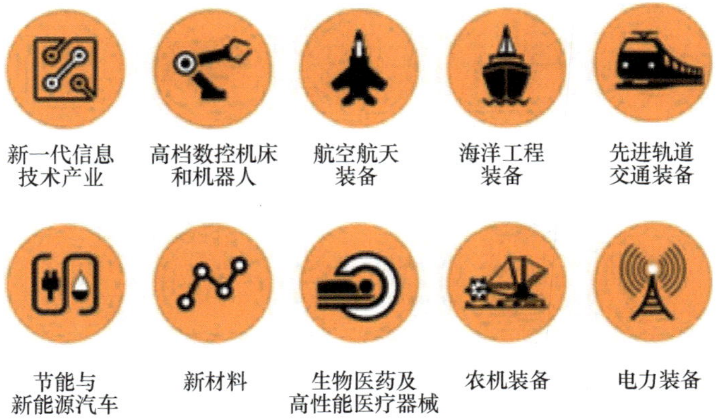

图 1-5 “中国制造 2025”战略计划涉及的十大领域

表 1-5　“中国制造 2025”战略计划的十二项具体指标

类别	指标	2013 年	2015 年	2020 年	2025 年
创新能力	规模以上制造业研发经费内部支出占主营业务收入比重/%	0.88	0.95	1.26	1.68
	规模以上制造业每亿元主营业务收入有效发明专利数/件	0.36	0.44	0.70	1.10
质量效益	制造业质量竞争力指数	83.1	83.5	84.5	85.5
	制造业增加值率提高/%	—	—	比 2015 年提高 2%	比 2015 年提高 4%
	制造业全员劳动生产率增速/%	—	—	7.5%左右（“十三五”期间年均增速）	6.5%左右（“十四五”期间年均增速）
两化融合	宽带普及率/%	37	50	70	82
	数字化研发设计工具普及率/%	52	58	72	84
	关键工序数控化率/%	27	33	50	64
绿色发展	规模以上单位工业增加值能耗下降幅度/%	—	—	比 2015 年下降 18%	比 2015 年下降 34%
	单位工业增加值二氧化碳排放量下降幅度/%	—	—	比 2015 年下降 22%	比 2015 年下降 40%
	单位工业增加值用水量下降幅度/%	—	—	比 2015 年下降 23%	比 2015 年下降 41%
	工业固体废物综合利用率/%	62	65	73	79

在国际政治经济格局不发生重大变化的情况下，综合考虑工业发达国家工业化进程各阶段综合指数的增长率和我国 GDP 增长率，对未来 30~40 年国家制造业综合指数发展趋势进行规划，将我国制造业强国进程可分为三个阶段[21]，具体如图 1-6 所示。第一阶段，用十年时间，到 2025 年，中国迈入世界制造强国行列；第二阶段，到 2035 年，我国制造业整体达到世界制造强国阵营中等水平；第三阶段，新中国成立一百年时，国家层面实现 3 万亿美元 GDP 增量的目标，企业层面实现综合生产效率提高 20%，生产成本降低 20%，各类废弃物排放降低 10%的目标，中国制造业实现大而强，综合实力进入世界制造强国前列。

综上所述，“中国制造 2025”已在国内十大领域进行了全面规划与布局，主要涉及四大制造：第一个是智能制造，第二个是绿色制造，第三个是服务性制造，第四个是优质制造。2017 年 5 月 17 日国务院召开常务会议，指出把发展智能制造作为“中国制造 2025”的主攻方向，即通过智能制造、智能制造系统实现智能化产品生产，以新一代信息技术与制造业深度融合为主线，以推进智能制

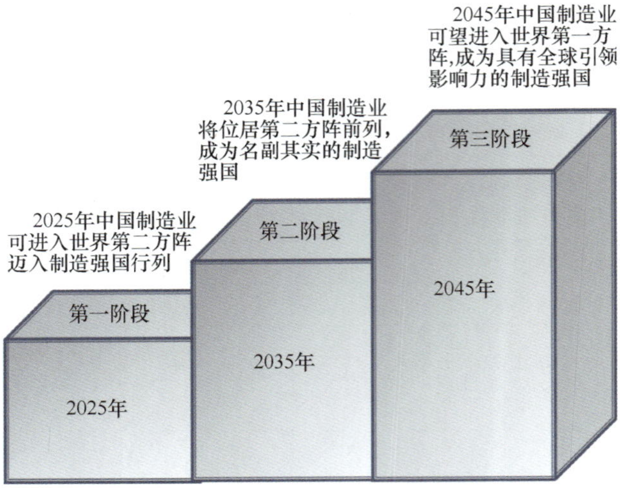

图 1-6　中国制造业强国进程的三个阶段

造为主攻方向，实现制造业由大变强的历史跨越。然而，现阶段我国仍处于“工业 2.0”（电气化）的后期阶段，“工业 3.0”（信息化）还待普及，“工业 4.0”正在尝试作一些示范，“中国制造 2025”任重而道远。

综合上述的发达国家/区域智能制造发展战略及其态势来看，在智能化的发展大趋势中，各国均想在智能化的竞争中占领先机。我国需要充分分析优劣势，通过开放交流与艰苦攻关，走出具有中国特色的智能化发展道路。

1.2　钢铁工业智能化的探索

我国钢铁工业经历近三十年的高速发展，目前正处于“高产量、高成本、效益价格波动大”的发展局面，据中国钢铁工业协会统计，2023 年我国粗钢产量为 10.19 亿吨。然而，面对多品种、小批量、多规格、高质量的市场需求，钢铁企业依然面临日益严峻的挑战。除受上游原材料行业和下游钢铁产品深加工行业的双重影响外，钢铁企业自身产品结构不合理、生产管控水平低、能源消耗高以及产品质量稳定性不佳等问题也是影响企业竞争力、限制企业持续性发展的重要内在因素。为促使钢铁行业可持续发展，“中国制造 2025”提出钢铁行业需着力开发基于大数据、云计算以及人工智能等信息技术，实现企业生产与经营的深度感知、智能决策和精准协调控制。2016 年 10 月 28 日，工信部印发《钢铁工业调整升级规划（2016—2020）》，重点明确了坚持结构调整、坚持创新驱动、坚持绿色发展等几项基本原则，并提出要以智能制造为重点，以企业为创新主体，完善产学研用协同创新体系，破解钢铁材料研发难题，推进产业转型升级[22]。2023 年，工信部、发改委、财政部、国资委、市场监管总局联合公布了智能制造示范工厂的揭榜单位，其中包括湖南华菱湘潭钢铁有限公司、马鞍山钢铁股份有限公司和鞍钢股份有限公司等 12 家钢铁企业。炼钢-连铸过程是钢铁生产流程的关键区段，是包含复杂物理化学反应的气-液-固多相共存的间歇/准连续化的复杂制造过程，特别是原料成分波动、生产过程易受到外界随机干扰，工艺操作不稳、产品质量波动等，导致炼钢-连铸过程的运行与管控变得更加复杂，控制机理难以厘清。因而开展炼钢-连铸过程的智能化探索变得极为迫切，相应的探索极具挑战性，并且更具现实意义。目前，国内外一些知名钢铁企业和科研院所，从不同角度、不同方面对炼钢-连铸过程开展智能制造关键技术的探索与研发，如表 1-6 所示。

表 1-6　国内外钢铁工业炼钢-连铸区段智能化的探索与实践

研究对象	研究内容	研发企业
状态在线检测[23]	针对转炉终点温度难以精准控制的问题，开发一种钢水在线测温装置，将该装置上安装的光导纤维测温探头，经转炉底吹气孔插入钢液，进行连续测温，实现钢水温度的在线实时监测	德国迪林根钢铁公司
设备智能维护[24]	基于状态监测和定时维修，构建了设备状态实时监控的智能维护系统，并通过有限元建模方法，进一步实现设备状态的定量化分析，减少设备维修时间	韩国浦项制铁
过程实时控制[25]	ArcelorMittal-Dofasco 公司重点利用转炉吹炼后期的炉气成分变化预测钢液［C］、温度等，并计算吸入的空气量对炉气 CO、CO_2 含量的影响，显著提高了系统控制精度，终点命中率平均达到 92%～96%，甚至 100%	阿赛乐·米塔尔加拿大 Dofasco Inc 钢铁公司
智能计划调度[26]	为了解决铸坯在加热炉工序的调度和终点温度控制的协同问题，构建了一个基于非线性平流方程和离散模型的混合优化模型，其中非线性方程用于调控铸坯温度，离散模型用于控制铸坯入炉次序	日本新日铁-住金钢铁公司
质量精益管控[27]	应用 RapidMiner 软件，对炼钢生产全流程的工艺数据和质量数据进行分析与挖掘，探究产品质量与生产工艺间的定量化关系，模型应用生产后，显著降低了产品的质量缺陷	德国蒂森克虏伯钢铁公司
能源优化调配[28]	安装多种探测器，对炼钢厂关键设备的能源消耗与 CO_2 排放情况进行监测，并采用人工智能算法对采集到的海量能源数据进行分析，构建能源需求与 CO_2 排放的预测模型，实现炼钢厂能源的优化调配与节能减排	意大利鲁奇尼公司

续表 1-6

研究对象	研究内容	研发企业
智慧制造计划（进行中）[29]	通过物联网、云计算、大数据及智能优化模型等技术的应用，开展宝钢智慧制造技术的攻关，力争实现智能制造、智慧设备、智慧安全、智慧物流、智慧能源、智能机器人、智慧工作环境在内的预测式智能制造系统	中国宝山钢铁公司

从上述炼钢-连铸区段智能化探索的案例来看，大多数研发集中于某一局部层面，或是某一关键工序工艺的智能化，或是生产计划与调度的智能化。然而，在实际生产过程中，不同工序的工艺调整会影响生产作业计划的执行节奏；反之，生产作业计划节奏的变化也会影响生产工序/装置的运行状态，若仅追求单一目标或是某一局部的智能化，所达到并非真正意义上的智能化制造。因此，从钢铁工业全局角度出发，实现全流程关键工序工艺和生产计划与调度的动态协同，将是今后钢铁工业智能化探索的必经之路。目前，国内外钢铁企业各级自动化系统均已具备，近年来已积累了海量多源异构数据，应用大数据、云计算等技术手段，对海量数据进行分析与挖掘，构建各类数据模型，为工艺与调度的动态协同提供技术支撑。与此同时，基于冶金过程各单元装置的机理模型完善与深化也需要不断推进，逐步构建以冶金机理模型为主导，过程数据模型为协助的混合建模思路，实现物理系统与数字系统的深度融合，构建并不断完善炼钢厂的信息物理系统，推动炼钢-连铸区段智能制造系统的工程化，从而推进钢铁工业智能化的发展。

1.3 炼钢-连铸过程智能化的架构

笔者基于研究团队在炼钢-连铸过程建模与流程优化领域多年的研究与实践成果，瞄准关键工序工艺、质量管控、运行模式解析和生产计划与调度协同优化等切入点，提出了炼钢-连铸区段智能化的技术架构，如图 1-7 所示。

炼钢-连铸区段智能化的技术路线图划分为五个层级：

第一层级为基础理论与大数据层级，主要包括大数据技术与冶金学理论两部分。大数据技术主要包含各类数据库、模型库、算法库及工具集等。随着各类传感技术、检测技术的快速发展，炼钢-连铸生产过程中越来越多的设备状态参数、工艺操作参数、产品质量参数能够被监测并采集到，并逐渐积累成海量的多源异构数据库。应用大数据技术对炼钢-连铸过程采集到的海量多源异构数据进行分析，剖析各类参数间的相关关系，挖掘数据中蕴含的潜在价值。此外，探索炼钢-连铸过程的智能化当然也离不开基础理论的支撑，冶金热力学、冶金动力学、冶金工艺学、冶金流程工程学作为冶金学科的基础理论，分别从微观、介观与宏

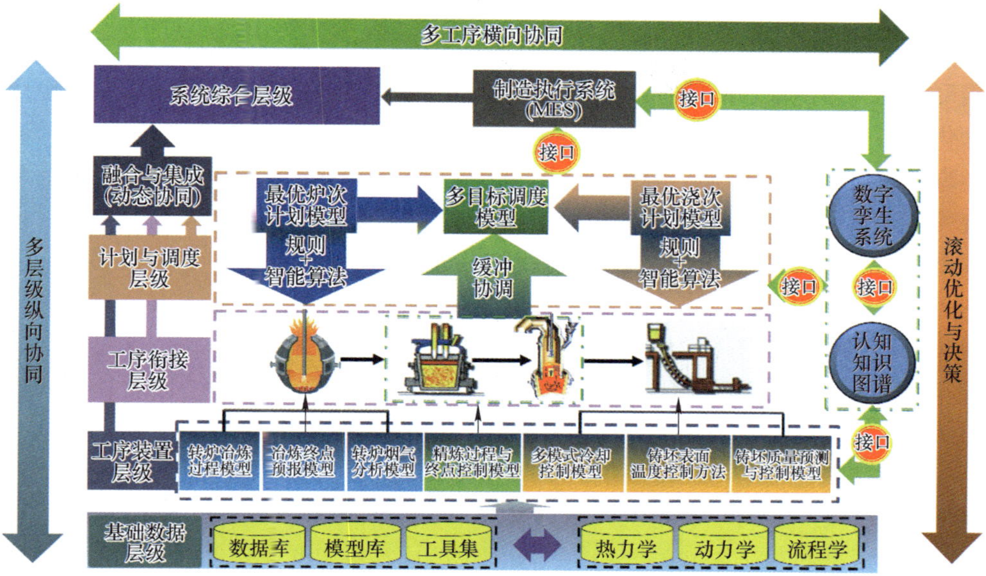

图 1-7 炼钢-连铸区段智能化的技术路线图

观尺度阐述了钢铁冶金学科研究钢铁生产过程的各类科学、技术及工程问题。大数据技术与冶金学理论相辅相成，共同构成了炼钢-连铸过程智能化研究的基石。综上所述，该层级的核心内容可总结为："数据精准获取"与"价值深入挖掘"。

第二层级为工序装置层级，即表示炼钢-连铸过程中关键工序层面，包括转炉炼钢工序、钢水精炼二序和连续铸钢工序等。按照智能制造的观点，要实现上述关键工序的智能化，就要对每个工序装置建立相应的工艺控制模型，在已有的静态模型基础上，开发动态模型系统，实现各类工艺参数的实时在线控制。目前，已有的各类静态模型，如转炉吹氧模型，一般是根据入炉铁水、废钢和造渣料的初始化学成分与冶炼终点钢水温度及成分要求，建立基于物料平衡、热量平衡的机理模型，但由于实际生产过程中物料成分波动较大且转炉内化学反应复杂，导致机理模型计算出的结果与实际需求量存在较大误差，模型的适用性具有很大的局限性，冶炼后期往往需要用副枪或其他冶炼辅助模型进行校正。在对冶金机理深入分析的基础上，应用大数据分析手段，考虑众多的影响因素，构建基于冶金机理与数据驱动的复合模型，实时监测生产过程，构成闭环控制系统。通过工序工艺的在线控制，进一步提高冶炼终点钢水温度、成分的命中率和连铸坯质量的合格率。综上所述，该层级的核心内容可总结为"机理数据融合"与"协同驱动建模"。

第三层级为工序衔接/关系层级，该层级智能化的实现需以炼钢-连铸过程物质流的时间、温度与物质量等基本参数解析为基础，充分厘清不同钢种生产过程的运行规律，确定各个工序的最佳作业周期及关键时间节点的温度。在此基础上，探究设备/工序/系统产能与生产节奏、产品结构之间的定量化关系，构建炼钢厂产能决策模型。此外，根据运输时间最短与过程能耗最少等炼钢厂系统运行优化原则[30]，确定每条生产线的最佳工艺路径，并为每类钢种匹配最佳生产线，实现专线化生产，构建多钢种混合生产过程车间作业模式优化模型，并根据冶金流程工程学理论与方法，提出炉-机匹配度、工序当量周期等流程运行的定量化评价指标。在以往研究过程中，该层级往往被忽视，结果导致工序装置层级与计划与调度层级的运行不协调，协同性较差，致使实际生产运行较为混乱，交叉作业频繁，不仅影响整体生产效率，产品质量也很难得到保障。因此，在炼钢厂智能化的探索工作中，关键工序匹配的研究是极为重要的一项内容。综上所述，该层级的核心内容可总结为“物流参数解析”与“生产模式优化”。

第四层级为计划与调度层级，生产计划与调度作为钢铁制造流程协调运行控制的关键功能，是整个先进生产制造系统实现管理技术、运筹技术、优化技术、自动化与计算机技术发展的核心。优化的生产计划与调度方案可以提高生产效益和资源利用率，进而增强钢铁企业的竞争能力。钢铁制造流程的生产计划与调度问题大多为复杂的组合优化问题，是典型的非确定性多项式（Non-deterministic Polynomial，NP）难题。Tang 等[31]针对钢铁企业的计划与调度问题进行了综述，将计划与调度方法归结于运筹学方法（Operation Research）、人工智能（Artificial Intelligent，AI）、人机协作（Human-Machine）和多智能体（Multi-Agent）四类。钢铁企业生产计划与调度方法虽然已取得很多研究成果，但是面对现实复杂生产过程的调度问题，在方法和应用效果方面还存在很大的局限，主要体现在：(1）运筹学方法虽然能够求得问题的最优解，但是对于大规模问题，该方法求解效率较低，很难在要求的时间内得到最优解；（2）智能算法（如遗传算法、粒子群算法等）一般采用迭代优化机制进行解的寻优，针对复杂的钢铁制造流程，该类方法常常存在调度性能差、寻优效率低的缺陷，往往难以适应工业现场复杂多变的生产环境。针对上述问题，笔者研究团队提出“规则”+“算法”的研究策略与求解方法，兼顾解的质量和求解效率，能够在较短的时间内获得多个满意解。在未来炼钢厂智能化研究中，需要结合工序衔接/关系层级的研究，实现计划与调度层级和工序/装置层级的协同优化。综上所述，该层级的核心内容可总结为“冶金规则建模”与“智能算法求解”。

第五层级为系统综合层级，是炼钢-连铸过程智能化技术路线的最高层级，也是最核心的部分。该层级实现的具体功能是基于理论与技术层级和工序衔接层级，将工序装置层级和计划与调度层级进行融合与集成。具体方法为构建制造执行系统（MES）分别与工序工艺控制模型和计划与调度模型的数据接口。实际生产过程中，各类实时信息通过数据接口实现在线传递，解决各类系统之间信息孤岛问题。工艺模型与调度模型通过对实时数据的即时分析与处理，实现工艺与调度的协同闭环控制。综上所述，该层级的核心内容可总结为“多层级纵向协同”与“多工序横向协同”。

近年来，虽然炼钢-连铸过程自动化水平已有长足进步，但是要真正实现炼钢-连铸过程运行与控制的智能化，还需要在先进在线检测技术与装置开发、数据挖掘与处理、冶金机理模型精度与效率、设备控制精准度等多方面开展深入研究。更先进的在线检测手段与可靠的整体优化控制方案有机结合将成为今后智能化炼钢-连铸流程的发展趋势。

考虑到钢铁生产流程的复杂性和过程参数的不确定性等特征，现阶段我国钢铁生产过程控制技术大多处于静态或动态模型阶段，以基于工序工艺机理模型的模糊智能控制、神经网络控制同以专家系统为代表的人工智能控制方法与工业生产大数据的深度融合及协同将成为未来钢铁工业智能制造的解决方案。

参考文献

[1] NSF-National Science Foundation, Cyber-Physical Systems (CPS) (nsf16549), access at URL. [EB/OL]. [2017-01-21]. http://www.nsf.gov/pubs/2016/nsf16549/nsf16549.pdf.

[2] IEC Market Strategy Board (MSB) factory of the future project. Factory of the future (white paper), access at URL. [EB/OL]. http://www.iec.ch/whitepaper/futurefactory/.

[3] KPMG. The factory of the Future: Industry 4.0-The challenges of tomorrow, access at URL. [EB/OL]. https://assets.kpmg.com/content/dam/kpmg/es/pdf/2017/06/the-factory-of-the-future.pdf.s

[4] 李晓红，高彬彬．先进制造技术创新促进空客“未来工厂”建设［J］．航空制造技术，2016，10：28-31.

[5] FIR (Institute for Industrial Management). IMS2020: Supporting global research for IMS 2020 Vision [EB/OL]. https://cordis.europa.eu/project/rcn/91301_es.html.

[6] Executive Office of the President President's Council of Advisors on Science and Technology. Report to the president accelerating U.S. advanced manufacturing [EB/OL]. https://www.manufacturingusa.com/sites/prod/files/amp20_report_final.pdf.

[7] 左世全．美国“先进制造业国家战略计划”对我国的启示［J］．理论与实践，2012，6：142-143.

[8] 谭建荣，刘振宇．智能制造关键技术与企业应用［M］．北京：机械工业出版社，2017：15.

[9] Evans P C, Annunziata M. Industrial internet: pushing the boundaries of minds and machine [EB/OL]. https://www.ge.com/docs/chapters/Industrial_Internet.pdf.

[10] 纪成君，陈迪．“中国制造 2025”深入推进的路径设计研究—基于德国工业 4.0 和美国工业互联网的启示［J］．当代经济管理，2016，38（2）：50-55.

[11] 闫敏，张令奇，陈爱玉．美国工业互联网发展启示［J］．中国金融，2016，3：80-81.

[12] 李培楠，万劲波．工业互联网发展与“两化”深度融合［J］．中国科学院院刊，2014，

29（2）：215-222.

[13] 乌尔里希·森德勒．工业 4.0：即将来袭的第四次工业革命［M］. 邓敏，李现民，译．北京：机械出版社，2014.

[14] VDE/DKE. Die deutsche normungsroadmap industrie 4.0［EB/OL］. http：//publica，fraunhofer. de/dokumente/N-310074. html.

[15] BMBF. Umsetzungsempfehlungen feur das zukunftsprojekt industrie 4.0［EB/OL］. http：//publica. Fraunhofer. de/dokumente/N-275303. html.

[16] The Headquarters for Japan' s Economic Revitalization. New robot strategy［EB/OL］. http：//www. meti. go. jp/english/press/2015/pdf/0123_01b. pdf.

[17] 王喜文．日本《机器人新战略》概述［J］. 物联网技术，2015，2：6.

[18] Council for Science，Technology and Innovation Cabinet Office，Government of Japan. Report on the 5th science and technology basic plan［EB/OL］. http：//www8. cao. go. jp/cstp/kihonkeikaku/5basicplan_en. pdf.

[19] 刘平，陈建勋．日本新一轮科技创新战略："新层次日本创造"与"社会 5.0"［J］. 现代日本经济，2017，215（5）：1-8.

[20] 中华人民共和国国务院．"中国制造 2025"［EB/OL］.（2015-05-19）. http：//www. miit. gov. cn/n973401/n1234620/inde-x. html.

[21] 周济．智能制造—"中国制造 2025"的主攻方向［J］. 中国机械工程，2015，26（17）：2273-2284.

[22] 中华人民共和国工业和信息化部．钢铁工业调整升级规划（2016—2020 年）［EB/OL］.［2016-11-14］. http：//www. miit. gov. cn/n1146285/n1146352/n3054355/n3057569/n3057573/c5353862-/content. html.

[23] Lachmund H，Xie Y. Application of direct optical temperature measurement in the steelmaking process（DOT-Application）［R］. Luxembourg，European Communities，2009.

[24] Lee S，Lee C W. Smart & intelligent maintenance system in POSCO［C］//2013 International Conference on Quality，Reliability，Risk，Maintenance，and Safety Engineering（QR2MSE）. 2013：595-598.

[25] Sun S，Liao D，Pyke N，et al. Development of an offgas model technology to replace sublance operation for KOBM endpoint carbon control at Arcelor Mittal Dofasco［J］. Iron and Steel Technology，2008，5（11）：36-42.

[26] Suzuki M，Katsuki K，Imura J，et al. Simultaneous optimization of slab permutation scheduling and heat controlling for a reheating furnace［J］. Journal of Process Control，2014，24（1）：225-238.

[27] Holzknecht N，Fraga C，Ferro F，et al. Supporting process and quality engineers by automatic diagnosis of cause-and-effect relationships between process variables and quality deficiencies using data mining technologies（AutoDiag）［R］. Luxembourg：European Communities，2013.

[28] Rosemann H，Colla V，Chiappelli L，et al. Development of tools for reductionof energy demand and CO_2-emissions within the iron and steel industry based on energy register，CO_2-monitoring and waste heat power generation［R］. Luxembourg：European Communities，2015.

[29] 宝钢股份智慧制造在全程供应链协同中的探索与实践［N］. 世界金属导报，2018-04-10（A11）.

[30] 刘青，田乃媛，殷瑞钰．炼钢厂系统的运行原则与调控策略［J］. 过程工程学报，2003，3（2）：171-176.

[31] Tang L X，Liu J Y，Rong A Y，et al. A Review of planning and scheduling systems and methods for integrated steel production［J］. European Journal of Operational Research，2001，133（1）：1-20.

工序建模篇

GONGXU JIANMO PIAN

2 冶炼过程解析与控制

钢冶金过程是包含物理化学反应的气-液-固多相共存的间歇/准连续的复杂过程，特别是原料成分波动、生产过程易受到外界随机干扰，导致过程管控变得更加复杂，控制机理难以弄清。因此，钢冶金过程的模拟与控制是实现钢厂智能制造的重要内容。

氧气转炉炼钢是目前世界上最主要的炼钢方法，世界转炉钢比例约占 70%，我国 2022 年转炉钢的比例约占 90. 50%。转炉吹炼的控制结果主要是对冶炼的终点控制，即转炉冶炼终点钢水碳含量和温度的控制。转炉智能炼钢过程主要依据烟气、炉渣和副枪等信息进行吹炼过程的控制操作，并在这些数据信息基础上实现转炉全自动吹炼技术[1]。为实现高品质钢化学成分和温度的精准控制，新世纪以来，我国基于副枪检测的计算机全自动转炉炼钢技术首先在宝钢[2]、武钢获得成功，终点命中率达到 92%～96%，目前国内绝大多数 100 t 以上转炉已采用副枪动态控制技术。近年来，安塞乐・米塔尔加拿大 Dofasco Inc 公司[3]、意大利 ILVA Taranto 公司[4]等在烟气分析技术应用方面取得了很好的结果，相比副枪检测具有更佳的成本和控制准确性等优势。另外，Simense VAI 公司[5]、Dofasco Inc 公司等成功开发了转炉全自动无人出钢技术。随着信息、网络、大数据、人工智能等技术的快速发展，愈来愈多冶炼数据信息，例如炉气成分、流量、氧枪振动、吹炼过程音频等，通过智能建模将其用于转炉吹炼控制，实现转炉炼钢高度自动化、智能化控制[6]。

二次冶金是钢液洁净化生产的重要环节，其控制技术模型主要包括底吹氩温降模型、合金化模型、电极加热模型、温度与成分预报模型以及钢包传热模型等，发展趋势与转炉终点预测基本一致。钢水温度与合金收得率控制是 LF 精炼工艺的主要控制目标，目前，相关研究主要有温度预测与控制、脱硫控制、脱氧与合金化控制和夹杂物控制等。作为重要的二次冶金装置，RH 主要具备深脱碳、脱气、脱氧、去除夹杂物和进行热补偿等功能。目前，相关研究主要集中在脱碳模型、温度模型、合金最小成本模型、成分预报模型等。然而，由于钢水精炼工序生产节奏柔性较大，过程精准控制难度增加，模型中部分输入变量难以获得，能够实际应用的精炼工艺控制系统较少。

本章就冶炼过程模拟与控制，从转炉熔池多相流模拟、转炉冶炼脱碳和温度变化模型、冶炼钢水磷和锰元素含量预报模型、冶炼智能补吹模型、冶炼控制模型的实际应用以及钢水精炼过程（LF、RH）与温度精准控制出发，对冶炼过程的智能化进行探讨。

2.1　转炉熔池气-渣-金多相流行为的模拟

近年来，随着转炉炼钢集束氧枪、转炉深脱磷冶炼、转炉滑动水口挡渣出钢、基于炉气分析的转炉吹炼控制以及转炉全自动出钢等一系列新工艺和装备的研发与应用，使得转炉炼钢工艺控制水平得到极大提升。然而，在实际冶炼过程中，国内复吹转炉的冶金效果与钢铁冶金技术先进国家相比还有一定差距，主要表现在转炉炉龄达到5000炉之后复吹作用不明显，冶金效果等同于顶吹转炉，出钢前钢水氧含量偏高，钢中夹杂物数量偏多；转炉冶炼过程温度控制不准确，转炉炉衬侵蚀严重，冶炼终点命中率不高等。从本质上分析，是由于缺乏对转炉熔池多元多相物质复杂过程行为的深刻认识，以及不清楚转炉冶炼过程熔池多相流体的传输行为对钢水质量的影响规律。由上述问题导致的炼钢工序冶炼终点钢水质量波动，并引起了后序过程产品质量的波动，这一现象正日益引起国内外同行的广泛关注。

在转炉炼钢过程存在着多种复杂且耦合的物理现象，是一个典型的非稳态过程。其中，包括超音速射流动力学、气-渣-金多相流体传输行为、液-固传热与传质并发生着一系列复杂的物理化学反应。复吹转炉炼钢的主要工艺方式是通过向转炉熔池喷吹高速氧气射流与惰性气体，完成铁水的脱碳、脱磷和升温等任务。转炉炼钢过程的各种复杂现象很大程度上取决于顶吹高速氧气射流与熔池高温熔体之间的相互作用，而底吹气体则主要发挥搅拌熔池、促进传输进程的功能。复吹转炉顶吹超音速氧气射流的力学特性与底吹气流的分布直接影响熔池内各物相的传热、传质及化学反应，决定炼钢过程的操作工艺和生产技术指标。如果对转炉冶炼过程熔池多元多相物质行为的变化规律认识不足，会严重影响转炉的冶炼节奏、钢水质量及生产成本。然而，在实际冶炼过程中，受检测手段及模拟条件的限制，很难对转炉冶炼过程进行“写真”式的试验与测试，转炉熔池多相流传输行为与机理尚不清晰。因此，针对特定的转炉冶炼设备和工艺要求，深入探究转炉熔池多相流行为是非常必要的。

本节基于流体力学及冶金传输理论，结合冶炼过程熔池反应特性，以某钢厂80 t转炉为研究对象，采用物理模拟结合数值模拟的方法，针对不同冶炼工艺生产条件下，转炉熔池气-渣-金多相流行为开展系统研究，建立转炉熔池多相流行为模拟的物理模型与数值模型，研究不同工艺条件下熔池多相流行为变化规律，揭示转炉高温、多元、多相复杂反应体系的流体行为，明晰转炉熔池气-渣-金多相流行为作用机制，探究转炉多相流传输行为优化的工艺控制方案，为转炉冶炼工艺参数的调控和反应器的优化设计提供参考。

2.1.1 转炉熔池搅拌与混匀特性的物理模拟研究

金属熔池的搅拌和混合是现代冶金过程非常重要和基本的单元过程和现象，是决定冶金生产过程进行状态和速率大小的关键因素。20 世纪 50 年代氧气顶吹转炉出现后，一炉钢的冶炼周期比平炉炼钢大大缩短，从而迅速发展为世界上主要的炼钢方法，提高转炉这种冶金反应器炼钢速率的主要原因是气体射流对熔池的搅拌和混合作用。

为优化 80 t 转炉熔池的搅拌与混匀效果，本节以相似理论为基础，运用有机玻璃模型，采用水力学模拟实验方法，分别研究了在顶吹、底吹以及顶底复吹条件下，氧枪枪位、氧气流量、氧枪喷头孔数、底吹流量及底吹元件布置方式等工艺参数对转炉熔池搅拌与混匀行为的影响规律，并通过正交实验分析得出熔池搅拌与混匀效果最佳的工艺操作方案，研究结果可为转炉炼钢实际生产优化控制提供参考。

2.1.1.1 实验原理

A 物理模拟基本理论

物理模拟是通过物理模型和借助于必要的测试手段对体系的过程进行观测的研究方法。物理模拟根据相似原理建立物理模型，利用易于达到的实验条件来模拟复杂的生产过程。通常替代方法是采用模拟介质，在缩小尺寸的模型上进行实验，最终将获得的结果转换到原型中。简而言之，物理模拟即是借助物理模型并利用必要的测试手段，对实际生产过程或者现象进行观察，对实际生产过程中某一现象进行“再现”。

冶金过程错综复杂，许多实际问题很难用数学分析方法来解决，且把冶金过程的现象完全加以模拟是非常困难的，即使是在生产过程中直接实验也有很大的局限性，且该实验结果只能在与其实验条件完全相同的生产中应用。考虑到水的流动状态与钢水流动状态非常相似，且 20 ℃水与 1600 ℃钢液的物理特性极其相似，针对冶金现象的模拟研究，通常依据相似原理建立研究对象的相似模型，采用水模拟钢液，开展相关水模拟实验研究工作，最后将冷态模拟实验结果放大并推广到实际冶炼生产中。由于该方法不但效果好、操作相对简单，而且还非常经济，因此，越来越多的冶金工程技术研究者采用基础相似原理的物理模拟实验方法对实际问题进行研究，取得了丰富的研究成果。

B 相似准数推导

物理模拟实验以相似理论为基础，实验过程中相似地模拟实际生产过程中的一些物理量，故在实验前需做物理相似的计算，即按模型和实际两个系统中决定性的相似准数关系，确定模型实验参数。物理模拟的相似包含几何相似、力学相似以及热相似等。在建立复吹转炉物理模型时，原型与模型物理量的几何相似与动力相似是该研究主要考虑的相似条件。

对于几何相似，需重点考虑的因素为相似比，相似比是指所研究对象的特定物理量与所建立模型相对应的物理量的比值，相似比可表示为：

$$\lambda = \frac{l_{\mathrm{p}}}{l_{\mathrm{m}}} \tag{2-1}$$

由式（2-1）可知，模型的几何尺寸越小时，相似比越大，模型的几何尺寸越大时，则相似比越小。然而，在设计实验模型时应选取合适的相似比，选取的几何相似比过大时，较小的模型尺寸会降低实验的可信度，很难得出准确的实验结果；选取的几何相似比过小时，所需建立相似模型的尺寸较大，物理模拟过程中实验条件难以保证。

对于流体运动相似，该相似是由力学相似引起的，故在分析所研究对象的流体运动相似时，应从原型与模型的受力分析予以考虑。针对复吹转炉熔池流体的运动，主要受重力、表面张力、黏性力、顶吹氧气射流冲击力以及底吹气体气泡流的作用力等影响。其中，顶吹氧气射流由于惯性作用冲击转炉熔池流体，引起熔池液面剧烈波动并带动熔池内流体流动，底吹气体喷入熔池内的气泡流具有一定的动能，底吹气体气泡流在熔池中运动并不稳定，运动的气泡流与熔池流体相互作用会对气-液界面的液相产生剪切作用，对熔池中液滴有分裂作用，且气泡流上升过程中会产生浮力，顶吹氧气射流与底吹气体的共同作用引起了转炉熔池内流体的宏观运动，且因二者具有不同的作用强度，转炉熔池流体的运动会相应呈现不同状态。本书主要研究对象为涉及顶吹射流与底吹流股的转炉熔池内多相流行为，流体运动主要涉及的力有惯性力、重力、黏性力以及表面张力，包含这些力的无因次组合相似准数有：

（1）反映流体流动的雷诺准数 Re(Reynolds)：

$$Re = \frac{\rho u l}{\mu} = \frac{\text{惯性力}}{\text{黏性力}} \tag{2-2}$$

式中，Re 的值说明流动特性，当 $Re<2300$ 时，认为流体为层流状态，黏性力占主导地位；当 $Re>4000$ 时，认为流体为紊流状态，惯性力占主导地位；当 $2300<Re<4000$ 时，流体被视作过渡状态。显然，雷诺数越大时，流体越趋向于从层流到紊流的转变。

（2）反映气-液系统内流动行为的修正的弗鲁德准数 Fr'(Froude)：

$$Fr' = \frac{\rho_{\mathrm{g}} u^2}{gd(\rho_{\mathrm{l}} - \rho_{\mathrm{g}})} = \frac{\text{惯性力}}{\text{浮力}} \tag{2-3}$$

（3）反映不同相界面状态的韦伯准数 We(Weber)：

$$We = \frac{\rho u^2 l}{\sigma} = \frac{\text{惯性力}}{\text{表面张力}} \tag{2-4}$$

实验过程中很难同时满足三个相似准数，考虑到本节研究对象为顶底复吹条件下气-液系统的流体流动行为，在该过程中起决定性作用的力为流体的惯性力与重力，因此，本节选取相似准数为修正的弗鲁德准数 Fr'，该相似准数表征的是流体流动过程中惯性力与重力或浮力的相互作用。为保障物理模型流体的运动状态与原型的流体运动状态相似，应保证物理模型与原型的修正弗鲁德准数相等。

在实验过程中，顶吹氧气与底吹气体采用压缩空气来模拟，钢液用水来模拟，炉渣采用油来模拟。根据相似定律，如果采用油/水模型模拟转炉渣-金界面状态，要获得物理模型、数学模型和实物中界面状态的完全相似，则无因次准数 S、We 和 We_{ao} 在模型和实物上都必须相等，但这些很难做到，本节选取局部相似，认为油/水界面，即渣-金界面的 We 为决定性准数。此外，转炉冶炼过程的化学反应，尤其是冶炼中期碳-氧反应产生的气体对熔池搅拌行为会产生影响，但是受实验方法与测试技术的限制，很难在物理模拟实验过程中对其进行表征，因此，关于转炉熔池搅拌与混匀行为的物理模拟研究暂未考虑化学反应的影响。

C 模型参数确定

考虑到 80 t 复吹转炉实际尺寸与物理模拟的实验条件，选取物理模拟实验的几何相似比为 6 : 1。

基于几何相似，可确定物理模型的几何尺寸，转炉原型主要几何参数及其对应模型值如图 2-1 与表 2-1 所示。

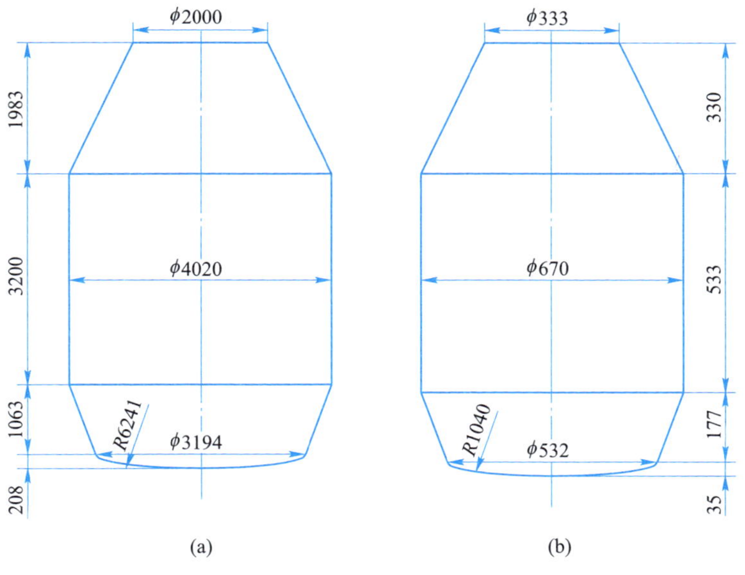

图 2-1 80 t 复吹转炉原型与模型内型尺寸示意图
(a) 原型图；(b) 模型图

表 2-1 80 t 复吹转炉物理模型与原型主要几何参数

几何参数	原型	模型
转炉高度/mm	6454	1076
熔池直径/mm	4020	670
炉口直径/mm	2000	333
熔池深度/mm	1271	212
炉身高度/mm	3200	533
氧枪中心氧管直径/mm	112	18.67
氧枪喷孔夹角/(°)	12	12
氧枪喉口直径/mm	34.3	5.73
氧枪出口直径/mm	44.6	7.43
氧枪喉口长度/mm	5	0.83
氧枪扩张段长度/mm	84	14

2.1.1.2 实验方案

A 实验装置

物理模拟实验过程中实验装置主要包括亚克力材质的转炉模型、黄铜质多孔拉乌尔氧枪喷头、底吹供气元件、三相空气压缩机、玻璃转子流量计、压力表、储气罐、稳压罐、计算机、电导电极、数据采集器、电导率仪等，实验装置示意图如图 2-2 所示。实验设备主要包含以下几个部分：

（1）由转炉本体、氧枪系统、底吹供气元件组成的物理模拟喷吹系统；

（2）由空气压缩机、压力表、流量计、储气罐、稳压罐以及混流排等组成的供气与流量计量系统；

（3）由计算机、电导电极、DDLY-2005 型电导率仪、DJ 800 多功能监测系统等组成的数据监测与记录系统。

复吹转炉底吹气体主要发挥搅拌熔池的功能，底吹气体喷入转炉熔池中形成气泡流，气泡流上浮过程中与熔池流体相互作用并带动周围钢液运动，同时，与顶吹射流相互配合，减少熔池中的“死区”，从而形成对转炉熔池的良好搅拌，故底吹元件布置方式对底吹气体的搅拌效果有重要影响。底吹元件布置方式主要有集中布置、分散布置、非对称布置、对称布置等，结合实际冶炼情况，在四个底吹元件的条件下，在炉底 0.7D、0.6D、0.5D 的圆周上（D 为熔池直径）设计了不同底吹元件布置方式，如图 2-3 所示。

B 实验参数

a 氧枪枪位

氧枪枪位参数主要是根据实际冶炼过程氧枪枪位与几何相似比确定。然而，

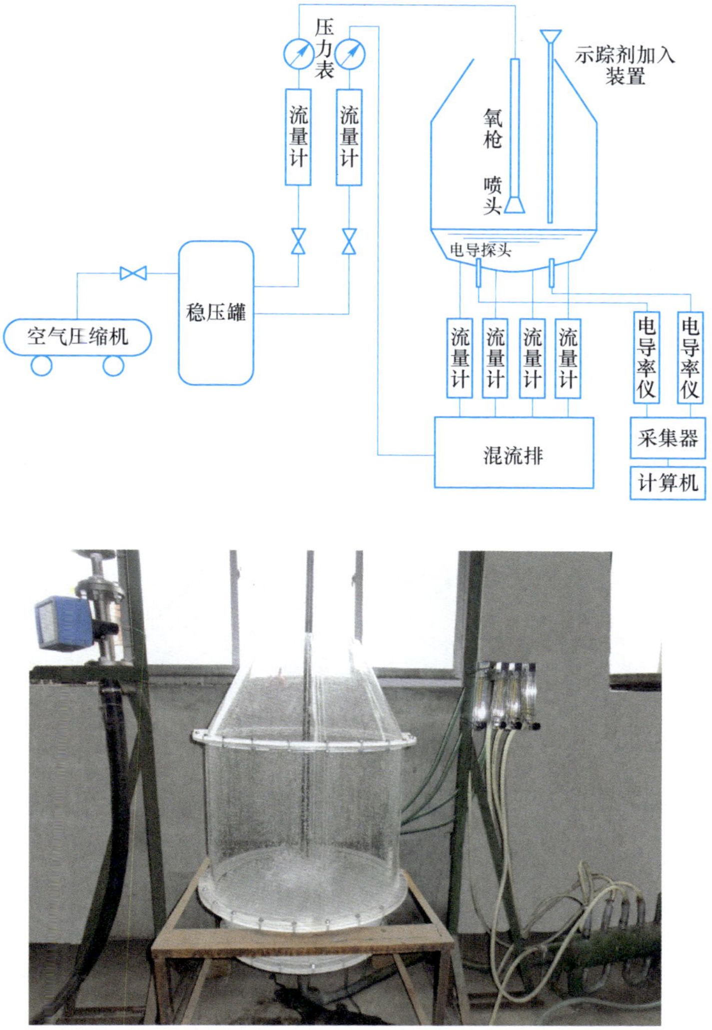

图 2-2　80 t 复吹转炉水模型实验装置示意图

实际顶底复吹转炉冶炼过程中，高压氧气射流通过拉乌尔氧枪加速为超音速氧气射流。在冷态模拟实验过程中，压缩空气为亚音速流，在相同的枪位高度下，超音速流与亚音速流对转炉熔池的冲击作用不同。综合考虑上述问题，该研究对基于几何相似确定的氧枪枪位进行了修正，考虑了超音速射流核心段长度（L_s）与假想亚音速喷嘴距超音速核心末端距离（x），其计算式[7]为：

$$L_s = 5.78d_e(P_0 - 2) \tag{2-5}$$

$$x = 6.39\frac{\mu_0 d_s}{c} \tag{2-6}$$

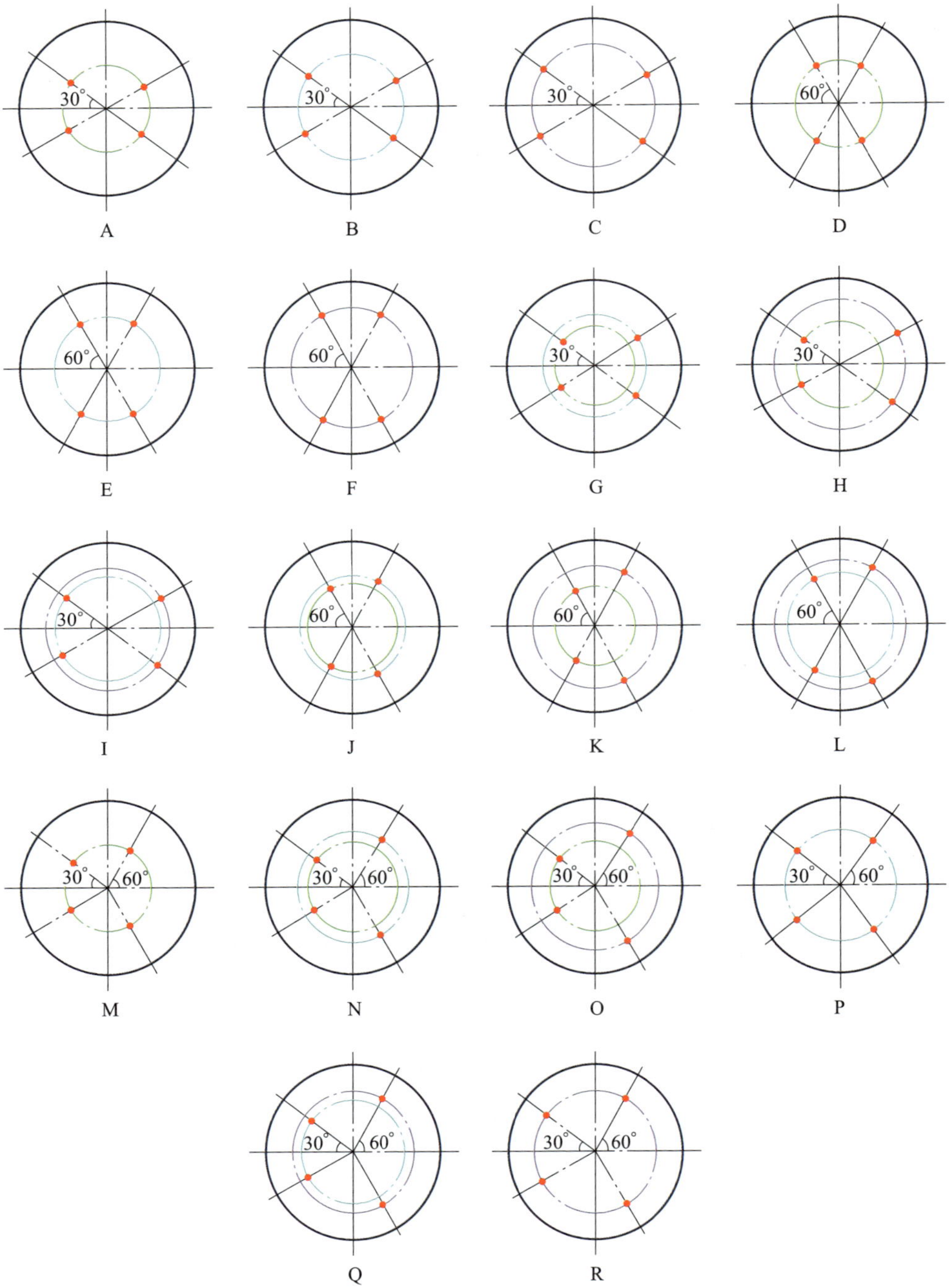

图 2-3　80 t 复吹转炉底吹元件布置方式（圆点代表吹气位置）

b　气体流量

根据动力学相似，保证模型与原型修正的 Froude 准数相似，可确定物理模拟过程中气体流量的参数，即：

$$\frac{\rho_{gm}u_m^2}{gl_m(\rho_{lm}-\rho_{gm})}=\frac{\rho_{gp}u_p^2}{gl_p(\rho_{lp}-\rho_{gp})} \tag{2-7}$$

整理可得，气体流量为：

$$Q_m=\left(\frac{l_m}{l_p}\right)^{\frac{5}{2}}\left(\frac{\rho_{gp}}{\rho_{gm}}\right)^{\frac{1}{2}}\left(\frac{\rho_{lm}-\rho_{gm}}{\rho_{lp}-\rho_{gp}}\right)^{\frac{1}{2}}Q_p \tag{2-8}$$

根据上述计算，确定本书相关的实验参数如表 2-2 所示。

表 2-2　原型与模型相关实验参数

参数	原型	模型
氧枪枪位/mm	950、1150、1350、1550	71.88、105.22、138.55、171.88
氧枪流量/$Nm^3 \cdot h^{-1}$	14000、15000、16000、17000	69.08、74.00、78.94、83.88
底吹流量/$Nm^3 \cdot h^{-1}$	40、60、80、100	0.22、0.32、0.44、0.54
底吹元件布置种类	1	18
底吹元件数量	4	4

C　实验过程

本书采用混匀时间来表征转炉熔池的搅拌混匀程度，混匀时间通过测电导率的方法来确定，实验过程中观测熔池加入 50 mL 饱和 KCl 溶液[8]后熔池电导率的变化，当熔池的电导率在±5%范围内变化时可近似认为熔池已达混匀状态，如图 2-4 所示，在实验过程中可认为熔池在 45 s 时已经混匀。熔池电导率变化是通过

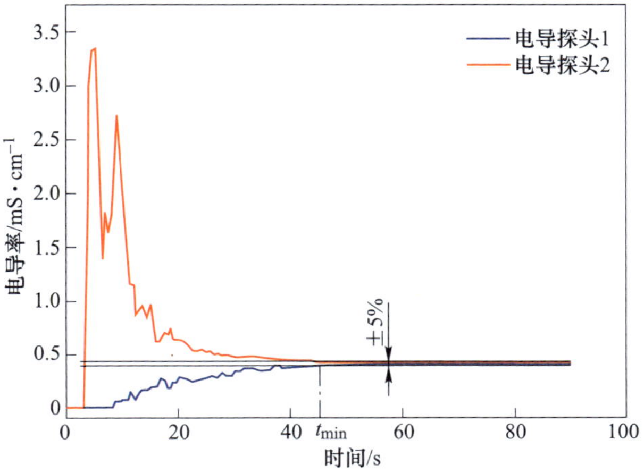

图 2-4　转炉熔池混匀时间测定示意图

安装在转炉模型底部不同位置的电导探头来测定的。为尽量减小实验过程的测量误差，每组实验重复 3 次，并取算术平均值。

实验过程中，首先，进行单因素实验，探究不同工艺参数对熔池搅拌与混匀行为的影响规律；然后，通过复吹实验对熔池混匀效果进行优化。下面就每组实验的开展过程进行简要说明。

顶吹工艺参数单因素实验：分别固定顶吹流量 74 Nm^3/h、氧枪喷头孔数为四孔，顶吹枪位 105.22 mm，依次探究不同工艺参数条件下熔池混匀时间的变化规律。

底吹工艺参数单因素实验：固定底吹流量为 0.32 Nm^3/h，改变 18 种不同的底吹元件布置方式，测定其混匀时间，得出不同布置方式条件下熔池的混匀效果。进而，选取熔池混匀效果较好的布置方式，在特定的底吹元件布置方式下，测定底吹流量对熔池混匀效果的影响规律。

复吹工艺参数正交优化实验：首先，在底吹单因素实验基础之上，选取四种熔池混匀效果较好的底吹元件布置方式。其次，根据相似基本原理，确定顶吹枪位、顶吹流量以及氧枪喷头的实验参数，并设计如表 2-3 所示的 5 因素混水平正交实验。然后，依据表 2-4 开展正交实验，测量不同工艺参数条件下熔池的混匀时间，探究熔池混匀效果优化的工艺控制方案。

表 2-3　复吹转炉水力学模拟实验因素水平表

因素 / 水平	氧枪枪位 A/mm	氧枪流量 $B/Nm^3\cdot h^{-1}$	喷头孔数 C	底吹布置方式 D	底吹流量 $E/Nm^3\cdot h^{-1}$
1	71.88	69.08	4	D1	0.22
2	105.22	74.00	5	D2	0.32
3	138.55	78.94	—	D3	0.44
4	171.88	83.88	—	D4	0.54

表 2-4　复吹转炉水力学模拟实验正交水平表

实验序号	A/mm	$B/Nm^3\cdot h^{-1}$	C	D	$E/Nm^3\cdot h^{-1}$
1	138.55	78.94	5	D1	0.44
2	105.22	74.00	4	D1	0.32
3	71.88	78.94	5	D3	0.32
4	105.22	69.08	5	D2	0.44
5	171.88	69.08	5	D4	0.32
6	71.88	83.88	4	D4	0.44
7	105.22	83.88	5	D3	0.22

续表 2-4

实验序号	A/mm	B/$Nm^3 \cdot h^{-1}$	C	D	E/$Nm^3 \cdot h^{-1}$
8	171.88	74.00	4	D3	0.44
9	138.55	74.00	5	D4	0.22
10	138.55	83.88	4	D2	0.32
11	71.88	69.08	4	D1	0.22
12	105.22	78.94	4	D4	0.54
13	171.88	83.88	5	D1	0.54
14	138.55	69.08	4	D3	0.54
15	71.88	74.00	5	D2	0.54
16	171.88	78.94	4	D2	0.22

2.1.1.3 实验结果与分析

A 顶吹转炉熔池搅拌与混匀行为

实验采用单因素法分别探究了氧枪枪位、氧枪流量、氧枪喷头孔数对熔池混匀行为的影响，其影响规律如图 2-5～图 2-7 所示。

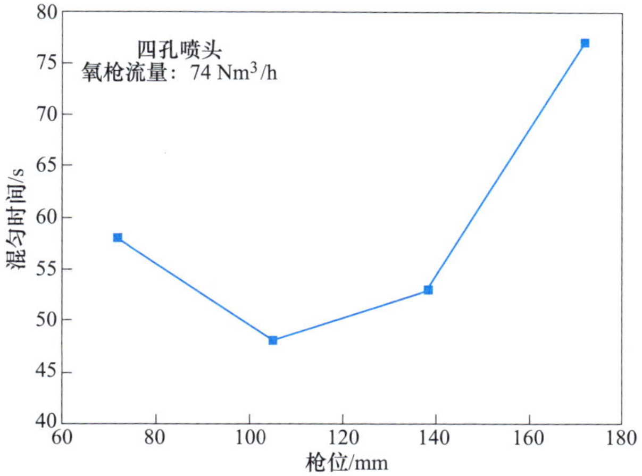

图 2-5 顶吹枪位对熔池混匀行为的影响

由图 2-5 可知，在一定的氧枪流量与喷头孔数下，氧枪枪位较低时，氧气射流对熔池的冲击深度大，冲击直径小，氧气射流的能量集中用于穿透熔池，不能形成对熔池较大范围的搅拌，熔池混匀时间较长；随着氧枪枪位的增加，当枪位升高至 105.22 mm 时，氧气射流对熔池的搅拌与混匀效果最好，此时，混匀时间为 44 s。而当枪位过高时，氧气射流在熔池上方有过多的能量衰减，氧气射流到达熔池液面时动能较小，则射流对熔池的冲击深度偏小，冲击直径较大，但是冲

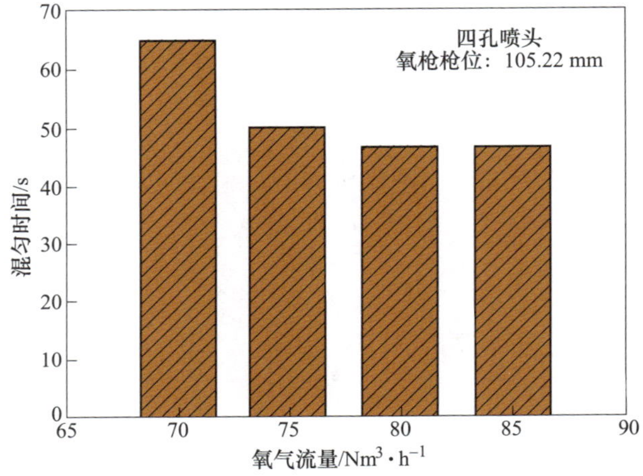

图 2-6　顶吹流量对熔池混匀行为的影响

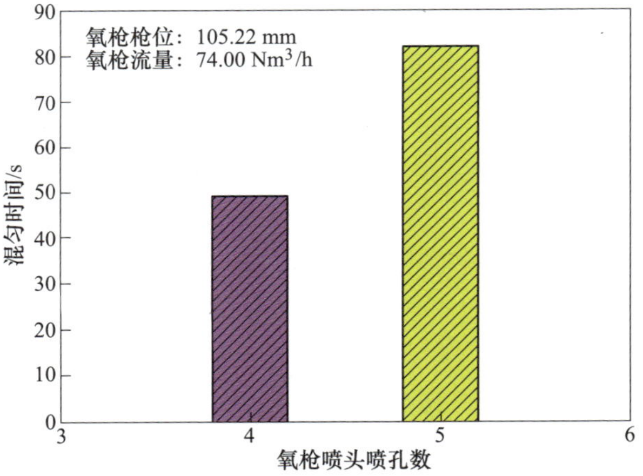

图 2-7　氧枪喷头孔数对熔池混匀行为的影响

击直径过大时，氧气射流可能会作用于炉壁，造成炉衬侵蚀与能量浪费。因此，氧枪枪位过高、过低均不利于熔池的搅拌与混匀。该实验条件下，顶吹转炉氧枪枪位应控制在 80～140 mm（对应于生产现场 1000～1360 mm 工况条件），以保持合适的冲击深度和冲击直径，可对熔池进行良好的搅拌与混匀。

图 2-6 表明，在一定的氧枪枪位与喷头孔数下，随着氧枪流量的增加，氧气射流对熔池的冲击深度与冲击直径均增加，熔池混匀时间有不断减小的趋势，但当氧枪流量超过 78. 94 Nm^3/h 时，熔池混匀时间下降的速率明显减小，这是因为氧气流量过大时，氧气射流可能会穿透金属熔池，造成熔池的剧烈扰动，严重时还可能会引发喷溅。因此，顶吹流量不应超过 78. 94 Nm^3/h（对应

于现场 16000 Nm^3/h 工况生产条件)。

在固定的顶吹枪位与顶吹流量条件下，由图 2-7 可知，使用四孔氧枪喷头时熔池的混匀效果更好。四孔喷头虽然对熔池的冲击直径较小，但其对熔池冲击深度大，顶吹气体的能量更多地用于传递到熔池内部，形成对熔池有效的搅拌，较有利于实验条件下顶吹转炉熔池的传输行为，获得更好的混匀效果。

B 底吹转炉熔池搅拌与混匀行为

底吹气体对熔池的搅拌主要是通过气泡上浮带动液体向上运动，而底吹气体在上升过程中是以旋转螺旋摇晃的“V”形运动上升的，其运动行为对熔池传输行为有重要影响。而底吹气体运动行为与底吹元件布置方式和底吹流量密切相关。因此，本书分别探究了不同底吹元件布置方式和底吹流量对熔池搅拌与混匀行为的影响规律。

由图 2-8 可知，底吹元件布置方式对熔池混匀时间有重要影响，绝大多数非对称布置的底吹元件的混匀效果明显优于对称布置，其中，底吹元件布置方式 B、K、M、Q 混匀时间较短，而底吹元件布置方式 Q 对熔池混匀的搅拌效果最好，这是因为非对称布置的底吹元件除了搅拌熔池形成整体循环流动外，上升气流之间还会相互作用，形成水平流，推动熔池产生水平方向循环流动，加快熔池的混匀和传质过程，从而缩短了熔池的混匀时间。

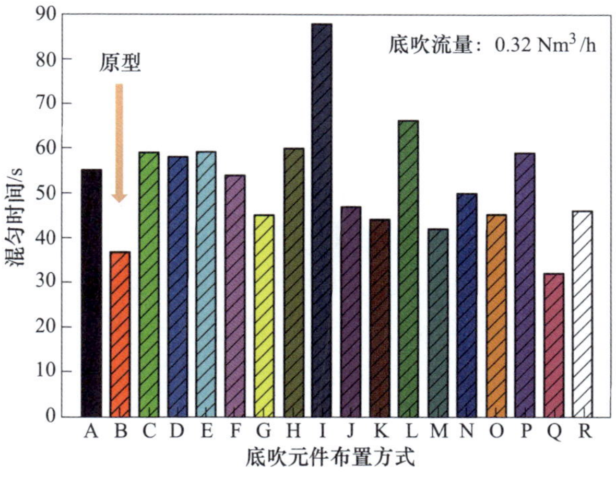

图 2-8 不同底吹元件布置方式对熔池混匀行为的影响

在底吹元件布置方式 Q 与布置方式 B 条件下，底吹流量对熔池混匀时间的影响趋势基本相同，如图 2-9 所示，底吹流量对熔池混匀时间的影响存在临界值，这是因为底吹气体喷吹进入熔池携带的能量主要用于搅拌熔池、形成气泡、晃动熔池、产生喷溅等方面，当底吹气体流量为 0.32 Nm^3/h 时，气体所携带能量刚好满足熔池搅拌和气泡形成所需能量，熔池混匀效果最好，两种布置方式条件下熔池的混匀时间分别为 32 s 和 37 s。而当气体流量大于 0.42 Nm^3/h 时，底吹气体所携带的能量，除了满足气泡形成与熔池搅拌外，还会晃动熔池并产生液体喷溅，并不能对熔池形成有效地搅拌，严重时还可能会出现熔池穿透的现象，不仅会造成能量浪费，还会增加熔池混匀时间，且熔池的混匀时间呈不稳定状态。因此，熔池混匀效果较好的底吹流量应控制在 0.25~0.42 Nm^3/h（对应于生产现场 45~76 Nm^3/h 工况条件）。

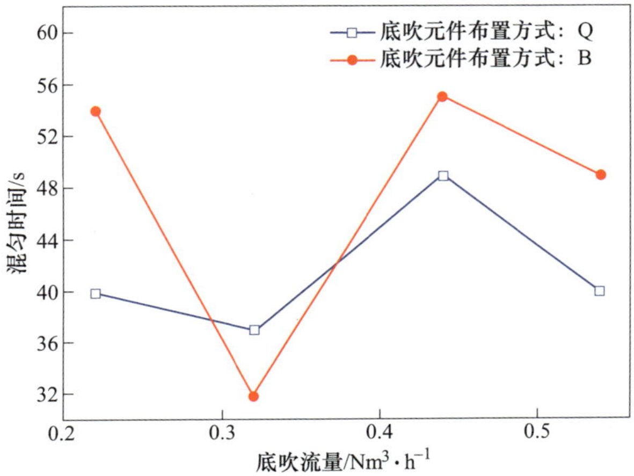

图 2-9　不同底吹流量对熔池混匀行为的影响

C　复吹转炉熔池搅拌与混匀行为

前面分别研究了顶吹和底吹条件下，不同工艺参数对转炉熔池搅拌与混匀行为的影响规律。然而最佳的复吹转炉冶金效果，并不是单纯的最佳顶吹与底吹效果的叠加，而是两者相互配合下的最佳组合。因此，为进一步优化复吹转炉的混匀效果，本书对复吹转炉熔池搅拌与混匀行为进行了物理模拟研究，开展了多因素多水平的正交实验，探究顶吹枪位、氧枪流量、氧枪喷头孔数、底吹元件布置方式以及底吹流量对复吹转炉熔池混匀效果的影响规律。不同因素对复吹转炉熔池搅拌与混匀行为影响的方差分析如表 2-5 所示。

表 2-5　复吹转炉水模拟实验方差分析表

方差来源	偏差平方和	自由度	均方差	检验统计量 F	显著值 P
校正模型	2481.08	13	190.85	8.81	1.78×10^{-7}
截距	72540.75	1	72540.75	3350.31	1.48×10^{-35}
氧枪枪位	1077.75	3	359.25	16.59	0.82×10^{-6}
氧枪流量	441.42	3	147.14	6.80	0.10×10^{-2}
喷头孔数	126.75	1	126.75	5.85	0.02

续表 2-5

方差来源	偏差平方和	自由度	均方差	检验统计量 F	显著值 P
底吹布置方式	500.42	3	166.81	7.70	0.47×10^{-3}
底吹流量	334.75	3	111.58	5.15	0.48×10^{-2}
误差	736.17	34	21.65	—	—
总计	5758.00	48	—	—	—

由表 2-5 可知，不同工艺参数对顶底复吹转炉熔池的搅拌与混匀效果影响不同。当显著值 $P<0.01$ 时，可认为该工艺参数对其影响显著。因此，可以判断出，氧枪枪位对复吹转炉熔池搅拌与混匀效果影响最显著，不同工艺参数对复吹转炉熔池搅拌与混匀效果影响的显著性，由大至小依次为氧枪枪位、底吹供气元件布置方式、顶吹流量、底吹气体流量，氧枪喷头孔数对复吹转炉熔池混匀效果影响并不显著。

考虑到复吹转炉冶炼过程中，不同操作水平对熔池混匀效果有重要影响。因此，本书对不同工艺参数的不同操作水平对复吹转炉熔池混匀效果影响进行了统计量分析，当其对复吹转炉熔池的搅拌与混匀效果越好时，则对应操作水平的统计量值越小。氧枪枪位的统计量分析如表 2-6 所示。

表 2-6　氧枪枪位统计量表

氧枪枪位/mm	71.88	105.22	138.55	171.88
均值/s	33.00	37.42	38.92	46.17
标准误差	1.34	1.34	1.34	1.34

由表 2-6 可知，当氧枪枪位为 71.88 mm 时，复吹转炉熔池的混匀时间均值最小，其值为 33 s。同理，分析可获得其余工艺操作参数下熔池混匀效果较好的操作水平为氧枪流量 69.08 Nm^3/h(38.58 s)、五孔氧枪喷头（37.25 s)、底吹供气元件布置方式 B(35.08 s)、底吹流量 0.54 Nm^3/h(34.67 s)。

为判断统计量模型的拟合效果，本书对模型残差图进行了分析，如图 2-10 所示。该残差图显示的即为散点矩阵图，由因变量实测值、预测值和标准残差构成，由图 2-10 可明显看出预测值和实测值有明显的相关性，呈现出较好的线性趋势，标准残差在 0 上下随机分布，其均值和离散程度不随预测值的变动上升而出现变动趋势，未发现违反模型假设的情况，说明拟合效果令人满意。

由此可得出，该实验条件下复吹转炉混匀效果最佳的工艺参数方案为氧枪枪位 71.88 mm、氧枪流量 69.08 Nm^3/h、五孔氧枪喷头、底吹元件布置方式 B、底吹流量 0.54 Nm^3/h，即相当于生产现场工况：氧枪枪位 950 mm、氧枪流量 14000 Nm^3/h、五孔氧枪喷头、底吹元件布置方式 B、底吹流量 100 Nm^3/h。

在此基础之上，为分析复吹转炉熔池内顶吹射流与底吹流股的不同作用，本

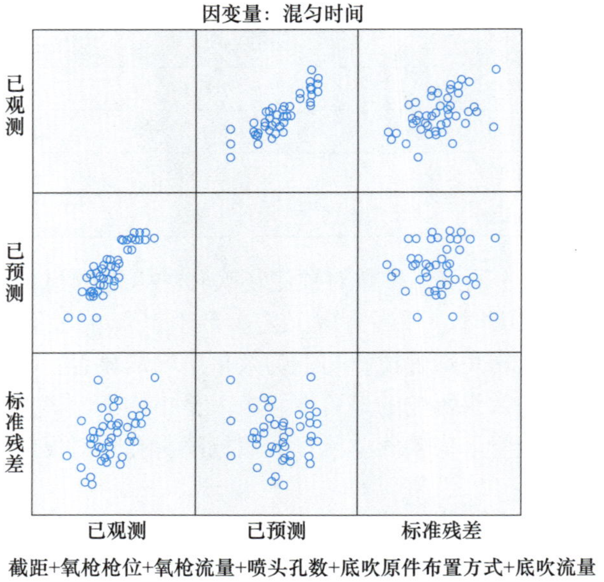

图 2-10 模型残差图

书对三种相同工况下顶吹与顶底复吹的实验结果进行了对比分析，其中，A1 工况条件为氧枪枪位 105.22 mm、顶吹流量 74 Nm^3/h、四孔喷头；A2 工况条件为氧枪枪位 171.88 mm、顶吹流量 74 Nm^3/h、四孔喷头；A3 工况条件为氧枪枪位 105.22 mm、顶吹流量 78.94 Nm^3/h、四孔喷头。

由图 2-11 可知，与顶吹转炉相比，顶底复吹转炉的混匀时间明显缩短，在工况 A2 条件下，顶吹转炉熔池混匀时间为 77 s，而加入底吹气体搅拌后，熔池

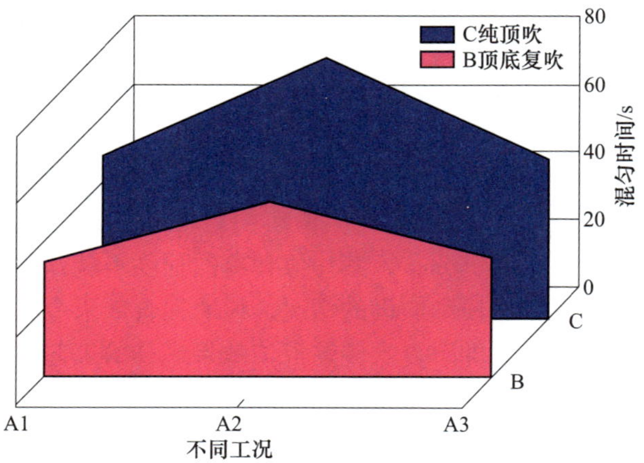

图 2-11 相同工况下顶吹与顶底复吹转炉水模型实验结果对比

的混匀时间缩短至52 s。由此可知，底吹流股在熔池搅拌方面发挥着重要作用，复吹转炉底吹流股气泡群旋转上升的水平分力指向炉壁时，可以搅拌远离顶吹气体流股冲击区外缘的“死区”流体，当瞬间气泡群旋转水平方向分力与前水平分力形成一定角度或垂直方向运动时，则形成单一方向的大循环回路。因此，为得到最佳的顶底复吹效果，应该在减少熔池内底吹流股与顶吹射流碰撞能量损失的同时，合理地加强底吹气体对熔池搅拌。

D 转炉熔池搅拌能对熔池混匀行为的影响

熔池的混匀行为是转炉冶炼过程中最重要和最基本的单元过程和现象，熔池的混匀本质上是由输入至熔池的能量引起的，因此，本书在水力学模拟实验的基础上，对熔池搅拌能以及熔池搅拌能对熔池混匀时间的影响开展了相关研究。复吹转炉冶炼过程中输入熔池的搅拌能是由底吹搅拌能与顶吹搅拌能组成的，下面依次对其进行描述。

a 底吹搅拌能

底吹气流对熔池的冲击以及气泡上浮运动产生的浮力是引起钢液循环流动的主要动力源，因而底吹气体对熔池搅拌能由浮力搅拌能和射流搅拌能两部分组成：

浮力搅拌能：

$$\varepsilon_{\mathrm{b}} = 6.18\frac{Q_{\mathrm{b}}T_{\mathrm{l}}}{V_{\mathrm{l}}}\left[\ln\left(1+\frac{\rho_{\mathrm{l}}gH_{\mathrm{b}}}{P}\right)+\left(1-\frac{T_{\mathrm{g}}}{T_{\mathrm{l}}}\right)\right] \tag{2-9}$$

射流搅拌能：

$$\varepsilon_{\mathrm{k}} = \frac{0.5\rho_{\mathrm{g}}Q_{\mathrm{b}}^{3}}{A^{2}V_{\mathrm{l}}} \tag{2-10}$$

故可得底吹气体搅拌能为：

$$\varepsilon_{\mathrm{BB}} = \varepsilon_{\mathrm{b}} + \varepsilon_{\mathrm{k}} \tag{2-11}$$

b 顶吹搅拌能

顶吹氧枪枪位、顶吹氧枪气体流量、氧枪喷孔夹角及喷孔数等因素对熔池的搅拌效果有重要影响，顶吹气体熔池搅拌能可由式（2-12）确定：

$$\varepsilon_{\mathrm{TB}} = \frac{6.32\times10^{-7}\cos\theta}{V_{\mathrm{l}}}\frac{Q_{\mathrm{t}}^{3}M}{n^{2}d_{\mathrm{s}}^{3}L} \tag{2-12}$$

c 复吹搅拌能

通过式（2-11）和式（2-12）计算可得熔池底吹气体搅拌能与顶吹气体搅拌能。考虑到在一般冶炼条件下，消耗于转炉熔池搅拌的能量约占顶吹射流能量的10%，克服阿基米德力所消耗的能量约占顶吹射流能量的5%~10%，非弹性碰撞损失的能量约为70%~80%，故复吹转炉熔池搅拌能可由式（2-13）计算：

$$\varepsilon_{\mathrm{A}} = \varepsilon_{\mathrm{BB}} + \lambda\varepsilon_{\mathrm{TB}} \tag{2-13}$$

在计算转炉熔池搅拌能基础之上，通过拟合可得实验条件下 80 t 转炉熔池混匀时间关系如下：

$$\tau = 169.72\varepsilon_A^{-0.35} \tag{2-14}$$

关于回归方程的拟合效果，本书采用拟合优度 R^2 对熔池搅拌能与混匀时间的函数关系进行评价。拟合优度 R^2 的大小反映的即是熔池搅拌能与混匀时间的相关程度。当 R^2 越接近 1 时，表明所建立的二者函数关系模型的性能越好，反之，模型的性能越差。本研究条件下，转炉熔池混匀时间与搅拌能的函数关系的拟合优度 R^2 为 0.92，表明输入变量熔池搅拌能与输出变量熔池混匀时间的函数关系明显，该回归方程拟合效果较好。

80 t 复吹转炉熔池混匀时间与搅拌能的关系如图 2-12 所示。由图 2-12 可知，增加熔池搅拌能会增加熔池的搅拌强度，熔池流体流动速度会相应增加，这有利于熔池内流体的传输行为，缩短熔池的混匀时间。而当熔池搅拌能过大时，不仅不能对熔池形成有效地搅拌，还造成能量的浪费，激烈的熔池搅拌也会增加熔池发生喷溅危险的可能。由此可知，合理的能量输入是实现转炉平稳、高效冶炼的重要条件。此外，在转炉实际冶炼过程中，根据该函数关系可对一定操作参数条件下熔池的混匀效果进行预估。

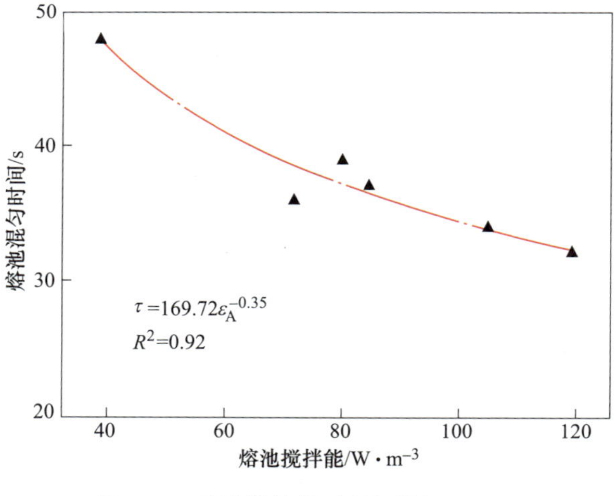

图 2-12　熔池搅拌能对混匀效果的影响

2.1.2　转炉熔池废钢运动行为的模拟研究

废钢是转炉冶炼过程除铁水以外最重要的原料，提高转炉炉料的废钢比是钢铁联合企业少用铁矿石的重要措施。同时，在转炉冶炼过程中，废钢运动对该炉次冶炼终点的冶金效果具有重要影响，废钢熔化所需热量占炼钢热量总支出的 10%~12%，其熔化状况对熔池升温、成渣和终点命中率都有重要影响。冶炼末期若存在未熔化的废钢，它会造成出钢时钢水成分与温度的不合格，并影响冶炼过程和终点模型的控制精度。而通过改善熔池的搅拌与混匀效果，可显著改善废钢的熔化效果。因此，深入研究熔池的废钢的运动规律，揭示废钢形状和尺寸参数对转炉熔池流体流动行为的影响规律，为强化转炉冶炼过程、提高转炉冶炼废钢比、探索其对提高冶炼过程效率的作用机制提供参考与指导，对实现转炉高效率、高质量生产具有重要意义。然而，目前在转炉熔池多相流行为研究中少有考虑废钢的运动行为。

本节针对 80 t 转炉熔池废钢的运动行为，基于相似理论，采用不同形状和尺寸的特制冰块来模拟废钢，运用物理模拟结合数值模拟方法，探究了不同废钢条件下废钢的运动与熔化以及熔池流动行为[9]。

2.1.2.1 物理模拟

A 实验原理

本书基于相似原理构建了废钢运动的物理模型。转炉熔池废钢运动涉及熔池内流体流动以及废钢熔解过程。因此，转炉熔池内废钢运动物理模型的设计包含以下两部分：

（1）熔池流体模型。该模型是基于几何相似与流体运动相似确定的，几何相似与流体运动相似可分别由几何相似比和修正的弗鲁德准数来表达，关于相似准数的具体细节在本书 2.1.1 节已详细论述。本节物理模拟实验主要探讨在一定的工况条件下，不同废钢参数对熔池多相流行为的影响规律。在实验过程中采用的工艺参数如表 2-7 所示。

表 2-7 废钢运动模拟的工艺参数

参数	原型	模型
氧枪枪位/mm	1150	105.22
顶吹气体流量/$Nm^3 \cdot h^{-1}$	14000	69.08
底吹气体流量/$Nm^3 \cdot h^{-1}$	80	0.44
底吹元件数	4	4

（2）废钢模型。废钢的熔化主要受废钢与熔池钢液之间传热的影响。在物理模拟实验过程中，选取相变数（Ph）来表达固-液传热的相似[10]，相变数表达式如式（2-15）所示。

$$Ph = \frac{\Delta H}{C_{PS} \cdot \Delta T} \tag{2-15}$$

废钢与冰块的物理性质参数如表 2-8 所示，由表中废钢与冰块的物理性质对比可知，物理模拟实验过程中冰块的相变数与冶炼过程中废钢熔化的参数在同一数量级，且较为接近，满足相似的基本条件。

表 2-8　废钢与冰块物理性质对比

物性参数	废钢（1809 K）	物性参数	冰块（273 K）
质量热容/J·(kg·K)$^{-1}$	760	质量热容/J·(kg·K)$^{-1}$	2010
密度/kg·m^{-3}	7200	密度/kg·m^{-3}	917
熔化潜热/J·kg^{-1}	272000	熔化潜热/J·kg^{-1}	334000
$Ph(\Delta T=40)$	8.95	Ph（$\Delta T=20$）	8.31

关于冰块尺寸，由努塞尔数 Nu(Nusslt Number）相似来确定[11]，努塞尔数物理意义指的是对流换热的强烈程度，它还表示导热阻力与对流传热阻力的比值。其表达式如下：

$$Nu = \frac{hl}{\lambda} \tag{2-16}$$

B　实验参数

本书采用冰块在水中的运动与融化行为来模拟转炉熔池中废钢的运动与熔化行为。基于上述基本原理，可确定实验的基本参数。此外，考虑到纯冰块密度比水的密度小，故其在水中运动时会漂浮在水面上。而在实际冶炼过程中，废钢的密度略大于流体的密度。故在冰块制作过程中通过添加石英砂来调整冰块的密度，其中，石英砂的粒径很小，其值为 600~700 μm，石英砂对实验过程影响很小，经石英砂调整后特制“冰块”的密度约为 1.143 g/cm^3。实验过程中，制作了平板板型、块型与圆柱形三种不同形状的冰块，特制冰块的不同尺寸如表 2-9 所示，图 2-13 显示的是实验过程中所采用的冰块示意图。

表 2-9　特制冰块几何尺寸

大小	形状	尺寸/mm
大型	板形（LP）	170×120×25
	块形（LC）	120×85×50
中型	板形（MP）	140×100×15
	块形（MC）	100×70×30
小型	板形（SP）	120×85×10
	块形（SC）	60×50×34
	圆柱形（CYL）	ϕ50×70

C　实验装置

该研究采用的实验装置如图 2-14 所示，实验设备主要包括亚克力材料做成的转炉模型、黄铜制多孔拉乌尔氧枪喷头、底吹供气元件、三相空气压缩机、玻璃转子流量计、压力表、储气罐、稳压罐、计算机、电导电极、数据采

(a)　(b)　(c)

图 2-13　特制冰块形状示意图
（a）板形；（b）块形；（c）圆柱形

集器、电导率仪等。实验过程冰块的运动及熔化行为特性由摄像机拍摄并记录，熔池的混匀效果由混匀时间来表征，该部分相关内容已在本章 2.1.1 节进行了详细论述。

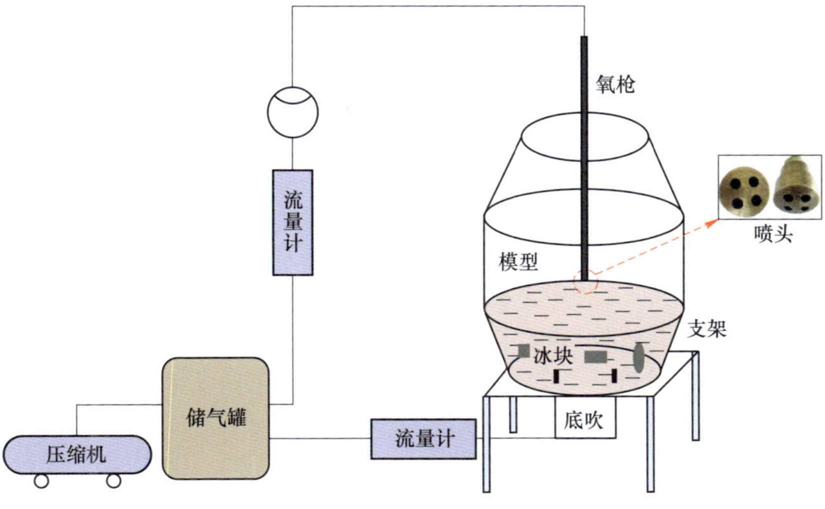

图 2-14　废钢熔化模拟实验装置示意图

2.1.2.2 数学模型

A 基本方程

本书采用“焓-多孔度”（Enthalpy-Porosity）技术[12]来模拟固体冰块的融化过程。在模拟过程中，流场包含以下三部分：流体区域、固体区域以及糊状区域。其中，糊状区域表示的是流体与固体之间的区域。“焓-多孔度”技术定义了多孔度（Porosity），多孔度表示的是流体区域在网格单元内占有的体积百分比，在冰块融化过程中，多孔度从 0 升高到 1。

a 能量方程

焓可表示为显热与潜热的和，即：

$$H = h_{\mathrm{ref}} + \int_{T_{\mathrm{ref}}}^{T} C_{\mathrm{P}} \mathrm{d}t + \Delta H \tag{2-17}$$

液相体积分数（β）定义如下：

$$\begin{aligned} &\beta = 0 \qquad (T < T_{\mathrm{s}}) \\ &\beta = 1 \qquad (T > T_{\mathrm{l}}) \\ &\beta = \frac{T - T_{\mathrm{s}}}{T_{\mathrm{l}} - T_{\mathrm{s}}} \qquad (T_{\mathrm{s}} < T < T_{\mathrm{l}}) \end{aligned} \tag{2-18}$$

其中，在此基础之上，潜热焓可表示为：

$$\Delta H = \beta l \tag{2-19}$$

则冰块融化能量方程可表示为：

$$\frac{\partial}{\partial t}(\rho H) + \nabla(\rho u H) = \nabla(k \nabla T) + S \tag{2-20}$$

b 动量方程

“焓-多孔度”技术将糊状区处理为多孔介质。而每一个计算单元的孔隙度等于该计算单元的液体的体积分数。在全部为固体的区域，孔隙度为 0，在这些区域流体速度为 0。在糊状区由于孔隙度的变化而引起动量的变化可表示为：

$$S = \frac{(1 - \beta)^2}{\beta^3 + \varepsilon} A_{\mathrm{m}}(u - u_{\mathrm{p}}) \tag{2-21}$$

B 几何模型

本书主要探究冰块在特定工况条件下的动态融化过程，以小板状冰块为研究对象，选取几何尺寸为 200 mm×200 mm×200 mm 的立方体为计算域，模拟其在不同流体温度与速度条件下的融化过程，图 2-15 显示的是模拟计算的几何模型图。

C 模型验证

为验证上述所建的数学模型，以传热系数来表征固体的融化行为，选取相同工况条件下，将冰块融化过程传热系数的实验结果与模拟结果进行了对比分析。

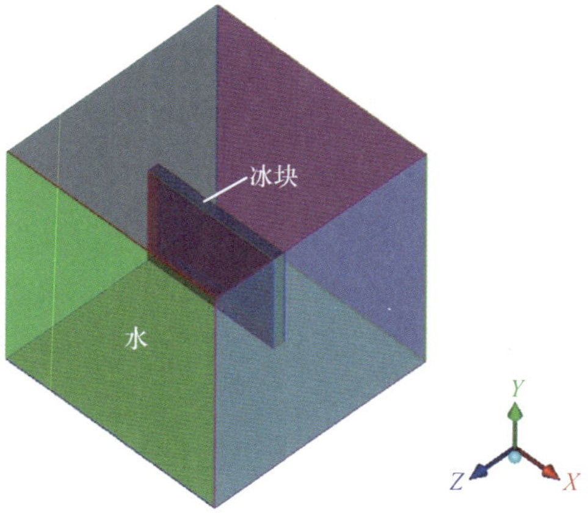

图 2-15　几何模型图

关于传热系数的计算，Shukla A K 等[10]通过实验研究发现，对于板状冰块，努塞尔准数符合以下公式：

$$Nu = 0.2947 \cdot Re^{0.6045} Pr^{1/3} \tag{2-22}$$

在式（2-22）基础之上可对传热系数进行计算，图 2-16 显示的即为相同实验条件下数值模拟与实验测量获得的传热系数，由图 2-16 可以看出二者的结果吻合较好。当流体速度为 0.1 m/s 时，数值模拟获得的传热系数值为 2839 W/(m² · K)，相应的实验测量值为 3025 W/(m² · K)，二者略有偏差。这种偏差可能是由两个方面原因造成的，其一，可能是因实验过程方法产生的误差。在实验过程中，采用粒子成像测速技术测量液体平均速度，进而计算出雷诺数。然而，这种方法获得的平均速度为体积速度，由于当流体流过冰块表面时会存在速度梯度，所以，该速度并不是冰块表面的速度。此外，冰块的厚度是通过

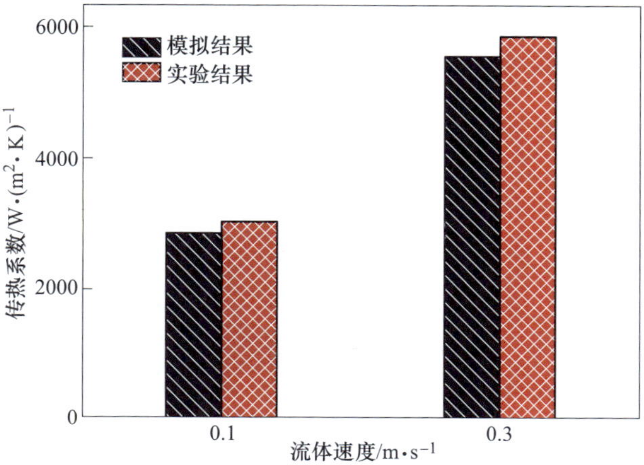

图 2-16　数值模拟与实验测量传热系数对比图

高速摄像机拍摄获取的，而拍摄过程中折射可能会造成测量的误差。其二，由于数值模拟的结果是一种近似解，故不可避免的数值模拟误差可能是造成上述偏差的另外一个原因。综上所述，可认为上述所建立的数学模型是合理的。

2.1.2.3　模拟结果与分析

A　废钢瞬态运动特性

由于转炉冶炼过程极其复杂，在实际生产过程中很难直接观察到废钢的运动行为。本书通过水模型实验，拍摄了实验过程中冰块的运动情况，并截取不同时刻图片对冰块的瞬态运动行为进行分析。

图 2-17 显示的是在时间分别为 1 s、2 s、3 s、10 s、75 s、78 s 时，冰块在熔池中运动的瞬态图。对于初始时刻位于氧枪正下方的某一冰块，冰块在初始时刻被高速射流冲击（$t=1$ s），然后开始向下运动（$t=2$ s，$t=3$ s），随后，冰块

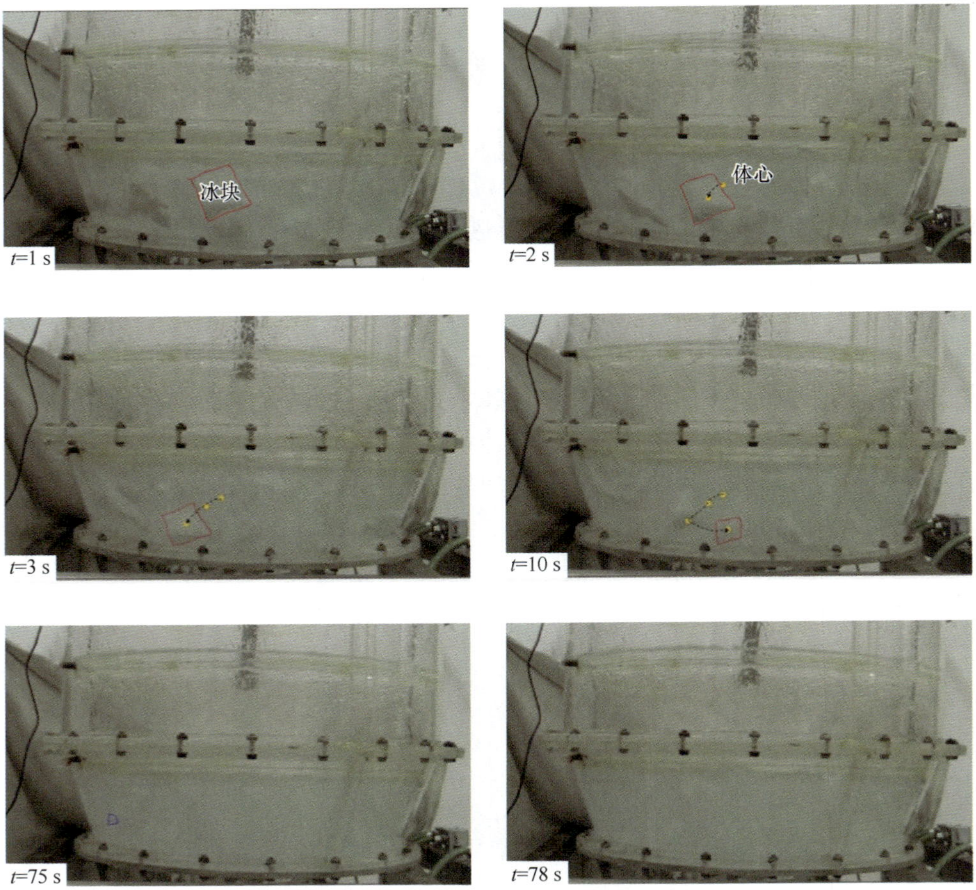

图 2-17　冰块在转炉熔池中的瞬态运动情况

（图中黄色圆点代表某一时刻冰块的体心位置；箭头方向代表冰块的运动方向）

在顶吹射流与底吹射流的共同作用下开始向上运动（$t=10$ s），图中标注的箭头方向表示冰块的运动方向。由此可知，冰块的运动与熔池内流体的运动行为相吻合，冰块随着周围流体的流动而运动，而冰块的融化在运动过程中同时发生。因此，通过改善熔池流场流动行为，可改善固-液之间的传热效果，加快冰块的融化。并且，相关研究还表明，固-液界面的对流传热系数在熔池中的“死区”会显著下降[13]，故熔池中“死区”的存在是冶炼后期有未熔化废钢的重要原因。上述结果可为转炉冶炼过程中废钢的控制提供参考与指导。

B　不同废钢条件下的熔池混匀行为

由上述研究内容可知，转炉熔池混匀情况与废钢熔化行为密切相关，且因转炉冶炼过程中加入废钢的种类繁多，因此，本节探究了不同废钢条件下熔池混匀行为的变化规律。

图 2-18 显示的是不同种类冰块条件下熔池的混匀时间。由该图可知，随着冰块尺寸的减小，熔池的混匀时间逐渐缩短，其中，在加入小型冰块条件下熔池的混匀效果最好。以板形冰块为例，当熔池中加入的冰块均为大型冰块时，熔池的混匀时间为 44 s，而当加入较小尺寸的冰块时，熔池的混匀时间为 40 s。其原因可能是，当冰块尺寸较大时（如大板形冰块与大块形冰块），冰块占据了较大的空间并在很大范围内阻碍了流体的运动。冰块体积越大时，其对熔池流体运动的阻碍作用越明显，这不利于熔池的混匀，进而会影响到冰块固-液界面的传热，不利于冰块的融化。因此，实际生产中采用较小尺寸的废钢，更有利于熔池的混匀。另一方面，加入固体冰块的形状对熔池的流体流动行为也是有影响的。由图 2-18 可以看出，当熔池加入块形或者圆柱形冰块时，熔池的混匀效果略优于板形冰块。但是，就混匀效果而言，冰块的尺寸大小对熔池混匀行为的影响更明显。在实际冶炼过程中，可通过调整加入废钢的尺寸来改善冶炼过程熔池的混匀时间。

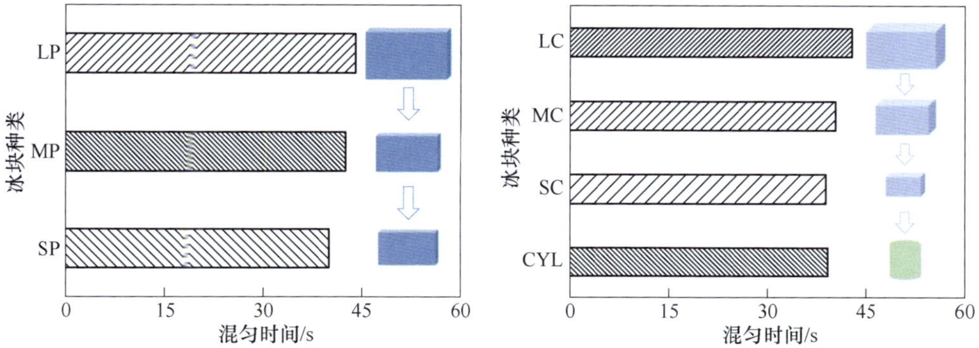

图 2-18　熔池在加入不同种类冰块条件下的混匀时间

另外，随着废钢资源的日益增加，越来越多的废钢应用于转炉炼钢中。因此，很有必要探究不同废钢加入量对转炉冶炼进程的影响规律。图 2-19 显示的是在冰块加入量占比分别为 0、4%、5%、8.6%等条件下转炉熔池的混匀特性。由图 2-19 可明显看出，随着冰块加入量的增加，熔池的混匀时间显著增加。当熔池内从没有冰块增加至冰块加入量为 8.6%时，熔池的混匀时间增加了 76.3%。因此，在转炉冶炼过程中，随着废钢加入量的增加，需要改善熔池的搅拌与混匀效果，来提高转炉的生产效率。关于熔池混匀效果的改善，可根据本书 2.1.1 节的研究结果来调整冶炼过程的工艺参数，以及根据上述研究结果通过改善废钢的几何参数比如大块废钢切块等来实现。

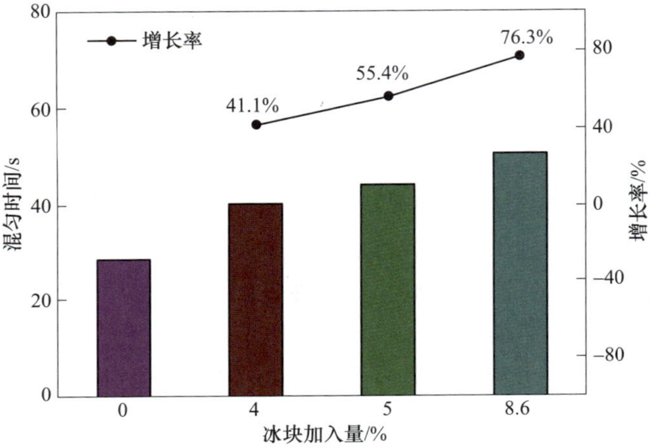

图 2-19　加入不同冰块条件下熔池的混匀时间

C　不同废钢条件下废钢熔化行为

在上述研究基础之上，本书还对不同废钢条件下转炉熔池中废钢的熔化行为进行了模拟探究。用相似的冰块融化时间来表征熔池中废钢的熔化特性。

图 2-20 显示的是在不同冰块几何参数条件下，熔池中冰块完全融化所需的时间。由图 2-20 可以看出，具有较大比表面积的小尺寸冰块，在熔池中融化得更快。以块形冰块为例，大尺寸冰块完全融化的时间约为 130 s，比同类型小尺寸冰块的完全融化所需的时间长约 50 s。此外，就冰块的几何形状而言，块形冰块完全融化的时间明显长于板形与圆柱形冰块，其原因可归结为加入冰块的比表面积不同。以大尺寸块形和板形冰块为例，大尺寸板形冰块的比表面积为 0.108 m^2/m^3，而大尺寸块形冰块的比表面积仅为 0.080 m^2/m^3，板形冰块的比表面积是块形冰块的 1.35 倍。由此可推断，在转炉冶炼过程中废钢的几何形状是影响熔池中废钢熔化效率的关键因素。在转炉冶炼过程中若出现未熔化的废钢会对转炉冶炼控制产生重要影响，且易造成喷溅等事故，因此，在转炉冶炼中应避免加

入比表面积较小的大尺寸废钢如重型废钢。

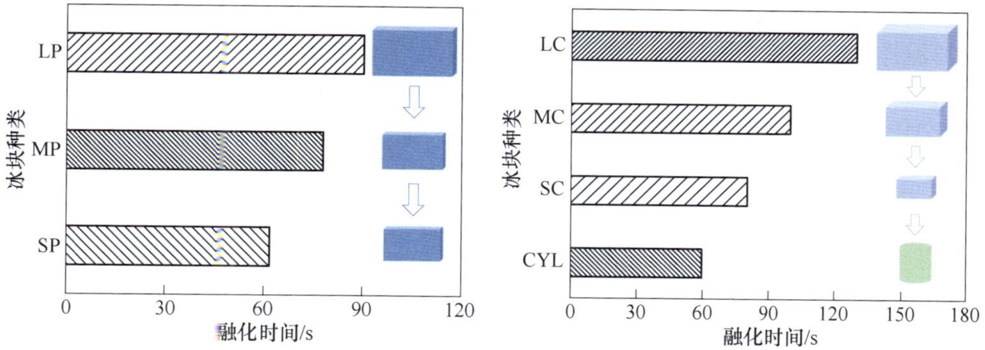

图 2-20 加入不同种类冰块条件下冰块在熔池中的融化时间

图 2-21 所示的是当冰块加入量分别为 4%、5%、8.6%时，冰块融化时间分别为 85 s、95 s、234 s。当冰块加入量由 4%增加到 8.6%时，冰块融化时间增加了近两倍。这个过程中伴随着大幅度的温降，这会增加在实际转炉冶炼过程中出现未熔化废钢的可能性，转炉熔池需要更多的能量输入来改善熔池固体熔化过程。因此，在实际转炉冶炼中，随着废钢比的增加，转炉熔池需要相应增加能量输入与热量供应。

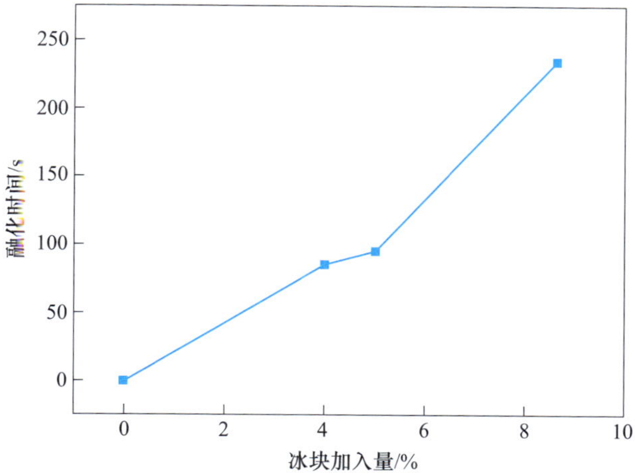

图 2-21 不同冰块加入量条件下冰块在熔池中的融化时间

D 废钢动态熔化行为

上述章节对不同废钢条件下熔池混匀行为与废钢熔化行为进行了物理模拟研究，在此基础之上，本书采用数值模拟方法，对废钢动态熔化过程进行了模拟研究。为了使模拟结果与上述研究进行比较与验证，本书对小尺寸板形冰块的融化过程进行了模拟研究。

表 2-10 显示的是冰块在不同温度水中的融化过程。就单个冰块而言，在静止的流体中，冰块在不同的方向均匀地融化，且随着周围流体温度的升高，冰块的融化过程明显加快。图 2-22 显示的即为不同流体温度下冰块的融化时间，当流体温度为 273 K 时，冰块完全融化所需要的时间为 33. 69 s，当流体温度升高到 333 K 时，冰块完全融化所需的时间仅为 17. 30 s，冰块完全融化的时间减少了将近一半。由此可知，提高流体温度是改善流域内固体融化的有效方法。本研究条件下，熔池流场温度每升高 1 K，单个冰块的融化时间减少约 0. 2 s。因此，在转炉冶炼过程中，随着废钢加入量的不断增加，热补偿技术可作为改善冶炼条件的一种有效手段。

表 2-10　不同实验温度下冰块的动态融化行为（$u=0$ m/s）

温度/K	Z 平面不同时刻液相体积分数云图		
293	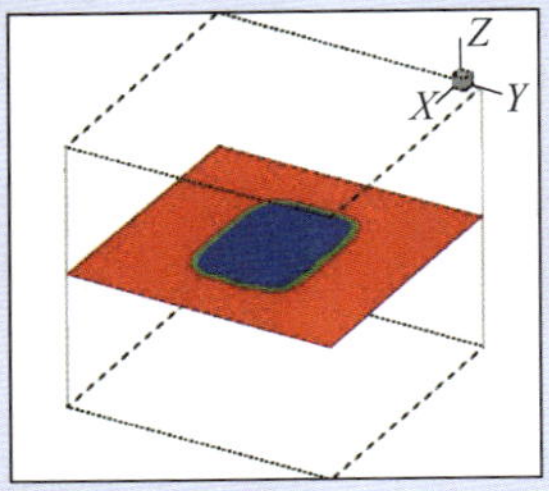	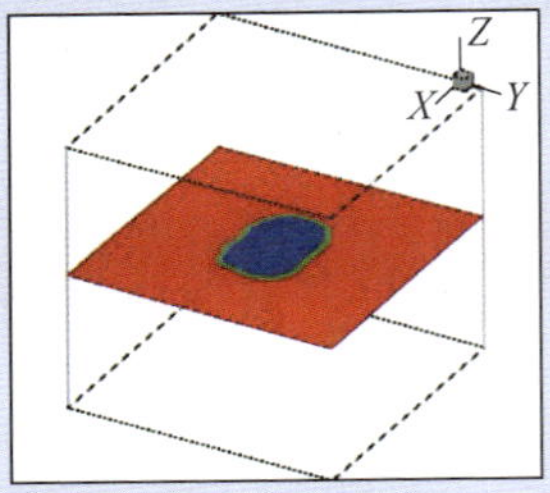	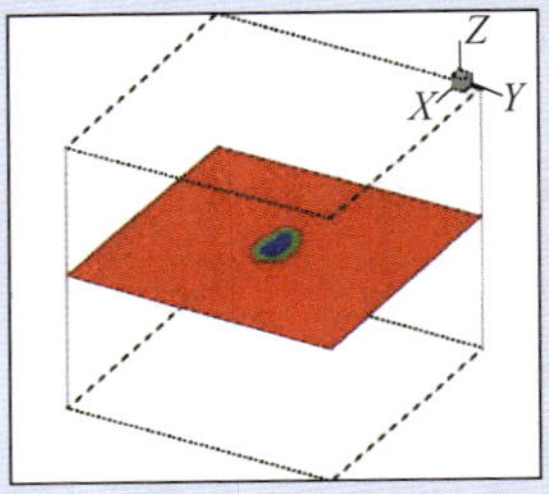
	$t=10$ s	$t=20$ s	$t=30$ s
313	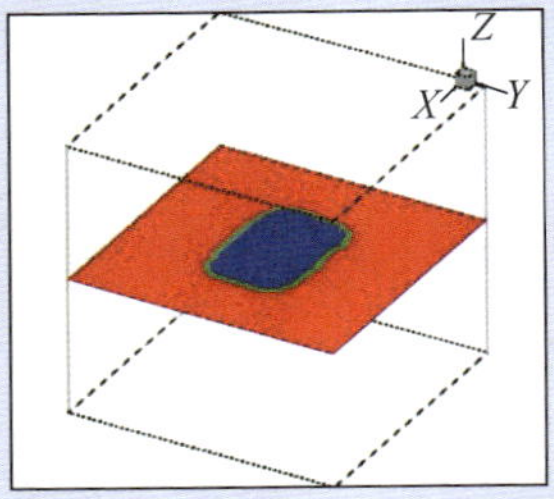	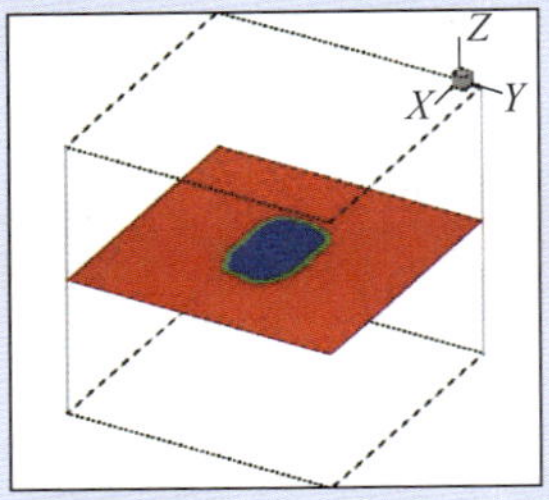	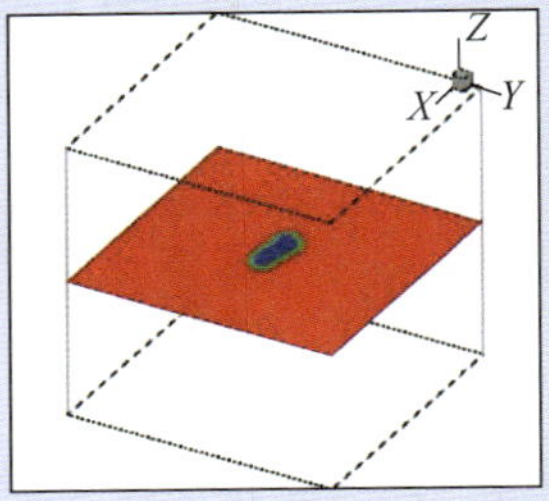
	$t=10$ s	$t=15$ s	$t=20$ s
333	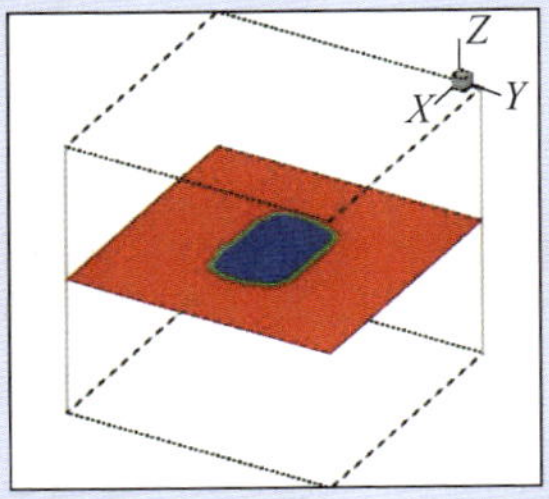	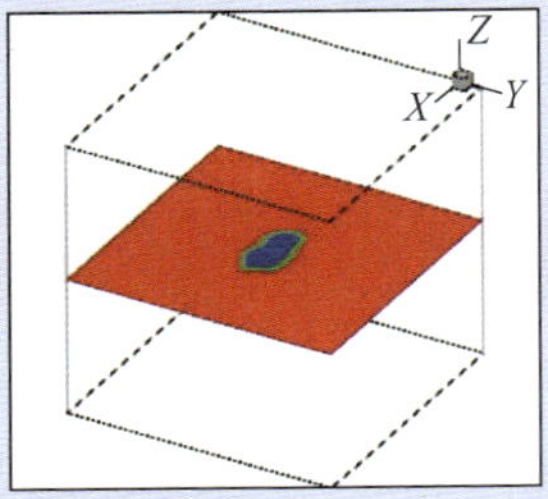	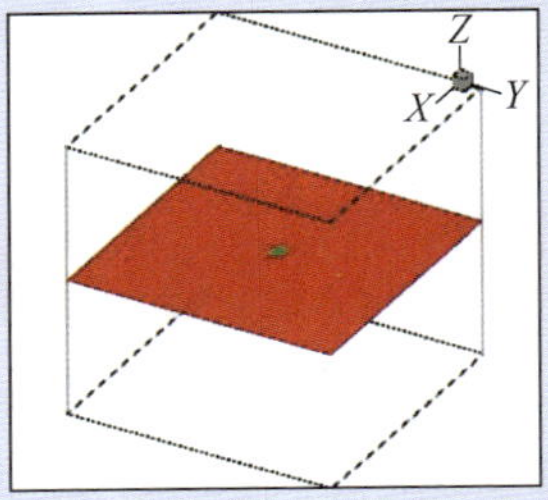
	$t=10$ s	$t=15$ s	$t=17$ s

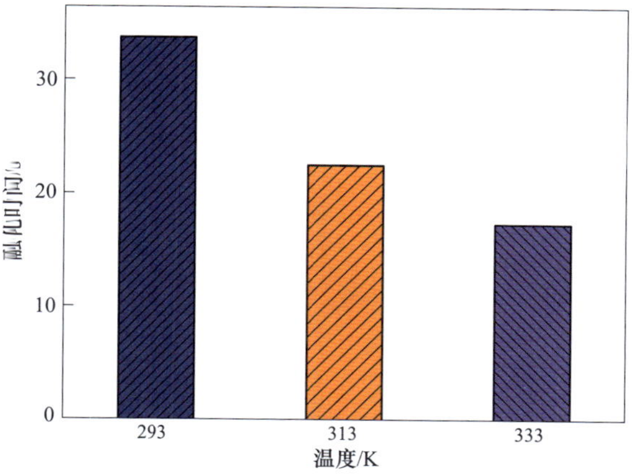

图 2-22　不同实验温度下冰块的融化时间

此外，由上述研究内容可知，熔池中固体冰块的融化行为与流动行为密切相关，为定量化探究熔池流动行为与冰块融化行为的关系，本节对不同流速下冰块的融化行为进行了数值模拟研究。

表 2-11 显示的是当流体 Y 方向的速度由 0.1 m/s 增加到 0.5 m/s 时，冰块的动态融化过程，与之对应的不同流速条件下冰块完全融化的时间如图 2-23 所示。由研究结果可知，随着流体流速的增加，冰块的融化过程明显加快，尤其是在流体速度方向。当流体速度由 0.1 m/s 增加到 0.5 m/s 时，冰块完全融化的时间由 21.74 s 缩短到 2.4 s，冰块融化时间降低了将近 90%。当熔池流体速度增加 0.1 m/s时，固体的融化时间缩短了约为 5 s。这也从另一方面证明了，熔池内固体的融化行为与熔池混匀效果密切相关，良好的熔池搅拌与混匀效果是良好固体融化效果的先决条件。此外，由图 2-22 与图 2-23 比较可看出，流体的流动效果对熔池中冰块融化的影响更为显著。因此，在实际转炉冶炼过程中，增加熔池的搅拌效率、减少流场中的“死区”，是控制废钢熔化的重要内容。

表 2-11　不同流动速度下冰块的动态融化行为（T=300 K）

速度 /m·s^{-1}	Z 平面不同时刻液相体积分数云图		
0.1	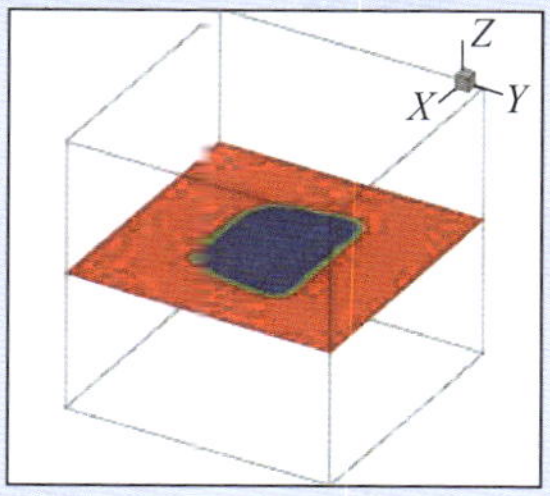	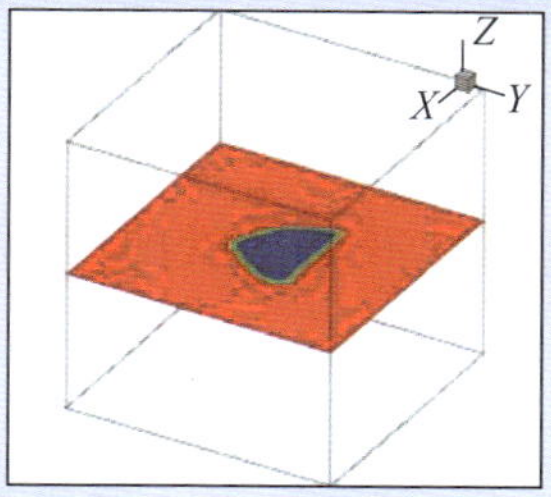	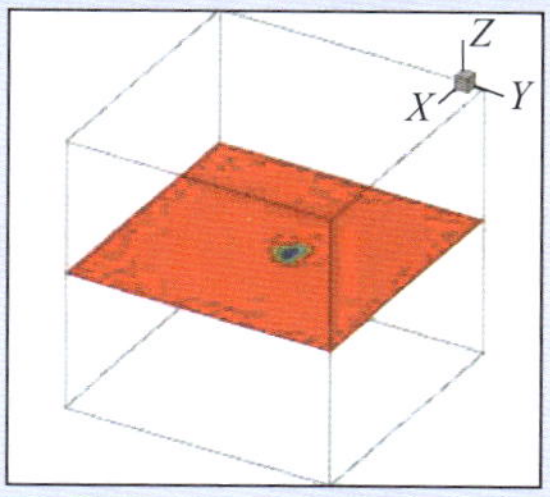
	t=7 s	t=15 s	t=20 s

续表 2-11

速度 /m · s^{-1}	Z 平面不同时刻液相体积分数云图		
0.3	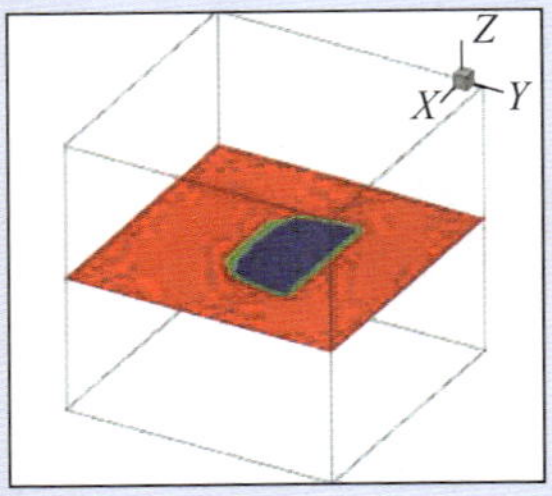	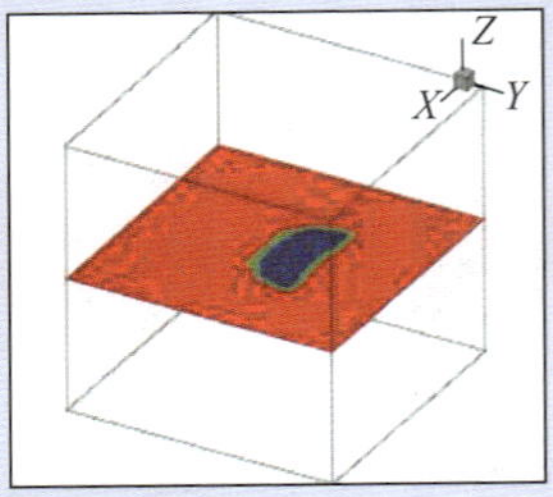	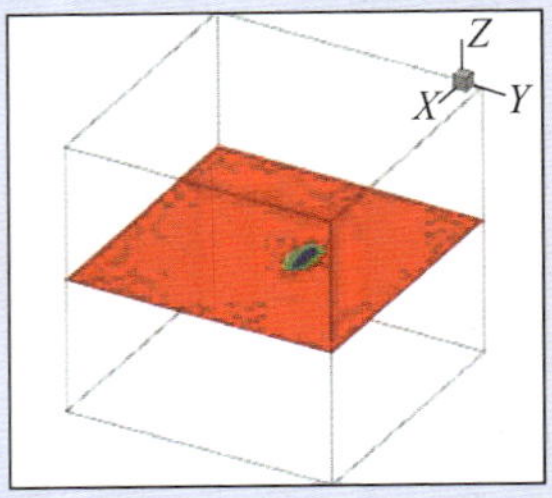
	$t=5$ s	$t=7$ s	$t=10$ s
0.5	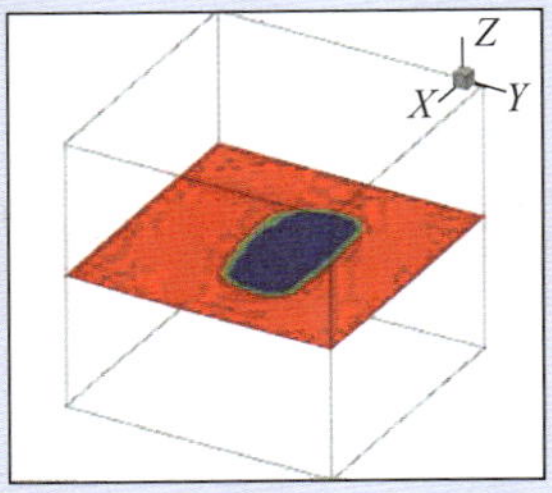	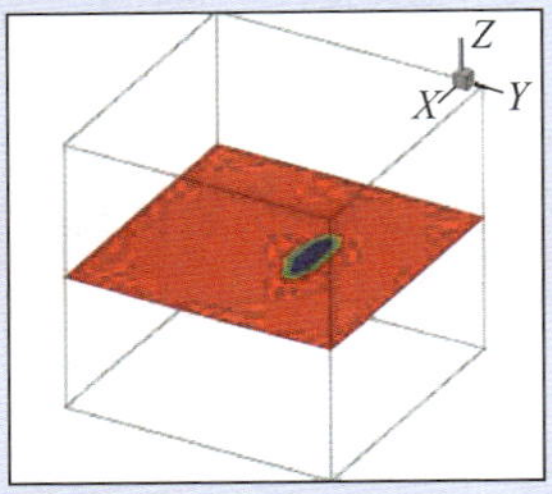	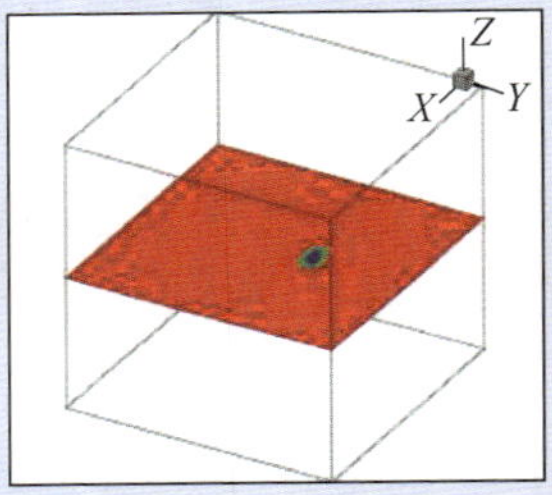
	$t=1$ s	$t=2$ s	$t=2.2$ s

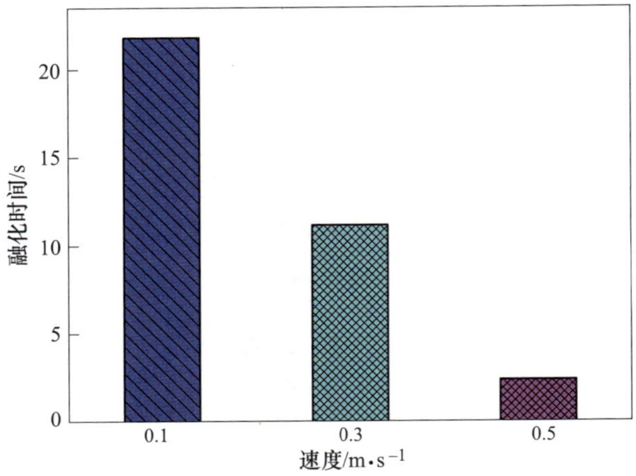

图 2-23　不同流体速度下冰块融化时间

2.1.3　转炉熔池冲击凹坑行为的模拟研究

顶吹氧气射流与熔池相互作用会形成冲击凹坑，该冲击凹坑具有一定的深度与直径。只有获得合适的射流冲击深度和冲击直径，才能实现转炉冶炼过程熔池平稳、均匀地运动，并获得较高的冶炼效率。冲击深度是指从熔池水平液面到凹坑最低点的垂直距离，冲击直径是指射流流股与静止熔池相接触的直径。冲击深度主要取决于射流冲击到熔池水平面处单一射流中心线上的速度，而冲击面积主要决定于射流与熔池的接触面积。顶吹高压气体自氧枪喷头喷出后，具有一定动能的射流会冲击转炉熔池，引起熔池运动，从而对金属熔池进行混合搅拌。冲击深度与冲击直径是评价氧气射流对熔池作用的重要特征指标。如果冲击深度不够，则转炉熔池吸氧程度会降低，氧的利用率和脱碳速度会相应减小；随着熔池冲击深度的增加，转炉熔池吸氧程度随之增加，氧的利用率和脱碳速度会相应增大，但冲击深度过大时，容易损坏转炉炉底并影响熔池化渣行为。因此，深入研究冲击凹坑特性对于冶炼过程高效、平稳运行具有重要意义。

考虑到很难在实际冶炼过程中观测射流速度场分布、射流对熔池冲击凹坑的形成及其运动行为，本书运用物理模拟方法对转炉熔池冲击凹坑行为进行了模拟研究。此外，在物理模拟实验过程中若采用油模拟炉渣，当顶吹射流速度较大或氧枪枪位较低时，油相会发生乳化现象，图 2-24 显示的即为实验过程中熔池内发生的乳化情况，该现象会严重影响熔池内冲击凹坑的观察与测量。因此，本节研究工作是在气-液两相流作用下，阐明不同冶炼工艺参数对顶吹射流冲击熔池所形成凹坑深度以及直径的影响规律，并深入分析不同冲击凹坑形状与熔池搅拌及混匀特性的关系[14]。

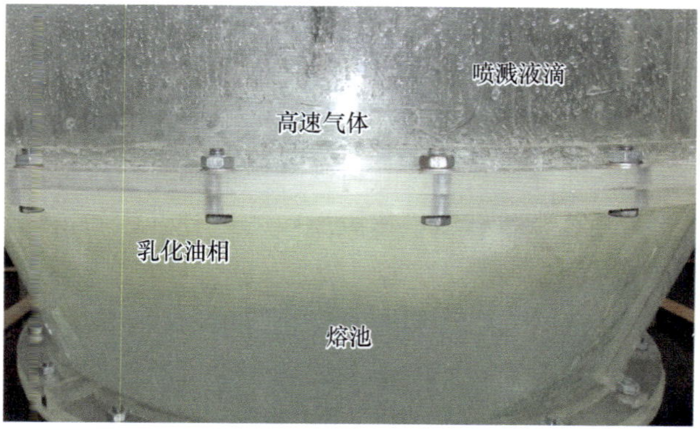

图 2-24 物理模拟实验过程中油的乳化现象

2.1.3.1 实验条件与装置

本节在相似原理的基础之上，对不同工艺参数条件下转炉熔池冲击凹坑的形貌进行了物理模拟研究，实验的基本原理已在本书 2.1.1 节进行了详细论述，实验过程采用的基本工艺参数如表 2-12 所示。

表 2-12 冲击凹坑物理模拟实验参数

参数	原型	模型
氧枪枪位/mm	950、1150、1350、1550	71.88、105.22、138.55、171.88
氧枪流量/$Nm^3 \cdot h^{-1}$	14000、15000、16000、17000	69.08、74.00、78.94、83.88
氧枪喷孔数	4	4

转炉冲击凹坑行为物理模拟实验装置如图 2-25 所示。

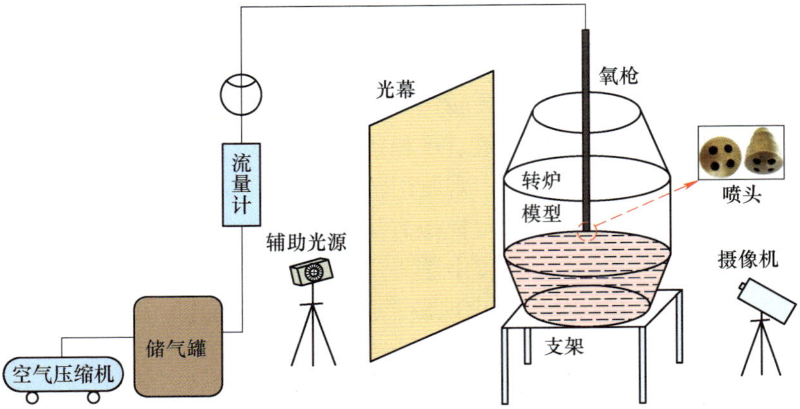

图 2-25 冲击凹坑物理模拟实验装置

2.1.3.2 实验过程

冲击凹坑形貌是转炉冶炼过程重要的动力学参数，评价转炉熔池冲击凹坑形貌两个重要的特征指标是冲击深度与冲击直径。当氧气射流对转炉熔池冲击深度较小时，则氧气与熔池相互作用域较小，熔池的吸氧程度降低，氧气的利用率会下降，不利于脱碳反应进行。然而，当射流与熔池相互作用冲击深度较大时，氧气射流集中作用于穿透熔池，不利于化渣反应的进行且容易损坏转炉炉底。

实验过程中，针对特定工况的实验参数条件，当熔池吹炼条件达到稳定状态后，可通过相机记录熔池的冲击形貌。其中，熔池的冲击深度可直接测量，熔池的冲击直径可通过图片分析确定。考虑到通过相机记录熔池形貌存在视觉效果误差，实验过程中根据图像测量参数与其相对应模型实际参数的相似来对其进行修正。

2.1.3.3 模拟结果与分析

在上述实验模型的基础之上，本书对转炉熔池冲击凹坑行为进行了模拟研究。首先，对不同工艺参数条件下转炉熔池冲击凹坑的变化规律进行探究；其次，对熔池凹坑的形貌进行了无量纲化表征，提出了冲击凹坑形状指数[14]，进而，对冲击凹坑形状指数与吹炼数、喷溅量以及熔池混匀效果的关系进行分析与讨论。

A 工艺参数对冲击凹坑的影响

本书分别对不同氧枪枪位、气体流量以及氧气喷头孔数条件下熔池的冲击凹坑行为进行了模拟研究。

图 2-26 显示的是不同氧枪枪位对转炉熔池冲击凹坑的深度与直径的影响规律。由该图可知，随着枪位的增加，冲击凹坑的深度逐渐减小，凹坑的直径逐渐增加。这是因为随着枪位的增加，射流对熔池的相互作用逐渐由“硬吹”转变为“软吹”，射流到达熔池液面并作用于穿透熔池的能量逐渐减小，凹坑形状逐渐由椭球形转变为浅盘型。

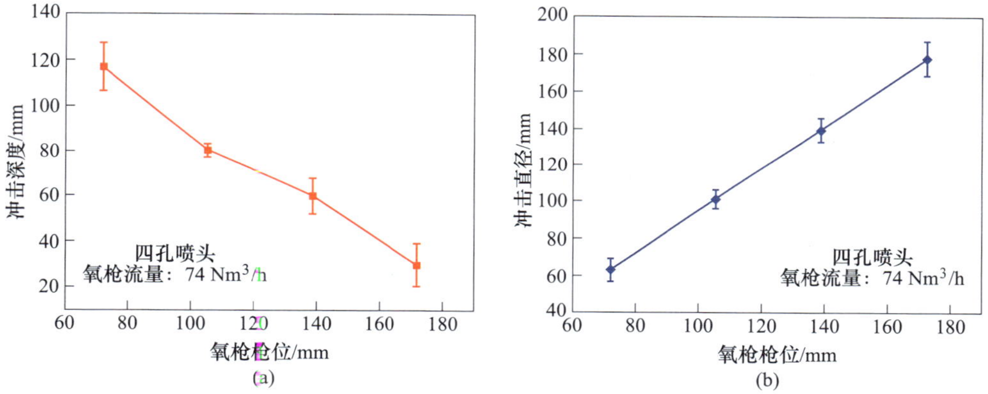

图 2-26 不同氧枪枪位对熔池冲击效应的影响

（a）冲击深度；（b）冲击直径

顶吹流量也是影响冲击凹坑形貌的重要工艺参数之一。图 2-27 显示的是不同顶吹流量条件下转炉熔池冲击凹坑的深度与直径的变化。由图 2-27（a）可知，

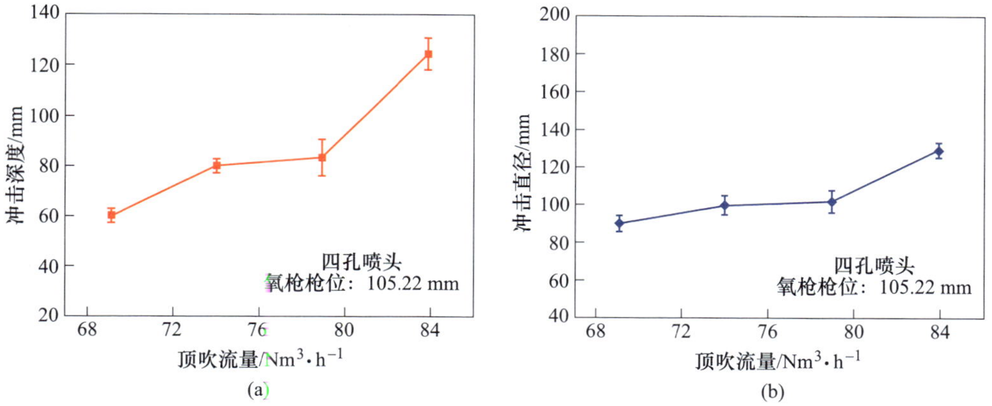

图 2-27 不同顶吹流量对熔池冲击效应的影响

（a）冲击深度；（b）冲击直径

随着顶吹流量的增加，作用于穿透熔池的顶吹射流能量逐渐增加，熔池冲击凹坑的深度逐渐增加。而随着顶吹流量的增加，冲击凹坑的直径变化较小。由此可推断，顶吹射流流量的变化，即顶吹射流输入熔池动能的变化，主要是对熔池冲击凹坑的深度产生影响，而对水平方向凹坑形貌变化影响较小。

不同的氧枪喷头孔数对熔池冲击凹坑形貌的影响规律如图 2-28 所示。由该图可以看出，氧枪喷头孔数对熔池冲击深度和冲击直径的影响较小，随着氧枪喷头孔数的增加，熔池冲击深度略有减小，熔池冲击直径增加。

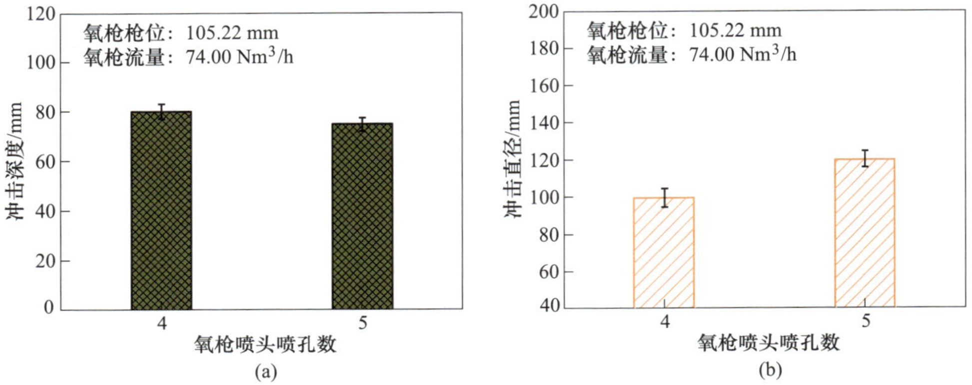

图 2-28　不同喷头孔数对熔池冲击效应的影响

（a）冲击深度；（b）冲击直径

B　冲击凹坑形状的表征

由上述分析可知，转炉冶炼过程工艺参数的变化对冲击凹坑的形貌有重要影响。关于冲击凹坑形貌的描述，Molloy[15]根据冲击凹坑形状将其分为浪涌、喷溅与穿透三种模式。冲击凹坑为浪涌模式时，冲击凹坑液面有轻微凹陷且没有液滴的生成；冲击凹坑为喷溅模式时，冲击凹坑液面有一定的凹陷并伴随着大量液体的飞溅；而穿透模式的冲击凹坑向外飞溅的液滴会明显减少，并形成了较深的凹坑。Molloy 的研究工作可以定性地描述转炉冶炼过程中冲击凹坑形状。但是，在一定冶炼工况条件下，熔池冲击凹坑具体处于何种模式，目前并没有统一的判断标准。

为更加形象地描述冲击凹坑的形貌，本书了采用无量纲凹坑形状指数 I_C（Cavity Shape Index）对其进行表征[14]，凹坑形状指数定义为冲击凹坑的深度（h_C）与凹坑直径的比值（d_C），该指数可由公式（2-23）进行描述。

$$I_C = \frac{h_C}{d_C} \tag{2-23}$$

凹坑形状指数可定量地表征熔池的冲击凹坑的形貌，该指数为无量纲数。当顶吹氧气射流与熔池液体没有接触时，凹坑形状指数为 0。随着冲击深度的增加，冲击凹坑的形状逐渐由浅盘形转变为典型的椭球形，其形貌变化过程如图 2-29 所示。

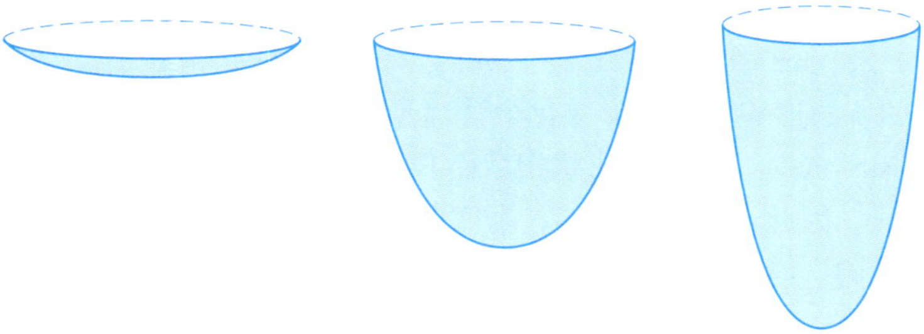

图 2-29　凹坑形貌变化示意图

在一定的冶炼条件下，熔池具有特定的凹坑形状指数及其对应的冶炼特征，应用凹坑形状指数可实现对实际冶炼过程无法观测的冲击凹坑的数字化表征，提供了一种转炉熔池多相流行为综合作用于熔池形貌的物理模拟表征方法，为获得特定的冶金效果，可运用该指数设计更贴近于实际生产的物理模拟实验。此外，由于该指数是对凹坑形貌状态的定量化描述，其状态值与流体界面状态密切相关，且特定凹坑形貌状态值对应确定的熔池冶金效果，其关系将在后面进行阐述。

由上述内容可知，凹坑的形状与氧枪枪位以及顶吹流量密切相关，图 2-30 显示的即为不同氧枪枪位与顶吹流量条件下凹坑形状指数的变化。由图 2-30（a）可以看出，随着氧枪枪位的增加，氧气射流冲击熔池的深度和冲击直径均有较大变化，冲击凹坑形状指数快速减小。而顶吹流量的增加主要影响熔池冲击凹坑的

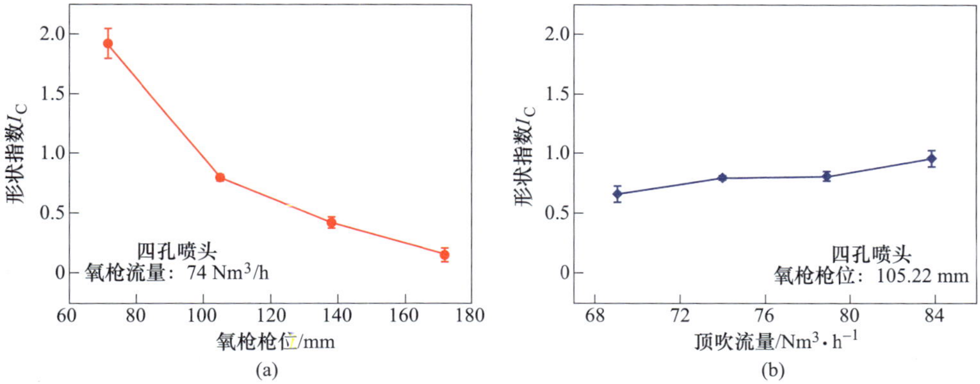

图 2-30　不同工艺参数条件下凹坑形状指数变化

（a）氧枪枪位；（b）顶吹流量

深度，故随着顶吹流量的增加，凹坑形状指数略有增加，如图 2-30（b）所示。凹坑形状指数在不同工艺参数条件下的变化规律与实际冶炼过程的变化情况相符。因此，可认为凹坑形状指数的定义是合理的。

此外，由图 2-30（a）与图 2-30（b）凹坑形状指数的变化可以看出，当氧枪枪位由 71. 88 mm 增加至 171. 88 mm 时，凹坑的形状指数由 2. 0 左右下降至 0. 2 左右，凹坑的形貌由椭球形变化为浅盘形。而当顶吹流量由 69. 08 Nm^3/h 增加至 83. 88 Nm^3/h 时，凹坑的形状指数由 0. 6 左右增加至 1. 0 左右，凹坑的形貌变化并不明显。因此，可以判断出，在实际冶炼过程中，氧枪枪位对于熔池冲击凹坑形状变化的影响更为显著。

C　冲击凹坑与吹炼数及喷溅率关系

上述研究通过定义无量纲凹坑形状指数对转炉熔池冲击凹坑形貌进行了定量化表征。而冲击凹坑的产生，是顶吹射流与熔池相互作用的结果。凹坑的形状与顶吹射流及流体的特性密切相关，且凹坑形成的过程伴随着金属液滴的喷溅。相关研究表明，转炉熔池内很多重要的化学反应发生在渣-金乳化区，且化学反应速率的快慢与金属液滴在乳化区的数量、尺寸及其运动行为密切相关[16]。Subagyo 等[17]通过研究发现，该现象的产生可由开尔文-亥姆霍兹（Kelvin-Helmmoltz）不稳定理论来解释，并提出了表征影响该现象的无量纲“吹炼数”N_B(Blowing Number)，吹炼数表示的是惯性力、浮力以及表面张力共同作用下，转炉熔池流体表面的状态。该研究得到了国内外学者的广泛关注与引用，吹炼数的具体表达式为：

$$N_B = \frac{\rho_g u_g^2}{2\sqrt{\sigma g \rho_l}} \tag{2-24}$$

熔池吹炼数是对 Kelvin-Helmholtz 界面稳定性标准中超临界速度的估计，其可以看作是对由于氧气射流撞击液面而造成流体飞溅和液滴生成的一种定量描述[17]，它表征着熔池多相流相互作用界面的不稳定状态。而氧气射流对熔池冲击过程产生凹坑，凹坑形貌也与液体喷溅及液滴生成行为密切相关。基于上述分析，本书针对吹炼数与熔池冲击凹坑形貌的关系进行了研究，通过非线性拟合的方法，建立了表征 80 t 转炉熔池冲击凹坑形状指数与吹炼数关系的模型，其关系式如式（2-25）所示。

$$I_C = 1.0205 - 0.2428N_B + 0.0228N_B^2 - 0.0005N_B^3 \tag{2-25}$$

熔池吹炼数与形状指数的关系如图 2-31 所示。由该图与式（2-25）可以看出，熔池冲击凹坑形状指数与吹炼数呈现出明显的指数关系，且拟合度较好（R^2=0. 9601）。此研究结果表明，转炉熔池冲击凹坑形状与熔池气-渣-金界面不稳定性密切相关，随着熔池界面不稳定性增加，熔池冲击凹坑形状指数呈指数增加趋势，且当吹炼数在 10~20 变化时，熔池冲击凹坑形貌变化幅度较大。

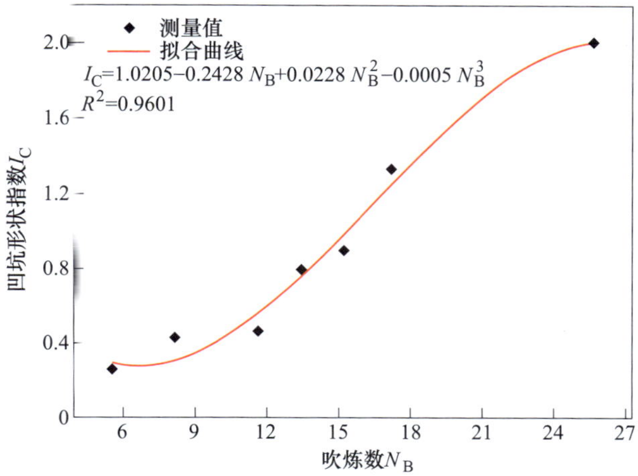

图 2-31 吹炼数与熔池冲击凹坑形状指数关系图

另一方面，凹坑形状指数随着吹炼数的增加而逐渐增加，这是由射流的冲击动能增加造成的。换言之，当吹炼数较大时，射流与熔池的相互作用会产生较大的冲击深度和较小的冲击直径。而当顶吹射流能量较小时，射流对熔池冲击形貌的影响较小。随着吹炼数的逐渐增加，凹坑形状指数快速增加并最终达到一个相对稳定的水平。其原因可归结为，当吹炼数达到一定值时，冲击凹坑形状为穿透模式，此时，更多的氧气射流消耗于穿透并震荡熔池。且当氧气射流能量过大时，射流可能会作用于转炉炉底，这不仅会造成能量的浪费，更不利于转炉设备维护与冶炼的平稳进行。由此可知，在实际冶炼过程中，凹坑的形成需要一定冲击能量，且该能量应控制在合理范围内。

此外，当氧气射流冲击到熔池液面时，形成冲击凹坑，在凹坑表面上射流发生反射，反射的气流会在冲击凹坑液体表面产生剪切力并带动熔池内部液体流动，且由此产生的界面压力波动、熔池水平与竖直方向震荡、气流剪切力等会造成熔池液体的喷溅，在喷溅液体的边缘会分离产生液滴。Subagyo 等[17]认为，当吹炼数大于 1 时，熔池会发生喷溅，并根据吹炼数理论、高温试验以及相关水模型实验数据[18]提出了单位气体流量（F_G）下金属液滴产生速率（R_B）的经验公式。

$$\frac{R_B}{F_G}=\frac{(N_B)^{3.2}}{[2.6\times10^6+2.0\times10^4(N_B)^{12}]^{0.2}} \tag{2-26}$$

金属液滴产生的速率与冶炼过程工艺参数密切相关，而由前面的研究结果可知，工艺参数变化会引起冲击凹坑形状的变化。因此，本书对凹坑形状变化与喷溅量的关系进行了探究。图 2-32 为不同凹坑指数条件下，熔池金属液滴产生率的变化情况。由图 2-32 可以看出，随着凹坑形状指数的增加，喷溅产生的速率逐渐增加，当凹坑形状指数由 0. 25 增加到 0. 47 时，单位顶吹气量的条件下，喷溅速率 R_B/F_B 的值由 12. 30 kg/Nm³ 增加到 39. 26 kg/Nm³。但是，随着凹坑形状指数继续增加，喷溅率的增长率减缓。此外，不同操作条件对应着熔池不同的凹坑形貌，就熔池发生喷溅的临界状态而言，在该研究条件下，熔池发生喷溅的凹坑形状指数临界值为 0. 8。在此基础之上，可运用该指数设计并优化目标冶金效果的物理模拟实验，以获得相应工艺参数的优化方案。

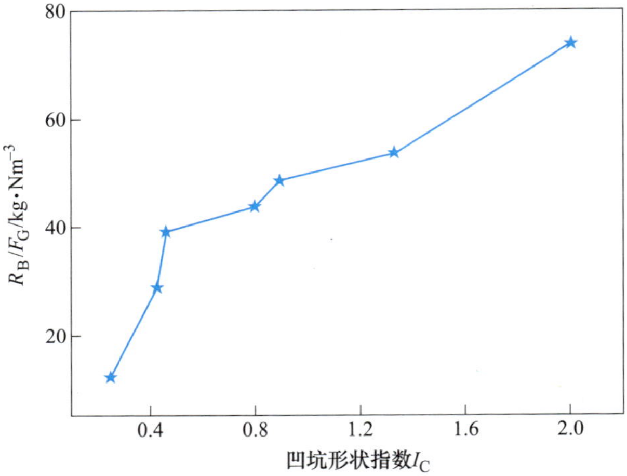

图 2-32 熔池凹坑形状指数与喷溅速率的关系

D 冲击凹坑形貌与对混匀效果的影响

前面对冲击凹坑的形貌与吹炼数以及熔池喷溅量关系进行了定量研究。而炼钢反应动力学相关研究表明，一定的冲击凹坑形状是熔池混匀与快速冶炼的前提，转炉冶炼速率与高速射流和熔体接触面积的大小密切相关。为深入研究不同冲击凹坑形状下接触面积的变化规律，本书分别研究了不同工况条件下冲击面积的大小。本书研究计算的冲击面积，指的是在一定工况条件下，顶吹高速射流与熔体的接触面积。图 2-33 为冲击凹坑的形貌。

由图 2-33 可以看出，冲击凹坑形状边缘特征决定冲击面积的大小。因此，首先需要建立实验过程中不同冲击凹坑形状条件下，冲击面积的计算表达式，对于一个特定的冲击凹坑形貌，冲击凹坑曲线的表达式为 $y(x)$，则其冲击面积（S_i）可由式（2-27）表示。

$$S_i = 2\pi\int_a^b x\sqrt{l + y'(x)dx} \tag{2-27}$$

基于上述分析，分别计算了不同工况条件下凹坑的冲击面积。冲击面积的值代表的是顶吹射流与熔池接触面积。此外，由上述分析可知，熔池冲击凹坑的形貌可由凹坑形状指数进行有效表征。因此，本书对顶吹高速射流与熔池相互作用

图 2-33 冲击凹坑的形貌

产生的冲击凹坑形状，及其与冲击面积和熔池混匀效果的关系进行定量化分析。熔池的混匀效果可由熔池混匀时间进行评估。图 2-34 显示的即为熔池混匀程度与冲击凹坑形貌的关系。

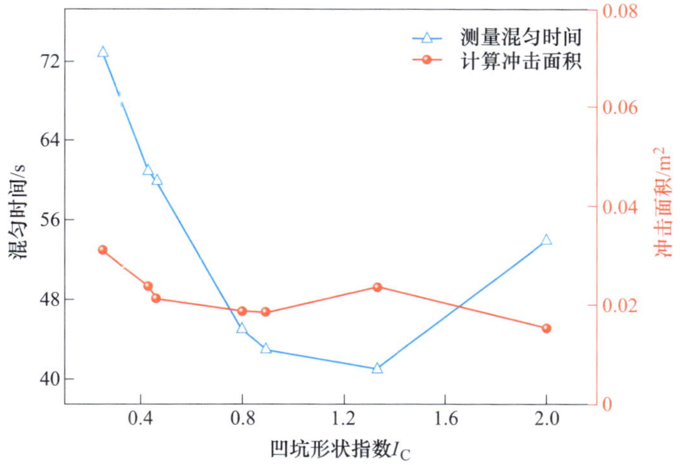

图 2-34 冲击凹坑形貌对熔池混匀行为的影响

由图 2-34 可明显看出，较小或者较大的凹坑形状指数条件下，转炉熔池混匀时间都比较长。当凹坑形状指数较小时，顶吹射流对熔池水平方向冲击直径较大，此时，冲击凹坑的形状为浅盘状，该情况属于浪涌模式或者早期喷溅模式，冲击射流能量很大一部分耗散于熔池液面上方区域，这在实际生产过程中被称为“软吹”。“软吹”条件时，熔池的冲击面积较大，有利于炉渣的熔化，但此时熔池的混匀效果并不理想。因此，较大的冲击面积并不能代表较好的混匀效果。

随着凹坑形状指数的增加，冲击面积先是快速下降而后逐渐增加并最终趋于平稳，更多顶吹射流能量作用于穿透熔池。相关研究表明，冲击凹坑形成所需的能量很小，大部分顶吹射流能量用于熔池搅拌和流体的飞溅与液滴生成[19]。当凹坑的形状指数在 1 左右时，熔池可达到较好的混匀效果。然而，当凹坑形状指数继续增加时，冲击凹坑的形状逐渐转变为穿透模式，射流不能对熔池形成大范围的有效搅拌，此研究结果可为转炉炼钢工艺操作控制提供参考，例如，在实际冶炼过程中，当氧枪喷头孔数为四孔，操作压力为 0.8 MPa 时，可以通过调整氧枪枪位，来控制凹坑的形状，以获得不同的冶金效果，当凹坑的形状指数在 1 附近时，熔池搅拌与混匀效果较好。在本研究的基础之上，通过对枪位、喷头孔数、氧气流量等工艺参数开展系列优化实验，可获得熔池混匀效果良好、不同组合的工艺参数控制方案，由此形成工业试验的技术原型，可为实际应用提供参考与指导。此外，根据快速傅里叶变换（FFT）技术对熔池液面表面波的相关研究可知，针对处于穿透模式的凹坑，顶吹射流能量更多地用于穿透并震荡熔池，此时，转炉熔池内可能会存在明显的死区，不利于熔池搅拌与混匀。因此，为达到良好的熔池搅拌与混匀效果，应控制良好的冲击凹坑形状。但是，转炉熔池混匀效果并不是由凹坑形成本身造成的，它与不同凹坑形状条件下熔池能量的耗散密切相关。对于 80 t 顶底复吹转炉，冲击凹坑形状指数应控制在 1 左右，以获得良好的熔池搅拌与混匀效果。

2.1.4　转炉熔池气-渣-金相互作用的模拟研究

氧气转炉炼钢涉及力学与物理化学反应，具有明显的复杂、高温、多元、多相反应特征[20]。顶吹高压氧气自氧枪喷头喷出后，形成具有一定动能的氧气射流，氧气射流冲击到熔池液面，引起熔池流体运动，从而对金属熔池进行机械搅拌。若机械搅拌作用强且均匀，则冶炼过程化学反应快、冶炼平稳、效率高，有利于各项生产技术经济指标的提高。而氧气射流所产生的机械搅拌作用强弱、均匀程度则取决于氧气射流与熔池相互作用的情况。因此，有必要对氧气射流行为及其与熔池的相互作用过程进行研究。

考虑到顶吹高速射流与熔池相互作用过程，涉及气-渣-金多相的复杂反应特征。在 2.1.3 节顶吹射流与熔池相互作用的气-液两相流研究基础之上，基于流体体积（VOF）界面追踪技术，建立了气-渣-金多相流模型，对 80 t 转炉气-渣-金多相流体相互作用过程进行了模拟研究[21]，探究了气-渣-金多相流体相互作用过程的瞬态行为与界面特征，并定量分析了氧枪操作条件、炉渣厚度与炉渣物性参数对该过程的影响规律，该研究对于氧气射流的工作原理与冶炼过程控制有重要的参考价值。

2.1.4.1　数学模型

转炉熔池气-渣-金多相流行为具有典型的传输特征。一般来说，传输现象的主要研究方法有理论分析、实验测量以及工程计算等。近年来，计算流体力学（CFD）方法开始应用于冶金学科。计算流体力学是一门具有生命力和广阔发展前景的交叉学科，涉及近代流体力学、计算机科学以及数值数学。计算流体力学通过使用恰当的数值计算方法，以计算机为工具进行数值计算，通过数学模型来描述流体流动过程的物理和化学现象，最终实现对实际问题和物理现象的数值解析。针对研究对象连续物理量的变化，采用有限离散点上变量值的集合来替代，通过求解离散点上场变量关系的代数方程组从而获得场变量的近似值，即为计算流体力学的主旨思想。简而言之，计算流体力学可认为是基于流动基本方程对流动行为进行模拟，其中，流动基本方程包含质量守恒、能量守恒以及动量守恒。

此外，考虑到转炉冶炼过程中涉及的传输现象非常复杂，很难在一个数学模型中涵盖所有的物理过程，而且转炉冶炼过程很多现象与参数并不确定，若将不确定因素加入所建立的模型中，这会使所建立模型的可靠性显著降低。综合考虑模型建立的困难度、所建立模型的准确度以及合理的计算时间成本等因素，本节对所建立模型进行了简化，作出如下假设：

（1）氧气为可压缩的牛顿流体，钢液、炉渣为不可压缩的牛顿流体；

（2）氧气黏性满足萨瑟兰理论[22]，其余流体物性参数为常数；

（3）流体流动为三维、非稳态、非等温过程；

（4）为了简化模型，暂未考虑炉内的化学反应。

A　多相流模型

转炉熔池气-渣-金相互作用包含气相、炉渣和金属液等多相流体，因此，数学模型是建立在多相的基础之上。

多相流体流动现象非常普遍，且日常生活、自然界以及工程实践中常见的流动多数属于多相流动。物质的物理相指的是气相、液相和固相。然而，在多相流体系中，具有相同类别的物质即可认为是一相，它具有更加广泛的范畴。目前，关于多相流数值计算的方法大致可分为以下三类：

（1）经典连续介质力学方法。是一种对多相流迁移规律进行宏观研究的方法，该方法主要是求解 Navier-Stokes 方程。基于经典的连续介质力学的模型可分为欧拉-拉格朗日模型和欧拉-欧拉方程。该方法适用于复杂问题的求解，且具有合适的计算量和计算时间。

（2）分子动力学计算方法。是一种基于统计分子动力学的方法，属于微观范畴。该方法将研究流体处理成大量不连续、离散分子的集合，不同流体的离散分子相关特性的统计平均值决定了其多相流运动特性。分子动力学方法计算过程中对流域内所有离散分子都建立了模型，所需计算成本非常大，所以，该方法目前只应用于简单问题的求解。

(3) 介观模拟方法。该方法介于经典连续介质力学与分子动力学方法之间，是一种介观层次上的模拟方法。该方法将计算域划分为很多细小的区域，所研究的粒子在该区域内运动，该区域几何尺寸要比分子的平均自由程大，但是该尺寸不能超过上述两种方法的步长或者控制体体积，该方法中流体物理性质取决于粒子的运动行为。

综上所述，结合研究的实际情况，选取经典的连续介质力学方法对转炉熔池气-渣-金多相流问题进行研究。因转炉熔池气-渣-金多相流体不同相之间为互相贯穿的连续介质，且需要捕捉不同相的交界面，因此，研究采用了欧拉-欧拉模型中的流体体积（VOF）模型对其进行求解，该方法既能准确捕捉到不同相的界面，又具有合适的计算成本。

VOF 方法是运动界面追踪问题最重要的体积追踪类数值模拟方法。在 VOF 模型中，引入了相体积分数 α 的概念，该模型将相处理成连续介质，且不同相之间相互贯穿，特定的体积只属于一种相，不能再被其他相占有。因此，相体积分数是时间和空间的连续函数，并满足如式（2-28）的条件：

$$\sum_{q=1}^{n} \alpha_q = 1 \tag{2-28}$$

依据相体积分数在单元体内的分布情况，可获得不同相的分布，相间的界面可由几何重构方法获取，该方法假设界面在每个控制单元内具有线性斜率，并且该线性斜率可用于计算面通量，在此基础之上，可获得每个单元中的体积分数。该方法因为数值扩散不明显，被认为是最精确的界面获取方法。

若某一单元控制体中第 q 相的体积分数为 α，则有：

(1) 当 $\alpha_q = 1$，该体积单元全部都是 q 相；

(2) 当 $\alpha_q = 0$，该体积单元完全没有 q 相；

(3) $0<\alpha_q<1$：该体积单元包含 q 相与其他流体相界面，认为是混合相。

体积分数的输运方程可表示为：

$$\frac{\partial \alpha}{\partial t} + \nabla \cdot (\alpha \boldsymbol{u}) = 0 \tag{2-29}$$

在 VOF 方法中，所有变量由所有相共享，故不同的相共用一套控制方程。

除了相的界面捕捉问题外，另一个求解气-渣-金多相流问题的关键是各相之间表面张力。当含有不同分子能量的不同相之间接触时，不同流体在相界面处受到的引力不同，在不同力的作用下，相界面处产生压力差，这会导致相界面弯曲。界面压差公式为：

$$\Delta p = \sigma\left(\frac{1}{R_1} + \frac{1}{R_2}\right) \tag{2-30}$$

本节采用 Brackbill 等[23]提出的 Continuum Surface Force(CSF) 模型对表面张力进行求解。在 CSF 模型中依据垂直于相界面处表面局部梯度来确定表面曲率。

若表面法线设为 n，定义为第 q 相体积分数的梯度，则有：

$$n = \nabla \alpha_q \tag{2-31}$$

根据单位法相向量可求的相界面的曲率 K 为：

$$K = \nabla \cdot \boldsymbol{n} \tag{2-32}$$

表面上的压力跳跃可以表示为表面张力，而表面处的受力可以依据发散定理将其表达为体积力 f_σ。该体积力是增加到动量守恒方程中的源项，其表达式为：

$$f_\sigma = \sum_{\text{pairs } ij,\ i<j} \sigma_{ij} \frac{\alpha_i \rho_i K_j \nabla \alpha_j + \alpha_j \rho_j K_i \nabla \alpha_i}{\frac{1}{2}(\rho_i + \rho_j)} \tag{2-33}$$

在 VOF 模型中，所用到的物性参数由不同相物性参数及其体积分数共同决定，即：

$$\rho = \alpha_g \rho_g + \alpha_l \rho_l + \alpha_s \rho_s \tag{2-34}$$

$$\mu = \alpha_g \mu_g + \alpha_l \mu_l + \alpha_s \mu_s \tag{2-35}$$

$$c_p = \alpha_g c_{p,g} + \alpha_l c_{p,s} + \alpha_s c_{p,s} \tag{2-36}$$

B 基本控制方程

转炉熔池流体的流动速度是由连续性方程和 Navier-Stokes 方程决定的。则其控制方程可表示为：

$$\frac{\partial}{\partial t}(\alpha_q \rho_q) + \nabla \cdot (\alpha_q \rho_q \boldsymbol{u}_q) = 0 \tag{2-37}$$

$$\frac{\partial}{\partial t}(\rho \boldsymbol{u}) + \nabla \cdot (\rho \boldsymbol{u}\boldsymbol{u}) = -\nabla_p + \nabla \cdot \bar{\tau} + \rho \boldsymbol{g} + \boldsymbol{f}_\sigma \tag{2-38}$$

其中，表面张力数值可由上述公式（2-33）求取。

$$\frac{\partial}{\partial t}(\rho T) + \nabla \cdot (\rho \boldsymbol{u} T) = \nabla \cdot (\lambda_{\text{eff}} \nabla T) + S \tag{2-39}$$

其中，有效导热系数 λ_{eff} 可表示为：

$$\lambda_{\text{eff}} = \lambda_l + \lambda_t = \lambda_l + \frac{\mu_t}{Pr} c_p \tag{2-40}$$

C 湍流模型

对于转炉内气、渣、液多相共存的湍流运动，本节采用带有可压缩修正的标准 k-ε 湍流模型对其进行描述，其中，湍动能 k 和湍动能耗散 ε 方程表达式为：

$$\frac{\partial(\rho k)}{\partial t} + \frac{\partial(\rho k u_i)}{\partial x_i} = \frac{\partial}{\partial x_j}\left[\left(\mu + \frac{\mu_t}{\sigma_k}\right)\frac{\partial k}{\partial x_j}\right] + G_k + G_b - \rho\varepsilon - Y_M \tag{2-41}$$

$$\frac{\partial(\rho \varepsilon)}{\partial t} + \frac{\partial(\rho \varepsilon u_i)}{\partial x_i} = \frac{\partial}{\partial x_j}\left[\left(\mu + \frac{\mu_t}{\sigma_k}\right)\frac{\partial \varepsilon}{\partial x_j}\right] + C_{1\varepsilon}\frac{\varepsilon}{k}(G_k + C_{3\varepsilon} G_b) - C_{2\varepsilon}\rho\frac{\varepsilon^2}{k} \tag{2-42}$$

下面就式（2-41）与式（2-42）中不同项的计算进行说明。

（1）G_k代表平均速度梯度引起湍动能 k 的产生项，其值可根据式（2-43）计算：

$$G_k = \mu_t\left(\frac{\partial u_i}{\partial x_j} + \frac{\partial u_j}{\partial x_i}\right)\frac{\partial u_i}{\partial x_j} \tag{2-43}$$

（2）G_b代表因为浮力引起湍动能 k 的产生项，对于不可压缩的钢液和炉渣相 $G_b=0$，对于可压缩的氧气：

$$G_b = \xi g_i \frac{\mu_t}{Pr_t}\frac{\partial T}{\partial x_i} \tag{2-44}$$

式（2-44）中，ξ 热膨胀系数可表示为：

$$\xi = -\frac{1}{\rho}\frac{\partial \rho}{\partial T} \tag{2-45}$$

（3）Y_M代表可压缩湍流中脉动扩张的贡献量，对于不可压缩的钢液和炉渣相 $Y_M=0$，对于可压缩的氧气射流 Y_M可表示为：

$$Y_M = 2\rho\varepsilon M_a^2 \tag{2-46}$$

（4）模型常数：根据 Launder 等推荐，模型常数 $C_{1\varepsilon}$、$C_{2\varepsilon}$、C_μ、σ_k与 σ_ε其值分别为 1.44、1.92、0.09、1.0 与 1.3。

湍动黏度可表示为 k 与 ε 的函数，即：

$$\mu_t = \rho C_\mu \frac{k^2}{\varepsilon} \tag{2-47}$$

2.1.4.2　数值求解

A　几何模型及网格化

在上述数学模型建立以及数值求解方法的研究基础上，需要确定所研究对象的计算域，建立转炉熔池气-渣-金多相流行为相互作用的几何模型，进而对计算模型进行网格化处理。

本书以某钢厂 80 t 转炉为研究对象，由 2.1.1 节相关研究工作可知，五孔喷头氧枪更有利于复吹转炉熔池的搅拌与混匀，考虑到本节转炉熔池气-渣-金多相流行为数值模拟工作只涉及顶吹射流与熔池，而 2.1.1 节的研究结果表明，四孔氧枪更有利于顶吹转炉熔池流体的传输行为，且该钢厂现场应用的也是四孔喷口氧枪，故本书转炉熔池气-渣-金多相流行为数值模拟以四孔喷头氧枪为对象进行研究。此外，本节研究的焦点为转炉熔池内气-渣-金多相流行为，该行为主要发生在氧枪喷头及其下方区域，综合考虑模拟计算时间成本，选取转炉下部分区域为计算域，图 2-35 为研究的几何模型示意图。

考虑到计算域的对称性，为减小计算成本，计算过程中采取四分之一模型。网格是数值离散的基础，其形式、密度与质量等对数值计算结果有着重要的影响，研究中所有的网格单元均为六面体网格。为了适应研究过程中速度与温度梯度变化较大以及气-液界面运动捕捉的问题，网格划分过程中对射流主要流动区域以及气-液界面附近进行网格加密处理。图 2-36 即为研究网格划分示意图。此外，本节还对模型网格的独立性进行了测试，分别测试了四种网格方案，即127189、224171、290804 以及 530928，分别通过计算得到不同方案条件下熔池流体的特征，结果显示后两种方案模拟计算得到的结果相似，综合考虑计算成本，选取第三种方案。

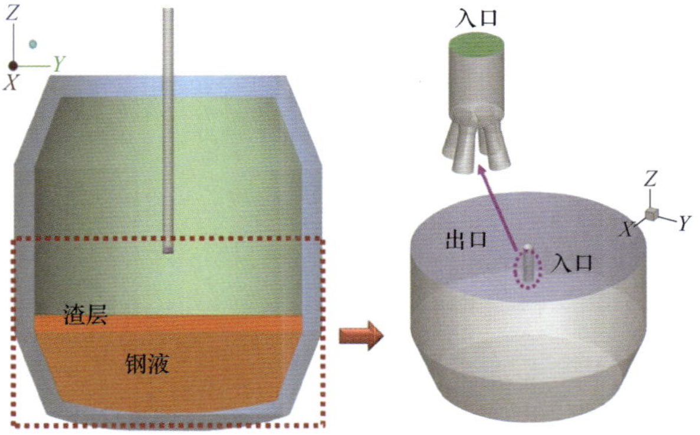

图 2-35　转炉几何模型示意图

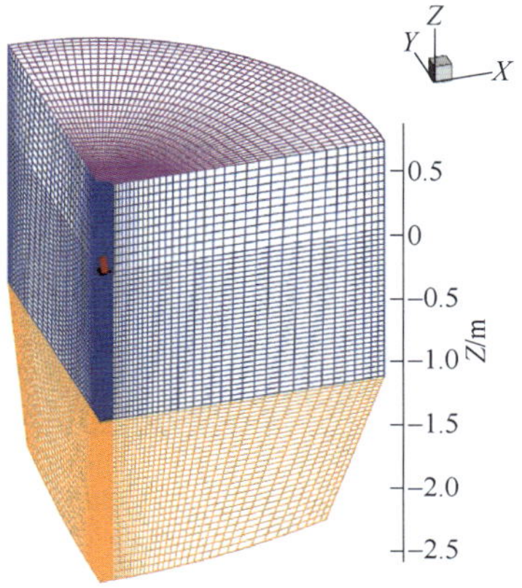

图 2-36　模型网格图

此外，本章在模拟计算过程中采取的主要模型几何参数和流体物性参数如表 2-13 所示。

表 2-13　主要几何与物性参数

参　数	数　值
几何参数	
熔池直径/mm	4020
熔池深度/mm	1271
氧枪喷孔夹角/(°)	12
氧枪喷孔数	4
氧枪喉口直径/mm	34. 30
氧气物性参数	
密度/kg · m^{-3}	Compressible
质量热容/J · (kg · K)$^{-1}$	919. 31
导热系数/W · (m · K)$^{-1}$	2. 46×10^{-2}
表面张力/N · m^{-1}	—
黏度/kg · (m · s)$^{-1}$	Sutherland

续表 2-13

参　数	数　值
钢液物理性质	
密度/$kg \cdot m^{-3}$	7100
质量热容/$J \cdot (kg \cdot K)^{-1}$	670
导热系数/$W \cdot (m \cdot K)^{-1}$	40
表面张力/$N \cdot m^{-1}$	1.60
黏度/$kg \cdot (m \cdot s)^{-1}$	0.0065
炉渣物理性质	
密度/$kg \cdot m^{-3}$	3500
质量热容/$J \cdot (kg \cdot K)^{-1}$	1200
导热系数/$W \cdot (m \cdot K)^{-1}$	1.70
表面张力/$N \cdot m^{-1}$	0.55
黏度/$kg \cdot (m \cdot s)^{-1}$	0.1

B　计算条件与求解过程

研究运用 ANSYS Fluent 16.0 流体动力学软件开展数值计算，计算过程采用非稳定求解模式进行。如图 2-35 所示，入口与出口选取的边界条件依次为压力入口和压力出口，壁面处的边界条件处理为无滑移壁面，使用标准壁面函数（Standard Wall Function）处理近壁面处的流动。

关于流场计算压力-速度耦合算法，采用的是基于压力隐式算子分裂（Pressure Implicit with Splitting of Operators，PISO）算法，该方法最初是针对非稳态可压流动无迭代计算而提出的一种压力速度计算方法，该方法对速度和压力校正的近似关系程度较高。PISO 算法为相邻校正和偏斜校正增加了两个附加的校正，以使其更好地同时满足动量方程和连续性方程，从而实现更高的效率。关于压力的差值方法，本节选取交错压力（PREssure STaggering Option，PRESTO）离散格式，以获取更快的计算速度和更高的稳定性。关于自由界面的捕捉问题，本节自由界面插值方式采取的是含界面压缩界面捕捉的（Compressive Interface-Capturing Scheme for Arbitrary Meshes，CICSAM）方式。该方法是一种可以准确捕捉尖锐自由界面的显式插值格式，尤其适用于不同相之间具有高黏度比的流动情况，且该方法具有和几何重构插值方式相同的精度。此外，控制方程对流项的离散使用二阶迎风格式。

模拟计算过程中，初始的时间步长设定为 10^{-6} s，后续计算时间步长设定为动态适应模型，计算过程中保持库朗数小于 1，自动调整计算时间步长。关于计算的收敛标准，选取能量残差标准为 10^{-6}，其他变量残差标准为 10^{-3}，当小于残差标准时认为计算达到收敛状态。

C 模型验证

为对上述所建立模型的准确度进行验证，本书分别从以下两个方面对所建立的模型进行了验证。

a 超音速射流衰减

在转炉冶炼过程中，氧气射流为超音速可压缩射流，气体的可压缩性对射流衰减过程影响很大，研究将气体作为可压缩项处理，故对高速射流的衰减行为进行验证非常重要。本节首先从理论角度出发，采用理想气体等熵理论来分析拉乌尔喷孔内可压缩流动。该理论假设整个喷孔内部气体熵是固定的，在喷孔内部气体的压力、温度以及密度可分别由式（2-48）~式（2-50）计算。

$$\frac{P}{P_0}=\left(\frac{1}{1+\frac{\kappa-1}{2}Ma^2}\right)^{\frac{\kappa}{\kappa-1}} \tag{2-48}$$

$$\frac{T}{T_0}=\frac{1}{1+\frac{\kappa-1}{2}Ma^2} \tag{2-49}$$

$$\frac{\rho}{\rho_0}=\left(\frac{1}{1+\frac{\kappa-1}{2}Ma^2}\right)^{\frac{1}{\kappa-1}} \tag{2-50}$$

图 2-37 为等熵理论计算与 CFD 模拟的氧枪喷孔内马赫数分布。由该图可以看出，等熵理论计算的马赫数与本模型计算的结果基本吻合，由此可认为，本研究对拉乌尔喷孔内射流行为的模拟是有效的。

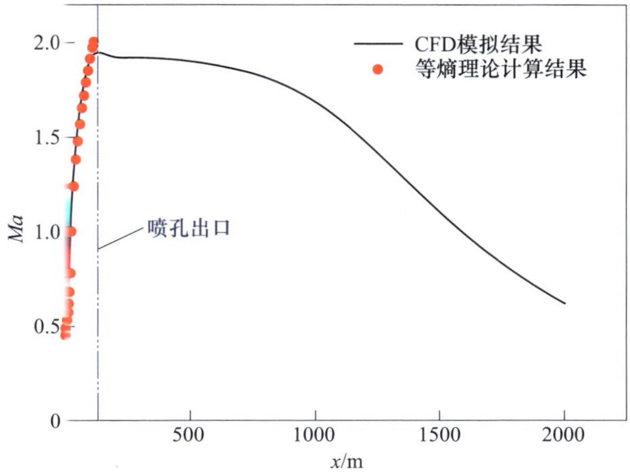

图 2-37 拉乌尔喷孔马赫数分布图

另外，本书还针对射流在氧枪喷孔之后沿射流轴线的衰减行为，将模拟结果与实验结果[24]进行了对比验证。图 2-38 显示的是数值模拟与实验测量的氧气射流沿轴线速度衰减对比图。由该图可以看出，模拟结果与实验结果的衰减趋势较为吻合，然而测量的结果比模拟结果整体偏低。造成该现象的主要原因是氧枪加工质量，就实验条件而言，实验测量结果是在早年测量获取的，受氧枪结构复杂性和加工能力的限制，早期氧枪的加工质量较差，这可能会加快射流的衰减，结合射流相关基本理论可知，上述现象会造成实验的结果比模拟结果偏低。因此，通过上述分析比较可认为所建立模型是合理的。

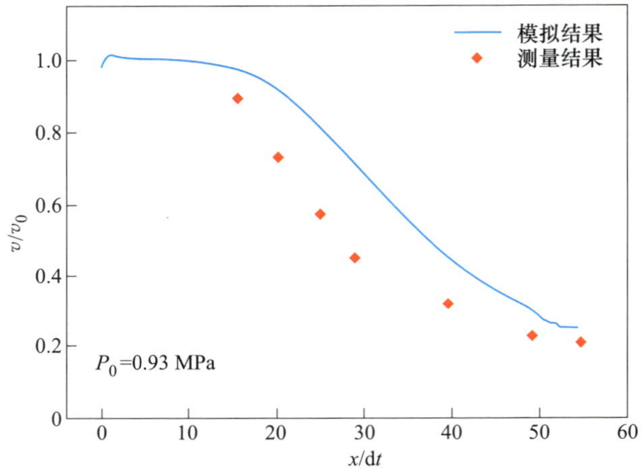

图 2-38　氧气射流沿轴线速度衰减对比图

b　熔池流场混匀特性

在上述对氧气射流行为验证的基础之上，本节还对氧气射流与熔池相互作用的效果，即熔池的混匀时间进行了对比验证，将模拟结果与相同工况水模型实验条件下熔池混匀时间进行对分析。在模拟计算过程中，采用熔池速度监测法判断转炉熔池中充分发展流动的混匀时间。图 2-39 显示的即为相同工况条件下，物理模拟与数值模拟获得的熔池混匀时间对比图。

由图 2-39（a）可知，通过物理模拟实验测得的熔池混匀时间为 60 s，而相应的数值模拟计算的混匀时间为 66 s，数值模拟计算结果比物理模拟实验结果偏长。造成该现象的原因可归结为在水模型实验过程中，示踪剂通过导管加入熔池液面上方，示踪剂的惯性作用可加速熔池的搅拌与混匀，此外，在物理模拟过程中，模拟误差是不可避免的。综上分析，可认为该研究所建立数值模拟模型是合理且有效的。

2.1.4.3　模拟结果与分析

在上述建立模型的基础之上，本书对转炉熔池气-渣-金多相流行为开展了相

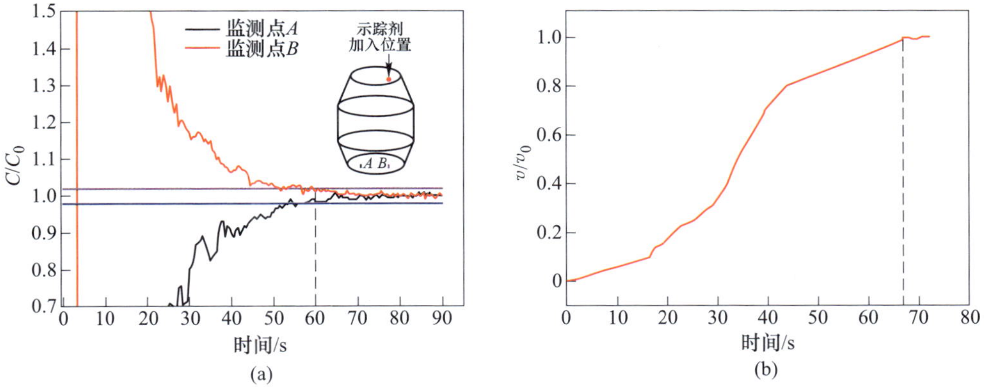

图 2-39 熔池混匀时间对比图

（a）物理模拟；（b）数值模拟

关研究，分别探究了气-渣-金相互作用的瞬态行为、入口压力、渣层厚度、炉渣黏度以及表面张力对气-渣-金相互作用行为的影响规律。

A 气-渣-金相互作用的瞬态行为

在转炉炼钢过程中，高压超音速射流冲击熔池，然后向上反弹。由于剪切作用，转炉熔池会产生如 2. 1. 3 节描述的冲击凹坑，金属液滴从凹坑表面撕裂。在该过程中发生很多重要的物理化学反应，因此，超音速射流与熔池相互作用过程值得深入研究。图 2-40 与图 2-41 分别显示的是气-液两相流与气-渣-金三相流体共同作用时，顶吹射流与熔池相互作用的瞬时行为，该过程具有明显的瞬态和不稳定特征。

当氧气射流作用于金属液表面时，逐渐形成冲击凹坑，且液相流体表面相对比较粗糙，这表明在流体表面有表面波形成，表面波沿着径向方向传播，最终到达炉壁，该现象在图 2-40 中有较为明显的体现。Lee 等[25]通过相关研究发现，表面波的传播引起了熔池表面的不稳定，该现象可以根据开尔文-亥姆霍兹理论来进行解释，开尔文-亥姆霍兹理论指的是平行相对运动的两种流体，沿着速度方向流体表面出现小的扰动，运动流体表现出不稳定性。在顶吹氧气射流与熔池相互作用过程中，射流冲击到熔池表面并快速被反弹，射流沿着冲击熔池液面所形成的凹坑表面运动，由于受到射流剪切作用以及气相与液相速度差的共同作用，造成了顶吹射流与熔池多相流体相互作用界面的不稳定状态。

图 2-41 反映了转炉熔池气-渣-金相互作用界面随时间的变化特征。熔池上方青色等值面显示的是氧气相体积分数为 0. 25 的等值分布图，绿色代表渣相。吹炼开始，高速氧气射流冲击到熔池液面，迅速向上反弹，同时形成了多相间的相互作用界面。从图 2-41 可以看出，多相界面具有明显的瞬时特征且十分不稳定，

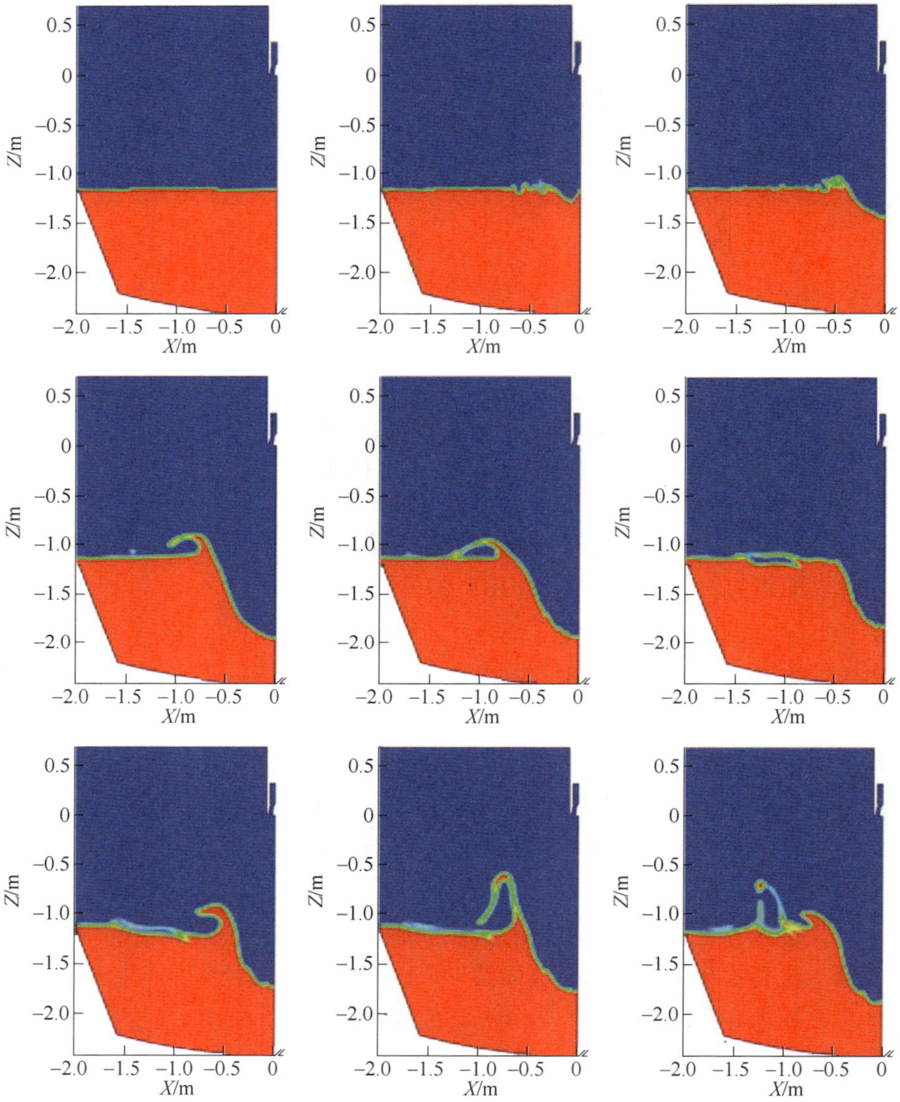

图 2-40　气-液两相流体相互作用过程

（四孔氧枪；氧枪枪位：1150 mm；操作压力：0.7 MPa）

气-渣-金界面随着时间的变化在水平方向和竖直方向都呈现出明显的不稳定特征。由瞬态相互作用引起的这种本质上不稳定性不可避免地会引起熔池的振荡。这种振荡由上述 Kelvin-Helmholtz 不稳定性产生的表面波向冲击凹坑附近的熔池液面传播。而表面波的传播也加剧了多相流体界面的不稳定性和不规则性。这种不稳定的界面变化将影响熔池的喷溅和金属液滴的产生，该现象在相似的水模型实验过程中也可观察到。这种不稳定的气-渣-金相互作用过程会增加氧气与熔池

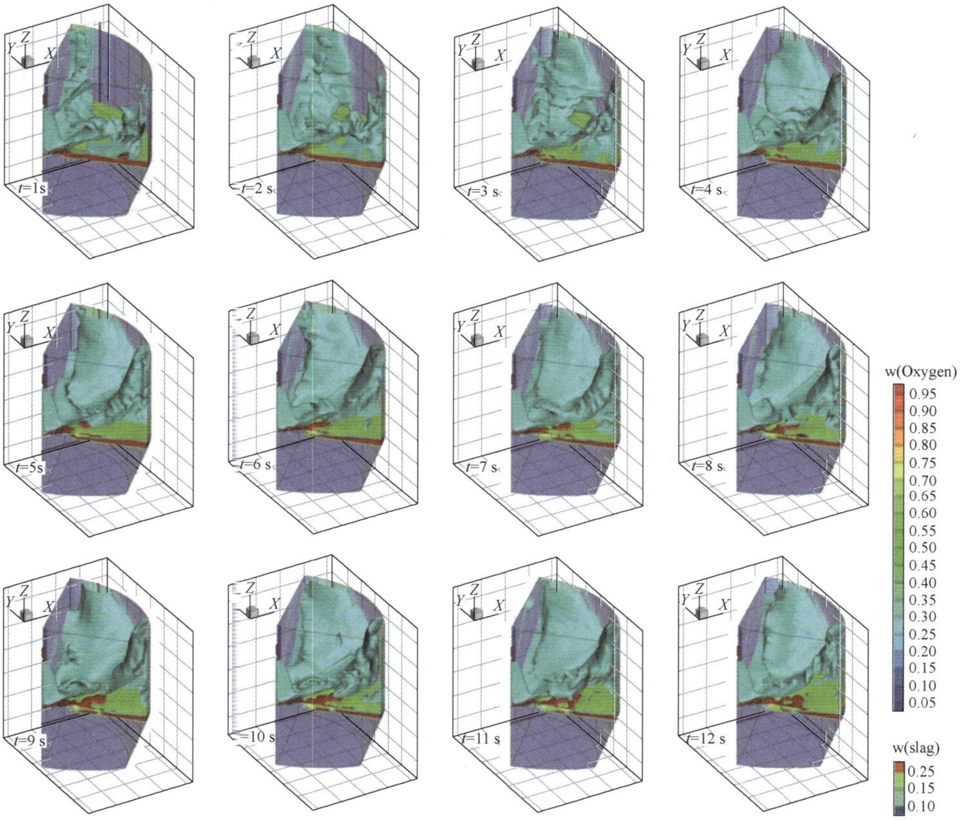

图 2-41 气-渣-金多相流体相互作用过程
（四孔氧枪；氧枪枪位：1150 mm；操作压力：0.7 MPa）

液体之间界面面积，会促进熔池中化学反应的进行。同时，在实际冶炼过程中，气-渣-金相互作用界面发生的剧烈的化学反应也会反过来加剧这种不稳定性。熔池多相流体相互作用引起了熔池反应区界面面积的增加，这是氧气转炉具有较高冶炼效率的重要原因之一，对实现转炉高效冶炼具有重要意义。此外，氧气射流与熔池相互作用过程还与工艺参数密切相关，其影响规律将在后续部分进行分析与讨论。

B 氧枪操作参数对气-渣-金行为的影响

操作压力是转炉冶炼过程的重要参数之一，在实际冶炼过程中，考虑到工厂实际操作水平及设备装置等因素，很多氧枪在非设计工况条件下工作，而这会对氧枪射流的动力学衰减行为有重要影响，从而会对熔池多相流行为相互作用产生影响。因此，本书针对不同压力入口条件下，熔池的多相流行为开展相关模拟工作。

图 2-42 和图 2-43 分别显示的是不同入口压力工况条件下，射流速度与湍动能的衰减情况。由图中可以看出，射流动能随着入口压力的增加而逐渐增加，而增加的射流动能会加剧顶吹射流与熔池的相互作用过程。此外，随着入口压力的增加，射流的衰减进程逐渐减缓。针对不同压力工况下顶吹射流与熔池相互作用区域，当入口压力较高时，射流冲击速度较大，以 1.0 MPa 和 0.7 MPa 为例，由图 2-42 局部放大图可明显看出，入口压力为 1.0 MPa 时的冲击速度几乎是入口压力为 0.7 MPa 时的 2 倍，图 2-44 所示为不同工况条件下熔池多相流的相互作用行为，此时，射流向熔池输入的动量强度较大，顶吹射流与熔池相互作用会产生较深的冲击凹坑。这与该过程超音速射流的超音速区长度密切相关。结合上述

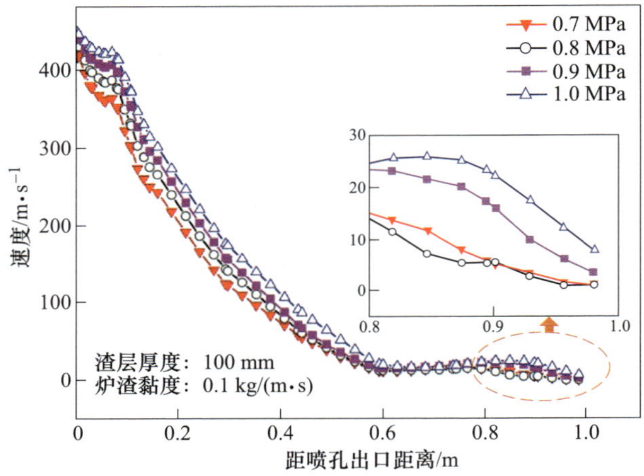

图 2-42　不同操作压力条件下射流速度衰减图

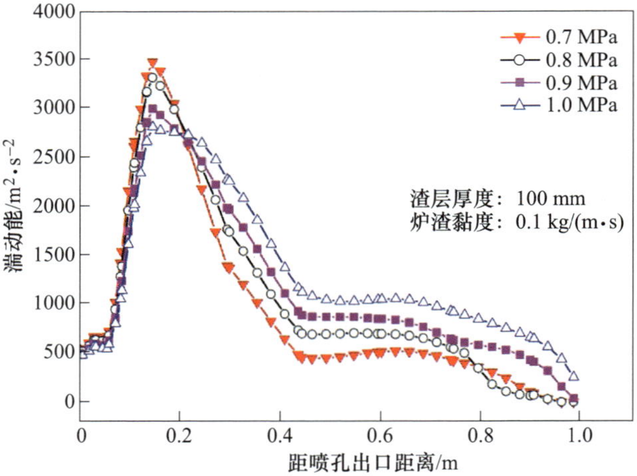

图 2-43　不同操作压力条件下射流湍动能衰减图

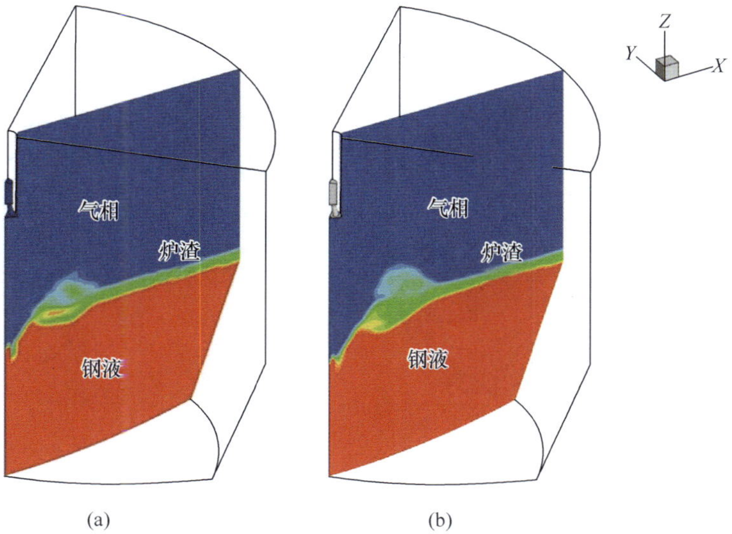

图 2-44 不同压力下熔池多相流相互作用特征
(a) 0.7 MPa；(b) 1.0 MPa

分析可知，在相同的氧枪枪位与流体条件下，操作压力越小，射流动能越小且湍动能衰减较快，则氧气射流与转炉熔池相互作用传输到熔池的能量越少，这有可能会造成熔池的不均匀搅拌。另一方面，随着操作压力的增加，射流超音速区长度逐渐变长，相同工况条件下，射流到达熔池的冲击速度较大，射流与熔池相互作用可产生较深的冲击凹坑，射流对熔池的搅拌与混匀作用加强，但由 2.1.3 节可知，过大的冲击速度易造成喷溅与能量浪费。此外，不同的入口压力对顶吹射流与熔池水平方向的相互作用过程未观察到明显影响。另一方面，在转炉冶炼过程，氧枪枪位是另一重要的工艺控制参数。图 2-45 表示了不同氧枪枪位条件下，熔池多相流体相互作用特征。由图 2-45 可明显看出，氧枪枪位的变化对熔池多相流行为有重要影响。当转炉氧枪枪位由 1150 mm 增加到 1550 mm 时，熔池的冲击凹坑指数明显下降，且熔池的喷溅明显增加。通过对比两种工况条件下熔池的循环区发现，当氧枪枪位为 1550 mm 时，熔池内部循环区明显减小，这不利于熔池形成三维方向的良好循环，从而会降低熔池流体的传输速率。此外，当氧枪枪位为 1550 mm 时，熔池内发生着明显的液体喷溅与金属液滴生成，该现象更有利于转炉冶炼前期化渣反应的进行。因此，氧枪枪位对转炉熔池多相流体的相互作用行为影响较大，它可以明显改变冲击凹坑形貌，影响熔池流体的传输行为，也是改善熔池内金属喷溅与液滴生成的重要可控因素之一。

C 渣层厚度对气-渣-金行为的影响

由上述分析可知，熔池气-渣-金相互作用在转炉冶炼过程中起着重要作用，

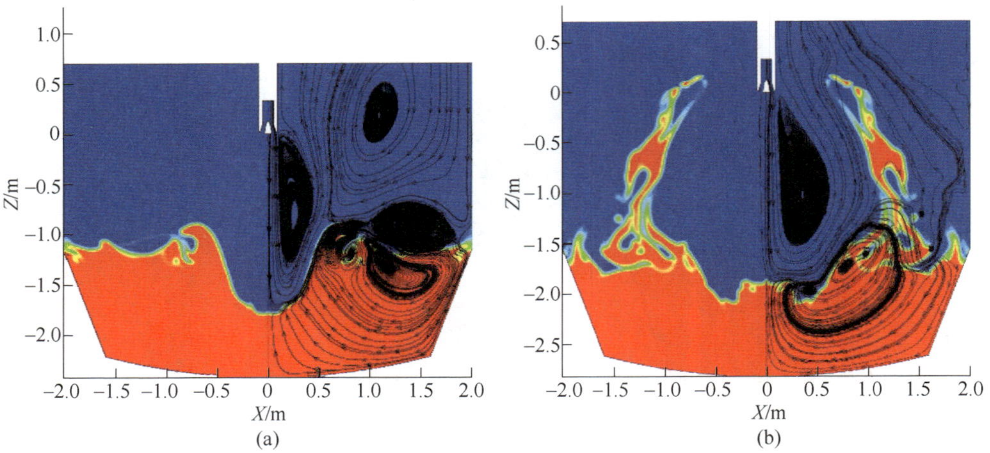

图 2-45　不同氧枪枪位下熔池多相流相互作用特征

（a）1150 mm；（b）1550 mm

炉渣是其中不可或缺的部分。而在实际冶炼过程中，根据冶炼条件的变化，炉渣的渣量会有所不同，且在同一冶炼进程中，炉渣物理性质受转炉熔池钢水温度和成分等变化的影响很大，它对转炉熔池化学元素扩散、渣-钢间化学反应、气体逸出、热量传递、铁损以及炉衬寿命等均有重要影响。此外，炉渣物理性质的变化对炉渣的泡沫化性能有重要影响，直接关系着炉渣泡沫化的寿命与泡沫化指数。而受计算条件及其复杂性等限制，目前对泡沫化行为进行模拟研究尚有困难。因此，对不同炉渣性质条件下熔池的行为进行研究是很有意义的。本书针对不同的炉渣厚度、炉渣黏度以及表面张力对转炉熔池气-渣-金行为的影响规律开展了相关研究。

本书对炉渣厚度分别为 0、50 mm、150 mm、200 mm 四种工况条件熔池多相流行为进行了模拟研究。图 2-46 显示的是在不同炉渣厚度条件下，钢液界面的形貌图。由该图可以看出，当熔池上方没有渣层时，钢液界面相对平稳，随着炉渣厚度的增加，在钢液界面上可以看到明显的表面波形成。由此可以推断，炉渣在一定程度上可以加速表面波的扩散。对于气-渣-金相互作用产生的凹坑，随着炉渣厚度的增加，凹坑的几何尺寸逐渐减小。当熔池液面上方炉渣厚度由 0 增加至 200 mm 时，熔池冲击凹坑的尺寸减小了将近一半。冲击凹坑尺寸的减小可能是由于氧气射流与炉渣相互作用过程中能量的损耗引起的，随着炉渣厚度的增加，更多的氧气射流能量消耗于和炉渣相互作用，而传递到转炉熔池的能量会相对减小。下面从熔池中流体动能分布角度来分析，熔池动能变化与炉渣厚度的关系。

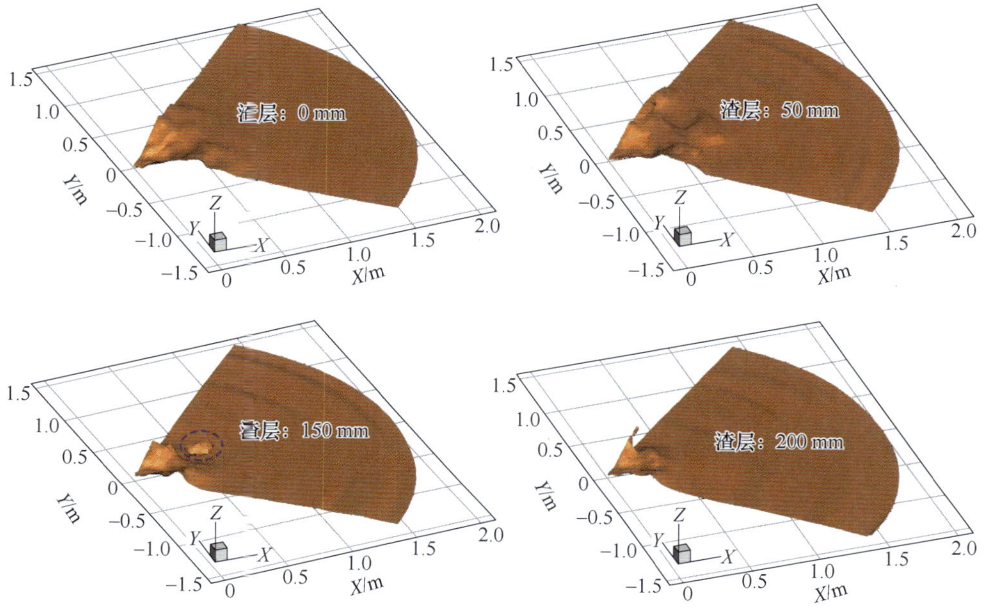

图 2-46 不同渣层厚度条件下钢液界面形貌图
（α_{steel}=0.5；炉渣黏度：0.1 kg/(m·s)；t=4 s）

图 2-47 显示的是在不同的炉渣厚度条件下，熔池液面高度分别为 1271 mm、1000 mm、600 mm 以及 300 mm 时，熔池径向的速度分布图。由该图可以看出，在不同的炉渣厚度条件下，随着熔池深度的增加，熔池流体的速度均呈现下降趋势。

由图 2-47（a）所示，对于高度为 1271 mm 的熔池液面，当炉渣厚度由 50 mm 增加到 200 mm 时，熔池内流体的最大径向速度值由 23.64 m/s 下降到了 1.5 m/s，炉渣厚度增加了 3 倍，而熔池在该液面高度处最大径向速度下降了将近 90%。如图 2-48 所示，在相同工况条件下，熔池轴向速度分布也可发现类似的规律。另外，由图 2-47（b）可以看出，当炉渣厚度为由 50 mm 增加到 150 mm 时，在高度为 1000 mm 的熔池液面，熔池流体径向速度的变化出现“反常”现象，依据上述分析，随着炉渣厚度的增加，射流对金属液的冲击速度理应减小，而非增加。造成该现象的原因可能是，在该炉渣厚度工况条件下，熔池存在着激烈的液体喷溅，这种喷溅现象可由图 2-46 看出，当炉渣厚度为 150 mm 时，可以明显看到金属液的喷溅（图中用紫色的虚线标识部分），这种喷溅会造成熔池压力的波动以及水平与竖直方向的熔池震荡，此时，熔池中多相流体的能量传输过程更为剧烈。由此可推断出，熔池液面上方保持一定厚度的炉渣，它在一定程度上可以促进熔池多相流体的传输行为，但过厚的炉渣会抑制熔池多相流

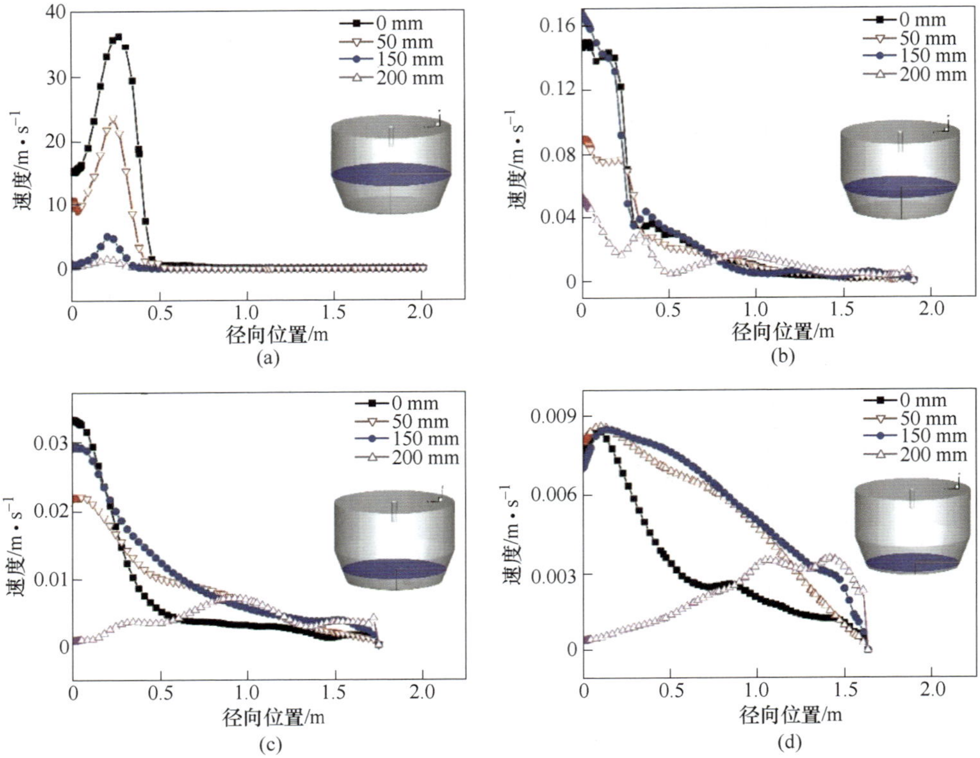

图 2-47　不同渣层厚度条件下熔池不同液面高度径向速度分布

（a）1271 mm；（b）1000 mm；（c）600 mm；（d）300 mm

（炉渣黏度：0.1 kg/(m · s)；t=4 s）

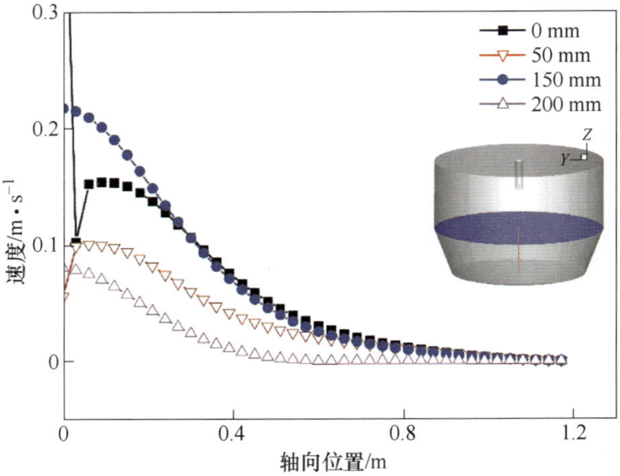

图 2-48　不同炉渣厚度条件下熔池轴向速度分布

（炉渣黏度：0.1 kg/(m · s)；t=4 s）

体相互作用过程的动量传输，这与熔池气-渣-金相互作用冲击凹坑模式密切相关，同时，该过程发生的液体喷溅会影响冶炼过程取样位置的准确性。

随着熔池液面高度的降低，渣层厚度对于熔池下方区域流体速度的影响呈现出不稳定的特征，如图 2-47（c）和图 2-47（d）所示。这可能是由顶吹射流对熔池搅拌能力不足造成的，熔池下方区域流体的速度很低，且速度的变化范围较小，就整体趋势而言，渣层厚度的增加尤其是在渣层较厚的情况下会抑制熔池下部区域的混匀特性。

此外，由上述分析可知，气-渣-金相互作用过程中可观察到熔池液体喷溅和液滴的生成，这对氧气转炉炼钢过程有重要影响。然而，考虑到熔池喷溅的金属液滴的几何尺寸范围为 0.04~70 mm，很难用数值模拟方法对其进行捕捉。因此，本书根据 Subagyo 等[17]提出的无量纲“吹炼数”和液滴生成速率的经验公式，对该研究条件下熔池喷溅和液滴生成情况进行了分析，上述经验公式已在本书 2.1.3 节详细描述，根据式（2-24）和式（2-26）计算，计算可得本节研究条件下熔池内液滴生成情况。结果表明，随着炉渣厚度的增加，氧气射流能量损耗于炉渣渣层中的能量增加，熔池液滴的生成速率呈现下降趋势。当熔池液面上方炉渣厚度为 200 mm 时，吹炼数下降为 0.64，而 Subagyo 等[17]研究发现，当吹炼数大于 1 时，熔池才会发生喷溅。因此，本研究条件下，通过上述经验公式计算的熔池液滴的生成速率为 0.013 kg/Nm^3，可见，液滴的生成速率很低。

D 渣层物性参数对气-渣-金行为的影响

炉渣黏度和表面张力在转炉冶炼过程中变化很大，因此，本书对不同炉渣物性参数条件下气-渣-金相互作用行为进行了模拟研究。

图 2-49 显示的是在不同炉渣物性参数条件下，气-渣-金相互作用相间界面在 *Y* 平面的轮廓图。图 2-49（a）显示的是在表面张力为 0.55 N/m 条件下，炉渣的黏度分别为 0.01 kg/(m · s)、0.05 kg/(m · s)、0.30 kg/(m · s) 以及 0.50 kg/(m · s)时，熔池气-渣-金相互作用的模拟结果。图 2-49（b）显示的是在炉渣黏度为 0.05 kg/(m · s) 时，表面张力变化对熔池气-渣-金相互作用的影响。由图 2-49 可知，不同工况条件下，气-渣-金相间界面的轮廓线变化很小，由此可以推断，炉渣黏度和表面张力的变化对转炉熔池多相流体之间在竖直方向的相互作用几乎无影响。

就其对水平方向的影响而言，图 2-50 显示的是在不同炉渣黏度下炉渣在 *Z* 平面的轮廓图。由图 2-50 可以看出，随着炉渣黏度的变化，炉渣 *Z* 平面的界面轮廓图略有变化，当炉渣黏度较低时，如 0.01 kg/(m · s)，炉渣界面的轮廓相对较平滑，随着炉渣黏度的增加伴随着喷溅的发生，当炉渣黏度为 0.05 kg/(m · s) 时，可以看到熔池液体喷溅现象，液体喷溅造成熔池振荡，有利于熔池上部区域流体的运动，故该情况下，熔池流体速度呈现出小范围的波

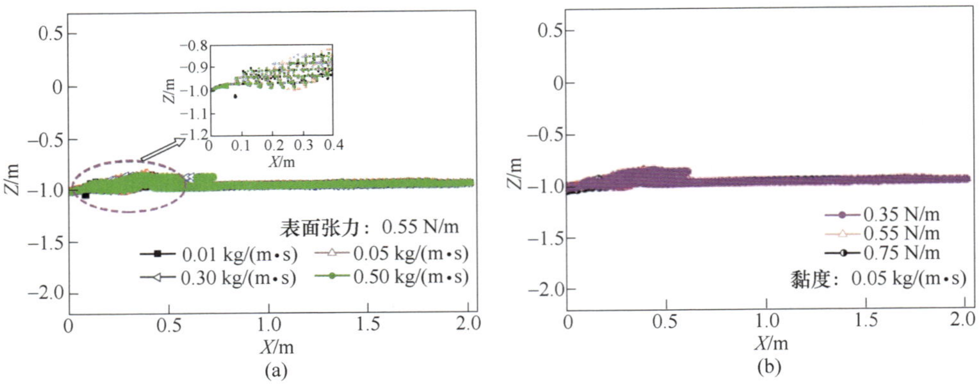

图 2-49　不同炉渣条件下气-渣-金相互作用 Y 平面轮廓图

（a）黏度；（b）表面张力

（α_{steel}=0.5；渣层厚度：100 mm；t=4 s）

动，熔池流体速度比黏度为 0.01 kg/（m · s）时略高，不同炉渣黏度条件下，熔池不同液面高度径向速度变化如图 2-51 所示。

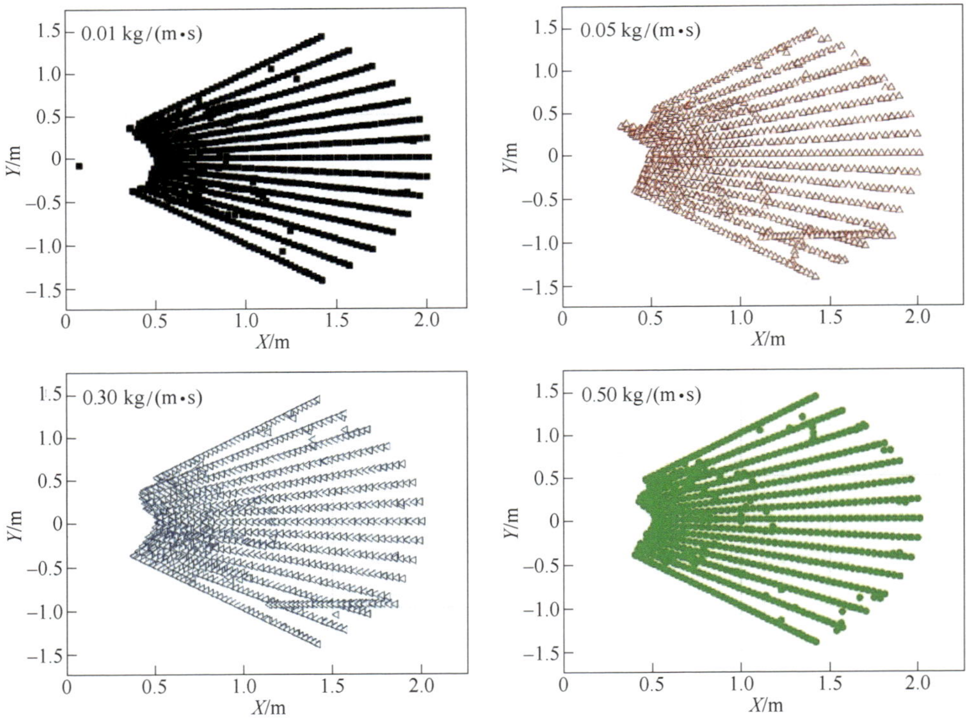

图 2-50　不同炉渣黏度条件下气-渣-金相互作用 Z 平面轮廓图

（α_{slag}=0.5；渣层厚度：100 mm；表面张力：0.55 N/m；t=4 s）

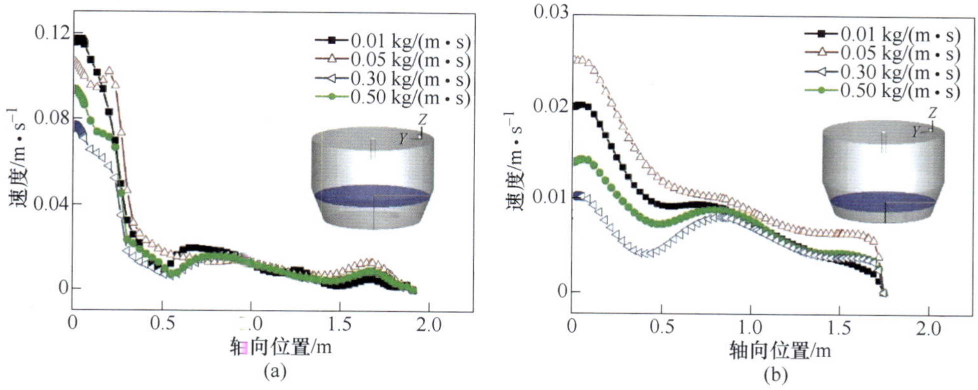

图 2-51 不同炉渣黏度条件下熔池不同位置径向速度分布图

(a) 1000 mm；(b) 600 mm

(α_{slag}=0.5；渣层厚度：100 mm；表面张力：0.55 N/m；t=4 s)

随着炉渣黏度的持续增加，氧气射流穿透黏性炉渣的阻力增加，这会减小气-渣-金相互作用的界面面积，熔池速度理应呈现下降趋势。然而，不同炉渣条件下的模拟结果显示，随着炉渣黏度的变化，熔池流体速度呈现不稳定特性且变化范围非常小，故可以推断，炉渣黏度变化对于气-渣-金相互作用的动量传输过程影响很小，尤其是对于距离射流冲击区较远的区域。此外，炉渣表面张力对气-渣-金相互作用的影响也可获得类似结果，如图 2-52 和图 2-53 所示。由图 2-52 和图 2-53 可以看出，炉渣表面张力的变化对熔池流体速度与气-渣-金相互作用界面轮廓几乎没有影响。综上所述，炉渣黏度和表面张力的变化对气-渣-金相互作用的动量传输过程的影响不显著。

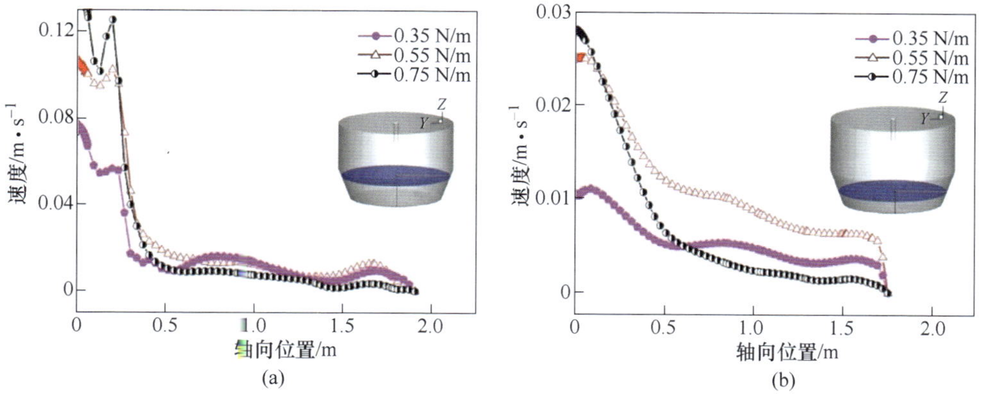

图 2-52 不同炉渣表面张力条件下熔池不同位置径向速度分布图

(a) 1000 mm；(b) 600 mm

(渣层厚度：100 mm；t=4 s)

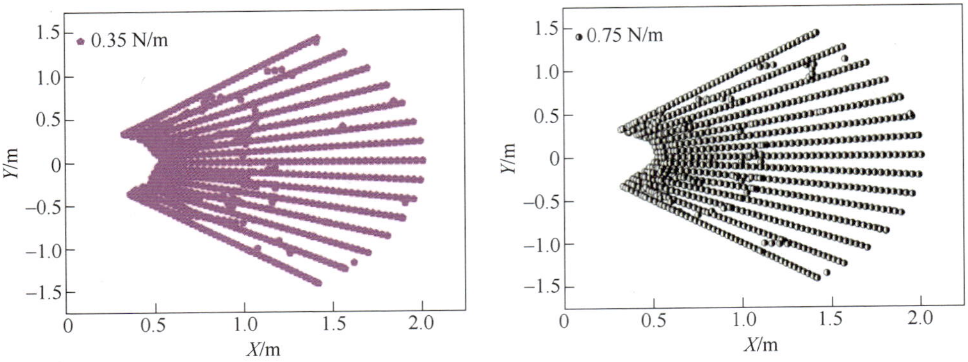

图 2-53　不同炉渣表面张力条件下气-渣-金相互作用 Z 平面轮廓图

（渣层厚度：100 mm；$t=4$ s）

另一方面，炉渣黏度和表面张力等物理性质与炉内的喷溅和泡沫化等密切相关。由上述研究可知，液滴生成率随炉渣黏度和表面张力的变化很小。当炉渣黏度为0.3 kg/(m·s）时，由公式（2-24）计算得该工况条件下的吹炼数是2.95，而当炉渣黏度增加到0.5 kg/(m·s）时，吹炼数约为2.93。由此可见，该研究条件下，炉渣物理性质变化对转炉熔池内的喷溅行为影响不大。同样地，相关研究表明，转炉熔池内动能的传递过程几乎不受金属液上层炉渣或泡沫相黏度的影响[26]。因此，在一定的工况条件下，熔池喷溅和液滴的生成与炉渣黏度和表面张力没有密切关系，其行为可能受转炉内喷吹条件与冲击凹坑模式变化的影响更大。然而，相关实验研究表明，炉渣的泡沫化特性与炉渣的物理性质密切相关，转炉炉渣中大部分氧化物（如 Fe_2O_3 和 Cr_2O_3）均是表面活性物质，这些物质会引起炉渣发泡，而炉渣发泡会影响熔池气-渣-金相互作用过程。因此，进一步考虑化学反应作用下，炉渣性质的变化对熔池多相流行为的影响是后续研究的重要方向之一。

2.2　转炉冶炼脱碳和熔池温度变化模型

随着转炉炼钢技术的发展，转炉冶炼过程工艺的精确控制越来越受到广泛关注，吹炼过程工艺的控制直接影响冶炼终点钢水成分与温度、原材料的消耗、喷溅和返干等问题。随着转炉检测水平、人工智能、大数据技术的迅猛发展，转炉冶炼过程信息的获取能力越来越强，转炉冶炼过程模型的研发是转炉智能炼钢的重要基础。

转炉无论采用副枪或者炉气分析测温、定碳，还是采用人工倒炉测温、取样定碳，都是在炼钢过程接近冶炼终点时进行，而转炉冶炼过程精确操作的要求是希望能够连续测温和分析钢水成分，有助于及时了解转炉冶炼情况并及时修正转炉冶炼进程，提高冶炼终点钢水碳含量和温度的命中率。然而，现状是事与愿违。

对于缺乏动态检测设备的钢厂来说，建立以提高转炉炼钢终点成分和温度命中率为目标的转炉冶炼过程模型，是转炉自动化乃至智能化炼钢的一条可行途径。本节是在转炉熔池混匀度的研究基础上[27-28]，建立基于熔池混匀度的转炉冶炼过程与烟气分析终点控制模型，以期实现对转炉吹炼过程钢水碳含量和温度的实时计算，为转炉炼钢智能化发展奠定重要基础。所谓熔池混匀度[27]，是指某一时刻转炉顶吹射流、底吹流股和熔池 CO 气泡对熔池的搅拌混匀强度，用来表征顶吹射流、底吹流股和熔池 CO 气泡对熔池脱碳反应的影响。

2.2.1　基于熔池混匀度的转炉冶炼钢水脱碳模型

转炉冶炼过程中熔池的碳会与氧发生氧化反应，进而完成钢水的脱碳任务。转炉冶炼过程如能实现钢水碳含量的连续预报，将有利于转炉操作人员准确控制冶炼终点钢水的碳含量。为此，本节结合某钢厂 80 t 转炉冶炼生产工艺，在经典脱碳三阶段理论和熔池混匀度研究的基础上，构建了转炉冶炼过程脱碳模型。

转炉吹炼过程一般可以分为三个阶段：吹炼初期，Si、Mn 氧化，脱碳反应受到抑制；吹炼中期，由于熔池温度上升，熔池搅拌强烈，脱碳反应剧烈，脱碳速率维持在较高水平；吹炼后期，由于熔池碳含量下降，脱碳速率逐渐下降。在实际冶炼过程中，转炉熔池内发生着多个极其复杂的物理化学反应，其中，脱碳反应会受到多方面因素的影响。

经典的转炉脱碳三阶段理论[29]是根据转炉冶炼脱碳规律总结的定性结果，它从总体上描述了转炉熔池的脱碳规律，由于该理论简化了各种冶炼因素对脱碳反应的影响，使其实用性受到限制。根据转炉炼钢脱碳三阶段理论，可将脱碳速率分为三个阶段：第一个阶段，对应于脱碳初期，脱碳速率是一个逐渐增大的过程；第二个阶段，对应于脱碳中期，脱碳速率达到最大值，此阶段的脱碳速率比较稳定；第三个阶段，对应于脱碳后期，脱碳速率是一个逐渐减小的过程。转炉吹炼过程脱碳速率变化如图 2-54 所示。

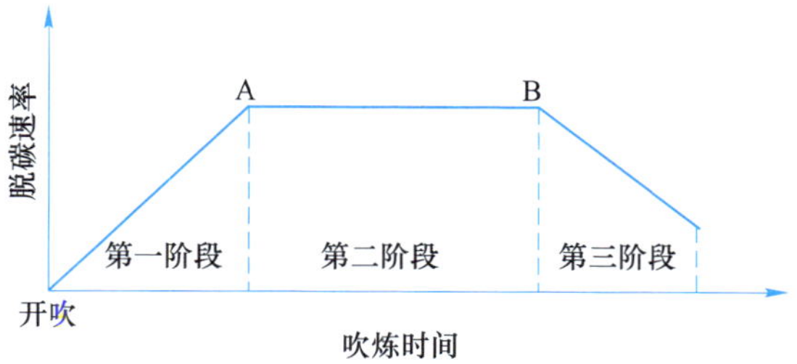

图 2-54　经典脱碳三阶段理论示意图

转炉冶炼第一阶段的脱碳速率可表示为：

$$-\frac{dC}{d\tau}=k_1\cdot\tau \tag{2-51}$$

式中，$-\frac{dC}{d\tau}$为脱碳速率，%·s^{-1}；k_1 为脱碳第一阶段反应速率常数，%·s^{-2}；τ 为转炉吹氧时间，s。

脱碳反应第一阶段，反应物浓度对脱碳反应速率的影响不大，在此阶段传质不是限制性环节，所以假定脱碳反应速率与反应物浓度无关。此阶段熔池温度，Si、Mn 含量的变化对脱碳反应速率的影响很大，反应速率常数 k_1 随时间变化。在转炉炼钢脱碳三阶段理论中，脱碳速率与时间的关系常被假定为线性关系，因此，k_1 常被假定为定值。

转炉冶炼第二阶段脱碳速率可表示为：

$$-\frac{dC}{d\tau}=k_2 \tag{2-52}$$

式中，k_2 为脱碳第二阶段反应速率常数，%·s^{-1}。

脱碳反应第二阶段，传质也不是限制性环节，脱碳反应速率与反应物浓度无关；此阶段脱碳反应速率几乎不变，可假定脱碳反应速率常数 k_2 为定值。

转炉冶炼第三阶段脱碳速率可表示为：

$$-\frac{dC}{d\tau}=k_3(C-C_k) \tag{2-53}$$

式中，k_3 为脱碳第三阶段反应速率常数，s^{-1}；C 为转炉熔池钢水碳含量，%；C_k 为转炉熔池钢水极限碳含量，%。

脱碳反应第三阶段，扩散是最主要的限制性环节，脱碳反应速率受碳含量影响。在这一阶段，其他影响因素对脱碳反应速率的影响比较小，所以，假定此阶段的脱碳反应速率系数 k_3 为定值。

经典的转炉炼钢脱碳三阶段理论虽然得到了较为广泛的认同，但是由于该理论未具体反映出转炉冶炼过程主要工艺参数（如氧枪枪位、顶吹氧气流量、底吹流量等）对脱碳反应速率的影响，导致其实用性受到限制。通过上述转炉水力学模拟实验研究可知，转炉冶炼过程氧枪枪位、顶吹氧气流量、底吹流量等工艺参数会极大地影响转炉吹炼过程熔池的搅拌混匀效果，进而影响熔池的脱碳反应速率。综合考虑上述脱碳反应速率的影响因素，基于经典脱碳三阶段理论，建立基于转炉熔池混匀度的转炉冶炼过程脱碳模型。

笔者课题组于 2009 年提出转炉熔池混匀度的概念[27]，用来表征在某一枪位时转炉氧气射流对熔池搅拌的强弱和均匀程度，其表达式如式（2-54）所示。熔池混匀度就转炉冶炼过程氧枪枪位对熔池搅拌混匀效果的影响进行了定量表述，进一步深化了对转炉熔池流体流动行为的认识。转炉熔池混匀度提出后，得到国内外业界同行的关注[30-33]，至今已被引用多次。

$$\eta = f(h) \tag{2-54}$$

式中，η 为熔池混匀度，其值用百分比表示；取值范围为 0~100%；h 为氧枪枪位，m。

式（2-54）表达了氧枪枪位对熔池搅拌混匀行为的影响。然而，转炉熔池的搅拌混匀效果受顶吹氧气射流和底吹流股共同作用的影响。在氧枪喷嘴型号确定的情况下，顶吹氧气射流对熔池的搅拌混匀主要受氧枪枪位和氧气流量的影响。当转炉氧枪枪位较低、氧气流量较大时，熔池搅拌强烈，熔池中碳和氧接触面积大，转炉熔池的脱碳速率高；当转炉氧枪枪位较高，氧气流量较小时，熔池搅拌不强烈，熔池中 FeO 含量增加，转炉熔池的脱碳速率低。底吹流股对转炉熔池的搅拌混匀主要受底吹元件布置方式、底吹气体流量的影响。针对某一确定的底吹元件布置方式，当底吹流量较大时，底吹流股对熔池的搅拌混匀剧烈，加速脱碳反应的发生。熔池内 CO 气泡的上浮也会带动周围的钢液流动，当转炉脱碳速率较大时，尤其是在转炉脱碳中期，熔池内 CO 气泡对钢液的搅拌混匀占主要作用。基于上述认识，在转炉熔池混匀度的前期研究基础上，对熔池混匀度的概念进行了补充，充分考虑了顶吹射流、底吹流股和熔池 CO 气泡对转炉熔池搅拌混匀的影响，汪宙重新定义了熔池混匀度。所谓熔池混匀度[28]，是指某一时刻转炉顶吹射流、底吹流股和熔池 CO 气泡对熔池的搅拌混匀强度，用来表征顶吹射流、底吹流股和熔池 CO 气泡对熔池脱碳反应的影响，其表达式如式（2-55）所示。

$$\eta = f(h,\ Q_{top},\ Q_{bottom},\ \varepsilon_{co}) = \alpha \cdot \frac{h_{min}}{h} \cdot \frac{Q_{top}}{Q_{top,max}} \cdot \frac{Q_{bottom}}{Q_{bottom,max}} \varepsilon_{co} \tag{2-55}$$

式中，η 为熔池混匀度，其值用百分比表示，取值范围为 0~100%；h 为氧枪枪位，m；α 为常系数；h_{min} 为转炉冶炼过程氧枪的最低操作枪位，m；Q_{top} 为顶吹氧气流量，Nm^3/h；$Q_{top,max}$ 为转炉冶炼过程最大顶吹氧流量，Nm^3/h；Q_{bottom} 为底吹气体流量，Nm^3/h；$Q_{bottom,max}$ 为转炉冶炼过程最大底吹气体流量，Nm^3/h；ε_{co} 为转炉熔池内 CO 气体所占的百分含量，%。

式（2-55）体现了转炉炼钢过程氧枪枪位、顶吹氧气流量、底吹气体流量以及熔池内 CO 气泡对转炉熔池搅拌混匀效果的影响。

笔者课题组开展了 80 t 转炉水力学模型试验（6∶1），利用转炉水力学模拟的实验数据以及式（2-55）计算了实验条件下转炉熔池的混匀度 η，分析了熔池混匀度 η 与转炉熔池混匀时间之间的关系。在常系数 α 与 ε_{co} 的值一定时，熔池混匀度 η 与熔池混匀时间之间的关系如图 2-55 所示。由图 2-55 可以得出，即随着转炉熔池混匀度的增加，转炉熔池的混匀时间逐渐减小，在转炉熔池混匀度达到 0.9 左右时，熔池的混匀时间大约 21 s。因此，可以认为采用式（2-55）所示的熔池混匀度表达式来表述转炉顶吹射流、底吹流股和熔池 CO 气泡对熔池搅拌混匀强度的影响是合理的，可用熔池混匀度来表征顶吹射流、底吹流股和熔池 CO 气泡对熔池脱碳反应的影响。

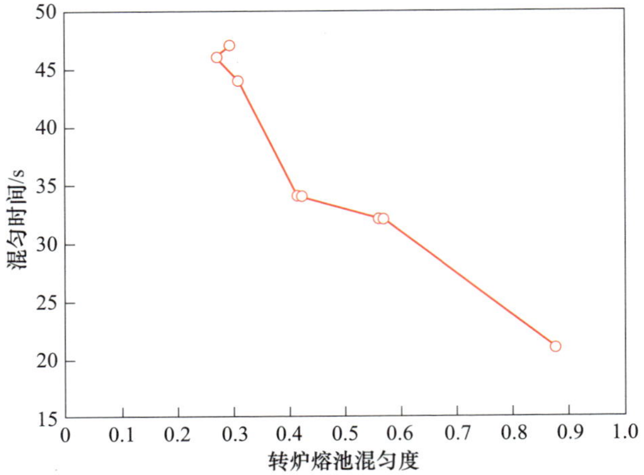

图 2-55　转炉熔池混匀度与混匀时间之间的关系

与此同时，转炉冶炼过程钢水温度也会影响熔池内脱碳反应速率。转炉熔池钢水温度对脱碳反应的影响表现在对脱碳反应速率常数的影响上，温度越高，反应物扩散速率就会越大，那么熔池的脱碳速率也会越大。

由阿累尼乌斯（Arrhenius）公式可得：

$$\frac{\mathrm{d}\ln k}{\mathrm{d}T}=\frac{E}{RT^2} \tag{2-56}$$

式中，k 为反应速率常数；T 为绝对温度，K；E 为反应活化能，J；R 为气体常数，J/(K · mol)。

将式（2-56）经过积分变换后，可得到脱碳反应速率常数与温度之间的关系，如式（2-57）所示。

$$k=\mu \mathrm{e}^{-E_a/RT}=\mu \mathrm{e}^{\omega/T} \tag{2-57}$$

式中，μ 为常系数；ω 为（$-E_a/R$）的值，其值与活化能有关，对于特定的化学反应，其活化能值是不变的，因而 ω 值也不变。

通过转炉水力学模拟实验可分析转炉冶炼过程枪位、顶吹氧气流量、底吹气体流量、熔池 CO 气泡、熔池钢水温度对转炉脱碳反应的影响。在实际冶炼过程中，上述影响因素会同时对转炉脱碳反应速率产生影响。因此，在经典转炉炼钢脱碳三阶段理论的基础上，综合考虑这些因素后，转炉脱碳速率可表示为：

转炉冶炼第一阶段脱碳速率：

$$-\frac{\mathrm{d}C}{\mathrm{d}\tau}=\mu_1 \cdot \mathrm{e}^{\omega/T} \cdot \eta \cdot \tau \tag{2-58}$$

转炉冶炼第二阶段脱碳速率：

$$-\frac{\mathrm{d}C}{\mathrm{d}\tau}=\mu_2\cdot \mathrm{e}^{\omega/T}\cdot \eta \tag{2-59}$$

转炉冶炼第三阶段脱碳速率：

$$-\frac{\mathrm{d}C}{\mathrm{d}\tau}=\mu_3\cdot \mathrm{e}^{\omega/T}\cdot (C-C_{\mathrm{k}})\cdot \eta \tag{2-60}$$

考虑到转炉冶炼初期和末期熔池内的脱碳反应速率相对偏小，而脱碳中期是转炉冶炼过程脱碳反应最激烈的时期，这个阶段熔池内 CO 气泡对转炉熔池的搅拌混匀影响最大。因此，本章在转炉冶炼过程脱碳第一阶段和第三阶段脱碳速率的影响因素中忽略熔池内 CO 气泡的影响。由此，转炉冶炼过程三个阶段的脱碳速率方程可表示如下：

$$\begin{cases}-\dfrac{\mathrm{d}C}{\mathrm{d}\tau}=\mu_1\cdot \mathrm{e}^{\omega/T}\cdot \alpha\cdot \dfrac{h_{\min}}{h}\cdot \dfrac{Q_{\mathrm{top}}}{Q_{\mathrm{top,max}}}\cdot \dfrac{Q_{\mathrm{bottom}}}{Q_{\mathrm{bottom,max}}}\cdot \tau \\ -\dfrac{\mathrm{d}C}{\mathrm{d}\tau}=\mu_2\cdot \mathrm{e}^{\omega/T}\cdot \alpha\cdot \dfrac{h_{\min}}{h}\cdot \dfrac{Q_{\mathrm{top}}}{Q_{\mathrm{top,max}}}\cdot \dfrac{Q_{\mathrm{bottom}}}{Q_{\mathrm{bottom,max}}}\cdot \varepsilon_{\mathrm{co}} \\ -\dfrac{\mathrm{d}C}{\mathrm{d}\tau}=\mu_3\cdot \mathrm{e}^{\omega/T}\cdot (C-C_{\mathrm{k}})\cdot \alpha\cdot \dfrac{h_{\min}}{h}\cdot \dfrac{Q_{\mathrm{top}}}{Q_{\mathrm{top,max}}}\cdot \dfrac{Q_{\mathrm{bottom}}}{Q_{\mathrm{bottom,max}}}\end{cases} \tag{2-61}$$

在转炉实际冶炼过程中，氧枪枪位、氧气流量、底吹气体流量等这些因素都是动态变化的，因此，很难用推导得到的式（2-61）进行计算。本节采用离散方法，将转炉冶炼过程等分成有限个时间段，当等分后的时间段的步长足够小时，在每一个微小的时间段内，氧枪枪位、氧气流量、底吹气体流量等参数可以近似看成是不变的，因此，在这些时间段内可以同时综合考虑各因素对脱碳反应速率的影响。

将每个阶段等分为 n 小段，即 $\tau_0\sim\tau_1$、$\tau_1\sim\tau_2$、…、$\tau_{n-1}\sim\tau_n$。其中对于不同脱碳阶段，n 取值不同；τ_0 表示相应脱碳阶段的初始时刻，τ_i 表示第 i 个等分时间段结束时刻。假定这些时间段对应的枪位分别是 h_1、h_2、…、h_n，对应的顶吹氧气流量分别是 $Q_{\mathrm{top},1}$、$Q_{\mathrm{top},2}$、…、$Q_{\mathrm{top},n}$，对应的底吹气体流量分别是 $Q_{\mathrm{bottom},1}$、$Q_{\mathrm{bottom},2}$、…、$Q_{\mathrm{bottom},n}$。

对于每个等分后得到的时间段，用时间段初始时刻的枪位、顶吹氧气流量和底吹气体流量分别表示整个时间段内的枪位、顶吹氧气流量和底吹气体流量，虽然这样表示会存在一定的误差，但当时间段的步长足够小的情况下，这种误差可以降至足够小。将脱碳各个阶段等分后，对式（2-61）中三个表达式分别积分可得到三个阶段各个等分时间段内碳含量的变化。

对转炉脱碳第一阶段表达式进行积分，得到脱碳第一阶段第 i 个等分时间段内碳含量的变化如式（2-62）所示。

$$C_{i-1} - C_i = \int_{\tau_{i-1}}^{\tau_i} \mu_1 \cdot e^{\omega/T} \cdot \alpha \cdot \frac{h_{\min}}{h} \cdot \frac{Q_{\text{top}}}{Q_{\text{top,max}}} \cdot \frac{Q_{\text{bottom}}}{Q_{\text{bottom,max}}} \cdot \tau \mathrm{d}\tau$$
$$= \frac{\alpha \cdot \mu_1 \cdot e^{\omega/T}}{2} \cdot \frac{h_{\min}}{h_i} \cdot \frac{Q_{\text{top},i}}{Q_{\text{top,max}}} \cdot \frac{Q_{\text{bottom},i}}{Q_{\text{bottom,max}}} \cdot (\tau_i^2 - \tau_{i-1}^2)$$
$$= \frac{\beta_1 \cdot e^{\omega/T_i}}{2} \cdot \frac{h_{\min}}{h_i} \cdot \frac{Q_{\text{top},i}}{Q_{\text{top,max}}} \cdot \frac{Q_{\text{bottom},i}}{Q_{\text{bottom,max}}} \cdot (\tau_i^2 - \tau_{i-1}^2) \tag{2-62}$$

式中，C_i 为第 i 个等分时间段末的碳含量,%；β_1 为常系数，其值为 $\alpha \cdot \mu_1$。

对转炉脱碳第二阶段速率表达式进行积分，得到脱碳第二阶段第 i 个等分时间段内碳含量的变化如式（2-63）所示。

$$C_{i-1} - C_i = \int_{\tau_{i-1}}^{\tau_i} \mu_2 \cdot e^{\omega/T} \cdot \alpha \cdot \frac{h_{\min}}{h} \cdot \frac{Q_{\text{top}}}{Q_{\text{top,max}}} \cdot \frac{Q_{\text{bottom}}}{Q_{\text{bottom,max}}} \cdot \varepsilon_{\text{co}} \mathrm{d}\tau$$
$$= \alpha \cdot \mu_2 \cdot e^{\omega/T_i} \cdot \varepsilon_{\text{co}} \cdot \frac{h_{\min}}{h_i} \cdot \frac{Q_{\text{top},i}}{Q_{\text{top,max}}} \cdot \frac{Q_{\text{bottom},i}}{Q_{\text{bottom,max}}} \cdot (\tau_i - \tau_{i-1})$$
$$= \beta_2 \cdot e^{\omega/T_i} \cdot \varepsilon_{\text{co}} \cdot \frac{h_{\max}}{h_i} \cdot \frac{Q_{\text{top},i}}{Q_{\text{top,max}}} \cdot \frac{Q_{\text{bottom},i}}{Q_{\text{bottom,max}}} \cdot (\tau_i - \tau_{i-1}) \tag{2-63}$$

式中，β_2 为常系数，其值为 $\alpha \cdot \mu_2$。

对转炉脱碳第三阶段速率表达式进行积分，得到脱碳第三阶段第 i 个等分时间段内碳含量的变化如式（2-64）所示。

$$\ln \frac{C_{i-1} - C_{\text{k}}}{C_i - C_{\text{k}}} = \alpha \cdot \mu_3 \cdot e^{\omega/T_i} \cdot \frac{h_{\min}}{h_i} \cdot \frac{Q_{\text{top},i}}{Q_{\text{top,max}}} \cdot \frac{Q_{\text{bottom},i}}{Q_{\text{bottom,max}}} \cdot (\tau_i - \tau_{i-1})$$
$$= \beta_3 \cdot e^{\omega/T_i} \cdot \frac{h_{\max}}{h_i} \cdot \frac{Q_{\text{top},i}}{Q_{\text{top,max}}} \cdot \frac{Q_{\text{bottom},i}}{Q_{\text{bottom,max}}} \cdot (\tau_i - \tau_{i-1}) \tag{2-64}$$

式中，β_3 为常系数，其值为 $\alpha \cdot \mu_3$。

式（2-62）~式（2-64）就是由推导所得到的冶炼各阶段脱碳速率表达式，这三个公式可表征转炉炼钢过程钢水碳含量的变化规律。综合上述各阶段脱碳速率积分表达式，得到转炉冶炼过程的脱碳模型，见式（2-65）。

$$C_{i-1} - C_i = \frac{\beta_1 \cdot e^{\omega/T_i}}{2} \cdot \frac{h_{\min}}{h_i} \cdot \frac{Q_{\text{top},i}}{Q_{\text{top,max}}} \cdot \frac{Q_{\text{bottom},i}}{Q_{\text{bottom,max}}} \cdot (\tau_i^2 - \tau_{i-1}^2)$$
$$= C_{i-1} - C_i = \beta_2 \cdot e^{\omega/T_i} \cdot \varepsilon_{\text{co}} \cdot \frac{h_{\min}}{h_i} \cdot \frac{Q_{\text{top},i}}{Q_{\text{top,max}}} \cdot \frac{Q_{\text{bottom},i}}{Q_{\text{bottom,max}}} \cdot (\tau_i - \tau_{i-1})$$
$$= \ln \frac{C_{i-1} - C_{\text{k}}}{C_i - C_{\text{k}}} = \beta_3 \cdot e^{\omega/T_i} \cdot \frac{h_{\min}}{h_i} \cdot \frac{Q_{\text{top},i}}{Q_{\text{top,max}}} \cdot \frac{Q_{\text{bottom},i}}{Q_{\text{bottom,max}}} \cdot (\tau_i - \tau_{i-1}) \tag{2-65}$$

2.2.2 基于熔池混匀度的转炉冶炼钢水温度变化模型

转炉冶炼过程熔池的温度会随着吹炼时间的变化而不断变化。为了辅助实现转炉炼钢终点钢水温度的准确控制，本节结合某钢厂 80 t 转炉冶炼生产工艺，通过分析转炉冶炼中高碳钢过程的热效应，在熔池热平衡原理的基础上构建了转炉冶炼过程熔池温度变化模型。

由转炉冶炼过程的热平衡原理可知，转炉炼钢过程的热收入项，包括铁水中的元素氧化放热以及铁水的物理热；转炉炼钢过程的热支出项，包括废钢、生铁、炉渣、冷却剂的吸热，炉气带走的热量，转炉的热损失等。下面分别对转炉炼钢过程的热效应进行分析。

2.2.2.1 碳元素氧化放热

转炉冶炼过程产生的炉气中 CO_2 含量比 CO 少，并且其中很大一部分 CO_2 是熔池脱碳反应生成的高温 CO 气体与炉气中的 O_2 发生二次燃烧反应生成。熔池中碳氧反应的主要气体产物是 CO，对应的化学反应方程式为：

$$[C] + 1/2O_2 = CO \qquad \Delta H = -10950\ kJ/kg \tag{2-66}$$

为了分析转炉冶炼过程碳元素的氧化放热效应，需计算每个等分时间段内碳元素氧化放出的热量，可由式（2-67）确定：

$$\begin{aligned} Q_C &= W \times 1000 \times (-\Delta H) \times (C_{i-1} - C_i)/100 \\ &= 109500W \times (C_{i-1} - C_i) \end{aligned} \tag{2-67}$$

式中，W 为熔池中铁水（钢水）质量，t。

2.2.2.2 硅元素氧化放热

硅元素的氧化主要在转炉吹炼前期发生，其化学反应方程式为：

$$[Si] + O_2 = SiO_2 \qquad \Delta H = -28314\ kJ/kg \tag{2-68}$$

为了分析转炉冶炼过程硅元素的氧化放热效应，需计算每个等分时间段内硅元素氧化放出的热量，可由式（2-69）确定：

$$\begin{aligned} Q_{Si} &= W \times 1000 \times (-\Delta H) \times (C'_{i-1} - C'_i)/100 \\ &= 283140W \times (C'_{i-1} - C'_i) \end{aligned} \tag{2-69}$$

式中，C'_i为 τ_i 时刻转炉熔池钢水中的 Si 含量，%。

2.2.2.3 锰元素氧化放热

锰元素的氧化也发生在转炉吹炼前期，其化学反应方程式为：

$$[Mn] + 1/2O_2 = MnO \qquad \Delta H = -7020\ kJ/kg \tag{2-70}$$

为了分析转炉冶炼过程锰元素的氧化放热效应，需计算每个等分时间段内锰氧化放出的热量，可由式（2-71）确定：

$$\begin{aligned} Q_{Mn} &= W \times 1000 \times (-\Delta H) \times (C''_{i-1} - C''_i)/100 \\ &= 70200W \times (C''_{i-1} - C''_i) \end{aligned} \tag{2-71}$$

式中，C_i''为 τ_i 时刻转炉熔池钢水中的 Mn 含量,%。

2.2.2.4　磷元素氧化放热

转炉熔池钢水中磷的氧化主要发生在吹炼前期，磷元素氧化的化学反应方程式为：

$$2[P] + 5/2O_2 = P_2O_5 \qquad \Delta H = -18923\ \text{kJ/kg} \tag{2-72}$$

为了分析转炉冶炼过程磷元素的氧化放热效应，需计算每个等分时间段内磷元素氧化放出的热量，可由式（2-73）确定：

$$\begin{aligned} Q_P &= W \times 1000 \times (-\Delta H) \times (C_{i-1}''' - C_i''')/100 \\ &= 189230W \times (C_{i-1}''' - C_i''') \end{aligned} \tag{2-73}$$

式中，C_i'''为 τ_i 时刻转炉熔池钢水中的 P 含量,%。

2.2.2.5　铁元素氧化放热

在整个转炉吹炼过程中都发生铁的氧化和还原。吹炼前期，有一部分铁氧化后进入渣中，在吹炼过程中，铁的氧化与还原主要受枪位的影响。枪位低，渣中（FeO）容易被还原，枪位高，渣中容易积累（FeO）。本节为了简化计算，不具体分析冶炼过程铁的氧化情况，假定铁的氧化都在冶炼前期完成。

假定渣中 Fe 有 80%以 FeO 形式存在，20%以 Fe_2O_3 形式存在，在冶炼前期铁氧化基本完成，并且氧化速率均匀。

$$[Fe] + 1/2O_2 = FeO \qquad \Delta H_1 = -5020\ \text{kJ/kg} \tag{2-74}$$

$$2[Fe] + 3/2O_2 = Fe_2O_3 \qquad \Delta H_2 = -6670\ \text{kJ/kg} \tag{2-75}$$

为了分析转炉冶炼过程铁元素的氧化放热效应，需计算一个等分时间段内铁氧化放出的热量，可由式（2-76）确定：

$$\begin{aligned} Q_{Fe} &= W \times 1000 \times \varphi \times \gamma \times (80\% \times (-\Delta H_1) + 20\% \times (-\Delta H_2)) \times \Delta\tau/60 \\ &= 1000W\varphi\gamma \times (80\% \times 5020 + 20\% \times 6670) \times \Delta\tau/60 \\ &= 89166\Delta\tau W\varphi\gamma \end{aligned} \tag{2-76}$$

式中，$\Delta\tau$ 为等分时间段的步长，s；φ 为终渣质量与入炉铁水质量的比值；γ 为终渣中铁元素的质量百分比。

2.2.2.6　转炉炉气带走的热量

炉气带走的热量主要包括 CO 和 O_2 带走的热量。如式（2-77）所示。

$$Q_{gas} = Q_{CO} + Q_{O_2} \tag{2-77}$$

CO 的质量热容是 0.3120 kcal/(Nm³ · ℃)，即 1.3060 kJ/(Nm³ · ℃)；O_2 的质量热容是 0.3134 kcal/(Nm³ · ℃)，即 1.3119 kJ/(Nm³ · ℃)。在一个等分时间段内，熔池内产生的 CO 气体体积 V_{CO}可由式（2-78）确定：

$$\begin{aligned} V_{CO} &= W \times 1000 \times (C_{i-1} - C_i)/100 \times 28/12 \times 22.4/1000 \\ &= 0.5227W \times (C_{i-1} - C_i) \end{aligned} \tag{2-78}$$

那么，在一个等分时间段内 CO 气体带走的热量可由式（2-79）确定：

$$Q_{CO} = 1.306V_{CO} \times (T_{i-1} - 25) = 0.6826W \times (C_{i-1} - C_i) \times (T_{i-1} - 25) \quad (2\text{-}79)$$

转炉冶炼前期炉气中的 O_2 含量非常小，因此，本节只计算脱碳第三阶段 O_2 带走的热量。冶炼中期，炉气中的 O_2 含量几乎为 0，此阶段的 O_2 主要用于脱碳反应，因此，可利用冶炼后期等分时间段内脱碳量与脱碳中期一个等分时间段内脱碳量的比值来确定冶炼后期炉气中的 O_2 含量。转炉脱碳第三阶段，炉气中的 O_2 体积可由式（2-80）确定：

$$V_{O_2} = 10 \cdot Q_{top} \cdot [1 - (C_{i-1} - C_i)/\Delta C] \quad (2\text{-}80)$$

式中，Q_{top}为顶吹氧气流量，Nm^3/s；ΔC 为脱碳中期各个等分时间段内平均脱碳量，%。

脱碳末期每个等分时间段内氧气带走的热量计算如式（2-81）所示。

$$Q_{O_2} = 1.3119V_{O_2} \times (T_{i-1} - 25) = 13.119Q_{top} \times \left(1 - \frac{C_{i-1} - C_i}{\Delta C}\right) \times (T_{i-1} - 25) \quad (2\text{-}81)$$

2.2.2.7 转炉热损

转炉的热损失包括热传递、热辐射等，热损失过程很复杂，很难用理论公式计算出转炉热损的具体值。一般转炉热量损失的总量占转炉热收入总量的 3%～8%，本书假设每个等分时间段内转炉熔池的热损与对应时刻熔池总热量 Q_{i-1}有一个比较稳定的比值关系，即：

$$Q_{loss} = \chi Q_{i-1} \quad (2\text{-}82)$$

式中，χ 为转炉热损系数，即转炉热损与熔池总热量的比值。

2.2.2.8 铁水物理热

生铁、钢、转炉炉渣的相关物性参数如表 2-14 所示。

表 2-14 生铁、钢和炉渣在固态和液态下的热容以及熔化潜热

项目	固态平均质量热容 /kJ·(kg·K)$^{-1}$	熔化潜热 /kJ·kg^{-1}	液态平均质量热容 /kJ·(kg·K)$^{-1}$
生铁	0.745	217.568	0.8369
钢	0.699	271.960	0.8369
炉渣	—	209.200	1.2470

铁水物理热的计算需要先确定铁的熔点，铁块熔点可由式（2-83）确定。

$$T_1 = 1539 - 100 \times (100w_{[C]} + 80w_{[Si]} + 5w_{[Mn]} + 30w_{[P]} + 25w_{[S]}) - 4 \quad (2\text{-}83)$$

式中，$w_{[i]}$为组元 i 的质量百分含量。

铁水物理热 Q_{mot}可由式（2-84）确定。

$$Q_1 = W \times 10^3 \times [0.745 \times (T_1 - 25) + 217.568 + 0.8368 \times (T_0 - T_1)] \tag{2-84}$$

式中，W 为铁水质量，t；T_0 为入炉铁水温度，℃。

2.2.2.9 废钢吸热

废钢吸热的计算需要先确定废钢熔点，废钢熔点可由式（2-85）确定。

$$T_2 = 1539 - 100 \times (65w_{[C]} + 5w_{[Mn]} + 30w_{[P]} + 25w_{[S]}) - 4 \tag{2-85}$$

废钢吸热 Q_{scrap} 可以表示为：

$$Q_{scrap} = \begin{cases} W_{scrap} \times 10^3 \times [0.699 \times (T-25) + 271.96] & (T<T_2) \\ W_{scrap} \times 10^3 \times [0.699 \times (T_2-25) + 271.96 + 0.8369 \times (T-T_2)] & (T>T_2) \end{cases} \tag{2-86}$$

式中，W_{scrap} 为废钢质量，t。

2.2.2.10 炉渣吸热

由转炉终渣成分可知，炉渣主要由加入的石灰和轻烧白云石形成。在转炉冶炼过程中，石灰和白云石的加入量比其他造渣料大很多，并且加入的石灰和轻烧白云石中的氧化钙几乎都用于造渣，那么可以通过石灰和白云石的加入量计算成渣量。

炉渣物理热可表示为：

$$\begin{aligned} Q_{slag} &= W_{slag} \times [209.20 + 1.247 \times (T - 25)] \\ &= W_{slag} \times (178.025 + 1.247T) \end{aligned} \tag{2-87}$$

2.2.2.11 冷却剂吸热

烧结矿作为冷却剂用来调节钢液温度，其加入量的多少对终点温度的影响很大。30 ℃时烧结矿的质量热容为 0.6704 kJ/(kg · ℃)，用作冷却剂的烧结矿由室温升高至 1600 ℃时冷却效应约为 3000 kJ/kg，那么转炉冶炼过程冷却剂的吸热可由式（2-88）确定。

$$Q_{cool} = W_{cool} \cdot 3000 \tag{2-88}$$

式中，W_{cool} 为冷却剂的加入量，kg。

以上分析了转炉冶炼过程的各项热效应。在完成上述热效应的计算后，可以根据转炉冶炼过程的热平衡原理建立冶炼过程钢水温度变化模型。

在推导转炉脱碳反应速率公式时，将每个脱碳阶段等分为 n 小段，即 $\tau_0 \sim \tau_1$、$\tau_1 \sim \tau_2$、…、$\tau_{n-1} \sim \tau_n$，而各时间段对应的温度分别是 T_1、T_2、…、T_n。本书通过分析转炉冶炼过程熔池内的热平衡，推导转炉冶炼过程温度的求解方法。在推导温度求解方法时，也以各个等分时间段为最小研究单位，对每个等分时间段内的热平衡进行计算，如式（2-89）所示。

$$Q_i = Q_{i-1} + Q_{gain} - Q_{loss} \tag{2-89}$$

式中，Q_i 为 τ_i 时刻熔池的热量，包括炉渣和铁水（或钢水）热量，kJ；Q_{gain} 为

第 i 个时间段内熔池吸收的热量，主要包括化学反应放热，如脱碳反应、脱硅反应等，kJ；Q_{loss}为第 i 个时间段内熔池损失的热量，主要包括造渣料吸收的热量、炉气带走的热量、热传导和热辐射损失的热量，kJ。

对于脱碳第一阶段而言，Q_0 表示铁水的物理热，Q_{gain}包括硅元素氧化热、锰元素氧化热、碳元素氧化热、铁元素氧化热和磷元素氧化热，Q_{loss}包括废钢吸热、热损（主要包括热辐射和热传导）、造渣料吸热和炉气带走的热量。那么在脱碳第一阶段内任意一个等分时间段的热平衡可以表示为：

$$Q_{i-1} + Q_{C} + Q_{Si} + Q_{Mn} + Q_{P} + Q_{Fe} - Q_{gas} - Q_{scrap} - Q_{slag} - Q_{loss} = Q_{i} \tag{2-90}$$

式中，Q_{Si}为第 i 个时间段内硅氧化放出的热量，kJ；Q_{Mn}为第 i 个时间段内锰氧化放出的热量，kJ；Q_C 为第 i 个时间段内碳氧化放出的热量，kJ；Q_{Fe}为第 i 个时间段内铁氧化放出的热量，kJ；Q_P 为第 i 个时间段内磷氧化放出的热量，kJ；Q_{scrap}为第 i 个时间段内废钢吸收的热量，kJ；Q_{loss}为第 i 个时间段内的热损，kJ；Q_{slag}为第 i 个时间段内炉渣吸收的热量，kJ；Q_{gas}为第 i 个时间段内炉气带走的热量，kJ。

对于脱碳第二阶段而言，可以忽略硅、锰、铁和磷元素的氧化放热，因为硅、锰、磷这几种元素在脱碳第一阶段已基本氧化完全，在脱碳中期炉渣中的铁氧化物含量与枪位有关，渣中铁氧化物含量时高时低，很难准确计算这个阶段铁的氧化热；因此，脱碳第二阶段的铁氧化热不计入总的热平衡中。脱碳第二阶段也无铁块和废钢加入，那么在脱碳第二阶段内任意一个等分时间段的热平衡可表示为：

$$Q_{i-1} + Q_{C} - Q_{gas} - Q_{slag} - Q_{loss} = Q_{i} \tag{2-91}$$

对于脱碳第三阶段而言，其基本情况与脱碳第二阶段类似，在脱碳第三阶段内任意一个等分时间段的热平衡可表示为：

$$Q_{i-1} + Q_{C} + Q_{Fe} - Q_{gas} - Q_{slag} - Q_{loss} - Q_{cool} = Q_{i} \tag{2-92}$$

基于上述脱碳三阶段的热平衡表达式，可得到转炉冶炼过程钢水温度变化模型，如式（2-93）所示。

$$\begin{cases} Q_{i-1} + Q_{C} + Q_{Si} + Q_{Mn} + Q_{P} + Q_{Fe} - Q_{gas} - Q_{scrap} - Q_{slag} - Q_{loss} = Q_{i} \\ Q_{i-1} + Q_{C} - Q_{gas} - Q_{slag} - Q_{loss} = Q_{i} \\ Q_{i-1} + Q_{C} + Q_{Fe} - Q_{gas} - Q_{slag} - Q_{loss} - Q_{cool} = Q_{i} \\ T_{i} = T_{i-1} + \Delta T_{i} = T_{i-1} + \dfrac{Q_{i} - Q_{i-1}}{W_{m} \cdot C_{m} + W_{s} \cdot C_{s}} \end{cases} \tag{2-93}$$

式中，W_m、W_s 分别为钢水和炉渣的质量，t；C_m、C_s 分别为钢水和炉渣的质量热容，kJ/(kg · ℃)。

对于转炉冶炼过程而言，计算出各项热效应后，可以代入转炉冶炼过程钢水温度变化模型，对转炉冶炼过程钢水温度进行实时计算。

2.2.3　基于熔池混匀度的转炉冶炼模型的构建与验证

上节在转炉熔池混匀度的研究基础上，结合经典脱碳三阶段理论和熔池热平衡原理分别构建了转炉冶炼过程脱碳模型和温度变化模型。由于转炉冶炼脱碳反应和钢水温度变化是相伴发生的，为此需要将上述两个模型进行综合，构建基于熔池混匀度的转炉冶炼过程模型，为辅助转炉准确控制冶炼终点钢水碳含量和温度奠定基础。

综合上述推导获得的转炉冶炼过程脱碳模型和温度变化模型，可得到基于熔池混匀度的转炉冶炼过程模型，如式（2-94）所示。

$$
\begin{cases}
C_{i-1} - C_i = \dfrac{\beta_1 \cdot e^{\omega/T_i}}{2} \cdot \dfrac{h_{\min}}{h_i} \cdot \dfrac{Q_{\text{top},i}}{Q_{\text{top,max}}} \cdot \dfrac{Q_{\text{bottom},i}}{Q_{\text{bottom,max}}} \cdot (\tau_i^2 - \tau_{i-1}^2) \\
C_{i-1} - C_i = \beta_2 \cdot e^{\omega/T_i} \cdot \varepsilon_{\text{co}} \cdot \dfrac{h_{\min}}{h_i} \cdot \dfrac{Q_{\text{top},i}}{Q_{\text{top,max}}} \cdot \dfrac{Q_{\text{bottom},i}}{Q_{\text{bottom,max}}} \cdot (\tau_i - \tau_{i-1}) \\
\ln \dfrac{C_{i-1} - C_k}{C_i - C_k} = \beta_3 \cdot e^{\omega/T_i} \cdot \dfrac{h_{\min}}{h_i} \cdot \dfrac{Q_{\text{top},i}}{Q_{\text{top,max}}} \cdot \dfrac{Q_{\text{bottom},i}}{Q_{\text{bottom,max}}} \cdot (\tau_i - \tau_{i-1}) \\
Q_i = Q_{i-1} + Q_{\text{gain}} - Q_{\text{loss}} \\
T_i = T_{i-1} + \Delta T_i = T_{i-1} + \dfrac{Q_i - Q_{i-1}}{W_{\text{m}} \cdot C_{\text{m}} + W_{\text{s}} \cdot C_{\text{s}}}
\end{cases}
\tag{2-94}
$$

对于一个等分时间段，当获取初始时刻碳含量和温度时，可根据该时间段所处的脱碳阶段选用相应的脱碳公式计算此时间段内脱碳量，利用温度变化模型计算此时间段结束时刻熔池钢水的温度，接着利用得到的熔池钢水碳含量和温度值计算下一个时间段的钢水碳含量和温度，如此迭代计算下去，就可以得到转炉冶炼过程每个等分时间段内熔池钢水碳含量和温度。

基于熔池混匀度的转炉冶炼过程模型建立后，模型系数的准确性对模型的实用性有着重要影响。本书在建立转炉脱碳模型时是以转炉脱碳三阶段理论为基础的，因此，模型的求解需要先确定脱碳各阶段所用时间。

转炉都配置有煤气回收设备，在煤气回收前对烟气中 CO 含量进行检测，只有 CO 含量达到一定值时才进行储存，CO 含量的变化能间接反映转炉熔池的脱碳情况。因此，可以用煤气回收系统中 CO 含量数据来确定各炉次脱碳各阶段的所用时间。此处所指的 CO 含量检测与常用的炉气分析并不同，炉气分析得到的 CO 数据更全面，延迟性更短，也可用来确定脱碳三阶段所用时间，但这种方法需要额外安装动态检测设备。对于在煤气回收时获得的 CO 数据而言，虽然其延迟性更长，精准度不如炉气分析，但它能从整体上反映脱碳速率的变化趋势，能够用来大致确定脱碳各阶段所用的时间，并且这种数据的获取不需要额外安装检测设备。

本节所建立的转炉冶炼过程模型主要需要确定以下系数。

2.2.3.1 脱碳模型系数的求解

根据脱碳速率曲线在脱碳第一阶段转折点 A 处和脱碳第二阶段转折点 B 处的连续性，可以得到以下方程：

$$\begin{cases} \dfrac{\beta_1}{2} \cdot \Delta\tau = \beta_2 \cdot \varepsilon_{co} \\ \beta_2 \cdot \varepsilon_{co} = \beta_3 \cdot (C_B - C_k) \end{cases} \tag{2-95}$$

式中，$\Delta\tau$ 为转炉脱碳第一阶段所用时间，s。

由脱碳第三阶段速率表达式进行变换以后可以得到下式：

$$\beta_3 \cdot e^{\omega/T_{aver}} = \frac{\ln(C_B - C_k)/(C_b - C_k)}{\sum\limits_{i-1}^{n} \dfrac{h_{min}}{h_i} \cdot \dfrac{Q_{top,i}}{Q_{top,max}} \cdot \dfrac{Q_{bottom,i}}{Q_{bottom,max}} \cdot (\tau_i - \tau_{i-1})} \tag{2-96}$$

式中，T_{aver} 为转炉脱碳第三阶段熔池钢水的平均温度，K。

由式（2-96）可以求出 β_3 的值。根据理论计算得到熔池钢水的极限碳含量 $C_k = 0.03$，取转炉脱碳第二阶段转折点 B 处的碳含量 $C_B = 0.43$[34]，式（2-96）中其余未知量都可以根据实际生产数据得到。下面将简要介绍转炉熔池钢水极限碳含量的确定方法。

转炉吹炼末期 C 元素的氧化反应方程式如式（2-97）所示。

$$[C] + [O] = CO_g \tag{2-97}$$

$$\lg \frac{P_{co}/P^{\ominus}}{a_c \cdot a} = \lg \frac{P_{co}/P^{\ominus}}{f_c \cdot f_o \cdot [C] \cdot [O]} = \frac{1149}{T} + 2.002$$

转炉吹炼末期 Fe 元素的氧化反应方程式如式（2-98）所示。

$$[Fe] + [O] = (FeO) \tag{2-98}$$

$$\lg \frac{a_{FeO}}{a_{Fe} \cdot a_O} = \lg \frac{a_{FeO}}{f_{Fe} \cdot f_O \cdot [Fe] \cdot [O]} = \frac{6317}{T} - 2.739$$

那么，转炉吹炼末期 C 与 Fe 元素的选择性氧化反应如式（2-99）所示。

$$[C] + (FeO) = CO_g + [Fe] \tag{2-99}$$

$$\lg \frac{a_{FeO} \cdot P_{co}/P^{\ominus}}{a_{FeO} \cdot \alpha_C} = \lg \frac{a_{Fe} \cdot P_{co}/P^{\ominus}}{a_{FeO} \cdot f_C \cdot [C]} = \frac{-5168}{T} + 4.714$$

转炉吹炼末期，认为反应接近平衡状态，$f_C \approx f_O \approx 1$，$\alpha_{Fe} = 1$，$P_{co}/P^{\ominus} = 1$，那么式（2-99）可化简为：

$$\lg \frac{1}{a_{FeO} \cdot [C]} = \frac{-5168}{T} + 4.714 \tag{2-100}$$

式（2-100）中熔渣 FeO 的活度可根据分子理论计算获得。根据某钢厂 80 t 转炉冶炼中高碳钢的目标终渣成分，计算得到熔渣中 FeO 的活度为：

$$a_{FeO} = X_{FeO} = \frac{n_{FeO}}{n_i} = 0.285 \tag{2-101}$$

将熔渣中 FeO 的活度值代入式（2-100），可得到转炉吹炼末期 C、Fe 选择性氧化临界 C 含量与钢水温度之间的关系，如式（2-102）所示，具体计算结果如图 2-56 所示。

$$w[C] = \frac{1}{10^{(-5168/T+4.741)} \times 0.285} \tag{2-102}$$

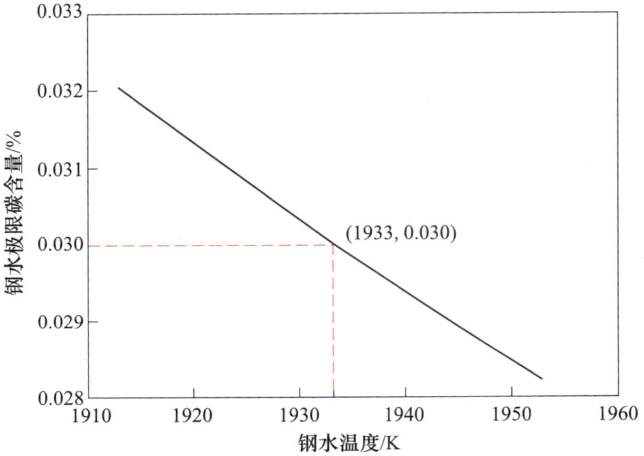

图 2-56　转炉熔池钢水极限碳含量与钢水温度之间的关系

由图 2-56 可知，随着钢水温度的升高，转炉熔池钢水极限碳含量不断降低，当转炉冶炼终点钢水温度为 1660 ℃时，C、Fe 元素选择性氧化的临界 C 含量为 0.03%，即式（2-46）中的熔池钢水极限碳含量 C_k。利用式（2-96）计算脱碳模型系数 β_3。随后，将 μ_3 代入方程组（2-95），可以得到：

$$\beta_1 = \frac{2\beta_2 \cdot \varepsilon_{co}}{\Delta\tau} \tag{2-103}$$

$$\beta_2 \cdot \varepsilon_{co} = \beta_3 \cdot (C_B - C_k) \tag{2-104}$$

式中，$\Delta\tau$ 为脱碳第一阶段所用的时间，通过分析某钢厂 80 t 转炉冶炼过程烟气中 CO 的成分变化数据，可得出脱碳第一阶段所用的时间和脱碳第二阶段烟气中的 CO 含量。因此，可以根据式（2-103）和式（2-104）求解脱碳模型系数 β_1 和 β_2。至此，脱碳模型的系数求解完毕。

2.2.3.2　热损系数的求解

转炉热损是热平衡计算中重要的一部分，本书假定了各炉次在各时刻的热损与熔池总热量成正比，且比值恒定。转炉冶炼过程初始入炉信息、冶炼过程各造渣料加入信息、出钢信息等都是可以得到的，因此，可以通过转炉冶炼的热平衡计算来确定热损系数 ξ。

通过上述系数求解方法获得的模型系数是利用有限数据求解得到的，因此，所求得的系数值与实际值会存在一定的偏差，当相应的计算软件编制好后，应根据实际预报情况对系数进行修正。以下是模型系数修正策略：

（1）$\Delta\tau$ 可以用于调整脱碳第一阶段的时间；

（2）C_B 可以用于调整转炉吹炼过程中进入脱碳第三阶段的时刻；

（3）ω 可以用于调整钢水温度对脱碳模型的影响；

（4）$\beta_2 \cdot e^{\omega/T} \cdot \eta$ 可以用于调整最大脱碳速率；

（5）ξ 可以用于调整转炉热损。

2.2.3.3 模型验证

为了对基于熔池混匀度的转炉冶炼过程模型进行验证，本节利用某钢厂 80 t 转炉冶炼中高碳钢的实际生产数据来验证所建模型。

A 转炉冶炼过程脱碳计算结果的验证

本章所建立的基于熔池混匀度的转炉冶炼过程模型可以对整个冶炼过程的碳含量进行实时预报，对吹炼过程脱碳模型的验证是为了验证该模型描述的钢水脱碳情况是否与实际情况吻合。

由于研究的 80 t 转炉没有副枪检测设备，在吹炼过程中取样分析非常不便，倒炉取样对吹炼进程的影响很大；且吹炼前中期碳含量较高，熔池中发生大量的脱碳反应，因此，在吹炼过程中取样非常危险。考虑到转炉冶炼过程炉气 CO 含量的变化规律间接反映了转炉熔池脱碳速率的实际变化情况，本书采用转炉冶炼过程炉气 CO 含量进行定性分析，用以验证脱碳速率计算值的变化趋势是否与 CO 含量的变化趋势一致。然而，由于现场生产条件的限制，转炉冶炼过程只能获取煤气回收系统中烟气 CO 含量的实时变化数据。虽然转炉冶炼过程煤气回收系统测得的 CO 含量数值的精确度不如炉气分析获得的 CO 数据更为直接，但其变化趋势还是基本一致的，所以，本节采用烟气 CO 含量变化数据与脱碳速率计算值进行比较。本节将某一炉次（炉次号：10306698）冶炼过程烟气 CO 含量的变化值与模型计算得到的脱碳速率值进行比较，其结果见图 2-57。

由图 2-57 可以看出，两者的整体变化趋势基本相符，但从局部看，仍然有两处的变化情况不太相符，一处是吹炼中期的后半段（即图 2-57 所示 *A* 处），另一处是在吹炼快结束时（即图 2-57 所示 *B* 处）。

转炉冶炼中期后半段，转炉烟气 CO 含量有个较小的波动，通过对比分析这一时间段内的冶炼过程信息（枪位、氧流量变化如图 2-58 所示），发现此阶段氧枪枪位变化较为频繁，当氧枪从高位下降到低位时，氧气射流会对转炉熔池产生瞬间的冲击，加强熔池搅拌，从而加速脱碳反应的发生。

在图 2-57 中，转炉吹炼临近结束时 CO 含量降低速度快于脱碳速率变小的速

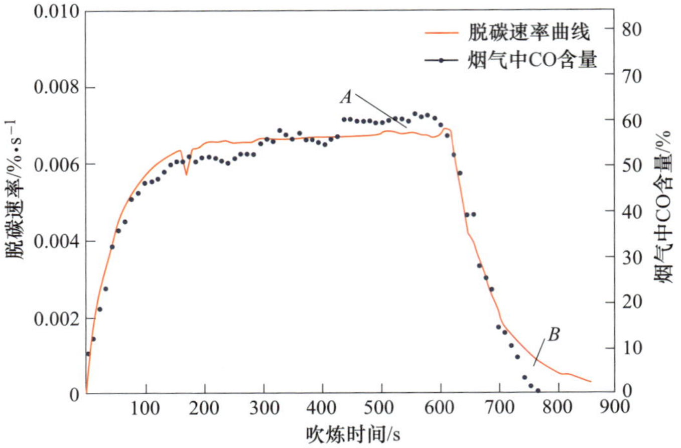

图 2-57　脱碳速率模型计算值与烟气中 CO 含量比较

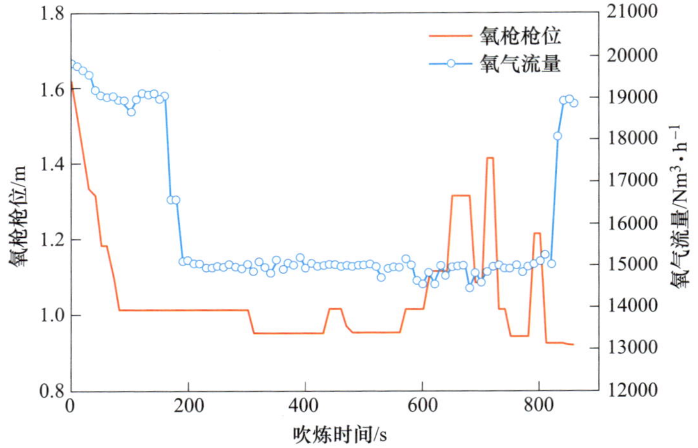

图 2-58　转炉冶炼过程枪位和氧流量变化

（炉次号：10306698）

度，这是由于检测的 CO 含量是转炉炉气经过二次燃烧后的数据。在冶炼后期，脱碳速率降低，熔池消耗 O_2 的速率也降低，造成在出熔池液面时炉气中 CO 含量减少，O_2 含量升高，在炉气回收通道中 CO 发生二次燃烧的比例增加，经过二次燃烧后炉气中 CO 含量降低。

从上述分析可以看出，本节所建立的基于熔池混匀度的转炉冶炼过程模型对脱碳规律的描述比较符合实际脱碳情况，可用于实时预报转炉冶炼过程钢水的碳含量。

B　转炉冶炼后期钢水碳含量和温度的验证

由于转炉冶炼中高碳钢的终点控制较难，研究的 80 t 转炉在冶炼过程中，会在吹炼后期钢水成分略高于冶炼钢种出钢要求时停止吹氧，然后完成测温、取样操作，再根据分析结果与出钢要求的差值进行冶炼末期的补吹操作，最终使冶炼终点钢水成分和温度达到出钢要求。为了说明基于熔池混匀度的转炉冶炼过程模型的实效性，本书将该模型用于预报转炉冶炼中高碳钢吹炼后期（主吹结束时）钢水的碳含量和温度，并与取样分析值进行对比。

接下来分别对转炉吹炼后期钢水碳含量预报结果、温度预报结果以及碳-温双命中率进行分析。图 2-59 和图 2-60 分别显示的是转炉冶炼过程模型钢水碳含量和温度的对比分析。从图 2-59 可以看出，转炉冶炼过程模型预测的碳含量与实测值比较接近，模型预测误差主要分布在±0.05%范围内。其中，碳含量预测

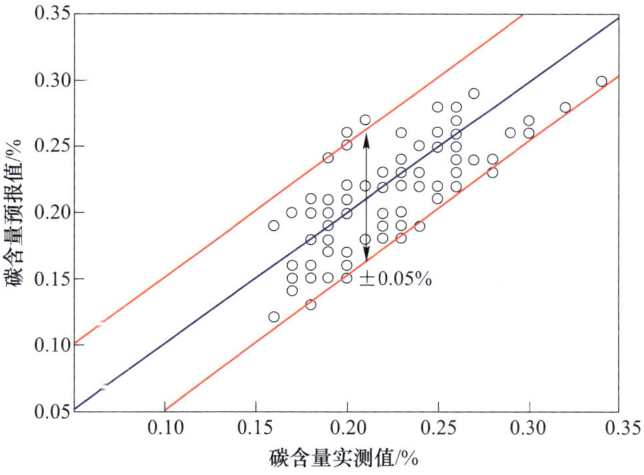

图 2-59 基于熔池混匀度的转炉冶炼过程模型碳含量验证

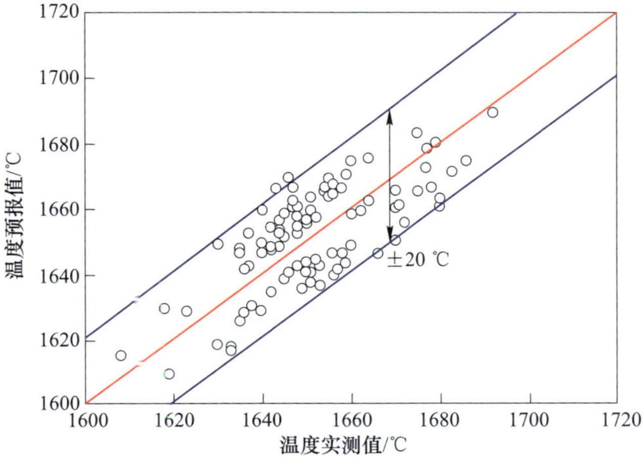

图 2-60 基于熔池混匀度的转炉冶炼过程模型温度验证

误差绝对值在 0. 04%以内的炉次占总炉次数的 90%；当碳含量预测误差绝对值在 0. 03%以内时，转炉冶炼过程模型的命中率为 76%。由此可见，在没有采用动态检测设备的情况下，本节所建立的基于熔池混匀度的中高碳钢转炉冶炼过程模型对碳含量的预报是较为准确的。

由图 2-60 可知，基于熔池混匀度的转炉冶炼过程模型预报的温度值与实测值的误差不大，预报误差基本分布在±20 ℃范围内。其中，温度预测误差绝对值在 15 ℃范围以内的炉次占总炉次数的 80%。在转炉冶炼过程中，转炉冶炼终点控制追求的是碳-温同时命中，因此，统计了转炉冶炼过程模型的碳-温双命中率，模型碳含量预测误差绝对值小于 0. 04%并且温度预测误差绝对值小于 15 ℃的概率是 72%，基本满足转炉冶炼中高碳钢的生产控制要求。但本节所构建的转炉冶炼过程模型对钢水碳含量和温度的预报命中率还不尽如人意，究其原因是因为转炉冶炼中高碳钢后期钢水的脱碳速率还较大，此时钢水碳含量和温度变化较大，准确命中中高碳钢冶炼后期钢水碳含量和温度比较困难；另外，由于现场生产条件的限制，影响了冶炼过程数据的实时准确获取，某些过程数据只能近似替代（例如采用烟气 CO 含量近似替代炉气 CO 含量），且由于废钢等原材料成分波动较大，使得生产工艺不稳定，导致冶炼过程数据的波动较大，上述因素都制约了模型预报精度的提升。由上述建模过程可知，基于熔池混匀度的转炉冶炼过程模型也可应用于转炉冶炼低碳钢的生产过程，辅助操作人员实现转炉冶炼低碳钢钢水碳含量和温度的准确控制。

2. 2. 4 转炉冶炼烟气分析精准定碳模型

接近转炉吹炼末期时，可以利用烟气分析对终点碳含量进行精准控制。目前，烟气分析炼钢终点定碳模型主要有碳积分模型、三次方模型和指数衰减模型三种[35]。

基于碳质量守恒的积分模型使用存在的主要问题是，当前废钢管理较为粗放对原料初始成分造成了不确定性，加上分析检测和计量误差引起的铁水碳含量的误差，远超过中低碳钢终点碳质量分数±0. 02%的精度控制要求，故不能采用碳积分模型预报冶炼终点钢水碳含量。三次方模型和指数衰减模型则重点关注吹炼后期，假设此时的脱碳速率与熔池碳含量具有一定的函数关系，通过这种函数关系预报钢水碳含量。本书重点介绍了应用最广泛的指数衰减模型，并结合已有的研究基础，引入了“熔池混匀度”对模型计算系数进行相应修正[36]。

指数衰减模型是当前使用较多的一种描述转炉后期脱碳特征的模型。在转炉吹炼后期，熔池的脱碳速率逐渐变慢，钢液碳含量降低变缓逐渐接近稳定状态，当碳含量降低到一定程度时，脱碳速率与碳含量之间有较确定的关系：

$$\frac{\mathrm{d}w[\mathrm{C}]}{\mathrm{d}t} = k_1 \cdot (1 - \mathrm{e}^{-k_2(w[\mathrm{C}] - w[\mathrm{C}]_0)}) \tag{2-105}$$

整理可得：

$$w[C]=w[C]_0-\ln\left(1-\frac{1}{k_1}\cdot\frac{\mathrm{d}w[C]}{\mathrm{d}t}\right)\Big/k_2 \tag{2-106}$$

式中，$w[C]_0$为熔池极限碳质量分数,%；k_1为脱碳速率系数；k_2为氧气脱碳利用系数。

在上述指数模型的基础上引入熔池混匀度，充分考虑了枪位、顶吹流量、底吹流量等实际生产过程中操作参数对熔池搅拌的影响，建立了基于熔池混匀度的指数模型。

如前所述，所谓熔池混匀度，是指某一时刻转炉顶吹射流、底吹流股和熔池CO气泡对熔池的搅拌混匀强度，用来表征顶吹射流、底吹流股和熔池CO气泡对熔池脱碳反应的影响。在研究熔池混匀度的过程中，进行了水模型实验，分别考虑枪位、顶吹流量、底吹流量及CO气泡对混匀度的影响。实验过程中，混匀度的大小体现在所测量的混匀时间上。实验表明，一定范围内，枪位、顶吹流量、底吹流量和熔池CO气泡对熔池搅拌混匀强度呈线性关系，其表达式见式（2-107）。

$$\eta=f(h,\ Q_{top},\ Q_{bottom},\ \varepsilon_{CO})=\alpha\cdot\frac{h_{min}}{h}\cdot\frac{Q_{top}}{Q_{top,max}}\cdot\frac{Q_{bottom}}{Q_{bottom,max}}\cdot\varepsilon_{CO} \tag{2-107}$$

式中，η为熔池混匀度，取值为0~100%；h为氧枪枪位，m；α为常系数；h_{min}为转炉冶炼过程氧枪的最低操作枪位，m；Q_{top}为顶吹氧气流量，$m^3\cdot s^{-1}$；$Q_{top,max}$为转炉冶炼过程最大顶吹氧流量，$m^3\cdot s^{-1}$；Q_{bottom}为底吹气体流量，$m^3\cdot s^{-1}$；$Q_{bottom,max}$为转炉冶炼过程最大底吹气体流量，$m^3\cdot s^{-1}$；ε_{CO}为转炉熔池内CO气体体积分数,%。需要说明的是，转炉吹炼末期脱碳反应速率相对偏小，因此，忽略该时期熔池内CO气泡对熔池搅拌的影响。

在式（2-105）中将k_1替换为$k_1\eta$，整理可得熔池碳含量计算式，见式（2-108）。

$$w[C]=w[C]_0-\ln\left(1-\frac{1}{\alpha k_1}\cdot\frac{h}{h_{min}}\cdot\frac{Q_{top,max}}{Q_{top}}\cdot\frac{Q_{bottom,max}}{Q_{bottom}}\cdot\frac{\mathrm{d}w[C]}{\mathrm{d}t}\right)\Big/k_2 \tag{2-108}$$

式中，αk_1和k_2为待定参数。在转炉冶炼后期，利用脱碳速率结合枪位、顶吹流量和底吹流量，采用非线性拟合求解。

熔池极限碳含量$w[C]_0$表示转炉冶炼过程中钢水所能达到的最低碳质量分数，其平衡值与熔池温度和熔渣成分有关。根据研究，熔池极限碳含量$w[C]_0$的计算方法如下。

转炉吹炼末期C与Fe元素的选择性氧化反应如式（2-109）与式（2-110）所示。

$$[C]+(FeO)=\!=\!=CO_g+[Fe] \tag{2-109}$$

$$\lg \frac{a_{Fe} \cdot P_{CO}/P^{\ominus}}{a_{FeO} \cdot a_C} = \lg \frac{a_{Fe} \cdot P_{CO}/P^{\ominus}}{a_{FeO} \cdot f_C \cdot w[C]} = \frac{-5168}{T} + 4.741 \tag{2-110}$$

式中，a_C、a_{Fe}和a_{FeO}分别为 C、Fe 和 FeO 的活度；f_C 为 C 的活度系数；$P_{CO}/P^{\ominus}$ 为 CO 分压；T 为反应温度，K。

转炉吹炼末期，认为反应接近平衡状态，$f_C \approx f_0 \approx 1$，$\alpha_{Fe}=1$，$P_{CO}/P^{\ominus}$，则式（2-111）可化简为：

$$\lg \frac{1}{a_{FeO} \cdot w[C]} = \frac{-5168}{T} + 4.741 \tag{2-111}$$

表 2-15 是根据实际终渣分析得到的平均终渣成分。式（2-111）中 FeO 的活度可由熔渣分子理论结合表 2-15 数据计算获得。根据某钢厂 100 t 转炉冶炼的终渣成分，计算得到熔渣中 FeO 的活度为：

$$a_{FeO} = X_{FeO} = \frac{n_{FeO}}{n_i} = 0.241 \tag{2-112}$$

式中，X_{FeO}为渣中 FeO 的摩尔分数；n_{FeO}为渣中 FeO 的摩尔数；n_i 为渣中 FeO、自由氧化物（CaO、MgO 和 MnO）和复杂氧化物（$2CaO \cdot SiO_2$、$4CaO \cdot P_2O_5$）的摩尔数之和。

表 2-15　平均终渣成分　　（质量分数,%）

成分	CaO	MgO	MnO	SiO_2	P_2O_5	FeO
平均值	45.96	7.71	6.23	14.81	2.84	19.12

将熔渣中 FeO 的活度计算值代入式（2-111），可得到转炉吹炼末期 C 和 Fe 选择性氧化临界 C 含量与钢水温度之间的关系，如式（2-113）所示。

$$w[C] = \frac{1}{10^{(-5168/T+4.741)} \times 0.241} \tag{2-113}$$

根据某钢厂 100 t 转炉历史生产炉次，可知转炉冶炼终点钢水平均温度为 1636 ℃，此温度下 C 和 Fe 元素选择性氧化的熔池极限碳质量分数 $w[C]_0$ 为 0.033%。

该模型与先前的指数模型相比，有两处改进：其一，该模型引入熔池混匀度，充分考虑了氧枪枪位、顶吹氧气流量以及底吹气体流量对转炉熔池脱碳过程的影响；其二，一般的指数模型中熔池极限碳含量 $w[C]_0$采用经验值 0.02%，而本模型的极限碳含量值根据具体熔渣活度计算得出，准确性更高。

图 2-61 是模型终点碳含量预报误差分布，误差在 ±0.02% 之间命中率为 93.7%。

图 2-62 是指数模型与基于熔池混匀度的终点碳指数模型的相对误差比较。由图 2-62 可知，基于熔池混匀度的指数模型相对误差曲线整体在指数模型相对

误差曲线下方，即基于熔池混匀度的指数模型预报精度比指数模型高。

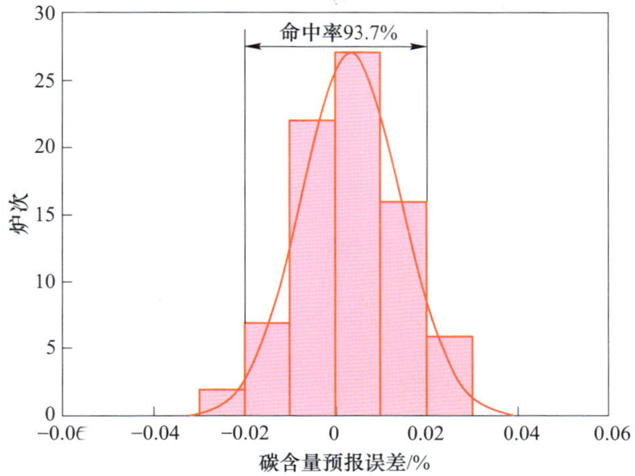

图 2-61 基于熔池混匀度的指数模型终点碳含量预报误差分布

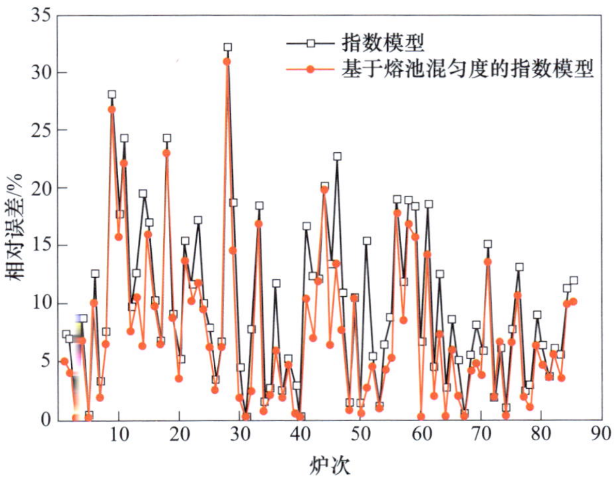

图 2-62 两种模型相对误差的比较

图 2-63 是式（2-106）对应指数模型和式（2-108）表示的基于熔池混匀度的指数模型在熔池极限碳含量 $w[C]_0$取 0.02%和 0.033%时命中率的比较。由该图可知，当 $w[C]_0$取 0.02%时，基于熔池混匀度的指数模型终点碳含量预报误差在±0.02%之间的命中率为 87.5%，而指数模型终点碳含量预报误差在±0.02%之间的命中率为 76.5%；当 $w[C]_0$取 0.033%时，基于熔池混匀度的指数模型终点碳含量预报误差在±0.02%之间的命中率为 93.7%，而指数模型终点碳含量预报误差在±0.02%之间的命中率为 81.2%。由此可知，基于熔池混匀度的指数模型

预报效果明显优于指数模型预报效果。此外，无论是指数模型还是基于熔池混匀度的指数模型，熔池极限碳含量 $w[C]_0$取 0.033%时的命中率均高于 $w[C]_0$取 0.02%时的命中率，这说明 $w[C]_0$取 0.033%时的预报效果优于 $w[C]_0$取 0.02%时的预报效果。综上可知，基于熔池混匀度的指数模型在熔池极限碳含量 $w[C]_0$ 0.033%时预报效果更优。

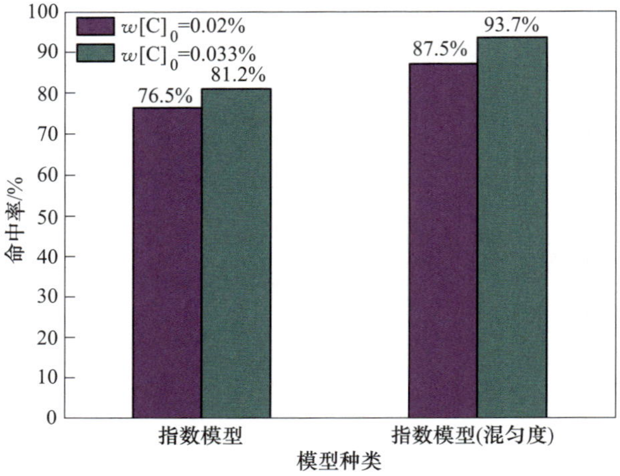

图 2-63　$w[C]_0$取不同值时指数模型命中率的比较

2.3　转炉冶炼钢水磷和锰含量预报模型

转炉冶炼过程除了熔池中的碳元素发生氧化反应外，其他元素（比如硅、锰、磷和硫）也会被氧化。硅元素在吹炼初期被大量氧化，其含量会降低到较低水平，几乎为痕迹量，随着转炉继续吹氧冶炼，硅不会再被氧化；与硅元素类似，锰元素在吹炼初期也会被大量氧化，其含量在冶炼前期会降低到较低水平，但是在接近吹炼终点时，锰元素的含量会出现回升；磷元素大约在吹炼过程的前一半时间内其含量已降低至 0.02%，在冶炼中后期若钢水温度过高或炉渣中的 FeO 含量降低，钢水磷含量会出现回升；由于转炉的脱硫率较低，转炉冶炼过程熔池硫含量的变化也不是很大。基于上述分析，很有必要对转炉炼钢后期钢水的磷和锰含量进行准确控制。随着智能技术的发展，很多智能算法被用来预测化学成分的变化，为提高冶炼终点磷含量预测精度提供了可能。本节通过构建转炉冶炼后期（主吹结束时）钢水磷和锰含量预报模型[37-38]，为转炉冶炼终点钢水磷和锰含量的准确控制提供参考。

2.3.1　转炉冶炼钢水磷含量预报模型

一般来说，磷是钢中的有害元素，它的存在会使钢产生冷脆现象，为此，转炉冶炼工艺一般会对冶炼终点钢水的磷含量进行严格控制。为了准确控制冶炼终点钢水的磷含量，本章分析了转炉脱磷过程的热力学影响因素，构建了基于多层递阶回归分析的冶炼后期钢水磷含量预报模型，通过准确预报冶炼后期（主吹结束之后）钢水磷含量，为冶炼终点磷含量的控制提供参考。

根据炉渣分子结构理论，转炉冶炼过程的脱磷反应是界面反应，其主要发生在渣-钢界面。转炉脱磷反应可由式（2-114）~式（2-118）表示[34]。

$$5(FeO) = 5[O] + 5[Fe] \tag{2-114}$$

$$2[P] + 5[O] = (P_2O_5) \tag{2-115}$$

$$(P_2O_5) + 4(CaO) = (4CaO \cdot P_2O_5) \tag{2-116}$$

$$2[P] + 5(FeO) + 4(CaO) = (4CaO \cdot P_2O_5) + 5[Fe] \tag{2-117}$$

$$\lg K = \lg \frac{a_{4CaO \cdot P_2O_5}}{[\%P]^2 \cdot a_{FeO}^5 \cdot a_{CaO}^4} = \frac{40067}{T} - 15.06 \tag{2-118}$$

式中，K 为化学反应平衡常数；$[\%P]$ 为钢液中的磷含量,%；$a_{4CaO \cdot P_2O_5}$ 为炉渣中 $4CaO \cdot P_2O_5$ 的活度；a_{CaO} 为炉渣中 CaO 的活度；a_{FeO} 为炉渣中 FeO 的活度；T 为钢液温度，K。

由炉渣分子结构理论可知，炉渣中 $4CaO \cdot P_2O_5$ 的活度可用 P_2O_5 的摩尔分数代替，那么式（2-118）可简化为：

$$K = \frac{a_{4CaO \cdot P_2O_5}}{[\%P]^2 \cdot a_{FeO}^5 \cdot a_{CaO}^4} = \frac{X_{P_2O_5}}{[\%P]^2 \cdot a_{FeO}^5 \cdot a_{CaO}^4} \tag{2-119}$$

磷在炉渣和钢液的分配比 L_P 是用来评判炉渣去磷能力的一个重要指标。在式（2-119）的基础上，磷的分配比 L_P 可以用式（2-120）表示。

$$L_P = \frac{X_{P_2O_5}}{[\%P]^2} = K \cdot a_{FeO}^5 \cdot a_{CaO}^4 \tag{2-120}$$

目前，国内外学者针对转炉冶炼过程磷的分配比开展了大量研究工作，也得到了很多磷分配比的计算公式，其中，较为经典的是黑勒计算公式，它的表达式如式（2-121）所示[39]。

$$\lg L_P = \frac{22350}{T} + 2.5 \cdot \lg(\%FeO) + 0.08 \cdot (\%CaO) - 16.0 \tag{2-121}$$

由式（2-120）和式（2-121）可知，渣-钢间磷的分配比与温度、炉渣中 FeO 含量以及炉渣的碱度密切相关。本节在黑勒公式的基础上，分析了渣-钢间磷的分配比及三者之间的关系，如图 2-64 所示。

2.3.1.1 温度对转炉脱磷反应的影响

转炉冶炼过程熔池脱磷反应是放热反应，过高的熔池温度反而不利于脱磷反应的发生。如图 2-64 所示，渣-钢间磷的分配比随着钢液温度的上升而下降。然而，过低的温度不利于石灰的熔化，影响转炉的造渣过程，进而不利于转炉脱磷

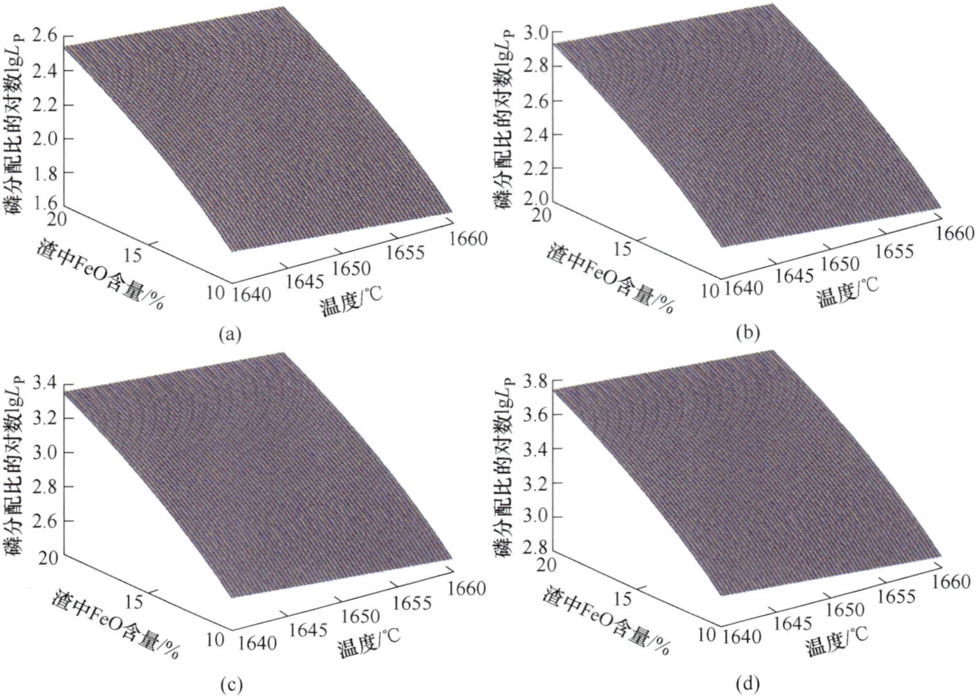

图 2-64　磷的分配比与温度、炉渣 FeO 含量以及炉渣碱度间的关系

（a）炉渣碱度 $R=2.5$；（b）炉渣碱度 $R=3.0$；（c）炉渣碱度 $R=3.5$；（d）炉渣碱度 $R=4.0$

反应的发生。因此，转炉脱磷反应的最佳温度是在保证转炉熔池造渣料熔化的情况下尽可能得低。为了进一步深入分析转炉脱磷影响因素对脱磷反应的影响，从某钢厂 80 t 转炉采集了 87 炉转炉冶炼 60Si2Mn 钢的渣样数据，分析了转炉脱磷率与终点钢水温度、炉渣 FeO 含量、终渣碱度间的关系。转炉脱磷率的表达式如式（2-122）所示。

$$\eta_P = \frac{P_o - P}{P_o} \times 100\% \tag{2-122}$$

式中，η_P 为转炉脱磷率,%；P_o 为初始磷含量,%；P 为终点钢水磷含量,%。

图 2-65 显示了冶炼终点钢水温度对脱磷率的影响。如图 2-65 所示，当转炉冶炼终点钢水温度高于 1660 ℃时，脱磷率随着冶炼终点钢水温度的升高而下降；当冶炼终点钢水温度低于 1630 ℃时，转炉脱磷率降低至 60%左右，表明过低的温度不利于脱磷反应。

2.3.1.2　炉渣 FeO 含量对转炉脱磷反应的影响

转炉冶炼过程熔池的脱磷反应是个氧化过程，炉渣中的 FeO 不但可以提供转炉脱磷反应所必需的氧化氛围，而且可以和炉渣中的 P_2O_5 结合形成稳定的复合

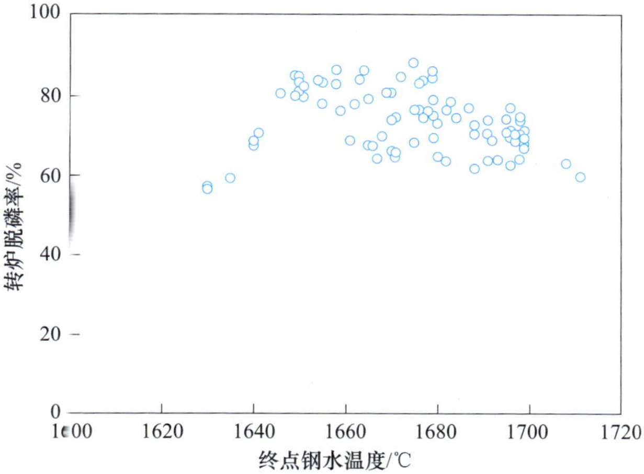

图 2-65 转炉冶炼终点钢水温度对脱磷率的影响

物。随着炉渣 FeO 含量的增加，炉渣中 FeO 的活度也随之增加，因此，适当地增加炉渣 FeO 含量有利于脱磷反应，如图 2-64 所示，随着炉渣 FeO 含量的增加，渣-钢间磷的分配比也逐渐升高。同理，在获得转炉历史生产数据的基础上，分析了脱磷率与炉渣 FeO 含量之间的关系，如图 2-66 所示。由图 2-66 可以得出，当炉渣 FeO 含量小于 16%时，转炉脱磷率随着 FeO 含量的增加而增加；而当炉渣 FeO 含量大于 16%时，脱磷率随着 FeO 含量的增加反而减小。从图 2-66 还可以得出，转炉脱磷反应炉渣 FeO 含量的最佳值为 16%左右。Notman[40] 认为，转炉脱磷反应炉渣存在一个最佳的 FeO 含量范围（14%～16%），如果炉渣 FeO 含量远大于这个值，脱磷率反而会降低。

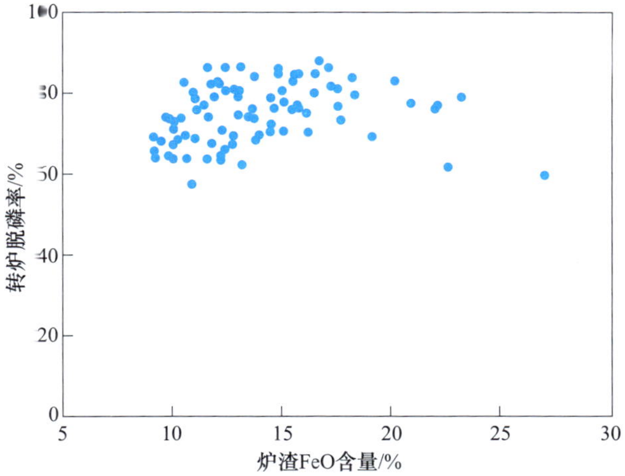

图 2-66 炉渣 FeO 含量对转炉脱磷率的影响

2.3.1.3　炉渣碱度对转炉脱磷反应的影响

炉渣碱度对转炉熔池的脱磷反应有重要影响，通常炉渣碱度可由式（2-123）表示。

$$R = \frac{\%CaO}{\%SiO_2} \tag{2-123}$$

式中，R 为炉渣碱度；%CaO 为炉渣中 CaO 的质量百分比，%；%SiO_2 为炉渣中 SiO_2 的质量百分比，%。

随着炉渣终渣碱度的增加，炉渣中 CaO 的含量相应增加，炉渣 CaO 的活度也随之增加，由式（2-123）可知，此时渣-钢间磷的分配比也会增加。同理，本节通过对转炉脱磷率进行计算与分析，得到转炉脱磷率与炉渣终渣碱度之间也存在上述关系。由图 2-67 可知，随着终渣碱度的增加，转炉的脱磷率也逐渐升高。但是随着终渣碱度的逐渐增大，尤其是当终渣碱度大于 3.5 时，转炉的脱磷率反而降低。究其原因，是大量 CaO 的存在导致炉渣化渣情况不好，炉渣黏度迅速增大，炉渣中 CaO 的活度降低。因此，在保证造渣料完全熔化的情况下，应尽可能高转炉熔池有利于脱磷反应的炉渣碱度。

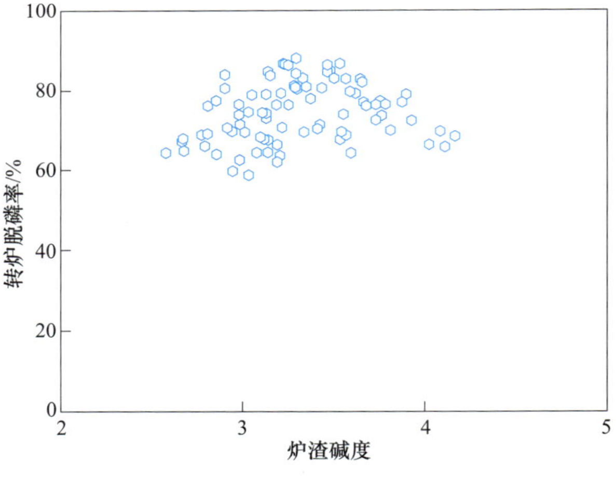

图 2-67　终渣碱度对转炉脱磷率的影响

前面分析了转炉脱磷反应的热力学影响因素，为准确控制转炉冶炼钢水磷含量提供了理论依据。基于上述分析，建立了几种转炉冶炼终点钢水磷含量预报模型，可为操作人员准确控制冶炼终点钢水磷含量提供参考。

2.3.1.4　基于多层递阶回归分析的转炉冶炼终点磷含量预报模型

作为一种实用模型，多元线性回归模型的数学表达式如式（2-124）所示。

$$Y(k) = a_0 + \sum_{i=1}^{m} a_i(k) \cdot x_i(k) \tag{2-124}$$

式中，$Y(k)$ 为研究对象的预测值；$x_i(k)$ 为模型的影响因子；$a_i(k)$ 为影响因子的回归系数；a_0 为模型的常数项；m 为模型影响因子的个数。

对于多元线性回归模型，一旦确定了模型的预测目标，并得到了多元线性回归方程，那么模型中的回归系数 $a_i(k)$ 是一个不随时间变化的常量，这正是导致多元线性回归模型预测效果不理想的主要原因。基于上述考虑，本节将多层递阶模型和多元线性回归模型相互融合，得到了多层递阶回归模型，其模型表达式如式（2-125）所示。

$$Y(k) = a_0 + \sum_{i=1}^{m} \beta_i(k) \cdot a_i(k) \cdot x_i(k) \tag{2-125}$$

与多元线性回归模型不同，多层递阶回归模型考虑了模型系数的时变性，将时变因子 $\beta_i(k)$ 添加到模型中，使得模型可以根据现场工艺参数或者原料条件的变化而改变其模型的系数，从而使多层递阶回归模型具有实用性。表 2-16 为多层递阶回归模型的自变量。

表 2-16 多层递阶回归模型的自变量

自变量名称	符号	单位	自变量名称	符号	单位
铁水装入量	x_1	t	氧耗量	x_5	Nm^3
废钢装入量	x_2	t	石灰加入量	x_6	kg
铁水温度	x_3	℃	轻烧白云石量	x_7	kg
铁水 P 含量	x_4	%	护炉剂加入量	x_8	kg

通过多元线性回归分析确定回归系数 $a_i(k)$。运用 SPSS 统计分析软件对 1350 炉建模数据进行分析处理，得到转炉冶炼后期钢水磷含量的多元线性回归模型，如式（2-126）所示。

$$\begin{aligned} Y(k)_P = &-0.151 + 3.687 \times 10^{4} \cdot x_1 + 1.817 \times 10^{-4} \cdot x_2 + 4.503 \times 10^{-5} \cdot x_3 + \\ &7.388 \times 10^{-5} \cdot x_4 + 1.954 \times 10^{-5} \cdot x_5 - 1.056 \times 10^{-7} \cdot x_6 + \\ &3.271 \times 10^{-6} \cdot x_7 - 4.345 \times 10^{-6} \cdot x_8 \end{aligned} \tag{2-126}$$

将式（2-126）中 $Y(k)_P + 0.151$ 与 $a_i(k) \cdot x_i(k)$ 分别用 $Y'(k)_P$ 和 $x'_i(k)$ 进行替换，然后化简该式。

将时变参数 $\beta_i(k)$ 引入式（2-126）中，则式（2-126）可以表述为：

$$Y'(k)_P = \sum_{i=1}^{8} \beta_i(k) \cdot x'_i(k) \tag{2-127}$$

求解时变参数 $\beta_i(k)$。利用如式（2-128）所示的递推算法可以计算 $\beta_i(k)$ 的值，在计算过程中，为了简化计算而将 $\beta_i(0)$ 的值假设为 0。

$$\beta_i(k) = \beta_i(k-1) + \frac{x'_i(k)}{\sum_{i=1}^{8} [x'_i(k)]^2} \cdot \left[Y'(k)_P - \sum_{i=1}^{8} x'_i(k) \cdot \beta_i(k-1) \right] \tag{2-128}$$

对计算得到的时变参数 $\beta_i(k)$ 进行分析，根据不同的变化特点，通过适当的数学手段，如均值近似法、定常增量法、分段周期变量法、多层 AR 模型递阶法等建立时变参数 $\beta_i(k)$ 的预测模型，得出 $\beta_i(k)$ 的预测值 $\beta_i^*(k)$。

利用 $\beta_i(k)$ 的预测值 $\beta_i^*(k)$ 建立钢水磷含量的预报模型，见式（2-129）。

$$\begin{aligned}Y(k)_P = & -0.151 + 3.687 \times 10^{-4} \cdot x_1(k) \cdot \beta_1^*(k) + 1.817 \times 10^{-4} \cdot x_2(k) \cdot \beta_2^*(k) + \\ & 4.503 \times 10^{-5} \cdot x_3(k) \cdot \beta_3^*(k) + 7.388 \times 10^{-5} \cdot x_4(k) \cdot \beta_4^*(k) + \\ & 1.951 \times 10^{-5} \cdot x_5(k) \cdot \beta_5^*(k) - 1.056 \times 10^{-7} \cdot x_6(k) \cdot \beta_6^*(k) + \\ & 3.271 \times 10^{-6} \cdot x_7(k) \cdot \beta_7^*(k) - 4.345 \times 10^{-6} \cdot x_8(k) \cdot \beta_8^*(k) \end{aligned} \quad (2\text{-}129)$$

为了阐明多层递阶回归模型的预测精度，采用 100 炉验证数据对该模型进行验证。多层递阶回归模型的预测值与磷含量实测值的比较如图 2-68 所示。由图 2-68 可知，多层递阶回归模型的预测值与实测值接近。除少数炉次的预测误差偏大外，绝大部分炉次的预测误差分布在±0.005%范围之内。

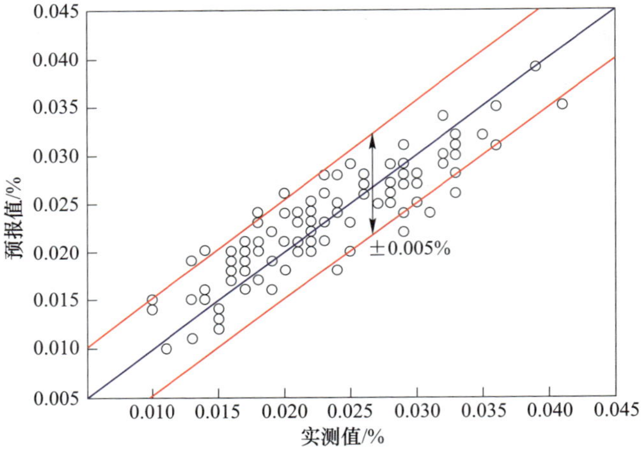

图 2-68　转炉冶炼后期钢水磷含量预测值与实测值的比较

图 2-69 显示的是多层递阶回归模型的预测误差分布，从图 2-69 中可看出，当模型预测误差分布在±0.004%范围内时，共有 73 炉，占总数据量的 73%。基于上述分析，可认为基于多层递阶回归分析的冶炼后期钢水磷含量预报模型具有较高的预测精度，可为现场操作人员控制中高碳钢冶炼终点钢水磷含量提供参考。

2.3.1.5　基于单调约束 BP 神经网络的冶炼后期钢水锰含量预报模型

随着人工智能技术的发展，其在转炉炼钢中的应用取得了较大突破，从而为转炉冶炼过程控制提供了新途径。近年来，一些基于人工智能技术特别是神经网

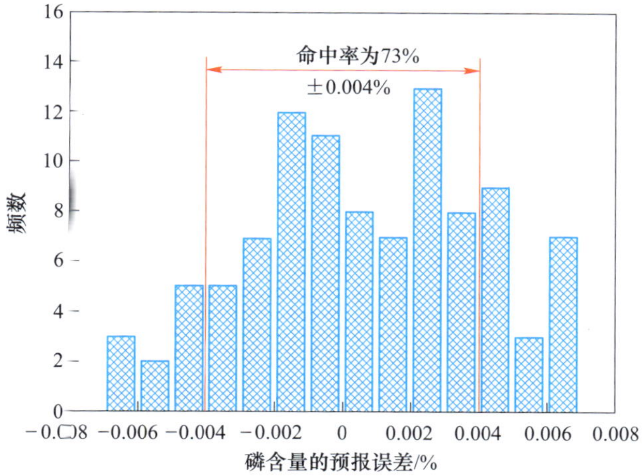

图 2-69 转炉冶炼后期钢水磷含量的预测误差分布

络或其结合其他算法的预测控制方法广泛应用到转炉控制过程[41-42]。人工神经网络（ANN）是对生物神经网络进行某种抽象、简化和模拟，它具有自学习、自组织、强鲁棒性和能够逼近任意非线性函数的能力。因此，基于此建立的转炉炼钢模型能有效地指导炼钢生产，其应用也越来越广泛。利用人工神经网络来处理非线性系统问题可以克服回归模型的弱点，取得更加理想的预报效果。因此，为了进一步提高转炉冶炼后期钢水磷含量预报模型的精度，本书采用人工神经网络来建立转炉冶炼后期钢水磷含量预报模型。

A BP 神经网络简介

BP 神经网络通常是指基于误差反向传播的算法（BP 算法）的多层前向网络，已经成为目前应用最广泛的神经网络学习算法。BP 神经网络是一种多层前馈神经网络，它的学习过程由信号的正向传播和误差的反向传播两个过程组成，并且两个过程周而复始地循环，构成网络的学习训练过程。BP 神经网络的结构如图 2-70 所示，它由一个输入层、一个输出层和一个（或多个）隐含层组成。

相对于统计模型，其在处理复杂的非线性数据关系上更有优势。但这种单纯依靠算法，而不考虑冶金机理的模型，其泛化能力较差，即使训练的精度较高，在实际应用中，预测的效果往往不理想。因此，考虑将转炉脱磷过程的冶金机理知识融入 BP 神经网络算法当中，使其符合冶金原理，提高模型的泛化能力，进而提高实际应用中模型的预测精度。

B 权值约束法

为弥补 BP 神经网络的不足，发挥冶金机理在转炉冶炼终点磷含量预测中的作用，提高模型的泛化能力，需将已知的冶金机理作为先验知识同 BP 神经网络

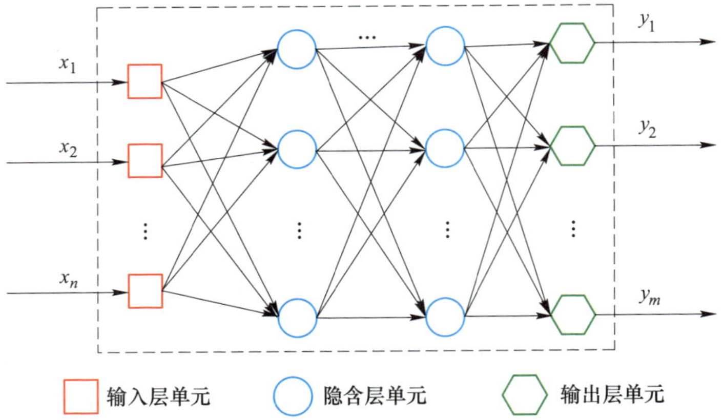

图 2-70　BP 神经网络结构示意图

结合起来。在转炉炼钢复杂的机理中，加料、铁水成分等变量同冶炼终点磷含量之间的单调性关系是一项起重要作用且易于实现的机理知识。因此，本节采用了单调性约束方法，将模型输入变量和结果之间的单调关系作为先验知识对 BP 神经网络进行约束。

权值约束法是一种简单有效能实现单调性约束的方法，其主要思想是，在对样本进行训练的过程中，用单调关系限制网络的权值，使之逐步收敛到满足先验知识的子空间内。以某输入变量与输出变量为正相关为例，使连接权值满足式（2-130），即可使输入变量与输出值单调正相关。

$$\omega_{ji} \cdot \omega_{1j} > 0 \tag{2-130}$$

据此设计惩罚函数：

$$Y = \sum_{j=1}^{n} \mu(\theta\omega_{ji} \cdot \omega_{1j})(e^{\omega_{ji} \cdot \omega_{1j}} - 1) \tag{2-131}$$

式中，ω_{ji}表示第 i 个输入层变量和第 j 个隐含层节点之间的连接权值；ω_{1j}表示第 j 个隐含层节点到输出层之间的权值 n 为隐含层节点总数；$\mu(\theta\omega_{ji} \cdot \omega_{1j})$ 为一个分段函数，$\theta\omega_{ji} \cdot \omega_{1j} > 0$ 时，$\mu(\theta\omega_{ji} \cdot \omega_{1j}) = 1$，$\omega_{ji} \cdot \omega_{1j} < 0$ 时，$\mu(\theta\omega_{ji} \cdot \omega_{1j}) = 0$；$\theta$ 为惩罚系数，取负值。

将惩罚函数作为目标函数的一部分。当 $\omega_{ji} \cdot \omega_{1j} > 0$ 时（$j=1, 2, 3, \cdots, n$）时，即可满足输入变量和输出值单调递增的条件。若 $\omega_{ji} \cdot \omega_{1j} > 0$，满足先验知识的要求，不需要对 $\omega_{ji} \cdot \omega_{1j}$ 进行调整，此时 $\theta\omega_{ji} \cdot \omega_{1j} < 0$，$\mu(\theta\omega_{ji} \cdot \omega_{1j}) = 0$，则 $Y = 0$，约束函数不起作用；若 $\omega_{ji} \cdot \omega_{1j} < 0$，不满足先验知识的要求，此时 $\theta\omega_{ji} \cdot \omega_{1j} > 0$，$\mu(\theta\omega_{ji} \cdot \omega_{1j}) = 1$，$Y \neq 0$，BP 神经网络训练时要使目标函数不断减小，惩罚函数 Y 的存在可以使 $\omega_{ji} \cdot \omega_{1j}$ 朝着小于 0 的方向调整，以满足先验知识的要求，直到 $\omega_{ji} \cdot \omega_{1j} > 0$ 时，满足了先验知识，惩罚函数 $Y=0$，不再起到约束作用。

这样，就使得 BP 神经网络可以在先验知识的约束下进行训练。

约束的强烈程度可以通过改变惩罚系数 θ 的大小来调整。为避免约束过于强烈而对模型的训练产生不利影响，在训练过程中实时调整 θ 的大小，具体如下步骤：

（1）根据训练函数对网络进行训练；

（2）比较本次误差 E_i 与上次训练结束误差 E_{i-1} 大小；

（3）若 $E_i > E_{i-1}$，说明约束条件过于强烈，将 θ 缩小 1%，连接权值及偏差恢复为本次训练之前的值，继续步骤（1）；若 $E_i < E_{i-1}$，则惩罚系数无须调整，连接权值及偏差更新为本次训练后的值，继续步骤（1）。

C 模型建立

输入变量的选取及其同终点磷含量的相关性是建模的重要内容。造渣制度是转炉炼钢的核心工艺，对提高转炉冶炼效率、有效脱除铁水中磷有着重要的意义。由转炉脱磷热力学分析可知，转炉脱磷主要受炉渣 CaO 含量、FeO 含量、MgO 含量和钢水温度影响。

炉渣的 CaO 主要来自向转炉中添加的生石灰和石灰石，而渣中 SiO_2 会和 CaO 结合生成 $2CaO \cdot SiO_2$（记为 C_2S），降低渣中活泼 CaO 的含量，而且致密的 $2CaO \cdot SiO_2$ 会阻碍石灰的熔解，对脱磷产生不利影响。因此，生石灰和石灰石加入量增多会促进转炉的脱磷反应，而铁水 Si 含量增多导致渣中 SiO_2 含量增多则会对脱磷产生不利影响。

炉渣中 FeO 主要来自于铁水中 Fe 和吹入氧气发生的化学反应：

$$2[Fe] + O_2 = 2(FeO) \tag{2-132}$$

而在实际生产中，渣中 FeO 含量难以及时测得，其对转炉冶炼终点磷含量的影响可以通过吹氧量来体现，吹氧量多，有利于脱磷。

渣中 MgO 主要来源于冶炼过程加入的白云石，白云石的加入有利于脱磷。

转炉冶炼终点钢水的热量主要来自铁水热量以及 C、Si、Mn 等元素的氧化的热量。脱磷反应是放热反应，高温不利于脱磷，从这个角度而言，铁水硅含量高也是不利于脱磷的，与渣中 SiO_2 对脱磷的影响一致。实际生产中会向钢水中加入废钢、烧结矿等冷却剂，以降低钢水的温度。因此，废钢、烧结矿的加入有利于脱磷反应的进行。

除此之外，铁水本身的磷含量也是影响冶炼终点磷含量的因素，相同条件下，铁水磷含量多，会使冶炼终点钢水残余磷含量增多。综上所述，从现场可采集到的数据中，确定铁水温度、铁水 P 含量、铁水 Si 含量、铁水 Mn 含量、生石灰加入量、石灰石加入量、白云石加入量、废钢加入量、烧结矿加入量、氧耗量等 10 个变量作为模型的输入变量，并将其和冶炼终点磷含量的相关性作为单调性约束的条件。输入变量与转炉冶炼终点磷含量的相关性如表 2-17 所示。

表 2-17　转炉冶炼终点磷含量影响因素及其相关性

工艺参数	相关性	工艺参数	相关性
铁水温度	正相关	铁水 P 含量	正相关
铁水 Si 含量	正相关	铁水 Mn 含量	正相关
生石灰加入量	负相关	石灰石加入量	负相关
废钢加入量	负相关	烧结矿加入量	负相关
耗氧量	负相关	白云石加入量	负相关

采集某 210 t 转炉的生产数据进行建模。对现场采集的 750 组数据，选 700 组用来模型的训练，剩余 50 组用来对终点磷含量进行预测，以验证单调约束 BP 神经网络模型的预测效果。在 50 组验证模型的数据中，预测值与实际值误差在±0. 005%和±0. 003%范围内的命中率分别为 92%和 74%，预测值与实际值对比如图 2-71 所示，可直观看出预测值和实际值拟合效果较好，误差情况如图 2-72 所示。

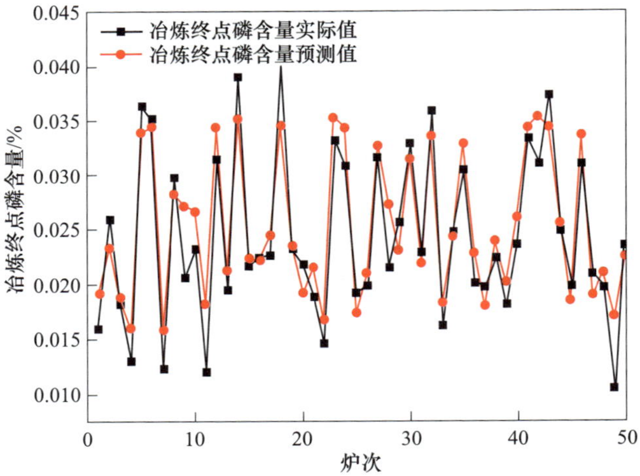

图 2-71　磷含量预测值与实际值对比

为体现单调性约束的效果，使用普通 BP 神经网络算法对转炉冶炼终点磷含量进行预测，与经单调性约束改进的 BP 神经网络算法的预测效果进行对比。其参数除惩罚系数外与单调约束 BP 神经网络相同。普通 BP 神经网络模型的预测值与实际值误差在±0. 005%和±0. 003%范围之内的命中率仅为 86%和 60%，命中率低于单调约束 BP 神经网络的预测结果。普通 BP 神经网络模型和单调约束 BP 神经网络模型的预测值比较及其预测误差对比分别如图 2-73 和图 2-74 所示，可直观看出，单调约束 BP 神经网络模型预测值较普通 BP 神经网络模型更接近实际值。误差集中分布在±0.005%的较小区间内，而无约束的 BP 神经网络预测误差更为发散。

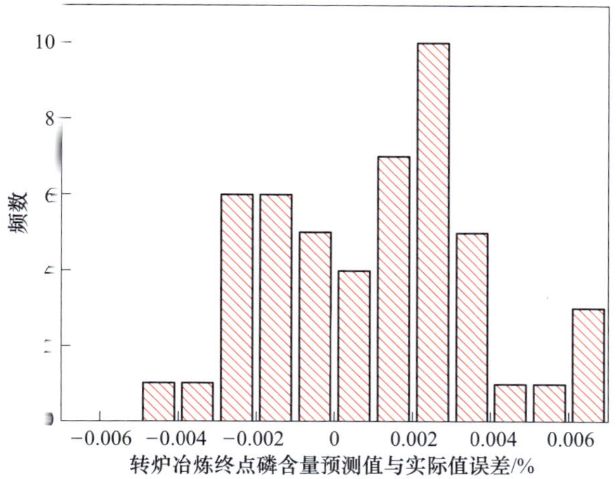

图 2-72 预测误差分布

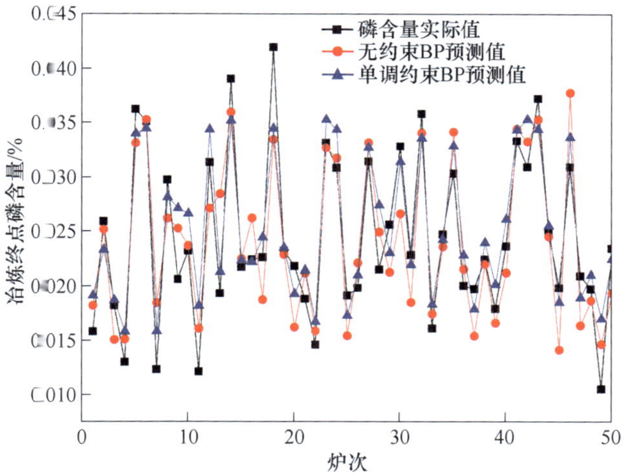

图 2-73 磷含量预测值与实际值对比

将两种模型的预测性能进行分析对比，如表 2-18 所示。单调约束 BP 神经网络模型的各项预测结果均优于普通 BP 神经网络。说明通过单调约束的方式将转炉脱磷的机理作为先验知识与 BP 神经网络相结合，有效提高了模型的预测精度，可为现场生产提供参考，同时，也为冶金过程的预测建模提供了一种新的思路。

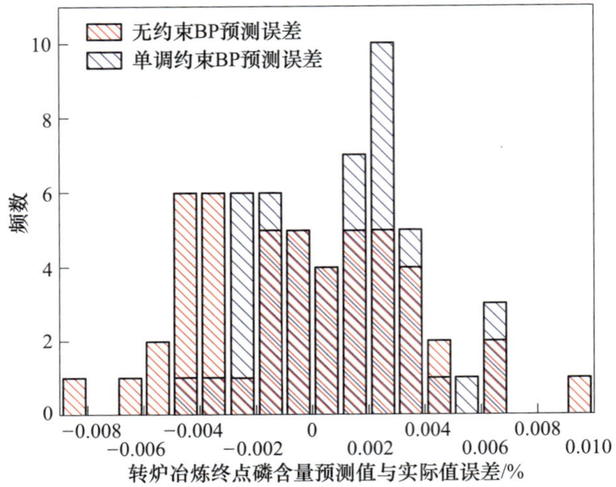

图 2-74　预测误差分布

表 2-18　2 种预测方法预测能力比较

评价指标	BP 神经网络	单调约束 BP 神经网络
误差±0.005%内命中率	86%	92%
误差±0.003%内命中率	60%	74%
RMSE	0.0037	0.0030
R^2	0.7646	0.8605

2.3.2　转炉冶炼钢水锰含量预报模型

在转炉冶炼过程中，若能实现对转炉冶炼后期（主吹结束以后）钢水锰含量的准确预报，可为操作人员准确控制冶炼终点钢水锰含量提供参考。为此，本书以某钢厂 80 t 转炉冶炼中高碳钢的数据为建模样本，对转炉冶炼后期钢水锰含量的影响因素进行分析，建立了基于多元线性回归分析的冶炼后期钢水锰含量预报模型、基于 BP 神经网络的冶炼后期钢水锰含量预报模型和基于遗传算法优化的 BP 神经网络冶炼后期钢水锰含量预报模型。

2.3.2.1　基于多元线性回归分析的冶炼后期钢水锰含量预报模型

作为一种常用的数理统计模型，多元回归模型的应用范围广泛。本节采用多元线性回归模型对转炉冶炼后期钢水锰含量进行预报。多元线性回归模型是建立在大量生产数据基础之上的，为此，采集了某钢厂 80 t 转炉同一炉役期内的冶炼数据。在应用这些数据建模之前，需要对数据进行筛选与处理，经过数据筛选后，最终得到 529 炉数据。为了更好地建立与验证模型，本书将其中的 429 炉数据用于建模，而其余的 100 炉数据用作模型验证。

模型自变量的选取与确定也是建模的重要内容。由于转炉冶炼过程熔池的化学反应作用机理十分复杂，影响钢水锰含量的因素很多，而且这些因素之间相互影响。因此，为了能够更好地描述整个吹炼过程而又使模型更加简练，回归模型选择那些变化较大且对冶炼过程起关键作用的因素作为模型的基本变量。本节运用 SPSS 统计分析软件对影响冶炼后期钢水锰含量的数据项进行了相关性分析，并结合生产实际，最后得出与冶炼后期钢水锰含量具有显著相关性的影响因素，分别为铁水装入量、废钢装入量、铁水温度、铁水 Mn、铁水 P、铁水 S、氧耗量、石灰加入量、轻烧白云石加入量和化渣剂加入量。这 10 个影响因素的表示符号如表 2-19 所示。

运用 SPSS 统计分析软件对 429 炉建模数据进行冶炼后期钢水锰含量回归分析，得到的回归方程，如式（2-133）所示。

$$[\%\text{Mn}] = -0.499 + 0.004 \cdot X_1 - 0.004 \cdot X_2 + 1.4896 \times 10^{-4} \cdot X_3 + 0.004 \cdot X_4 - 1.9883 \times 10^{-4} \cdot X_5 + 3.5804 \times 10^{-4} \cdot X_6 + 4.109 \times 10^{-5} \cdot X_7 - 0.001 \cdot X_8 - 0.019 \cdot X_9 - 0.110 \cdot X_{10} \tag{2-133}$$

表 2-19　锰含量预测模型自变量名称及表示符号

变量名称	表示符号	单位	变量名称	表示符号	单位
铁水装入量	X_1	t	铁水 S	X_6	%
废钢装入量	X_2	t	氧耗量	X_7	Nm^3
铁水温度	X_3	℃	石灰加入量	X_8	t
铁水 Mn	X_4	%	轻烧白云石加入量	X_9	t
铁水 P	X_5	%	化渣剂加入量	X_{10}	t

在评价一个模型的性能时，除了命中率评价指标外，通常还用拟合度 R^2 作为评价指标，拟合度的数学表达式如式（2-134）所示。

$$R^2 = 1 - \frac{\sum (y_i - y'_i)^2}{\sum (y_i - y''_i)^2} \tag{2-134}$$

式中，$y_i (i = 1, 2, 3, \cdots, n)$ 为模型的目标输出值；$y'_i (i = 1, 2, 3, \cdots, n)$ 为模型的实际输出值；$y''_i (i = 1, 2, 3, \cdots, n)$ 为目标输出的平均值；n 为样本数据的数据组数。

R^2 大小可以反映模型输入变量与输出变量之间的相关程度。R^2 越接近 1，表示模型输入变量与输出变量之间的关系越明显，表明模型的性能也就越好（即预测精度越高）；R^2 越小，则模型的性能也就越差（即预测精度较低）。

按照式（2-134）计算得到基于多元线性回归分析的冶炼后期钢水锰含量预报模型的拟合度 R^2 为 0.555，线性关系不太显著。使用该模型对 100 炉验证数据进行预报，然后，将得到的锰含量预测值与实测值进行比较，结果如图 2-75、图 2-76 所示。

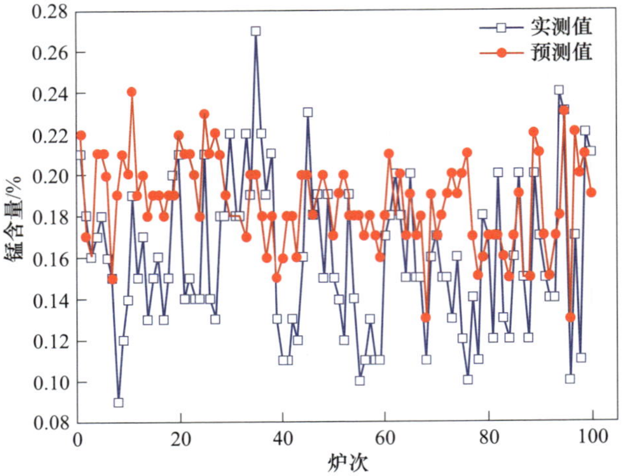

图 2-75　多元线性回归模型锰含量预报值与实测值的比较

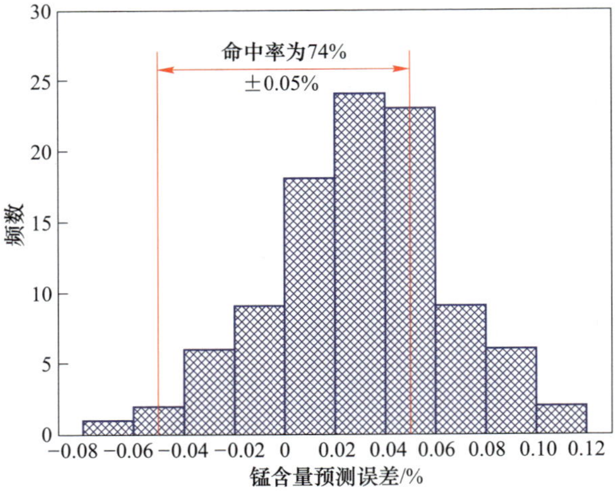

图 2-76　多元线性回归模型预测误差的分布

从图 2-75 可以看出，多元线性回归模型的锰含量预报值与实测值之间存在较大的误差。图 2-76 显示了多元线性回归模型锰含量预测误差的分布情况，由图 2-76 可以得出，转炉冶炼后期钢水锰含量预报误差主要分布在±0. 06%范围内。其中，预报误差分布在±0. 05%范围内的炉数为 74 炉，占总验证样本数据的 74%；而当预报误差在±0. 03%范围内时，该模型的命中率仅为 44%，仍有待于不断提高模型的预测精度。

由图 2-75 和图 2-76 可知，基于多元线性回归分析的冶炼后期钢水锰含量预测模型的命中率不理想，模型的拟合度偏低，且某些炉次的预报误差较大。分析其原因是：转炉炼钢是一个非常复杂的多元、多相、高温的物理化学过程，冶炼后期钢水锰含量的影响因素较多，并且各因素之间存在着复杂的作用关系，而上述多元线性回归模型是将钢水锰含量及其影响因素之间的关系简化为线性关系。因此，该多元线性回归模型对转炉炼钢现场生产的参考价值有限，很有必要探究其他方法对转炉冶炼后期钢水锰含量进行更为有效地预报。

2.3.2.2　基于 BP 神经网络的冶炼钢水锰含量预报模型

A　BP 神经网络模型的建立

要建立基于 BP 神经网络算法的转炉冶炼后期钢水锰含量预报模型，需确定该模型的控制变量，模型的建立过程如图 2-77 所示。为此，分析了转炉冶炼过程各变量对冶炼后期钢水锰含量的影响。确定了影响转炉冶炼后期钢水锰含量的 10 个控制变量，如表 2-19 所示。本节确定基于 BP 神经网络的冶炼后期钢水锰含量预报模型的输入变量为上述 10 个控制变量，输出变量为转炉冶炼后期钢水锰含量，采用三层 BP 神经网络（一个隐含层）。

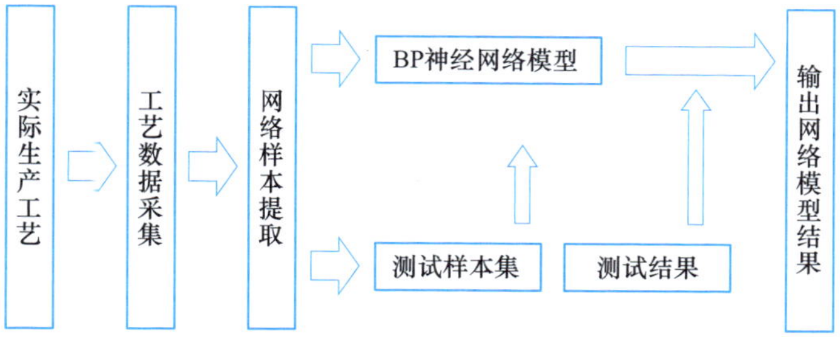

图 2-77　BP 神经网络的建模过程

由于模型的各变量数据可能相差几个数量级，大小相差悬殊的数据作用于 BP 神经网络的输入节点会影响网络的收敛速度和精度。因此，为了提高 BP 神经网络预报模型的收敛速度和计算精度，需要对模型的输入和输出数据进行归一化处理。归一化处理后模型的输入与输出数据全部映射到（-1，+1），归一化处理公式如式（2-135）所示。

$$x'_{ij} = \frac{x_{ij} - x_{ij,\min}}{x_{ij,\max} - x_{ij,\min}} \tag{2-135}$$

式中，x_{ij}为归一化处理前的数据；x'_{ij}为归一化处理后的数据；i 为第 i 个样本点；j 为第 j 个控制变量；$x_{ij,\min}$为 x_{ij}的最小值；$x_{ij,\max}$为 x_{ij}的最大值。

B　BP 神经网络模型的验证

利用 100 炉验证数据（与回归模型相同的验证数据）对上述已训练好的 BP

神经网络进行测试，并将 BP 神经网络的预报值与实测值进行对比分析，其结果如图 2-78 和图 2-79 所示。从图 2-78 可以看出，BP 神经网络锰含量预报值与实测值较接近，可认为 BP 神经网络对冶炼后期钢水锰含量的预报精度较高。

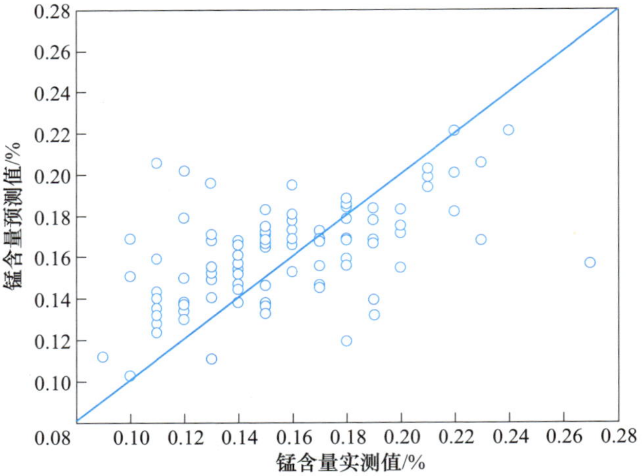

图 2-78　BP 神经网络模型预测值与实测值的比较

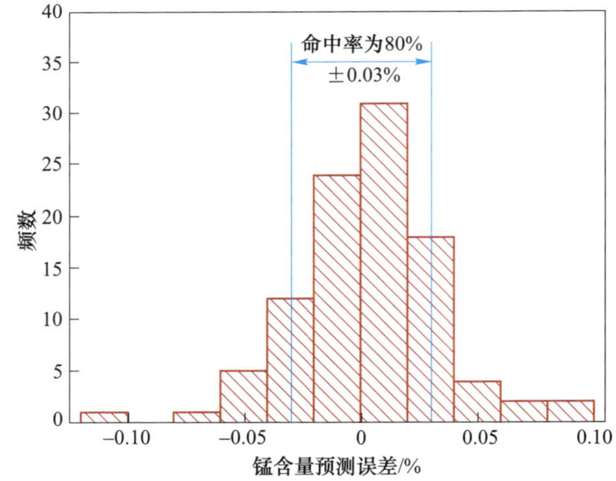

图 2-79　BP 神经网络模型预报误差的分布

图 2-79 是 BP 神经网络锰含量预报误差的分布情况。由图 2-79 可知，除了少数炉次的预测误差偏大外，其他炉次的预测误差主要分布在±0.05%范围之内。其中，当预测误差在±0.03%范围内时，共有 80 炉数据，占总验证样本数据的 80%；当预测误差在±0.025%范围内时，该 BP 神经网络预测模型的命中率为 71%。与多元线性回归模型相比，BP 神经网络预测模型在转炉冶炼后期钢水锰

含量预测命中率方面有了明显提高。但同时也应看到，BP 神经网络在较小的误差范围内（±0. 025%）命中率仍不高，为进一步适应并满足现代转炉炼钢精准控制的要求，很有必要对现有的 BP 神经网络模型进行改进，进一步提高模型命中率。为此，本节运用遗传算法对 BP 神经网络进行了优化，得到基于遗传算法优化的 BP 神经网络冶炼后期钢水锰含量预报模型。

2. 3. 2. 3 基于遗传算法优化的 BP 神经网络冶炼后期锰含量预报模型

虽然 BP 神经网络具有很强的学习能力，且三层神经网络可以任意精度逼近任何非线性问题，但是它容易陷入局部极小点。而遗传算法（Genetic Algorithm）的全局搜索能力较强，因此，可以充分结合两者的优点，利用遗传算法来优化 BP 神经网络，达到提高 BP 神经网络预报模型命中率的目的。本节在充分结合遗传算法的全局搜索能力和 BP 神经网络指导性搜索的基础上，建立了基于遗传算法优化的 BP 神经网络预报模型（简称 GA-BP 神经网络预测模型）。在 GA-BP 神经网络预报模型中，利用遗传算法来加速 BP 神经网络的学习过程，优化神经网络的结构和参数。

与上述 BP 神经网络预报模型建模一样，选用相同 529 炉真实数据中的 429 炉建模数据用于神经网络的训练，余下的 100 炉数据用于对已训练好的神经网络进行验证，并将模型的预报值与实测值进行比较分析，所得结果如图 2-80 所示。由图 2-80 可知，该模型对转炉冶炼后期钢水锰含量进行预报后所得值与实测值很接近，模型的预报误差主要分布在±0. 03%范围内，且在此范围内的数据一共有 90 炉，占总验证数据的 90%；当预报误差分布在±0. 025%范围内时，模型的命中率为 84%。从上述预报误差的分析可知，该模型的中率较高，可以利用其对转炉冶炼后期钢水锰含量进行预报。

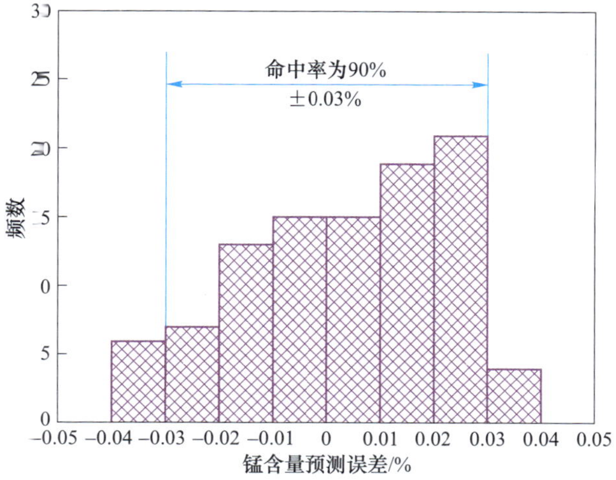

图 2-80 基于遗传算法优化的 BP 神经网络模型预报误差的分布

图 2-81 是上述三种模型预报锰含量的误差情况，从图中可以看出，GA-BP 神经网络预报模型的预测误差最小，其锰含量预报命中率最高。由此认为，GA-BP 神经网络预报模型的预报精度最高，可满足现场生产控制要求。本节结合某钢厂 80 t 转炉冶炼中高碳钢的生产工艺，构建了转炉冶炼后期钢水磷和锰含量预报模型，此建模方法也可应用于低碳钢冶炼钢水磷和锰含量预报模型的建立，为低碳钢冶炼终点钢水磷和锰含量的准确预测提供参考。

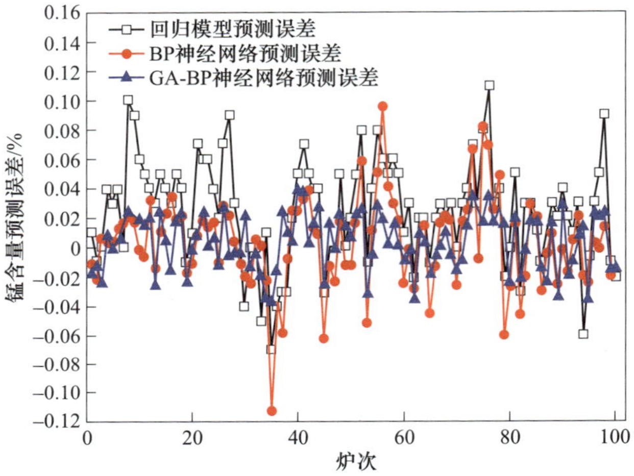

图 2-81 三种锰含量预报模型的误差情况

2.3.2.4 基于 IPRO-RELM 的转炉冶炼锰含量预报模型

BP 神经网络训练时通过启发式算法进行网络结构寻优，很难取得最理想的网络结构；在训练过程中容易陷入局部极值的状态，因此，不能保证获得全局最优解。此外，模型训练速度慢，需要较长的时间来完成寻优，不利于模型的在线应用，本章通过尝试建立多种模型，以期提高转炉炼钢终点锰含量的预测精度和所建模型的训练效率。

极限学习机（Extreme Learning Machine，ELM）模型是一种基于广义逆矩阵理论提出的一种单隐层前馈神经网络，该算法拥有极快的学习速度，同时可避免传统神经网络算法存在的问题。然而，ELM 模型也存在泛化能力较差、预测不稳定等问题。为提高 ELM 模型的泛化性能，可以通过引入结构风险最小化理论以及正则化项，提高 ELM 模型的泛化能力，即正则化极限学习机（RELM）。但 RELM 模型采用随机给定的输入层权值和隐含层偏差，这会影响 RELM 模型的稳定性和预测精度，通过引入粒子群算法对输入层权值和隐含层偏差进行寻优，代替手动训练模型的过程，进而建立基于 IPSO-RELM 的转炉冶炼终点锰含量预报模型。

A 正则化极限学习机算法

极限学习机是一种新型单隐层前馈型神经网络。典型的单隐层前馈神经网络结构如图 2-82 所示。

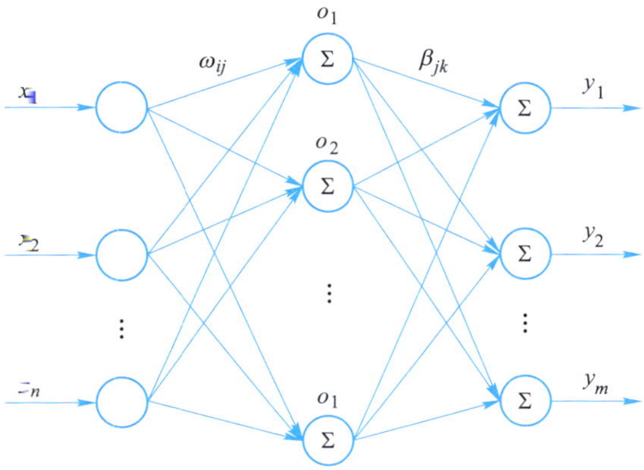

图 2-82 典型的单隐层前馈神经网络模型

对于一个单隐层神经网络，假设任意 N 个不同样本 $(X_j, Y_j) \in R_n \times R_m$，隐含层节点个数为 L，设隐含层神经元的激活函数为 $G(x)$、连接权值为 ω、神经元隐含层偏差为 b，则 ELM 模型数学的表达式见式（2-136）。

$$Y_m = \sum_{i=1}^{L} \beta_i G(\omega_i, b_i, x_j)\ (j = 1, 2, \cdots, n) \tag{2-136}$$

式中，Y_m 为网络的第 m 个输出层神经元的输出；$G(\omega_i, b_i, x_j)$ 为第 i 个隐含层神经元的输出。

该模型在对样本训练前随机产生 ω、b，从而只需选择合适的隐含层神经元个数和激活函数，求出隐含层与输出层的连接权值 β 即可。

虽然极限学习机具有设置参数少，操作简单，学习速度较快等优点，但也有以下不足：

（1）极限学习机仅基于经验风险最小化原理，未考虑结构风险，因此，当隐含层节点数目增多时，可能出现过拟合问题。

（2）极限学习机直接计算出输出层权值的最小二乘解，不会根据数据集的具体情况进行调整，所以，ELM 模型的可控性不足。

为了克服以上不足，增强 ELM 模型的泛化能力，在极限学习机中引入结构风险和正则化系数 λ，通过参数 λ 来调节结构风险与经验风险的比例，以改善 ELM 模型的过拟合问题，并提高 ELM 的泛化性能，有学者通过该方法建模并取得了较为理想的预测效果。RELM 数学模型表述如式（2-137）和式（2-138）所示：

$$\min E = \min_{\beta}(\lambda \|\beta^2\| + \|\varepsilon^2\|) \tag{2-137}$$

$$s.t. \sum_{i=1}^{N} \beta_i f(\omega_i x_j + b_i) - t_j = \varepsilon_j \quad (j = 1, 2, \cdots, N) \tag{2-138}$$

式中，$\lambda\|\beta^2\|$为结构风险；$\|\varepsilon^2\|$为经验风险；λ 为正则化系数，表示在实际风险中结构风险占的权衡比重；ε_j 为训练误差和。由此构造拉格朗日方程得：

$$L(\beta, \varepsilon, \alpha) = \lambda \|\beta^2\| + \|\varepsilon^2\| - \alpha(H\beta - T - \varepsilon) \tag{2-139}$$

式中，$\alpha = [\alpha_1, \alpha_2, \cdots, \alpha_n]$；$\alpha_i \in R(i = 1, 2, \cdots, N)$ 为拉格朗日算子。分别对式（2-140）中各个变量求偏导：

$$\begin{cases} \dfrac{\partial L}{\partial \beta} \to 2\lambda\beta^{\mathrm{T}} = \alpha H \\ \dfrac{\partial L}{\partial \varepsilon} \to 2\varepsilon^{\mathrm{T}} + \alpha = 0 \\ \dfrac{\partial L}{\partial \alpha} \to H\beta - T - \varepsilon = 0 \end{cases} \tag{2-140}$$

当 $\lambda I+H^{\mathrm{T}}H$ 为非奇异矩阵时，求解式（2-140）得：

$$\hat{\beta} = (\lambda I + H^{\mathrm{T}}H)^{-1}H^{\mathrm{T}}T \tag{2-141}$$

式中，I 为单位矩阵。网络的输出为：

$$Y = H\hat{\beta} = H(\lambda I + H^{\mathrm{T}}H)^{-1}H^{\mathrm{T}}T \tag{2-142}$$

至此，将结构风险最小化理论和正则化系数引入到极限学习机中，构成了正则化极限学习机。

B　改进粒子群优化的正则化极限学习机算法

RELM 模型虽然在 ELM 模型的基础上通过引入结构风险最小化理论提高了泛化能力，但在解决梯度下降问题时，由于 RELM 模型采用随机的输入层权值和隐含层偏差，并不能保证训练出的 RELM 模型达到最优，因此，需要更多的隐含层节点才能达到理想的精度，从而导致收敛速度慢、预测效率低和稳定性差等问题。而粒子群优化算法（Particle Swarm Optimization，PSO）具有设置参数少、预测精度高、收敛速度快等优点。本节通过分析粒子群优化算法的原理，并将其进行改进，针对 RELM 模型输入层权值和隐含层偏差随机给定的问题，提出了基于 IPSO-RELM 算法的转炉冶炼终点锰含量预测模型[43]，即将 RELM 模型的输入层权值和隐含层偏差作为改进粒子群算法的粒子，用改进粒子群优化算法对其进行寻优，并将训练集的预测值与实际值的均方误差（MSE）作为适应度函数，以提高 RELM 算法的预测准确率与计算效率，改善 RELM 的性能。其中，MSE 计算公式如下：

$$\mathrm{MSE} = \frac{1}{N}\sum_{i=1}^{N}(f_i - y_i)^2 \tag{2-143}$$

式中，f_i为转炉冶炼终点 Mn 含量实测值；y_i 为转炉冶炼终点 Mn 含量预测值。

IPSO-RELM 训练过程归纳如下：

（1）初始化种群。初始粒子群由 RELM 随机产生的输入层权值矩阵和隐含层偏差矩阵组成。种群规模 P 设为 n，隐含层节点数设为 h，输入层神经元数设为 m，粒子维度 $L = h(m + 1)$。选取学习因子 c_1和 c_1，将位置和速度限制在 [-1，1] 内，根据式（2-143）更新粒子速度和位置。

（2）计算粒子适应度。使用 RELM 模型计算出每个粒子的训练集均方误差（MSE），作为改进粒子群优化算法的适应度值。经过多次测试，选取 sin 函数作为 RELM 隐含层的激活函数效果最好。

（3）寻找群体极值。将每次迭代后得到的适应度值 MSE 分别和粒子的个体极值、群体极值进行比较，如果该适应度值更小，则将该适应度值作为新的个体极值和群体极值。重复上述过程直到迭代结束，可以获得一组较优的输入层权值矩阵和隐含层偏差矩阵。

（4）模型训练与测试。将通过上述寻优过程得到输入层权值矩阵和隐含层偏差矩阵带入到 RELM 模型中，代入数据进行训练和测试。

C 模型建立

同样，该模型以采集到某钢厂 80 t 转炉的生产数据进行预处理后进行建模。首先，随机选取其中的 281 组样本数据对预测模型进行训练；其次，运用训练好的模型对其余的 50 组测试数据进行预测；最后，通过比较不同网络结构参数下终点锰含量的预测精度，选择预测精度最高的网络进行保存。

使用 50 组测试数据对上述已训练好的网络进行测试，并将 IPSO-RELM 模型的预测值与实测值进行比较。由图 2-83 可知，IPSO-RELM 模型对转炉冶炼终点

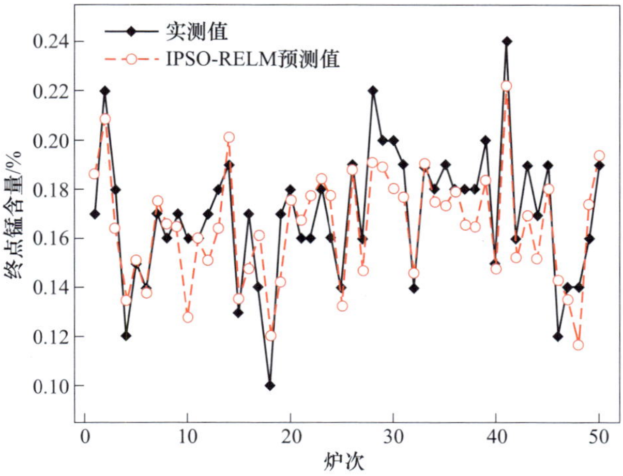

图 2-83 IPSO-RELM 模型锰含量预测值与实测值的比较

锰含量进行预测后所得的预测值与实测值很接近，说明该模型的预测精确度较高。关于该模型的预测误差分布情况如图 2-84 所示，当预测误差分布在 ±0. 025%范围内时，模型的命中率为 94%，拟合优度 R^2 为 0. 72，高于 GA-BP 模型的预测精度。可见在几种预测模型中 IPSO-RELM 模型的预报精度最高，可满足现场生产要求。

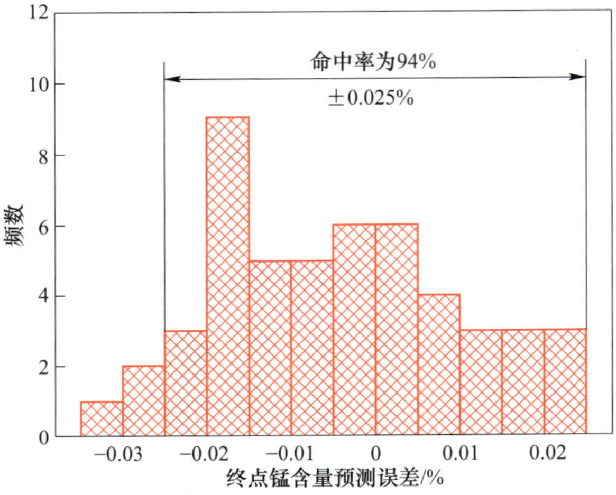

图 2-84　IPSO-RELM 模型锰含量预测误差的分布

本节结合某钢厂的生产实际，构建了转炉冶炼后期钢水磷和锰含量预报模型，可为转炉冶炼终点钢水磷和锰含量的准确控制提供参考。

2. 4　转炉冶炼智能补吹模型

无论是安装有动态检测设备（副枪、炉气分析等）、使用投弹式检测技术的转炉，还是采用倒炉检测手段的转炉，当转炉主吹结束后其钢水成分和温度达不到所冶炼钢种的出钢要求时，均要通过冶炼末期补吹操作来调整钢水的成分和温度，直至钢水满足出钢要求。为了减少转炉补吹次数，提高补吹命中率，现场操作人员对补吹模型提出了较高的要求。目前，国内外大型转炉普遍采用副枪与模型相结合的控制技术，采用末期补吹的方法提高了转炉冶炼中高碳钢的终点命中率。近年来，转炉烟气分析技术以阿赛洛 · 米塔尔 多法斯科钢厂为代表，在超低碳钢冶炼方面取得了突破，目前国内外很多钢厂正致力于烟气分析技术的研发。国内大部分中小型转炉由于设备条件、资金以及技术的限制，没有安装动态检测设备，主要是依靠人工经验判断冶炼终点，根据倒炉测温取样信息依靠人工经验来决策补吹时间及加料情况，严重影响了转炉炼钢的终点控制精度及生产效率。

本节介绍通过对某钢厂 80 t 转炉冶炼中高碳钢生产工艺的分析，在转炉主吹结束后实施倒炉测温取样操作，然后，根据取样分析值与冶炼钢种出钢要求的差值来实施冶炼末期（接近吹炼终点阶段）的补吹操作，最终，使冶炼终点钢水成分和温度达到出钢要求。

2.4.1 转炉补吹阶段钢水脱碳升温规律

由于中小型转炉冶炼中高碳钢接近冶炼终点阶段钢水的脱碳速率还比较大，此时钢水碳含量和温度的变化也较大。为了更准确地控制转炉补吹阶段钢水的碳含量和温度，很有必要对该阶段钢水的脱碳和温度变化情况进行研究。本节阐释转炉冶炼中高碳钢补吹阶段钢水碳含量和温度的变化规律，可为操作人员准确控制转炉冶炼终点钢水的碳含量和温度提供参考。

在转炉冶炼过程中，脱碳过程大致可以分为三个阶段：吹炼初期，Si、Mn氧化，脱碳受抑制，脱碳速率是一个逐渐增大的过程；吹炼中期，由于温度上升，熔池搅拌强烈，脱碳反应剧烈，此阶段脱碳速率比较稳定，脱碳速率达到最大值；吹炼后期，由于碳含量下降，脱碳速率逐渐下降。转炉吹炼过程脱碳速率及碳含量变化如图2-85所示，转炉冶炼接近炼钢终点时钢水碳的扩散成为限制性环节，根据经典脱碳三阶段理论，此时钢水的脱碳速率随着碳含量的减少而不断下降。该阶段钢水的脱碳速率可近似表述为式（2-144）。

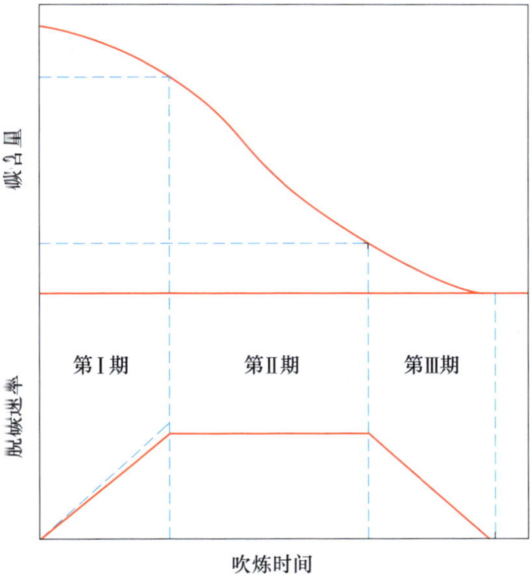

图2-85 转炉冶炼过程脱碳速率及钢水碳含量变化

$$-\frac{\mathrm{d}C}{\mathrm{d}t}=k\cdot(C-C_{\mathrm{k}}) \tag{2-144}$$

式中，$-\frac{dC}{dt}$为脱碳速率,%/s；k 为脱碳反应速率常数，s^{-1}；C 为钢水碳含量,%；C_k 为转炉熔池钢水极限碳含量,%。

对式（2-144）分离变量后，方程两边同时积分得：

$$\int_{C_d}^{C_e} -\frac{d(C - C_k)}{C - C_k} = \int_{t_d}^{t_e} k \cdot dt \tag{2-145}$$

化简后，得到式（2-146）：

$$\frac{C_e - C_k}{C_d - C_k} = \exp(-k \cdot t) \tag{2-146}$$

式中，C_e 为终点钢水碳含量,%；C_d 为倒炉取样检测所得钢水碳含量,%；t 为补吹时间，s。

本节在转炉炼钢经典脱碳三阶段理论的研究基础上，通过对接近冶炼终点阶段钢水脱碳速率的表达式进行积分变换，得到转炉冶炼末期补吹阶段钢水碳含量随补吹时间的变化规律，见式（2-146），转炉补吹阶段钢水碳含量随补吹时间呈指数递减。对于采用倒炉测温取样操作的转炉而言，在获取倒炉钢水碳含量的基础上，可运用式（2-146）计算转炉补吹阶段钢水的碳含量，为转炉操作人员准确判断冶炼终点钢水碳含量提供参考。为求得式（2-146）中脱碳反应速率常数 k，采集了某钢厂 80 t 转炉冶炼中高碳钢末期的补吹数据，利用 659 炉数据计算得到脱碳反应速率常数 k 的值为 0.0105。

转炉冶炼接近吹炼终点阶段吹入熔池内的氧气主要与钢水中的碳和铁反应，氧化反应产生的热量促使钢水不断升温。分析转炉补吹阶段熔池内钢水的热量平衡，可以得到其关系式（2-147）：

$$Q_{reaction} = Q_{steel} + Q_{slag} + Q_{coolant} + Q_{loss} \tag{2-147}$$

式中，$Q_{reaction}$为钢水元素氧化反应产生的热量，kJ；Q_{steel}为钢水的物理热，kJ；Q_{slag}为炉渣的热量，kJ；$Q_{coolant}$为冷却剂吸收的热量，kJ；Q_{loss}为转炉散热（烟气带走热量，炉体、炉口等散热），kJ。

何平等[44]通过研究转炉补吹供氧量与熔池升温之间的关系，在铁水、废钢与生铁装入量稳定，且不考虑加入矿石的情况下，得到补吹阶段熔池钢水的升温值与补吹供氧量间存在显著的线性关系，如式（2-148）所示。

$$\Delta T = b_1 \cdot \frac{\Delta O_2}{W_{st}} - b \tag{2-148}$$

式中，ΔT 为补吹过程钢水升温值,℃；ΔO_2 为补吹供氧量，Nm^3；W_{st} 为钢水质量，t；b_1 为由氧化反应引起的温升系数,℃ · t/Nm^3；b 为由转炉散热引起的温降,℃。

在转炉冶炼补吹过程中，考虑到转炉补吹供氧量是时间的函数，为了简化式（2-148），将氧化反应产生的温度变化看作是补吹时间的一次函数，同时考虑加入冷却剂的情况，可得到式（2-149）。

$$\Delta T = \lambda \cdot t - \sum m_i \cdot \theta_i - b \tag{2-149}$$

式中，λ 为由氧化反应引起的钢水温升速率常数，℃/s；t 为补吹时间，s；m_i 为加入冷却剂 i 的质量，kg；θ_i 为冷却剂 i 的冷却效应，℃/kg。

对于相近的转炉冶炼炉次，转炉散热项 Q_{loss} 可以近似看作相同，由此引起的温降 b 可以当作常数处理，式（2-149）中 λ 和 θ_i 的值均可以根据转炉历史生产数据及实际生产经验确定。同理，利用某钢厂 80 t 转炉冶炼中高碳钢的历史数据，由于该厂 80 t 转炉冶炼中高碳钢末期补吹阶段只使用烧结矿降低钢水的温度，在分析历史生产数据的基础上，确定了 λ 和 θ 的值分别为 0.98 ℃/s 和 0.078 ℃/kg。可运用式（2-149）计算转炉补吹结束后炼钢终点钢水的温度，为转炉操作人员准确控制中高碳钢冶炼终点钢水温度提供参考。

2.4.2 转炉补吹阶段钢水锰、磷和硫含量变化规律

转炉炼钢接近冶炼终点阶段钢水的锰、磷和硫含量均会发生不同程度的变化。由于磷一般是钢中的有害元素，某钢厂 80 t 转炉冶炼中高碳钢工艺要求对冶炼终点钢水的磷含量进行严格控制；并且，冶炼终点钢水锰和硫含量的准确控制也可为合金化工序操作提供参考。基于上述分析，针对转炉冶炼中高碳钢接近吹炼终点阶段钢水锰、硫和锰含量的变化规律分别进行研究。

在转炉冶炼初期，钢水的锰元素被大量氧化，钢水的锰含量降到很低水平；随着熔池内脱碳反应速率的大幅增加，渣中 FeO 含量急剧下降，钢水发生回锰现象，钢水锰含量回升；进入冶炼末期，熔池内脱碳反应速率降低，随着渣中 FeO 含量的升高，钢水锰含量不断降低。为了对转炉补吹阶段钢水锰含量的变化规律进行研究，采集了某钢厂 80 t 转炉冶炼中高碳钢补吹阶段的 659 炉生产数据，分析了冶炼终点钢水锰含量与其他过程参数（补吹时间、倒炉钢水锰含量和氧耗量等）之间的关系，发现终点钢水锰含量与倒炉钢水锰含量、补吹时间存在较明显的线性关系，如图 2-86 所示。

本节运用 SPSS 17.0 统计分析软件对冶炼终点钢水锰含量、倒炉钢水锰含量和补吹时间之间的关系进行了拟合，得到的回归方程表达式如式（2-150）所示。通过计算，得到式（2-150）的拟合相关系数 R 为 0.885，表明式（2-150）的线性关系显著。

$$C_e^{''''} = 0.6348 \cdot C_d^{''''} - 5.4661 \times 10^{-4} \cdot t + 0.0525 \tag{2-150}$$

式中，$C_e^{''''}$ 为终点钢水锰含量，%；$C_d^{''''}$ 为倒炉钢水锰含量，%；t 为补吹时间，s。

通过对转炉冶炼中高碳钢接近吹炼终点阶段钢水锰含量的变化规律进行研究，得到其变化规律的表达式如式（2-150）所示。在转炉冶炼末期补吹阶段可

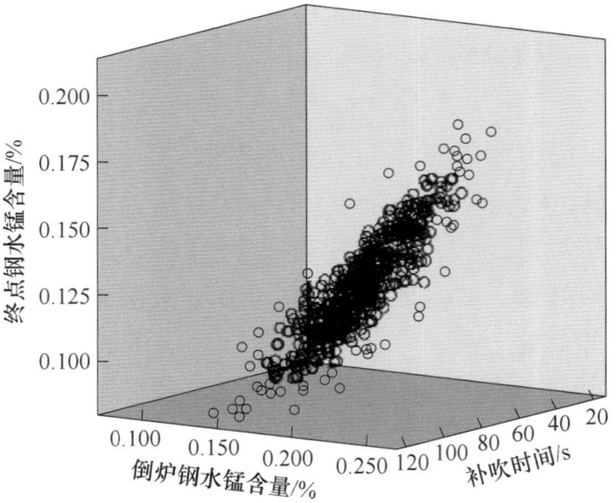

图 2-86　冶炼终点钢水锰含量与倒炉钢水锰含量、补吹时间的关系

利用获取的倒炉钢水锰含量与补吹时间，根据式（2-150）可计算补吹结束后冶炼终点钢水的锰含量，为后续的钢水合金化工艺操作提供参考。

脱磷是转炉冶炼的一项重要任务，低温、高碱度、高 FeO 含量等工艺条件有利于转炉脱磷。转炉冶炼初期，钢水磷含量不断降低；吹炼中期由于脱碳反应剧烈，导致渣中 FeO 含量迅速下降，钢水出现回磷现象，钢水磷含量升高；转炉冶炼末期，随着碳含量的降低，脱碳反应速率也不断减小，渣中 FeO 含量升高，利于脱磷反应的发生，钢水磷含量不断降低。

由于所研究钢厂的 80 t 转炉冶炼中高碳钢生产工艺要求对吹炼终点钢水磷含量进行严格控制（终点钢水磷含量不超过 0.015%），且冶炼接近吹炼终点阶段钢水磷含量的控制较难。通过深入分析转炉补吹阶段磷含量的变化规律，采用数据挖掘的方法对 80 t 转炉的 659 炉生产数据进行了分析，得到终点钢水磷含量、倒炉钢水磷含量与补吹时间存在较显著的非线性关系，如图 2-87 所示。运用 SPSS 17.0 统计分析软件对上述关系进行拟合，得到的回归方程如式（2-151）所示，其中，该回归方程的拟合相关系数 $R=0.706$，相关性较显著。将式（2-151）化简可得式（2-152），由式（2-152）可知，转炉冶炼中高碳钢补吹阶段钢水磷含量呈指数函数关系变化。

$$\ln\frac{C''''_{\mathrm{e}}}{C''''_{\mathrm{d}}}=-0.0082\cdot t+0.0435 \tag{2-151}$$

$$C''''_{\mathrm{e}}=C''''_{\mathrm{d}}\cdot\exp(-0.0082t+0.0435) \tag{2-152}$$

式中，C''''_{e}为转炉冶炼终点钢水磷含量，%；C''''_{d}为倒炉钢水磷含量，%；t 为转炉补吹时间，s。

通过分析某钢厂 80 t 转炉冶炼中高碳钢补吹阶段钢水磷含量的变化规律，得

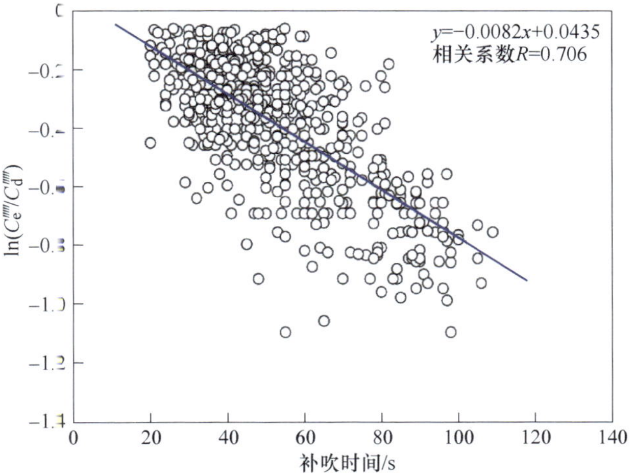

图 2-87 冶炼终点钢水磷含量与倒炉钢水磷含量、补吹时间的关系

到其变化规律的表达式（2-152）。在获取倒炉钢水磷含量与补吹时间的基础上，可运用式（2-152）计算转炉补吹结束后终点钢水的磷含量，进而为操作人员准确判断该炉次钢水是否符合出钢磷含量要求提供参考。

在转炉吹炼后期，由于渣的流动性、钢水温度等不断提高，且炉渣碱度维持在较高水平，这些条件均有利于炉渣脱硫反应的进行，从而使钢水中的硫含量逐渐降低。为了对转炉接近吹炼终点阶段钢水硫含量的变化规律进行研究，采集了659 炉历史生产数据，分析转炉冶炼终点钢水硫含量与补吹过程参数之间的关系，发现终点钢水硫含量、倒炉钢水硫含量以及补吹时间存在较显著的线性关系，如图 2-88 所示。

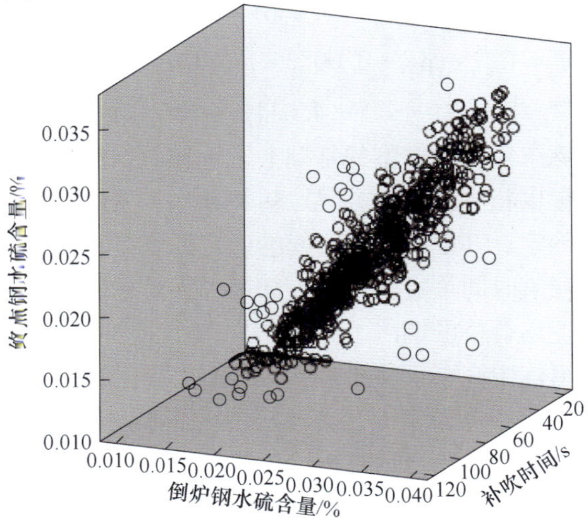

图 2-88 冶炼终点钢水硫含量与倒炉钢水硫含量、补吹时间的关系

运用 SPSS 17.0 统计分析软件对倒炉钢水硫含量、补吹时间和终点钢水硫含量进行拟合，得到的回归方程如式（2-153）所示，该回归方程的相关系数 $R=0.887$，线性关系较显著。

$$C'''''_{\mathrm{e}}=0.7991\cdot C'''''_{\mathrm{d}}-4.6341\times10^{-5}\cdot t+0.0035 \tag{2-153}$$

式中，C'''''_{e}为转炉冶炼终点钢水硫含量，%；C'''''_{d}为倒炉钢水硫含量，%；t 为转炉补吹时间，s。

通过分析某钢厂 80 t 转炉冶炼中高碳钢补吹阶段钢水硫含量的变化规律，得到其变化规律的表达式（2-153）。在转炉冶炼末期补吹阶段，可根据倒炉测温取样分析获得的钢水硫含量以及补吹时间，可运用式（2-153）计算转炉补吹结束后终点钢水的硫含量，进而为转炉操作人员准确控制冶炼终点钢水的硫含量提供参考。

2.4.3 转炉冶炼智能补吹模型的建立与应用

前面结合冶金热力学原理和某钢厂 80 t 转炉冶炼中高碳钢的历史生产数据，分别得到了转炉冶炼中高碳钢接近吹炼终点阶段钢水温度、碳、锰、磷和硫元素的变化规律。本节在上述研究的基础上，通过构建转炉冶炼末期补吹模型，辅助操作人员合理进行转炉补吹操作，实现中高碳钢冶炼终点钢水成分和温度的准确控制。

为了更好地实施转炉冶炼末期的补吹操作，使冶炼终点钢水成分和温度均达到出钢要求，在转炉补吹阶段钢水成分和温度变化规律的研究基础上，构建了转炉冶炼末期补吹模型，其表达式如式（2-154）所示。

$$\begin{cases} C_{\mathrm{e}}=(C_{\mathrm{d}}-C_{\mathrm{k}})\cdot\exp(-k\cdot t)+C_{\mathrm{k}} \\ \Delta T=\lambda\cdot t-\sum m_i\cdot\theta_i-b \\ C''''_{\mathrm{e}}=0.6348\cdot C''''_{\mathrm{d}}-5.4661\times10^{-4}\cdot t+0.0525 \\ C''''_{\mathrm{e}}=C''''_{\mathrm{d}}\cdot\exp(-0.0082\cdot t+0.0435) \\ C'''''_{\mathrm{e}}=0.7991\cdot C'''''_{\mathrm{d}}-4.6341\times10^{-5}\cdot t+0.0035 \end{cases} \tag{2-154}$$

在建立转炉冶炼末期补吹模型的基础上，旨在根据倒炉钢水的成分和温度信息为转炉操作人员提供相应的补吹方案。转炉补吹方案的设计主要是补吹氧时间和冷却剂加入量的确定。其中，补吹时间的确定原则是在满足出钢钢水化学成分和温度的要求下，吹氧时间最短化；而冷却剂加入量的原则是通过最少的加入量获得化学成分和温度均合格的钢水。

通过探究转炉冶炼中高碳钢接近吹炼终点阶段钢水成分和温度的变化规律，结合现场 80 t 转炉冶炼中高碳钢工艺构建转炉冶炼末期补吹模型，旨在根据获取的倒炉钢水成分和温度信息，自动判断冶炼终点以及未达到冶炼终点时计算相应的补吹方案（主要包括补吹时间与冷却剂加入量），从而指导操作人员合理实施转炉冶炼末期的补吹过程操作。转炉补吹方案的设计思路如图 2-89 所示[45]。

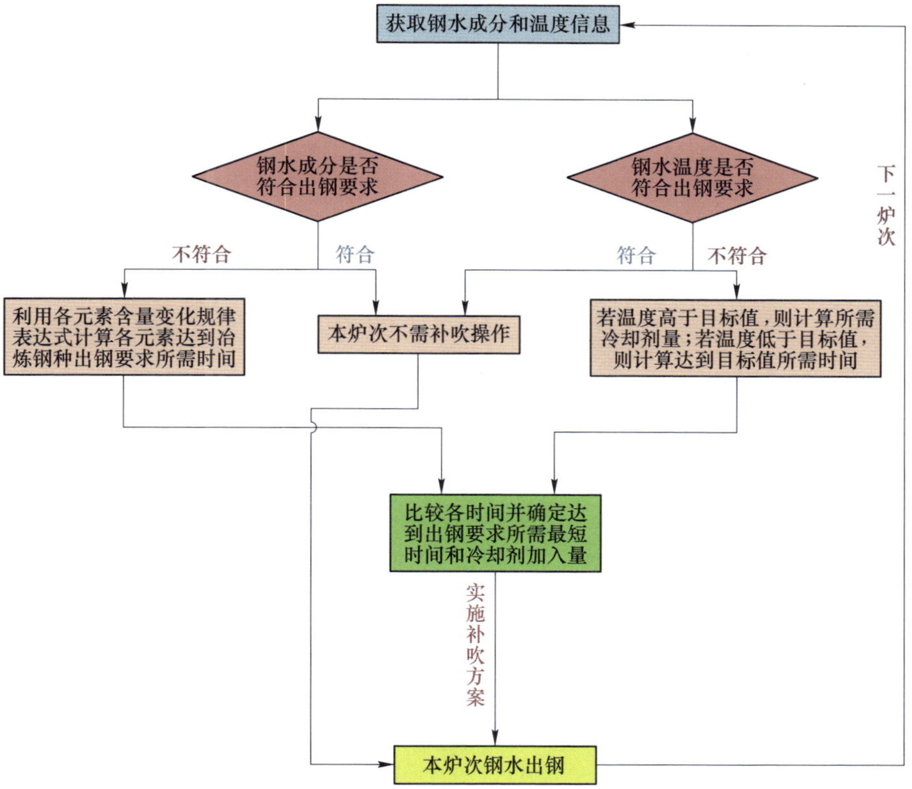

图 2-89 转炉补吹方案设计思路

在转炉冶炼末期补吹模型和现场生产工艺的基础上，采用 Microsoft Visual C# 编程语言编制了转炉补吹辅助控制软件，软件界面见图 2-90。如图 2-90 所示，只要给该软件提供倒炉钢水的成分和温度信息，程序就能给现场操作人员提供实时的补吹方案，进而计算补吹方案实施后终点钢水的成分和温度。在现场应用过程中，首先，确定冶炼钢种以及该钢种的出钢成分和温度要求；其次，输入倒炉钢水温度和成分值；最后，点击“计算”按钮可自动判断冶炼终点以及未达到冶炼终点时计算相应的补吹方案，同时，预报补吹方案实施后终点钢水的成分和温度，为后续的快速合金化操作提供数据支撑。

为了验证转炉补吹工艺模型的实效性，使用该模型对某钢厂 80 t 转炉冶炼中高碳钢炉次进行了补吹方案的现场验证，部分炉次的验证结果如表 2-20 所示[46]。从表 2-20 可以得出，转炉补吹工艺模型提供的补吹方案准确有效。补吹方案实施后，冶炼终点钢水成分和温度均达到了出钢要求，且该模型预报的终点钢水成分和温度与实测值较为接近。

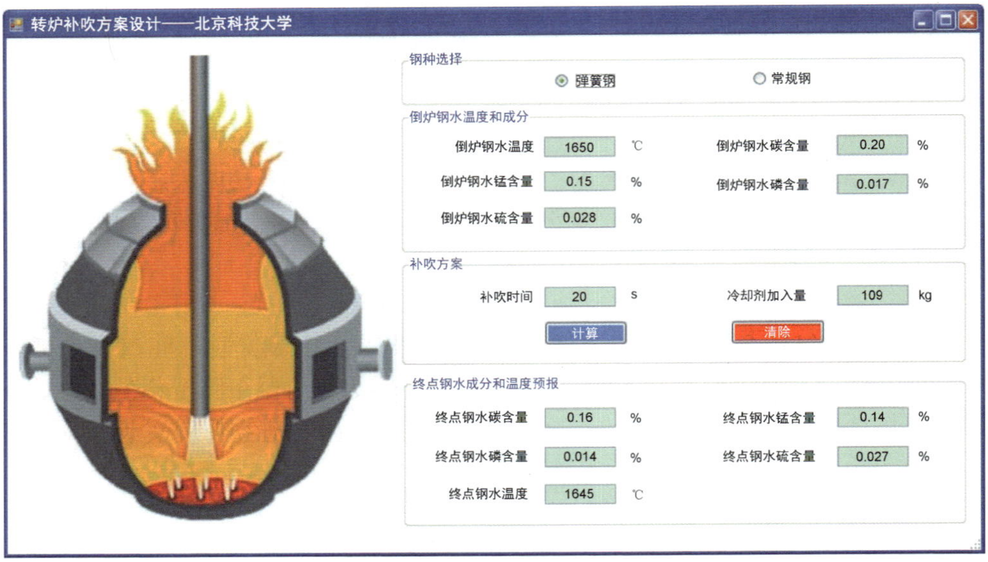

图 2-90　转炉补吹工艺模型计算界面

表 2-20　转炉冶炼末期补吹工艺模型的验证结果

炉次号	钢种	模型预报终点钢水成分和温度					取样分析终点钢水成分和温度				
		C/%	Mn/%	P/%	S/%	T/℃	C/%	Mn/%	P/%	S/%	T/℃
12305034	60Si2Mn	0. 15	0. 12	0. 012	0. 025	1640	0. 14	0. 13	0. 014	0. 022	1645
12305121	60Si2Mn	0. 17	0. 16	0. 013	0. 029	1642	0. 18	0. 16	0. 012	0. 029	1640
12305160	SUP9A	0. 19	0. 13	0. 014	0. 025	1644	0. 17	0. 11	0. 013	0. 021	1650
12305163	SUP9A	0. 20	0. 13	0. 013	0. 024	1653	0. 22	0. 12	0. 013	0. 020	1648
12305171	SUP9A	0. 23	0. 14	0. 012	0. 023	1651	0. 22	0. 13	0. 011	0. 024	1655
12305172	60Si2Mn	0. 16	0. 13	0. 013	0. 018	1641	0. 15	0. 14	0. 014	0. 015	1646
12305173	SUP9A	0. 18	0. 13	0. 013	0. 024	1640	0. 17	0. 12	0. 010	0. 025	1645
12305194	60Si2Mn	0. 15	0. 13	0. 014	0. 022	1650	0. 16	0. 13	0. 013	0. 022	1648
12305196	SWRCH35K	0. 10	0. 11	0. 012	0. 024	1642	0. 11	0. 11	0. 014	0. 029	1646
12305197	60Si2Mn	0. 14	0. 13	0. 016	0. 027	1641	0. 15	0. 12	0. 014	0. 027	1642
12305198	60Si2Mn	0. 21	0. 12	0. 013	0. 028	1645	0. 20	0. 13	0. 013	0. 033	1640
12305204	60Si2Mn	0. 18	0. 21	0. 011	0. 024	1648	0. 18	0. 19	0. 014	0. 028	1648
12305205	SWRCH35K	0. 15	0. 10	0. 013	0. 027	1647	0. 15	0. 1	0. 013	0. 027	1644
12305206	SUP9	0. 16	0. 10	0. 014	0. 021	1650	0. 17	0. 12	0. 012	0. 021	1652
12305207	SUP9	0. 19	0. 13	0. 014	0. 028	1643	0. 20	0. 12	0. 014	0. 028	1645
12305209	SUP9	0. 20	0. 14	0. 013	0. 023	1644	0. 22	0. 14	0. 013	0. 021	1648

续表 2-20

炉次号	钢种	模型预报终点钢水成分和温度					取样分析终点钢水成分和温度				
		C/%	Mn/%	P/%	S/%	*T*/℃	C/%	Mn/%	P/%	S/%	*T*/℃
12305234	50CrVAb	0. 15	0. 17	0. 012	0. 025	1642	0. 14	0. 15	0. 015	0. 024	1640
12305236	50CrVAb	0. 17	0. 12	0. 014	0. 028	1647	0. 15	0. 10	0. 014	0. 025	1645
12305244	50CrVAb	0. 18	0. 17	0. 012	0. 025	1640	0. 19	0. 16	0. 015	0. 023	1644
12305248	SUP9A	0. 20	0. 13	0. 013	0. 024	1641	0. 20	0. 13	0. 013	0. 025	1641
12305276	50CrVAb	0. 10	0. 11	0. 013	0. 048	1648	0. 11	0. 11	0. 014	0. 047	1644
12305281	SWRCH35K	0. 14	0. 14	0. 011	0. 024	1649	0. 15	0. 16	0. 011	0. 021	1648
12305283	SWRCH35K	0. 16	0. 15	0. 012	0. 025	1645	0. 15	0. 16	0. 014	0. 025	1642
12305284	50CrVAb	0. 18	0. 10	0. 015	0. 03	1646	0. 20	0. 13	0. 015	0. 028	1648

以 SUP9A 钢为例，补吹方案实施后，模型预报的终点钢水成分和温度值与实测值的比较如图 2-91 所示。由图 2-91 可知，当转炉补吹模型分别用于预报终点钢水碳、锰、磷和硫含量时，模型的预报误差相应分布在±0. 02%、±0. 02%、±0. 003%和±0. 004%范围内；当转炉补吹工艺模型用于预报终点钢水温度时，模

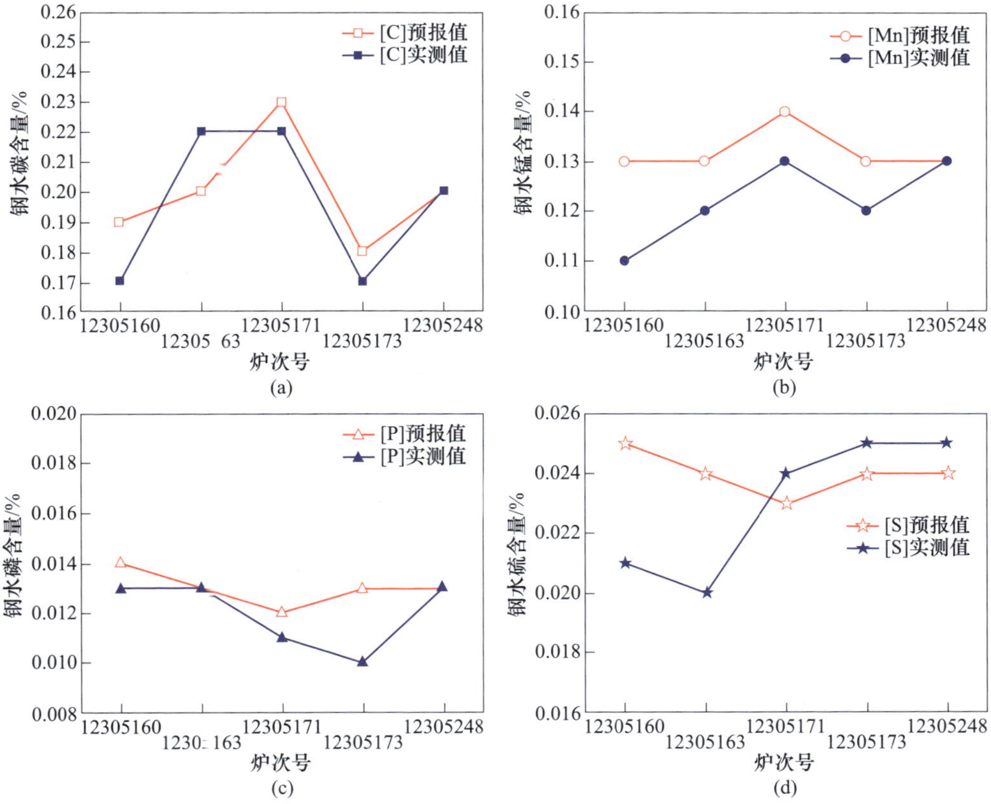

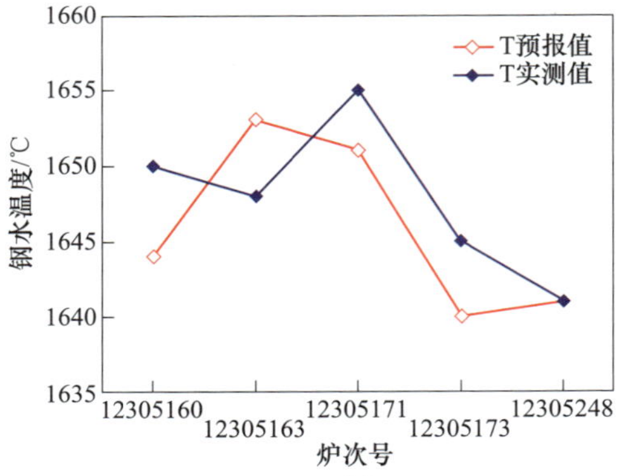

(e)

图 2-91 转炉补吹完成后 SUP9A 钢冶炼终点钢水成分和温度预报值与实测值的比较

（a）钢水碳含量；（b）钢水锰含量；（c）钢水磷含量；（d）钢水硫含量；（e）钢水温度

型的预报误差分布在±10 ℃范围内。因此，转炉冶炼末期补吹工艺模型可以为转炉冶炼中高碳钢的终点控制提供参考。与此同时，针对中高碳钢冶炼所构建的转炉补吹工艺模型的技术思路也可应用于低碳钢冶炼过程，当低碳钢吹炼结束后钢水成分和温度没有达到出钢要求时，也可建立相应的转炉补吹工艺模型辅助指导转炉冶炼末期的补吹操作，实现低碳钢冶炼终点钢水成分和温度的准确控制。

2.5 转炉冶炼控制模型的实际应用

为了更好地应用上述技术辅助现场操作人员合理进行中高碳钢冶炼过程及终点的操作，在研发转炉冶炼过程及终点控制技术的基础上，结合某钢厂制造执行系统（MES），运用 Visual C#2005 编程语言和 SQL Server 2005 数据库研发了转炉冶炼中高碳钢在线模拟与辅助控制系统。接下来本节分别从转炉冶炼中高碳钢过程及终点控制模型集的构建、转炉冶炼中高碳钢过程及终点控制技术的提出和转炉冶炼中高碳钢在线模拟与辅助控制系统的研发三方面对该技术进行阐述。

2.5.1 转炉冶炼控制模型集的构建

针对某钢厂 80 t 转炉冶炼中高碳钢的不同吹炼阶段构建了上述模型。为了实现各模型数据的统一调用，方便操作人员根据冶炼进程实时调用各模型，对上述模型进行归纳总结，构建了综合冶金机理模型和数据统计模型的转炉冶炼中高碳钢过程及终点控制模型集。接下来从该模型集的架构和建立两方面对其进行阐述。

转炉冶炼中高碳钢过程与终点控制模型集的架构如图 2-92 所示，该模型集包含转炉冶炼中高碳钢工艺控制模型和冶炼成本模型。其中，转炉冶炼中高碳钢工艺控制模型包括转炉吹氧和造渣优化控制模型、基于熔池混匀度的转炉冶炼过程模型、转炉冶炼后期钢水磷和锰含量预报模型和转炉冶炼末期补吹模型；转炉冶炼中高碳钢成本模型由炼钢成本核算模型组成。

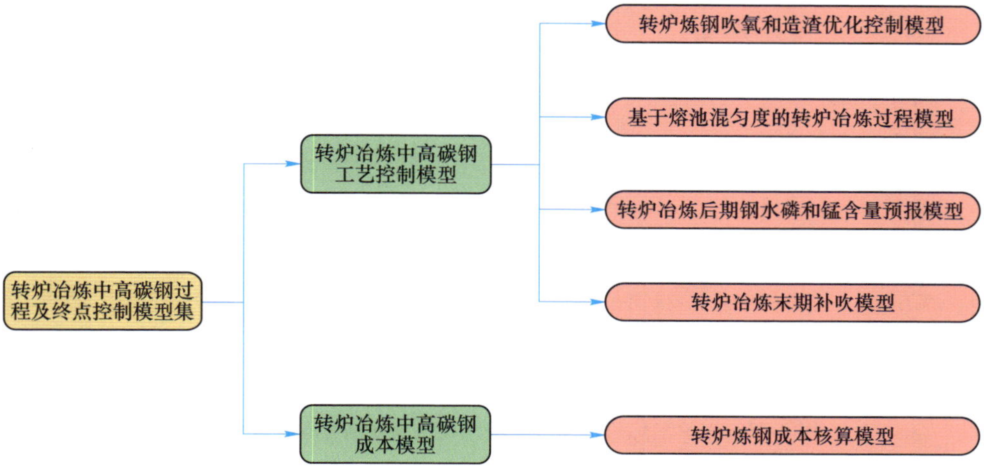

图 2-92 转炉冶炼过程与终点控制模型集的架构

在转炉冶炼过程与终点控制模型集的架构基础上，结合某钢厂 80 t 转炉冶炼生产工艺，分别阐述该模型集中各模型在不同冶炼阶段的功能及特点，转炉操作人员就可以结合冶炼进程从该模型集调用相应的模型来分析冶炼状况，指导现场生产。转炉冶炼中高碳钢过程及终点控制模型集中各模型的运行流程如图 2-93 所示。转炉开始吹氧冶炼前，根据获取的初始冶炼信息（铁水、废钢装入量信息，铁水成分和温度信息、冶炼计划钢种等），运用转炉吹氧量预报模型和造渣料加入量模型可分别计算得到冶炼过程所需的氧耗量和造渣料加入量；转炉吹氧过程中，根据获取的冶炼过程信息（枪位、氧流量和底吹流量等），运用基于熔池混匀度的冶炼过程模型可实时计算冶炼过程钢水的碳含量和温度；转炉主吹结束后，运用转炉冶炼后期钢水磷含量和锰含量预报模型，可计算冶炼后期（主吹结束时）钢水的磷含量和锰含量；转炉测温取样结束后，根据获取的钢水成分和温度，运用转炉冶炼末期补吹模型可提供相应的转炉补吹方案，并计算补吹结束后终点钢水的化学成分和温度；转炉出钢结束后，根据冶炼过程的物料消耗信息，可运用转炉炼钢成本核算模型分析本炉次钢水的冶炼成本。基于上述分析，转炉冶炼中高碳钢过程及终点控制模型即可辅助操作人员合理进行中高碳钢冶炼过程及终点的操作。

针对缺乏动态检测设备的中小型转炉，目前钢厂主要通过构建转炉冶炼静态控制模型来实现转炉冶炼过程及终点的控制。根据建模方法的不同，转炉炼钢静态控制模型主要包括机理模型（以冶金机理为建模依据）、统计模型（以历史生

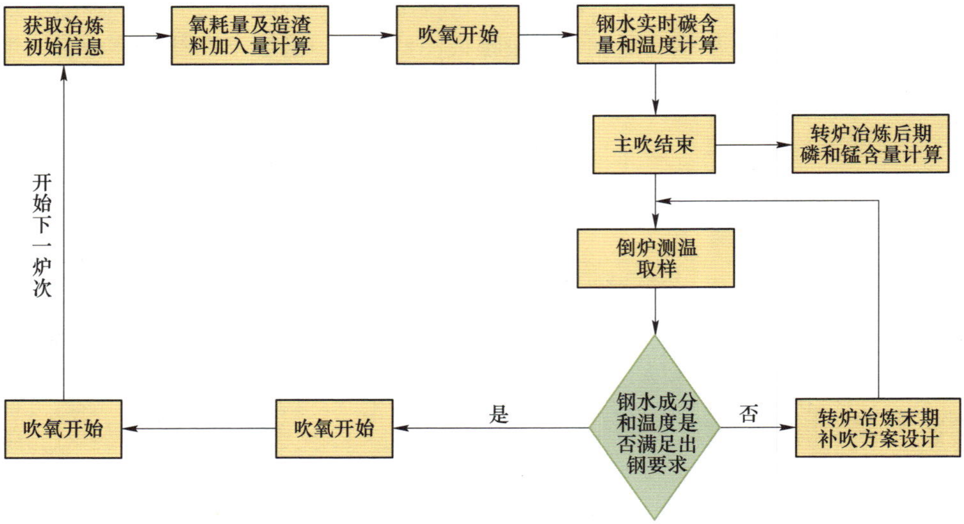

图 2-93　转炉冶炼过程与终点控制模型集中各模型的运行流程

产数据的规律为建模依据）、经验模型（以历史参考炉次的冶炼模式为建模依据）和智能算法模型（以智能算法从大量生产数据中分析挖掘出的转炉冶炼规律为建模依据）。

基于上述静态控制模型的四种建模方法及其特点，笔者团队研发了基于冶金机理模型和过程数据模型协同的转炉炼钢吹氧量综合预报模型、基于熔池混匀度的转炉冶炼过程机理模型、基于机理分析和数据挖掘结合的转炉冶炼后期钢水磷和锰含量预报模型、基于冶炼末期钢水成分和温度变化规律的转炉补吹模型，并将上述模型进行归纳总结，构建了转炉冶炼中高碳钢过程及终点控制模型集，总结形成了转炉冶炼过程及终点控制技术，为中高碳钢冶炼过程及终点的准确控制提供方案。

2.5.2　转炉冶炼控制技术的提出

2.5.1 节对转炉冶炼过程与终点控制模型集进行了介绍，该模型集将转炉冶炼工艺控制模型和成本模型进行了有机整合，为中高碳钢转炉冶炼过程及终点控制技术的形成奠定了基础。

中高碳钢转炉冶炼过程及终点控制技术是通过构建综合机理模型和统计模型的中高碳钢冶炼过程及终点控制模型集，将转炉冶炼过程吹氧和造渣优化控制、转炉冶炼过程钢水碳含量和温度预报、转炉冶炼后期钢水磷和锰含量预报以及转炉冶炼末期补吹控制进行综合集成以实现炼钢过程的平稳控制和终点的准确命中。接下来分别从转炉冶炼中高碳钢过程及终点控制技术的主要内容和实施情况对该技术进行阐述。

针对缺乏动态检测设备的转炉冶炼中高碳钢终点钢水成分和温度命中率偏低、吹炼过程控制难度偏大的难题，通过构建转炉冶炼过程与终点控制模型集，形成了转炉冶炼中高碳钢过程及终点控制技术，为同类型转炉冶炼中高碳钢过程及终点的准确控制提供了参考方案，该技术的主要内容如图 2-94 所示。

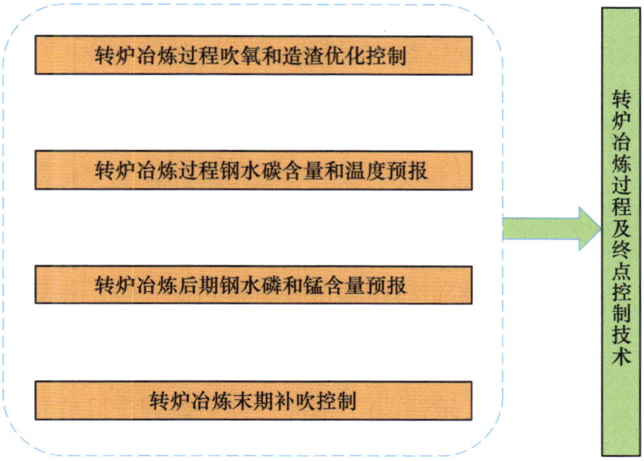

图 2-94 转炉冶炼过程与终点控制技术的主要内容

转炉冶炼过程与终点控制技术的主要内容如下：

（1）转炉冶炼过程吹氧和造渣优化控制。转炉冶炼过程吹氧和造渣优化控制主要是通过构建基于氧平衡理论模型和统计模型的转炉炼钢吹氧量预报模型，探究冶炼过程主要工艺参数对熔池搅拌及混匀效果的影响，制定转炉吹氧过程枪位及氧流量控制的参考曲线，实现转炉冶炼中高碳钢过程吹氧的操作优化；通过建立转炉炼钢过程造渣料加入量和冷却剂加入量模型，完善转炉冶炼过程造渣料的加入制度，实现转炉冶炼中高碳钢造渣的操作优化。

（2）转炉冶炼过程钢水碳含量和温度预报。转炉冶炼过程钢水碳含量和温度预报主要是通过综合经典脱碳三阶段理论和熔池热平衡理论，在熔池混匀度研究的基础上，建立基于熔池混匀度的转炉冶炼过程模型，根据吹炼过程数据计算冶炼过程钢水碳含量和温度，辅助操作人员准确控制中高碳钢冶炼终点钢水的碳含量和温度。

（3）转炉冶炼后期钢水磷和锰含量预报。转炉冶炼后期钢水磷和锰含量预报主要是通过采用熔池反应机理分析与数据挖掘相结合的方法，构建基于多层递阶回归分析、单调约束 BP 神经网络的冶炼后期钢水磷含量预报模型和基于遗传算法优化的 BP 神经网络、IPSO-RELM（粒子群-正则化极限学习机）的冶炼后期钢水锰含量预报模型，为操作人员准确控制中高碳钢冶炼终点钢水磷和锰元素含量提供参考。

(4) 转炉冶炼末期补吹控制。转炉冶炼末期补吹控制主要是通过对转炉冶炼接近吹炼终点阶段钢水成分和温度的变化规律进行解析，构建转炉冶炼末期补吹模型，辅助操作人员合理实施转炉补吹操作，并预报补吹结束后冶炼终点钢水成分和温度，实现中高碳钢冶炼终点钢水成分和温度较为准确的控制。

针对缺乏动态检测设备的中小型转炉，在研发中高碳钢冶炼过程及终点控制技术的过程中，为了充分发挥该技术的效果，在中高碳钢炼钢过程中应尽量提高冶炼原材料的稳定性，不断加强转炉冶炼的标准化操作，尽可能实时准确获取冶炼过程数据，从而不断提升中高碳钢冶炼过程及终点控制模型集中各模型的控制精度，为实现中高碳钢冶炼过程及终点的稳定与准确控制奠定基础。

针对安装了动态检测设备（副枪、炉气分析等）的转炉，该类型转炉在中高碳钢冶炼过程中，为了不断提高冶炼终点控制的稳定性与准确性，除了提高冶炼原材料的稳定性，强化操作的标准化，准确获取冶炼过程数据外，还要更加注重转炉冶炼静态模型（包括转炉炉料配比模型、吹氧量预报模型和造渣料加入量模型等）的研发与应用，同时，不断提高转炉动态控制模型的控制精度，从而实现中高碳钢冶炼过程及终点的准确控制。

本节描述的转炉冶炼过程与终点控制技术在某钢厂 80 t 转炉进行实施后，使该厂 80 t 转炉炼钢过程和终点的控制水平得到显著提升，取得了良好的实施效果。接下来结合该厂 80 t 转炉冶炼中高碳钢的生产工艺，从模拟系统研发的角度对该技术在现场的实施应用情况进行阐述。

2.5.3　转炉冶炼在线模拟与辅助控制系统的研发

2.5.3.1　转炉冶炼在线模拟与辅助控制系统的设计

为了更好地将转炉冶炼过程及终点控制技术应用于某钢厂 80 t 转炉中高碳钢的冶炼过程，在该技术的基础上，运用 Visual C#编程语言和 SQL Server 数据库研发了转炉冶炼中高碳钢在线模拟与辅助控制系统。接下来从系统功能的设计、系统数据库的设计和数据接口模块的研发三方面来介绍该系统的设计。

A　系统功能的设计

结合某钢厂 80 t 转炉冶炼的生产工艺特点，确定将转炉冶炼在线模拟与辅助控制系统划分为七个功能模块，如图 2-95 所示，接下来分别对每个功能模块的功能进行介绍。

造渣料加入量与氧耗量计算模块可以根据入炉金属料的成分和温度、各造渣料的成分信息等，计算转炉冶炼过程各造渣料的加入量，确定各造渣料的加入制度，并计算本炉次冶炼所需的氧耗量；冶炼过程钢水碳含量和温度计算模块可以根据转炉冶炼过程信息对冶炼过程钢水的碳元素含量和温度进行实时计算；冶炼

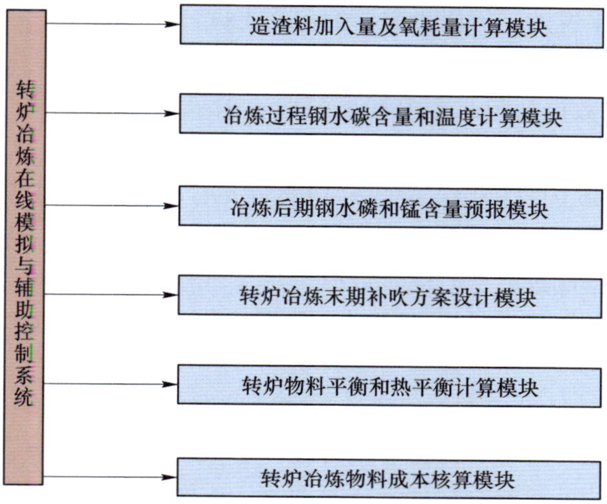

图 2-95 转炉冶炼在线模拟与辅助控制系统的主要功能

后期钢水磷和锰元素含量预报模块可以对冶炼后期（主吹结束时）钢水的磷和锰含量进行预报；转炉冶炼末期补吹方案设计模块可以根据取样分析获取的钢水化学成分和温度信息生成相应的补吹方案，并预报补吹方案实施后冶炼终点钢水的成分和温度；转炉物料平衡和热平衡计算模块可以根据冶炼初始及过程信息对该炉次的物料和能量利用情况进行分析；转炉冶炼物料成本核算模块可以根据冶炼过程的物料消耗信息，分析该炉次钢水的冶炼成本。

B 系统数据库的设计

数据库是系统正常运行的基础，历史生产数据、模型参数数据以及冶炼过程数据等都需要从数据库中获取。数据库设计的任务是把这些数据按一定的模式组织起来，提供存储、维护和数据检索等功能，使系统运行过程中可以及时、准确地从数据库中获取所需信息。

转炉冶炼在线模拟与辅助控制系统各功能模块的运算结果以及冶炼过程信息都需要储存在数据库中，该系统数据库的数据表包括基础数据类数据表、过程数据类数据表和计算结果类数据表。其中，基础数据类数据为转炉设备、冶炼钢种以及原材料等参数；过程数据类数据为转炉冶炼过程数据（枪位、氧流量、加料数据等）；计算结果类数据为各模型的计算数据。

C 数据接口模块的研发

由于多数钢厂配置了制造执行系统 MES，如何充分有效地利用 MES 运行过程采集的海量数据，是当前自动化管控系统与工艺控制系统领域的一个难题。针对钢厂 MES 与工艺控制系统之间存在的信息“脱节”问题，研发转炉冶炼中高碳钢在线模拟与辅助控制系统同 MES 的数据接口模块，使该系统同 MES 形成数据实时互通，为系统的运行提供重要的数据支撑[47]。

转炉冶炼在线模拟与辅助控制系统同 MES 的数据接口模块，是指在该系统和 MES 之间，以数据视图或者数据表的形式采集与传输数据，并将模型的计算数据向 MES 进行反馈更新的联系枢纽与联接组件。

该系统同 MES 的数据接口模块的功能主要有：（1）通过数据接口模块使该系统与 MES 连接起来，成为一个数据互通的整体系统；（2）通过数据接口模块可对该系统的数据库进行实时同步数据更新（每秒更新一次）；（3）当该系统的计算数据内容和数据状态发生改变时，数据接口模块会对 MES 中相对应的数据实施同步更新。

图 2-96 显示了转炉冶炼在线模拟与辅助控制系统同钢厂 MES 的接口逻辑关系。在该系统的运行过程中，会形成对转炉冶炼过程海量数据采集的需求（转炉炼钢过程所需采集的部分数据如表 2-21 所示），数据接口模块将海量数据采集需求以数据视图或者数据表的形式向 MES 数据库查询，数据接口模块获取数据后，迅速将数据传输至转炉冶炼中高碳钢在线模拟与辅助控制系统；该系统接收数据后，完成相应的计算与调优操作，数据接口模块再将计算结果以插件输出的形式传输至 MES。数据接口模块实时响应该系统运行过程的数据采集需求，并通过连续的数据调用、数据传输和数据反馈等操作，实现该系统与 MES 数据的实时更新与动态传递。

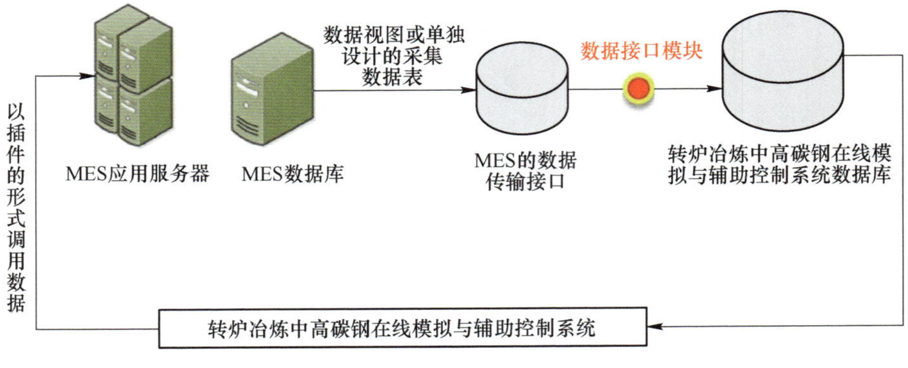

图 2-96 转炉冶炼在线模拟与辅助控制系统同钢厂 MES 接口的逻辑关系

表 2-21 转炉炼钢过程所需采集的部分数据

名称	数据类型	大小	含义
HEATID	NUMBER	10	炉次号
HOTMETALSI	FLOAT	10	铁水 Si 含量
HOTMETALMN	FLOAT	10	铁水 Mn 含量

续表 2-21

名称	数据类型	大小	含义
HOTMETALP	FLOAT	10	铁水 P 含量
HOTMETALS	FLOAT	10	铁水 S 含量
HOTMETALTEMP	FLOAT	10	铁水温度
HOTMETALAMOUNT	FLOAT	10	铁水装入量
SCRAPAMOUNT	FLOAT	10	废钢装入量
PIGIRONAMOUNT	FLOAT	10	生铁装入量
LANCEHEIGHT	FLOAT	10	冶炼过程枪位
OXYGENFLOW	FLOAT	10	冶炼过程氧流量
BOFENDTEMP	FLOAT	10	终点钢水温度
BOFENDC	FLOAT	10	终点钢水碳含量
BOFENDMN	FLOAT	10	终点钢水锰含量
BOFENDP	FLOAT	10	终点钢水磷含量
BOFENDS	FLOAT	10	终点钢水硫含量

具体来说，MES 通过数据接口模块为转炉冶炼中高碳钢在线模拟与辅助控制系统提供入炉主辅原料初始信息、钢种目标成分和温度等数据，该系统对转炉冶炼过程所需的造渣料加入量和氧耗量进行准确预报；MES 通过数据接口模块为该系统提供冶炼过程氧枪枪位和氧流量等实时变化数据，该系统利用这些数据进行转炉熔池钢水碳含量和温度的实时计算；转炉冶炼中高碳钢在线模拟与辅助控制系统根据 MES 提供的炼钢过程吹氧和加料等信息进行冶炼后期（主吹结束时）钢水磷和锰含量的预报；利用 MES 提供的倒炉钢水成分和温度信息进行转炉冶炼末期补吹方案的设计以及补吹结束后冶炼终点钢水成分和温度的预报；根据 MES 提供的冶炼过程物料消耗等信息进行当前吹炼炉次冶炼成本的核算，为转炉冶炼中高碳钢过程及终点的准确控制提供参考方案。

2.5.3.2 转炉冶炼在线模拟与辅助控制系统的运行

转炉冶炼在线模拟与辅助控制系统的运行需要相应的硬件设备支持，并选择合适的开发工具才能满足系统功能、性能等方面的设计要求。该系统的程序开发选择 Microsoft Visual Studio 开发环境下的 C#语言，后台数据库为 Microsoft SQL Server。为了更直观地了解转炉冶炼中高碳钢在线模拟与辅助控制系统的运行情况，从系统的运行界面、运行环境和运行效果三方面进行介绍。

A 系统的运行界面

基于上述转炉冶炼中高碳钢在线模拟与辅助控制系统的功能设计思路及数据库设计方法，采用 Visual C#编程语言和 Microsoft SQL Server 数据库研发转炉冶炼在线模拟与辅助控制系统。下面分别介绍该系统运行的主界面和主要功能模块的运行界面。

a　系统运行的主界面

如图 2-97 所示，系统运行的主界面主要包括菜单区、图形显示区和数据输入输出区。其中，图形显示区用于显示转炉吹炼过程实时枪位变化趋势、吹氧过程碳含量和温度变化趋势；数据输入区包括冶炼目标钢种碳含量和温度的选定，主原料（铁水、废钢、铁水温度及成分等）数据的输入；数据输出区包括造渣料加入量参考值的输出以及实际加入量的显示，转炉吹炼过程熔池吹氧时间、碳含量及温度数据的输出等。

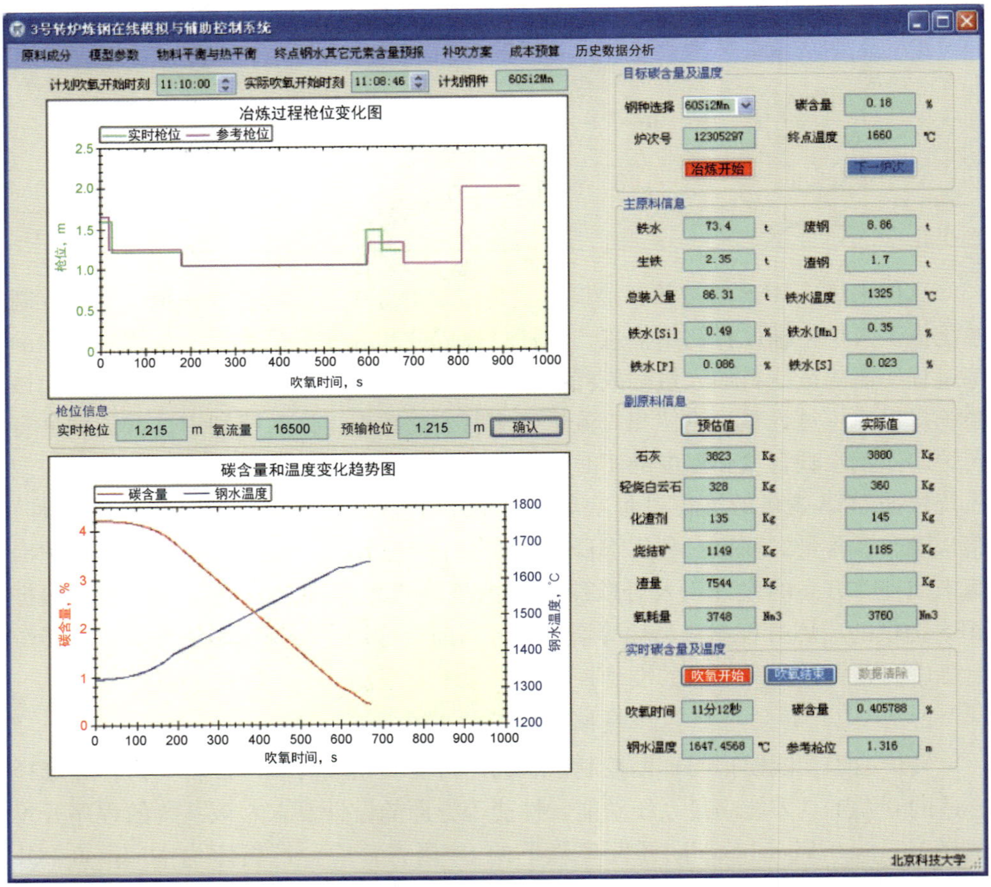

图 2-97　转炉冶炼在线模拟与辅助控制系统运行的主界面

b　物料平衡与热平衡计算模块的运行界面

物料平衡与热平衡计算模块包括物料平衡计算、热平衡计算和造渣制度制定三大功能。其中，物料平衡和热平衡计算分别用来显示冶炼炉次的物料和热量收支情况，分别如图 2-98 和图 2-99 所示；造渣制度的制定可以为冶炼炉次提供参考的造渣料分批加入量与加入时间。

物料平衡表

物料平衡表（以100Kg铁水为基准）

保存为Excel文件

物料收入项目	质量/Kg	百分含量/%	物料支出项目	质量/Kg	百分含量/%
铁水	100.00	75.42	钢水	109.56	82.07
废钢	11.80	8.90	炉渣	10.25	7.68
生铁	3.20	2.41	炉气	10.27	7.69
渣钢	2.32	1.75	烟尘	1.60	1.20
石灰	5.19	3.91	喷溅	1.00	0.75
轻烧白云石	0.44	0.33	铁珠	0.82	0.61
烧结矿	1.57	1.18			
萤石	0.18	0.14			
炉衬	0.50	0.38			
氧气	7.28	5.49			
氮气	0.11	0.08			
总计	132.59	100.00	总计	133.50	100.00

北京科技大学

图 2-98 转炉冶炼物料平衡计算模块的运行界面

热平衡表

热平衡表（以100Kg铁水为基准）

保存为Excel文件

热收入项目	热量/KJ	百分含量/%	热支出项目	热量/KJ	百分含量/%
铁水物理热	[illegible]20598.11	59.98	钢水物理热	131659.20	65.48
元素放热和成渣热	[illegible]3834.90	36.72	炉渣物理热	22936.91	11.41
C	[illegible]3494.14	26.60	烧结矿物理热	7321.60	3.64
Si	[illegible]3873.86	6.90	烟尘物理热	2614.72	1.30
Mn	[illegible]123.20	0.56	炉气物理热	16625.08	8.27
P	343.53	0.67	铁珠物理热	1182.03	0.59
Fe	598.48	-0.30	喷溅物理热	1441.78	0.72
SO2	[illegible]782.33	1.88	吹炼物理热	448.28	0.22
P2O5	316.32	0.41	废钢物理热	16840.45	8.38
烟尘氧化热	[illegible]304.36	3.14			
炉衬C放热	[illegible]32.68	0.17			
共计	2[illegible]070.05	100.00	共计	201070.05	100.00

北京科技大学

图 2-99 转炉冶炼热平衡计算模块的运行界面

c 补吹方案设计模块的运行界面

补吹方案设计模块可以根据倒炉钢水成分和温度信息，以及目标钢种成分和温度信息提供相应的补吹方案，同时，还可以预报补吹方案实施后冶炼终点钢水的成分和温度，该模块可为中高碳钢冶炼末期补吹过程的操作提供参考。其运行界面如图 2-100 所示。

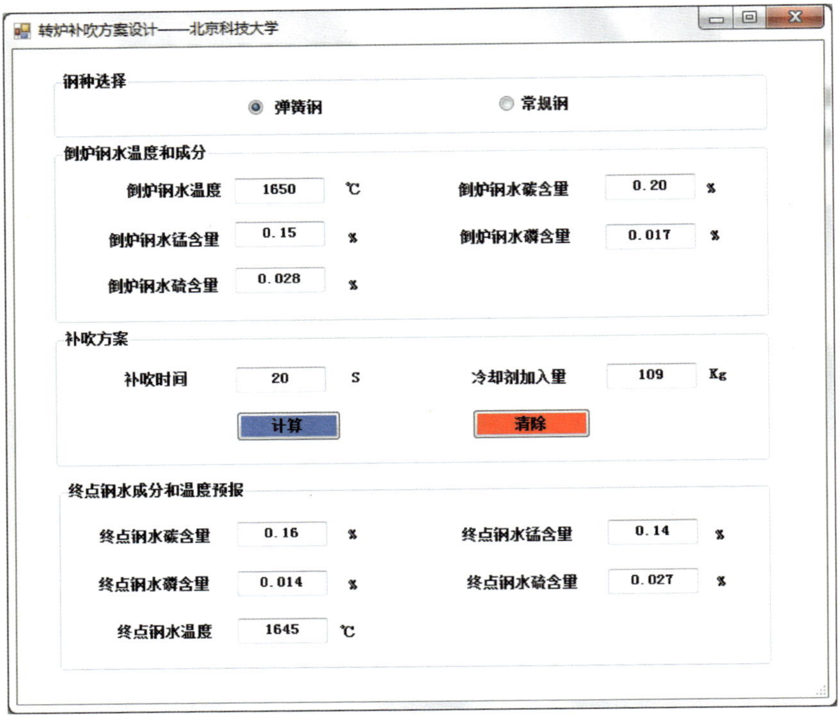

图 2-100　转炉冶炼补吹方案设计模块的运行界面

d　成本核算模块的运行界面

为了对转炉炼钢过程物料消耗成本进行有效管控，掌握各冶炼炉次的成本情况，根据某钢厂 80 t 转炉冶炼中高碳钢的生产工艺特点，构建了转炉炼钢成本核算模块。在该模块的构建过程中，分析了转炉炼钢过程物料消耗成本的构成范围，如图 2-101 所示。

其中，主原料成本包括铁水、废钢和生铁成本；造渣料成本包括石灰、轻烧白云石和烧结矿等造渣料的消耗成本；合金料成本包括硅锰铁、硅铁和增碳剂等的消耗成本；能源物质成本包括生产用水、电和气等的消耗成本。在确定转炉炼钢成本的构成后，可运用式（2-155）计算转炉冶炼过程中的物料消耗成本。

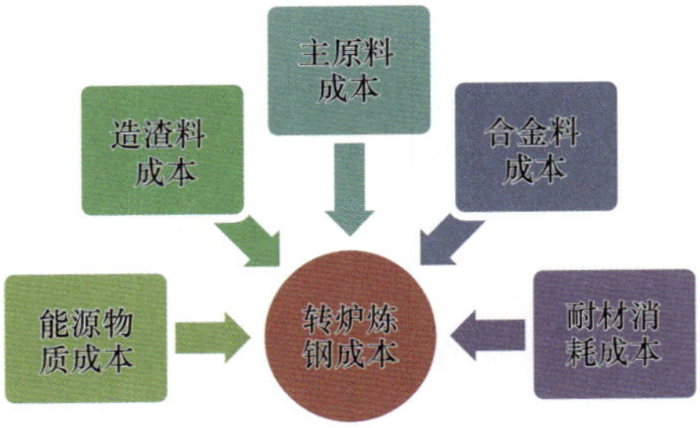

图 2-101　转炉炼钢成本构成示意图

$$C = \sum_{j=1}^{n} P_j \cdot m_j \tag{2-155}$$

式中，C 为转炉冶炼过程中的物料总成本；j 为成本核算中所包括的各种物料，如铁水、废钢、石灰等；P_j 为各种物料的价格；m_j 为各种物料的消耗量。

转炉炼钢物料成本核算模块的运行界面如图 2-102 所示。该模块可利用数据库采集的转炉冶炼过程数据，计算出每个冶炼炉次的总物料消耗成本、吨钢物料消耗成本以及吨钢物料消耗信息，为决策者有效控制转炉冶炼物料成本提供了参考依据。

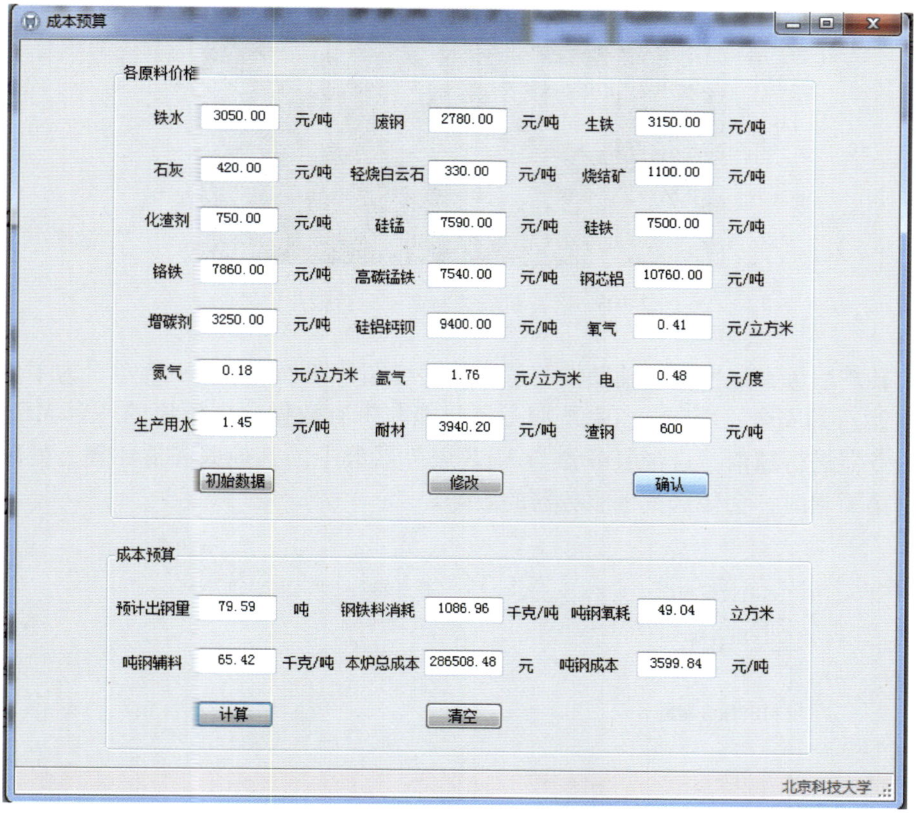

图 2-102 转炉冶炼成本核算模块的运行界面

B 系统的运行环境

为了保障转炉冶炼中高碳钢在线模拟与辅助控制系统的正常上线运行，针对该系统运行的服务端与客户端软硬件环境进行了相应的设计与准备。其中，系统软硬件环境如下。

服务器为 IBM x3650M3 机架式小型机，其配置由 2 个 Intel Xeon E5620 4 C 2.4 GHz 12 MB Cache 处理器，12 GB DDR3 RDIMM 内存，热插拔 SAS 硬

盘（300 G×2），M1015 阵列卡支持 RAID 0/1，双千兆网卡组成。

服务器端的操作系统为 Windows Server 2008 R2 SP1 64 位（企业版，10 用户 For IBM），数据库管理系统软件为 Windows Sql Server 2008 R2（企业版，10 用户）。

客户机电脑 1 台，安装在某钢厂 80 t 转炉的操作室，其安装位置与运行情况如图 2-103 所示。

图 2-103　客户机安装与系统运行操作位置

转炉冶炼在线模拟与辅助控制系统的网络拓扑图如图 2-104 所示，为了确保 MES 运行的安全、稳定性，系统服务器只能与带有数据接口模块的一台 MES 数据服务器进行通信，这台服务器与 MES 服务器群中的其他服务器相通，处理数据采集需求时，会传送其他服务器的数据。

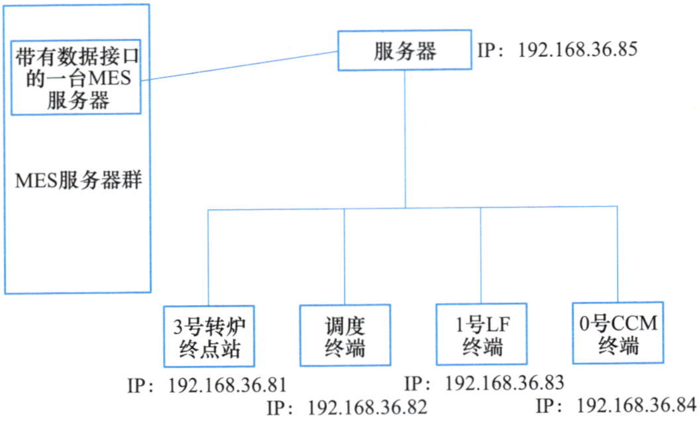

图 2-104　系统网络拓扑图

C　系统的运行效果

在转炉冶炼过程与终点控制技术的基础上，研发的转炉冶炼在线模拟与辅助控制系统上线运行后，使某钢厂 80 t 转炉炼钢过程及终点的控制水平得到提升，取得良好的运行效果。具体情况如下：转炉平均冶炼周期由 37.43 min 降低到 35.46 min，缩短了 1.97 min，转炉炼钢吨钢氧耗量从 55.74 Nm^3 降低至 52.61 Nm^3，吨钢辅料成本从 82.93 元降低至 72.45 元，取得了良好的经济效益。

2.6 LF 钢水精炼过程成分与温度精准控制

生产高洁净度钢材是当代钢铁工业的重要任务。近年来，汽车、石油、国防和微电子等行业，对材料特性提出了更加严格的要求。汽车用超深冲钢板 IF 钢（无间隙原子钢），要求 $[C]+[N]<30\times10^{-6}$。炉外精炼技术在提高钢的质量和扩大品种方面起着关键的作用，是生产超洁净钢（Ultra Clean Steel）必不可少的重要手段[48]。

随着高附加值钢种的不断开发以及客户要求的不断提高，控制连铸钢水成分、温度的波动范围，确保连铸过程稳定和连续运行，最终实现产品性能的稳定，因而实现二次冶金过程钢水成分与温度的精准控制显得日益重要。

在众多的精炼方法中，LF 钢包精炼和 RH 真空精炼是当前应用最为广泛的两种钢水精炼方法，本书以此为例来进行论述。

2.6.1 LF 精炼钢水温度预报模型

2.6.1.1 LF 精炼温度预报的研究进展

LF 精炼钢水温度控制模型是通过冶金反应机理研究、或是智能分析、建立数学模型等方法，获得一种与实际生产状况尽量吻合，并可以用来指导生产的模型。统观 LF 精炼终点钢水温度预报模型的种类可以分为机理模型、“黑箱”模型与“灰箱”模型三种。

A 机理模型及其发展

机理模型发展，最早见于 1961 年，Henzel J G 和 Wverian J[49] 对出钢过程和钢水在钢包内处理过程进行研究，利用传热原理，对热量损失做了计算并得出结论：出钢过程 87%的热损失被较冷的炉衬吸收，出钢时间越久，其钢流热辐射导致温降越大。

1993 年，英国 Scunthorpe 钢铁公司研发了一种 LF 精炼钢水温度在线实时控制模型[50]。该系统可以在线对钢包热状态进行跟踪，并能够对钢包和中间包的钢水做出计算和预报。其原理是利用有限差分方法来求解多层包衬的导热方程，从而求出钢水温度。在计算过程中，考虑了炉衬导热、体系上部辐射传热、合金加入、空包时间的冷却作用等因素。

1997 年，Castillejos[51] 等人结合薄板坯连铸设备，用数值方法对钢水热状态、钢包衬、中间包衬热状态进行了跟踪计算。他们列出了钢水能量平衡方程和质量守恒方程，并与传热方程耦合，通过数值计算，获得钢包热状态分布，从而得出钢水温度。

2002 年，武拥军[52]利用整体热平衡的方法，以钢水和炉渣为研究对象，详细推导钢水升温速率模型。分别建立柱坐标和直角坐标系的钢包壁与钢包底一维非稳态导热方程，并运用有限差分求解。其预测的终点钢水温度误差均在±5 ℃以内。

2006 年 Nath 等人[53]研发了钢包炉在线控制与预报模型，其主要是根据热力学、化学、传热学原理进行设计开发。Nath 曾指出为了满足当代高质量钢水、快速连铸的要求，LF 精炼技术已成为整个流程的控制性环节。其研究的模型在印度塔塔钢铁公司的 LF 与 LD 车间取得了良好的效果。

总之，机理模型主要是应用热力学方程、热力学定律、传热方程等方法对 LF 精炼终点钢水温度进行研究并建立终点钢水温度预报模型。虽然机理模型经历了将近二十年的发展，已经取得了很大的进展，但是在面对一些无法获知的工艺参数时，只能根据现场的操作经验进行处理，这严重影响了模型计算的精确度。随着计算机技术的不断发展，冶金研究工作者开始把研究方向转为 LF 精炼终点钢水温度预报“黑箱”模型的开发。

B　黑箱模型及其发展

与采用数学方程控制的机理模型相比，“黑箱”模型则利用一定的数学方法（如回归分析法、BP 人工神经网络、遗传算法等）结合实验数据或生产数据提炼成有输入项和输出项的模型。LF 精炼温度控制模型的“黑箱”模型主要是以终点钢水温度为目标，把对温度有影响的因素设置成为终点温度预报模型的输入项，以终点钢水温度为输出项。然后，运用回归或者是神经网络等方法，得出相关参数的影响权重。最后，利用获得的结果数据来预测钢水终点温度（如图 2-105 所示）。

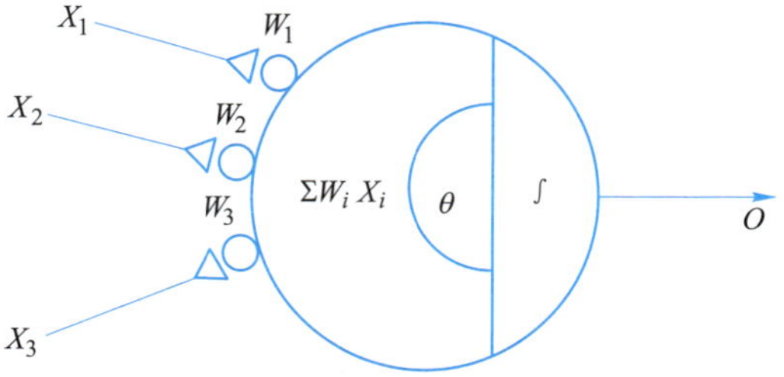

图 2-105　黑箱模型示意图

人工神经网络（ANN）是基于人脑组织结构提出的一种新型认识管理问题的方法，杨遴杰等[54]与天津钢管合作利用神经网络方法开发了 LF-VD-CC 钢液温度预报模型。根据现场生产预报证实，有 85%的炉次温度误差在 0~7 ℃，其中最大误差为 10 ℃。吴晓东等[55]对宝钢 300 吨钢包的周转热状态进行跟踪测试，并对各阶段测试结果进行了分析，得出钢包周转各阶段的温度分布变化规律。田慧欣等[56]通过分析 LF 炉冶炼过程对钢水温度的影响因素，提出一种适用于 LF 炉钢水温度预报同时具有增量学习功能的 AdaBoost. RS 集成建模算法，以福建三钢有限责任公司 100 t LF 炉为研究对象，分别用静态数据和动态数据对钢水出站的终点温度进行预报。实验结果表明，预测的绝对误差小于 10 ℃的样本数量超过了样本总数的 90%。

总之，“黑箱”模型的方法多种多样，模拟的过程也不尽相同。“黑箱”模型所获得预测结果准确性较高，但是由于未能清楚地描述冶炼工艺过程各影响因素的作用程度，且当工艺条件改变时，此模型在应用上受到限制。

C 灰箱模型及其发展

“灰箱”模型又称混合模型，前些年混合模型开发比较少。“灰箱”模型是综合了机理模型与黑箱模型的研究方法。在主体上是采用热力学定律和传热方程的建立并通过确定边界条件求解；针对一些生产现场无法获得的参数，利用数学回归或者是人工智能算法获取数据。

毛志忠等研究的混合模型结构如图 2-106 所示[56]。他是以宝钢 300 t LF 精炼炉为研究对象从能量平衡的角度进行热力学计算。由图 2-106 可以看出，在处理被预测参数时采用的是 ELM 神经网络智能算法[56]，而在整体上采用的是机理模型研究方法。

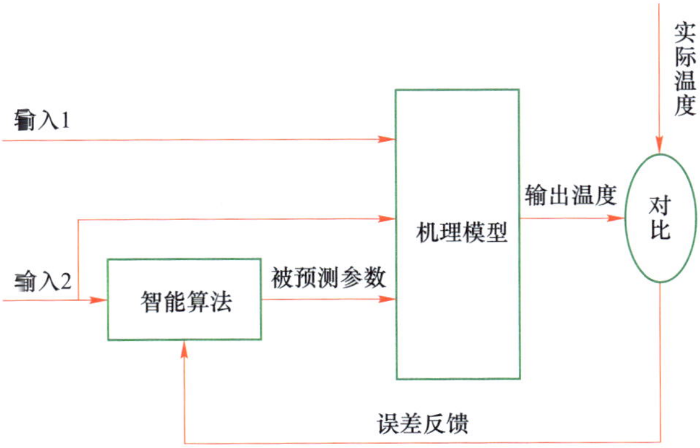

图 2-106 钢水预报混合模型示意图

2.6.1.2 LF 精炼温度预报模型建立

为了充分反映出精炼各操作因素对钢水温度的影响，本节研究以传热机理数学模型的建立为主体。对于机理模型无法预测影响温降的因素，可采用建立 BP 神经网络预测模型的方法进行处理。

A　传热机理模型的建立

根据热力学第二定律，LF 精炼的能量变化可分为热收入与热支出两大项，其中，热收入项包括电极加热、碳元素氧化反应放热等；热支出项包括钢包传热、合金料加入吸热、造渣剂熔化吸热、烟气带走的热量、喂线吸热等。基于能量的收支平衡，可建立 LF 精炼传热机理模型。

a　热收入项计算

（1）电极加热。在电弧加热过程中，根据电能守衡计算电极系统引入的热量。

$$Q_e = 3UI \times \psi \times \tau \tag{2-156}$$

式中，Q_e为电极加热引入的热量，J；U 为电极相电压，V；I 为电流值，A；τ 为钢水加热时间，s；ψ 为电能利用系数（该值与电极参数和炉况有关）。

所以，钢水因电极加热使得温度上升的关系为：

$$\Delta T_1 = \frac{Q_e}{G - C_p} \tag{2-157}$$

式中，G 为钢水质量，t；C_p为钢水质量热容，J/(kg · ℃)。

电能利用系数的取值因现场冶炼的工况与 LF 精炼炉参数不同而有所差别，结合式（2-157）可以得出，ΔT_1与电能利用系数之间近似呈线性关系。

（2）碳元素反应热。由于在转炉炼钢生产过程中，冶炼终点钢水碳含量一般要低于钢水目标碳含量，在精炼工序采用加入增碳剂提高碳含量方法，使其碳成分达到目标要求的数值。根据 Vacher-Hamilton 曲线可知，在增碳过程中，钢液中部分氧元素被碳元素还原，产生 CO 气体，并放出热量。

其反应方程式为：

$$[O] + [C] \longrightarrow CO(g) \quad \Delta H_{298}^{\ominus} = -110.50 \text{ kJ/mol} \tag{2-158}$$

故，反应氧化消耗的碳含量为：

$$\Delta W = G \times 10 \times \frac{3}{4}([\%O]_s - [\%O]_f) \tag{2-159}$$

由于在一定温度范围内，碳氧积为常数 K，所以碳氧化的消耗量又可以表示为：

$$\Delta W = G \times 10 \times \frac{3K}{4}\left(\frac{1}{[\%C]_s} - \frac{1}{[\%C]_f}\right) \tag{2-160}$$

式中，ΔW 为精炼过程碳氧化量，kg；$[\%O]_s$为初始氧含量,%/100；$[\%O]_f$为终点氧含量,%/100；$[\%C]_f$为终点碳含量,%/100；$[\%C]_s$为初始碳含量,%/100。所以，碳元素氧化使钢水升温的温度值为：

$$\Delta T_2 = \frac{\Delta W \times (-\Delta H_{298}^{\ominus})}{G \times C_p} \tag{2-161}$$

当初始钢水碳含量与冶炼终点碳含量一定时，由式（2-161）能够得出，碳-氧反应放热使钢水温度发生变化的值 ΔT_2。

b　热支出项计算

（1）钢包传热计算。钢包热平衡分析主要是根据热力学第一定律，对此 Camdali U、Tunc M 和 Dikec F[57]曾做过大量研究。由于钢包尺寸近似于圆柱形，故在研究过程中，假设钢包为规则的圆柱体。一般 LF 精炼的周期为 30 min 以上，通过对某钢厂钢包参数非稳态导热传热计算，在冶炼结束后钢包基本上达到温度饱和状态。钢包传热导致钢水温降可分为三个部分，包顶辐射散热、钢包壁导热和包底导热：

1）钢包包顶辐射散热：

印度 Nath N K 等经过研究得出钢包上口尺寸在3000~3500 mm 时，钢包顶部辐射散热计算公式如式（2-162）[53]：

$$\Delta T_3 = T_{\mathrm{steel}} \times \left[1 - \exp\left(\frac{-\tau}{\tau + 700}\right)\right] \tag{2-162}$$

式中，ΔT_3 为钢液表面因辐射而损失的热量，℃；T_{steel}为钢液表面初始温度，℃；τ 为精炼时间，min。

2）钢包包壁导热传热：

$$\frac{\partial T_{\mathrm{W}}}{\partial \tau} = \frac{1}{\rho_{\mathrm{W}}(C_{p,\mathrm{W}})}\left[\frac{1}{r}\frac{1}{\partial r}\left(\lambda r\frac{\partial T_{\mathrm{W}}}{\partial r}\right)\right] \tag{2-163}$$

初始条件：$\tau=0$，$T_{\mathrm{W0}}=T_{\mathrm{B}}$，$T_{\mathrm{Wr}}=T_{\mathrm{air}}$

边界条件：$\tau=t$，$T_{\mathrm{W0}}=T_{\mathrm{steel}}$，$T_{\mathrm{Wr}}=T_{\mathrm{air}}$

式中，T_{W} 为钢包壁温度，℃；T_{W0}为钢包内壁温度，℃；T_{Wr}为钢包外壁温度，℃；t 为精炼周期，min；T_{air}为钢包外侧钢板温度，℃；T_{B} 为钢包烤包温度，℃；τ 为导热时间，s；r 为钢包半径，mm；ρ_{W} 为钢包耐火材料的密度，kg/m^3；$C_{p,\mathrm{W}}$为耐火材料质量热容，J/(kg · ℃)；T_{steel}为终点钢水温度，℃。

3）钢包包底导热传热：

$$\frac{\partial T_{\mathrm{f}}}{\partial \tau} = \frac{1}{\rho_{\mathrm{f}}C_{p,\mathrm{f}}}\left[\frac{1}{\partial z}\left(\lambda\frac{\partial T_{\mathrm{f}}}{\partial z}\right)\right] \tag{2-164}$$

初始条件：$\tau=0$，$T_{\mathrm{f0}}=T_{\mathrm{B}}$，$T_{\mathrm{fz}}=T_{\mathrm{air}}$

边界条件：$\tau=t$，$T_{\mathrm{f0}}=T_{\mathrm{steel}}$，$T_{\mathrm{fz}}=T_{\mathrm{air}}$

式中，T_{f} 为包底温度，℃；ρ_{f} 为包底耐火材料密，kg/m^3；T_{B} 为钢包烤包温度，℃；T_{air}为钢包外壁温度，℃；T_{f0}为钢包包底内壁温度，℃；T_{fz}为钢包包底外壁温度，℃；T_{steel}为终点钢水温度，℃；T_{air}为钢包包底外侧温度，℃；$C_{p,\mathrm{f}}$为包底耐火材料的质量热容，J/(kg · ℃)；z 为钢包包底厚度，mm。

钢包耐火材料导热系数 λ 与温度的关系如表 2-22 所示。温度变化范围在

900~1600 ℃，可以忽略导热系数的变化，即假设钢包耐火材料的导热系数为常数。已知钢包空包温度和目标钢水温度，运用差分法，通过 Matlab 软件编程求解钢包导热传热方程，并根据钢包的结构尺寸计算钢包包衬在冶炼前后所吸收的热量，如式（2-165）所示，由此计算钢包在精炼过程中的温降 ΔT_4 如式（2-166）所示。

$$Q = \sum_{i=1}^{n} 2\pi h\rho_{\mathrm{w}}\Delta rC_{p,\mathrm{w}}(r_{内} + i\Delta r) \times (T_{\mathrm{fi}} - T_{\mathrm{si}}) + \sum_{i=1}^{m} \pi r^2 \Delta z\rho_{\mathrm{f}} nC_p n_{\mathrm{f}}(T_{\mathrm{ft}} - T_{\mathrm{si}}) \tag{2-165}$$

$$\Delta T_4 = \frac{Q}{G \times C_p} \tag{2-166}$$

式中，Q 为钢包包衬蓄热吸收的热量，J；h 为钢包高度，mm；T_{ft}为冶炼结束时包壁温度，℃；T_{si}为冶炼前温度，℃；$r_{内}$ 为钢包内径，mm。

表 2-22　钢包耐火材料的导热系数及质量热容

耐火材料	导热系数 λ/J·(m·s·c)$^{-1}$	质量热容 C_p/J·(kg·℃)$^{-1}$
轻质镁碳砖	1.52−0.186×10^{-3}t	836+0.234×10^{-3}t
石棉板	0.157	815
黏土	(0.29−0.49)+0.00026t	880
钢板	43.2	470

（2）加入合金料对温度影响的计算。合金料加入至钢水后可以分为合金加热、合金熔化与合金熔解三个阶段[58]。计算合金料对钢水温度的影响，首先要计算合金料加入对总体热量变化的影响。

$$Q_1 = \sum_{1}^{i} M_i \times C_{p,i} \times \Delta T + \sum_{1}^{i} \frac{M_i}{M_i^m} \times \Delta H_i^{\ominus} + \sum_{1}^{i} \frac{M_i}{M_i^m} \times \Delta H_{\mathrm{f}} \tag{2-167}$$

式中，M_i 为合金料质量，kg；$C_{p,i}$为合金料的质量热容，J/(kg·℃)；ΔT 为钢水与合金料初始温度差，℃；M_i^m 为合金料的摩尔质量，kg/mol；$\Delta H_i^{\ominus}$ 为合金料熔化热，J/mol；ΔH_{f} 为合金料熔解热，J/mol。

由式（2-167）可知，合金料加入量与所吸收的热量呈线性关系，可以进一步表示为：

$$Q_1 = \sum_{1}^{i} M_i \times f_i \tag{2-168}$$

式中，$f_i = C_{p,i} \times \Delta T + \dfrac{\Delta H_i^{\ominus} - \Delta H_{\mathrm{f}}}{M_i^m}$。已知合金料的成分与质量，根据热力学手册可以计算出加入的合金料对钢水温度的影响，即：$\Delta T_5 = \dfrac{Q_1}{G \times 1000 \times C_p}$，$C_p$ 为钢水的

质量热容，G 为钢水质量。

（3）造渣剂熔化吸热的计算。LF 精炼炉所用造渣剂为石灰、萤石、复合精炼渣等。造渣剂加入钢包中主要以熔化吸热为主，由于精炼渣的主要作用是脱去钢液中过多的硫元素、氧元素。化学反应热相对于物理熔化吸热来说可以忽略不计。针对某钢厂实际生产状况，得出造渣剂加入所引起的系统内部能量变化 Q_2 与合金料加入所引起的系统能量变化计算类似，如式（2-169）所示。

$$Q_2 = \sum_1^i M_i \times C_{p,i} \times \Delta T + \sum_1^i \left(\frac{M_i}{M_i^m}\right) \times \Delta H_i^{\ominus} \tag{2-169}$$

式中，M_i 为造渣剂质量，kg；$C_{p,i}$为造渣剂的质量热容，J/(kg · ℃)；ΔT 为造渣剂温度与冶炼结束温度差,℃；M_i^m 为造渣剂的平均摩尔质量，kg/mol；$\Delta H_i^{\ominus}$ 为造渣剂的平均熔化热，J/mol。

则由式（2-170）可计算造渣剂对钢水温降的影响值：

$$\Delta T_6 = \frac{Q_2}{G \times 100 \times C_p} \tag{2-170}$$

（4）烟气带走热量的计算。为了防止钢包内钢水吸氮，在冶炼过程中，尽量保证炉内的气压微大于外部气压。故烟气的主要成分为氩气与碳氧反应生成的一氧化碳。碳氧反应放热在前面已经讨论过，所以本节主要考虑氩气带走的热量，记为 Q_3，计算方法如式（2-171）所示：

$$Q_3 = C_{p,1} V_{Ar} (T_{steel} - T_{Ar}) \tag{2-171}$$

$$\Delta T_7 = \frac{Q_3 \times \tau}{G \times 1000 \times C_p} \tag{2-172}$$

式中，T_{steel}为钢水温度，取 1600 ℃；T_{Ar}为氩气温度，取 25 ℃；V_{Ar}为氩气吹入速度，取 200 NL/min；$C_{p,1}$为氩气标准状况下质量热容，取 933 J/(kg · ℃)；C_p 为钢水的质量热容，取 460 J/(kg · ℃)；τ 为底吹氩时间，min。

经过计算，由氩气吹入引起的钢水温降速率为 0. 0079 ℃/min，一般吹氩处理周期为 30~60 min，由吹氩所引起的温降为 0. 32~0. 48 ℃，相对于其他影响温度的因素，可忽略不计。

（5）喂线操作对温降影响的计算。某钢厂的喂线操作主要是给钢水喂入铁钙线，根据现场统计，在喂线操作过程中整体温降速度为 4~5 ℃/min 左右。理论计算为：

铁钙线中铁元素与钙元素的质量：

$$M_{Fe} = \frac{\pi \rho L (D^2 - d^2)}{4} \tag{2-173}$$

$$M_{Ca} = L \times \rho^* \tag{2-174}$$

式中，M_{Fe}为铁钙线中铁的质量，kg；ρ 为铁元素的密度，kg/m^3；D 为铁钙线外径，m；d 为铁钙线内径，m；L 为喂线长度，m；M_{Ca} 为铁钙线中钙元素的质量，kg；ρ^* 为铁钙线钙元素的线密度，kg/m^3。

铁钙线中铁元素与钙元素熔解吸热：

假设初始铁钙线的温度为 25 ℃，则计算铁钙线吸收的热量与合金料加入公式相同为：

$$\Delta T_8 = T_{steel} - \frac{M_{Fe} \times 25 + G \times 1000 \times T_{steel}}{G \times 1000 + M_{Fe}} \tag{2-175}$$

$$\Delta T_9 = \frac{M_{Ca}(T_{steel} - 25)C_{p,Ca} + \eta \times 1000/40 \times 167.1 \times 1000)}{(G \times 1000 + M_{Fe})C_p} \tag{2-176}$$

式中，$C_{p,Ca}$为钙的质量热容，J/(kg · ℃)；η 为喂线挥发钙所占比例；C_p 为钢水的质量热容，J/(kg · ℃)。

综上传热机理的分析，建立传热机理模型如式（2-177）所示。

$$T_f = T_{steel} + \Delta T_1 + \Delta T_2 - \Delta T_3 - \Delta T_4 - \Delta T_5 - \Delta T_6 - \Delta T_7 - \Delta T_8 - \Delta T_9 \tag{2-177}$$

对于一炉钢水，式（2-177）中初始钢水温度可以通过测量得知 T_{steel}；ΔT_2 通过目标碳含量与初始碳含量计算获得；ΔT_3、ΔT_4 通过钢包尺寸与空钢包温度和钢水终点温度，应用 Matlab 编程差分求解获得；ΔT_5 通过合金料的成分以及加入量计算获得；ΔT_8、ΔT_9 可以通过喂线的参数获得；对于 ΔT_1 来说，该值的大小取决于精炼电极加热参数与炉况，很难利用机理分析的方法获得其系数；对于 ΔT_6，由于造渣剂有多种成分组成，不容易通过计算获得。

由于电极加热与造渣剂的加入所引起的温度变化无法通过传热数学模型获得，所以本节通过建立 BP 神经网络模型来预测以上两个因素对钢水温度影响的模型。

B　BP 神经网络模型的建立

BP 神经网络是一种多层前反馈神经网络，主要应用于对应关系为未知函数的复杂分析[59]，其工作原理如图 2-107 所示，相对于其他神经网络，BP 神经网络具有操作简单、联想记忆和预测能力等优点。

本节设定电能输入与造渣剂的加入所引起的温降为 ΔT_b。在神经网络模拟过程中，设定 ΔT_b 为输出变量，输入变量为电能、氧化钙加入质量、复合精炼渣加入质量、预熔精炼渣加入质量、萤石加入质量以及钢水质量。在训练原始 ΔT_b 值可通过式（2-178）获得。

$$\Delta T_b = T_f - (T_{steel} + \Delta T_2 - \Delta T_3 - \Delta T_4 - \Delta T_5 - \Delta T_7 - \Delta T_8) \tag{2-178}$$

输入项共有六项，为了获得较小的输出误差，考虑隐节点的个数设置为 35 个[60]，隐含层数设置为 2。利用 Matlab 软件的神经网络工具箱进行编程，建立 BP 神经网络预测 ΔT_b，选取样本容量为 1100 组，剔除不合格的样本数据，选取

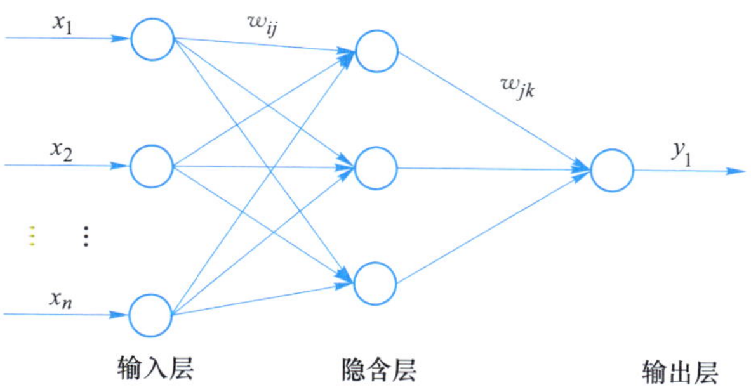

图 2-107 BP 神经网络示意图

训练样本数据为 900 组，预测样本数据为 100 组，预测结果如图 2-108 所示，预测误差如图 2-109 所示。

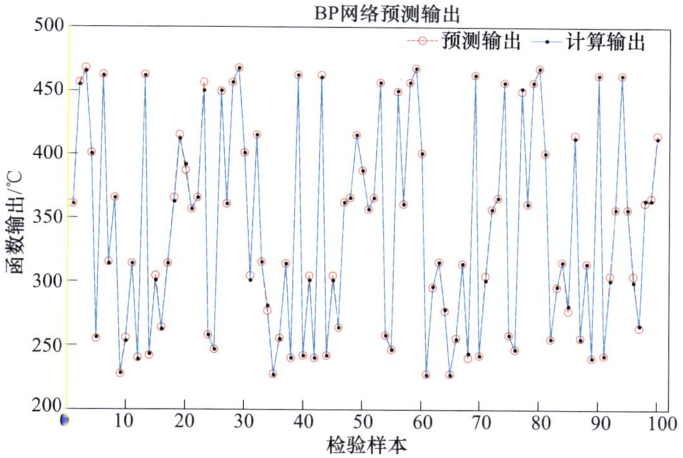

图 2-108 BP 神经网络预测 ΔT_b 的结果

将 BP 神经网络预测结果与传热机理模型相结合，建立灰箱预报模型进行预测终点钢水温度。利用某特钢炼钢厂 2011 年 5 月 532 炉生产数据验证预测结果，误差在±5 ℃以内的炉数达到 95%以上。

当 ΔT_b 的预测误差小于±5 ℃达到 95%以上时，导出权值和阈值并计算电能的利用率约为 83%，则由现场的数据分析，可以得出各影响因素对钢水终点温度影响的平均水平。从而获得导致钢水温降的各因素所占比例。其结果见图 2-110。其中，钢包蓄热对温降的影响结果与 Andre Zimmer 和 Alvaro Niedersberg[61] 所研究的结果基本相同。

从得到的结果可以看出，利用该方法建立模型能够准确地预报钢水终点温度，并且可以反映出诸因素对钢水温度的影响程度。同时，从 ΔT_4 的变化波动上

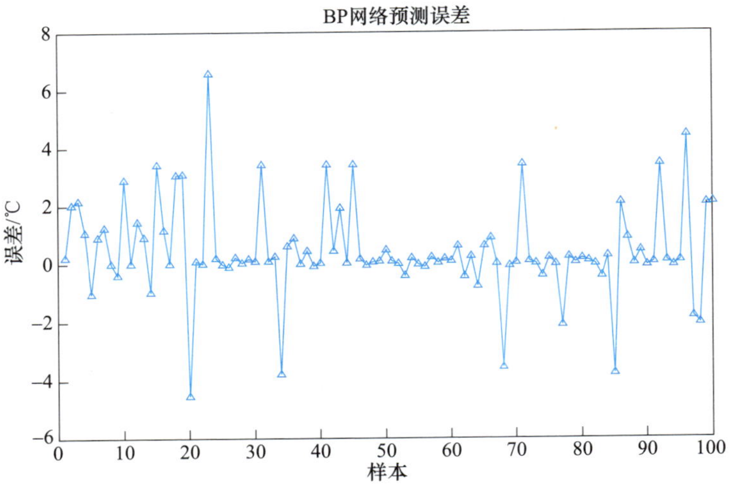

图 2-109　BP 神经网络预测 ΔT_b 的误差

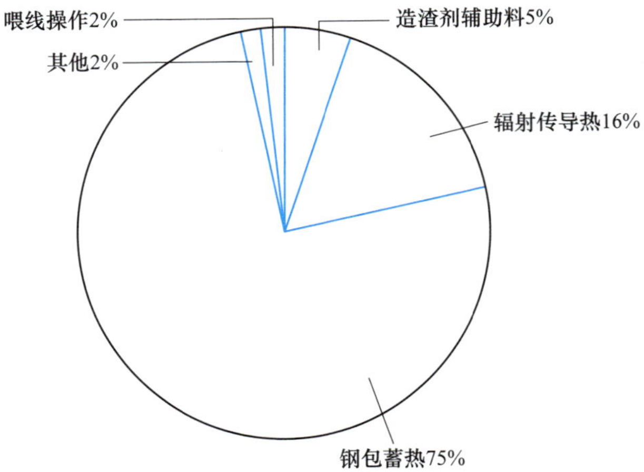

图 2-110　诸因素对钢水温降影响的比例

来看，该钢厂的烘包工艺操作不稳定，在钢包的准备上需要做出相应的改进。

2.6.1.3　模型的 Matlab 编程

本部分主要是利用 Matlab 界面设计 GUI 与 BP 神经网络工具箱功能，建立 LF 精炼终点钢水温度预报模型，并对终点钢水温度进行预报。本模型结构如图 2-111 所示。

本模型的输入项共有 12 项，电能的输入项包括电极电压、电流、电极时间；造渣剂的加入种类包括预熔精炼渣、复合精炼渣。根据保存的 BP 神经网络训练

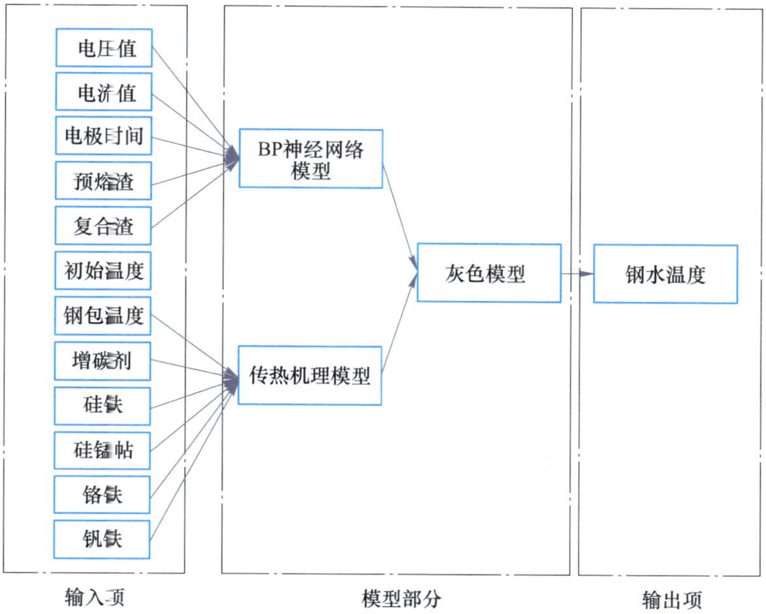

图 2-111 LF 精炼钢水温度预报灰箱模型结构图

结果，获得误差比较小的神经网络模块，作为黑箱温度预报的基础。其余各项分别作为机理模型的输入项，根据传热机理或者物质的热物性参数来计算对钢液温度变化的影响。

精炼钢水温度预报模型的操作界面如图 2-112 所示。该界面的输出项包括精炼钢水终点温度与冶炼终点的钢包热状态信息。预测效果比较好的数据可以通过“保存”键对实际生产数据进行保存，以便于数据的收集和整理。

验证该模型时，可以通过在其界面输入各项参数数值，点击“开始冶炼”键，对精炼终点钢水温度进行预测，并在窗口可以显示出钢包精炼结束时其温度的分布状况。

采用某钢厂 532 炉生产数据进行验证，根据验证结果发现，该模型预报的精炼终点钢水温度可满足现场生产需求，其预测结果为：误差在±5 ℃以内的命中率可以达到 95%以上。

2.6.2 LF 精炼钢水成分预报模型

LF 精炼不但需要能够精准地预报终点钢水温度，还需要能够使精炼终点钢水成分命中目标。LF 精炼终点钢水成分一般直接影响着最终产品的质量，能够通过 LF 精炼控制生产出成分合格的钢水，是生产合格钢制品的重要前提保障。

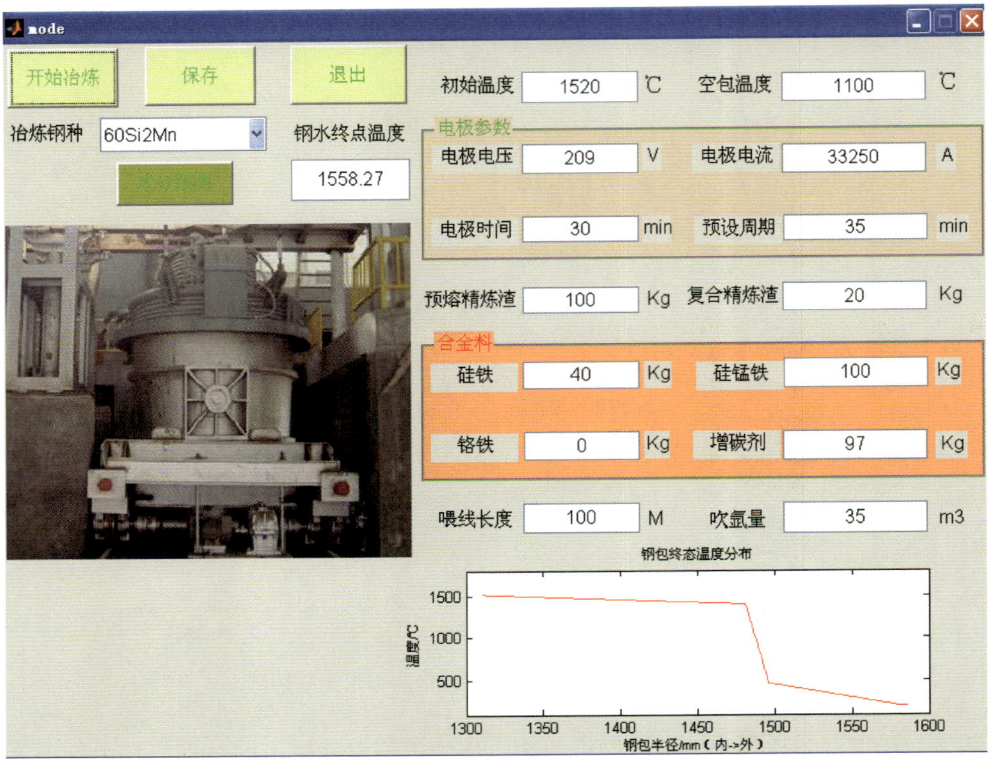

图 2-112　LF 精炼钢水温度预报模型界面

在 LF 精炼过程中，一般是通过向钢液中加入合金料，从而提高钢液中合金元素的含量。合金元素在钢液中的收得率计算一直是相关冶金科研工作者关注的重要内容之一。所谓合金收得率，即钢液中因加入该合金料所引起钢液中合金元素增加的质量与加入钢液中合金总质量的比值。

2.6.2.1　LF 精炼钢水成分预报研究的进展

LF 精炼钢水的成分是否达标直接影响着连铸坯的质量。为了实现终点钢水成分的精准控制，很多学者对 LF 精炼终点钢水成分的预报做了大量研究。初红杰等[62]对部分弹簧钢、轴承钢钢种的冶炼过程中铬、锰、硅等合金元素的收得率进行了研究。他们利用数理统计的方法，对某电炉厂冶炼过程合金收得率进行统计，分析了合金收得率的影响因素。袁平等[63]运用线性规划分析与灰色模型相结合建立了电弧炉炼钢合金成分预报模型。当元素的合金收得率比较稳定时，采用线性回归方法获得合金收得率，当元素的合金收得率不稳定时，利用灰色预报方式对合金元素收得率进行估计。此外，袁平等还把合金料的成本作为影响合金料添加的重要因素。目前，报道的 LF 精炼终点成分预报研究可以分为神经网络预报、参考炉次法预报、回归分析预报等。刘国元[64]运用神经网络，对终点钢水成分预报做过研究。他们以影响终点钢水成分的各合金料添加量与钢水初始成分作为输入变量，终点成分为输出变量，对原有的大量数据进行神经网络训练，然后，根据训练结果，对新生产的钢水进行终点成分预测。该方法预测效果比较好，但是由于神经网络训练对数据的依赖性过高，导致当工艺参数发生改变时，模型适用性会降低。姜周华等[65]利用参考炉次法对 LF 精炼终点钢水成分进行预报。参考炉次法主要是建立一个数据库，然后，在数据库中找出与拟预测炉次生产工艺相近炉次的平均合金收得率，作为拟预测炉次合金收得率进行预报。在此基础上，采用 VC++建立预报模型，该模型能够准确预报碳、硅、锰元素的终点成分。罗仁辉等[66]利用选择参考炉次进行线性回归的方式，建立了合金料和终点成分预报模型，其相对神经网络，能够更好地体现出合金料的添加对终点钢水成分的影响程度，实现精准加料控制。但是由于拟预测合金收得率的结果均来自计算得到参考炉次的合金收得率，对数据源的数量有很高要求，并且有一些合金元素的收得率与合金料的加入量并不存在线性关系，所以，对合金元素预报的适用性不佳。

2.6.2.2 LF 精炼终点钢液合金元素成分预报模型建立

本节主要是以某钢厂实际调研数据为研究对象，首先以线性回归的方法研究合金料加入量与合金元素在钢液中收得质量的关系，并根据线性回归分析的结果，确定合金元素在钢液中的终点成分。其次，当线性回归结果不好时，则采用多层递阶回归分析的方法对合金元素在钢液中终点成分预报。最后，根据研究结果，建立精炼终点钢液成分预报模型，并对模型进行检验。钢液成分预报的化学元素包括碳、硅、锰、铬、钒和硼六种元素，本节以碳、硅两种元素的预测为例进行介绍。

A 碳元素预报

碳含量高低对钢产品性能有一定的影响，尤其是对疲劳极限影响表现尤为突出[67]。某钢厂在 LF 精炼过程中，采用在钢包炉里加石油焦的方法来提高钢液中碳元素含量。

根据现场调研数据分析，钢液中增加的碳元素质量与石油焦加入量的关系如图 2-113 所示。

对二者的关系进行线性回归，获得其相关系数为 $r=0.87$。由此可见，钢液中碳元素增加的质量与石油焦的加入量存在较为明显的线性关系。由此，可以通过钢液中加入石油焦的质量与钢液质量来计算钢液碳含量的增加量。

在得到钢液碳含量增加量的同时，累加到钢液初始碳含量，即为钢液终点碳的含量。建立的终点碳成分含量预报数学模型如式（2-179）所示。

$$[\%C]_f = \frac{x_1 \times 0.9298 + 10}{G \times 10} + [\%C]_s \tag{2-179}$$

式中，$[\%C]_f$ 为钢液终点碳含量,%；x_1 为石油焦的加入量，kg；G 为钢液质量，t；$[\%C]_s$ 为钢液初始碳含量,%。

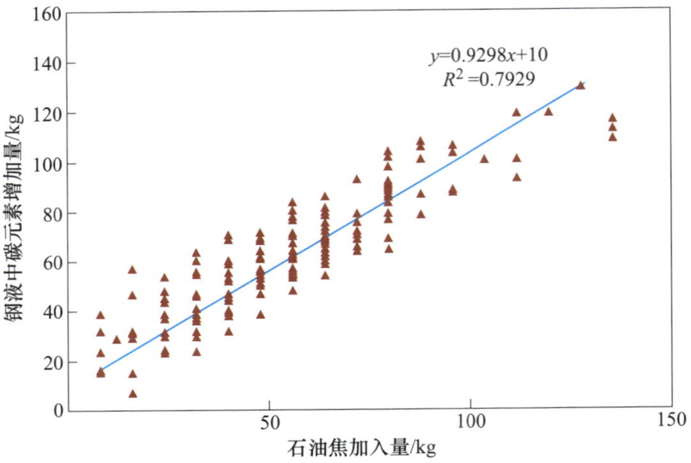

图 2-113　钢液增碳质量与石油焦加入量关系

利用某钢厂的生产数据对该模型进行验证，由验证结果可知，该模型预测的最大误差为 0.03%，误差小于±0.02%的命中率为 97%，由此认为，该模型可以应用于预报终点钢液碳元素的成分。根据石油焦中碳含量为 96%，经计算碳元素的平均收得率为 97%。

B　硅元素预报

硅元素在弹簧钢生产过程中起着提高碳扩散系数的作用[68]，硅元素成分能够符合精炼终点钢液成分是提高碳扩散、保证碳元素成分均匀的重要条件之一。所以，准确预报精炼终点钢液硅元素含量对指导现场实际生产具有重要意义。在钢液精炼过程中，提高硅元素含量的方法一般是向钢液中加入硅锰铁或硅铁。本节采用线性回归分析的方法研究硅锰铁的加入量与钢液中硅元素收得质量之间的关系，在此基础上，运用多层递阶回归分析的方法建立终点钢液硅元素成分的动态预报模型。

a　硅锰铁的加入量对钢液中硅元素的影响

在 LF 精炼过程中，硅元素的增加量主要来源于硅锰铁或硅铁的加入，从理论上来讲，由于冶炼过程中，钢液内气氛主要以还原性气氛为主，所以硅的化学反应可以忽略，硅元素的收得质量与硅锰铁或硅铁的加入量呈近似线性关系。

在精炼过程中，硅锰铁的加入能够有效地提高钢液中硅元素含量。对实际生产数据进行线性回归分析，得到硅锰铁加入量与钢液中硅元素增加的质量之间的关系如图 2-114 所示。

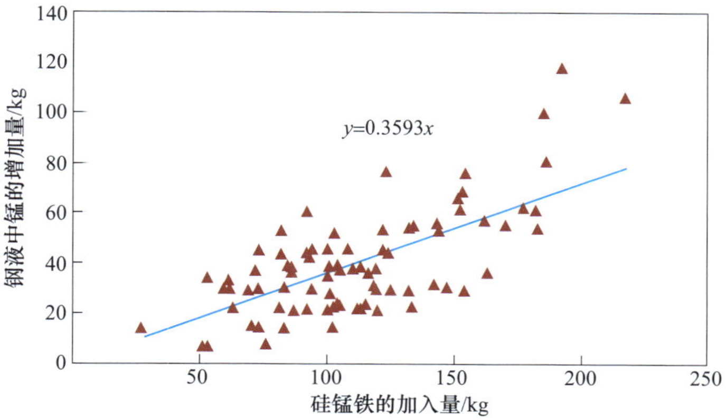

图 2-114 硅锰铁的加入量与钢液中硅增加量的关系

从图 2-114 中可以看出，硅锰铁的加入量与钢液中硅增加量的线性关系不是很明显，其拟合的相关系数 $R=0.72$，如果仅仅利用该线性回归分析的结果对精炼终点硅成分进行预测，难以达到预期的效果。

通过对现场调研数据分析发现，硅锰铁中硅元素回收率是一个动态变化值，该值会随着生产条件的不同而有所差别。所以，本节引进多层递阶回归分析的方法来研究硅元素的收得率。

多层递阶回归分析的方法主要是在线性回归分析的基础上，进行回归系数的动态处理。该方法适用于解决非静态的参数预报精度预报不高的问题。其分析过程一般分为以下步骤：

(1) 按照回归分析的方法，获得回归系数 α_0，α_1 等；

(2) 将回归系数 α_0，α_1 等乘其影响因子 x_1，x_2，获得新的影响因子 x_1'，x_2'；此时，获得的新影响因子不会因为输入因子的数量级过大而无法体现出系统的高相关因子，如式 (2-180) 所示：

$$x_i' = \alpha_i \times x_i \tag{2-180}$$

(3) 预报对象减去回归分析获得的常数项作为新的预报对象，此时的线性关系式如式 (2-181) 所示：

$$H'(x_i) = \sum x_i' \times \alpha_i' + e(x_i) \tag{2-181}$$

式中，$e(x_i)$ 为随机误差。

(4) 应用多层递阶方法对式 (2-180) 求解，时变递推公式如式 (2-182) 所示：

$$\alpha_i'(\tau) = \alpha_i'(\tau - 1) + \frac{x_i'(\tau)}{\sum_1^m [x_i'(\tau)]^2}\left[H'(\tau) - \sum_1^m x_i'(\tau)\alpha'(\tau - 1)\right] \tag{2-182}$$

(5) 对多层递阶方法获得的回归系数队列进行处理，采用均值分析法或者周期循环法等，重新建立动态的预报模型。

在预报硅元素终点成分时采用的是均值分析法，其预报钢液终点硅含量结果如图 2-115 所示。

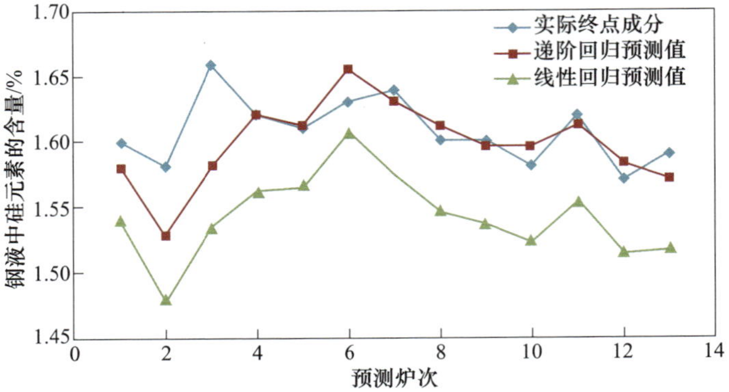

图 2-115　硅元素预报与实际结果的比较

由图 2-115 可以看出，采用多元递阶回归分析方法预报的精炼终点钢水硅元素成分比线性回归分析的预报结果更接近实际值，运用多元线性回归分析建立的终点钢水硅元素成分预报模型能够更好地对精炼终点硅成分进行预报。

b　硅铁的加入量对钢液中硅元素的影响

硅铁合金的加入对钢液中硅成分增加有一定的影响，但是 LF 精炼过程中硅铁加入时，一般都与硅锰铁同时加入。因此，研究硅铁的加入量对钢液终点硅成分影响时，要同时考虑硅锰铁的加入量对硅成分的影响。由于前面已经介绍过，线性回归分析的结果不能够很好地建立终点钢水硅成分的含量，所以，拟采用多层递阶回归分析方法建立硅元素含量的预报模型。

利用某钢厂实际生产数据进行多元线性回归分析的结果如式（2-183）所示。

$$[\%\mathrm{Si}]_{\mathrm{f}} = \frac{1}{G \times 10} \times (0.242 \times x_2 + 0.385 \times x_3) + [\%\mathrm{Si}]_{\mathrm{s}} \qquad (2\text{-}183)$$

式中，$[\mathrm{Si}]_{\mathrm{f}}$ 为钢液中终点硅的成分,%；G 为钢液质量，t；x_2 为硅铁的加入量，kg；x_3 为硅锰铁的加入量，kg；$[\mathrm{Si}]_{\mathrm{s}}$ 为钢液中初始硅的成分,%。

在获得线性回归分析结果后，运用多层递阶回归方法进行处理，建立精炼终点钢水硅含量动态预报模型。利用某钢厂另外 300 炉生产数据对动态模型进行检验，由验证结果可知，其预测结果的误差在±0.02%之间的命中率可以达到 90%以上，能够比较准确地预报钢液终点硅含量。

2.6.2.3　模型的 Matlab 编程

根据前面各个元素精炼终点成分的预报模型研究结果，运用 Matlab 数学软件进行编程以及界面设计。其界面设计如图 2-116 所示。

图 2-116　LF 精炼终点钢水成分预报模型界面

在 GUI 界面设计的基础上，编辑 M 文件，确定输入项与输出项之间的关系，最后获得精炼终点钢液成分预报模型。

该模型系统的操作比较简单，在打开操作界面后：首先，在“钢水初始成分”编辑栏中输入进站钢水的初始成分，包括碳、硅、锰、铬、钒、硼六种元素的初始成分；其次，选择所要冶炼的钢种，并通过工艺卡得知该钢种的终点成分信息；最后，输入调整所选择的添加料种类和质量，每次调整时，点击“预测终点成分”键预测精炼终点成分，在终点成分达到要求时，根据测试结果，对 LF 精炼炉进行加料操作，在预测结束时，可以选择“退出”键结束成分预测。

利用该厂的生产数据对该模型进行验证，根据预测结果分析可以发现钢液中碳、硅、铬元素的预报结果为误差在±0. 02%以内的命中率可以达到 95%以上；锰元素与铬元素的预报结果为误差在±0. 02%以内的命中率可以达到 90%以上；硼元素的预报结果为误差在±0. 0003%以内的命中率可以达到 90%以上。总的来说，模型的预测精度较高。

2. 6. 3　LF 精炼造渣模型

2. 6. 3. 1　LF 精炼造渣模型研究的进展

董凯等[69]基于冶金反应基本机理，建立了 LF 精炼数学模型，并利用 WINCC

开发了模型可视化视窗界面，并在某厂进行了试验。试验结果表明，基于冶金反应机理的 LF 炉加料控制模型，能较为准确地计算 LF 精炼过程造渣料加入量，但是在脱氧剂计算上存在一定误差，该模型尚处于研究阶段，无法适用于钢厂的实际生产。

曹磊[70]建立了 LF 精炼脱硫机理预报模型来对 LF 终点钢水硫含量进行预报，其命中率仅为 80%。该模型较多依赖于冶金反应机理，由于模型部分输入变量在实际生产中难以准确获得，并且受到生产工况不稳定等因素的影响，模型在线应用的效果不理想。

Andersson T A M[71]等结合脱氧和脱硫热力学方程，利用二维流体流动模型，构建了 LF 炉脱氧和脱硫的热力学和动力学模型。其模型计算结果和工厂数据具有较好的一致性，模型计算结果表明，在钢包处理过程中，降低二氧化硅的含量对减少铝的损失有一定积极作用。

彭其春等[72]采用物料平衡原理对涟钢 CSP 产线 LF 终渣成分、终渣四元碱度以及光学碱度进行了理论计算。基于理论分析和计算，构建了精炼渣加料模型，并在生产现场进行了试运行。结果表明，理论计算和实际检测结果基本一致，与目标值相差不大，从理论上建立精炼渣加料模型是可行的。加料模型命中率约为 70%，后期经优化命中率可达 90%。

Taguchi 等[73]研究了在 1873 K 下用钙脱氧和脱硫的平衡反应。通过热力学计算提出钢液的脱硫和脱氧反应存在于 Fe-Ca-O-S 体系中，并得出在温度为 1873 K 且 $a_{CaO}=a_{CaS}=1$ 的条件下，钙的质量分数为 15×10^{-6}时，氧的质量分数为 1.6×10^{-6}；钙质量分数为 40×10^{-6}时，硫的质量分数为 3.5×10^{-6}。

李德刚等[74]综合热力学和动力学对精炼渣深脱氧机理进行了理论分析，并采用工业生产数据进行了验证。结果表明，Al 脱氧钢会促进回硅反应，且随着时间的延长，回硅量越大，控制渣中低 SiO_2 活度，高 Al_2O_3 活度及钢液中低酸溶铝含量有利于降低增硅反应。随传质系数的增大，回硅程度越大，且随时间的延长而增加。同时，高温有利于控制低硅，并且有利于顶渣熔化。因此，温度也是 Al 脱氧钢应考虑的控硅因素。另外，由于炼钢生产的基础管理、钢种工艺要求、生产运行模式等多样化的差异，致使 LF 精炼工序生产节奏波动较大、稳定性欠佳，各钢厂 LF 过程精准控制的难度较大。

迄今为止，国际上成功实现 LF 工艺模型集成化、系统化的技术厂家屈指可数，仅有 Primetals（普瑞特）、Danieli（达涅利）等公司进行了相关的报道。根据公开报道，造渣模型方面，达涅利公司通过在炉渣数据库中采用一种改进的 ThermoSlag®模型，对其样板厂经 LF-VD 处理的钢水 Al 和 S 元素含量实现了较为准确的预测，而国内则基本还没有形成能够广泛推广应用的 LF 精炼造渣模型化技术。

2.6.3.2　LF 精炼造渣模型的建立

LF 精炼造渣模型的建立主要包括以下内容：首先，通过造渣机理分析和 FactSage 热力学模拟，得到最优渣系成分含量；其次，离线模型主要利用冶金机理模型（KTH 模型、S 质量守恒、物料守恒、Wagner 等式、渣-金氧平衡、氧质量守恒等）和数据模型（结合现场数据，采用 SPSS 分析统计软件、Matlab 计算软件）相结合的方法，利用数据模型对机理模型进行优化，实现机理模型+数据模型融合构建的灰箱模型，进而计算 LF 精炼脱硫所需加入的石灰量和脱氧所需的 Al 线加入量；然后，通过对所建灰箱模型进行在线验证和调试，获得符合生产需求的命中率；最后，基于 Python 语言开发了 LF 精炼造渣模型计算软件。

A　最优渣系成分含量的确定

a　LF 精炼渣低熔点区研究

运用 FactSage 热力学软件的 Phase 相图模块计算了三元渣系 $CaO\text{-}SiO_2\text{-}Al_2O_3$ 低熔点区域，并分析了 $w(CaO)/w(SiO_2)$、$w(CaO)/w(Al_2O_3)$ 及 $w(MgO)$ 对精炼渣熔点的影响。

（1）碱度和钙铝比对低熔点区域的影响。由图 2-117 可知，当碱度由 1 增加到 6 时，精炼渣熔点呈降低趋势，提高碱度有利于降低精炼渣熔点；由图 2-118 可知，钙铝比为 1~2 时，精炼渣系位于低熔点区域。

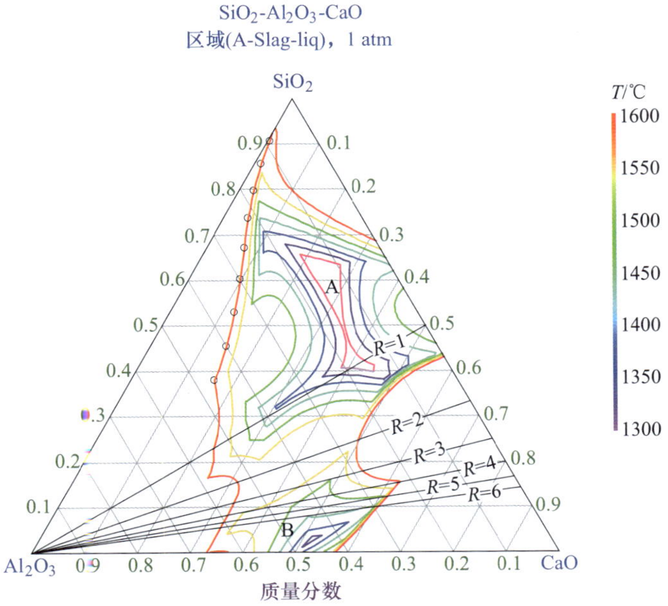

图 2-117　碱度对低熔点区域的影响

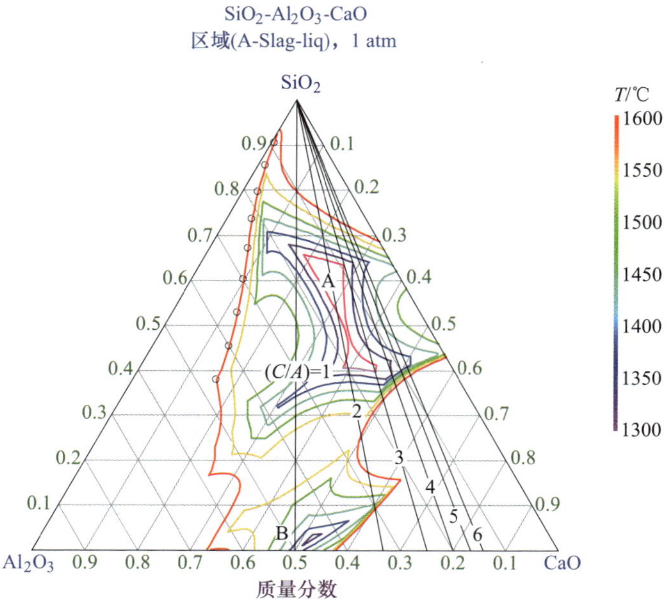

图 2-118　钙铝比对低熔点区域的影响

(2) MgO 对精炼渣液相量的影响。运用 FactSage 热力学软件计算了不同 MgO 含量对应的精炼渣液相量，如图 2-119 所示。

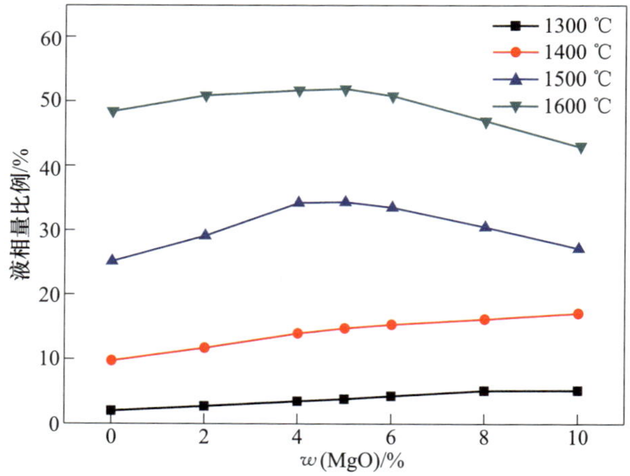

图 2-119　MgO 含量对精炼渣液相量影响

由图 2-119 可知，当温度在 1300 ℃和 1400 ℃时，随着 MgO 含量增加，液相含量呈增加的趋势；当温度在 1500 ℃和 1600 ℃时，随着 MgO 含量增加，液相含量呈先增加后降低趋势，当 MgO 含量为 5%时，液相量达到最大。与此同时，考虑到精炼渣对炉衬耐火材料的侵蚀，MgO 合理的含量应控制为 5%~10%，进行热力学计算时，MgO 含量设定为 8%。

b 不同化学成分对精炼渣硫容量的影响

运用 KTH 模型中硫容量计算公式，计算并分析了 $w(CaO)/w(SiO_2)$、$w(CaO)/w(Al_2O_3)$、$w(MgO)$ 及 $w(Al_2O_3)$ 对精炼渣硫容量的影响。

（1）碱度和钙铝比对硫容量的影响。针对 $CaO-SiO_2-Al_2O_3-MgO$ 四元渣系，分别计算了温度为 1773 K、1873 K、1973 K，$w(Al_2O_3)$ 为 35%、$w(MgO)$ 为 8%条件下，不同碱度对应的硫容量。并计算了 $w(SiO_2)$ 分别为 2%、4%、14%，$w(MgO)$ 为 8%条件下，不同钙铝比对应的硫容量。

由图 2-120 可知，随碱度提高，硫容量提高，其中碱度由 1 提高到 3 时，对应硫容量提高速率较快，碱度继续提高，硫容量提高速率变得较平缓。由此可知，CaO 含量增加，有利于脱硫反应的进行；同时，在一定碱度下，温度提高，硫容量也相应提高，高温也利于脱硫。综合分析可知，碱度为 3~6 时精炼渣性能最优。由图 2-121 可知，随着钙铝比的增加，硫容量提高；在一定钙铝比下，$w(SiO_2)$ 提高，硫容量降低。结合前期分析的钙铝比对精炼渣低熔点区的影响，得出最优的钙铝比范围为 1~2。

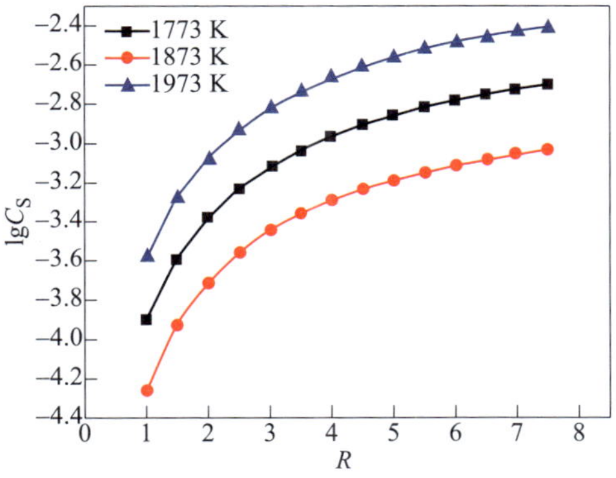

图 2-120 碱度对硫容量的影响

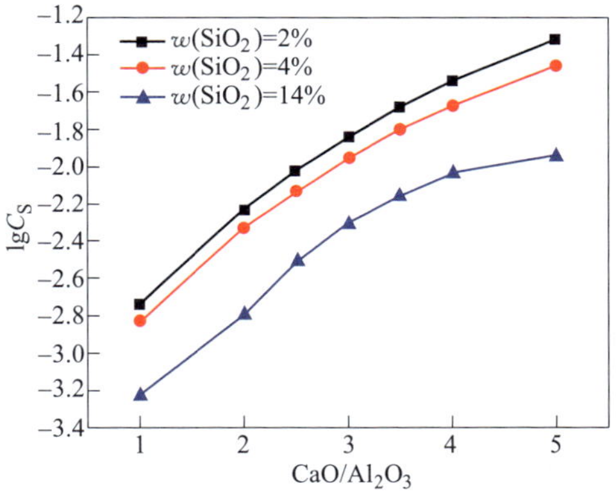

图 2-121 钙铝比对硫容量的影响

（2）$w(MgO)$ 和 $w(Al_2O_3)$ 对硫容量的影响。针对 $CaO-SiO_2-Al_2O_3-MgO$ 四元渣系，分别计算了温度为 1773 K、1873 K、1973 K，R 为 4，$w(Al_2O_3)$ 为 35%的条件下，不同 $w(MgO)$ 对应的硫容量；同时，分别计算了温度为 1773 K、1873 K、1973 K，R 为 4 和 $w(MgO)$ 为 8%的条件下，不同 $w(Al_2O_3)$ 对应的硫容量。

由图 2-122 可知，随着 $w(MgO)$ 提高，硫容量呈降低的趋势；在一定 $w(MgO)$ 下，温度提高，硫容量也相应提高。由于 CaO 与 S_2 反应的平衡常数大于 MgO 与 S_2 反应的平衡常数，MgO 含量提高，替代了部分 CaO，CaO 饱和溶解度降低，促使渣熔点提高，恶化了脱硫的动力学条件，进而导致硫容量降低。在考虑炉衬侵蚀较小并满足脱硫动力学条件的前提下，MgO 含量不宜太高，结合 MgO 含量对渣的液相量的影响分析可知，最优的 $w(MgO)$ 含量为 5%～10%。由图 2-123 可知，随着 $w(Al_2O_3)$ 提高，硫容量降低；在一定的 $w(Al_2O_3)$ 下，温度的提高会增加硫容量。

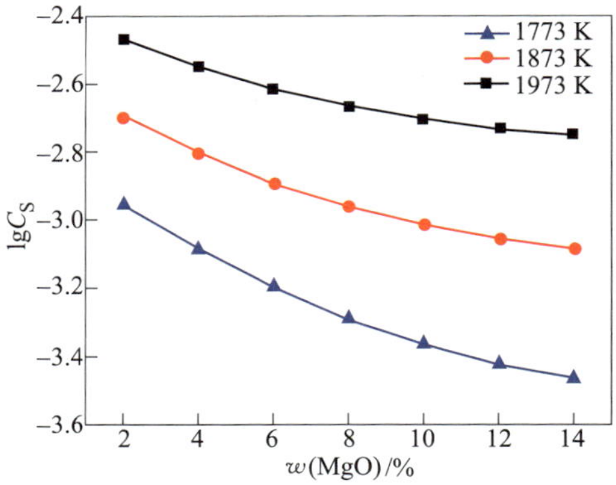

图 2-122　$w(MgO)$ 对硫容量的影响

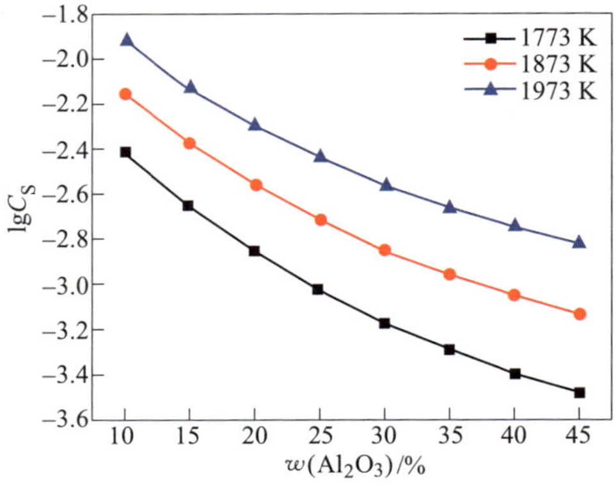

图 2-123　$w(Al_2O_3)$ 对硫容量的影响

c　LF 精炼渣吸附夹杂能力

精炼渣吸附夹杂物能力与 CaO 和 Al_2O_3 活度有关。因此，重点分析碱度和钙铝比对 CaO 和 Al_2O_3 活度的影响。

（1）$w(CaO)/w(SiO_2)$ 对渣系吸附夹杂能力影响。运用 FactSage 热力学软件计算了 1873 K 时，$CaO-SiO_2-Al_2O_3$-8%MgO 渣系，不同碱度条件下的等 CaO 和等 Al_2O_3 活度线，如图 2-124 和图 2-125 所示。

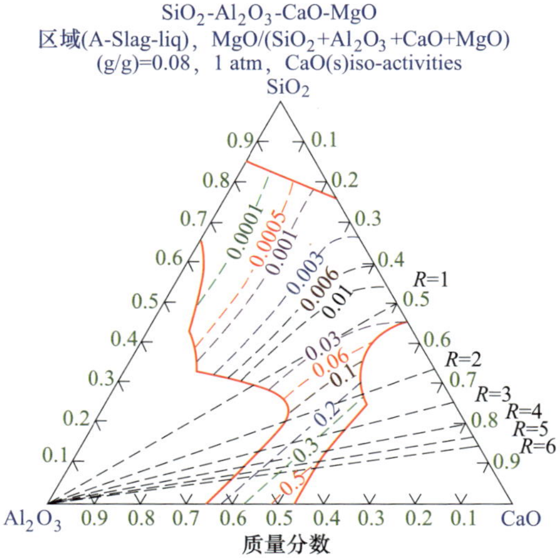

图 2-124　碱度对 CaO 活度的影响

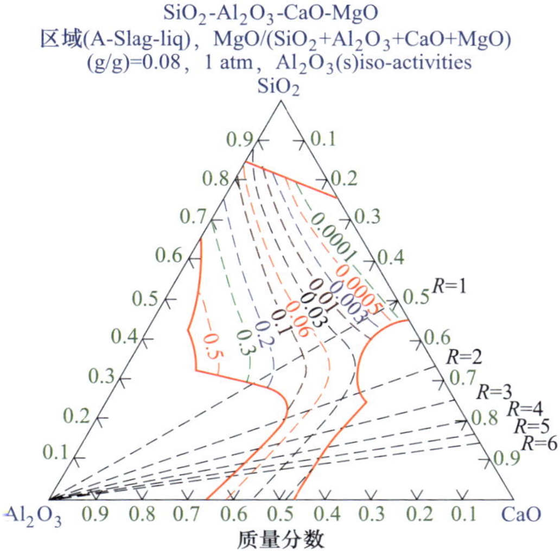

图 2-125　碱度对 Al_2O_3 活度的影响

由图 2-124 和图 2-125 可知，随碱度提高，CaO 活度提高；在固定 Al_2O_3 的情况下，随碱度提高，Al_2O_3 活度降低。当碱度为 3~6 时，CaO 活度较高，与此同时，Al_2O_3 活度较低，利于 Al_2O_3 夹杂物的吸收去除。

（2）$w(CaO)/w(Al_2O_3)$ 对渣系吸附夹杂能力影响。运用 FactSage 热力学软件计算了 1873 K 时 $CaO-SiO_2-Al_2O_3$-8%MgO 渣系，不同钙铝比条件下的等 CaO 和等 Al_2O_3 活度线，如图 2-126 和图 2-127 所示。

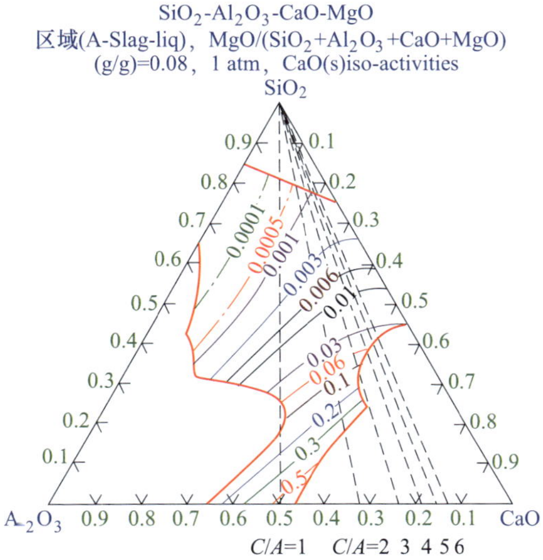

图 2-126　钙铝比对 CaO 活度的影响

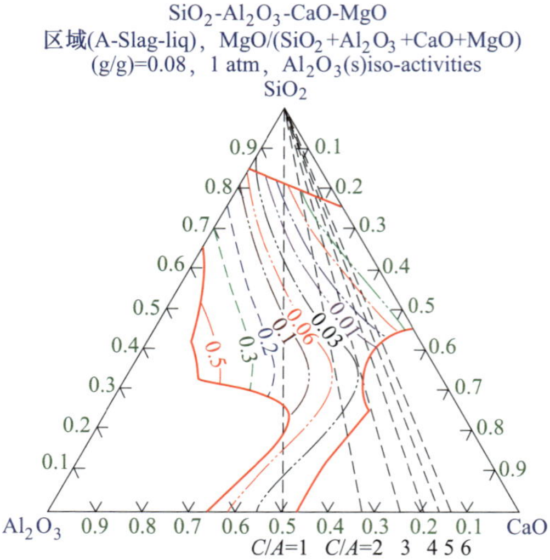

图 2-127　钙铝比对 Al_2O_3 活度的影响

由图 2-126 和图 2-127 可知，在固定 SiO_2 的情况下，随钙铝比提高，CaO 活度提高；随钙铝比提高，Al_2O_3 活度降低。在钙铝比为 1~2 时，CaO 活度较高，同时，Al_2O_3 活度较低，利于 Al_2O_3 夹杂物的吸收去除。

d　目标精炼渣系的确定

（1）含硅钢目标精炼渣系的确定。通过分析碱度、钙铝比及 w(MgO) 对 LF 精炼渣低熔点区和硫容量的影响，研究碱度和钙铝比对 LF 精炼渣吸附夹杂能力影响可知，在碱度为 3~6、钙铝比为 1~2、w(MgO) 为 5%~8%时，可以满足精炼渣低熔点、高硫容量、高吸附夹杂物的性能，即较优的精炼渣系成分含量：w(CaO) 为 50%~55%、w(SiO_2) 为 12%~15%、w(MgO) 为 5%~8%、w(Al_2O_3)为 25%~39%。同时考虑，精炼过程中精炼渣不断吸附夹杂物，为保证精炼渣具有较强的持续吸附夹杂的能力，并且考虑 w(Al_2O_3) 对硫容量的影响，因此，将 w(Al_2O_3) 调整为 15%~25%。

（2）低硅钢目标精炼渣系的确定。低硅钢不同于含硅钢，在生产低硅钢时，渣中的 SiO_2 过高，极易被钙、铝等还原剂还原成硅进入钢液。通过调研可知，为防止钢液回硅，要求精炼渣中的 SiO_2 含量不大于 5%[75]。要求精炼过程石灰和精炼渣的 SiO_2 含量尽量低，低硅钢较优的精炼渣系成分含量 w(CaO) 为 48%~55%、w(SiO_2) 为 2%~5%、w(MgO) 为 5~8%、w(Al_2O_3) 为 25%~35%。

B　离线模型的建立

a　LF 精炼脱氧模型的建立

（1）脱氧机理分析。转炉出钢具有良好的动力学条件，对钢液进行强脱氧和顶渣改质，迅速降低钢水氧活度和钢渣氧势，在转炉出钢过程中通过添加钢砂铝进行脱氧，钢水氧活度迅速降低，但并不能满足脱硫的要求，因此，需要根据钢种分类来进一步脱氧。

渣中铝脱氧反应如式（2-184）和式（2-186）所示。

$$3(\mathrm{FeO}) + 2\mathrm{Al} \xlongequal{\quad} 3[\mathrm{Fe}] + (\mathrm{Al_2O_3}) \tag{2-184}$$

$$m_{\mathrm{Al}} \cdot \eta = 2 \times 27 \times \frac{M_{进站渣} \cdot w(\mathrm{FeO})_0 - M_{终渣} \cdot w(\mathrm{FeO})}{3 \times (56 + 16)} \tag{2-185}$$

$$3(\mathrm{MnO}) + 2\mathrm{Al} \xlongequal{\quad} 3[\mathrm{Mn}] + (\mathrm{Al_2O_3}) \tag{2-186}$$

$$m_{\mathrm{Al}} \cdot \eta = 2 \times 27 \cdot \frac{M_{进站渣} \cdot w(\mathrm{MnO})_0 - M_{终渣} \cdot w(\mathrm{MnO})}{3 \times (55 + 16)} \tag{2-187}$$

式中，m_{Al}为所需 Al 量；η 为 Al 利用率；$w(\mathrm{FeO})$ 为渣中目标 FeO 含量；$w(\mathrm{FeO})_0$为渣中最初 FeO 含量；$w(\mathrm{MnO})$ 为渣中目标 MnO 含量；$w(\mathrm{MnO})_0$为渣中最初 MnO 含量；$M_{进站渣}$为进站渣渣量；$M_{终渣}$为终渣渣量。

为简便计算，令 $M_{(\mathrm{FeO})} = M_{(\mathrm{MnO})}$，则式（2-185）和式（2-187）可转化为式（2-188）。

$$m_{\mathrm{Al}} \cdot \eta = 2 \times 27 \cdot \frac{M_{进站渣} \cdot (w(\mathrm{FeO})_0 + w(\mathrm{MnO})_0) - M_{终渣} \cdot (w(\mathrm{FeO}) + w(\mathrm{MnO}))}{3 \times (56 + 16)} \tag{2-188}$$

钢液中铝脱氧反应如式（2-189）所示。

$$2[\mathrm{Al}] + 3[\mathrm{O}] \xlongequal{\quad} (\mathrm{Al_2O_3}) \tag{2-189}$$

根据式（2-189），设进精炼站前钢液中氧含量为 $w[\mathrm{O}]_0$，脱氧反应结束后，即目标钢液中氧含量为 $w[\mathrm{O}]$，则铝线喂入量的计算，如式（2-190）所示。钢液中酸溶铝达到目标钢种的控制要求时，所需铝线量的计算，如式（2-191）所示。

$$M_1 = 54/48(w[\mathrm{O}]_0 - w[\mathrm{O}])M_{\mathrm{m}} \tag{2-190}$$

$$M_2 \cdot \eta = M_{\mathrm{m}} \cdot w[\mathrm{Al}]_{\mathrm{S}} \tag{2-191}$$

式中，M_1为脱氧所需的铝线喂入量；M_2 为满足钢液酸溶铝要求所需的铝线喂入量；η 为铝线的收得率；M_{m}为钢水质量。

脱硫反应引起钢中氧含量增加，如式（2-192）所示。

$$[\mathrm{S}] + (\mathrm{O}^{2-}) \xlongequal{\quad} (\mathrm{S}^{2-}) + [\mathrm{O}] \tag{2-192}$$

脱硫量较大时，需考虑脱硫反应引起的钢中氧含量增加，则钢中氧含量增加量计算公式，如式（2-193）所示。

$$\Delta w[\mathrm{O}]_{\mathrm{S}} \xlongequal{\quad} 1/2(w[\mathrm{S}]_0 - w[\mathrm{S}]) \tag{2-193}$$

式中，$w[O]_S$为脱硫引起的氧含量增加量；$w[S]_0$为进站钢水硫含量；$w[S]$为目标钢水硫含量。

因此，脱硫反应所导致的氧增加量所需铝线量的计算公式如式（2-194）所示。

$$M_3 = 54/48(\Delta w[O]_S)M_m \tag{2-194}$$

综上分析可知，所需的总铝线量为 $M_{总}=M_1+M_2+M_3$。

（2）铝线加入量模型的构建。某钢厂 1 号 LF 炉 Al 线加入量计算模型的构建是将 Al 线的加入分为三个步骤来进行。

步骤 1：根据以下分类方法判断第一次加入的铝线量。

实时获取的转炉大包样成分的酸溶铝含量，将酸溶铝含量进行分段，根据表 2-23，对 LF 进站钢包所需铝线进行分情况加入，目的是将跨度较大的转炉大包样的 Als 含量控制在较小区间内，便于后续数学模型的构建。

表 2-23　步骤 1 铝线加入量分类标准和对应加入的铝线量

转炉包样酸溶铝含量/%	第一步铝线加入量/m
小于 0.03	300
0.03~0.04	200
0.04~0.06	100

注：表中的数据是根据某钢厂实际数据进行统计分析得出的，当转炉包样的酸溶铝含量大于 0.06%时，不加铝线。

步骤 2：根据历史数据建立精炼初期钢液成分变化和操作工艺参数与喂入铝线量的数学模型；待 LF 完成初期升温和造渣操作后，取样化验获得第一个钢样化学成分，并根据此成分和所建立的预测模型计算第二步所需要加入的铝线量 m_1。

步骤 3：待进一步调整钢水成分和温度后，取第二个钢样并化验获得成分。根据以式（2-195）计算所需要加入的铝线量 m_2：

$$m_2 = \frac{\Delta_{Als} \times m_{钢}}{\varphi} \tag{2-195}$$

式中，Δ_{Als}为第二个钢样中酸溶铝的含量与目标酸溶铝含量（0.03%）的差值；$m_{钢}$为钢液的总质量；φ 为该阶段的铝收得率。

（3）铝线加入量计算模型的应用。为了验证所构建的数学模型的可靠性，在某钢厂就 SPHC 系列钢种铝线加入量模型进行了工业试验，统计现场测试数据（30 炉）和模型构建过程试验中的数据，共计 53 炉数据，出站酸溶铝含量分布如图 2-128 所示。由图 2-128 可知，出站酸溶铝含量分布在 0.022%~0.036%的范围内，均达到了钢水目标酸溶铝所规定的范围。铝线加入量模型的应用，有利于实现生产现场操作趋于标准化和规范化，并且有利于实现 LF 精炼的自动化控制。

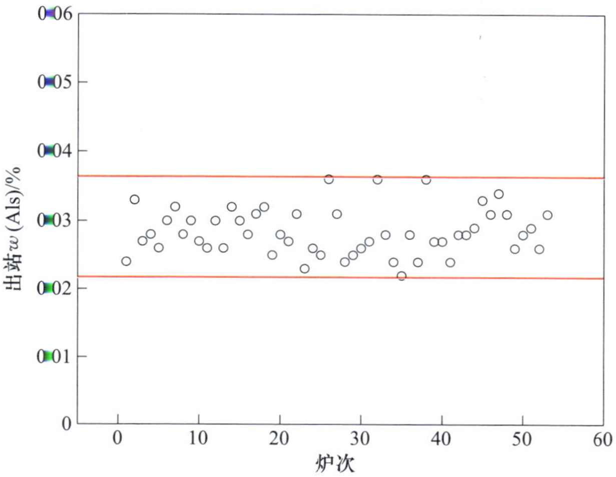

图 2-128 工业试验采用数学模型所获得出站 Als 含量分布情况

b LF 精炼脱硫模型的建立及应用

（1）脱硫模型的假设条件。造渣模型是在理论分析的基础上建立的，由于生产现场情况复杂，影响因素众多，LF 炉进站加热、钢包热状态、氩气流量、合金及造渣料加入量均会对计算模型产生影响。因此，建立脱硫模型需要对诸多因素进行假设，具体假设条件如下：

1）在生产同一钢种时，转炉下渣量及其成分含量基本不变；

2）在精炼过程中造渣料、脱氧剂、石灰与钢渣均匀混合；

3）脱硫产物 CaS 均进入到渣中；

4）在脱硫模型进行计算时，氧位已经足够低。

（2）脱硫模型的构建。在某钢厂 1 号 LF 炉针对 SPHC 钢种和 SS400 钢种，收集并统计了纸质版回浇余数据，用于构建 SS400 和 SPHC 钢种石灰加入量计算的数据模型（Excel 版），如图 2-129 和图 2-130 所示。该模型包括操作说明区、模型计算输入区、模型计算输出区和历史数据存储区，非常便于现场操作工的使用。

（3）脱硫模型参数的适用范围。石灰加入量模型主要是基于数据模型和机理模型相结合的方法来构建的。因此，模型构建过程中前期收集的数据起着重要作用，且模型参数适用范围的确定也主要依赖于所收集的数据。不同钢种的石灰加入量模型参数适用范围，如表 2-24 所示。

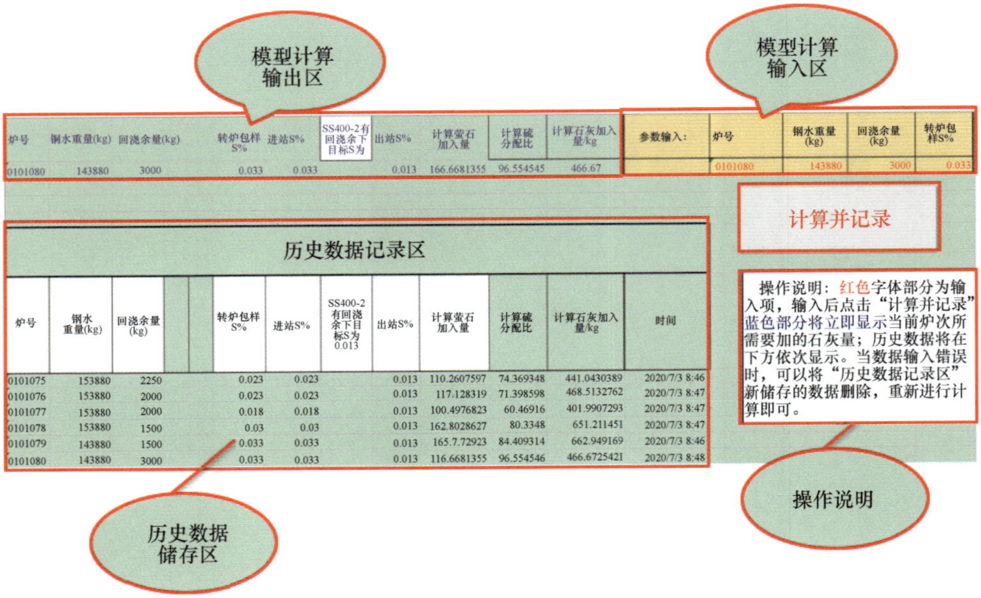

图 2-129　SS400 钢种石灰加入量计算模型

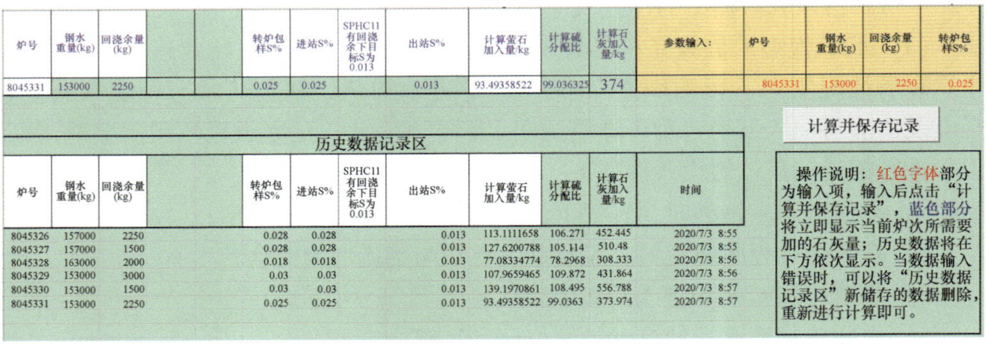

图 2-130　SPHC 钢石灰加入量计算模型

表 2-24　不同钢种石灰加入量模型参数适用范围

钢种	转炉大包 S 含量/%	回浇余量/kg
SPHC	0.016～0.043	700～3750
SS400	0.018～0.043	1000～3750

（4）脱硫模型的应用。为了验证所建脱硫模型的工业应用效果，在 2 号 LF 炉对 SS400 钢种进行了石灰加入量计算模型的现场测试，测试结果如表 2-25 所示，共测试 52 炉，其中，49 炉达到了一次加入石灰并成功命中终点硫含量的效

果，其余 3 炉进行了二次补加灰操作才命中终点硫含量，所建模型的一次命中率达到 94. 2%。

表 2-25 LF 石灰加入量模型的工业试验结果

炉号	转炉大包 S/%	钢水量/t	回浇余量/t	出站钢水 S/%	石灰加入量/kg
9308509	0.018	158	3	0. 004	549
9308510	0.017	161	3	0. 003	512
9308514	0.018	156	3	0. 004	547
9208545	0.023	135	1	0. 003	745
9208546	0.02	153	2	0. 004	599
9108321	0.019	160	2	0. 003	545
9108322	0.02	153	4	0. 003	544
9308516	0.025	153	3	0. 004	693
9308535	0.021	153	3	0. 004	632
9208568	0.032	158	1	0. 004	941
9208569	0.021	155	2	0. 003	605
9208570	0.035	156	2	0. 004	992
9108342	0.022	163	3	0. 004	630+400
9308541	0.021	153	2	0. 004	640
9209162	0.024	158	3	0. 003	680
9209163	0.02	161	3	0. 002	589
9309095	0.018	155	2	0. 004	590
9309096	0.018	163	3	0. 004	530
9309097	0.026	159	3	0. 003	726
9209168	0.023	156	3	0. 003	667
9209169	0.026	157	3	0. 004	725
9209170	0.023	155	3	0. 003	667
9209171	0.017	148. 5	3	0. 003	567
9309103	0.018	153	1. 5	0. 002	631
9309106	0.022	158. 7	1. 5	0. 004	760
9109257	0.017	154	3	0. 003	540
9109258	0.018	150	1. 5	0. 003	582
9109259	0.016	163	2. 5	0. 003	484
9209612	0.021	147	2. 25	0. 003	820
9109285	0.02	151	1. 5	0. 003	685
9209615	0.022	154. 8	1. 5	0. 003	1094
9209616	0.019	163	1. 5	0. 004	807
9309541	0.015	155	1. 5	0. 004	564+193
9209617	0.014	153	1. 5	0. 004	571
9109290	0.017	146	1. 5	0. 004	758

续表 2-25

炉号	转炉大包 S/%	钢水量/t	回浇余量/t	出站钢水 S/%	石灰加入量/kg
9209620	0. 021	153	1. 5	0. 004	703
9309546	0. 013	150	3	0. 004	470
9309547	0. 019	153	2. 25	0. 004	594
9109295	0. 019	163	3	0. 004	554
9109296	0. 015	154	2. 25	0. 003	453
9309550	0. 018	151	2. 25	0. 004	560
9109297	0. 019	155	2. 25	0. 004	573
9109298	0. 02	160	2. 25	0. 004	600
9309553	0. 014	155	3	0. 003	501
9309554	0. 018	154	2. 25	0. 003	542
9210418	0. 017	145	2. 25	0. 003	533
9310072	0. 027	152	2. 25	0. 004	811+300
9210419	0. 021	152	2. 25	0. 004	629
9310053	0. 023	135	1. 5	0. 003	688
9310098	0. 02	143	2. 25	0. 003	670
9310100	0. 035	149	2. 25	0. 004	1061
9210433	0. 032	139	2. 25	0. 003	968

C　在线控制模型的开发

为了使 LF 炉造渣模型更好地适用于生产现场，在 LF 精炼造渣模型（Execl 版）的基础上，基于 Python 语言开发了 LF 精炼造渣模型计算软件，从而达到优化精炼效果、稳定精炼钢水质量、减少工人劳动强度、推进标准化作业的目的。

a　软件体系结构

LF 精炼造渣模型计算软件主要包括数据输入模块、数据处理模块、数据输出模块三个部分。（1）数据输入模块：用户输入数据，然后传入数据处理模块。（2）数据处理模块：主要基于 KTH 模型、硫分配比数据模型、物料守恒、脱硫脱氧机理，对输入数据进行处理。（3）数据输出模块：用来呈现经模型计算后的结果，即石灰或 Al 线的加入量。

b　Python 语言简介

Python 是一种跨平台的计算机程序设计语言，是一个高层次的结合了解释性、编译性、互动性和面向对象的脚本语言，其具有以下三个优点：

（1）Python 所有内容都是开源免费的，可以直接下载安装使用，还可以对其源码进行修改，十分便捷。

（2）Python 具有良好的跨平台和可移植性能，可以被移植到大多数平台下面，如 Windows、MacOS、Linux、Andorid 和 IOS 等。

（3）Python 除了使用 Python 语言本身编写外，还可以混合使用 C 语言、Java

语言编写。基于以上三个优点，因此，选用 Python 语言对 LF 精炼造渣模型计算软件进行了开发。

c 软件界面介绍

打开软件后的界面，如图 2-131 所示（此页面停留 1~3 s），随后进入操作面板。

图 2-131 LF 精炼造渣模型计算软件进入界面

操作面板由精炼终渣成分和目标钢水成分输入及过程参数计算、LF 精炼终渣质量计算模型、LF 精炼脱氧计算模型、LF 精炼脱硫计算模型四个模块界面组成。每个界面由数据输入、过程参数计算、结果计算三部分组成。

图 2-132 所示界面主要用于输入精炼终渣成分和目标钢水成分及过程参数的计算，进入该界面后，在精炼渣处（CaO）、（SiO_2）、（MgO）、（Al_2O_3）、（MnO）、（FeO）输入精炼渣成分含量，在钢液处输入［Al］$_S$、［C］、［Mn］、［Si］、［S］和钢水温度，输入精炼渣处和钢液处数据，点击“硫容量计算”和“硫分配比计算”按钮即可得到过程参数“硫容量”和“硫分配比”。硫容量可以衡量炉渣脱硫能力，因此，以上两个参数对现场渣系优化有指导作用。成分输入界面的输入数据均可以传输到下一界面，无须重复输入相同的数据成分。在图 2-133 界面输入未填充的数据，然后根据冶炼钢种选择相应的钢种（“低硅钢”或“含硅钢”），最后点击“模型计算”，即可得出“硫分配比”和“终渣质量”。

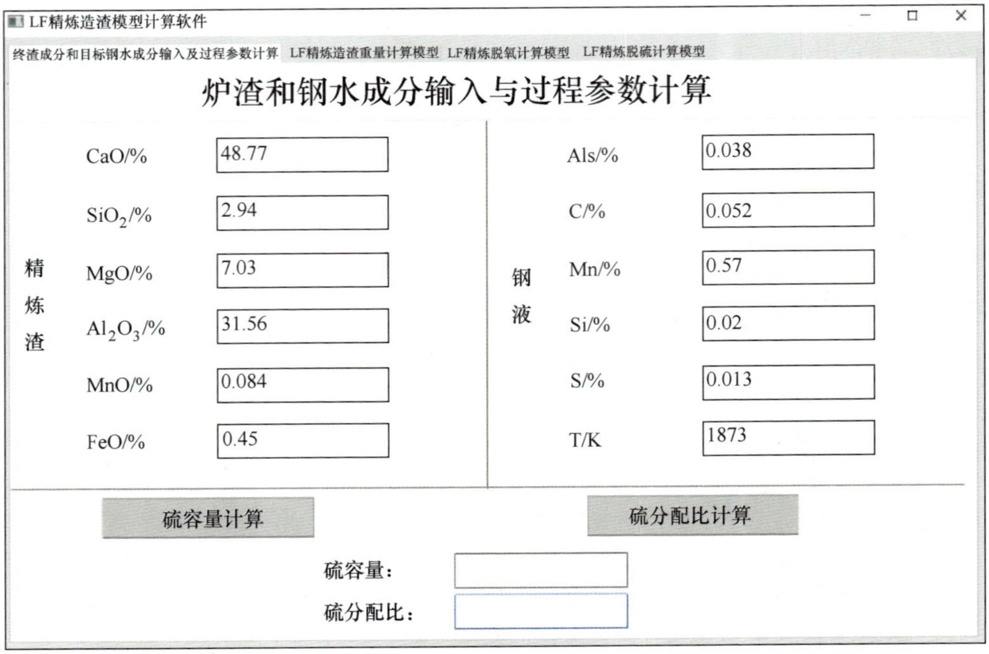

图 2-132　炉渣和钢水成分输入界面

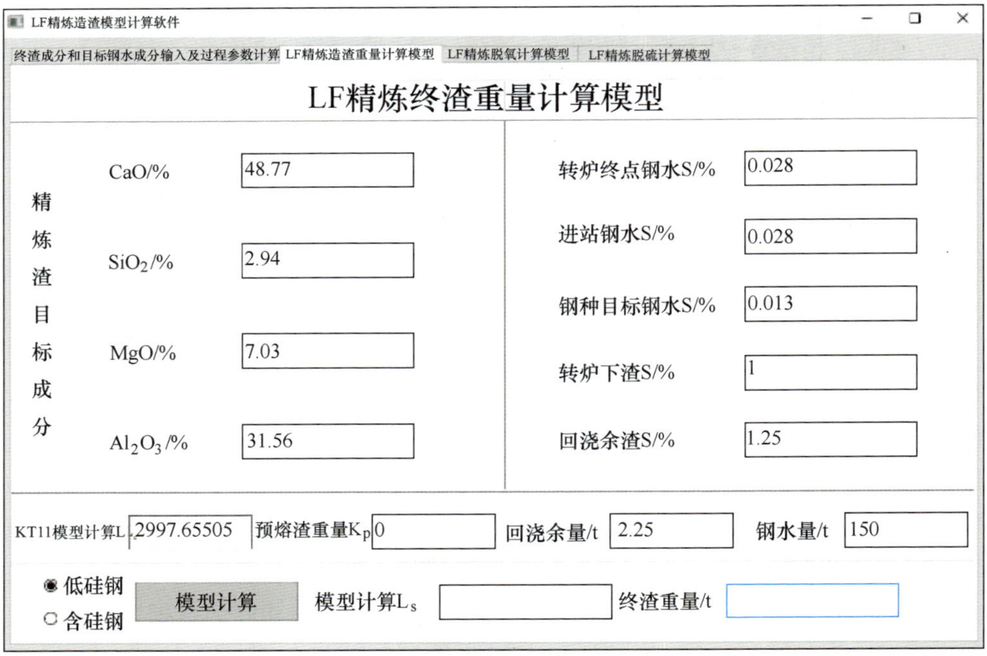

图 2-133　终渣质量计算模型界面数据输入

在 LF 精炼终渣质量计算模型界面中已选择相应的钢种，在此界面输入未填充的数据（图 2-134），然后点击“模型计算”，即可得出当前成分下“所需 Al 线量”或“所需硅铁量”。在图 2-135 界面输入未填充的相应钢水成分数据，然后点击“模型计算”，即可计算得出对应钢种的“加入石灰的质量”。

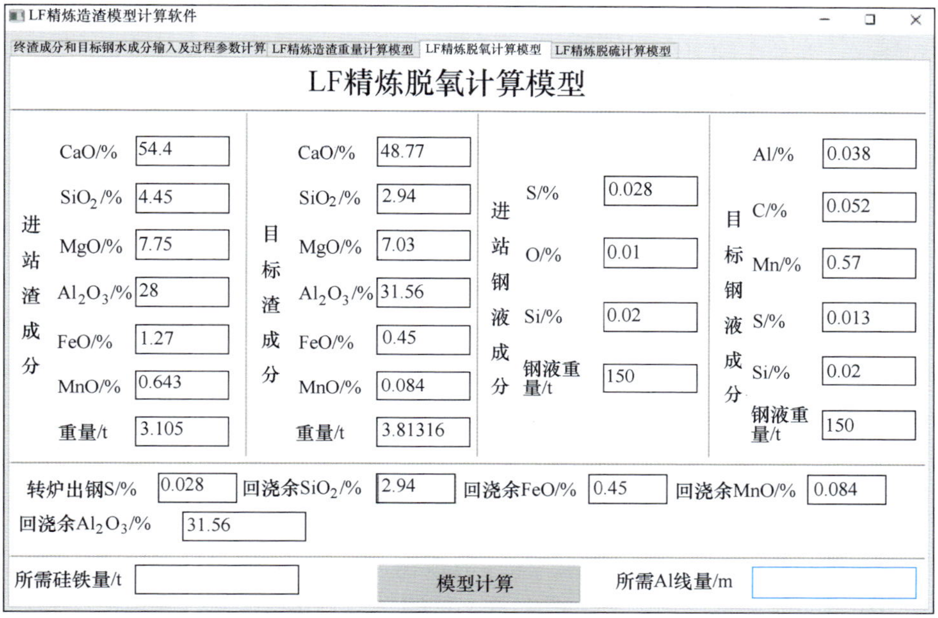

图 2-134　LF 精炼脱氧计算模型数据输入

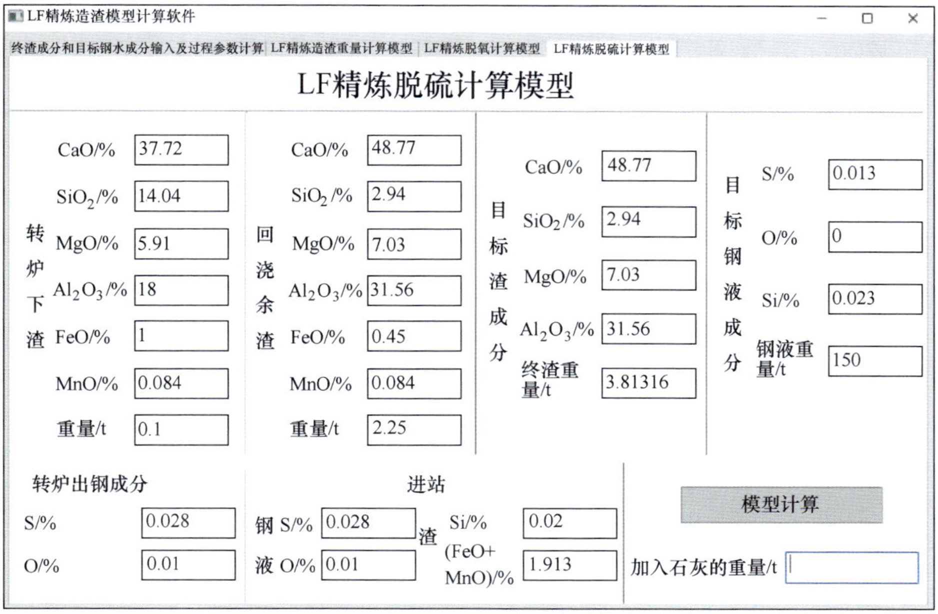

图 2-135　LF 精炼脱硫计算模型数据输入

2.7 RH 精炼过程钢水成分与温度精准控制模型

RH 真空循环脱气工艺具有真空、吹氩和钢水循环三大优势，具有如下特点：

（1）脱气效果好，由于 RH 具有优良的脱氢效果，大大减少了由氢导致的裂纹和缺陷，并使去除氢的热处理过程得到简化和改进，还可脱除一定量的氮气；

（2）具有真空脱碳和脱氧能力，可使钢液［C］达到超低水平；

（3）具有喷粉脱硫能力，能使钢液［S］含量达到很低的水平；

（4）由于 CO 气泡和氩气泡对钢液的搅拌，使夹杂物由小颗粒或小液滴汇集成大颗粒或大液滴上浮，从而减少钢水中夹杂物，提高了钢水洁净度；

（5）具有合金化、均匀钢液温度和成分的作用；

综上，RH 工艺具有脱碳、脱氧、脱氢、脱硫、减少非金属夹杂物及调整钢液成分等优点，经真空处理的钢种可以大大改善疲劳性能、切削性能和机械性能以及轧制性能。

RH 真空精炼方法具有脱碳、脱氧、脱氢、脱氮及去除夹杂和成分微调等多种功能，RH 真空精炼处理的钢种及质量效果如表 2-26 所示。随着 RH 装备和工艺的不断改进、完善，在众多的炉外精炼方法中 RH 具有重要乃至不可替代的作用，为生产超洁净钢特别是超低碳钢，提供了必要的工艺装备和操作技术的有效手段。在国外，生产石油管线钢、深冲薄板钢、硅钢及 IF 钢等高洁净钢几乎都采用 RH 多功能精炼技术。对生产低氢、低碳钢种，RH 真空精炼是最主要钢水精炼方式之一。

表 2-26　RH 真空精炼处理的钢种及质量效果

钢种及制品	主要处理目的	主要质量效果
重轨钢	脱氢、改善夹杂物形态	消除白点、简化热处理工艺
厚板	脱氢、减少氧化物夹杂	抗拉强度提高、热处理工艺简化、机械性能改善
薄板	脱碳、减少氧化物夹杂	减少表面缺陷、提高加工性能
硅钢、电工钢	脱碳、脱氧、脱氢	提高硅钢的电工性能、保障冷轧工序
轴承钢	减少氧化物夹杂	提高接触疲劳寿命、减少发纹
弹簧钢	减少氧化物夹杂、脱氢	提高疲劳强度
工具钢	减少氧化物夹杂、脱氢	提高疲劳寿命
不锈钢	脱碳、提高铬的收得率	减少表面裂纹
IF 钢	脱碳、脱氮、脱氢	提高深冲性能
管材	减少氧化物夹杂	减少发纹，减轻修理量
低合金结构钢	脱氧、减少氧化物夹杂、脱氢	减少发纹、调整晶粒度、提高抗拉极限强度、淬火性稳定
超低碳镀锌板	脱碳、脱氮、脱氢、减少氧化物夹杂	提高塑性各向异性系数、提高延伸率、提高加工性能

随着钢铁行业高质量发展和产品要求的不断提升，通过模型实现 RH 精炼钢水成分与温度的精准控制已经成为越来越迫切的需要。

2.7.1 RH 精炼过程钢水温度精准控制模型

到目前为止，有众多研究者和研究机构对 RH 精炼温度预报方法进行了研究，其中，多元回归分析模型[76-77]是把影响因素线性化，建立的控制模型较为简化，与实际情况不符，预测精度不高。宝钢利用人工智能软件建立了 RH 精炼温度模型，开发了 RH 精炼过程控制模型并实现了在线应用[78]，然而温度预报命中率只有 82%；鞍钢也建立了 RH 精炼控制模型，并在线运行[79]，也存在预报命中率不高的问题。基于 BP 神经网络建立的钢包精炼温度预报模型[80]，预报命中率可达 85%，且 BP 网络采用的程序设计容易出现复杂的嵌套程序，不仅费时而且很难进行调整，这使得其网络训练速度比较慢，运算时容易陷入局部极小点。而且用普通的 BP 网络建立预测模型，它存在一个明显的缺陷，即预测时域不能太长。因为预测时域如果过长，预测误差将会不停叠加累积，会降低预测性能和预测精度。基于热平衡原理建立的钢水温度预报模型[81-82]，在充分考虑 RH 精炼实际过程的各项热量变化的基础上，简化实际生产中的部分不确定因素，可以建立清晰明了的数学模型，运用到实际生产中不仅模型运算速度快，而且还可以通过对模型参数进行自学习调整的方法使模型预报命中率达到较高水平。

本书对 RH 精炼过程温度变化进行了较深入解析，提出了 RH 真空室钢液温度变化的数学表达式[83]：

$$\rho V C_p \frac{\mathrm{d}T_{2t}}{\mathrm{d}\tau} = -QC_p(T_{2t} - T_{1t}) - Q_c + q_m(\tau) \cdot A_m + q_n(\tau) \cdot A_n + q_p(\tau) \cdot A_p + Q_s + Q_{Ar} + Q_{gas} - Q_{alloy} \tag{2-196}$$

式中，ρ 为真空室内钢水的密度；V 为真空室内钢水的体积；C_p 为真空室内钢水的质量热容，J/(kg·℃)；T_{2t} 为真空室内钢水的温度；Q 为钢水循环流量，t/min；Q_c 为真空室内钢水脱碳产生的化学热，$Q_c = \Delta H_{CO}\Delta[C]W_1$，kJ；$W_1$ 为真空室内钢水质量，kg；$q_m(\tau)$ 为进入 RH 炉壁的热流量（真空室内与钢水接触部分），kJ；A_m 为流入 RH 炉壁的面积，m^2；$q_n(\tau)$ 为进入 RH 底部的热流量，kJ；A_n 为 RH 底部的面积，m^2；$q_p(\tau)$ 为进入 RH 浸渍管的热流量，kJ；A_p 为流入 RH 浸渍管的面积，m^2；Q_s 为真空室钢水表面的辐射热量，kJ；Q_{Ar} 为吹入真空室氩气泡带走的热量，kJ；Q_{gas} 为真空室内炉气带走的热量，kJ；Q_{alloy} 为合金加入引起的热量变化，kJ。

$$\rho V C_p \mathrm{d}T_{2t} = -QC_p(T_{2t} - T_{1t}) - Q_c + q_m(\tau) \cdot A_m + q_n(\tau) \cdot A_n + q_p(\tau) \cdot A_p + Q_s + Q_{Ar} + Q_{gas} - Q_{alloy} \cdot \mathrm{d}\tau \tag{2-197}$$

$$T_{2t}^{\tau+\Delta\tau} = T_{2t}^{\tau} + \frac{1}{\rho V C_p} - QC_p(T_{2t}^{\tau} - T_{1t}^{\tau}) - Q_c + q_m^{\tau} \cdot A_m + q_n^{\tau} \cdot A_n +$$

$$q_p^{\tau} \cdot A_p + Q_s + Q_{Ar} + Q_{gas} - Q_{alloy} \cdot \Delta\tau \tag{2-198}$$

（1）进入 RH 炉壁的 $q_m(\tau)$ 热流量的确定：假定真空室耐火材料的温度除厚度方向外，其他方向是均匀的，所以热量仅沿着耐火材料的厚度方向从内向外传热，传热方程为一维不稳态导热：

$$\rho_{W,RH} \cdot C_{pW,RH} \cdot \frac{\partial T_{W,RH}}{\partial \tau} = \frac{1}{r} \cdot \frac{\partial}{\partial r}\left(r \cdot \lambda_{W,RH}(\tau) \cdot \frac{\partial T_{W,RH}}{\partial r}\right) \tag{2-199}$$

稳定性判据为　　$1-F \cdot r_W/r_P - F \cdot r_E/r_P \geqslant 0$

则　　$1-2F \geqslant 0,\ \left(F = \dfrac{\alpha \cdot \Delta\tau}{\Delta r^2}、\alpha = \dfrac{\lambda}{\rho \cdot C_p}\right)$

得　　$F \leqslant 1/2$

初始条件：

$\tau = 0,\ r_{RH} \leqslant r \leqslant r_{W,RH},\ T_{RH}(r,\ 0) = T_{RH}(r,\ \tau)$

式中，r_{RH}为真空室内径，m；$r_{W,RH}$为真空室外径，m。

边界条件：

$\tau > 0,\ r = r_{RH},\ T_{RH}(r,\ \tau) = T_{RH}(\tau)$

$\tau > 0,\ r = r_{1,RH}$（复合衬壁处）

$$\left(\frac{V}{2}\rho_A \cdot C_{p,A} + \frac{V}{2}\rho_B \cdot C_{p,B}\right)\frac{\partial T_b}{\partial \tau}\bigg|_{r_1,RH} = -s \cdot \lambda_A \frac{\partial T_b}{\partial r}\bigg|_{r-\frac{1}{2}\Delta r} + s \cdot \lambda_B \cdot \frac{\partial T_b}{\partial r}\bigg|_{r+\frac{1}{2}\Delta r} \tag{2-200}$$

$\tau > 0,\ r = r_{W,RH}$

$$\frac{V}{2} \cdot \rho \cdot C_p \cdot \frac{\partial T}{\partial \tau}\bigg|_{Xb} = -s \cdot \lambda \cdot \frac{\partial T}{\partial x}\bigg|_{Xb} - h_{m-f} \cdot s \cdot (T_b - T_f) - \varepsilon_m \cdot \sigma_0 \cdot s \cdot \left[\left(\frac{T_b + 273}{100}\right)^4 - \left(\frac{T_f + 273}{100}\right)^4\right] \tag{2-201}$$

在每一时间步长 dτ 内，真空室（真空室内与钢水接触部分）蓄热量 q_1 为：

$$q_1 = \sum_{r_{RH}}^{r_{W,RH}} \rho \cdot V \cdot C_p \cdot [T_b(r,\ \tau + \Delta\tau) - T_b(r,\ \tau)] \tag{2-202}$$

在每一时间步长 dτ 内，真空室（真空室内与钢水接触部分）外壳散热量 q_2 为：

$$q_2 = s \cdot \left\{h_{m-f} \cdot (T_b(r_{W,RH},\ \tau) - T_f) + \varepsilon_m \cdot \sigma_0 \cdot \left[\left(\frac{T_b + 273}{100}\right)^4 - \left(\frac{T_f + 273}{100}\right)^4\right]\right\} \cdot d\tau \tag{2-203}$$

（2）进入 RH 炉壁的热流密度：

$$q_m(\tau) = q_1 + q_2 \tag{2-204}$$

（3）进入 RH 炉壁底部的热流量 $q_p(\tau)$ 的确定方法与钢包底部相同。

（4）$q_{p}(\tau)$ 进入 RH 浸渍管热流量的确定：

浸渍管分为两部分，一部分插入钢包钢水中，浸渍管内外都处在钢水中，只存在浸渍管自身的吸热；而另一部分是暴露在空气中的，浸渍管内壁是钢水的传热，耐材自身吸热，外壁是对流和辐射散热，类似真空室耐材的情况。

浸渍管暴露于空气中的部分：

$$\rho_{W,RH} \cdot C_{pW,RH} \cdot \frac{\partial T_{W,RH}}{\partial \tau} = \frac{1}{r} \cdot \frac{\partial}{\partial r}\left(r \cdot \lambda_{W,RH}(\tau) \cdot \frac{\partial T_{W,RH}}{\partial r}\right) \tag{2-205}$$

初始条件：

$\tau = 0$，$r_{RH} \leqslant r \leqslant r_{W,RH}$，$T_{RH}(r, 0) = T_{RH}(r, \tau)$

式中，r_{RH}为浸渍管内径，m；$r_{w,RH}$为浸渍管外径，m。

边界条件：

$\tau > 0$，$r = r_{RH}$，$T_{RH}(r, \tau) = T_{RH}(\tau)$

$\tau > 0$，$r = r_{,RH}$（复合衬壁处）

$$\left(\frac{V}{2}\rho_{A} \cdot C_{p_{A}} + \frac{V}{2}\rho_{B} \cdot C_{p_{B}}\right)\frac{\partial T_{b}}{\partial \tau}\bigg|_{r_{1,RH}} = -s \cdot \lambda_{A}\frac{\partial T_{b}}{\partial r}\bigg|_{r-\frac{1}{2}\Delta r} + s \cdot \lambda_{B} \cdot \frac{\partial T_{b}}{\partial r}\bigg|_{r+\frac{1}{2}\Delta r} \tag{2-206}$$

$\tau > 0$，$r = r_{W,RH}$

$$\frac{V}{2} \cdot \rho \cdot C_{p} \cdot \frac{\partial T}{\partial \tau}\bigg|_{Xb} = -s \cdot \lambda \cdot \frac{\partial T}{\partial x}\bigg|_{Xb} - h_{m-f} \cdot s \cdot (T_{b} - T_{f}) - \varepsilon_{m} \cdot \sigma_{0} \cdot s \cdot \left[\left(\frac{T_{b} + 273}{100}\right)^{4} - \left(\frac{T_{f} + 273}{100}\right)^{4}\right] \tag{2-207}$$

（5）在每一时间步长 dτ 内，真空室（真空室内与钢水接触部分）蓄热量q_{1}为：

$$q_{1} = \sum_{r_{RH}}^{r_{W,RH}} \rho \cdot V \cdot C_{p} \cdot [T_{b}(r, \tau + \Delta\tau) - T_{b}(r, \tau)] \tag{2-208}$$

（6）在每一时间步长 dτ 内，真空室（真空室内与钢水接触部分）外壳蓄热量 q_{2} 为：

$$q_{2} = s \cdot \left\{h_{m-f} \cdot (T_{b}(r_{W,RH}, \tau) - T_{f}) + \varepsilon_{m} \cdot \sigma_{0} \cdot \left[\left(\frac{T_{b} + 273}{100}\right)^{4} - \left(\frac{T_{f} + 273}{100}\right)^{4}\right]\right\} \cdot d\tau \tag{2-209}$$

（7）浸渍管暴露空气部分的热流密度：

$$q_{m}(\tau) = q_{1} + q_{2} \tag{2-210}$$

（8）浸渍管插入钢水中部分：

$$\rho_{W,RH} \cdot C_{pW,RH} \cdot \frac{\partial T_{W,RH}}{\partial \tau} = \frac{1}{r} \cdot \frac{\partial}{\partial r}\left(r \cdot \lambda_{W,RH}(\tau) \cdot \frac{\partial T_{W,RH}}{\partial r}\right) \tag{2-211}$$

稳定性判据为：

$$1 - F \cdot r_W / r_P - F \cdot r_E / r_P \geqslant 0 \left(F = \frac{\alpha \cdot \Delta\tau}{\Delta r^2}, \alpha = \frac{\lambda}{\rho \cdot C_p} \right)$$

则 $$1-2F \geqslant 0$$

得 $$F \leqslant 1/2$$

初始条件：

$\tau = 0$，$r_{RH} \leqslant r \leqslant r_{W,RH}$，$T_{RH}(r,\ 0) = T_{RH}(r,\ \tau)$

式中，r_{RH}为浸渍管内径，m；$r_{W,RH}$为浸渍管外径，m。

边界条件：

$\tau > 0$，$r = r_{RH}$，$T_{RH}(r,\ \tau) = T_{RH}(\tau)$

$\tau > 0$，$r = r_{W,RH}$，$T_{RH}(r,\ \tau) = T_{RH}(\tau)$

$\tau > 0$，$r = r_{1,RH}$（复合衬壁处）

$$\left(\frac{V}{2} \cdot \rho_A \cdot C_{p,A} + \frac{V}{2} \cdot \rho_B \cdot C_{p,B} \right) \frac{\partial T}{\partial \tau} \bigg|_{r_1} = - s \cdot \lambda_A \frac{\partial T}{\partial r} \bigg|_{r_1 - \frac{1}{2}\Delta r} + s \cdot \lambda_B \cdot \frac{\partial T}{\partial r} \bigg|_{r_1 + \frac{1}{2}\Delta r} \tag{2-212}$$

（9）在每一时间步长 $d\tau$ 内，浸渍管插入钢水部分蓄热量 q_3 为：

$$q_3 = \sum_{r_{RH}}^{r_{W,RH}} \rho \cdot V \cdot C_p \cdot [T_b(r,\ \tau + \Delta\tau) - T_b(r,\ \tau)] \tag{2-213}$$

（10）通过浸渍管的热流密度为：

$$q = q_1 + q_2 + q_3 \tag{2-214}$$

（11）真空室内部钢水辐射传热问题研究

接触钢水侧壁炉衬沿高度方向的温度也是不同的，为计算这个阶段炉壁通过热流的相应温度分布，应在炉壁内沿沿高度方向分为 n 个小垂直段求解，每一个垂直段内表面温度由其中点温度表示，图 2-136 为 RH 真空室辐射示意图。

为计算空腔中的辐射角系数，将 RH 炉真空室内腔进一步几何简化为图 2-137 所示的圆筒。内筒半径为 r_0，总高度为 h，将其沿高度方向分为 n 段，每段长度 $I=h/n$。

将 RH 炉真空室内钢液面上部空腔分为如图所示的几个小圆环。图中真空室盖以 0 表达，钢水表面以 1 表达，从 2 到 n 为小圆环侧表面，$n+1$，$n+2$，…，$2n-1$ 为圆盘表面。

钢水对侧壁的角系数计算：

1 面对任一圆盘表面 $n+i$ 面都为平行正对圆盘面，则：

$$\varphi_{1,n+i} = \frac{1}{2} \left[X_i - \sqrt{X_i^2 - 4\left(\frac{R_{n+i}}{R_{1,i}} \right)^2} \right] \quad (i = 1,\ 2,\ \cdots,\ n-1) \tag{2-215}$$

式中，$R_{1,i}=R_{n+i}=r_0/[ih/(h-1)]=(n-1)r_0/(ih)$；$X_i=1+\dfrac{1+R_{n+i}^2}{R_{1,i}^2}$；$\varphi_{1,n+i}$ 为表面 1 面对 $n+i$ 面的角系数。

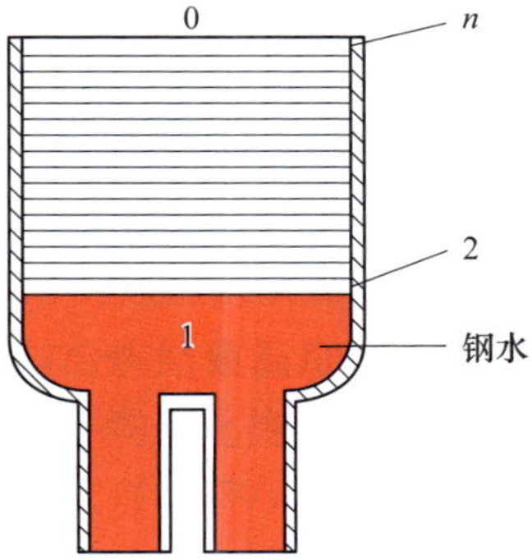

图 2-136　RH 真空室辐射示意图
0—真空室盖表面；1—钢水表面；
2~n—分成的小圆环侧表面

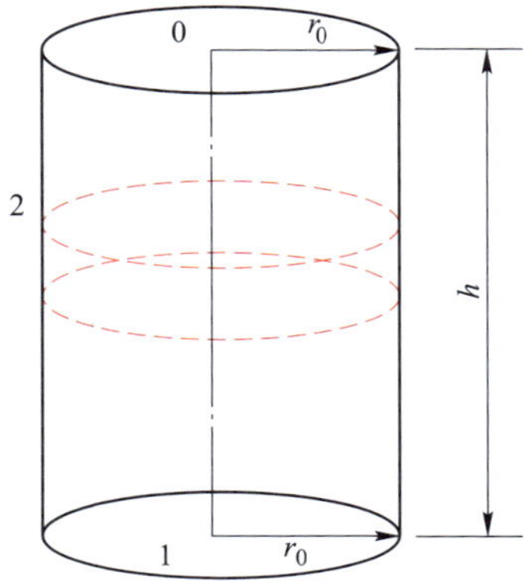

图 2-137　RH 真空室内钢液面上部空腔简化示意图

例如：

$$\varphi_{1,2n-1}=\frac{1}{2}\left[2+\left(\frac{h}{r_0}\right)^2-\sqrt{4\left(\frac{h}{r_0}\right)^2+\left(\frac{h}{r_0}\right)^4}\right]=\varphi_{2n-1,1} \tag{2-216}$$

式中，r_0为真空室圆筒壁内径，m；h 为钢水 1 面到 $n-1$ 圆盘表面的距离，m。

求 1 面对侧壁面的角系数 $\varphi_{1,i}(i=1,2,\cdots,n-1)$

由角系数的完整性：

$$\varphi_{1,2}=1-\varphi_{1,n+1}$$

设想从 1 面发出的能量，凡通过 $n+1$ 面的能量全部被 3 面和 $n+2$ 面，则有：

$$\varphi_{1,3}=\varphi_{1,n+1}-\varphi_{1,n+2}$$

同理：

$$\varphi_{1,4}=\varphi_{1,n+2}-\varphi_{1,n+3}$$

$$\varphi_{1,i}=\varphi_{1,n+i-2}-\varphi_{1,n+i-1}(i=3,4,\cdots,n-1)$$

钢水对真空室盖的角系数计算：

$$\begin{aligned}\varphi_{1,0}&=\frac{1}{2}\left[2+\frac{1}{R_{1(n-1)}^2}-\sqrt{\left(2+\frac{1}{R_{1(n-1)}^2}\right)^2-4}\right]\\&=\frac{1}{2}\left[2+\left(\frac{h}{r_0}\right)^2-\sqrt{4\left(\frac{h}{r_0}\right)^2+\left(\frac{h}{r_0}\right)^4}\right]\end{aligned} \tag{2-217}$$

钢水自身的角系数计算：

$$\varphi_{1,1}=0$$

真空盖对侧壁的角系数计算：

与钢水面对侧壁的角系数计算非常类似，侧壁对真空盖的角系数与侧壁对 $2n-1$ 面对侧壁的角系数是相等的。

$$\varphi_{0,i}=\frac{A_i}{A_0}\varphi_{i,0}(i=2,\ 3,\ \cdots,\ n) \tag{2-218}$$

式中，A_0为真空盖的表面积；A_i为真空室侧壁的环带表面积。

例如：

$$\varphi_{0,2}=\frac{A_2}{A_0}\varphi_{2,0};\ \varphi_{0,3}=\frac{A_3}{A_0}\varphi_{3,0} \tag{2-219}$$

真空盖对钢水面的角系数计算：

$$\varphi_{0,1}=\frac{A_1}{A_0}\varphi_{1,0} \tag{2-220}$$

式中，A_1为钢水面的表面积。

真空盖自身辐射的角系数计算：

$$\varphi_{0,0}=1-\varphi_{0,1}-(\varphi_{0,2}+\varphi_{0,3}+\cdots+\varphi_{0,n}) \tag{2-221}$$

侧壁对钢水的角系数计算：

由角系数的互换性：

$$\varphi_{i,1}=\frac{A_1}{A_i}\varphi_{1,i}(i=2,\ 3,\ \cdots,\ n) \tag{2-222}$$

例如：

$$\varphi_{2,1}=\frac{A_1}{A_2}\varphi_{1,2};\ \varphi_{3,1}=\frac{A_1}{A_3}\varphi_{1,3} \tag{2-223}$$

侧壁对真空盖的角系数计算：

侧壁对真空盖的角系数与侧壁对 $2n-1$ 面的角系数是相等的。而这与侧壁对钢水面的角系数计算非常类似。

将钢水面对圆盘表面的角系数反过来即可。

$$\varphi_{n+2-i,0}=\varphi_{i,1}(i=2,\ 3,\ \cdots,\ n)$$

例如：

$$\varphi_{n,0}=\varphi_{2,1};\ \varphi_{n-1,0}=\varphi_{3,1};\ \cdots$$

侧壁对自身辐射的角系数计算：

1）环带 2 自身辐射的角系数计算：

$$\varphi_{2,2}=1-2\varphi_{2,1} \tag{2-224}$$

2）环带 2 对其他环带的角系数：

对于 $3\leqslant i\leqslant n$，则 $\varphi_{2,i}=(\varphi_{1,i-1}-\varphi_{1,i})A_1/A$，环带表面积 $A=A_2=\cdots=A_n$

3）其他环带之间的角系数计算：

对于 $n \geqslant i \geqslant j \geqslant 3$，则 $\varphi_{j,i} = \varphi_{j-1,i-1}$；

对于 $2 \geqslant i \geqslant j \geqslant n$，则 $\varphi_{j,i} = \varphi_{i,j}$。

根据辐射角系数，即可计算自由空间内的辐射换热。

假定该空间的热量交换只有辐射方式的同时，还需假设：

1）辐射空间的气体透明；

2）构成自由腔体的表面为灰体；

3）各表面为等温面；

4）真空室盖只有轴向热流；

5）真空室内壁有径向和轴向热流。

每一个面的投射辐射密度为：

$$G_i = \sum_{k=0}^{n} J_k \varphi_{k,i} A_k / A_i (i = 0,\ 1,\ 2,\ \cdots,\ n) \tag{2-225}$$

式中，G_i为每一个面的投射辐射密度，W/m^2；J_k为 k 面的有效辐射，W/m^2；A_k为 k 面的表面积，m^2。

而由于：

$$\varphi_{k,i} A_k = \varphi_{i,k} A_i$$

所以：

$$G_i = \sum_{k=0}^{n} J_k \varphi_{i,k} \quad (i = 0,\ 1,\ 2,\ \cdots,\ n) \tag{2-226}$$

例如：

$$G_1 = J_1 \varphi_{1,1} + J_2 \varphi_{1,2} + J_3 \varphi_{1,3} + \cdots$$

$$G_2 = J_1 \varphi_{2,1} + J_2 \varphi_{2,2} + J_3 \varphi_{2,3} + \cdots$$

每一个面的自辐射为：

$$E_i = \varepsilon_i \sigma T_{is}^4 \quad (i = 0,\ 1,\ 2,\ \cdots,\ n) \tag{2-227}$$

式中，E_i为 i 面的辐射力，W/m^2；ε_i为 i 面的发射率，黑度；σ 为玻耳兹曼常数，取 5.67×10^{-8} W/(m^2 · K^4)；T_{is}为 i 面的温度，K。

例如：

$$E_1 = \varepsilon_1 \sigma T_{1s}^4$$

$$E_2 = \varepsilon_2 \sigma T_{2s}^4$$

每一个面的有效辐射为：

$$J_i = E_i + (1 - \varepsilon_i) G_i \quad (i = 0,\ 1,\ \cdots,\ n) \tag{2-228}$$

即：

$$J_1 = E_1 + (1 - \varepsilon_1) G_1$$

$$J_2 = E_2 + (1 - \varepsilon_2) G_2$$

将式（2-226）、式（2-227）代入式（2-228），得：

$$J_i = \varepsilon_i \sigma T_{is}^4 + (1 - \varepsilon_i) \sum_{k=0}^{n} J_k \varphi_{i,k} \quad (i = 0,\ 1,\ 2,\ \cdots,\ n) \tag{2-229}$$

用 Gauss-Seidel 迭代法解代数方程组，得出各个表面的有效辐射后，即可用式（2-230）计算出各个表面的净辐射换热量。

解此方程即可求出 J_i，相应地可求出 q_i，q_i作为计算过程中的边界条件。

$$q_i = \frac{E_{bi} - J_i}{\frac{1 - \varepsilon_i}{\varepsilon_i}} \quad 或 \quad Q_i = \frac{E_{bi} - J_i}{\frac{1 - \varepsilon_i}{\varepsilon_i A_i}}$$

$$E_i = \varepsilon_i E_{bi} \tag{2-230}$$

式中，E_{bi}为黑体 i 表面的辐射力，W/m^2；q_i为 i 面的辐射换热流，W/m^2；Q_i为 i 面的辐射换热量，W。

对于 RH 真空室，在开始时刻，经过对真空室预热之后，真空室内达到稳定的温度，真空室侧壁、真空室包盖都形成了稳定的温度场，所以，耐材都具有固定的温度值。随着钢水的加入，温度较高的钢水以导热和辐射的方式向真空室内传输热量。

在处理包盖的辐射散热问题时，由于钢水对包盖的辐射传热量较少，连续的真空气体流经包盖，对包盖的温度产生很大的影响，再加上连续的抽气作用，故包盖的温度变化不是太大，取一个合适的定值即可。

（1）吹入氩气泡带走的热量：

$$Q_g = Q_{\mathrm{Ar}} C_{p,\mathrm{Ar}} (T_{2t} - T_{\mathrm{Ar}}) \tag{2-231}$$

式中，Q_{Ar}为刚开始 3 min，轻处理为 1.5 Nm^3/min，本处理为 1.5 Nm^3/min；以后的精炼过程中，轻处理为 2.0 Nm^3/min，本处理为 2.5 Nm^3/min；$C_{p,\mathrm{Ar}}$为氩气的质量热容，937.44 J/(Nm^3 · ℃)。

（2）真空室内炉气带走的热量：

$$Q_p = Q_{混合} C_{混合} (T_{混合} - Q_{出口}) \tag{2-232}$$

（3）合金加入引起的热量变化：

$$Q_{\mathrm{alloy}} = \sum_{i}^{N} W_{\mathrm{alloy}} \cdot F_i \cdot [C_{p,\mathrm{si}} \cdot (T_{r,i} - T_f) + Q_{f,i} + C_{p,\mathrm{li}} \cdot (T_m - T_{r,i})] \tag{2-233}$$

式中，W_{alloy}合金质量，kg；F_i为合金中 i 元素的含量,%；$C_{p,si}$为 i 元素固态比热，J/kg；$C_{p,\mathrm{li}}$为 i 元素液态比热，J/kg；$T_{r,i}$为 i 元素的熔点,℃；$Q_{f,i}$为 i 元素的熔化潜热，J/kg。

在以上研究基础上，建立的 RH 精炼过程温度预报模型[84]在宝钢 300 t RH-MFB 精炼炉应用效果良好，RH 精炼过程和处理结束终点温度预测±5 ℃以内命中率均达到 90%以上。图 2-138 和图 2-139 分别为 RH 精炼处理过程和 RH 精炼处理结束钢水温度计算值与实测值示意图。

2.7.2 RH 精炼过程钢水成分精准控制模型

RH 精炼钢水成分控制主要是对碳和合金元素成分的控制，因此，RH 钢水

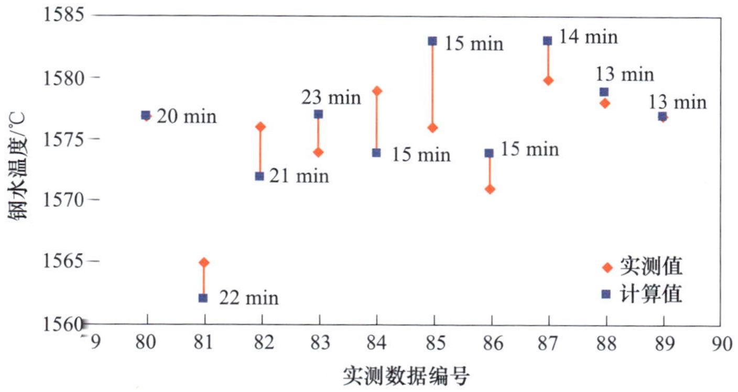

图 2-138 RH 精炼处理过程钢水温度计算值与实测值

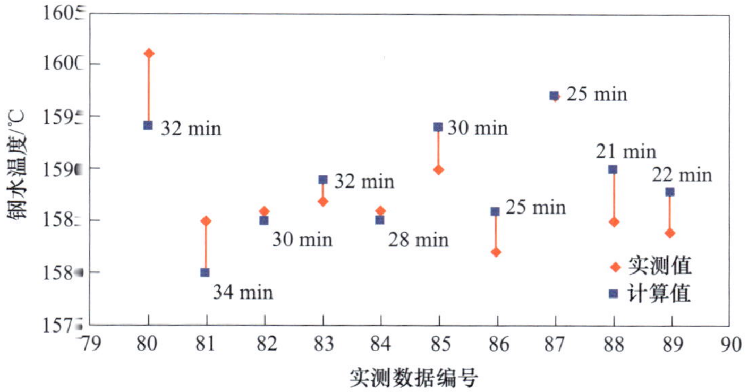

图 2-139 RH 精炼处理结束钢水温度计算值与实测值

成分精准控制模型主要包含脱碳模型和合金化模型。

2.7.2.1 冶炼脱碳模型

对于 RH 超低碳钢来说，实现对钢水碳含量的精准控制极其重要。由于钢铁工业领域至今尚无直接测量钢水碳含量的方法，因此，在 RH 脱碳过程中，一般是根据生产现场操作经验和模型来控制脱碳过程，其脱碳结果只有在取样化验后才能获得，这无疑降低了精炼终点碳命中率并且延长了钢水精炼时间，给炼钢生产效率、产品质量以及能源和物质消耗带来不利影响。因此，对炼钢过程产生炉气进行检测，通过连续测量炉气成分及流量，间接推定钢水碳含量的炉气分析技术应运而生。目前，炉气分析逐渐应用于 RH、VOD、转炉以及电弧炉等过程，取得了较好的控制效果，且部分模型已应用于 RH 精炼在线脱碳控制。

国内外现有的 RH 脱碳模型一般分为静态脱碳模型和动态脱碳模型两种。其中，静态脱碳模型是根据初始碳 C_0按照指数函数关系式计算出任一时刻 τ 的碳浓度 C：

$$C = C_0\exp[-\alpha(\tau - \tau_0)] \tag{2-234}$$

由于该模型无法考虑环气流变化、吹氧等动态变化因素，处理过程中每一时刻的碳浓度推测值从处理开始即被固定，因此没有实用价值。

目前，一般在实际生产中应用的 RH 脱碳模型均为动态脱碳模型。动态脱碳模型能够接受处理过程中一些对脱碳反应速度有影响的因素的动态变化，或者是能够处理脱碳反应速度指示量，主要可以分为基于测量和基于推定两类。

基于测量的动态脱碳模型在硬件上依赖排气流量仪，根据排气流量仪检测出的实时排气流量和实时 CO、CO_2 浓度累计得出脱碳量，从而推算出钢水中剩余碳浓度 C。

$$C = C_0 - \frac{1}{W}\int f \times (\mathrm{CO}\% + \mathrm{CO_2}\%)\,\mathrm{d}\tau \tag{2-235}$$

式中，W 为钢水质量；f 为排气流量；C_0 为初始碳含量。

模型的计算思路侧重于对排气流量仪测量结果的统计分析，属于广义上的测量，称为脱碳计算模型更为准确。

基于推定的动态脱碳模型则不依赖于对排气流量数据的直接统计处理，而是研究脱碳反应规律，根据能够实时检测到的影响脱碳反应速度等变量的动态变化来推算钢水碳浓度。

采用基于推定的碳浓度动态计算方法，把环流气流量、真空度、游离氧浓度、吹氧、加合金等变量或事件作为影响脱碳速度的主要因素，把炉气中的 CO 浓度作为钢水碳浓度值的指示量，分别研究确定这些变量或它们之间的组合与钢水碳浓度变化之间的关系，并把这些规律整合起来形成完整的脱碳模型。模型工作时，采用以上一个微小时间单元钢水碳浓度为基准向后计算下一个微小时间单元的钢水碳浓度的方式，依次递推，直到处理结束，即可得到终点碳。

2.7.2.2 合金化模型

在 RH 真空精炼控制模型中，合金化模型也是其中一个重要模型。钢水合金化是一个复杂的过程，较为精确地确定加入合金的种类及数量，是获得高质量钢、达到节能降耗目的的重要措施。只有通过最优的算法计算合金加入量，才能精确控制钢水化学成分、合理使用合金原料、有效降低钢水成本。文献［85］采用线性规划方法解决问题，算法采用成熟的单纯型法。单纯行法原理简单，求解迭代过程单一，可以借助于计算机实现大规模问题的运算，伴随着计算机的快速发展，其实用性逐步得到增强。但由于约束条件为目标元素等式，且生产数据复杂，易出现无解情况。文献［86，87］约束条件为目标元素不等式，增加了解的可行域，但目标函数仅是合金成本的线性函数，因此，会出现合金价格最小化的同时，目标可控元素仅控制到元素目标下限值的问题。针对此问题，文献［88］建立了一种基于非线性规划的合金化模型，求解 RH 真空精炼加入合金的数量，在满足钢水成分要求的同时使合金成本最小。该合金化模型通过在某钢厂

RH 的成功应用，证明了基于非线性规划的合金化模型增加了可行解域，避免了可控元素仅控制在元素目标下限的情形，提高了 RH 精炼终点钢水成分的准确性，并简化了钢水合金化的工艺操作。

设有 n 种合金料用于钢水成分调控，某钢种需控制 k 种元素成分，第 i 种元素质量分数的受控范围为 $[\beta_{i,\min},\ \beta_{i,\max}]$，目标质量分数为 $\beta_{i,A}$，合金化前钢水第 i 种元素化验值为 β_i、钢水质量为 W。为了达到冶炼钢种的钢水成分要求，并使合金投入成本最小，建立数学规划模型如下：

$$\min Z = \sum_{j=1}^{n} c_j x_j + \gamma \sum_{i=1}^{k} \left| \sum_{j=1}^{n} \alpha_{ij} x_j + W(\beta_i - \beta_{i,A}) \right| \tag{2-236}$$

s. t. :

$$\begin{cases} W\beta_{i,\min} \leqslant \sum_{j=1}^{n} \alpha_{ij} x_j + W\beta_i \leqslant W\beta_{i,\max} \\ x_j \geqslant 0 \end{cases} \tag{2-237}$$

式中，Z 为模型目标值；x_j 为第 j 种合金料的投入量；c_j 为 x_j 的目标系数；γ 为权重系数，$\gamma>0$；α_{ij} 为投入合金 x_j 后钢水中增加的元素 β_i 含量。

设第 j 种合金料中元素 i 的质量分数为 p_{ij}，收得率为 q_{ij}，则 $\alpha_{ij}=p_{ij}q_{ij}$，$\beta_{i,\min}$，$\beta_{i,\max}$ 分别为元素 β_i 的最小、最大允许质量分数。

目标函数式（2-236）表示合金投入量（或合金投入成本）和钢水实际成分与目标成分差值的绝对值之和最小。当目标系数 c_j 选择为第 j 种合金料的价格时，目标函数 min Z 为合金价格与可控元素目标误差值之和最小；当目标系数 c_j 取常数 1 时，目标函数 min Z 为合金质量与可控元素目标误差值之和最小。约束函数式（2-237）表示加入合金 x_j 使钢水中元素 β_i 的增加量在 $[W\beta_{i,\min},\ W\beta_{i,\max}]$ 之间。

合金化模型过程控制系统由模型工艺参数、生产过程信息、合金加料过程控制三部分组成。其中，模型工艺参数通过二级客户端将合金化模型计算所需的事件类型、钢种成分、合金材质、料仓信息等数据录入到二级数据库，并可以通过二级客户端对冶炼工艺数据进行修改、维护；生产过程信息如合金模型所需的处理炉次号、钢水质量、化验值等实时数据则通过三级系统写入二级数据库，一级系统通过二级服务器为模型软件提供处理事件信息及加料实绩等信息；合金加料过程控制则是合金化模型软件将计算结果下达到一级自动化系统，为钢水合金化加料提供指导。整个合金模型过程控制系统结构如图 2-140 所示。

合金加入模型检索钢水处理事件，事件到达后，模型读取钢水基础信息及工艺参数信息；当模型检索到钢水化验值到达事件后，根据最新的钢水化验信息、料仓信息、钢种目标信息、合金材质质量分数等信息建立非线性规划的合金模型，并将非线性规划模型转化为线性规划模型，启动目标函数最速递减法进行迭代计算，最终得出合金名称及质量。一级过程控制系统发送请求后，合金模型将最新计算结果发送给一级系统。模型计算流程如图 2-141 所示。

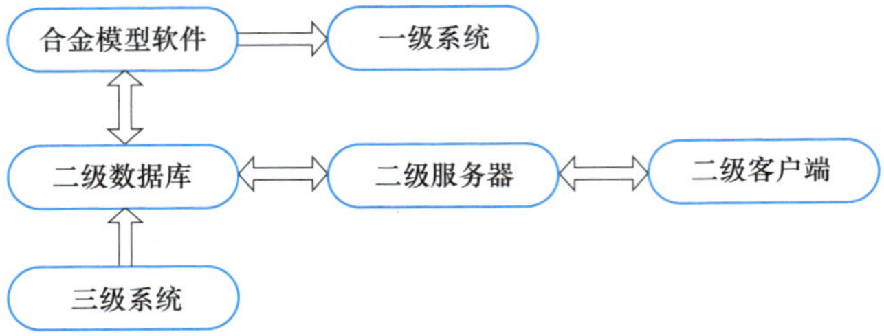

图 2-140　合金模型过程控制系统结构

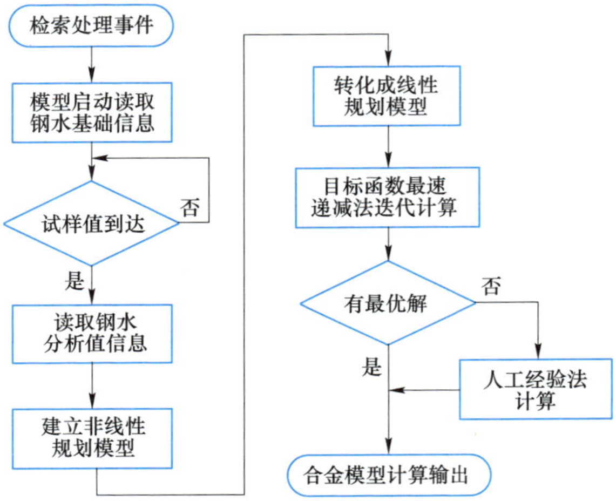

图 2-141　合金加入模型计算流程图

图 2-142 为按照合金模型计算结果添加合金种类及质量后的 RH 钢水冶炼终点化验值中 Ti、Mn 元素质量分数。如图 2-142 所示，钢水中 Ti、Mn 元素终点质

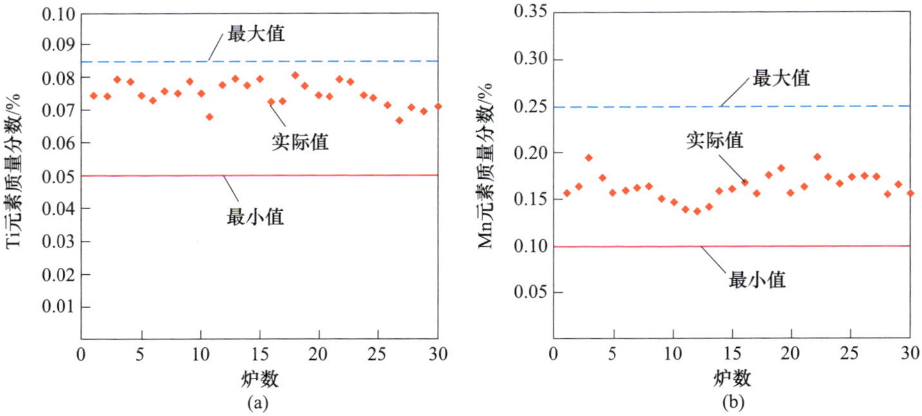

图 2-142　采用合金模型对实际冶炼终点钢水成分控制效果

（a）Ti 元素；（b）Mn 元素

量分数均满足钢种规程要求，且合金元素终点质量分数都接近目标值。

实际应用效果表明，基于非线性规划的合金化模型提高了可解性，增加了模型在生产运行中的实用性；计算过程采用最速递减法，减少了迭代次数，从而缩短了模型的计算时间，简化了操作，可为实际生产提供指导。

2.8　本章小结

炼钢-连铸过程自动化水平近年来取得了长足的进步，但要真正实现炼钢-连铸过程多工序的智能化运行，还需要在先进在线检测技术开发、数据挖掘与高效利用、机理与数据融合建模、工艺模型精度与效率、数字孪生、设备精准控制等多方面进行深入研发。先进的在线检测手段和可靠的整体优化控制方案有机结合将成为今后炼钢-连铸智能化的发展趋势。考虑到钢铁生产流程的复杂性和过程参数的不确定性等特征，现阶段我国钢铁生产控制技术大多处于静态或动态模型使用、完善与开发阶段，在不断完善工序过程工艺机理与数字孪生模型的基础上，以知识工程、工况模式识别、知识图谱开发、动态精准决策等为代表的人工智能控制与工业生产大数据的深度融合将成为未来钢铁生产智能制造的解决方案。

参考文献

[1] 炼钢与连铸智能化控制关键技术 [N]. 世界金属导报，2018-01-09（B04）.

[2] 郭亚芬，杜斌．宝钢有副枪转炉吹炼终点控制模型研究与应用 [J]. 冶金自动化，2003（S1）：45-48.

[3] Sun S, Liao D, Pyke N, et al. Development of an offgas model technology to replace sublance operation for KOBM endpoint carbon control at ArcelorMittal Dofasco [J]. Iron & Steel Technology, 2008, 5（11）: 36-42.

[4] Ceriani A, Aprile G, Scipolo D V, et al. Modeling of the BOF for endpoint prediction using EFSOP® technology results and implementation at Riva Taranto. [C] //AIST Proceedings, 2010: 997-1003.

[5] Humber R R, Herzog K. VAI-CON tap-the missing link in converter steelmaking [C] // AISTech Proceedings. Indianapolis: AIST, 2007.

[6] 王新华，李金柱，刘凤刚．转型发展形势下的转炉炼钢科技进步 [J]. 炼钢，2016，33（1）：1-11.

[7] 倪红卫，喻淑仁，邱玲慧，等．90t 复吹转炉水模实验研究 [J]. 炼钢，2002，18（3）：39-43.

[8] Chen C, Lui Q, Cheng G. Effect of salt tracer amount on the mixing time measurement in a hydrodynamic model of gas-stirred ladle system [J]. Steel Research International, 2013,

84 (9): 900-907.

[9] Cao L L, Liu Q, Wang Y, et al. An attempt to visualize the scrap behavior in the converter for steel manufacturing process using physical and mathematical methods [J]. Materials Transactions, 2018, 59 (11): 1829-1836.

[10] Shukla A K, Dmitry R, Volkova O, et al. Cold model investigations of melting of ice in a gas-stirred vessel [J]. Metallurgical and Materials Transactions B-Process Metallurgy and Materials Processing Science, 2011, 42 (1): 224-235.

[11] Kurobe J, Iguchi M. Cold model experiment on melting phenomena of Zn ingot in hot dip plating bath [J]. Materials Transactions, 2003, 44 (5): 877-884.

[12] Voller V R, Brent A D, Prakash C. The modeling of heat, mass and solute transport in solidification [J]. International Journal of Heat and Mass Transfer, 1989, 32 (9): 1719-1731.

[13] Guo D, Swickard D, Alavanja M, et al. numerical simulation of heavy scrap melting in BOF steelmaking [J]. Iron & Steel Technology, 2013, 10 (4): 125-132.

[14] Cao L L, Liu Q, Wang Z, et al. Interaction behaviour between top blown jet and molten steel during BOF steelmaking process [J]. Ironmaking & Steelmaking, 2018, 45 (3): 239-248.

[15] Molloy N A. Impinging jet flow in a 2-phase system-basic flow pattern [J]. Journal of the Iron and Steel Institute, 1970, 208: 943-950.

[16] Meyer H W, Porter W F, Smith G C, et al. Slag-metal emulsions and their importance in BOF steelmaking [J]. JOM, 1968, 20 (7): 35-42.

[17] Subagyo, Brooks G A, Coley K S, et al. Generation of droplets in slag-metal emulsions through top gas blowing [J]. ISIJ International, 2003, 43 (7): 983-989.

[18] He Q. Fluid dynamics and droplet generation in the BOF steelmaking process [D]. Wollongong: University of Wollongong, 1990.

[19] Sabah S, Brooks G. Energy balance around gas injection into oxygen steelmaking [J]. Metallurgical and Materials Transactions B-Process Metallurgy and Materials Processing Science, 2016, 47 (1): 458-466.

[20] Cao L L, Wang Y N, Liu Q, et al. Physical and mathematical modeling of multiphase flows in a converter [J]. ISIJ International, 2018, 58 (4): 573-584.

[21] Cao L L, Liu Q, Sun J K, et al. Effect of slag layer on the multiphase interaction in a converter [J]. JOM, 2019, 71 (2): 754-763.

[22] 周雪漪. 计算水力学 [M]. 北京：清华大学出版社，1995.

[23] Brackbill U, Kothe D B, Zemach C. A continuum method for modeling surface tension [J]. Journal of Computational Physics, 1992, 100 (2): 335-354.

[24] 吴凤林，蔡扶时. 顶吹转炉氧枪设计 [M]. 北京：冶金工业出版社，1982.

[25] Lee M S, O'Rourke S L, Molloy N A. Oscillatory flow in the steelmaking vessel [J]. Scandinavian Journal of Metallurgy, 2003, 32 (5): 281-288.

[26] Zhou X, Ersson M, Zhong L, et al. Numerical simulations of the kinetic energy transfer in the bath of a BOF converter [J]. Metallurgical and Materials Transactions B-Process Metallurgy and Materials Processing Science, 2016, 47 (1): 434-445.

[27] Li G H, Wang B, Liu Q, et al. A process model for BOF process based on bath mixing degree [J]. International Journal of Minerals Metallurgy and Materials, 2010, 17 (6): 715-722.

[28] 汪宙. 转炉冶炼中高碳钢过程及终点控制研究 [D]. 北京: 北京科技大学, 2016.

[29] 曲英. 炼钢学原理 [M]. 北京: 冶金工业出版社, 1980.

[30] Barron M A, Medina D Y, Hilerio I. Numerical simulation of decarburization in a top-blown basic oxygen furnace [J]. Modeling and Numerical Simulation of Material Science, 2014, 4 (3): 94-103.

[31] Dong K, Zhu R, Gao W, et al. Simulation of three-phase flow and lance height effect on the cavity shape [J]. International Journal of Minerals, Metallurgy, and Materials, 2014, 21 (6): 523-530.

[32] Rout B K, Brooks G, Rhamdhani M A, et al. Dynamic model of basic qxygen steelmaking process based on multi-zone reaction kinetics: Model derivation and validation [J]. Metallurgical & Materials Transactions B, 2018, 49 (2): 537-557.

[33] Wang Z, Liu Q, Xie F M, et al. Model for prediction of oxygen required in BOF steelmaking [J]. Ironmaking & Steelmaking, 2012, 39 (3): 228-233.

[34] 郭汉杰. 冶金物理化学教程 [M]. 北京: 冶金工业出版社, 2006.

[35] 林文辉, 焦树强, 孙建坤, 等. 转炉吹炼后期碳含量预报的改进指数模型 [J]. 工程科学学报, 2020, 42 (7): 854-861.

[36] 李南, 林文辉, 曹玲玲, 等. 基于熔池混匀度的转炉烟气分析定碳模型 [J]. 工程科学学报, 2018, 40 (10): 1244-1250.

[37] Wang Z, Xie F, Wang B, et al. The control and prediction of end-point phosphorus content during BOF steelmaking process [J]. Steel Research International, 2014, 85 (4): 599-606.

[38] Wang Z, Chang J, Ju Q P, et al. Prediction model of end-point manganese content for BOF steelmaking process [J]. ISIJ International, 2012, 52 (9): 1585-1590.

[39] Healy G W. New look at phosphorus distribution [J]. J. Iron Steel Inst. 1970, 208 (7): 664-668.

[40] Notman G R. Developments in BOS process control at British Steel [J]. Steel Times, 1991, 219 (7): 360-364.

[41] 于骏. 基于 BP 神经网络的转炉仿真控制 [J]. 自动化应用, 2017 (6): 31-32.

[42] 刘远洋, 贺东风, 冯凯, 等. 基于机理和数据驱动的转炉输入——输出混合模型 [J]. 有色金属科学与工程, 2018 (2): 13-18.

[43] 张壮, 曹玲玲, 林文辉, 等. 基于 IPSO-RELM 转炉冶炼终点锰含量预测模型 [J]. 工程科学学报, 2019, 41 (8): 1052-1060.

[44] 何平, 刘浏, 赵进宣. 转炉补吹脱碳升温规律与终点控制研究 [J]. 钢铁钒钛, 2013,

34（1）：35-40.

［45］北京科技大学．一种指导转炉补吹过程操作的方法：中国，ZL201110317648.8［P］. 2012-03-14.

［46］Wang Z，Liu Q，Cao L L，et al. Research on the model of reblow process for small and middle capacity converters［C］//. AISTech 2014 Conference Proceedings. 2014：1245-1255.

［47］刘青，汪宙，常健，等．炼钢厂的精细制造［J］. 钢铁，2013，48（1）：1-9.

［48］Xin Z C，Zhang J S，Zheng J，et al. A hybrid modeling method based on expert control and deep neural network for temperature prediction of molten steel in LF［J］. ISIJ International，2022，62（3）：532-541.

［49］Henzel J G，Wverian J K. Ladle temperature loss［C］//Proceeding of Electric Furnace. Los Angeles：AIMI，1961：434-453.

［50］Zoryk A，Reid P M. Online liquid steel temperature control［J］. Iron and Steel Maker，1993，20（7）：21.

［51］Castillejos A H. Online modeling for temperature control of ladle and steel during continuous thin slab casting［J］. Iron and Steel Maker，1997，21（7）：53.

［52］武拥军．LF 炉精炼过程钢水温度预报技术［J］. 东北大学学报，2002，2（3）：247.

［53］Nath N K，Mandal K. Ladle furnace online rekoner for prediction and control of steel temperature and composition［J］. Iron and Steelmaking，2006，33（2）：140-150.

［54］杨遴杰，陈伟庆，于平，等．LF-VD-CC 钢液温度预报［J］. 钢铁，2000，35（1）：13.

［55］吴晓东，刘青，徐安军，等．宝钢炼钢厂 300 t 整体钢包热循环实测研究［J］. 北京科技大学学报，2001，23（5）：418.

［56］Tian H X，Mao Z Z，Wang Y. Hybrid modeling of molten steel temperature prediction in LF［J］. ISIJ International，2008，48（1）：58-62.

［57］Camdali U，Tunc M，Dikec F. Engergy and analysis of a ladle furnace［J］. Canadian Metallurgical Quarterly，2003，42（4）：439-446.

［58］李晶，傅杰，王平．钢包精炼过程中钢水成分微调以及温度预报［J］. 钢铁研究学报，1999，14（2）：9.

［59］Minghui S，Changle Z，Qingfeng W. Uncertain inference based on certainty degree and its implementation by artificial neural network［J］. Application Research of Computers，2007，1：241-243.

［60］Stephan T. Multilayer perceptrons：Approximation order and necessary number of hidden units［J］. IEEE Transactions on Neural Networks，2008，19（5）：836-844.

［61］Andre Z，Alvaro N. Heat transfer in steelmaking ladle［J］. Journal of Iron and Steel Research International，2008，15（3）：11-14.

［62］初红杰，季连春，刘占东．铬、锰、硅铁回收率及影响因素分析［J］. 一重技术，2001（4）：53-55.

［63］袁平，王福利，毛志忠．电弧炉炼钢合金成分控制模型［J］. 工业加热，2006，35

(2): 1-4.
[64] 刘国元. LF精炼炉温度预估模型与合金化模型的研究和实现 [D]. 西安: 西安理工大学, 2008.
[65] 于鹏, 战东平, 姜周华. LF精炼终点成分预报模型开发 [J]. 材料与冶金学报, 2006, 4 (4): 20-22.
[66] 罗仁辉, 朱荣, 等. LF合金加料及终点预测模型的研究 [J]. 特殊钢, 2011, 32 (2): 8-10.
[67] 温宏全, 向顺华, 张永杰, 等. 60Si2Mn弹簧钢加热温度对表面脱碳的影响 [J]. 宝钢技术, 2008 (3): 44-47.
[68] 石如星, 姚春发, 惠卫军, 等. Si对中碳弹簧钢氧化脱碳行为的影响 [J]. 特殊钢, 2008, 29 (3): 19-20.
[69] 董凯, 朱荣. 基于反应机理的LF炉加料控制模型基础研究 [J]. 过程工程学报, 2009, 9 (S1): 384-389.
[70] 曹磊. LF精炼过程脱硫预报模型的研究 [D]. 沈阳: 东北大学, 2010.
[71] Andersson T A M, Jonsson I T L, Jonsson G P. A thermodynamic and kinetic model of reoxidation and desulphurisation in the ladle furnace [J]. ISIJ International, 2000, 40 (11), 1080-1088.
[72] 彭其春, 周飞, 吴开明, 等. 涟钢CSP线LF终渣成分模型的计算及后台试运行 [J]. 武汉科技大学学报 (自然科学版), 2007, 30 (2): 117-120, 140.
[73] Taguchi K, Ono-Nakazato H, Nakai D, et al. Deoxidation and desulfurization equilibria of liquid Iron by Calcium [J]. ISIJ International, 2003, 43 (11): 1705-1709.
[74] 李德刚, 曹东, 朱晓雷. 精炼过程硅和铝脱氧机理分析 [J]. 鞍钢技术, 2013 (3): 16-19.
[75] 蔡开科. 连铸坯质量控制 [M]. 北京: 冶金工业出版社, 2010.
[76] Wang Y N, Bao Y P, Cui H, et al. Final temperature prediction model of molten steel in RH-TOP refining process for IF steel production [J]. Journal of Iron & Steel Research International, 2012, 19 (3): 1-5.
[77] 王毓男, 包燕平, 崔衡, 等. RH-TOP精炼终点钢水温度的预报模型 [J]. 炼钢, 2011, 27 (5): 53-56.
[78] 林云, 谢树元, 杜斌, 等. RH精炼控制模型系统的设计与实现 [J]. 冶金自动化, 2008 (1): 12-17.
[79] 赵成林. FH真空精炼控制模型的开发与应用 [A]. 中国金属学会. 2010年全国炼钢——连铸生产技术会议文集 [C]. 中国金属学会: 2010: 8.
[80] 李强, 曹钊. 基于人工神经网络和专家系统的精炼过程钢水温度预测模型 [J]. 重型机械, 2010 (6): 22-25.
[81] 赵成林. RH-TB精炼温度与合金加入量预报模型 [A]. 中国金属学会. 第七届 (2009) 中国钢铁年会论文集 (上) [C]. 中国金属学会: 2009: 5.

[82] 赵成林，王丽娟，黄玉平，等 . RH-TB 精炼温度预报模型［J］. 炼钢，2010，26（4）：60-62.

[83] 吴凯 . RH-MFB 精炼钢水温度预测模型研究［D］. 北京：北京科技大学，2005.

[84] 韩传基，刘青，吴凯，等 . RH-MFB 精炼过程中钢水温度预测模型［J］. 北京科技大学学报，2006（3）：248-252.

[85] 黄可为，杜斌 . 转炉合金最小成本控制模型［J］. 冶金自动化，2003，27（2）：11-13，34.

[86] 袁平，王福利，毛志忠 . 电弧炉炼钢合金成分控制模型［J］. 工业加热，2006，35（2）：1-4.

[87] 杨斌虎，赵小彦，杨宁 . LF 炉合金化模型研究及实现［J］. 冶金自动化，2012，36（4）：56-58，68.

[88] 张东，张文源，刘鹏，等 . 基于非线性规划的 RH 合金化模型设计及应用［J］. 冶金自动化，2016，40（1）：29-33.

3　连铸过程解析与控制

连铸作为钢水化学冶金过程的最后环节，是控制连铸坯质量的关键所在。连铸过程从钢包开始，钢水由钢包通过长水口流入中间包；然后，由浸入式水口流入结晶器；随后，不断凝固/铸坯经过二冷区和空冷区，经矫直和火焰切割后获得成品连铸坯，其中包含复杂的流动、传热、凝固和变形行为。由于连铸过程涉及高温和复杂的物理化学现象，诸多连铸参数难以在生产现场进行精确地测量，其变化机理尚未完全厘清。因此，采用模拟的方法，明晰钢液在连铸过程中的行为规律，指导连铸参数的获取与确定，实现钢液连铸过程的精准控制，是实现炼钢厂智能制造的重要基础。

在连铸生产中，连铸坯裂纹和偏析等质量缺陷是钢厂普遍存在的问题，高端用户对产品的裂纹和偏析级别提出了极为严格的要求，迫切需要钢厂提升工艺水平，提高铸坯质量。连铸坯质量问题与钢水凝固过程密切相关，因此，铸坯冷却和坯壳生长的精益控制在连铸过程中具有非常重要的作用。钢水的凝固冷却过程一般分为结晶器冷却、二冷区冷却和空冷区冷却三个阶段，并且三个冷却区传热方式及其对铸坯的凝固行为具有不同的影响。由于连铸过程铸坯凝固传热及变形的复杂性，以及现场试验经济性等因素的限制，数值模拟和物理模拟已经成为研究连铸工艺过程、揭示铸坯凝固行为的重要方法。采用数值模拟、物理模拟和工业试验相结合的方法，针对连铸过程产生的裂纹、偏析等缺陷，明晰其影响因素及产生机理，通过优化连铸工艺参数控制铸坯凝固过程，以期不断提高铸坯质量。

本章针对连铸过程解析与精准控制，从钢的热物性参数确定，连铸中间包、结晶器、二冷区及空冷区过程解析，连铸凝固冷却过程精益控制以及铸坯质量控制出发，开展深入研究，夯实连铸过程智能制造的基础。

3.1　连铸过程物理与数值模拟

钢水连铸过程包含流动、传热、凝固和变形等多种行为，涉及高温和复杂的物理化学过程。采用物理和数值模拟的方法，深化对连铸凝固行为规律的认知，为连铸过程顺行、铸坯质量控制奠定基础。在开展连铸凝固过程模拟之前，需要对目标研究钢种的基本物性参数精准掌握，然后，再根据需求开展凝固传热、流动或电磁场等作用的独立或耦合的模拟研究。

本节从钢的热物性参数解析、中间包钢液行为模拟、结晶器多物理场模拟、二冷区与空冷区过程的数值模拟等四个方面，选取 X80 管线钢的热物性参数、板坯连铸中间包钢液行为模拟、CSP 薄板坯漏斗型结晶器内钢液多物理场模拟和中厚板坯连铸二次冷却过程模拟四个案例，来对连续铸钢过程的物理与数值模拟进行阐述。

3.1.1　钢的热物性参数解析

钢的热物性参数随着其化学成分和温度的变化而改变。准确的热物性参数，是影响连铸凝固过程数值模拟精度的一个重要因素。通过对连铸钢的热物性参数研究，归纳总结钢的热物性参数计算公式及其数据库，建立一种新型液相线计算模型和高温热塑性数据库及其预测模型。本节以 X80 管线钢为例，从钢热膨胀性能、固-液相线温度和高温热塑性进行介绍。

3.1.1.1　热膨胀性能

钢的高温物理性能仅与钢种成分有关，不受其他因素影响。从 X80 钢连铸坯切取钢条，加工成尺寸为 ϕ4 mm×10 mm 的圆棒状试样，采用德国 Baehr 热分析公司的 DIL805A 淬火变形膨胀仪进行热膨胀性能的测试。使用热分析仪器测量时可以直接得到热膨胀随温度的变化关系，通过对实验数据进行计算处理即可得到瞬时热膨胀系数、平均热膨胀系数随温度的变化关系。图 3-1 为升温过程 X80 钢坯试样热膨胀系数随温度的变化曲线。

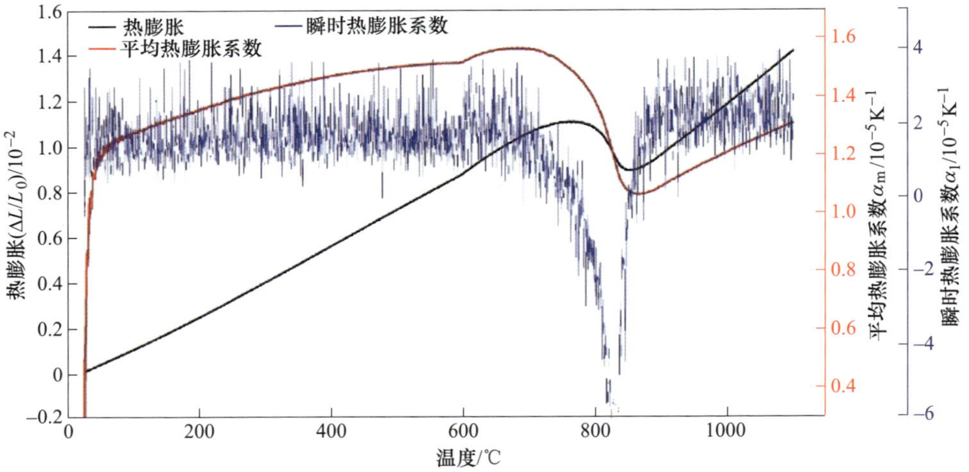

图 3-1　X80 钢坯试样升温过程热膨胀系数与温度的关系

在 20~670 ℃，热膨胀几乎是线性增加，瞬时线膨胀系数基本保持在 1.8×10^{-5} K^{-1}附近上下波动，平均线膨胀系数逐渐递增，由此可以认为在该温度范围内铸坯没有发生相变，热膨胀主要是由于物理热膨胀引起的。在 670～812 ℃，平均线膨胀系数开始从最高值下降，瞬时线膨胀系数出现下降并变为负值，发生珠光体向奥氏体的转变，试样尺寸收缩；在 812～846 ℃，瞬时线膨胀系数又出现明显的波动，发生铁素体向奥氏体的转变，瞬时线膨胀系数由负值转为正值。实验表明，早期相变引起的收缩占主体地位，随着温度的升高物理效应引起的体积膨胀开始占主导，试样开始膨胀。在 846～1100 ℃，热膨胀几乎是呈线性增加、瞬时线膨胀系数基本保持平缓，说明这一温度区间内没有相变发生。在奥氏体化完成以后，试样的热膨胀主要由奥氏体受热膨胀导致。

降温过程，X80 钢坯试样热膨胀系数随温度的变化曲线如图 3-2 所示。

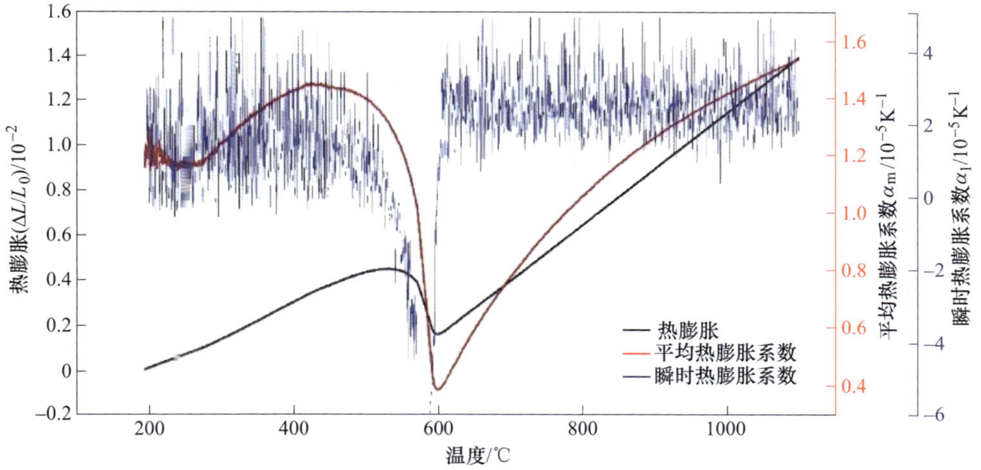

图 3-2　X80 钢坯试样降温过程热膨胀系数与温度的关系

在 1100～615 ℃，热膨胀几乎是线性减少、瞬时线膨胀系数基本保持平缓，可以认为，在此温度范围内铸坯没有发生相变，奥氏体降温收缩，热膨胀主要是由物理热效应引起。在 615～547 ℃，发生奥氏体向铁素体的转变，瞬时线膨胀系数出现波动，试样尺寸先发生膨胀，然后收缩。表明在降温早期、在此温度期间内相变引起的膨胀对热膨胀的影响起主导作用，降温后期热收缩对热膨胀起主导作用；在 547～503 ℃，瞬时线膨胀系数又出现明显的波动，发生奥氏体向珠光体的转变，试样发生先膨胀后收缩，说明在此温度范围内也先是相变对热膨胀占主导作用，而后，物理效应对热膨胀占主导作用。在 503～189 ℃，热膨胀几乎是线性减少、瞬时线膨胀系数基本保持 1.8×10^{-5} K^{-1}附近上下波动，说明这一温度区间内没有相变发生。在奥氏体相变以后，试样的热膨胀主要是由珠光体+铁素体的物理热效应引起。

3.1.1.2　固-液相线温度

运用差示扫描量热实验（DSC）测量 X80 钢的固-液相线温度。实验试样是由 X80 钢铸坯上直接钻取的少量金属粉状样品。DSC 实验所采用的仪器为德国 NETZSCH 公司的 STA 449 C 综合热分析仪，升温制度为由室温均匀升温至 1530 ℃，升温速率为 10 ℃/min。上升到预定目标以后，再以 10 ℃/min 的速度降温。实验测量所获得的单位质量热流速率与温度的变化关系如图 3-3 所示。

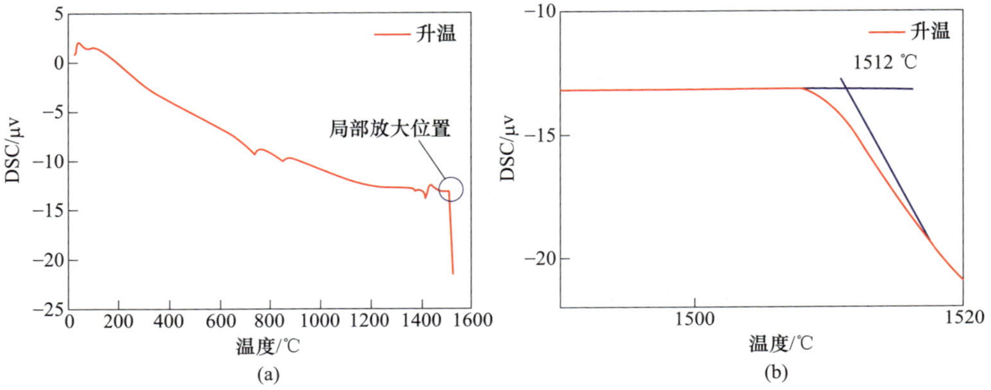

图 3-3　X80 钢铸坯 DSC 曲线图

（a）全貌；（b）局部放大图

由图 3-3 可以看出，在拐点 1511 ℃时，测量的热量发生急剧变化，在此升温速度下试样基本在该位置完全熔化。从热分析仪的测试理论可知，液相线温度应该在 DSC 曲线开始下降的前 1/3 处，但是具体位置的确定有一定困难，一般将拐点的位置作为液相线温度。为提高实验精确性又补充了两组实验，所得液相线温度分别为 1512 ℃和 1509 ℃。同时，应用 PROCAST、JMatPro 计算软件对 X80 钢的液相线温度进行了计算，所得液相线温度分别为 1524 ℃和 1520 ℃，计算结果较为接近。考虑到实验过程中不可避免的误差因素，最终确定 X80 钢的液相线温度为 1522 ℃。

由于 X80 钢固、液相线温度接近，通过 DSC 测试时吸收峰和放热峰重合在一起，无法辨别固相线温度的位置。所以，钢的固相线温度难以准确测量，具有很大的波动性。对 X80 钢的固相线温度，采用 PROCAST、JMatPro 计算软件进行了计算，所得的结果分别为 1487 ℃和 1485 ℃，计算结果很接近。结合实验结果，取 X80 钢的固相线温度为 1486 ℃。

由于实验测量比较复杂且误差较大，钢的固-液相线温度通常采用经验公式法进行计算，通过实践中总结出的经验公式来计算钢的固液相线温度。但是这种公式比较繁琐，尤其在需要进行大量计算的时候显得工作量较大。

钢中每一种化学元素含量的变化均对铁的熔点造成影响，图 3-4 为元素 i 对钢的液相线影响图。本团队采用微分法对 Fe-i(i=C、Si、Mn、S、P、Ca、Cu、Nb、Ni、Mo）二元相图进行分析[1]，得到每种元素对纯铁熔点影响的离散数据，并对离散数据应用最小二乘法进行拟合，得到元素对纯铁熔点的影响公式，最后将这些公式进行组合，提出了新的钢液相线计算模型，溶质元素对钢液相线温度的影响见表 3-1。用此模型计算钢的液相线的误差可控制在+3 ~ −4 ℃。

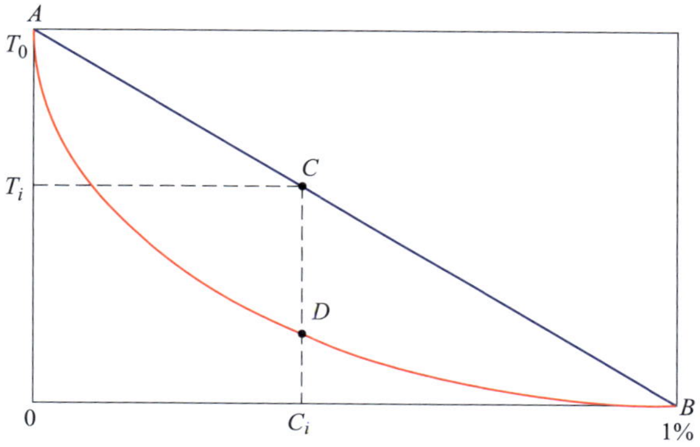

图 3-4 元素 i 对钢的液相线影响图

表 3-1 溶质元素对钢液温度的影响

元素	各元素对液相线温度的影响公式
C	$\Delta T_{L,C} = 31.15[\%C]^2 + 62.645[\%C] + 0.8814$
Si	$\Delta T_{L,Si} = 0.609[\%Si]^2 + 2.0678[\%Si] + 0.4155$
Mn	$\Delta T_{L,Mn} = -0.0674[\%Mn]^2 + 5.3464[\%Mn] + 1.4821$
P	$\Delta T_{L,P} = 20[\%P]^2 + 9[\%P] + 0.1$
S	$\Delta T_{L,S} = -1.7724[\%S]^2 + 24.755[\%S] - 1.7619$
Nb	$\Delta T_{L,Nb} = 1.1159[\%Nb]^2 + 5.3326[\%Nb] - 0.3345$
Ca	$\Delta T_{L,Ca} = -0.0758[\%Ca]^2 + 3.1313[\%Ca] - 0.0459$
Ni	$\Delta T_{L,Ni} = -0.0379[\%Ni]^2 + 5.2917[\%Ni] - 0.005$
Cu	$\Delta T_{L,Cu} = 0.6818[\%Cu]^2 + 2.5955[\%Cu] - 0.09$
Mo	$\Delta T_{L,Mo} = 0.0214[\%Mo]^2 + 3.2214[\%Mo] - 0.4768$
Cr	$\Delta T_{L,Cr} = 0.0359[\%Cr]^2 + 1.1402[\%Cr] - 0.0822$

3.1.1.3 高温热塑性

钢的高温热塑性[2]主要是采用热模拟研究法，依据热模拟的实际对象分别采用高温拉伸或压缩实验进行研究，本节采用高温拉伸实验。拉伸实验在 Gleeble 1500 热模拟实验机上进行，试样采用水平放置方式。试样安装前，先用高压电弧焊在试样中间部位焊上铂-铑热电偶，然后在试样上套上长 30 mm、直径约 10.2 mm 的石英管。试样夹持好后，试样室通入流量为 1.0 L/min 的氩气流，并以 10 ℃/s 的速度加热至 1350 ℃并保温 1 min。之后，以 3 ℃/s 的速度降至实验测试温度，保温 1 min 后，以 10^{-3}/s 的应变速率对试样进行拉伸直至断裂。用断面收缩率表示钢热塑性，用强度极限表示钢在不同温度下的强度。图 3-5 为 X80 钢铸坯试样在不同温度下试样断面收缩率（R. A%）和抗拉强度随温度变化曲线。

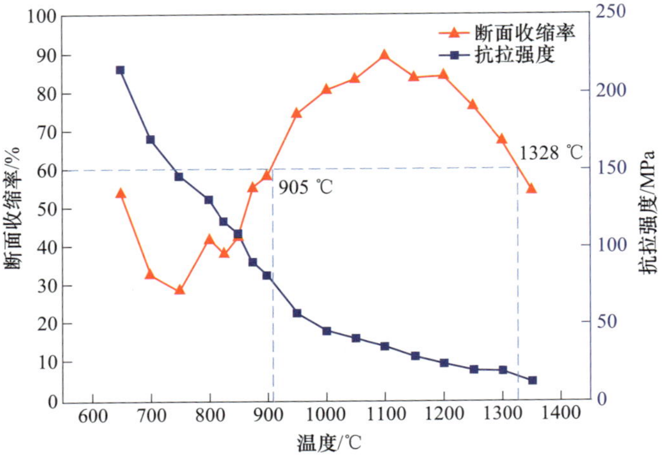

图 3-5　X80 钢铸坯断面收缩率和抗拉强度随温度变化曲线

由图 3-5 可以看出，X80 钢铸坯的抗拉强度随温度的降低而逐渐升高。在 1350~750 ℃，随着温度的降低，试样的抗拉强度缓慢上升；当温度降低到 750 ℃以下时，试样的抗拉强度随温度的降低迅速增加；当温度降低到 650 ℃时，试样的抗拉强度达到最高，为 215.18 MPa。在 1350 ℃时，试样的断面收缩率为 54.44 %；在 1300~905 ℃，断面收缩率（R. A%）较高，保持在 60.0%以上，当温度低于 905 ℃时，断面收缩率（R. A%）迅速下降，在 750 ℃时降到最低点，为 28.60%，随着温度的继续下降，断面收缩率（R. A%）有所回升，650 ℃时达到 53.76 %。

实践经验表明，当 R. A> 60%时，钢一般不易出现裂纹；R. A< 60%时，裂纹敏感性增强。所以，本节将 R. A=60%作为划分塑性良好区域和塑性较差区域的界限。根据实验结果，在测试温度范围内，X80 管线钢铸坯的第Ⅲ脆性温度区间为 905~650 ℃。本组热塑性实验所取的试样来自铸坯，虽二者的变形程度有所不同，矫直过程变形为 1%~2%，而实际实验变形范围为 5%~100%。理论和实践都已证明，影响拉伸实验条件下晶间断裂的因素同样影响横裂纹的发生，热

塑性实验所测的第Ⅲ脆性区温度范围对预防连铸坯横裂纹的发生具有指导意义。

考虑到钢的高温塑性主要受钢化学成分和生产工艺条件的影响，通过大量钢种的热塑性检测结果，运用统计软件 SPSS 进行后退法回归分析，综合考虑元素数量、各统计量值和各元素对高温塑性的实际影响，建立了高温热塑性其预测模型：

$$\varphi_T = A + \sum(B_i \times [i]) \tag{3-1}$$

式中，φ_T 为温度为 T 时的断面收缩率,%；A 为常数；$[i]$ 为元素 i 的质量百分比,%；B_i 为元素 i 的乘系数。

通过实验及归纳、整理相关文献数据，综合不同钢种的热物性参数，本团队建立了钢的热性参数数据库模块，为连铸凝固传热计算模块提供精准数据支撑，形成了以精准钢的热物性参数为基础的连铸凝固冷却过程模拟方法。在此基础上，运用回归分析方法，形成了以化学成分为自变量的钢高温塑性预测方法，建立了高温塑性预测模型，构成钢的热物性参数数据库模块的重要内容。目前，该方法已应用于多个研究课题。

3.1.2　中间包钢液行为的物理与数值模拟

中间包内各种冶金现象如钢液中非金属夹杂物上浮、分离、卷渣等均是在流动的钢液中发生的，研究中间包内钢液流动现象是中间包冶金的基础。由于高温测量技术及研究费用的限制，直接对实际中间包内高达 1500 ℃或以上钢液的流动现象进行研究存在着较大困难。借助物理模拟与数值模拟方法可以有效地研究中间包内钢液的流动行为，本节以某钢厂板坯连铸中间包为研究对象，对物理模拟与数模模拟进行介绍[3]。

3.1.2.1　板坯连铸中间包流场的物理模拟

根据板坯连铸中间包的实际情况，采用 2∶1 的比例来制作中间包模型。图 3-6 为水模型实验装置图。为设计有利于钢水中夹杂物上浮的流动控制方案（湍流抑制器、上下挡墙、底吹氩等），水模型实验的工作包括如下：采用刺激-响应法测定不同的湍流抑制器和挡墙设置条件下中间包钢水停留时间分布曲线（RTD 曲线），分析中间包流场；用显影法表征中间包流场流动，直观地反映中间包内流体流动状况；模拟中间包底吹氩气，研究底吹气体对中间包内钢液流动的作用；用豆油模拟中间包覆盖剂，研究底吹气体引起的卷渣现象，同时，通过实验确定最佳吹气量。

A　中间包控流装置对钢水流动的影响

为了更好地了解中间包钢水的流动特性，用高锰酸钾溶液作示踪剂，用氖灯作片光源，采用数码相机对中间包内钢水流动情况进行拍摄，中间包钢水流动的整个过程，如图 3-7 所示。

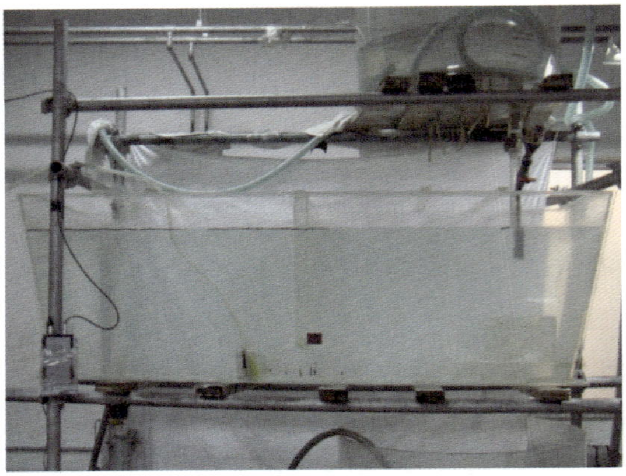

图 3-6　板坯连铸中间包的水模型实验装置

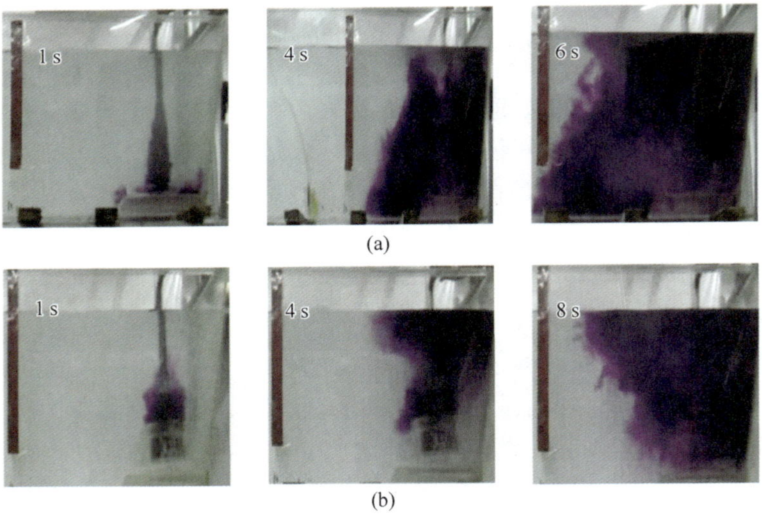

图 3-7　有无湍流控制器下注流行为

（a）无湍流抑制器；（b）有湍流抑制器

从图 3-7（a）可以看到，在没有湍流抑制器条件下，新注入中间包的钢水迅速到达中间包底，然后向四周散开，很快地经中间包出口流出。由图 3-7（b）可知，在安装湍流抑制器的情况下，新注入中间包的钢水先在湍流抑制器内和上方充分混合，再慢慢散开，流向中间包出口。由此可见，湍流抑制器可以减缓钢包钢水注流对中间包底的冲击，将激烈的湍动限制在一个相对狭小的空间，减少短路流动，有利于钢水成分和温度的均匀等。

B 中间包底吹氩作用分析

中间包内底吹氩不仅增加了对钢液的搅动，消除中间包内的“短路流动”，而且吹氩形成的小气泡对夹杂物具有黏附作用，有效降低钢液中的夹杂物数量。为了分析中间包底吹氩气对钢液的搅动作用，在中间包入口（注入水口）注入高锰酸钾溶液作示踪剂，用摄像机拍摄钢液的流动过程，可较直观地观察到中间包内流场的运动情况。

如图 3-8 所示，流体在经过透气砖时，在中间包底吹气体的向上推动作用下，流体上升到中间包液面附近，沿着液面流动至靠近出水口的壁面后下沉至水口附近，在此过程中，在透气砖吹气的作用下，与未吹气工况相比，流体在中间包内的流动路径增长，停留时间相应增加，将有利于中间包内钢水夹杂物的上浮。

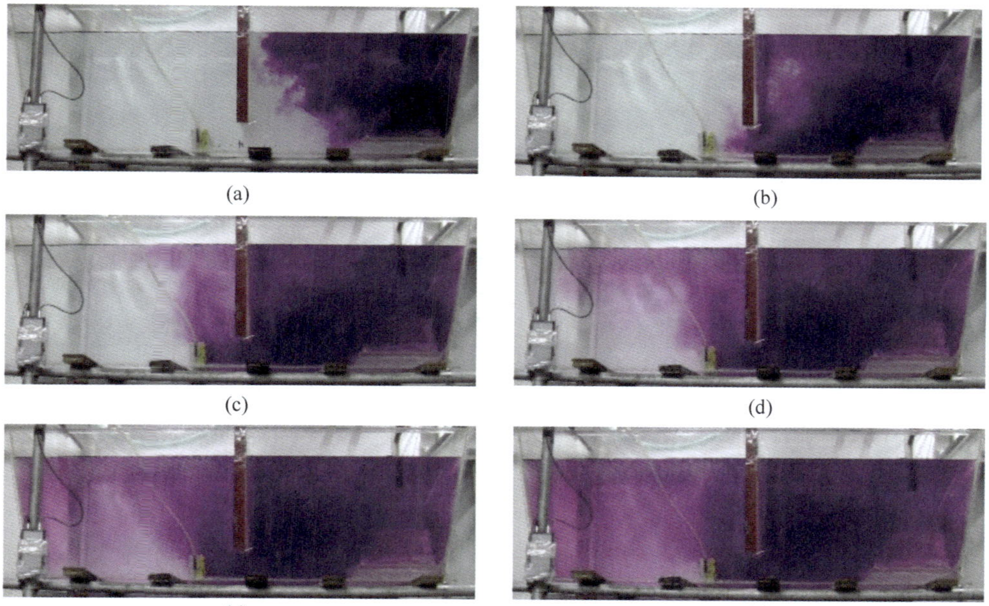

图 3-8 中间包底吹氩气作用下的流场显示图
(a) 10 s；(b) 20 s；(c) 30 s；(d) 40 s；(e) 50 s；(f) 60 s

C 保护渣卷渣实验

在实际生产过程中，难以确定最佳的中间包吹氩量，吹氩量仅仅依据中间包内液面波动状况而确定。为确保实际生产中避免中间包覆盖剂被卷入钢水之中，借助卷渣实验确定临界吹气量。实验中采用豆油来模拟保护渣，由于豆油的黏度比较大，豆油与水的黏度比与渣钢的黏度比较为接近。通过观察吹气量对保护渣卷动情况，制定合适吹气量，有关油和水的物性参数见表 3-2。

表 3-2　油和水的物性参数对比

参数	钢液	渣	水	豆油	氩气	氮气
温度/℃	1600	1400~1500	20	20	20	20
表面张力/10^3 N · m^{-1}	1530	~490	72.2	—	—	—
密度/kg · m^{-3}	7×10^3	3.5×10^3	1×10^3	0.8×10^3	1.784	1.25
黏度/10^3 Pa · s	5	300~500	1.01	325	—	—

本研究选用厚度为 3 cm 油模拟中间包覆盖剂，通过观察不同吹气量下卷渣行为，确定吹气量的临界值。实验采用的吹气量分别为 0.08 m^3/h、0.16 m^3/h、0.24 m^3/h、0.32 m^3/h 和 0.42 m^3/h，实验工况见表 3-3。

表 3-3　不同吹气量下的实验结果

吹气量/m^3 · h^{-1}	现　象	结果
0.08	出现“渣孔”，渣孔面积较小，吹气量不足以引起卷渣	未达到临界吹气量
0.16	“渣孔”面积扩大，但是由于豆油具有的黏性，没有出现油滴破裂	未达到临界吹气量
0.24	渣孔面积进一步扩大，在靠近上挡墙一面油层破裂，但脱离油层的小油滴不多	达到临界吹气量
0.32	渣孔面积进一步扩大，透气砖两侧油层破裂严重，大量油滴离开油层	超过临界吹气量
0.42	靠近上挡墙部位油层不能稳定存在，大量破碎油滴出现	超过临界吹气量

中间包卷渣实验情况如图 3-9 所示。当吹气量为 0.08 m^3/h 时，条形透气砖通入的气体流量比较小，在气流作用下，透气砖中心区域正上方渣层出现近似椭圆形的裸露区，形成“渣眼”，“渣眼”边缘油层波动不十分明显。随着吹气量的增加，当吹气量为 0.16 m^3/h 时，“渣眼”面积扩大，“渣层”的波动加剧，由于油层表面张力的作用，未出现“渣层”破裂现象。随着吹气量的进一步增加，当吹气量达到 0.24 m^3/h 时，“渣眼”边缘油层波动剧烈，并且出现“渣层”破碎现象。破碎的“渣层”形成了少量尺寸不均匀的油滴在中间包内波动，大颗粒油滴的波动幅度比较小，很快被“渣层”所吸附；小颗粒油滴在“钢液”中呈现无规律运动很难被“渣层”吸附。当吹气量为 0.32 m^3/h 时，大量小颗粒油滴形成后被卷入“钢液”，难以被渣层吸附。在实验中可以观察到，靠近上挡墙区域的渣层波动程度明显比另一侧剧烈。这是因为钢液在气幕挡墙的作用下，流股运动到钢液表面时，向两侧运动形成漩涡流动，在上挡墙的撞击作用下，加剧渣层的波动。

在该研究实验条件下，实验现象得到临界吹气量为 0.24 m^3/h，因此，水模型实验所选择的吹气量都应小于此值。

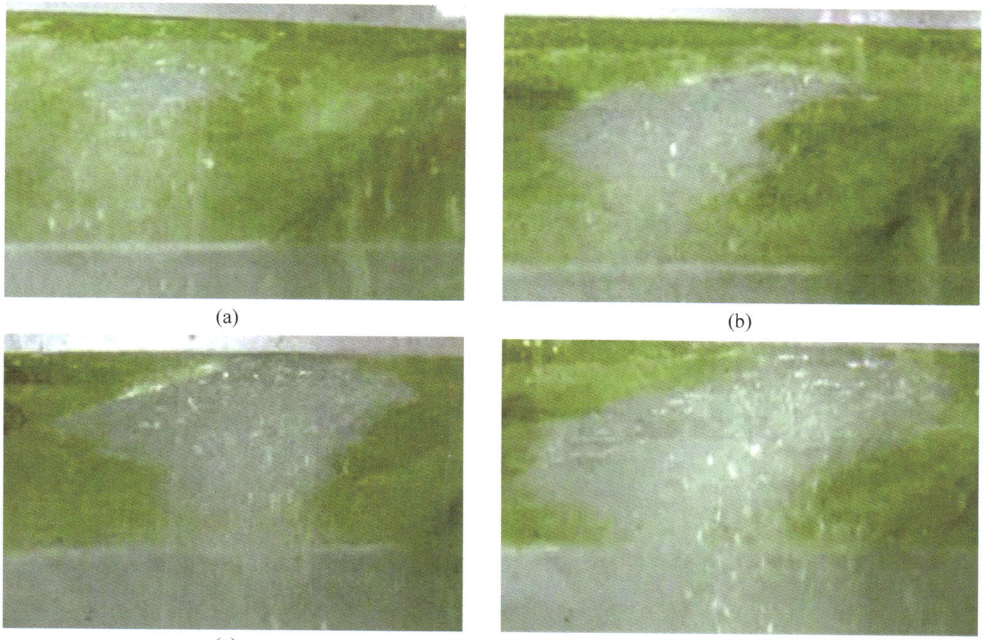

(a)　(b)　(c)　(d)

图 3-9　不同吹气量下渣层的卷动情况

（a）吹气量 0.08 m^3/h；（b）吹气量 0.16 m^3/h；（c）吹气量 0.24 m^3/h；（d）吹气量 0.32 m^3/h

由图 3-10 和表 3-4 可以看出，随着吹气量的增加，滞止时间减小。增大的吹气量加强了钢液的湍流动能，增加对气幕挡墙两侧钢液的搅动作用，因而导致滞止时间减小，吹气量从 0.200 m^3/h 增加到 0.225 m^3/h 后，滞止时间从 51 s 减小至 44 s。当吹气量为 0.175 m^3/h 时平均停留时间最长，死区体积比例为 12.1 %。因此，综合考虑中间包对夹杂物的去除作用，选定吹气量为 0.175 m^3/h 为最佳吹气量。

表 3-4　最佳吹气量的实验结果

实验条件	吹气量/$m^3 \cdot h^{-1}$	滞止时间/s	平均停留时间/s	死区体积比例/%
图 3-10（a）	0.150	52	326	14.8
图 3-10（b）	0.175	51	336	12.1
图 3-10（c）	0.200	51	328	14.2
图 3-10（d）	0.225	44	331	13.5

D　控流装置的优化

通过前面的实验已经确定了最佳的吹气量为 0.175 m^3/h，下面将进行控流装置位置的优化实验。实验方案和实验结果见表 3-5。

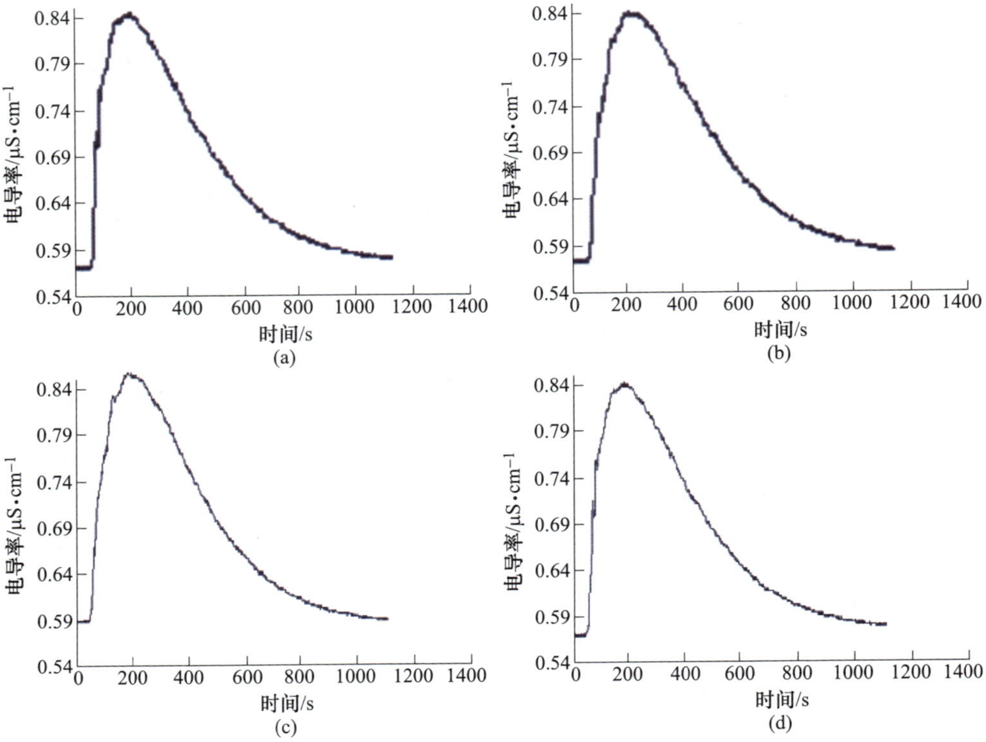

图 3-10　不同吹气量条件下的中间包钢水停留时间（RTD）曲线

（a）吹气量 0.15 m^3/h；（b）吹气量 0.175 m^3/h；（c）吹气量 0.20 m^3/h；（d）吹气量 0.225 m^3/h

表 3-5　控流装置位置优化实验结果

实验方案编号	上挡墙距注入水口距离/mm	上挡墙与气幕挡墙之间距离/mm	平均停留时间/s	滞止时间/s	死区体积比例/%
2	717	200	336	51	12. 1
5	717	300	341	49	10. 8
6	667	300	348	48	9. 0
7	667	350	330	44	13. 7
8	767	200	339	47	11. 3
9	767	300	316	45	17. 3
10	717	350	346	38	9. 5

分析表 3-5 的实验数据，控流装置的安装位置对平均停留时间的影响很大，比较实验方案 6 与方案 9 可以看出，死区体积比例之差达到 8. 3%。平均停留时间受上挡墙与气幕挡墙安装位置共同作用。因此，制定多组实验方案进行研究，可以找到一种最佳的安装位置。对比表 3-5 中的实验结果，相较实际生产工

况（方案 2），平均停留时间从 336 s 增加至方案 6 的 348 s，死区体积比例从 12. 1 %减少至 9 %。虽然滞止时间有所减少，但是综合考虑其去除夹杂物的能力，方案 6 是比较理想的控流装置安装方案。

前面的实验得到了上挡墙距离入流水口为 667 mm、上挡墙与气幕挡墙之间距离为 300 mm 的最佳安装位置，在此控流装置安装位置条件下，改变上挡墙距离中间包底高度进行模拟实验，找到其合适的高度。实验结果见表 3-6。

表 3-6　上挡墙距包底距离变化对中间包流场的影响

实验方案编号	上挡墙距包底距离/mm	吹气量/$m^3 \cdot h^{-1}$	滞止时间/s	平均停留时间/s	死区体积比例/%
11	170	0. 2	50	336	12. 1
12	140	0. 2	49	348	9. 0
13	110	0. 2	45	343	10. 3

通过表 3-6 中几组实验数据可以看出，上挡墙的高度微小变化对于中包流场的影响要小于其位置的影响，挡墙距离包底越近，滞止时间随之减少。当挡墙距离包底高度在 140 mm 时，钢液平均停留时间最长，死区体积比例降低至 9. 0%，并且滞止时间与挡墙距离包底距离在 170 mm 时相差仅有 1 s，因此，可以认为挡墙距离中间包底高度为 140 mm 时，更有利于夹杂物的上浮。

3. 1. 2. 2　板坯连铸中间包流场的数值模拟

由于中间包几何结构的对称性，计算时可取中间包的 1/2 作为计算区域，图 3-11 为划分的板坯连铸中间包计算网格。

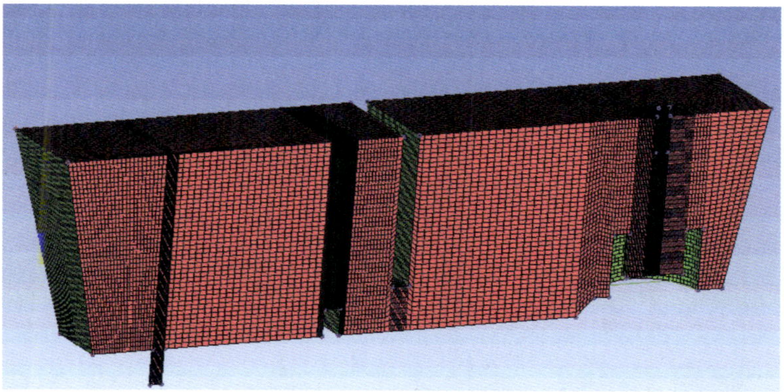

图 3-11　计算网格

通过改变中间包上挡墙位置、上下挡墙间距及下挡墙高度，分析不同中间包控流装置（上、下挡墙）安装方式对中间内钢液流动的影响，本书针对四种不同控流装置安装方式进行分析，具体如图 3-12 所示。其中，图 3-12（a）上挡墙距水口 1334 mm，上下挡墙间距 600 mm，下挡墙高度 150 mm；图 3-12（b）上挡墙距水口 1334 mm，上下挡墙间距 600 mm，下挡墙高度 500 mm；图 3-12（c）上挡墙距水口 1434 mm，上下挡墙间距 400 mm，下挡墙高度 150 mm；图 3-12（d）上挡墙距水口 1434 mm，上下挡墙间距 400 mm，下挡墙高度 500 mm。

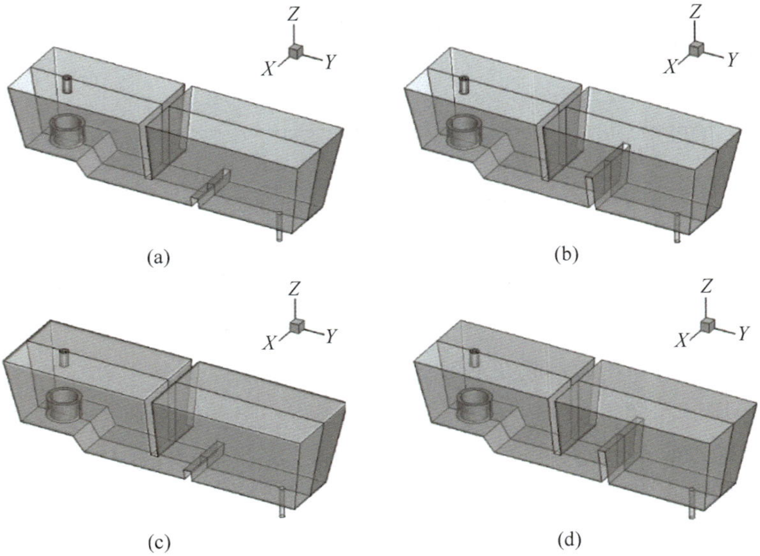

图 3-12　不同结构中间包几何示意图

A　不同结构中间包入口截面流场分析

图 3-13 和图 3-14 显示了某钢厂实际生产工艺条件下控流装置安装方式（图 3-12（a））的中间包入口横截面的流场分布。从流场分布的总体来看，入口卷吸循环区流动的主要特征是：流体从钢包注入中间包后，由于速度大，穿透深度也

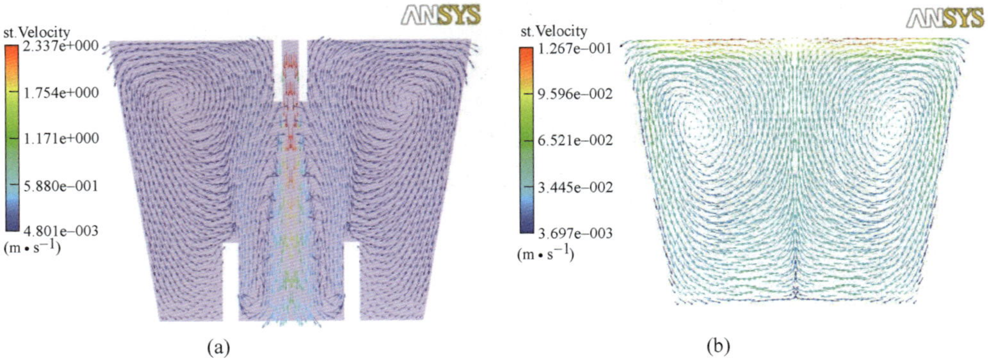

图 3-13　中间包横向垂直截面 *XOZ* 流场矢量图

（a）$Y=1.55$ m；（b）$Y=-1.3$ m

很大，直达中间包底部，钢液在湍流控制器限制下，向上部区域流动，钢液到达中间包液面附近后，流体迅速向两个侧角分开，沿着中间包侧壁向下流动，靠近湍流控制器外部的钢液在注入钢液作用下向上流动，在浸入式水口两侧形成卷吸循环区。这种循环区对活跃入口处的钢水流动有着重要的作用。事实上，钢水主要在这个区域进行充分的混匀。

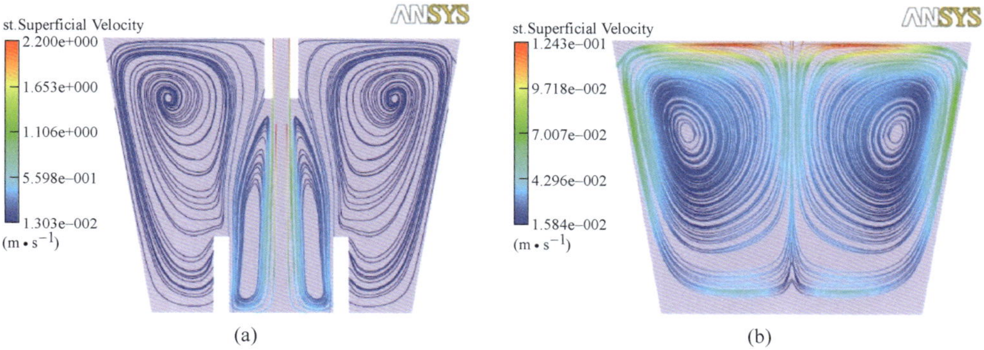

图 3-14　中间包横向垂直截面 *XOZ* 流线图

（a）Y=1.55 m；（b）Y=-1.3 m

图 3-15 为当时生产工艺中间包入口对称面 *XOZ*（Y=-1.55 m）上的压力停滞等值线、压力等值线、湍流动能等值线以及耗散率等值线分布。可以看到入口混合区域流体湍动程度较大，有利于流体的均匀混合，同时，在中间包底部的湍动能和压力值也都较大，因此对中间包底部有较大的冲击力。比较图 3-15（c）和（d）可知，湍动能耗散率分布与湍动能分布有十分相似的规律，钢包注入区域是湍动能较大的区域，也是湍动能耗散损失较严重的区域，即湍动能较大的地方湍动能耗散率也较大，反之亦然。

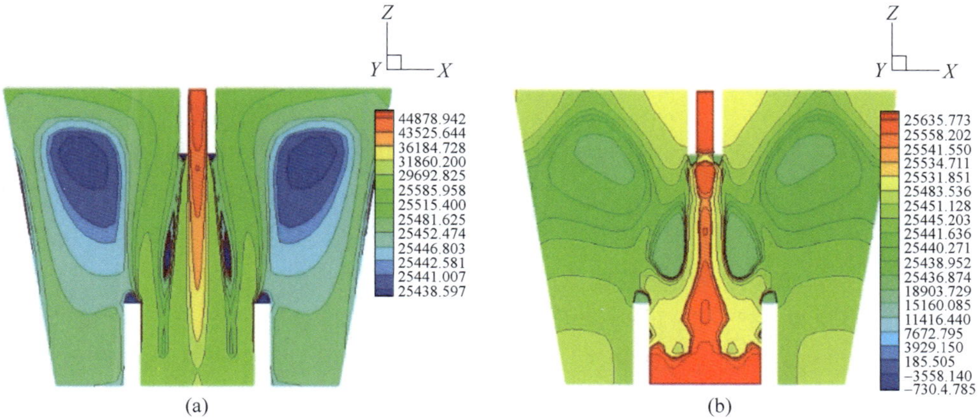

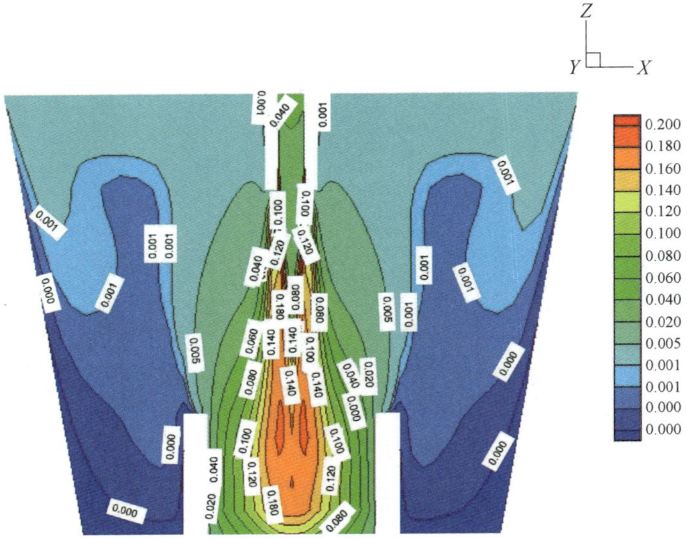

(c)

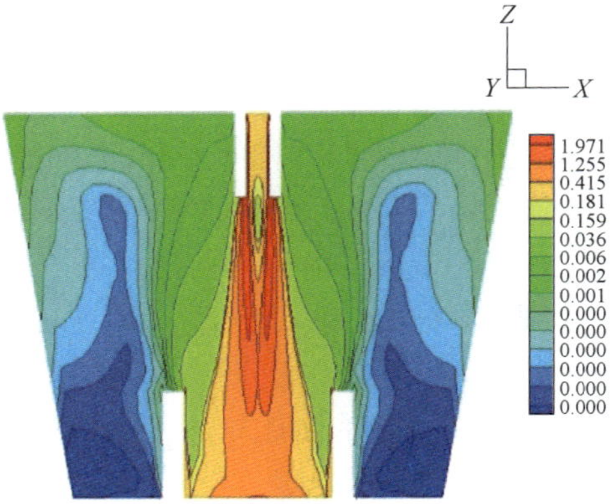

(d)

图 3-15　中间包入口截面等值线云图

（a）压力停滞等值线；（b）压力等值线；（c）湍动能等值线；（d）湍动能耗散等值线

分析不同上挡墙位置对中间包入流区域钢液流动的影响，从下面的几组图可以看出，流体分布趋势大体相似，上挡墙的位置对入口截面没有很大的影响，但是在注流区的其他位置却会产生影响，如图 3-16 所示。由于上挡墙的影响使得流场产生不均匀现象，在上挡墙的端部产生了一条流速较大的带状区域，但是当上挡墙距离水口 1334 mm 的时候，流速最大值由 8. 39 m/s 减低至 5. 80 m/s，这种速度不均匀现象得到有效改善，速度场分布更为均匀，表现为流体的混合更充分。

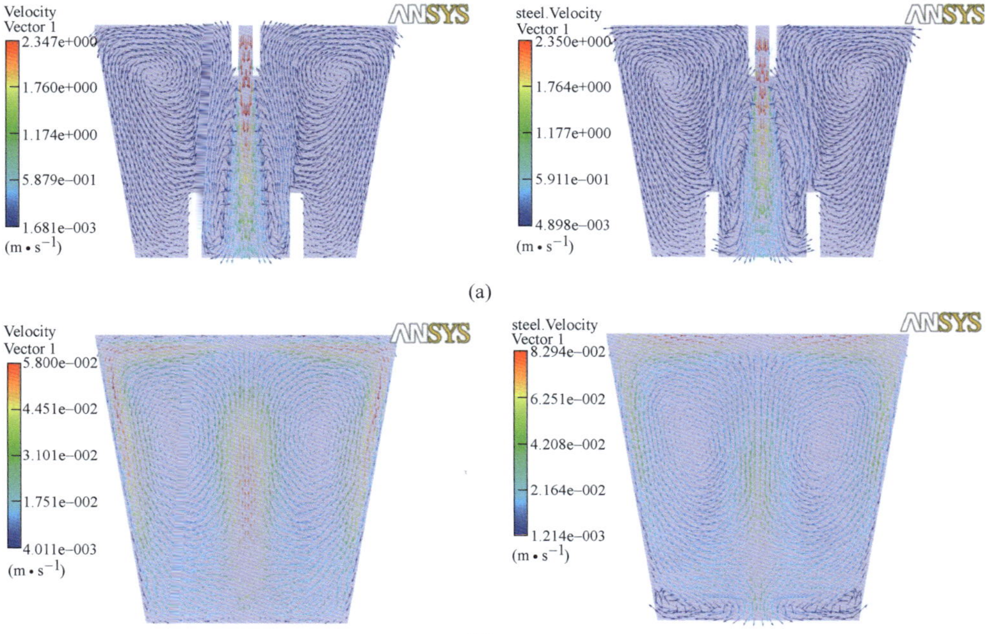

图 3-16 不同位置上挡墙对中间包注流区域流场的影响

（a）方案 a，$Y=-1.55$ m；（b）方案 c，$Y=-1.00$ m

B 不同结构中间包横截面流场

由纵向垂直截面（中间包对称面）流场图（图 3-17）可以看出，在上下两个挡墙之间形成了一个回旋区，对于钢液混匀具有积极作用，钢液自注流区域经过上挡墙使钢液流速均匀化后进入下挡墙上部，钢液主流股先冲击至靠近中间包出口上方，然后沿包壁向下流动，在流股下方形成一个钢液回旋区。明显可以看出，下挡墙高度为 500 mm 的中间包，钢液形成的两个回旋区更明显，下挡墙后方速度较低的区域较小，可能形成死区的区域也就较小。观察注流区的流场可以看出，当上挡墙与近壁面距离增大时，在 X 方向对流场产生的影响随之减少，当达到一定距离时，在 X 方向上将不再产生影响。从纵向截面看，随着上挡墙位置改变时，距离近侧边距离较小时，中间包内流体的流动状态要好于间距较大时中间包内流体的流动状态。

图 3-18 给出了不同控流位置下的钢液流线图，流线表征的是进入中间包内的流体在中间包内的运动轨迹示意图。因此，对流线图的分析可以宏观地了解不同上挡墙设计对液体流动形式的影响。从流线图中可以看知，随着上挡墙与水口距离的不同，在上挡墙与出口之间区域的流动状态基本相同。液流从注入区注入，从上挡墙的下方越过下挡墙，进入出口区域，在挡墙与出口之间形成回流，

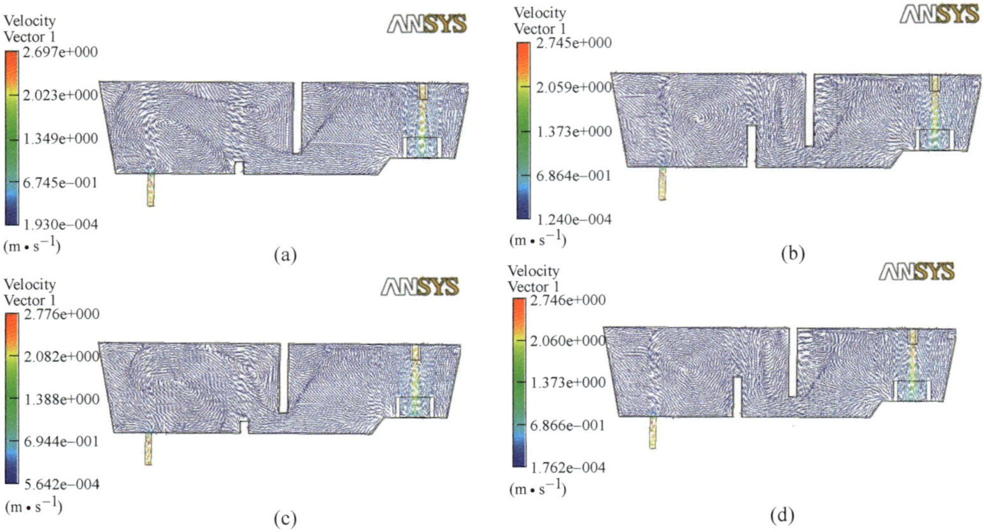

图 3-17　中间包对称面钢液的流动状态

(a) 方案 a；(b) 方案 b；(c) 方案 c；(d) 方案 d

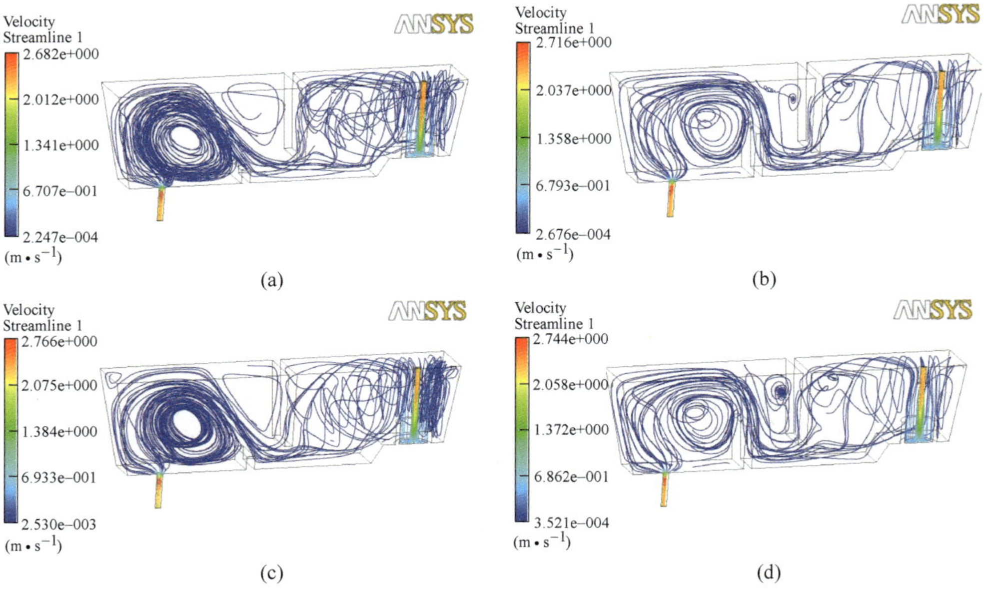

图 3-18　中间包不同控流位置的流线图

(a) 方案 a；(b) 方案 b；(c) 方案 c；(d) 方案 d

这样可以增加液流在中间包内的流动时间，从而有利于夹杂物的上浮。上挡墙高度为150 mm 时，液流在挡墙与出口之间形成的回流范围较小，但是随着下挡墙增大，形成的回流范围变大。由图 3-18 可以看出，在下挡墙的后方出现了一定范围的白亮带，这些白亮带就是钢液流动速度相对较低的区域。随着下挡墙高度的增高，从上下挡墙之间射向钢液表面的流体速度减小，而在整个挡墙之出口区域白亮带增宽，而且位置上移，表明速度较小的区域增大。

C 不同高度水平界面流场

通过对水平截面的比较可以看出，在距中间包液面 200 mm 的水平截面上，图 3-19 方案 a 与方案 b 相比，其下挡墙后方的流体速度，后者要比前者大得多，流向液面流速较大，流场比较活跃，有利于夹杂物上浮，综合来看，方案 b 和 d 优于方案 a 和 c，具体见图 3-19。

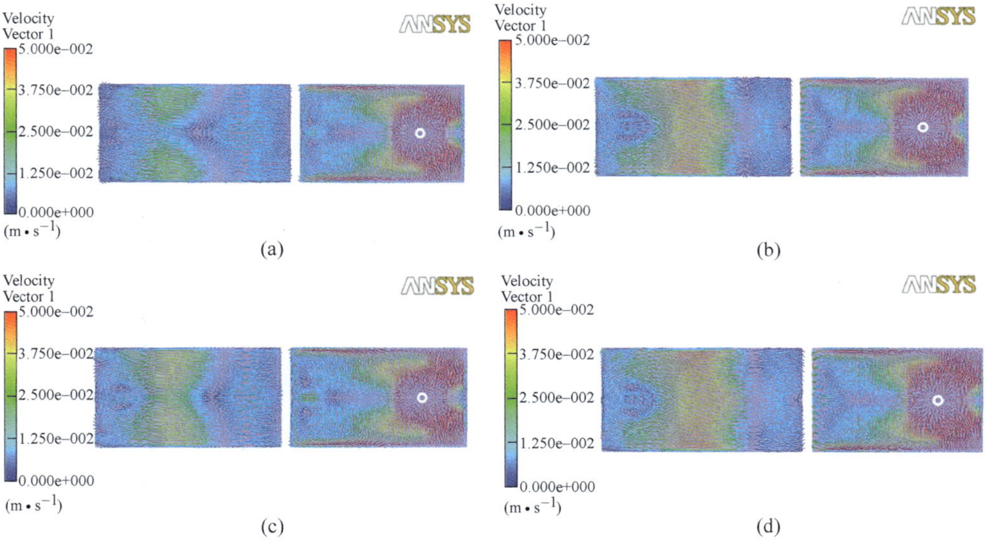

图 3-19 水平截面（距液面 200 mm）流场图

(a) 方案 a；(b) 方案 b；(c) 方案 c；(d) 方案 d

3.1.3 结晶器钢液行为多场耦合

结晶器是连铸机的核心部件，为坯壳形成的最初阶段提供了冷却、几何形状和空间。在连铸生产过程中，结晶器的主要功能如下[4]：

(1) 高效率传热器，把钢水的热量迅速地传给冷却水；

(2) 钢水凝固成型器，把钢水凝固成所规定的形状，如方坯、板坯、圆坯等；

(3) 钢水净化器，在结晶器形成薄外壳所包裹的液态钢水中非金属夹杂物充分上浮被保护渣吸收，以进一步净化钢液；

（4）铸坯表面质量控制器，结晶器内钢水-渣相-铜板-坯壳之间的相互作用是一个复杂的动态过程，其相互之间合理参数的配合，对铸坯表面质量具有决定性的影响。

本节以国内某钢厂实际生产的 CSP 薄板坯为例，研究不同连铸工艺参数下，漏斗型结晶器钢液的流场、温度场、凝固和电磁制动对上述现象的影响，并探究了结晶器内夹杂物的运动行为[5-6]。考虑到对称性并减少计算量，取其 1/4 作为计算区域，为避免结晶器出口回流对计算结果的影响，将模型延长至 2 m。整个模型全部采用六面体网格，因凝固坯壳附近的物理量梯度较大，对宽面及窄面附近区域的网格进行了局部加密。图 3-20 为几何模型和部分网格划分图，以水口入口平面的中心点为坐标原点，铸坯的宽度方向、厚度方向和拉坯方向分别为 X、Y、Z 轴的正方向。

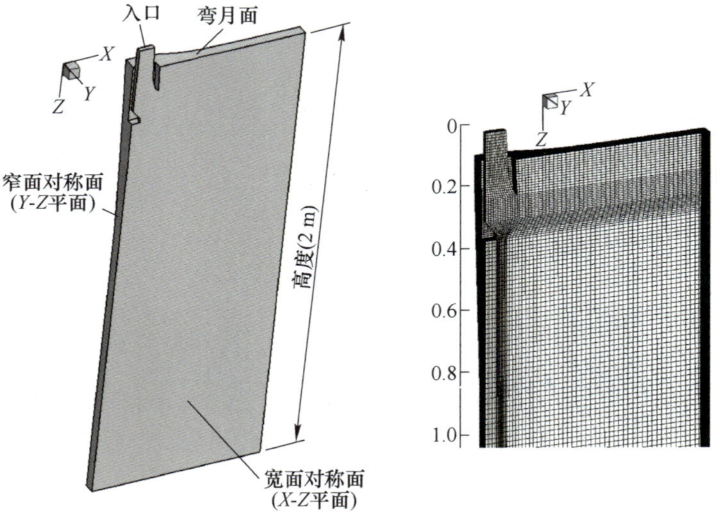

图 3-20　计算模型和网格划分示意图

连铸结晶器内发生着一系列复杂的物理化学现象，在进行模拟研究时，将所有这些现象都考虑进去是很困难的，一般需对其进行合理的简化与假设。为便于建立数学模型，本节作了如下假设：

（1）忽略结晶器锥度、振动对计算的影响；

（2）忽略由于钢液凝固引起的体积收缩；

（3）钢液浇铸过程为稳态浇铸；

（4）假设夹杂物颗粒呈球形，且保持尺寸不变；

（5）忽略夹杂物运动对钢液流动的影响。

针对某钢厂实际生产的 SS400 钢种，计算采用的工艺参数与物性参数分别见表 3-7、表 3-8。

表 3-7 连铸工艺参数

工艺参数	数值	工艺参数	数值
铸坯断面尺寸/mm×mm	1500×90	水口浸入深度/mm	250
结晶器有效高度/mm	1000	拉速/m · min^{-1}	5.0
计算域长度/mm	2000	电磁制动中心距自由液面的距离/mm	450
水口结构	牛鼻子水口	磁动势/Ai	13000

表 3-8 物性参数

物性参数	数值	物性参数	数值
钢液密度/kg · m^{-3}	7020	液相线温度/K	1794
钢液黏度/kg · m^{-1} · s^{-1}	0.0055	固相线温度/K	1749
钢液比热/J · kg^{-1} · K^{-1}	720	保护渣密度/kg · m^{-3}	2700
液相导热系数/W · m^{-1} · K^{-1}	27	夹杂物密度/kg · m^{-3}	5000
固相导热系数/W · m^{-1} · K^{-1}	30	钢液电阻率/Ω · m	1.4×10^{-6}
凝固潜热/J · kg^{-1}	272000	铁芯相对磁导率	1000
浇注温度/K	1820	钢液、铜板、空气相对磁导率	1

模拟计算中，边界条件的正确设置至关重要，本节各计算模型的边界条件具体如下：

（1）流场边界条件：

1）水口入口——根据质量守恒定律确定入口速度，湍动能 k 及湍流耗散率 ε 由以下半经验式（3-2）、式（3-3）得到。

$$k = 0.01v_{\text{inlet}}^2 \tag{3-2}$$

$$\varepsilon = \frac{2k^{1.5}}{d_{\text{nozzle}}} \tag{3-3}$$

式中，v_{inlet}为水口的入口速度，m/s；d_{nozzle}为水口的水力直径，m。

2）对称面——垂直于该面上的速度为零，其他变量的法向梯度为零；

3）自由液面——无剪切力；

4）计算域出口——自由出流条件（Outflow）；

5）壁面——所有壁面均采用无滑移壁面边界条件，近壁区的节点按标准壁面函数处理。

（2）传热与凝固边界条件：

1）水口入口——入口处的钢液温度设定为浇注温度；

2）壁面——水口壁的温度边界条件处理为绝热，结晶器壁采用第二类传热边界条件（编写 UDF 进行处理）：

$$q_{\mathrm{m}} = A - B\sqrt{t} \tag{3-4}$$

式中，A 和 B 为常数，W/m²；t 为钢水在结晶器中的滞留时间，s。

结晶器下部采用第三类传热边界条件，铸坯宽面与窄面的二冷换热系数分别取 1500 W/(m²·K) 和 1300 W/(m²·K)。

（3）电磁场边界条件：

电磁场计算时，边界条件较简单，全部面为通量平行，这是自然满足的边界条件；为避免出现病态矩阵，需给其中一个节点施加约束，即 MAG=0。

耦合计算时，所有壁面均为绝缘壁面，法向电流为零。

（4）夹杂物运动边界条件：

1）水口入口——设为逃逸（Escape）边界条件，夹杂物颗粒在水口入口平面上均匀分布，并以钢液相同的速度从水口入口处进入；

2）水口内外壁——设为反射（Reflect）边界条件；

3）自由液面——设为捕捉（Trap）边界条件，夹杂物一旦上浮至液面即被去除；

4）计算域出口——设为逃逸（Escape）边界条件，夹杂物最终留在铸坯中。

夹杂物在凝固前沿被捕获的机制非常复杂，虽然国内外学者对此进行了众多研究和报道，但具体机理仍需深入探究，本节在参考大量文献的基础上，假定夹杂物粒子一旦与液相分数低于 0.6 的凝固坯壳接触即被捕获，采用用户自定义函数（UDF）编写源项，设定捕捉条件并记录夹杂物粒子被捕获的位置。

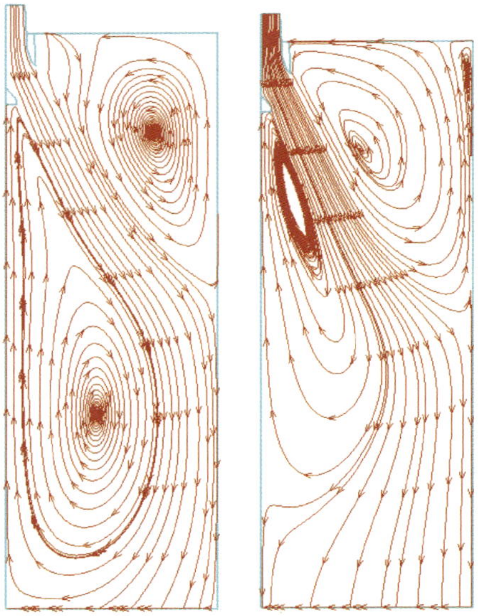

(a)　　(b)

图 3-21　结晶器沿窄面中心截面的速度流线图

（a）不考虑凝固；（b）考虑凝固

为研究钢水凝固行为对流场的影响，分别计算了不考虑凝固作用和考虑凝固作用两种情况下结晶器内的流动行为，计算结果如图 3-21 所示。从图 3-21 可以看出，结晶器内的基本流场形态不变——仍存在着上下两个回流区，但回流区的大小和位置发生变化，考虑凝固作用后，下回流区面积大大缩小，涡心由结晶器出口处下方上移至浸入式水口下方；上回流区面积稍有所增大，涡心由靠近窄面侧向主流股侧移动。总体来说，凝固的发生会形成一定厚度的凝固坯壳与黏度较高的两相区，导致钢液流动受限。

另外，从计算结果可以看出，凝固行为对钢液的流场速度分布影响显著。不考虑凝固作用时，在计算域出口处仍存在部分回流；而考虑凝固作用后，钢液在到达计算域出口前即已呈活塞流状态，且主流股处的流线较密，表明流速大的区域主要集中在该处。

图 3-22 为考虑凝固作用与否的自由液面平均波高图，从图 3-22 中可以看出，这两种情况下液面波形有少许差别，考虑凝固作用时，在水口一侧分别有一个明显的波峰和波谷，且波峰位置向远离窄面处移动；另液面波动的幅值有所降低，由 8 mm 降至 7.2 mm。

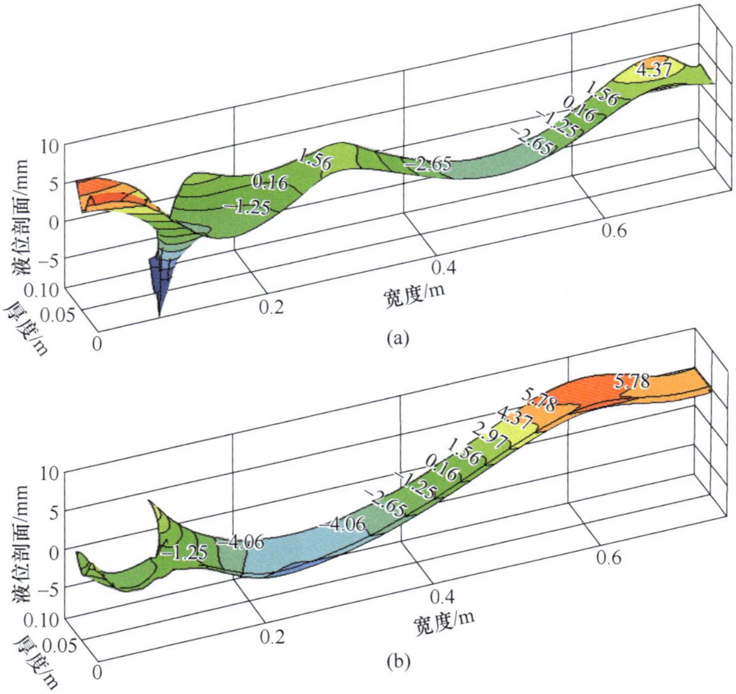

图 3-22　自由液面的平均波高图

（a）不考虑凝固；（b）考虑凝固

图 3-23 为结晶器沿窄面中心截面的速度分布和过热度分布图。薄板坯结晶器内的钢水流动模式与传统板坯相似，均为双辊流。从浸入式水口出来的钢液以一定射流角度进入结晶器，主流股在行进过程中不断扩张，流速不断降低，高温钢液射流对结晶器窄面冲击并形成上升流和下降流两大流股。上升流股沿凝固坯壳向上流动，形成上回流区，对自由液面的扰动和夹杂物的上浮产生直接影响。

下降流股沿着结晶器窄面坯壳继续下行，形成下回流区。两个回流区的涡心都靠近水口底部，分布在主流股的两侧。此外，在上返流和向下运动的凝固坯壳的相互作用下，弯月面下靠近结晶器窄壁侧出现了一个小漩涡。随着钢液的不断凝固，钢液自由流动的空间受到压缩，糊状区的流动受阻，湍流动能大大减小，钢液随着坯壳向下移动形成活塞流。

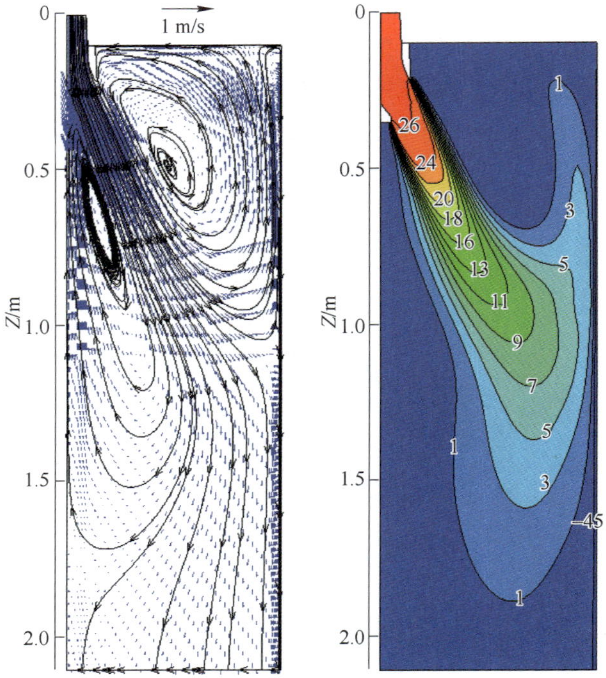

(a)　　(b)

图 3-23　结晶器沿窄面中心截面的速度分布和过热度分布
（a）速度分布；（b）过热度分度

钢液的温度分布主要由流场特征决定。图 3-23（b）显示了钢液过热度的等值线分布，钢液离开水口后，射流在向下冲击过程中其过热迅速耗散（射流区的等值线较密），到达结晶器窄面冲击点附近时过热度约为 2 K；自由液面处钢液的过热度在 1 K 以内。钢液的过热经水冷铜壁向外传递，使靠近结晶器壁的钢液不断凝固生长。

图 3-24 为自由液面中心线上的表面流速（*X* 方向）及波高图，其中速度为正表示钢液流向浸入式水口方向。由图 3-24 可知，液面起伏较大，最大波动部位幅值达到 7.2 mm，波峰出现在距窄面 0.14 m 处，波谷出现在距水口中心 0.28 m 处；液面速度与平均波高相对应，其最大值为 0.35 m/s，且恰好位于波谷附近。在该工况条件下，液面波动较大，易造成保护渣卷入钢液形成大颗粒夹杂物。

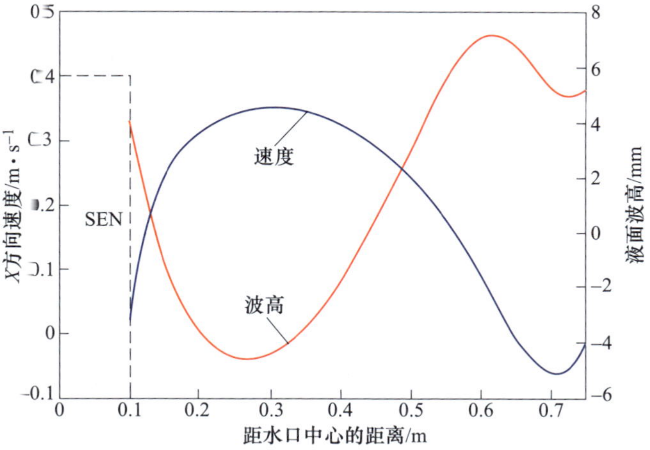

图 3-24 结晶器液面中心线上的表面流速及波高图

图 3-25 展示了 CSP 薄板坯宽面 1/4 处和角部的纵向温度分布，从图 3-25 中可以看出，铸坯角部由于二维传热，在开始阶段温度迅速下降，之后因铸坯发生凝固收缩而形成气隙，传热热阻增大，温度变化趋于缓慢，在结晶器出口处角部温度为 1088 K，铸坯宽面 1/4 处的表面温度为 1283 K。

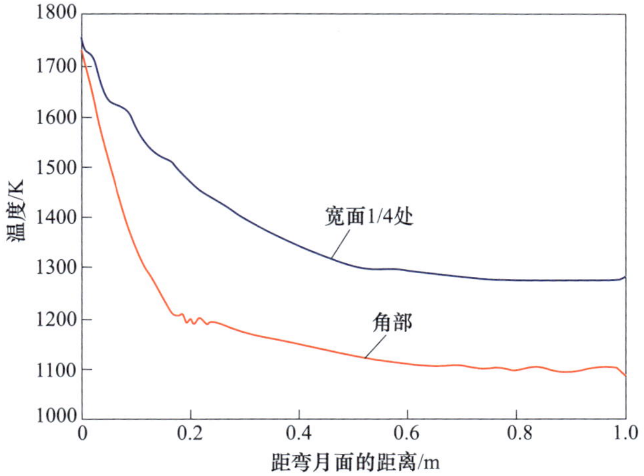

图 3-25 CSP 薄板坯表面纵向温度分布

图 3-26 显示了不同 Z 轴横截面上的温度变化分布及凝固坯壳的生长过程，从图 3-26 中可以看出，钢液过热沿着主流股向下冲击的方向不断耗散，到达结晶器出口平面（$Z=1.1$ m）时，钢液的过热最大为 9 K。沿拉坯方向，随着过热的耗散及热量的释放，凝固坯壳不断生长，这个现象反映在图 3-27 中。

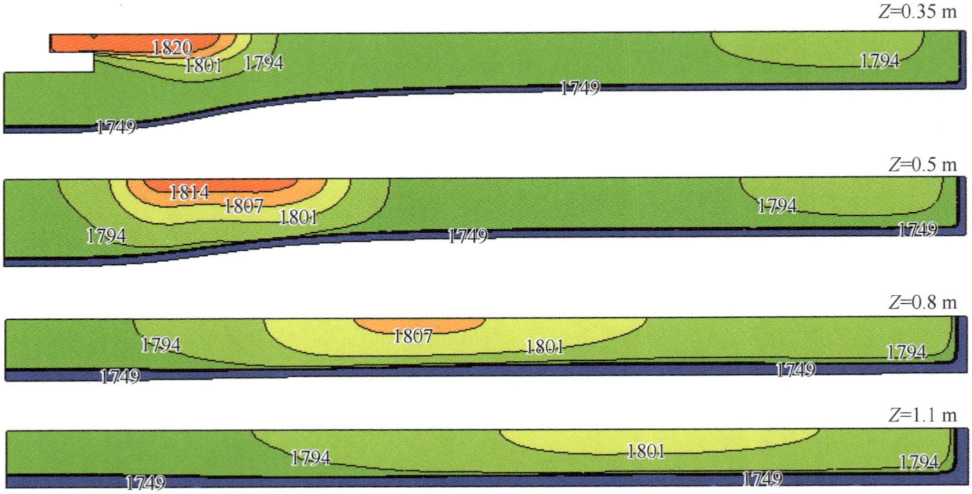

图 3-26　结晶器内不同 Z 轴横截面上的温度分布

图 3-27 展示了 CSP 薄板坯宽面中线及窄面中线的坯壳厚度分布。本节以固相率 0.7 来表征凝固前沿。由该图可知，薄板坯宽面中线的坯壳厚度并不是一直增加的，在距弯月面 0.69～0.74 m 的距离范围内，出现了小幅的下降，其原因可能是此处正好位于结晶器漏斗区向下收缩到平行区的过渡区，受流股的冲刷比较强烈，坯壳发生部分重熔，之后坯壳又继续生长。另一方面，铸坯窄面中线的坯壳生长不存在停滞区，表明钢液流股对窄面坯壳的冲击不大。宽面中线的坯壳比窄面中线生长快，在结晶器出口处，其坯壳厚度分别为 9.8 mm 和 9.0 mm。

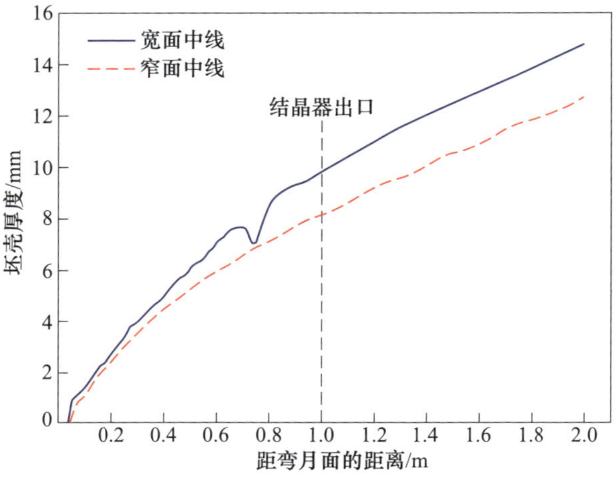

图 3-27　CSP 薄板坯宽面中线及窄面中线的坯壳厚度分布

3.1.4 二冷区与空冷区的数值模拟

连铸坯从结晶器内钢水弯月面向下以一定速度移动，在此运动过程中，钢液内部不断进行着质量传输与热量传输，热量从铸坯中心向表面传递，所传递热量的多少，取决于浇注钢种的热物理性质以及连铸过程的冷却条件。本节以板坯为例，通过建立板坯连铸凝固传热数学模型，可以对连铸凝固传热过程进行模拟和描述[7]。

为了导出铸坯温度场分布的数学模型，假想从结晶器的钢水弯月面处，沿铸坯中心，取一个与铸坯一起向下运动的微元体，该微元体高度、厚度、宽度分别为 dz、dx、dy。首先，建立连铸坯凝固的基本传热方程，为了使问题简化，需作如下假设：

（1）凝固坯壳散热以传导传热为主，液相穴中的对流传热等效为传导传热来考虑，且随钢液状态的变化而变化；

（2）因沿铸坯拉坯方向和结晶器钢液弯月面处的传热占总传热量的 3%～6%，故忽略拉坯方向的传热以及弯月面处的传热，凝固传热简化为二维非稳态传导传热；

（3）热物性（比热容、密度等）参数在液相区、液固相区以及固相区视为分段常数，且各向同性；

（4）连铸二冷区同一冷却段铸坯表面冷却均匀；

（5）铸坯内弧和外弧传热条件应有考虑；

（6）二冷铸坯表面的辐射传热、与支撑辊的接触传热以及二冷水的冷却传热，采用综合传热系数一并考虑。

假设从结晶器的钢水弯月面处，沿铸坯中心取一个与铸坯一起向下运动的微元体，该微元体高度、宽度、厚度分别为 dz、dy、dx，如图 3-28 所示。

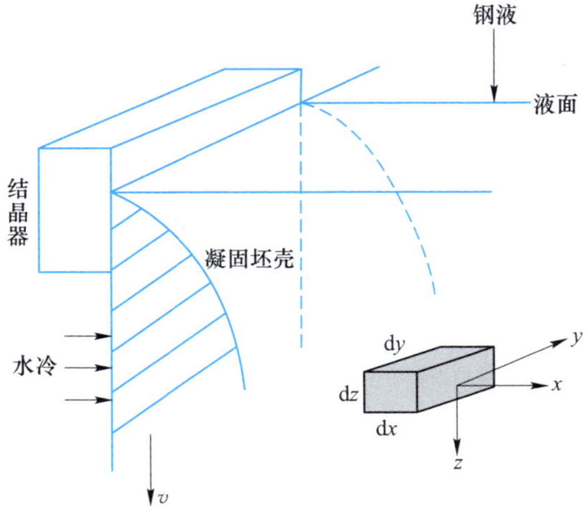

图 3-28 连铸坯微元体示意图

基于上述假设，由微元体的热平衡：微元体积累热量=接收热量-支出热量，得到二维非稳态传热方程：

$$\rho c \frac{\partial T}{\partial \tau} = \frac{\partial}{\partial x}\left(\lambda \frac{\partial T}{\partial x}\right) + \frac{\partial}{\partial y}\left(\lambda \frac{\partial T}{\partial y}\right) \tag{3-5}$$

式中，ρ 为钢液密度，kg/m^3；c 为质量热容，J/(kg · ℃)；T 为温度,℃；τ 为时间，s；λ 为导热系数，W/(m · K)。

为了确定研究对象连铸坯内部的温度场，需要确定钢水连铸导热过程的初始条件和边界条件。

（1）初始条件：

连铸坯凝固传热二维数学模型都是以结晶器入口处截面的钢液温度分布作为时间 $\tau=0$ 时的初始条件。为了便于计算，假设结晶器内钢水弯月面处温度分布均匀，将整个铸坯截面上的初始温度都定为浇注温度 T_c，即一常量：

$$T = T_c(x \geqslant 0, y \geqslant 0, z \geqslant 0, \tau \geqslant 0) \tag{3-6}$$

（2）边界条件：

1）结晶器区。根据结晶器冷却水流量以及进出口处的温差，可以求出结晶器的平均热流密度，见式（3-7）。

$$q' = C_{p,w} \times q_m \times (\Delta T)_w / S_{eff} \tag{3-7}$$

式中，q'为结晶器平均热流密度，W/m^2；$C_{p,w}$为水的质量热容，J/(kg · ℃)；q_m 为结晶器水流量，kg/s；ΔT 为水的进出口温差,℃；S_{eff}为结晶器壁的有效冷却面积，m^2。

沿结晶器拉坯方向瞬时热流密度的分布可表示为式（3-8）。

$$q = 2680000 - b\sqrt{L_m/V_c} \tag{3-8}$$

其中：

$$b = 1.5(2680000 - \bar{q})/\sqrt{L_m/V_c} \tag{3-9}$$

式中，L_m 为结晶器有效高度，m；V_c 为拉坯速度，m/min。

2）二冷区。二冷区安装的喷嘴类型分为水喷嘴或气-水雾化喷嘴，对板坯而言，一般来说足辊宽面和足辊窄面配置水喷嘴，二冷区其他段安装气-水喷嘴。扇形段 1~6 为弧形区域，扇形段 7 为矫直区，矫直区域距离结晶器弯月面距离 16.88~18.86 m。

二冷区的热流密度计算方法见式（3-10）。

$$q = h(T_s - T_w) \tag{3-10}$$

式中，q 为热流密度，W/m^2；h 为传热系数，W/(m^2 · ℃)；T_s 和 T_w分别为铸坯

表面温度和冷却水温度,℃。

二冷喷水区的冷却存在多种热方式，包括导热传热、对流传热和辐射传热，为了便于计算，把其传热方式等效为对流传热，以综合传热系数 h 来表示[8]。

3）空冷区。在连铸机水平段一般不对板坯的边部在进行喷水冷却，板坯的窄面也仅在足辊区有喷水冷却，因此，将这些区域视为辐射传热区，其计算公式如式（3-11）所示。

$$q = \varepsilon\sigma(T_s^4 - T_o^4) \tag{3-11}$$

式中，q 为热流密度，W/m^2；T_s、T_o 分别为铸坯表面温度和环境温度,℃；σ 表示玻耳兹曼常数，5.67×10^{-8} $W/(m^2 \cdot K^4)$；ε 为辐射系数（黑度），取值范围为 0.5~0.8。

为了验证所建凝固传热数学模型的准确性，对某钢厂连铸机生产的风电钢 Q345D 进行了铸坯表面温度测定。采用的测温仪器的型号为 MTX140 的非接触式红外测温仪，测温仪的技术参数见表 3-9。根据现场铸机的设备条件以及实际测温操作的便利性，测温位置分别确定为二冷区 6 段末、7 段末、8 段末以及 11 段末，以上四个位置都选择在板坯宽面中心位置（避开喷水区）进行测温，距结晶器弯月面距离分别为 16.67 m、18.86 m、21.17 m 以及 28.09 m。

表 3-9 MTX140 红外测温仪主要参数

序号	参数项	性能参数
1	测温范围	600~1400 ℃
2	响应时间	300 ms
3	辐射率	0.10~1.00
4	测量精度	±1% FS
5	距离系数	120：01：00

以 Q345D 钢连铸坯凝固冷却过程模拟为例，其连铸工况为：拉速0.85 m/min，浇注温度为 1539 ℃，铸坯断面为 1800 mm×220 mm。图 3-29 为 Q345D 钢的实测温度与模拟计算温度对比图，图中温度曲线是模拟计算值，蓝点点为在四个点的实际测温值。表 3-10 是对 Q345D 钢坯的实际测温结果与模型计算结果的对比情况汇总。由表 3-10 可知，在 4 个位置的模型计算温度和实测温度差值均小于 10 ℃，相对误差均小于 1.5%，通过以上结果得出，该模型的准确性较高，可为实际生产提供可靠的参考。

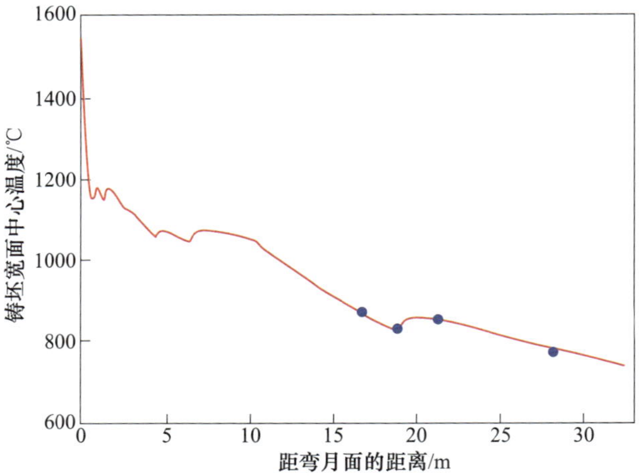

图 3-29　Q345D 钢板坯实测温度与计算温度的结果对比图

表 3-10　Q345D 钢板坯实测温度与计算温度对比情况汇总

钢种	测温点距弯月面距离/m	实测温度平均值/℃	模型计算温度/℃	相对误差/%
Q345D	16. 67	875	873	0. 23
	18. 86	832	829	0. 36
	21. 17	856	857	0. 12
	28. 09	778	787	1. 15

3. 2　连铸坯凝固冷却过程控制

连铸过程钢液的凝固是一个包含热量传输、质量传输及动量传输的复杂高温物理化学过程。在实际生产中，钢液的凝固质量在很大程度上决定着最终产品的力学性能和使用性能。钢在连铸过程中主要经历初始凝固坯壳的产生、凝固组织的形成、溶质元素的再分配、第二相粒子的析出及微观组织的演变等物理/化学变化，这些均对连铸坯的凝固质量产生重要影响。就连铸生产过程而言，铸坯的凝固质量主要取决于结晶器、二冷区与空冷区的工艺与设备条件。针对钢水连铸过程工艺条件与钢的凝固特性及组织性能之间的关系进行深入分析，优化连铸工艺参数，实现连铸凝固冷却过程的精益控制，是提高连铸坯质量的重要内容。

本节以某钢厂生产的连铸坯为例，从连铸坯纵-横冷却、连铸过程二冷动态控制以及“凝固前段弱冷+凝固末端强冷”的铸坯凝固冷却展开，阐述连铸坯凝固冷却过程的精益控制。

3.2.1 连铸坯纵-横凝固冷却控制

钢水连铸过程的凝固冷却对连铸机产量具有密不可分的作用，其冷却强度、冷却方式和冷却水量的分配与控制对铸坯质量有着重要影响。连铸坯的凝固冷却过程主要包括结晶器凝固冷却、二冷区凝固冷却和空冷区冷却三个阶段，其中，结晶器和空冷区的冷却条件相对稳定，不作为调控的重点。因此，本节重点讨论铸坯在二冷区的凝固过程控制，通过优化二冷工艺参数来实现连铸坯凝固冷却过程的精益控制。

二冷区是通过调控喷嘴喷淋水量或气-水比例来对铸坯进行冷却控制，传热方式包含喷雾水滴蒸发吸热、喷淋水滴浸渍吸热、铸坯与辊子接触传热和辐射传热等。针对二次冷却的控制，首先需要确定合适的二冷比水量，使得连铸坯具有较好的凝固组织。在此基础上，合理分配二冷区段不同的配水量，实现连铸坯纵向（拉坯方向）的均匀冷却。同时，为避免铸坯温度分布不均匀导致的热应力，还要保证铸坯横向（沿宽度方向）的冷却均匀性。横向均匀冷却主要通过调节喷淋水覆盖率，优化喷嘴喷淋高度及布置方式来实现。通过上述手段，可实现连铸坯的纵-横均匀冷却控制。

本节以某钢厂板坯连铸机为例[9]，对连铸过程纵-横均匀冷却进行介绍。研究连铸机为立弯式直弧形连铸机，具体技术参数见表 3-11。

表 3-11 某钢厂板坯连铸机主要技术参数

名称	技术参数	名称	技术参数
机型	直弧形连铸机	铸坯定尺	1900~3200 mm
垂直段长度	2600 mm	拉速	0.8~1.2 m/min
连续弯曲段长度	1800 mm	送引锭杆速度	4.5 m/min
连续矫直段长度	4620 mm	引锭杆装入方式	下装式
基本弧半径	10000 mm	结晶器有效长度	800 mm
冶金长度	34595 mm	钢水平均浇注时间	35 min
铸坯断面	(180~250) mm × (1400~1900) mm	铸坯切割方式	火焰切割

研究钢种为 A32 高强船板钢，其化学成分如表 3-12 所示。生产的铸坯断面尺寸为 1800 mm×220 mm，浇注速度为 0.9 m/min，过热度为 27 ℃。建立 A32 钢连铸凝固传热数学模型，分析连铸过程凝固行为，图 3-30 为现行工艺条件下模拟计算得到的铸坯各关键特征位置温度变化曲线。

表 3-12 A32 钢种的化学成分

钢种	C	Si	Mn	P	S	Al	Cu	Ni	Mo	Nb
A32	0.132	0.295	1.151	0.020	0.011	0.026	0.007	0.010	0.002	0.024

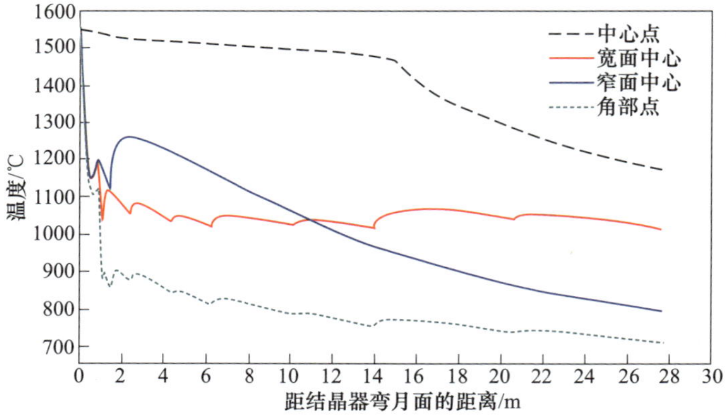

图 3-30 现行配水方案下铸坯的温度变化曲线

由图 3-30 现行冷却配水方案下铸坯各关键位置的温度变化曲线可以看出，连铸坯凝固冷却过程可分为以下几个阶段：

（1）在结晶器内，由于结晶器冷却强度很大，铸坯表面的温度剧烈下降，坯壳生长速度较快。钢液在结晶器中快速冷却，初生坯壳很薄且高温下塑性较好，在钢水静压力下坯壳产生蠕变，将贴靠于结晶器内壁，坯壳与结晶器壁紧密接触，导热热阻小，冷却较快，铸坯表面温度快速下降。

（2）随着凝固坯壳增厚且凝固收缩，坯壳与结晶器壁之间产生气隙，热阻增大，铸坯冷却速度减慢。由于铸坯导热速度相对凝固潜热的释放速度慢，出结晶器前铸坯温度出现回升现象。

（3）具有足够厚度坯壳的铸坯从结晶器中拉出，进入二冷区采用喷水或气-水雾化冷却，铸坯温度继续下降。当连铸坯从二冷区的一个冷却回路进入到另外一个冷却回路时，其表面温度出现了不同程度的回温，这是凝固潜热的大量释放造成的。由于铸坯角部传热方式是二维传热，角部温度出结晶器后比铸坯表面其他位置下降快。

（4）连铸坯在空冷区的传热方式主要是辐射传热，由于铸坯出二冷区后基本已经完全凝固，铸坯中心的热量传导给铸坯表层有限，但刚出二冷区后铸坯没有水冷，仍会使铸坯表层变热，表面温度回升。随着时间推移，整个铸坯温度逐渐趋于均匀。

同时，从图 3-30 所示现行冷却方案下温度曲线的模拟结果可以发现，现行冷却方案主要存在以下问题：

（1）连铸坯在足辊段的降温幅度较大，而弯曲段上部有较大的回温，计算得到的回温幅度为 289 ℃/m，大大超过了经典冶金准则关于二冷区铸坯表面回温值不得大于 100 ℃/m 的要求。铸坯表面温度的过度回升会在凝固前沿产生过大的张应力，因其可能超过凝固前沿的临界断裂强度从而产生铸坯内部裂纹。

（2）温度变化总体上不是很平缓。

（3）铸坯出二冷区后，其表面温度过高，容易产生大量氧化铁皮。

（4）铸坯边角部的温度过低，在矫直的过程中容易出现角部缺陷。

因此，在上述分析的基础上，针对现行配水情况生产中存在的问题，对二冷工艺参数进行优化，使得铸坯在整个二冷区表面温度分布变化平缓，以达到改善铸坯质量的目的。

连铸坯目标表面温度的确定应遵循以下原则[10]：

（1）二冷区铸坯表面降温速率控制在 200 ℃/m 以内；

（2）二冷区铸坯表面升温速率控制在 100 ℃/m 以内；

（3）铸坯位于矫直区的表面温度应控制在 1000 ℃以上。

确定目标控制温度时，除了遵循相关准则之外，还要结合实际生产情况。由于连铸坯出结晶器的温度为 1196 ℃，此时铸坯的坯壳较薄，容易发生漏钢事故，所以，足辊区冷却强度应控制得够大。在遵循连铸冶金准则的前提下，将板坯宽面足辊末端的铸坯表面中心目标温度设定为 1065 ℃，既能保证冷却效果，又不会因冷却强度过大导致较大热应力而影响铸坯质量。

足辊段冷却水的水流密度相对于二冷区其他各冷却段的水流密度大很多，因而连铸坯出足辊段后是水流密度大幅度减小的过程，造成弯曲段上部铸坯温度迅速回升。经过模拟计算，将弯曲段上部出口处目标温度定为 1050 ℃，在一定程度上控制了回温过大的现象，有利于提高铸坯的质量；根据 A32 钢高温力学性能的研究结果，确定铸坯出矫直区的表面温度为 1000 ℃。按照均匀冷却原则，由已设定的铸坯弯曲段上部及矫直区出口处的目标温度，制定二冷区其他各段出口处铸坯的目标表面控制温度。A32 高强船板钢连铸二冷区各段的目标表面控制温度如表 3-13 所示。

表 3-13　A32 高强船板钢在二冷区各段表面的目标控制温度

位置	二冷区各段出口距弯月面的距离/m	目标表面温度/℃
宽面足辊出口	1.040	1065
弯曲段上部出口	2.335	1050
弯曲段下部出口	4.273	1046
扇形段 1 段出口	6.196	1042
扇形段 3 段出口	10.024	1029
扇形段 5 段出口	13.888	1016
扇形段 8 段出口	20.570	1000
扇形段 11 段出口	27.605	890

根据表 3-13 中设置的铸坯表面目标温度，不断调整水量，运用 Ansys 软件

进行模拟计算，得到优化后整个连铸过程中铸坯各特征位置的温度变化曲线，如图 3-31 所示。从图 3-31 中可以得出，铸坯出结晶器后，在足辊段冷却水的作用下，温度有较大的降幅；铸坯进入弯曲段上部经历一个回温过程后开始平缓下降，至弯曲段下部，虽仍有回温现象，但幅度已经很小。二冷区 6~8 段是矫直区，矫直温度保持在 1000 ℃左右，避开了钢种的脆性温度区域，防止了矫直过程可能对铸坯质量造成的不利影响。同时可以看出，8 段以前铸坯表面中心温度的变化一直较为缓慢。将采用目标表面温度控制方法进行配水优化的方案与现行配水方案下铸坯冷却情况进行比较，铸坯宽面表面中心的温度曲线比较如图 3-32 所示。

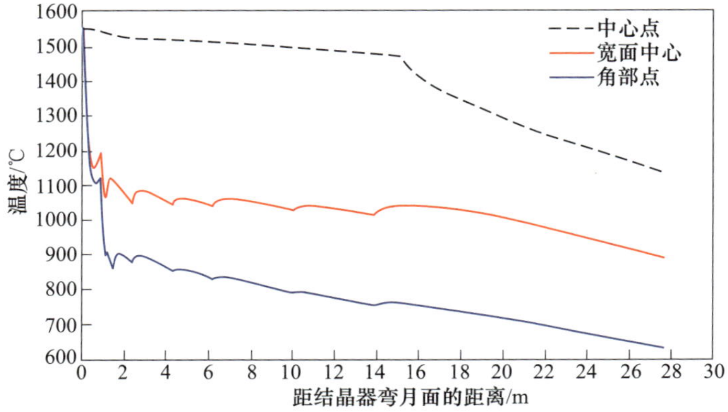

图 3-31　配水优化后铸坯特征位置温度变化曲线

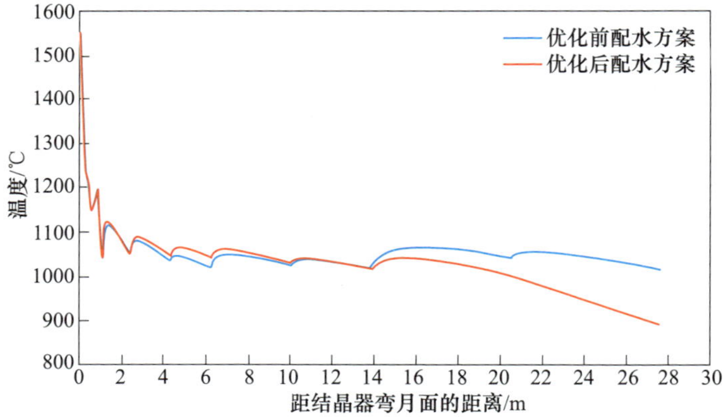

图 3-32　配水优化前/后板坯宽面表面中心温度变化曲线

从图 3-32 中可以看出，保持其他工艺参数相同，调节配水量，两种方案下连铸坯宽面表面中心温度曲线在结晶器区域相差很小，而在二冷区差别较大，其中二冷区 9~11 段铸坯宽面表面中心温度变化最为明显，主要考虑适当降低铸坯出二冷区的温度，有利于减小空气对铸坯表面的氧化作用；同时，不可对二冷区 9~11 段使用较大的冷却强度，避免铸坯出二冷区后在空冷区返温过大对铸坯质量造成不利的影响。现行方案的温度曲线在足辊段出口回温比较大，二冷区的温度曲线波动较大，易产生较大的热应力，可能会使铸坯产生缺陷。而在优化后的冷却条件下，避免了回温过大的不足，温度逐步降低，温度曲线变化比较平缓。表 3-14 是 A32 高强船板钢原先工况与设定目标控制温度下计算得到的二冷区各段的水量分配方案。

表 3-14 A32 高强船板钢原先与优化后的配水方案

二冷区	各冷却段	原先配水方案		优化配水方案	
		水量/L · min^{-1}	比例/%	水量/L · min^{-1}	比例/%
1 区	足辊窄面	34.49	2.61	33.90	2.59
	足辊宽面	265.15	20.04	209.52	16.01
2 区	弯曲段上部	245.50	18.55	256.41	15.59
3 区	弯曲段下部	229.86	17.37	210.68	16.10
4 区	1 段内弧	83.65	6.32	71.19	5.44
	1 段外弧	91.18	6.89	78.31	5.98
5 区	2~3 段内弧	86.47	6.54	86.47	6.61
	2~3 段外弧	112.41	8.50	116.73	8.92
6 区	4~5 段内弧	49.71	3.76	52.13	3.98
	4~5 段外弧	74.06	5.6	80.80	6.17
7 区	6~8 段内弧	17.92	1.35	31.27	2.39
	6~8 段外弧	28.67	2.17	51.60	3.94
8 区	9~11 段内弧	4.05	0.31	29.76	2.27
总计		1323.13	100	1308.77	100
比水量/L · kg^{-1}		0.49		0.48	

结合本团队之前的研究经验，因连铸坯内、外弧冷却不均匀，内弧的柱状晶较外弧发达。结合实际情况，此次优化方案中调整二冷区各段内、外弧的配水比例，如表 3-15 所示。

表 3-15 A32 高强船板钢原先与优化配水方案的内、外弧配水比例

二冷区	各冷却位置	现行配水方案	优化配水方案
1 区	足辊窄面	1 : 1	1 : 1
	足辊宽面	1 : 1	1 : 1

续表 3-15

二冷区	各冷却位置	现行配水方案	优化配水方案
2 区	弯曲段上部	1 : 1	1 : 1
3 区	弯曲段下部	1 : 1	1 : 1
4 区	1 段内弧	1 : 1.09	1 : 1.1
	1 段外弧		
5 区	2~3 段内弧	1 : 1.3	1 : 1.35
	2~3 段外弧		
6 区	4~5 段内弧	1 : 49	1 : 1.55
	4~5 段外弧		
7 区	6~8 段内弧	1 : 1.6	1 : 1.65
	6~8 段外弧		
8 区	9~11 段内弧	1 : 1.6	1 : 1.65

A32 高强船板钢原先配水方案和优化配水方案的二冷水量比较如图 3-33 所示。

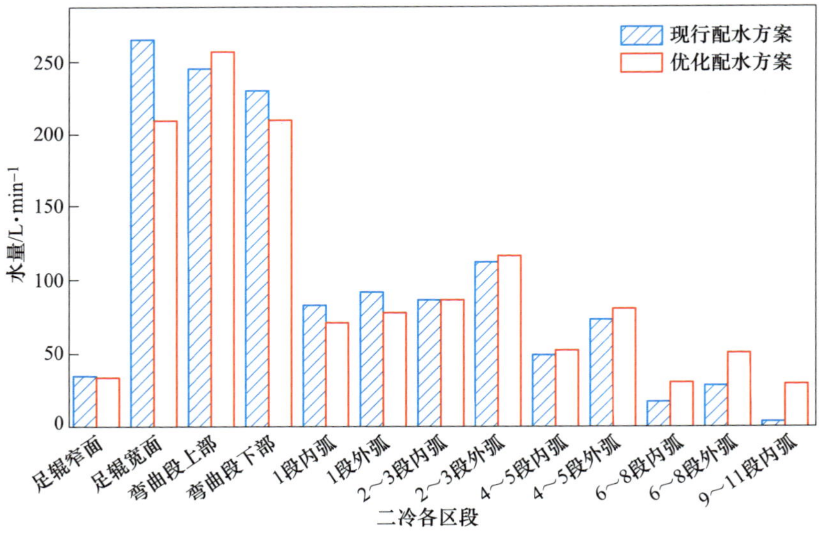

图 3-33　原先配水方案和优化配水方案的二冷水量比较

由图 3-33 可以看出，优化配水方案较大幅度地减小了足辊段板坯宽面的冷却水量，增加了弯曲段上部的配水量，从而有利于减小出足辊段后铸坯表面过大的回温；同时，适当减小了弯曲段下部与扇形一段的配水量，有助于铸坯温度的平缓过渡。对于矫直区的 6~8 段，在保证矫直温度处于 1000 ℃以上的前提下，增大配水量可加速凝固，减轻中心偏析，从而提高铸坯质量。出矫直区后水量有所增大，主要是考虑降低铸坯在空冷区的表面温度，减轻铸坯表面的氧化。

通过上述研究，优化了不同二冷区配水量，可以实现连铸过程纵向均匀冷却，但却无法保证连铸坯横向冷却均匀性。横向均匀冷却主要通过调节喷淋水覆盖率，优化喷嘴高度及布置方式来实现，下面进行具体说明。

由于连铸机扇形段每排布置三个喷嘴，喷嘴间距较大，很容易导致水量分布不均匀而对铸坯的冷却效果产生不利影响。选取铸机二冷矫直区六段的喷嘴为研究对象，重点分析现行生产喷嘴的工作状态对铸坯冷却效果的影响。二冷区六段喷嘴现行布置形式及水量交叉重叠情况如图 3-34 所示。

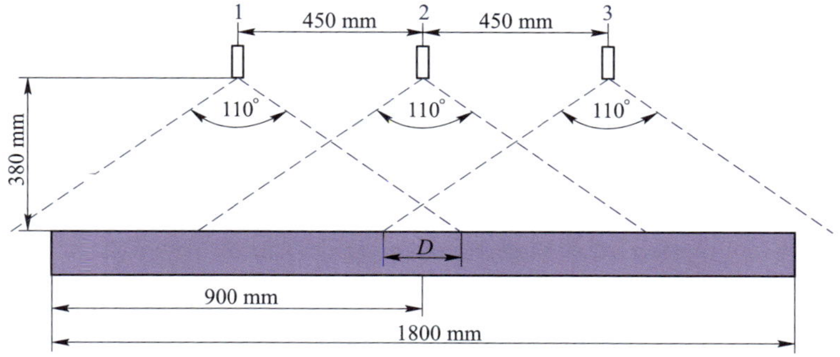

图 3-34 现行工艺二冷区六段喷嘴布置及水量重叠图
（1、2、3 表示三个喷嘴）

从图 3-34 中可以看出，在喷嘴之间的间距均为 450 mm，距连铸坯表面的距离均为 380 mm，且喷嘴的喷射角为 110°时，三个喷嘴的喷淋覆盖区域宽度达到了 1985 mm，大大超过了板坯宽度 1800 mm。另外，由于单个喷嘴的喷射范围大，板坯宽面中心处出现了三个喷嘴水量相互冲击叠加的区域，叠加区域 *D* 宽度为 189 mm，即假定每个喷嘴都处于正常工作状态，不仅 2 号喷嘴喷出的水量能够冷却铸坯表面中心处，1 号和 3 号喷嘴也均能冷却宽面中心处的部分铸坯。采用智能红外测温仪检测铸坯凝固过程中二冷区六段出口板坯表面特征位置三处的温度，测温结果见表 3-16。

表 3-16 A32 钢二冷区六段出口连铸坯表面测温结果

二冷区六段出口处	宽面中心处	宽面 1/4 处	角部点处
测试平均温度/℃	896	968	798

由表 3-16 可知，连铸坯宽面中心处的温度相比于铸坯宽面 1/4 处的温度低 72 ℃；而连铸坯角部点的温度相比于铸坯宽面 1/4 处的温度低 170 ℃，连铸坯角部点的温度相比于铸坯宽面中心处的温度低 98 ℃。可见，沿整个铸坯宽度方向

上的冷却情况是极不均匀的。

对于裂纹敏感性较强的含铌钢，铸坯温度低于 1000 ℃时开始析出 Nb(C、N)，析出的“鼻子”温度为 900 ℃，正好落在奥氏体相低温区域，导致连铸坯的高温延塑性变差。同时，铸坯表面横裂纹的出现与铸坯 750~900 ℃低温脆性区域的存在很大关系。二冷区六段位于矫直区，铸坯宽度方向温度分布不均匀及角部温度过低极易在板坯拉矫过程中产生角部横裂等质量缺陷[11]。因此，对现有二次冷却系统进行深入研究，确定喷嘴合理的选型与优化布置，探寻适合于含铌钢连铸生产的工艺是十分必要的。

针对钢厂而言，依照最小的投入获得最大效益的原则，考虑最低技术改造成本，对板坯连铸机进行二次冷却改进时，首先考虑保持二冷喷淋架不变，重点可对喷嘴的选型和布置进行优化。喷嘴的布置应以实现铸坯均匀冷却为根本目的，其布置应遵循以下原则：足辊段喷嘴喷出的水应尽量全部喷在铸坯表面上，覆盖住铸坯的周边；在铸坯的宽度方向上，表面冷却均匀，即喷嘴的水流密度分布要尽可能均匀，铸坯角部的水流密度应比中心处小；在一定冷却区域内，沿拉坯方向水流密度应均匀；为避免角部过冷，喷嘴喷淋水所覆盖的铸坯表面区域宽度应随距结晶器弯月面距离的增加而逐渐减小；另外，还应考虑夹辊的分布情况，以便于维修以及漏钢时不至于损坏喷嘴[12]。

通过对新设计的喷嘴冷态性能测试及对某钢厂 2 号板坯连铸机现行二冷系统的评估，课题组制定了二冷系统的优化方案。该方案依据理论公式，经计算确定相邻喷嘴的间距和布置高度，最大程度上优化整个二冷系统。在喷淋架保持不变的情况下，为了避免角部温度过低，每排边角部采用喷射角稍小型号的喷嘴。二冷区各段喷嘴的布置方案见表 3-17、表 3-18。

表 3-17　二冷区足辊段喷嘴布置方案

二冷区	足辊段	每排喷嘴布置示意图	喷嘴型号	间距/mm	高度/mm
1 区	足辊窄面	▲▲	▲-3/8PZ5080B12	130	105
	足辊宽面	△▲▲▲▲▲▲▲△	▲-3/8PZ6080B12 △-3/8PZ6060B12	180	215

表 3-18　二冷区弯曲段喷嘴布置方案

二冷区	弯曲段	每排喷嘴布置示意图	喷嘴型号	间距/mm	高度/mm
2 区	弯曲段上部内、外弧	△▲▲▲▲△（奇数排）	▲-HPZ4. 6-85B14 △-HPZ4. 6-70B14	315	190
		△▲▲▲△（偶数排）			
3 区	弯曲段下部内、外弧	△▲▲▲△（奇数排）	▲-HPZ3. 0-85B14 △-HPZ3. 0-70B14	315	190
		△▲▲▲▲△（偶数排）			

刚出结晶器的铸坯表面温度高，凝固坯壳厚度小，若连铸生产工艺不当，容易出现漏钢事故。一般的方法是在足辊段实行强冷，通过强换热从而加快铸坯凝

固坯壳的生长。该连铸机二冷区足辊段采用的是扁平形水喷嘴，足辊窄面每排布置 2 个喷嘴，两侧各 5 排，单个喷嘴的喷淋角度由原来的 40°调整为 80°，扩大了喷淋水的喷射范围，以适应板坯窄面冷却的需要；足辊宽面每排布置 9 个喷嘴，内、外弧各两排，将原来铸坯宽面方向边部喷嘴的型号由 3/8PZ6080B12 更换成 3/8PZ6060B12，喷射角从 80°减小至 60°，减弱了边角部的冷却。

现行固定喷淋架的弯曲段上部共有 7 排喷嘴，奇数排每排布置 6 个喷嘴，偶数排每排布置 5 个喷嘴；弯曲段下部共有 10 排喷嘴，奇数排每排布置 5 个喷嘴，偶数排每排布置 6 个喷嘴。弯曲段的冷却强度较大，铸坯中部喷嘴的喷射角选为 85°，边部喷嘴的喷射角选为 70°。

扇形段 1~8 段每排布置 3 个喷嘴，扇形段 9~11 段每排布置 2 个喷嘴。根据优化后的配水量调整了部分二冷区冷却段的喷嘴型号，其中扇形 1 段单个喷嘴的流量由 5.6 L/min 降为 4.6 L/min；扇形段 2~3 段内、外弧使用的喷嘴型号保持不变，优化后将内弧、外弧喷嘴的型号分别进行设计，内弧喷嘴型号选为 HPZ3.6-110B30，外弧喷嘴型号保持不变；扇形段 4~5 段单个喷嘴的流量在现行的基础上减小了 0.3 L/min，在适应新水表的情况下，喷嘴有更好的雾化能力，实现对连铸坯良好的冷却效果；扇形段 6~8 段铸坯边部喷嘴的喷射角都有所减小，而且 1~8 段喷嘴的喷淋高度均较现行高度低，因而，喷淋水在铸坯宽度方向上进行均匀冷却的同时，减小了铸坯边角部的冷却、提高了铸坯边角部温度，从而有利于提高铸坯的质量。表 3-19 为二冷区扇形段喷嘴布置方案。

表 3-19 二冷区扇形段喷嘴布置方案

二冷区	扇形段	每排喷嘴布置示意图	喷嘴型号	间距/mm	高度/mm
4 区	扇形 1 段内、外弧	▲ ▲ ▲	▲-HPZ4.6-110B30	450	两侧 320 中间 410
5 区	扇形 2~3 段内弧	▲ ▲ ▲	▲-HPZ3.6-110B30	450	两侧 300 中间 380
	扇形 2~3 段外弧	▲ ▲ ▲	▲-HPZ3.9-110B30	450	两侧 300 中间 380
6 区	扇形 4~5 段内弧	▲ ▲ ▲	▲-HPZ3.0-110B30	450	两侧 280 中间 360
	扇形 4~5 段外弧	▲ ▲ ▲	▲-HPZ3.3-110B30	450	两侧 280 中间 360
7 区	扇形 6~8 段内弧	△ ▲ △	▲-HPZ2.1-110B30 △-HPZ2.1-100B30	450	两侧 310 中间 380
	扇形 6~8 段外弧	△ ▲ △	▲-HPZ3.0-110B30 △-HPZ3.0-100B30	450	两侧 310 中间 380
8 区	扇形 9~11 段内弧	▲ ▲	▲-HPZ2.1-110B30	480	350

对船板钢连铸坯进行热-力耦合数值模拟研究，分析二冷系统优化前后连铸坯等效应力场和等效应变场。二冷配水方案优化前后铸坯运行两个辊间距时的应力场如图 3-35 所示。

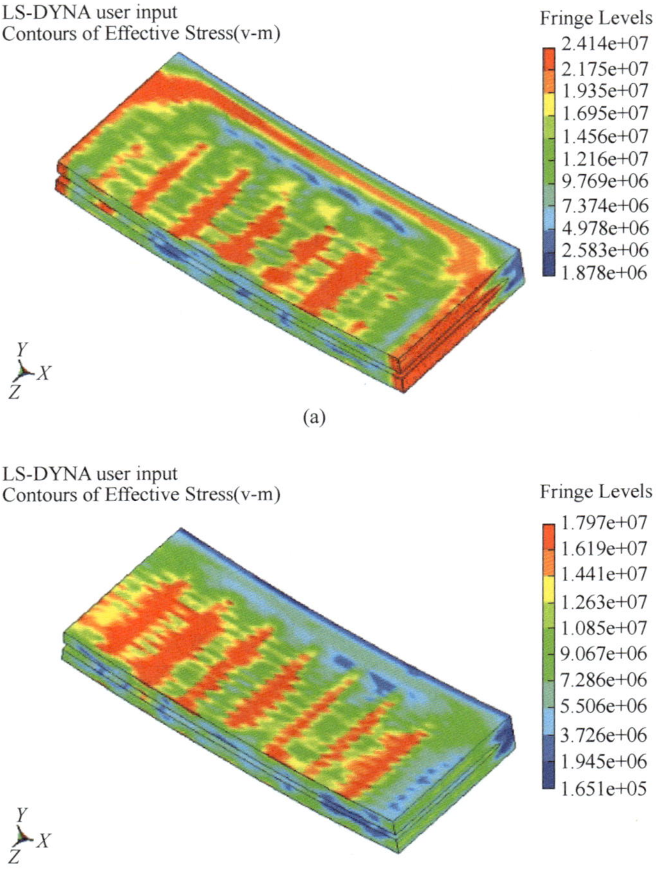

图 3-35　铸坯在矫直区运行辊间距时等效应力场
（a）二冷优化前；（b）二冷优化后

从图 3-35 可以看出，二冷配水优化前后，铸坯与矫直辊接触的位置相较其他部位均出现较大的应力，而且优化前后的最大应力由 24. 14 MPa 减至 17. 97 MPa，而最小等效应力相接近。图 3-35（a）中，不考虑截取铸坯前、后端的边缘效应，在靠近铸坯边角部的地方出现了较大的应力，究其原因是二冷优化前矫直区铸坯边角部的冷却强度过大，造成边角部的温度梯度较大，因而在热应力与矫直力的作用下，表现出较大的等效应力。而配水优化后由于水量分布较为均匀，且在铸坯的边角部实行了弱冷措施，铸坯宽度方向上的温度分布较为均匀、边角部温度有较大的提升，因此，图 3-35（b）中配水优化后靠近铸坯边角部未出现应力过大的现象。

配水优化前后铸坯表面同辊子接触的位置均显现较大的应力，主要是凝固坯壳受到铸坯内部钢水静压力与坯壳热应力的作用，同时，凝固坯壳受辊子的约束而不能自由发展所致，但优化后铸坯温度分布更为均匀一些，因此等效应力值也较小。综上可知，二冷优化前在铸坯的边角部容易产生铸坯裂纹。

二冷配水优化前后铸坯运行两个辊间距时的应变场如图 3-36 所示。

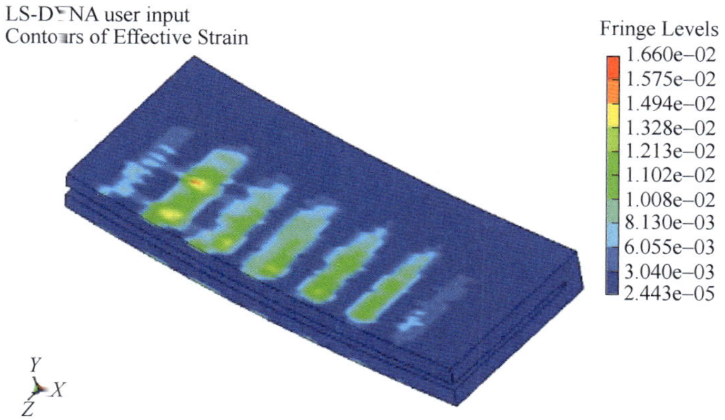

(a)

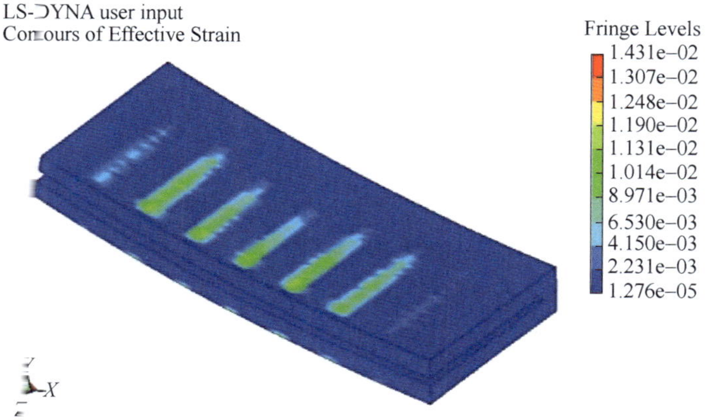

(b)

图 3-36 连铸坯在矫直区运行辊间距时等效应变场

（a）二冷优化前；（b）二冷优化后

由图 3-36 可以看出，二冷优化前铸坯局部所受的最大等效应变为 1.66%，超过了临界应变 1.5%，因此，该处产生裂纹的可能性增加，其他部位的应变基本上控制在临界应变 1.5%以下。二冷优化后，连铸坯最大等效应变由 1.66%降至 1.43%，低于临界应变，减轻了产生裂纹的概率。上述优化方案应用于实际生产后，含 Nb 钢板坯角部横裂基本消失，中心等轴晶区域宽度由 35 mm 扩大至 44 mm，等轴晶率提高了 4.1%，连铸坯的中心偏析从 B 类 1.0 改善为 C 类 1.5，含铌钢成品率提高 1%[13]。

3.2.2 “凝固前段弱冷+凝固末端强冷”的连铸坯凝固冷却

在连铸过程，凝固末端强冷（Intensive Cooling at Solidification End，ICSE）是改善铸坯内部质量的有效方法。该方法通过对铸坯表面喷水强冷，以铸坯表面的热收缩补偿中心区域的凝固收缩，从而抑制富集溶质元素钢液的流动，改善铸坯内部质量。然而，由于凝固末端强冷的作用位置靠近矫直区，喷水强冷降低了铸坯凝固冷却的均匀性，容易导致铸坯产生角部裂纹或内部裂纹。因此，需要严格控制凝固末端强冷位置和喷淋水量，从而避免裂纹的产生。本节针对不同断面尺寸的铸坯[14-15]，结合连铸坯冷却控制机理研究和工业试验，提出了“凝固前段弱冷+凝固末端强冷”的连铸坯凝固冷却技术。

YQ450NQR1 钢连铸 450 mm×360 mm 大方坯常规冷却工艺条件下矫直点温度需控制在第三脆性区上限温度以上（917 ℃）。实际连铸过程中由于铸坯断面大，冷却过程中表面温度耗散较快，矫直点温度不易稳定控制，极易落入第三脆性温度区。基于上述考虑，结合连铸过程铸坯表层组织热塑性及固态相变机理研究，探讨冷却速率对其影响规律，采用凝固末端强冷使连铸坯在矫直点温度从低温区间避开第三脆性温度区，综合凝固组织优化控制措施提出连铸冷却过程控制方案。

连铸冷却过程对铸坯凝固组织的影响取决于铸坯凝固终点之前冷却区的工艺条件，其中，对于中心等轴晶率的影响主要集中于铸坯发生柱状晶-等轴晶转变（CET）之前的冷却区。CET 转变发生后铸坯凝固结构由柱状晶变为等轴晶，由此形成了中心等轴晶区。通过计算得知，当拉速为 0.5 m/min，过热度为 25 ℃，常规二次冷却模式下，YQ450NQR1 钢方坯 CET 转变开始位置距弯月面约 8.17 m，位于二冷三区中部。由此得出，可以通过调整钢液过热度、足辊区及二冷一区、二区水量在一定程度上控制铸坯中心等轴晶率，调整 CET 转变完成处以后的二冷区水量对中心等轴晶率影响较小。通过研究过热度、二冷水量对凝固组织的影响可知，低过热度、低二次冷却强度有利于增大铸坯中心等轴晶率。在确保水口不冻结与初凝坯壳不漏钢的前提下，钢液过热度尽可能按照下限值控制，由此确定钢水过热度为 23 ℃（原过热度为 37 ℃）。与此同时，足辊区与二冷一区、二区的冷却水量不作调整。

由 JMatPro 计算结果可知，YQ450NQR1 钢中 V(C，N) 粒子在 1100 ℃以上开始析出。结合凝固传热计算结果得知此温度位于二冷二区末端，铸坯进入二冷三区和二冷四区后 V(C，N) 粒子开始集中析出。冷却速率增大在一定程度上能够抑制 V(C，N) 在晶界的析出，使其分布于晶粒内部，从而诱导晶内铁素体析出，消除连铸坯矫直过程中的晶界应力集中。同时，根据不同冷却速率下的方坯热塑性曲线（图 3-37）可得，为了保证矫直点处铸坯具有良好的塑性（表现为高温拉伸实验试样有较高的断面收缩率），应使铸坯在二冷四区冷却速率保持在 1 ℃/s 以上，矫直温度控制在 700~800 ℃。

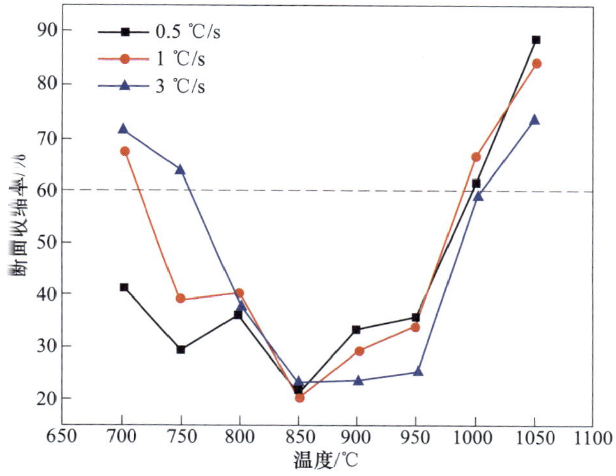

图 3-37　不同冷却速率下的 YQ450NQR1 钢方坯高温热塑性曲线

综上分析　为了提高连铸坯中心等轴晶率和表层微观组织强度，特制定 YQ450NQR1 钢连铸方坯凝固冷却控制策略为"低过热度浇注+二冷三区弱冷+二冷四区强冷"。基于此冷却控制策略，经过反复试算，得出 YQ450NQR1 钢连铸方坯凝固冷却控制方案为"过热度 23 ℃（原过热度 37 ℃），二冷三区水量 2.6 L/min（原二冷三区水量 51.5 L/min），二冷四区水量 165.6 L/min（原二冷四区水量 18.4 L/min）"。结合上述建立的凝固传热数学模型对铸坯温度场进行计算，获得铸坯宽表面温度曲线如图 3-38 所示。

由图 3-38 可知，冷却模式调整后，铸坯表层组织在二冷三段经历了回温，此过程将促使先前析出的 V(C，N) 粒子回溶，在二冷四段入口处的铸坯宽表面中心温度为 1365 ℃。在二冷四段，铸坯受到强冷，由此将导致 V(C，N) 粒子在较大的冷却速率下重新弥散析出于表层微观组织中，提高了表层微观组织的强度。二冷四段长度为 5.14 m，在拉速为 0.5 m/min 时，二冷四段出口处铸坯宽表面中心温度下降至 642 ℃。基于以上分析，YQ450NQR1 钢方坯在二冷四段的表层冷却速率可由式（3-12）确定，即：

$$C_{R,seg4} = \frac{T_{in} - T_{out}}{t_{seg4}} \tag{3-12}$$

式中，$C_{R,seg4}$为铸坯在二冷四段的表面冷却速率,℃/s；T_{in}、T_{out}分别为铸坯在二冷四段入口和出口位置的宽面中心温度,℃；t_{seg4}为铸坯经过二冷四段所经历的时间，s。

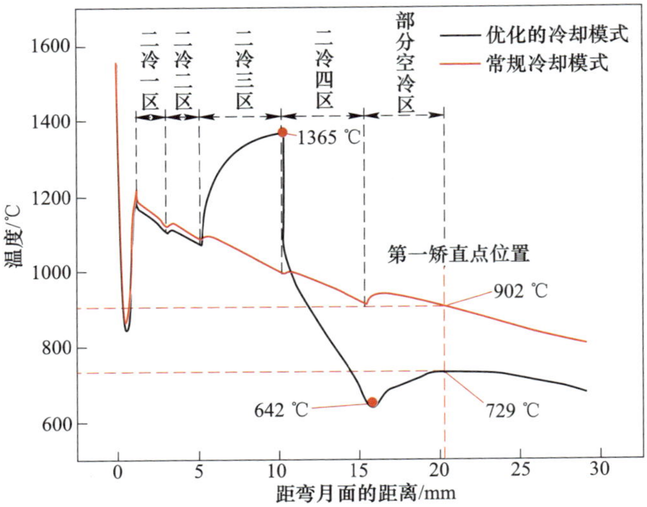

图 3-38　冷却模式优化前后方坯宽表面中心温度对比

结合二冷四段长度与铸坯拉速可得，铸坯在二冷四段的表面冷却速率为 1.17 ℃/s。针对图 3-38 进一步分析可知，铸坯出二冷四段后经历部分空冷区后进行矫直。矫直点位置处，YQ450NQR1 钢在常规冷却模式下的方坯宽面中心温度为 902 ℃，已经落入第三脆性区（800~917 ℃）。相比而言，冷却模式优化后，YQ450NQR1 钢方坯在二冷四段平均冷却速率为 1.17 ℃/s，在矫直点位置处的铸坯宽面中心温度为 729 ℃。结合图 3-37 可得，在变形温度为 729 ℃，冷却速率高于 1 ℃/s 的情况下，铸坯表层试样组织断面收缩率高于 60%，能够从低温区间避开第三脆性温度区。在此基础上，运用建立的元胞自动机-有限元模型对冷却模式优化后的 YQ450NQR1 钢连铸方坯凝固组织进行模拟，其横截面凝固组织形貌见图 3-39，经测量得到其中心等轴晶率为 31.3%。综合以上结果得出，优化后的冷却模式能够使 YQ450NQR1 钢连铸方坯满足等轴晶率高、表层微观组织强度高的要求，从而降低了铸坯凝固过程偏析、内裂纹及矫直过程铸坯表面横裂纹的发生概率。

将上述思路应用于国内某钢厂的板坯连铸机，提出“凝固前段弱冷+凝固末端强冷”的连铸凝固冷却策略并制定优化配水方案。系统优化连铸机一冷区、二冷区的配水量。为了解决结晶器区冷却过强和足辊区的铸坯回温过快，将结晶器冷却水量优化为结晶器宽面水量 3500 L/min、结晶器窄面水量 500 L/min，较优化前结晶器宽面水量、窄面水量分别减少 15%和 13%；同时，足辊区冷却水量增加 20%；并且，为使连铸坯凝固末端位置后移，将弯曲段下部水量、1~3 段冷却水量减少 10%；对连铸坯凝固末端所在区域，即二冷区第 4~7 段，冷却水量增

图 3-39　冷却模式优化后的方坯凝固组织模拟结果

加 50%。各冷却区水量如表 3-20 所示。二冷配水优化后，连铸坯特征温度情况如图 3-40、图 3-41 所示。

表 3-20　凝固冷却系统水量配置优化方案（1800 mm×250 mm）

冷却区	冷却区各冷却段		原先配水量/$L \cdot min^{-1}$	优化后配水量/$L \cdot min^{-1}$
一冷区（结晶器冷却）	结晶器宽面		4100	3500
	结晶器窄面		570	500
二冷区	1 区	足辊窄面	51	51
		足辊宽面	116	139
	2 区	0 段上部	246	246
	3 区	0 段下部	268	241
	4 区	1 段内弧	94	85
		1 段外弧	106	95
	5 区	2~3 段内弧	83	75
		2~3 段外弧	110	99
	6 区	4~5 段内弧	94	141
		4~5 段外弧	149	224
	7 区	6~7 段内弧	65	98
		6~7 段外弧	115	173
	8 区	8~10 段内弧	22	22
	9 区	11~13 段内弧	22	22
二冷区总水量/$L \cdot min^{-1}$			1541	1711
二冷区比水量/$L \cdot kg^{-1}$			0.62	0.69

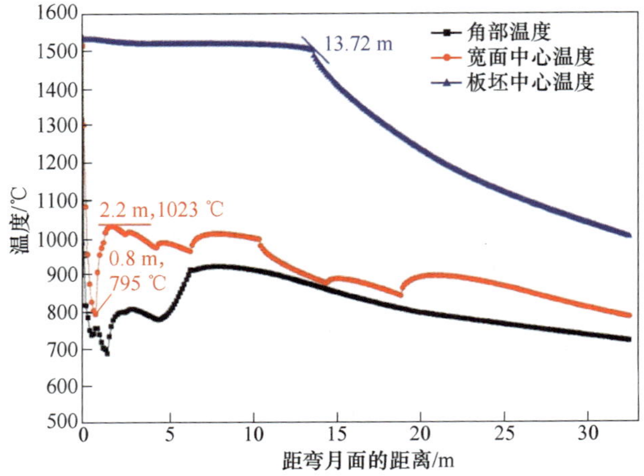

图 3-40　凝固冷却配水优化后铸坯特征温度场

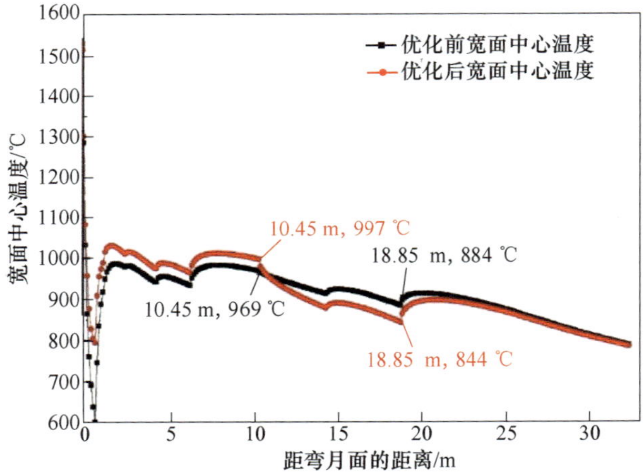

图 3-41　凝固冷却配水优化前/后连铸坯宽面中心温度情况

由图 3-40 和图 3-41 可知，凝固冷却配水优化后，结晶器区冷却强度降低，配水优化前/后结晶器出口处铸坯宽面中心温度分别为 603 ℃和 795 ℃，配水优化后较优化前铸坯宽面中心温度提升了 192 ℃。配水优化前，距结晶器弯月面 0. 8 m 位置处铸坯宽面中心温度为 603 ℃、距结晶器弯月面 2. 2 m 位置处为 985 ℃；配水优化后，距结晶器弯月面 0. 8 m 位置处铸坯宽面中心温度 795 ℃、距弯月面 2. 2 m 位置为 1023 ℃。结果表明，铸坯在足辊区和弯曲段上部回温幅度和回温速率趋于和缓，具体表现为：配水优化前板坯宽面中心回温 382 ℃，优化后宽面中心回温 228 ℃，回温幅度降低了 154 ℃，回温速率也由配水优化前的 272 ℃/m 降低为配水优化后的 162 ℃/m。根据连铸冶金准则要求，铸坯表面温度回升的最大值应小于 100 ℃/m，该研究结果表明，结晶器与足辊区位置的冷却强度还有进一步优化的空间，以不断改进冷却效果，不断提高铸坯质量。这也是未来进一步深化本研究成果的努力方向。

经过配水优化后，二冷区扇形段 3 段之前铸坯宽面中心温度降低变得更加平缓，冷却更加均匀，有利于改善铸坯内部质量。同时，板坯凝固终点位置延后，由配水优化之前的距离结晶器弯月面 13.02 m 延长为优化后的距离弯月面 13.72 m，有利于发挥板坯动态轻压下对减轻中心偏析的作用。采用凝固末端强冷后，二冷区第 6、7 冷却区（第 4~7 扇形段）的冷却强度加大，温降速率加快，温降速率由原来的 10 ℃/m 提升为 18 ℃/m，有利于发挥凝固末端强冷工艺对铸坯中心偏析的抑制作用，进而改善板坯中心偏析缺陷的控制。

“凝固前段弱冷+凝固末端强冷”的连铸凝固冷却策略与配水技术应用于实际生产后，连铸坯裂纹和中心偏析得到了大幅改善。Q345D 钢中心偏析曼标评级在 2.6 级以内比例由 46.20%提高至 82.33%，曼标评级在 2.4 级以内比例由 35.80%提高至 61.76%；铸坯表面裂纹由 2.20%降低至 0.54%；中厚板探伤不合格率由 1.48%降低至 0.43%；中厚板边裂率由 1.20%降低至 0.32%。连铸坯整体质量得到显著提高。

凝固末端强冷技术应用于某钢厂生产的 82A 帘线钢小方坯，如图 3-42 所示。为了避免角部裂纹和内部裂纹产生，对凝固末端强冷位置和水量进行了设计。通过系统深入的研究，最终确定凝固末端强冷位置是距离弯月面 6.96~8.46 m，喷淋水量为 2.2 m^3/h。应用后，铸坯内部质量有明显改善，且裂纹得到较好控制。

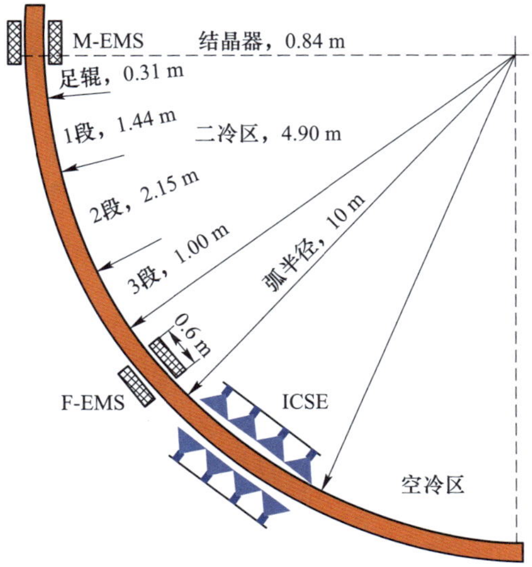

图 3-42 凝固末端强冷技术在某小方坯连铸机上的应用

3.2.3　连铸过程二冷动态控制

连铸二次冷却控制就是根据钢种、断面和工艺参数对二冷总配水量和各冷却段的喷淋水量进行调控，从而提高连铸机生产效率和铸坯质量[16]。二次冷却主要有静态和动态两种控制方式：静态控制是根据拉速控制冷却水量，主要有比例配水法和参数配水法等；动态控制是根据冷却水的热交换和热传导计算的理论模型来控制，主要有目标表面温度控制法和有效拉速法等。

在二冷控制方法中，参数配水法和有效拉速法都是基于较为稳定工况的配水控制，对于如更换浸入式水口、热换中间包等非稳定工况下，连铸坯表面温度难以得到较好的控制。目标表面温度控制法是依靠在线对凝固传热模型实时计算的温度场与目标温度的比较进行调控的，对非稳态工况的适用性较好，但是这种控制方式存在滞后性，而且由于对表面测温准确度的依赖性很强，系统的稳定性较差。为了研发一种既具有较强稳定性，又能准确控制铸坯表面温度的二冷控制模型，运用本团队提出的有效过热度的概念[17]，在此基础上，开发出了依据有效拉速、有效过热度计算基本水量，运用实时计算表面温度与目标温度的差值进行微调的新型二冷动态控制模型。

有效过热度是对平均过热度加权处理得到的。随着中间包钢水温度连续测温技术的普遍应用，钢水过热度也被认为是影响铸坯表面温度的重要因素，二冷水量需根据它的变化作适当的调整。参数控制法中的过热度补偿水量，使用的是实时过热度，这在浇铸温度波动较小的情况下可以满足表面温度的控制要求，但当浇铸温度波动较大存在较大误差，很难满足控制需求。为了实现准确的过热度水量补偿，应当掌握冷却区中的这段铸坯在弯月面时的过热度，这就需要用到平均过热度。

在坯龄计算模型中，计算机不仅计算每个凝固单元的坯龄，同时还储存记录每个凝固单元在生成时的初始过热度，一个冷却区的平均过热度就是该冷却区内全部凝固单元初始过热度的平均值。平均过热度能够代表本冷却区内的连铸坯在弯月面时的过热度，但是使用平均过热度也存在缺点。铸坯液芯中钢液的上下对流作用，使得结晶器内钢液的温度变化影响着带有液芯的冷却区内铸坯的温度场，当冷却区距离结晶器越近，这种影响越大；另外，使用平均过热度也会使得实时过热度突然升高时，离结晶器较近的冷却区水量不能及时调整从而有发生漏钢的危险。因此，为了避免以上缺点，借鉴有效拉速的思想，对平均过热度进行修正、完善，得到有效过热度 ΔT_e，其计算方法见式（3-13）。

$$\Delta T_{e,i} = \lambda_i \Delta T_{a,i} + (1 - \lambda_i)\Delta T \tag{3-13}$$

式中，$\Delta T_{e,i}$ 为第 i 个冷却区的有效过热度，℃；$\Delta T_{a,i}$ 为第 i 个冷却区的平均过热度，℃；ΔT 为实时过热度，℃；λ_i 为加权系数，取值为 0~1，取值依赖于冷却区距弯月面的距离，距离越远，取值越大，到铸坯凝固终点处的冷却区时，取值达到 1。

图 3-43 和图 3-44 是通过计算机仿真来比较无过热度补偿、实时过热度补偿和有效过热度补偿控制方法在相同浇铸温度波动时，有效浇注温度和铸坯表面温度的波动情况。从图 3-43 中可以看出，在拉速不变而过热度急速升高时，无过热度补偿配水不能控制表面温度，在浇铸温度升高时，表面温度也随之升高，升高了 15 ℃；实时过热度补偿时，虽然表面温度可以在浇铸温度波动后重新回到波动前的温度附近，但是其波动较大，波动了 20 ℃；有效过热度补偿的配水方式不仅使表面温度重新回到浇铸温度升高前的温度附近，而且使其波动更小，仅波动了 7 ℃，是实时过热度补偿下的 35%，从而较好地控制了连铸坯的表面温度。

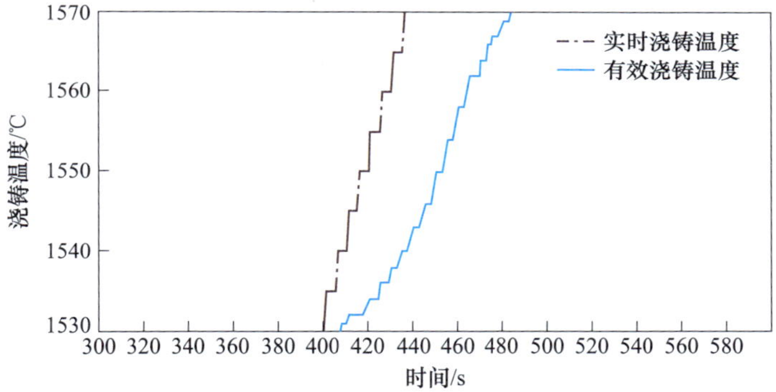

图 3-43　浇铸温度波动时足辊区有效浇铸温度的波动情况

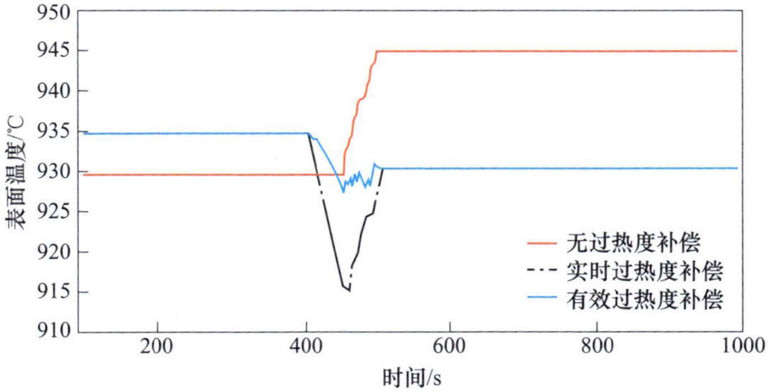

图 3-44　足辊区末端（距弯月面 1.2 m 处）铸坯表面温度在三种冷却控制方法下的波动情况
（断面为 1600 mm×220 mm；拉速为 1.0 m/min；包晶钢）

为了使连铸二冷控制模型既有较强的稳定性，又能准确控制铸坯表面温度的二冷控制模型，本节介绍一种综合二冷动态控制模型[17]，其表达形式见式（3-14）。

$$Q_i = f_1(V_{e,i}) + f_2(\Delta T_{e,i}) + f_3(\Delta T_{f,i}) \tag{3-14}$$

式中，$f_1(V_{e,i})$ 为根据有效拉速确定的水量；$f_2(\Delta T_{e,i})$ 为根据有效过热度调整的水量；$f_3(\Delta T_{f,i})$ 为根据反馈表面温度与目标表面温度的差值调整的水量。

这种配水模型通过有效拉速和有效过热度设定前馈水量，由模型计算的表面温度和目标温度的偏差对水量进行微量的调节，调节方式采用 PID 控制算法。该模型的控制逻辑如图 3-45 所示。

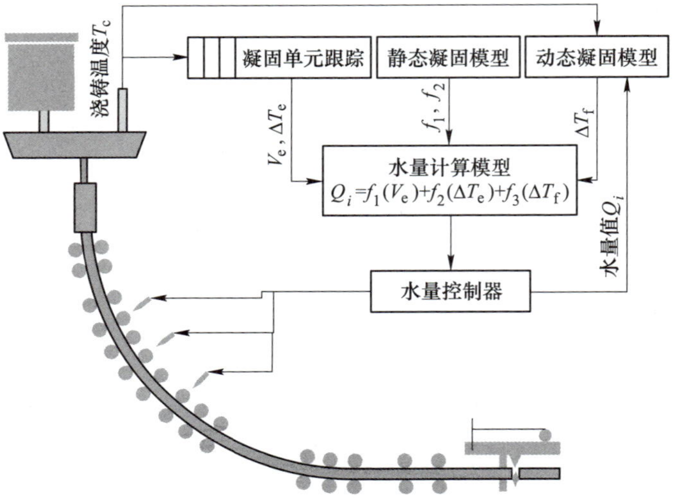

图 3-45　新型二冷动态控制法的控制逻辑图

图 3-46 反映了通过计算机仿真来比较新型二冷动态控制法与参数配水法、有效拉速配水法在同一拉速波动过程中，铸坯表面温度的变化情况。从图中可以看出，在参数配水法下，连铸坯表面温度波动了 72 ℃；在有效拉速配水法下，表面温度波动了 36 ℃；而在本节建立的控制模型下，表面温度仅波动了 5 ℃，

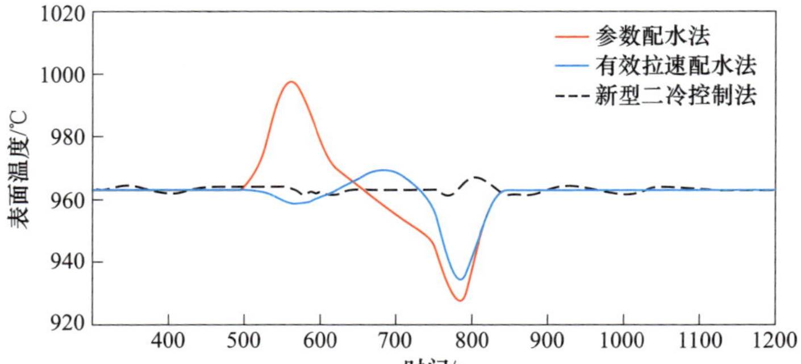

图 3-46　某冷却区末（距弯月面 4. 2 m 处）铸坯表面温度在三种二冷控制方法下的波动情况

（断面为 220 mm×1600 mm；浇铸温度为 1545 ℃；包晶钢）

是参数配水法下的 7%，有效拉速法下的 14%。通过以上比较表明，新型二冷动态控制法在非稳态浇铸工况下，可以使表面温度更趋稳定。

图 3-47 为使用该控制方法，计算得到断面为 1600 mm×220 mm 的包晶钢在拉速 1.2 m/min、过热度 1545 ℃工况下铸坯表面温度情况，从图中可以看出，铸坯的表面温度很好地被“控制”在目标温度附近。通过计算机仿真实验表明，综合有效拉速、有效过热度及目标表面温度三种控制方法的新型二冷配水控制模型可实现对铸坯表面温度的精确控制、对非稳定工况具有良好适应能力的特性，并且，由于基本二冷水量是根据有效拉速、有效过热度先行计算出来的，对实时计算的表面温度的依赖性不强。因此，该控制模型还具有良好的稳定性。

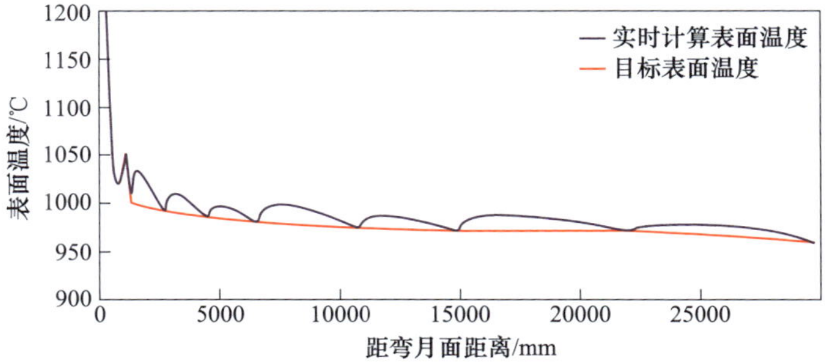

图 3-47　铸坯实时表面温度计算结果与目标表面温度的对比

除了上述二冷控制方法，随着计算机技术的发展，为了“获得”稳定的连铸过程性，以下控制方法也逐渐应用于连铸动态二冷配水过程。

（1）基于传热模型在线计算的动态二冷控制法。此方法应用瞬态传热数学模型，考虑钢种、拉速、二次冷却水温和浇铸温度等因素，周期性在线计算铸坯的表面温度，并与预先设定表面目标温度相比较得出温度差值，基于温度差值并依据一定控制算法调整二冷区各回路的冷却水量，使铸坯实际表面温度与目标表面温度接近或一致。这种控制方法的最大优点在于直接将连铸坯温度作为控制参量，在非稳态情况下依然能维持铸坯表面温度的相对稳定，对提高铸坯质量意义重大。国外对此类配水控制研究相对成熟，并成功开发了一些典型的案例。例如芬兰 Rautaruukki 的 DYNCOOL 动态二冷控制模型利用在线数据代入二冷传热数学模型计算得出铸坯温度场、凝固坯壳厚度和二冷各区水量，通过优化算法使表面温度与目标温度之间的温差优化至最小[18]。

（2）基于传感器测温反馈的二冷控制法。该方法是在二冷区特定位置处安装温度传感器来测量铸坯的表面温度。根据实测温度和目标表面温度的偏差依据一定算法来控制二冷配水量。由于连铸二冷区充满大量水雾、蒸汽以及表面氧化铁皮等，因此，开发准确的传感器测温装置也成为这种控制方式成功的关键。陈登福等从辐射、吸收、散射性介质的辐射特性机理出发系统研究了水蒸气、水雾和水膜参与性介质对辐射测温准确性影响，并结合某钢厂 4 号连铸机的实际生产，设计了铸坯矫直区在线测温系统，进而实现二次冷却的动态配水[19]。

（3）人工智能优化的二冷控制法。该控制方法依靠人工智能技术，如神经网络、遗传算法、模糊逻辑等技术来实现配水控制。由于连铸二次冷却过程是一个复杂系统，精确的数学模型不易获得。而神经网络、模糊逻辑从本质上讲是一个反映对象间非线性关系的数学工具，其具有很强的记忆和自学习功能，所以，在控制系统中往往能更直接地反映控制对象参数之间复杂的非线性关系。关于此方面的研究，谢植等提出了一种改进的混合粒子群算法，以此来提高连铸二冷配水的函数优化搜索效率，增强优化的实时性[20]。

3.3 连铸坯凝固组织控制

钢的连铸过程实际上是高温钢水经结晶器初次冷却，形成具有一定形状和厚度的坯壳，并“包裹”着未凝固的高温钢水进入二冷区接受继续冷却，最终铸坯中心液相全部凝固，之后按照生产工艺要求切割成一定长度尺寸的连铸坯。连铸坯组织包括钢液连铸冷却过程中形成的凝固组织（低倍组织）以及铸坯凝固成形后持续接受冷却形成的固态相变组织。

3.3.1 宏观组织控制

连铸坯铸态凝固组织与钢锭的相比无本质差别，通常由三个区域组成：（1）表皮细小等轴晶（激冷层），它是在结晶器弯月面处迅速冷却形成的；（2）柱状晶区，柱状晶的生长是不规则的，在某些部位可能会贯穿连铸坯中心形成穿晶结构；（3）中心等轴晶区，随着凝固前沿的推移，凝固层和凝固前沿的温度梯度逐渐减小，两相区宽度不断增大，当铸坯中心钢水温度降到液相线温度以下，中心开始结晶，形成粗大且呈排列不规则的等轴晶。

从某钢厂提取 ML40Cr 合金冷镦钢连铸坯横向试样，经铣床、磨床处理后，在温度为 70 ℃、浓度为 50%的盐酸溶液内侵蚀 20 min，对试样表面处理后进行凝固组织拍照，结果如图 3-48 所示。

由图 3-48 可知，对于该钢种来说现行工艺下连铸坯内部质量较好，中心疏松和中心缩孔较轻，未发现内部裂纹。连铸坯等轴晶率约为 45%，等轴晶率较高。然而，连铸坯凝固组织不均匀，图 3-48 中，连铸坯左侧与其他位置（右侧、上侧和下侧）相比，柱状晶明显发达，造成此现象的原因是二冷区冷却不均匀，左侧冷却强度较大，从而促进了柱状晶生长。

图 3-48 ML40Cr 钢连铸小方坯低倍组织（150 mm×150 mm）

3.3.2 微观组织控制

3.3.2.1 连铸坯凝固微观组织特征

连铸坯相当于高宽比特别大的钢锭，其在连铸机内边运行边凝固，形成了很长的液相穴。连铸坯凝固分为三个阶段：（1）第一阶段，结晶器内形成初生坯壳。钢水浇入水冷结晶器，在弯月面区冷却速率非常快（100 ℃/s），过冷度很大，形成了细小等轴晶组成的致密激冷层。（2）第二阶段，二冷区坯壳稳定生长。带有液芯的连铸坯从结晶器出来后即刻进入二冷区接受强制喷水冷却，喷雾水滴从铸坯表面带走热量，使铸坯表面温度降低，铸坯表面与中心之间形成了较大的温度梯度，垂直于铸坯表面方向的散热最快，从而使树枝晶平行于生长面而形成了柱状晶。（3）第三阶段，液相穴末端加速凝固。液相穴固-液交界面的树枝晶被钢液的对流运动所折断，钢水过热度消失后，铸坯中心枝晶以等轴晶方式生长。这样，垂直于铸坯表面生长的柱状晶与沉积在液相穴底部糊状区的等轴晶相连接，直到液芯完全凝固后构成了连铸坯低倍组织结构。

3.3.2.2 连铸坯凝固微观组织控制

铸态的等轴晶和柱状晶既影响钢的力学性能，也影响钢的热加工性能。然而，它们的影响程度是不同的：等轴晶结构致密，其彼此相互嵌入，结合牢靠，不易产生弱化面，加工性能好，钢的力学性能各向同性。而柱状晶枝干较纯，枝晶间偏析严重，热变形后，枝晶偏析区域被延伸，使组织具有带状特征，力学性能各向异性，钢的横向性能和韧性降低。在柱状晶交界面，由于杂质元素的富集，形成了薄弱面，裂纹优先扩展，热加工性能变差。对于一些钢种，铸坯易形成穿晶结构，造成中心疏松、缩孔和中心偏析，降低了铸坯的中心致密度。

因此，连铸坯柱状晶发达对铸坯后续的热加工和产品质量都会带来不利的影响，为了提高产品质量，在凝固过程中要设法抑制柱状晶生长、扩大等轴晶区。

3.3.2.3　枝晶间距研究

在实际连铸过程中，金属或合金通常在树枝晶界面下凝固，描述树枝晶的特征尺寸主要包括一次枝晶间距（λ_1）和二次枝晶间距（λ_2），其值随着凝固时间的进行而逐渐增大，在凝固结束时达到最大值，其大小是连铸坯凝固组织细化程度的标志，对溶质的微观偏析和宏观偏析模式具有重要作用，并将最终影响到成品钢材的力学性能以及材料的可锻造性。一次枝晶间距（λ_1）和二次枝晶间距（λ_2）的影响因素，主要包括枝晶生长速率、冷却速率、温度梯度、局部凝固时间以及钢种的合金成分等。

本节针对 GCr15 钢连铸坯，运用元胞自动机-有限元（CA-FE）耦合模型，模拟凝固组织，研究了不同二次冷却模式对等轴晶率（ECR）、晶粒尺寸（D_m）和二次枝晶臂间距（SDAS）等特征参数的影响[21]。基于移动切片法建立了 GCr15 钢凝固过程的传热模型，在凝固过程中，形核可分为均匀形核和非均匀形核。本研究采用了连续非均匀模型。在某钢厂 GCr15 钢坯的实际连铸过程中，通常采用五种不同的二次冷却模式。五种不同冷却模式下的配水情况如图 3-49 所示。

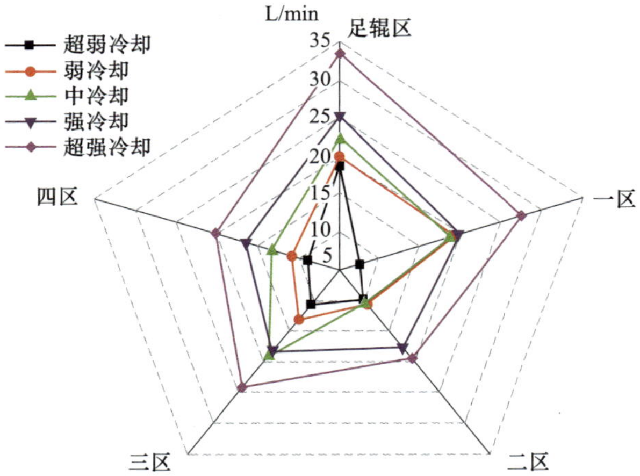

图 3-49　五种二次冷却模式的配水情况

将各种二次冷却模式的喷淋水量分布输入到 CA-FE 模型中，得到 GCr15 钢连铸坯凝固组织的横截面形貌如图 3-50 所示。

A　二次冷却模式对等轴晶率和晶粒尺寸的影响

图 3-51 描述了等轴晶率和晶粒尺寸在不同二次冷却模式下的变化。当二次冷却模式从超弱冷却变为超强冷却时，等轴晶率从 35.4%下降到 10.44%，而晶粒尺寸则从 1.56 mm 相应增大到 1.99 mm。

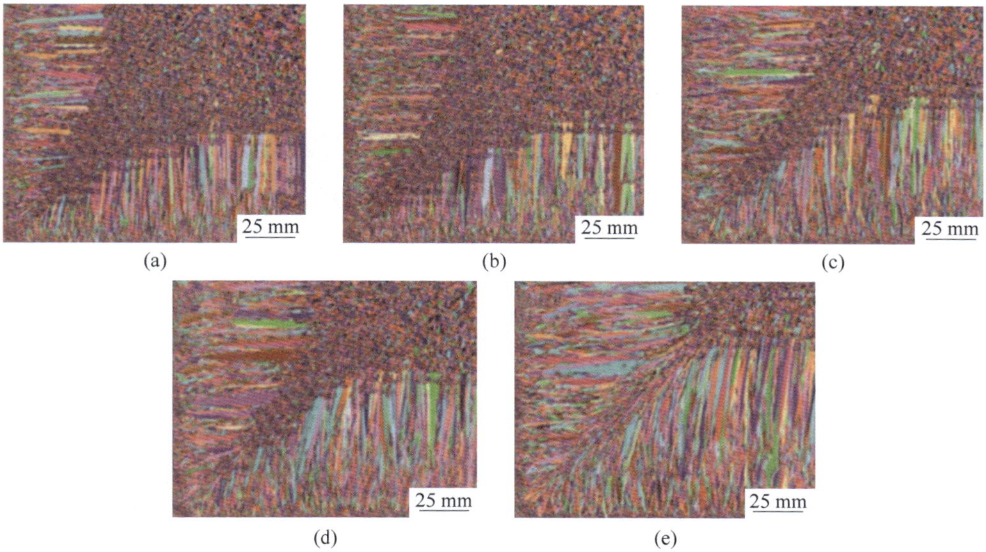

图 3-50 GCr15 钢坯在不同二次冷却模式下凝固组织形态（$\frac{1}{4}$截面）

（a）超弱冷却；（b）弱冷却；（c）中等冷却；（d）强冷却；（e）超强冷却

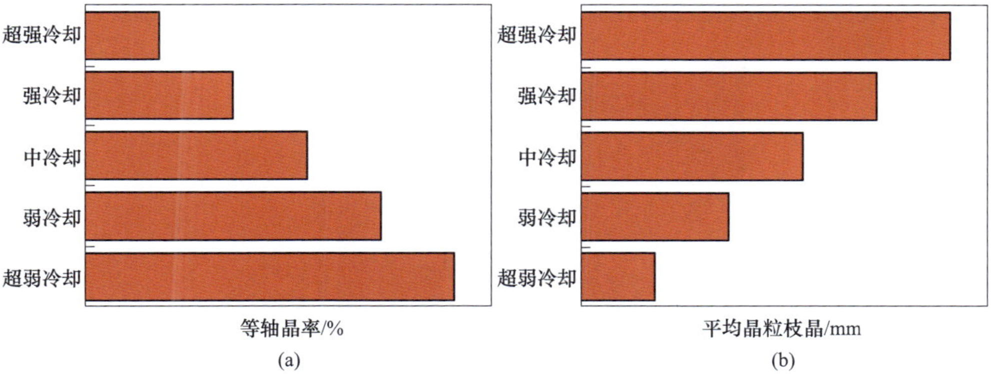

图 3-51 GCr15 钢坯在不同二次冷却方式下的等轴晶率和平均晶粒直径

（a）等轴晶率；（b）平均晶粒直径

B 二次冷却模式对二次枝晶间距的影响

不同二次冷却模式下 GCr15 钢坯横截面方向二次枝晶臂距（SDAS）的演变如图 3-52 所示。在五种二次冷却模式下，GCr15 钢坯横截面方向上的 SDAS 值均从钢坯边缘到中心呈上升趋势。在钢水连铸过程中，结晶器的结晶区由于钢水在结晶器内的快速冷却而形成，之后，大量的枝晶向结晶区中心生长，枝晶尖端过冷，枝晶生长速度逐渐减小，直至柱状晶向等轴晶转变（CET）发生。对典型铸

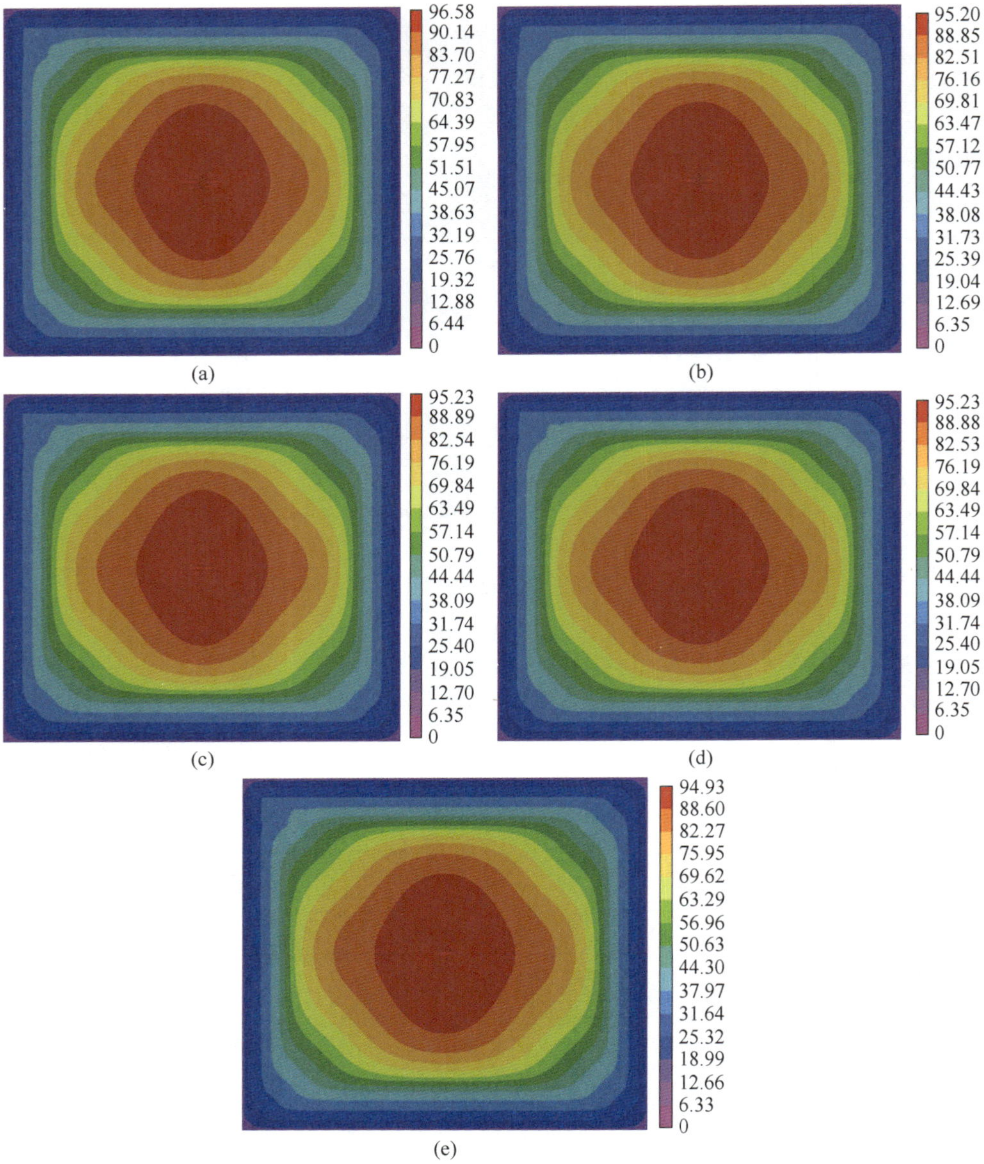

图 3-52　GCr15 钢坯在不同二次冷却模式下的 SDAS 值（μm）演变

（a）超弱冷却；（b）弱冷却；（c）中等弱冷却；（d）强冷却；（e）超强冷却

坯位置的 SDAS 值（图 3-53）进行统计分析，如图 3-54 所示。从图 3-54 可以看出，在一定的二次冷却模式下，SDAS 值从铸坯边缘到中心呈增加趋势，以超弱冷却模式为例，SDAS 值从 67. 27 μm 增加到 96. 57 μm。随着二次冷却模式的改变，同一采样点的 SDAS 值随着冷却强度的增强而减小。对于铸坯中心，二次冷却模式由超弱冷却过渡到超强冷却，SDAS 值从 96.57 μm 降低到 93.02 μm。由此可见，通过调控 GCr15 钢连铸的二次冷却模式，可使终轧坯获得较细的晶粒和良好的等轴晶组织。

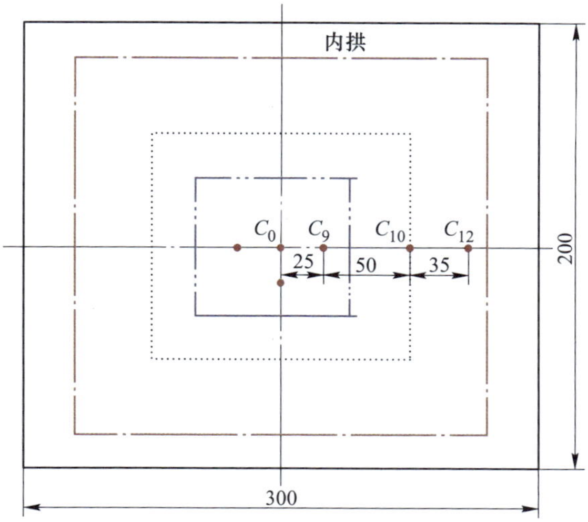

图 3-53　GCr15 钢坯 SDAS 分析的样点

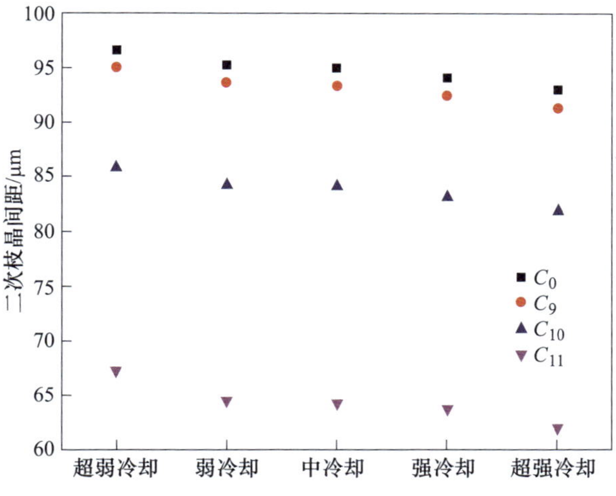

图 3-54　GCr15 钢坯不同试样点的 SDAS 演变

3.4　连铸坯偏析与裂纹控制

在连铸生产过程中，连铸坯裂纹和偏析等质量缺陷是钢厂普遍存在的共性问题，高端用户对产品的裂纹和偏析级别提出了极为严格的要求，迫切需要钢厂提升工艺水平，提高铸坯质量。本节采用机器学习的方法，对连铸坯中心偏析进行预测，并结合裂纹解析，控制连铸坯偏析和裂纹的产生，还对铸坯质量可靠性进行了研究。

3.4.1　偏析预测和控制

连铸坯的偏析按尺度可分为宏观偏析与微观偏析两种。微观偏析是形成宏观偏析的基础。由于宏观偏析难以在后续的热处理工序中消除或较大程度地减少，故而在所有偏析中它是最为重要的。因此，有必要对连铸坯中心偏析进行研究，明确铸坯中心偏析控制策略。本节采用极限学习机方法对中心偏析进行预测[22-23]，并结合二次冷却和电磁搅拌等工艺方案的优化控制铸坯中心偏析。

极限学习机（Extreme Learning Machine，ELM）是一种简单有效的单隐层前馈神经网络，典型的单隐层前馈神经网络结构如图 3-55 所示。

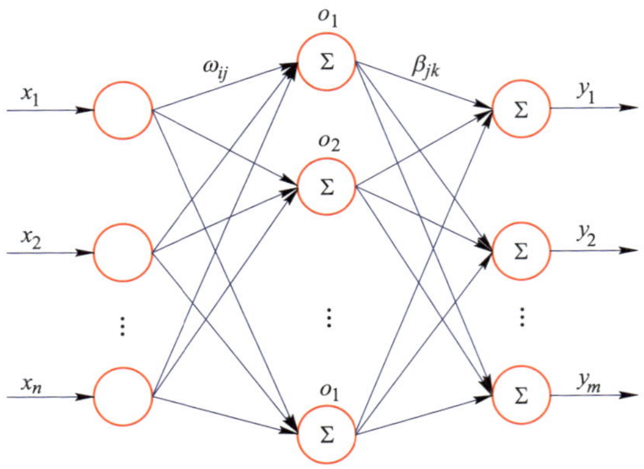

图 3-55　典型的单隐层前馈神经网络模型

假设任意 N 个不同样本（X_j，Y_j）$\in R_n \times R_m$，隐含层节点个数为 L，设隐层神经元的激活函数为 $G(x)$、连接权值为 ω、神经元偏置为 b，则 ELM 模型数学表达式如式（3-15）所示。

$$Y_m = \sum_{i=1}^{L} \beta_i G(\omega_i, b_i, x_j) \quad (j = 1,2,\cdots,n) \tag{3-15}$$

式中，Y_m 为网络的第 m 个输出层神经元的输出；$G(\omega_i,\ b_i,\ x_j)$ 为第 i 个隐含层神经元的输出。

该模型在对样本训练前随机产生 ω、b，本节只需选择合适的隐含层神经元个数和激活函数，求出 β 即可。

本节运用 Matlab 软件构建基于极限学习机（ELM）的连铸坯质量预测模型。在建模过程中，发现不同的隐藏层节点个数对模型的预测精确度存在着很大影响。因此，模型需要对不同的激活函数和不同的隐含层神经元进行分析对比，本书选择的激活函数为 sin、sigmoid、hardlim；其中，sigmoid 函数是一种常见的 S

型函数。其函数表达式为：

$$S(x)=\frac{1}{1+e^{-x}} \tag{3-16}$$

sin 函数为正弦函数。而 hardlim 是一种传递函数，传递函数是通过层的网络输入来计算输出；hardlim(N) 需要一组网络输入 N，N 是一个 $S\times Q$ 的矩阵，由网络输入矢量组成，当 N 符合条件时，函数返回值为 1，否则返回值为 0。

本模型以国内某钢厂连铸 180 mm×180 mm 60Si2Mn 钢坯的 160 组实际生产数据为样本，选取其中的 120 组数据建立模型，剩余的 40 组数据验证模型的准确性。图 3-56 为连铸坯中心偏析实际值和预测值。其中，1 表示连铸坯无缺陷，2 表示连铸坯缺陷等级为 0.5，3 表示连铸坯缺陷等级为 1，4 表示连铸坯缺陷等级为 1.5，5 表示连铸坯缺陷等级为 2。本模型对连铸坯中心偏析的预测命中率为 82.5%。

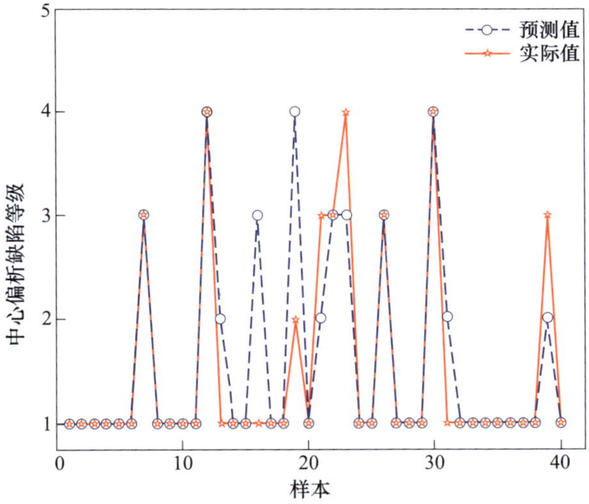

图 3-56　180 mm×180 mm 连铸坯中心偏析的实际值和预测值的比较

本书建立的基于前馈神经网络极限学习机（ELM）的连铸坯质量预测模型，可随机产生输入层和隐含层之间的连接权值及隐含层神经元的偏置，并根据模型的输入和输出向量，求出隐含层和输出层之间的连接权值 β。基于极限学习机（ELM）的连铸坯质量预测模型不仅泛化能力强、学习效率高且运算速度快、预测精度高。因此，由以上分析可知，基于极限学习机（ELM）的连铸坯质量预测模型可对连铸坯质量进行迅速准确的分析，且可对海量数据进行快速处理，为钢铁企业连铸坯质量预测的在线应用提供一种新的方法。

高碳铬轴承钢的平均碳含量都在 0.90%以上，一般认为，低合金钢的马氏体组织含碳量超过 0.60%时，其硬度就已达到最大值，随着含碳量继续增加，马氏体硬度也不会持续提高，所以对于高碳铬轴承钢来说即使出现碳偏析，最低含碳量也会在 0.60%以上。因此，高碳铬轴承钢中马氏体基体的硬度波动不大。碳化物本身的硬度和强度则取决于分子结构。这些碳化物的数量、形态和分布状况将直接影响轴承钢的性能。本节以高碳铬轴承钢 GCr15 为例，阐述各种工艺参数对该钢种宏观碳偏析的影响。

3.4.1.1　二冷配水对 GCr15 轴承钢连铸大方坯宏观碳偏析的影响

连铸坯凝固传热是一个分阶段进行而传热方式又呈不同的热量传递过程。钢水在连铸过程中要依次经过结晶器、二次冷却区和空冷区三个冷却区之后，经过凝固冷却成为连铸钢坯。根据铸坯凝固热平衡的测定计算，若钢水总热量假设为 100%，结晶器传热占 16%～20%，二次冷却区传热占 23%～28%，辐射区传热占 50%～60%。本节聚焦二冷配水对 GCr15 轴承钢连铸大方坯宏观碳偏析的影响出发，配水模型采用二冷动态配水，水量分配按表 3-21 方案分配，在此基础上，对配水量进行调整，研究在不同的配水模式下 GCr15 轴承钢连铸坯碳偏析的变化。

表 3-21　二冷动态配水模型水量分配比例

二冷区各冷却段	足辊段	一段	二段	三段	四段
配水比例/%	27	22	15	20	16

在同一拉速（0.45 m/min）、相同电搅参数（结晶器电搅：300 A/3 Hz，末端电搅：300 A/12 Hz）、相同过热度（22 ℃）、相同结晶器冷却水量（180 m^3/h）工况下，在连铸机的第一流对 GCr15 轴承钢连铸坯作对比实验。其一是通过改变二冷区比水量，各段水量按配水模型设计水量分配；其二是在比水量不变的情况下，在二冷水量动态分配的基础上，改变二冷区各段的水量，查找其对 GCr15 轴承钢连铸坯碳偏析的影响。实验分组见表 3-22，具体水量分配如表 3-23 所示。

表 3-22　二冷配水对 GCr15 轴承钢铸坯碳偏析影响实验分组

试样组号	水量分配						
	二冷模式	比水量/L · kg^{-1}	足辊段	一段	二段	三段	四段
A1	超弱冷	0.20	按二冷配水模型设计的水量分配				
A2	弱冷	0.26	+23%	不变	4%	−17%	−51%
A3			按二冷配水模型设计的水量分配				
A4			不变	不变	+13%	−17%	−15%
A5	中冷	0.30	按二冷配水模型设计的水量分配				
A6	强冷	0.35	按二冷配水模型设计的水量分配				
A7	超强冷	0.45	按二冷配水模型设计的水量分配				

表 3-23 二冷配水对 GCr15 轴承钢连铸坯碳偏析影响实验各组水量分配表

实验组号	水量分配/L · min^{-1}					比水量/L · kg^{-1}	总水量/L	冷却模式
	足辊段	一段	二段	三段	四段			
A1	18.60	7.42	9.94	10.64	8.86	0.20	54.46	超弱冷
A2	24.46	18.71	10.79	10.84	5.30	0.26	70.10	弱冷
A3	19.83	18.69	10.41	13.04	10.83	0.26	72.80	弱冷
A4	19.81	18.78	11.79	10.77	9.19	0.26	70.34	弱冷
A5	22.15	18.40	10.13	18.98	13.33	0.30	82.99	中冷
A6	25.57	19.66	17.77	18.44	16.52	0.36	97.96	强冷
A7	33.60	27.37	19.43	24.12	20.17	0.46	123.21	超强冷

由图 3-57 可知，在连铸坯横剖试样的中心点位置呈现明显的碳正偏析，在中心线两侧则出现负偏析；铸坯内、外弧及左右两侧弧的碳偏析基本呈对称分布。当比水量分别为 0.20 L/kg、0.45 L/kg、0.36 L/kg 时，铸坯的中心碳偏析指数较大，偏析较严重；当比水量为 0.26 L/kg、0.30 L/kg 时，铸坯的中心碳偏析指数较小，偏析较轻一些。

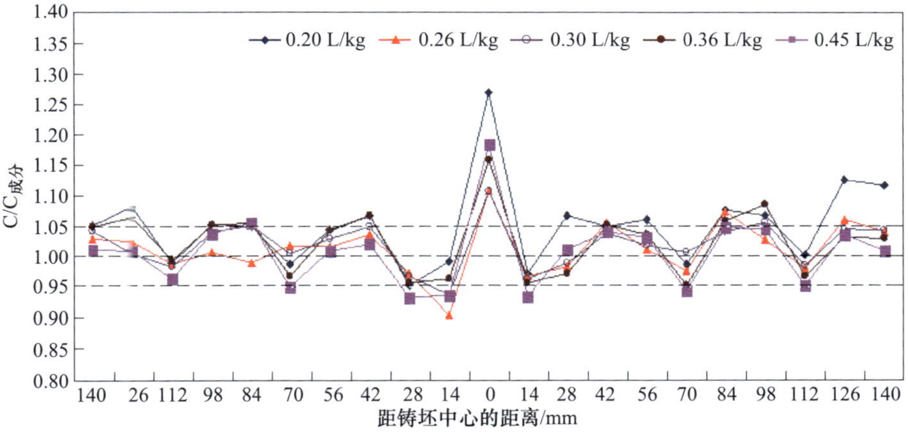

图 3-57 二冷区比水量变化对连铸坯碳偏析的影响（横剖试样）

由图 3-58 可以看出，连铸坯纵剖试样反映的偏析变化规律与横剖试样基本相同。当比水量为 0.26 L/kg 时，铸坯在中心点的碳偏析最轻，铸坯心部偏析程度而言，右侧偏析比左侧严重，说明左右两侧冷却不均匀，致使一侧铸坯偏析加重。

当比水量同为 0.26 L/kg 时，三种配水模式下铸坯碳偏析变化比较见图 3-59、图 3-60（A3 模式为按配水模型进行配水，A2、A4 模式均采用先强冷后缓冷的配

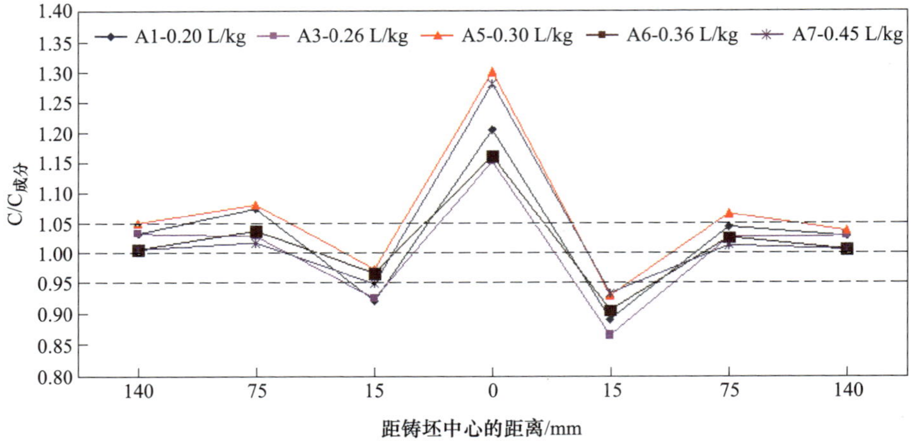

图 3-58　二冷区比水量变化对连铸坯碳偏析的影响（纵剖试样）

水模式，即 A2 模式增加了足辊段水量，减少二冷三段、四段水量；A4 模式中增加二段水量，减小了三段、四段的水量）。

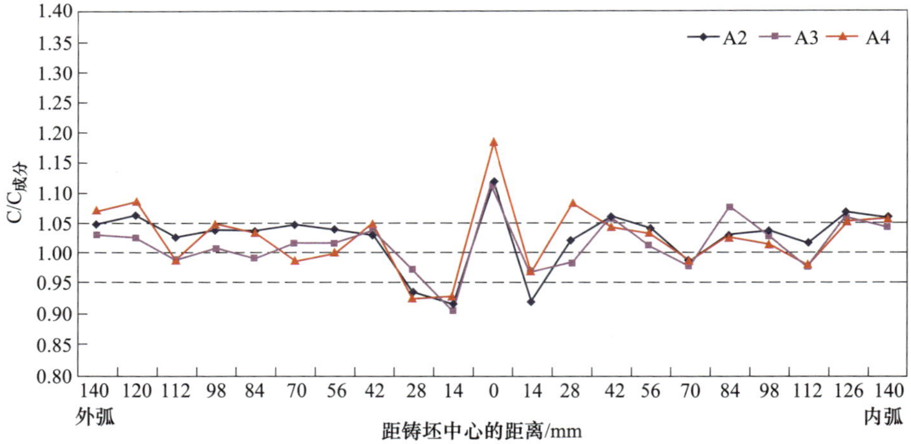

图 3-59　相同比水量下二冷区配水模式变化对连铸坯碳偏析的影响（横剖试样）

由图 3-59、图 3-60 可以看出，三种配水模型下的铸坯碳偏析均较轻，说明弱冷模式能减轻 GCr15 轴承钢连铸坯的碳偏析。A3 模式碳偏析均匀程度要好于 A2、A4 模式，铸坯碳偏析波动较平缓。

二冷配水与铸坯心部质量关系密切。在凝固初期，柱状晶生长并长大，随着液相穴温度的降低，等轴晶开始生长，产生柱状晶向等轴晶的转变，在对流的作用下，液芯中少量的固相和液相形成一个具有流动性的两相区；当两相区流动性消失后，在重力和铸坯凝固收缩的作用下，发生了等轴晶的滑移，并形成流动通

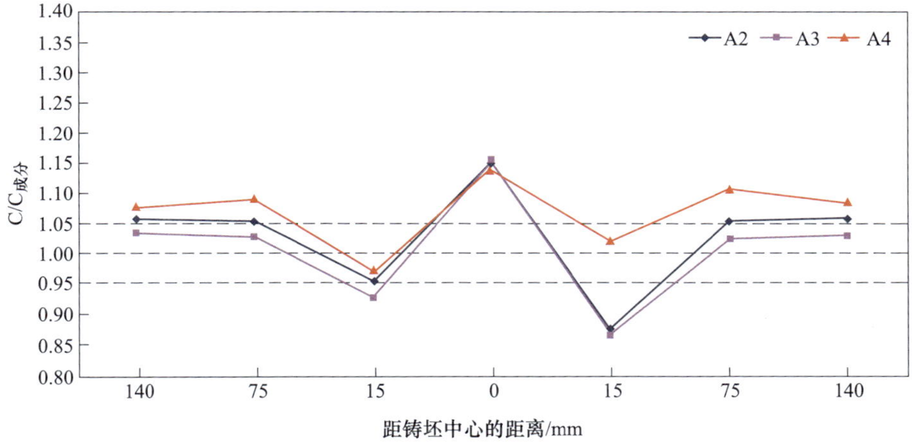

图 3-60 相同比水量下二冷区配水模式变化对连铸坯碳偏析的影响（纵剖试样）

道。此通道在铸坯中心沿浇注方向形成 V 形锥体，晶间浓化的钢液通过通道向下流动，凝固后形成 V 形偏析。不同比水量下铸坯纵剖面低倍图片见图 3-61。

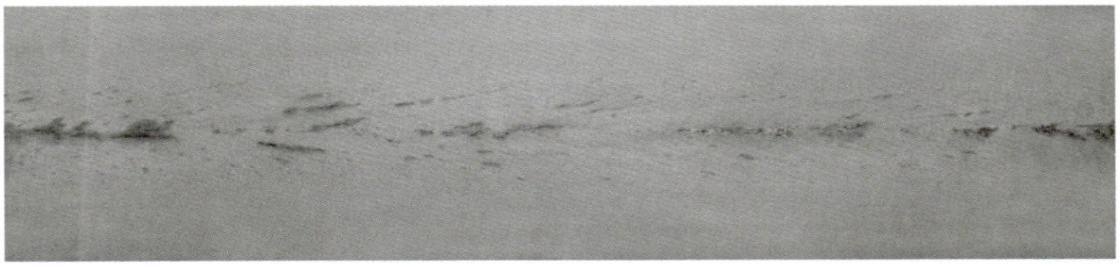

(a)

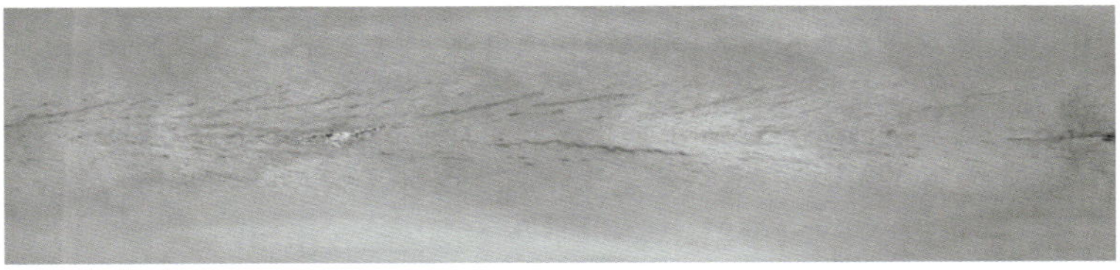

(b)

(c)

(d)

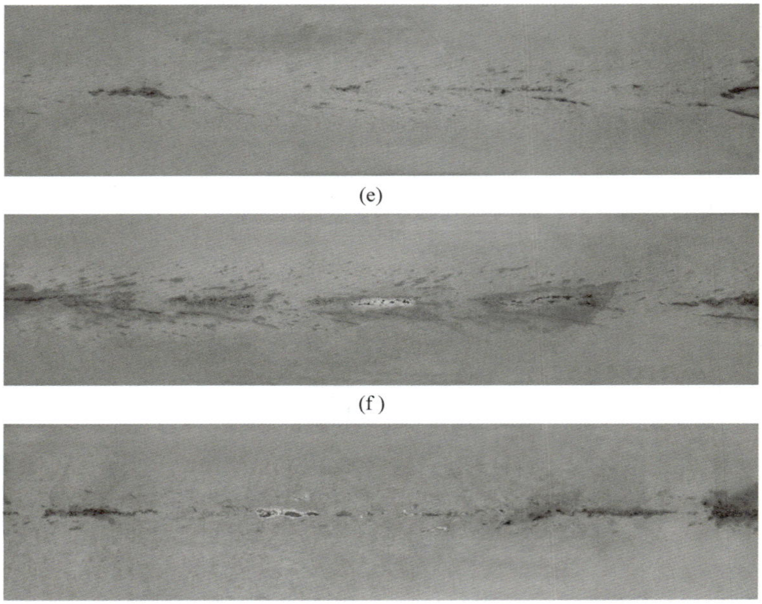

(e) (f) (g)

图 3-61　二冷区不同比水量下连铸坯纵剖试样低倍图

(a) A1-0. 20 L/kg；(b) A2-0. 26 L/kg；(c) A3-0. 26 L/kg；(d) A4-0. 26 L/kg；(e) A5-0. 30 L/kg；(f) A6-0. 36 L/kg；(g) A7-0. 45 L/kg

由图 3-61 可知，连铸坯心部均出现了 V 形偏析。这 7 块不同配水模式下的纵剖试样均是在电磁搅拌参数（M-EMS：300 A/3 Hz；F-EMS：300 A/12 Hz）工况下制取的。凝固末端电磁搅拌电流大，导致铸坯心部搅拌剧烈，产生了 V 形偏析。当铸坯为弱冷（比水量 0. 26 L/kg）时，铸坯中心有轻微的疏松缺陷，但铸坯表面整体质量较好。当铸坯为强冷（比水量不小于 0. 30 L/kg）时，铸坯心部出现了缩孔等缺陷。

3. 4. 1. 2　结晶器电磁搅拌对 GCr15 轴承钢连铸大方坯宏观碳偏析的影响

结晶器电磁搅拌（M-EMS）是应用最为广泛的电搅技术，安装在结晶器的下部，作用于铸坯凝固初期，对改善铸坯表面质量、细化晶粒和减少铸坯内部夹杂物，扩大铸坯中心等轴晶区，降低铸坯中心偏析、中心缩孔及中心疏松有明显的作用。本节通过具体的生产实践，寻找出最优的结晶器电磁搅拌生产工艺参数，并结合工厂实际工况，分析结晶器电磁搅拌对 GCr15 轴承钢连铸坯低倍组织碳偏析的影响。

在没有凝固末端电磁搅拌（F-EMS）的情况下，结晶器电磁搅拌电流强度为 0 A、100 A、200 A、300 A 时，GCr15 轴承钢连铸坯横截面上的碳偏析分布、

GCr15 铸坯中心线上的碳偏析分布、GCr15 轴承钢连铸坯低倍组织对比分别见图 3-62~图 3-64。

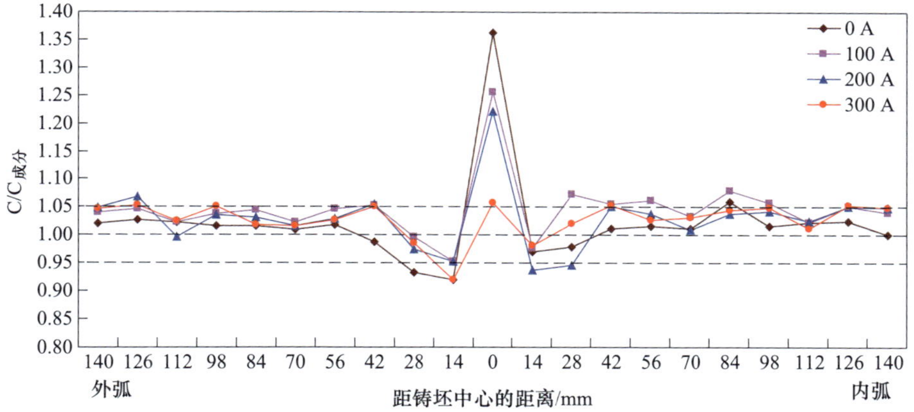

图 3-62 结晶器电磁搅拌电流对铸坯碳偏析的影响（无 F-EMS）

由图 3-62 可知，在铸坯横截面上，碳元素在中心呈现明显的正偏析，而在中心线两侧则出现负偏析；铸坯内、外弧及左右两侧弧的碳偏析基本呈对称分布。电流强度增高，碳偏析程度减轻。

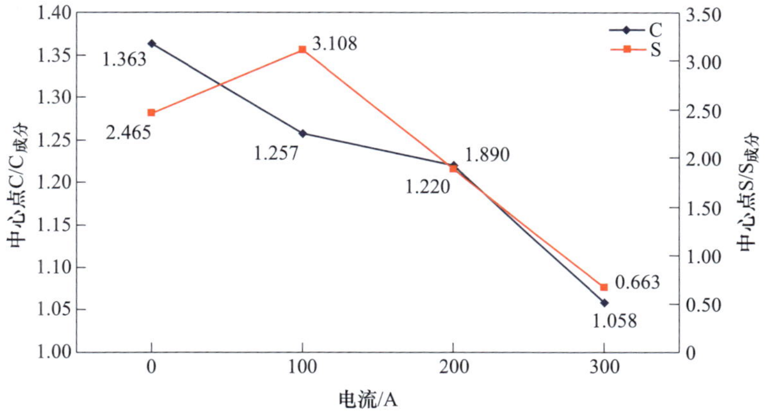

图 3-63 结晶器电磁搅拌电流对连铸坯中心碳偏析的影响（无 F-EMS）

由图 3-63 可以看出，没有施加结晶器电磁搅拌时，连铸坯中心碳偏析很严重，中心碳偏析率达到了 1.363，随着电流强度的提高，铸坯的碳偏析率逐渐减小。电流强度为 300 A 时，铸坯的中心碳偏析率为 1.058。当电流强度为 300 A 时，铸坯横剖面碳元素的分布更加均匀，铸坯的碳偏析指数基本在 0.95~1.05 的范围内，连铸坯的宏观碳偏析得到了明显改善。

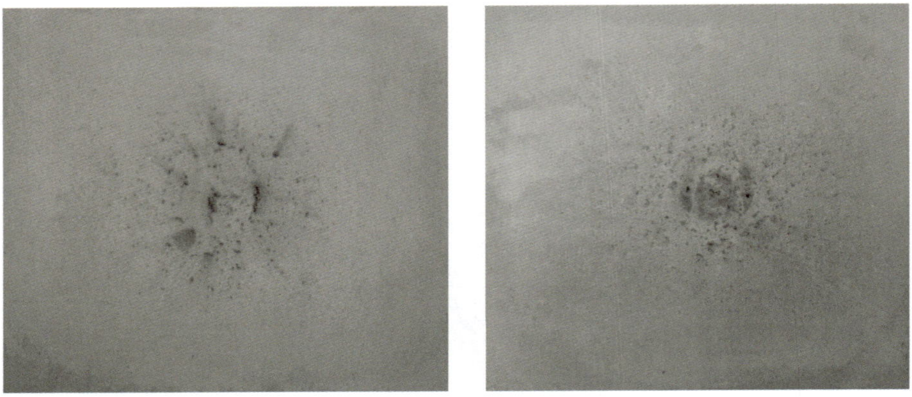

(a)

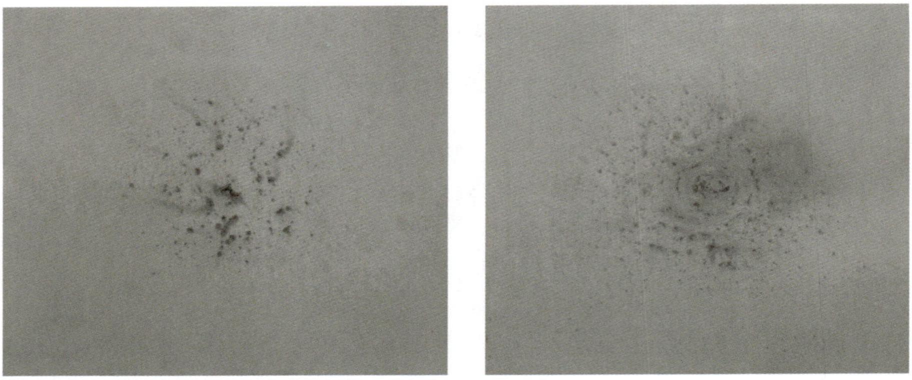

(b)

(c)

图 3-64　不同结晶器电磁搅拌电流下 GCr15 铸坯低倍图（无 F-EMS）

（a）$I_{M\text{-}EMS}=100$ A，$I_{F\text{-}EMS}=0$ A；（b）$I_{M\text{-}EMS}=200$ A，$I_{F\text{-}EMS}=0$ A；

（c）$I_{M\text{-}EMS}=300$ A，$I_{F\text{-}EMS}=0$ A

从图 3-64 可以看出，在没有施加凝固末端电搅的情况下，结晶器电流越高，铸坯的低倍组织越好，中心疏松及中心偏析程度越轻。

当未施加凝固末端电磁搅拌（F-EMS）时，随着结晶器电磁搅拌电流强度的提高，铸坯的碳偏析率逐渐减小，当电流强度为 300 A 时，铸坯的碳偏析率基本在 0. 95~1. 05，连铸坯的宏观碳偏析已经得到明显改善。

3. 4. 1. 3 凝固末端电磁搅拌对 GCr15 轴承钢连铸大方坯质量的影响

在某一特定末端电磁搅拌工艺参数群下，分别选取铸坯的横剖面试样、纵剖面试样，并对试样进行加工，并对试样分析，得出中心偏析与工艺参数群的对应关系。在没有施加结晶器电磁搅拌（F-EMS）的情况下，凝固末端电磁搅拌电流强度为 0 A、100 A、200 A、300 A 时，GCr15 铸坯横截面上的碳偏析分布、GCr15 铸坯中心线上的碳偏析分布、GCr15 铸坯低倍组织对比分别见图 3-65 ~ 图 3-67。

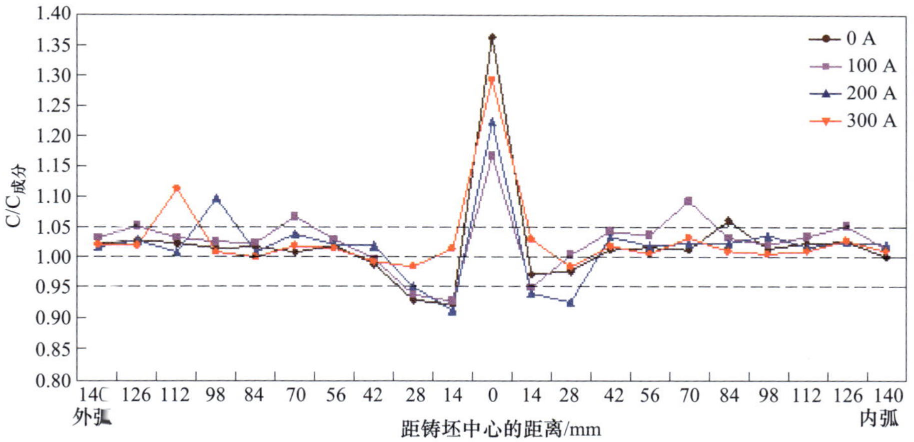

图 3-65 凝固末端电磁搅拌电流对连铸坯碳偏析的影响（无 M-EMS）

由图 3-65 可知，在铸坯中心点呈现明显的正偏析，在中心线两侧则出现负偏析；铸坯内、外弧及左右两侧的碳偏析基本呈对称分布。当电流不大于 200 A 时，中线两侧负偏析较重；当电流为 300 A 时，中心线两侧负偏析较轻。没有施加结晶器电磁搅拌时，GCr15 铸坯的碳偏析情况较为严重，电流强度为 100 A 时，铸坯的中心碳偏析指数最小。

从图 3-66 可以更加明显地看出，铸坯的中心碳偏析指数随凝固末端电磁搅拌电流强度的增加呈现出先减小后增大的趋势。凝固末端电流强度由 0 A 增加到 100 A 时，铸坯的中心碳偏析指数由 1. 363 降低到 1. 167。但是，当凝固末端电

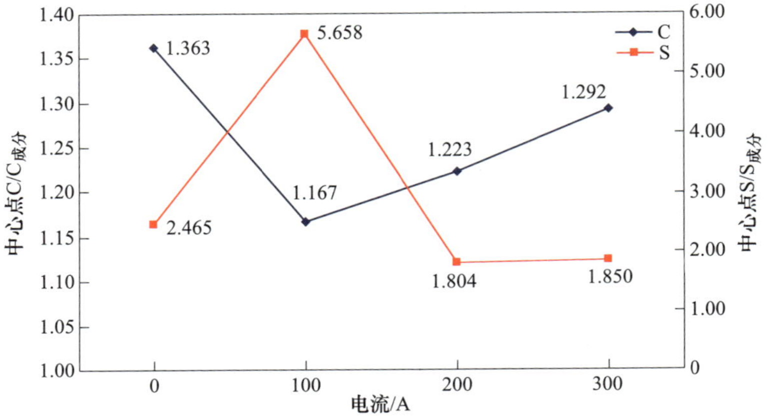

图 3-66 凝固末端电磁搅拌电流对连铸坯中心碳偏析的影响（无 M-EMS）

磁搅拌的电流强度大于 100 A 时，凝固末端的电磁搅拌强度过大，加重了轴承钢的宏观碳偏析，铸坯的碳偏析随着电流强度的增加而逐渐加重。

从图 3-67 可以看出，在没有施加结晶器电搅的情况下，GCr15 铸坯低倍组织中心疏松较严重。电流为 200 A 时，铸坯中心已出现轻微缩孔及中心裂纹；当电流为 300 A 时，试样铸坯心部出现了 2 级缩孔。因此，凝固末端电磁搅拌电流不宜过大。未施加结晶器电磁搅拌（M-EMS）时，当凝固末端电流为 100 A 时，碳偏析值最优；随着电流强度的增加，铸坯心部碳偏析增大，且出现缩孔或 V 形偏析。

3.4.2 裂纹解析和控制

连铸坯表面裂纹一般可分为表面纵裂纹、横裂纹、网状裂纹，如图 3-68 所示。连铸坯的裂纹缺陷可能产生于铸机的不同区域，且裂纹形状各异，产生的原因也极其复杂，受设备状况、凝固冷却条件和工艺操作等多方面因素的影响。表面裂纹一般在结晶器弯月面区域由于钢水-坯壳-铜板-保护渣之间不均匀传热而产生，在二次冷却段进一步扩展[24]。

纵裂纹通常出现在宽板坯的中心部分并向长度方向延伸，产生原因通常是在结晶器弯月面区域初生坯壳厚度不均匀，当作用于坯壳上的拉应力超过钢的高温允许强度和应变时，在坯壳薄弱处产生应力集中导致裂纹产生。

角部裂纹常常位于连铸坯角部 10~15 mm 处，由于此处是铸坯宽面和窄面二维传热，结晶器角部附近的钢水凝固比其他部位要快，初生坯壳收缩最早，形成不均匀的气隙，增加了热阻，减缓凝固过程，当坯壳薄弱处不能抵抗张应力时即

(a)

(b)

(c)

图 3-67　不同凝固末端电磁搅拌电流下 GCr15 铸坯低倍图（无 M-EMS）
（a）$I_{M\text{-}EMS}=0$ A，$I_{F\text{-}EMS}=100$ A；（b）$I_{M\text{-}EMS}=0$ A，$I_{F\text{-}EMS}=200$ A；（c）$I_{M\text{-}EMS}=0$ A，$I_{F\text{-}EMS}=300$ A

形成角部裂纹。

横向裂纹（包括表面横裂纹和角部横裂纹）通常位于连铸坯内弧表面振痕的波谷处，这种裂纹的形成与钢坯的高温力学性能密切相关，是铸坯表面温度处于第三脆性温度范围区间进行矫直而产生的。铸坯在矫直时内弧受到张应力，外弧受到压应力，矫直过程中由于振痕的缺口效应而产生应力集中，加之矫直温度在铸坯脆化温度范围内，加速了振痕波谷处横裂纹的形成并沿奥氏体晶界扩散。表面网状裂纹主要由热应力和晶界的热脆性引起，常与残余元素渗入晶界有关。钢中铜含量偏高或结晶器镀层磨损导致低熔点的铜沿奥氏体晶界渗透，降低了铸坯的高温强度；此外，大量第二相粒子沿晶界析出降低了晶界结合力也是铸坯网状裂纹的重要原因之一。

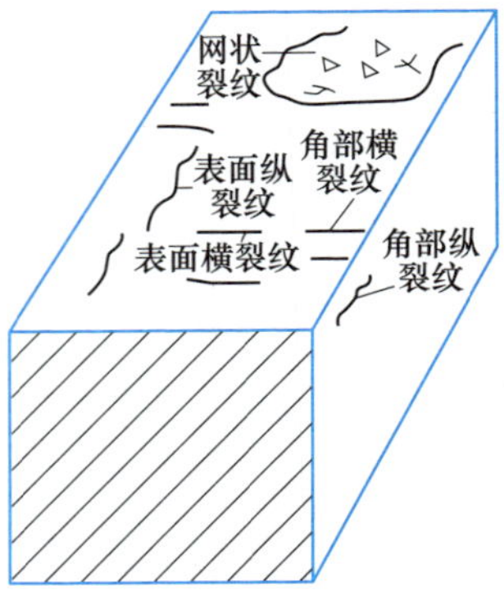

图 3-68　连铸坯表面裂纹示意图

近年来，铁道部为加快铁路运输现代化建设，新一代 450 MPa 级 YQ450NQR1 乙字钢不仅具有较强的耐大气腐蚀能力、良好的焊接性能，而且强度、低温冲击韧性得到明显改善，对铁路运输向高速重载发展、铁路车辆的升级换代具有重要意义。由于生产过程中，工艺控制不当，会导致成材后的乙字钢表面存在较多的裂纹缺陷，深度较浅的表面裂纹一般需通过修磨来改善表面质量；深度较深的表面裂纹修磨后影响乙字钢尺寸精度，只能判废。裂纹的存在不仅增加工人的劳动强度，而且严重影响产品成材率及企业效益。

本节以 YQ450NQR1 高强度耐候钢为例，阐述乙字钢裂纹产生的原因及解决措施[25]。

3.4.2.1　乙字钢表面裂纹宏观与微观形貌

采用线切割方法在乙字钢腿部拉裂部位依照裂纹尺寸及走向切取 20 mm×20 mm 试样，如图 3-69 所示。将切取的乙字钢裂纹试样沿裂纹横截面在金相预磨机上分别经历粗磨、细磨、抛光的过程；将抛光好的试样用 4%的硝酸酒精溶液侵蚀，在金相显微镜下观察裂纹形貌。

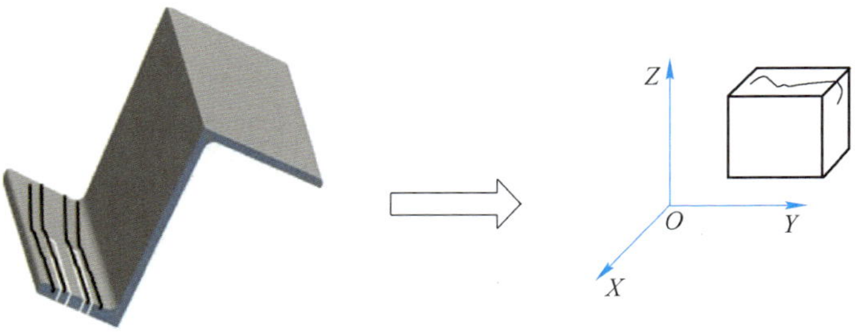

图 3-69　乙字钢裂纹试样取样示意图

使用数码相机现场拍摄轧材拉裂裂纹后发现，乙字钢表面裂纹按发生位置主要分为两类，一类发生在“长腿”，另一类发生在“短腿”。图 3-70 是乙字钢长腿、短腿表面裂纹宏观形貌。由该图可知，这两类裂纹虽发生位置不同，但外观形貌基本一致。裂纹沿着轧制方向延伸和扩展，有些还带有舌状结疤，长度从几厘米到十几厘米不等。

(a)

(b)

图 3-70　乙字钢“腿部”裂纹形貌

（a）长腿处；（b）短腿处

在金相显微镜下对侵蚀后的乙字钢长腿裂纹横截面进行观察，拍照、拼接后，得到长腿处裂纹横截面全貌，如图 3-71 所示。

(a)

(b)

图 3-71　乙字钢长腿处裂纹微观形貌

由图 3-71 看出，乙字钢长腿处裂纹呈细长状由表面向内部延伸。在表面处裂纹开口度最大，向深度方向延伸时裂纹逐渐变细，裂纹尾部还伴有分叉现象。图 3-71（a）所示裂纹深度方向的延伸长度超过 1 cm，图 3-71（b）所示裂纹深度方向延伸长度也超过 0.5 mm。裂纹在向深度方向发展时，都伴有明显向边上延伸的趋势，且最终压合趋势明显。图 3-72 和图 3-73 分别是图 3-71（a）和（b）裂纹的局部放大图。从图中可以看出，轧材的基体组织为正常的铁素体+珠光体。乙字钢裂纹在深度方向发展时两侧有明显的脱碳层，厚度在 200 μm 左右，内部填充满氧化物。

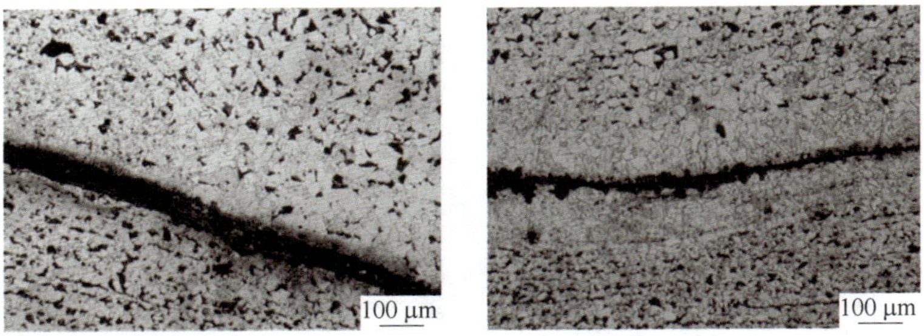

图 3-72　图 3-71（a）长腿裂纹局部放大图

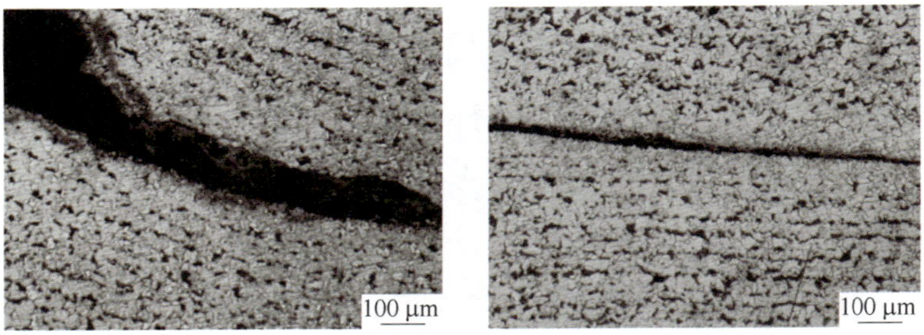

图 3-73　图 3-71（b）长腿裂纹局部放大图

3.4.2.2　乙字钢短腿裂纹金相形貌

在金相显微镜下对侵蚀后的乙字钢短腿裂纹横截面进行观察，拍照、拼接后得到短腿裂纹横截面全貌，如图 3-74 所示。

由图 3-74 可以看出，乙字钢短腿处裂纹呈细长状由表面向内部延伸，裂纹开口度大，向深度方向延伸时裂纹逐渐变细直至压合。裂纹的延伸长度在 6 mm 以上，在向深度方向延伸发展的过程中，同样伴有分叉和明显向边上发展的趋势。图 3-75 和图 3-76 分别是图 3-74（a）和（b）裂纹的局部放大图。由图可知，同长腿裂纹一样，短腿裂纹两侧也发现有明显的脱碳层，厚度在 100 μm 以上，裂纹内部也填充满氧化物。

由以上分析可知，虽然裂纹发生位置不同，但乙字钢长腿、短腿处裂纹无论是宏观形貌还是微观形貌都基本相同。根据裂纹的开口形貌、延伸方式以及同样

(a)

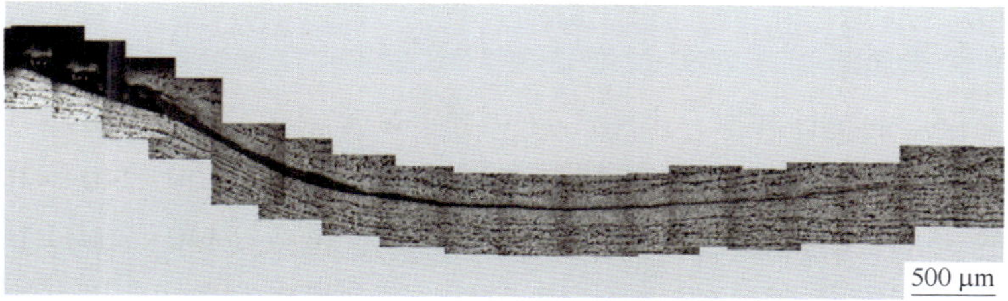

(b)

图 3-74 乙字钢短腿处裂纹微观形貌

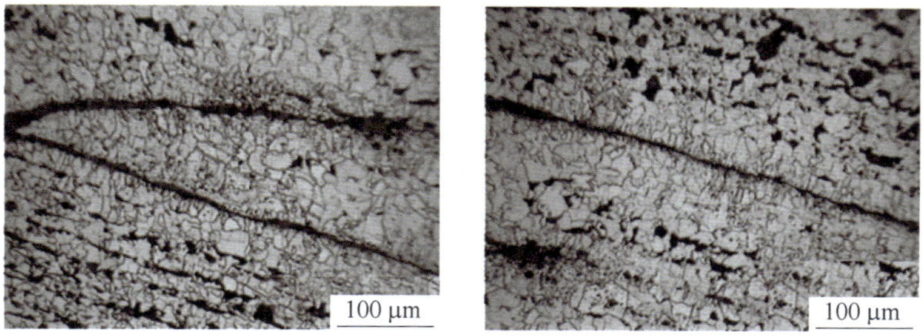

图 3-75 图 3-74（a）短腿处裂纹局部放大图

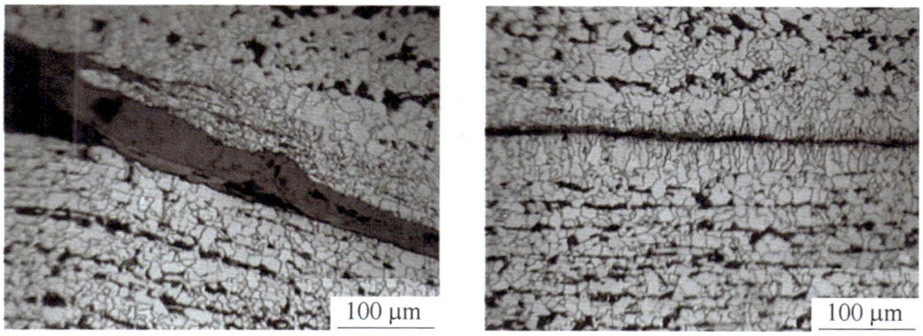

图 3-76 图 3-74（b）短腿处裂纹局部放大图

存在脱碳、氧化物填充的特征，可以将两类裂纹归为一类。

部分炉次 YQ450NQR1 钢皮下网状裂纹严重，裂纹距离表层距离不足 1 mm，延伸深度在 1 cm 以上，这类裂纹在加热炉加热过程中会暴露氧化，影响轧材的表面质量。铸坯边部皮下网状裂纹在乙字钢轧制后正好对应腿部位置，与乙字钢腿部表面裂纹具有明显的对应关系，由此判定铸坯皮下网状裂纹是造成乙字钢腿部拉裂缺陷的主要原因。

3.4.2.3　钢液成分和二冷工艺控制对乙字钢裂纹的影响

A　N 含量控制

基于某钢厂的统计数据，由图 3-77 可知，N 含量在（100～120）$\times10^{-6}$的乙字钢占总量的 17.6%，其裂纹发生率为 0.33%；N 含量在（120～140）$\times10^{-6}$的乙字钢占总量的 35.3%，其裂纹发生率为 1.36%；N 含量在（140～160）$\times10^{-6}$的乙字钢占总量的 26.5%，其裂纹发生率为 3.18%；N 含量在 160×10^{-6}以上的乙字钢占总量的 20.6%，其裂纹发生率为 6.98%。显然，乙字钢实际 N 含量的控制范围过宽，且随着 N 含量的增加，裂纹发生率显著上升，这与 V-N 微合金化对乙字钢高温性能的影响规律相一致。因此，将 N 含量稳定控制在（100～140）$\times10^{-6}$可以在保证强度要求的同时，减少乙字钢裂纹的发生率。

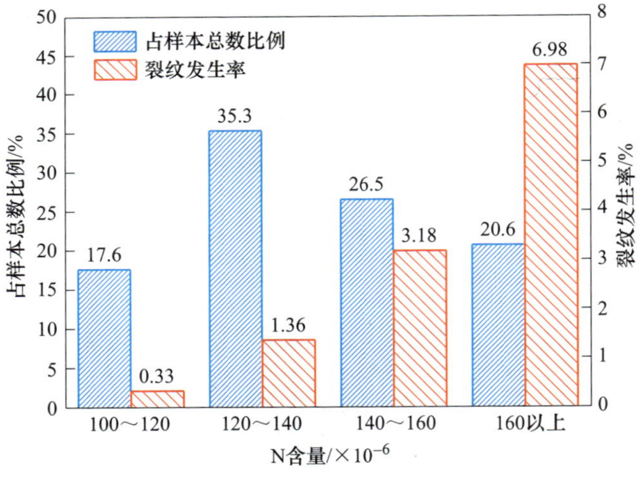

图 3-77　N 含量对乙字钢表面裂纹的影响

B　残余元素控制

Cu 能保证耐候钢的耐大气腐蚀性，但若在氧化铁皮下产生富集则会增加皮下基体的裂纹敏感性。残余元素 Sn、Sb、As 的存在更会促进 Cu 的富集、恶化钢的热脆现象。成分设计要求，乙字钢铜当量 $Cu_{eq}=Cu+3As+6(Sn+Sb)$ 需控制在 0.30%以下，但实际生产过程由于原料成分限制，乙字钢 Cu 当量控制一直存在偏高的现象。生产统计结果表明，Cu 当量低于 0.34%的炉次拉裂率较低。因此，为减少乙字钢拉裂的发生，应严格控制钢液 Cu 当量的水平。

表面网状裂纹内含有很高的 K、Na 保护渣特征元素，且存在 Cu 元素富集的现象。可以判定这类裂纹源在结晶器内已经产生，在二冷区继续向深处扩展。结晶器传热不均匀、残余元素含量偏高双重因素叠加显著提升了包晶钢 YQ450NQR1 铸坯热脆的敏感性，导致铸坯表层易产生裂纹。

连铸过程中，钢水冷却经历结晶器冷却、二冷区冷却、空冷区冷却三个冷区。在连铸环境确定的条件下，空冷区的条件相对稳定，而结晶器冷却区的调整范围小，只有二冷区的可调范围大。二冷区冷却包括喷淋水冷却、夹辊导热冷却、辐射冷却，其中喷淋水冷却是二冷区最主要的热传递方式，也是人为最易控制的冷却方式。对于含 Nb、V、Ti 的微合金钢，运用 Gleeble 高温热模拟机测定钢种“塑性槽”的温度区间，通过控制二冷配水保证铸坯矫直时避开“塑性槽”温度范围，是防止铸坯表面横裂纹、网状裂纹产生的有效措施。基于 N 含量对 YQ450NQR1 乙字钢高温热塑性及拉裂发生率的影响规律，建议将乙字钢的 N 含量控制范围稳定在 $(100\sim140)\times10^{-6}$，而铸坯在矫直点的温度应控制在 920 ℃以上。

YQ450NQR1 钢大方坯工艺改进前后两种不同的配水方案如表 3-24 所示，采用便携式红外线测温枪对原配水方案下的铸坯表面温度进行测量，测温结果与模型计算结果对比如表 3-25 所示。

表 3-24 YQ450NQR1 钢大方坯连铸二冷制度

拉速 /m · min^{-1}	二冷工艺	喷水冷却段	比水量 /L · kg^{-1}	二冷区水量分配比例/%				
				1 段	2 段	3 段	4 段	5 段
0.50	原方案	1~5	0.332	16.72	25.32	16.62	25.17	16.18
0.50	现行	1~5	0.308	18.00	27.28	17.90	27.10	9.70

表 3-25 模型计算铸坯宽面温度值与实测温度值的比较

项目 \ 铸坯位置	3 段出口	4 段出口	2 号拉矫机入口	3 号拉矫机入口	4 号拉矫机入口	5 号拉矫机入口
原方案测温值/℃	1009	960	866	846	835	819
模型计算值/℃	1036.5	940.9	859.4	845.3	832.0	819.2
相对误差/%	2.73	1.99	0.76	0.08	0.36	0.02

由表 3-25 可知，模型计算铸坯宽面中心温度与实测温度相对误差基本都在

2.8%以内，矫直区的相对误差基本都在1%以内。由此判断所建立的二维传热模型可用于YQ450NQR1大方坯表面温度的预测。

在拉速0.50 m/min、浇注温度1550 ℃、比水量0.308 L/kg以及表3-24所示现行配水方案工况条件下，运用Ansys数值模拟软件计算现行工艺条件下铸坯宽面凝固过程温度变化，结果如图3-78中所示。在20.35~24.85 m区间内（矫直区间）宽面中心温度在905~860 ℃，铸坯表面温度已明显处于YQ450NQR1乙字钢第三脆性区温度范围内。钢种在第三脆性区本身塑性较差，铸坯矫直过程内弧受拉应力作用，在内弧振痕根部产生缺口拉应力集中，促使内弧表面及皮下易产生裂纹。

由图3-78的铸坯宽面中心冷却曲线可知，二冷区Ⅳ段、Ⅴ段冷却水量偏大，导致铸坯冷却较快。考虑现行生产状况，在不对现行二冷配水方案做较大调整的前提下，提出三种配水改进方案：（1）Ⅳ段水量降低50%；（2）Ⅴ段不喷水；（3）Ⅳ段水量降低50%、Ⅴ段不喷水。

三种改进配水方案铸坯宽面中心的冷却曲线如图3-78所示，图3-79是图3-78的局部放大图。由图可知，当Ⅳ段水量降低50%时，连铸坯在20.35~24.85 m矫直区间内铸坯宽面中心温度范围为914~866 ℃；当Ⅴ段不喷水时，连铸坯在20.35~24.85 m矫直区间宽面中心温度范围为922~873 ℃；当Ⅳ段水量降低50%、Ⅴ段不喷水时，连铸坯在20.35~24.85 m矫直区间宽面中心温度范围为927~877 ℃。由铸坯裂纹的分析结果可知，第二相粒子的沿晶界析出是导致皮下裂纹易发生的重要原因。当连铸坯表面温度处于$\gamma \rightarrow \alpha$相变温度区间时，温度的反复回温将促进第二相粒子在奥氏体晶界析出。由Gleeble热模拟实验结果可知，当温度低于950 ℃时，YQ450NQR1乙字钢奥氏体晶界会有沿晶铁素体析出。因

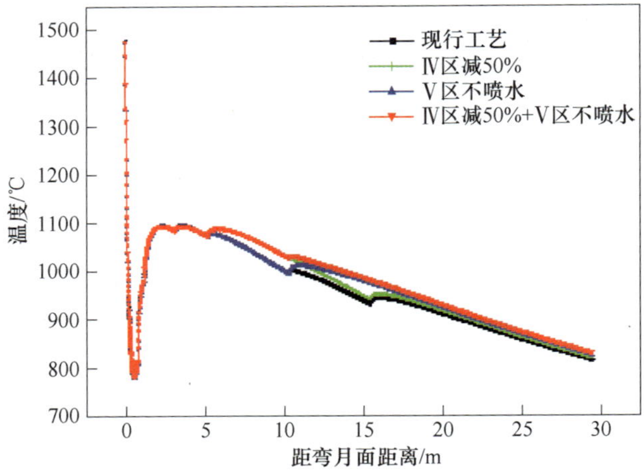

图3-78　不同配水方案下连铸坯宽面中心的温度变化曲线

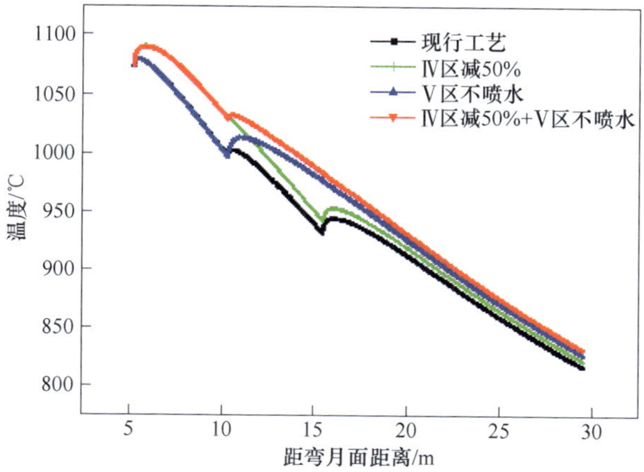

图 3-79　图 3-78 局部放大图

此，连铸坯在运行过程中，应避免铸坯表面温度在 950 ℃以下反复回温。从图 3-78 的计算结果可知，当二冷Ⅳ段水量降低 50%、Ⅴ段不喷水时，矫直点表面温度可以提高 20 ℃左右，同时避开了两相区的表面温度波动，可以作为二冷配水方案的改进方向。

3.4.2.4　加热炉工艺控制对乙字钢裂纹的影响

图 3-80 是某钢厂生产的乙字钢在加热炉内加热时间分布及各加热时间范围内乙字钢的拉裂率统计结果。由图可知，加热时间 3～5 h 的乙字钢占总量 40.56%，其裂纹发生率为 1.44%；加热时间 5～7 h 的乙字钢占总量 37%，其裂纹发生率为 3.88%；加热时间 7～9 h 的乙字钢占总量 10.47%，其裂纹发生率为 3.56%；加热时间大于 9 h 的乙字钢占总量 11.96%，其裂纹发生率为 3.55%。显

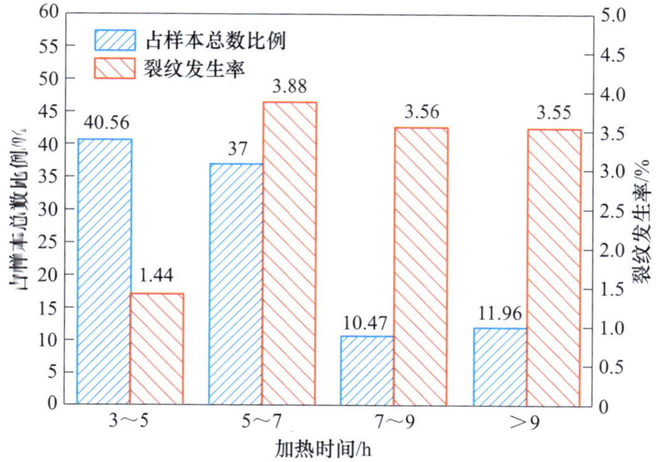

图 3-80　加热时间对乙字钢表面裂纹的影响

然，当乙字钢在加热炉内停留时间超过 5 h 时，裂纹发生率一直处于较高情形。乙字钢在加热炉内停留时间越长，铸坯氧化铁皮层越厚，皮下网状裂纹被氧化暴露的可能性也越高。被氧化后的裂纹在后期轧制过程中无法焊合，最终遗留在表面，演变成表面质量问题。因此，为降低裂纹被氧化的可能性，应合理制定加热炉加热制度，减少连铸坯过烧现象。

此外，还应加强下线连铸坯的质量检测，低倍检测时应重点检测纵向切片皮下网状裂纹发生的严重程度。对于皮下网状裂纹距离表皮较近的铸坯，应采取剥皮处理；或通过在钢坯进入加热炉前，为铸坯表面喷涂刷防氧化涂料、加热炉内控制为还原气氛来减少铸坯裂纹在加热炉中的氧化。

本节以 YQ450NQR1 钢连铸坯表面质量改进为例，运用低倍检测探明与乙字钢腿部拉裂相对应的铸坯质量缺陷；运用扫描电镜、能谱分析等检测手段从机理上分析了铸坯质量缺陷产生的原因；通过综合的工艺改进，大幅降低了乙字钢拉裂率。

3.4.3　铸坯质量可靠性

随着钢铁企业快速发展，客户需求的多样性，钢铁企业的生产模式逐渐由过去的批量生产转变为个性定制化生产，对钢铁企业的产品提出了更高的质量要求。钢铁企业炼钢-连铸过程系统产品质量的可靠性是评价连铸坯质量稳定性的一项重要依据。本节针对国内某钢厂连铸坯质量可靠性进行研究[25]，为多品种、小批量、多规格、高质量生产要求下连铸坯质量的智能管控提供参考。此外，连铸坯质量可靠性研究为特定钢种连铸坯质量现状及其未来发展趋势提供了新的分析与评判方法。

整个炼钢-连铸生产过程连铸坯的质量通常采用产品的质量合格率来表示，连铸坯的质量判断准则通常按照国家标准、行业或者企业标准，这些标准的准则通常包括连铸坯的洁净度、表面缺陷、内部缺陷、形状缺陷等进行判断。为评价炼钢-连铸生产系统在一定时间内所生产产品质量达到规定标准的能力，王宝提出炼钢-连铸过程系统产品质量可靠度评价指标[26]，其定义为：系统在一定时间内产品合格率与系统规定产品合格率的比值，表示系统完成规定产品合格率的能力，如式（3-17）所示。

$$R = \frac{q_i}{q_{i,\max}} \tag{3-17}$$

式中，R 为系统的质量可靠度；i 为统计期内的序号（$i=1, 2, \cdots, n$）；q_i 为统计期内第 i 个月系统产品合格率；$q_{i,\max}$ 为一个周期内产品的最大合格率。

本节运用以上方法，对炼钢-连铸过程系统连铸坯质量可靠性进行评价。针对生产数据的收集（统计数据的时间范围为 2016 年 3 月—2017 年 10 月连续时间的生产数据），对 AP1451C1、AP1461C1、AR4121E1、GL4161B1、AT4491C1、GL5241B1、GR4161C2、GS8021A1、GT4421C1、IL3041C2、IT5431C1 等 60 个钢种的连铸坯缺陷进行统计，得出其连铸坯的主要缺陷为裂纹。针对出现的裂纹主要缺陷，本节对其 2016 年 3 月到 2017 年 10 月每个月的连铸坯产量以及月裂纹缺陷连铸坯产量进行分析，并计算每月的连铸坯质量裂纹缺陷率。结果表明：在该统计期 2016 年 3 月到 2017 年 10 月之间月连铸坯最大裂纹缺陷率为 4.29%（2016 年 5 月），最小的裂纹缺陷率为 0.91%（2016 年 3 月），具体数据如表 3-26 所示。

表 3-26 连铸坯裂纹缺陷率

时间	缺陷率/%	时间	缺陷率/%
2016 年 3 月	0.91	2017 年 1 月	1.98
2016 年 4 月	2.15	2017 年 2 月	1.93
2016 年 5 月	4.29	2017 年 3 月	2.53
2016 年 6 月	2.78	2017 年 4 月	3.50
2016 年 7 月	1.85	2017 年 5 月	1.55
2016 年 8 月	2.20	2017 年 6 月	1.68
2016 年 9 月	3.22	2017 年 7 月	2.07
2016 年 10 月	2.50	2017 年 8 月	1.67
2016 年 11 月	1.51	2017 年 9 月	2.27
2016 年 12 月	1.72	2017 年 10 月	1.95

由表 3-26 可知，在统计期内连铸坯缺陷率最低为 0.91%，所以，在统计期内最大的连铸坯合格率为 99.09%，并以其数据作为某钢厂连铸生产实现最大连铸坯合格率的能力。因此，由式（3-17）计算得出该统计期内某钢厂每月生产的连铸坯质量可靠度，结果如表 3-27 所示。

表 3-27 连铸坯质量可靠度

时间	可靠度/%	时间	可靠度/%
2016 年 3 月	100.0	2016 年 10 月	98.4
2016 年 4 月	98.7	2016 年 11 月	99.4
2016 年 5 月	96.5	2016 年 12 月	99.2
2016 年 6 月	98.1	2017 年 1 月	98.9
2016 年 7 月	99.0	2017 年 2 月	99.0
2016 年 8 月	98.6	2017 年 3 月	98.4
2016 年 9 月	97.7	2017 年 4 月	97.4

续表 3-27

时间	可靠度/%	时间	可靠度/%
2017 年 5 月	99.4	2017 年 8 月	99.2
2017 年 6 月	99.2	2017 年 9 月	98.6
2017 年 7 月	98.9	2017 年 10 月	99.0

从图 3-81 中可以看出，连铸坯质量可靠度波动比较小，说明该厂的生产过程系统稳定性控制较好。但是，企业可以通过对影响连铸坯裂纹缺陷的因素进行分析，例如对钢水过热度、钢液中元素含量（[S]、[Mn]/[S]、[P]、[Cu]、[Sn]、[Zn] 等）、二冷配水量和铸坯表面温度分布等因素的分析及调整，进而可以保证系统质量可靠性的同时，进一步提升连铸坯的质量。

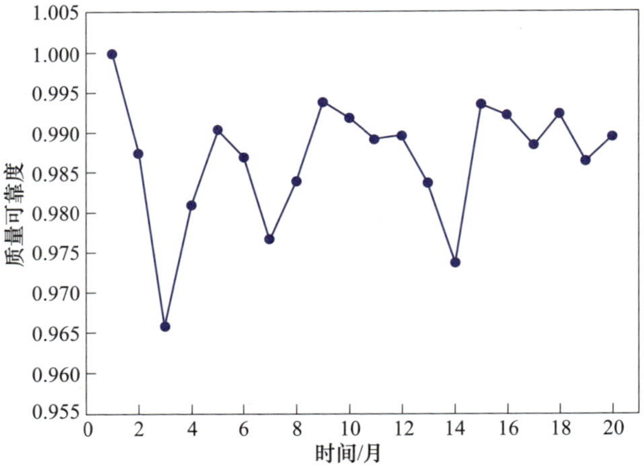

图 3-81　连铸坯质量可靠度

由于不同钢种生产工艺具有各自的要求，上述研究在炼钢-连铸过程系统对不同钢种连铸坯质量可靠性评价具有一定的局限性，现针对不同钢种分别进行质量可靠性研究，以期更客观地反映连铸坯的质量可靠性。选择 20 个月（统计期为 2016 年 3 月—2017 年 10 月）连续生产的钢种进行统计分析，由于统计数据的有限性，最终选定数据比较完整的 4 个钢种（SPHD、SPHC、Q235B、Q345B）作为研究对象，下面对这几个钢种进行连铸坯质量可靠性研究分析。

（1）SPHD 钢连铸坯质量可靠性分析。SPHD 钢连铸坯为冲压用热轧钢板及钢带。由于热轧钢板产品具有强度高、韧性好、易于加工成型及良好的可焊接性等优良性能，因而被广泛应用于船舶、汽车、桥梁、建筑、机械、压力容器等制造行业。图 3-82 为炼钢-连铸过程系统生产 SPHD 钢连铸坯质量的可靠度情况，质量可靠度基本都维持在 0.995 以上，最低的可靠度为 0.990，整个生产周期连铸坯质量的可靠度较为平稳，平均可靠度为 0.9985，说明 SPHD 钢连铸坯的质量可靠度很高，且整个生产过程系统质量可靠度的窄窗口控制为某钢厂生产高品质 SPHD 钢连铸坯提供了极为有利的条件。

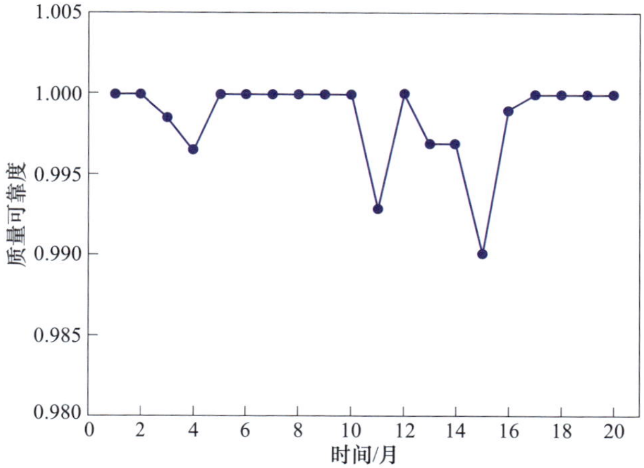

图 3-82 SPHD 钢连铸坯质量可靠度

（2）SPHC 钢连铸坯质量可靠性分析。SPHC 钢连铸坯为一般用热轧钢板及钢带。图 3-83 为 SPHC 钢种连铸坯质量的可靠度情况。从图中可以看出，该钢种连铸坯质量可靠度基本维持在 0.99 以上，整体呈现上升趋势，然后基本保持稳定，平均可靠度为 0.9979，表明 SPHC 钢连铸坯生产过程中通过不断地改进生产过程的工艺参数、设备参数以及加强工艺操作人员的操作水平，最终系统的生产过程趋于稳定，确保了 SPHC 钢连铸坯生产过程系统质量可靠性。

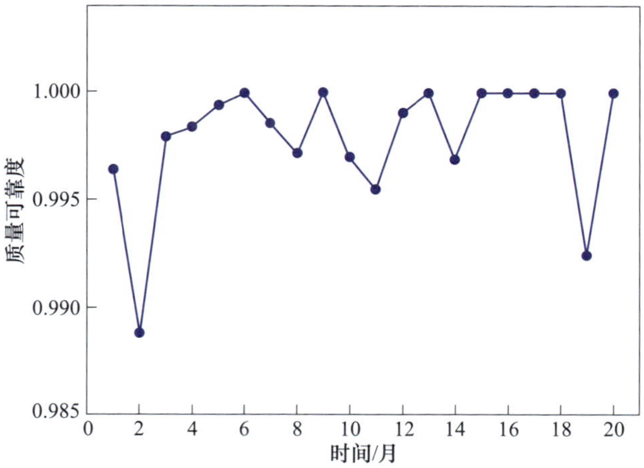

图 3-83 SPHC 钢连铸坯质量可靠度

（3）Q235B 钢连铸坯质量可靠性分析。Q235B 钢连铸坯含碳适中，综合性能较好，强度、塑性和焊接等性能得到较好配合，用途最广泛。但是，此板坯会随着材质的厚度增加而使其屈服值减小。图 3-84 为 Q235B 钢连铸坯的质量可靠度情况，从图中可以看出，考察月份的质量可靠度波动比较大，可靠度在 0.96 以下的月份几乎占整个统计期的 1/3。整个统计期的平均可靠度为 0.9614，相比较于 SPHD 钢连铸坯和 SPHC 钢连铸坯质量可靠度有了明显的下降，且 Q235B 钢连铸坯在 2016 年 5 月出现了整个统计期内质量可靠度的最低值 0.8098，此段统计时间范围内的连铸坯生产过程存在着一定的问题。

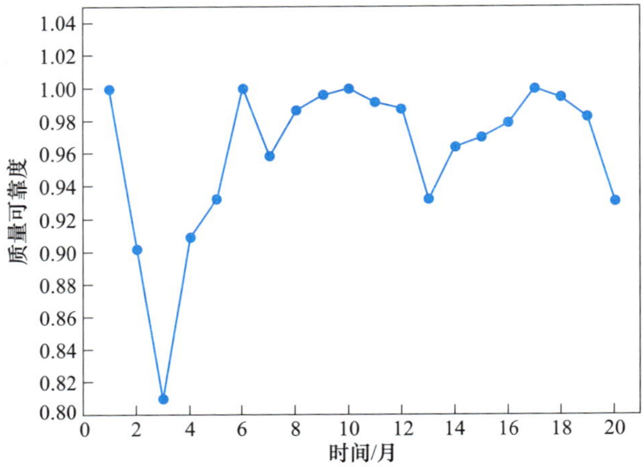

图 3-84　Q235B 钢连铸坯质量可靠度

经分析发现，2016 年 4 月连铸坯的主要缺陷为角部裂纹、5 月连铸坯的主要缺陷为三角区裂纹。由生产数据分析可知，2016 年 4 月中间包钢水的过热度较高，且在该段时间连铸坯的拉速也有所提升，这将导致钢水凝固过程推迟，坯壳承受钢水的压力变小，在坯壳较薄处易产生裂纹；5 月对连铸坯宽面、窄面水流量做了相应的调整（三角区和连铸坯中心的凝固进程同步，铸坯就不会产生三角区裂纹缺陷，当连铸坯窄面冷却强度较小时，三角区部位完全凝固时落后于铸坯中心，则三角区凝固时的收缩间隙得不到中心钢液的补充而产生裂纹，为此需要多次修改二冷配水参数找出最佳的对应关系），且生产过程中加强对在线铸坯的质量跟踪。同时，连铸坯在生产过程采用收缩辊缝技术。由此，2016 年 6 月生产的连铸坯质量有了明显的提升。

从上述三个钢种的质量可靠性分析可以看出，不同钢种的连铸坯生产过程中系统质量可靠度存在着较大的差距，SPHD 和 SPHC 钢连铸坯生产过程系统质量可靠性较高且较为稳定，而 Q235B 钢连铸坯生产过程系统可靠度波动较大。因此，对所有钢种连铸坯进行综合可靠性评价具有很大的局限性，不利于生产多钢种的钢铁企业的炼钢-连铸过程系统连铸坯质量可靠度评价。所以，对连铸坯的质量可靠性进行分钢种研究，可以更为客观、更加有效地明晰连铸坯质量的可靠性，有利于发现生产中产生的质量缺陷问题，不断调整改进优化的方向。

3.5 本章小结

连铸过程的智能化控制离不开对钢液流动、凝固、传热及传质行为的精确解析。因此，在钢的热物性参数解析的基础上，通过采用数值模拟和物理模拟的方法，精益控制连铸坯凝固冷却过程，改善铸坯凝固组织，以及降低裂纹和偏析等缺陷发生率，对于连铸过程的智能化控制尤为必要。

随着信息、网络、大数据、人工智能等技术快速发展，越来越多方法知识逐渐应用于连铸工序，对连铸过程智能化的实施起到了重要作用。然而，真正连铸智能化的实现，还需要对连铸过程进行不断更加深入和精确的理解，经历一个探索积累、集成、创新的不断循环、深化的过程。

参 考 文 献

[1] Wang X, Wang X, Wang B, et al. Differential calculation model for liquidus temperature of steel [J]. Steel Research International, 2011, 82 (3): 164-168.

[2] 刘青，张立强，王良周，等 . 汽车用钢连铸坯的高温力学性能 [J]. 北京科技大学学报，2006，28 (2): 133-137.

[3] 张菊根 . 新钢单流板坯连铸中间包结构优化研究 [D]. 北京：北京科技大学，2012.

[4] 蔡开科，程士富 . 连续铸钢原理与工艺 [M]. 北京：冶金工业出版社，1994.

[5] Nie C, Zhang X, Wang B, et al. Characteristics of inclusion motion and accumulation in CSP mold [J]. ISIJ International, 2015, 55 (8): 1677-1683.

[6] Zhang L S, Zhang X F, Wang B, et al. Numerical analysis of the influences of operational parameters on the braking effect of EMBr in a CSP funnel-type mold [J]. Metallurgical and Materials Transactions B, 2014, 45 (1): 295-306.

[7] 王欣 . 邯钢板坯连铸凝固传热数学模型研究 [D]. 北京：北京科技大学，2008.

[8] Nozaki T, Matsuno J, Murata K, et al. A secondary cooling pattern for preventing surface cracks of continuous casting slab [J]. Trans. Iron Steel Inst. Jpn., 1978, 18 (6): 330-338.

[9] 王先勇 . 船板钢中厚板坯连铸二次冷却优化的研究 [D]. 北京：北京科技大学，2009.

[10] 张富强，王久彬. 连铸坯凝固过程中传输现象基础知识系列讲座第二十讲连铸二次冷却的优化和控制 [J]. 鞍钢技术，1999 (1): 56-60.

[11] Brimacombe J K, Sorimachi K. Crack formation in the continuous casting of steel [J]. Metallurgical Transactions B, 1977, 8 (2): 489-505.

[12] 文光华，唐萍. 喷嘴在连铸坯二次冷却过程中的应用和发展 [J]. 炼钢，1998 (5): 49-52.

[13] Wang X Y, Liu Q, Wang B, et al. Optimal control of secondary cooling for medium thickness

slab continuous casting [J]. Ironmaking and Steelmaking, 2011, 38 (7): 552-560.
[14] 窦坤. 钒微合金化钢连铸方坯凝固特性与组织性能研究 [D]. 北京: 北京科技大学, 2017.
[15] Han Y, Yan W, Zhang J, et al. Optimization of thermal soft reduction on continuous-casting billet [J]. ISIJ International, 2020, 60 (1): 106-113.
[16] Dou Z, Liu Q, Wang B, et al. Evolution of control models for secondary cooling in continuous casting process of steel [J]. Steel Research International, 2011, 82 (10): 1220-1227.
[17] 窦志超, 张晓峰, 尹佳, 等. 基于有效拉速和有效过热度的连铸二冷控制模型 [J]. 北京科技大学学报, 2011, 33 (11): 1349-1353.
[18] Parfenov E P, Smirnov A A, Koshkin A V, et al. Dynamic secondary cooling system for a continuous caster [J]. Metallurgist, 1999, 43 (11): 510-513.
[19] 龙木军, 陈登福, 张健, 等. 板坯连铸矫直温度在线控制的应用研究 [J]. 过程工程学报, 2009 (S1): 165-168.
[20] 孟红记, 郑鹏, 武荣阳, 等. 基于改进 PSO 算法的连铸二冷过程优化仿真 [J]. 系统仿真学报, 2006, 18 (4): 866-869.
[21] Dou K, Yang Z, Liu Q, et al. Influence of secondary cooling mode on solidification structure and macro-segregation behavior for high-carbon continuous casting bloom [J]. High Temperature Materials and Processes, 2017, 36 (7): 741-753.
[22] 陈恒志. 连铸坯典型缺陷预测研究 [D]. 北京: 北京科技大学, 2018.
[23] 杨振国. GCr15 轴承钢连铸坯宏观碳偏析的影响因素及控制研究 [D]. 北京: 北京科技大学, 2014.
[24] 蔡开科. 连铸坯质量控制 [J]. 北京: 冶金工业出版社, 2010: 205.
[25] 王雷, 卿家胜, 窦坤, 等. YQ450NQR1 高强耐候钢表面裂纹成因分析 [J]. 炼钢, 2015, 31 (4): 72-78.
[26] 王宝. 典型特殊钢长材生产流程优化及其系统可靠性评价 [D]. 北京: 北京科技大学, 2012.

区段建模篇

QUDUAN JIANMO PIAN

4　炼钢-连铸区段运行模式解析

炼钢厂产能规模与工序/装置配置的合理性对于提高炼钢厂的整体运行水平、优化企业结构和资源配置具有重大的战略意义。随着国民经济的不断发展，市场对钢铁产品的需求呈现多品种、小批量、多规格、高质量的特点。炼钢厂各工序的单台设备往往承担着多钢种混合生产的任务，而不同钢种的操作规程往往会存在较大差异，这给炼钢-连铸过程的高效运行带来了较大的困难，具体表现为不同钢种在各工序/装置的作业周期不同，导致多钢种混合生产过程中工序/装置之间协同运行的水平不佳、炼钢炉与连铸机之间的匹配模式不尽合理。长期以来，关于炼钢厂多工序协同运行的研究尚不够深入，多集中于生产计划与调度方面。因而，本章从物质流基本参数解析、工序产能与生产模式的决策以及多工序协同运行水平量化评价三个方面介绍炼钢-连铸过程生产运行模式解析的研究进展，为炼钢厂多工序协同运行奠定基础。

4.1　炼钢-连铸过程时间-温度物质流参数解析与数据挖掘

4.1.1　时间参数解析

钢铁制造流程是在时间轴上进行的间歇/准连续、不可逆的动态运行过程，时间因素是一个贯穿流程始终的基本参数且具有既是随机自变量又是目标函数的两重性，在系统运行过程中以时间点、时间序、时间位、时间域和时间周期等形式表现出来[1]。时间的调控对系统的物耗、能耗、产品质量、成本、环境负荷有着综合性影响。在高品质钢生产过程中，由于生产钢种的成分要求和工艺控制要求较为严格，各工序/装置的过程时间以及工序/装置之间衔接、等待和缓冲时间的波动范围较大，合理调控时间参数显得尤为重要。本节运用冶金流程工程学时间点、时间位、时间域和时间周期等概念，解析炼钢-连铸过程系统中主要工序/装置在时间因素上的衔接、匹配和时间利用率。

本节以国内某钢厂生产 60Si2Mn 钢的各工序/装置的生产过程平均时间为案例进行统计，结果见表 4-1。表 4-1 中各过程的“累计时间”项为从加废钢开始到该过程结束的累计时间消耗，“温度”项为过程结束时的测温取样温度值。带有 * 的项表示过程时间中的柔性时间项，所谓柔性时间，是指可以在一定范围内操控的时间，通过对柔性时间的调控可实现对生产运行时间的优化。对于该钢厂而言，柔性时间项中的“补吹”时间项有较大的调整空间。此外，钢包到达连铸平台至开浇时间较长，其连铸机平均生产周期为 50 min。由此可见，等待开浇时间对连铸生产时间有直接影响，等待开浇时间的增加将导致连铸生产周期的延长、产量的减少。通过对其他各项工序间等待时间的调整，结合对生产过程合理调度、优化钢包运行可使钢水等待开浇时间缩短，进而提升整个炼钢厂系统生产过程的连续性与紧凑性。在对实际生产过程时间参数进行分析的基础上，可得出合理的柔性时间优化值，如表 4-2 所示。

表 4-1　某钢厂 60Si2Mn 钢的炼钢-连铸过程的时间、温度参数情况

工序/装置	过程项	60Si2Mn		
		运行时间/min	累计时间/min	温度/℃
转炉炼钢	加废钢	2.72	2.72	—
	加废钢至兑铁水	0.93	3.65	—
	兑铁水	3.28	3.28	—
	摇炉	5.35	5.35	—
	一吹	13.55	25.83	—
	倒炉	5.23	31.07	—
	补吹*	6.62	37.68	—
	出钢	3.70	41.38	1628.00
	溅渣时间	3.30	44.68	—
精炼	钢包到氩站*	1.00	45.68	1572.00
	氩站停留	2.43	48.11	—
	氩站到 LF	12.00	60.11	1546.00
	进 LF 至加热工位*	9.00	69.11	1540.00
	加热工位至送电开始*	2.00	71.11	—
	送电开始至送电结束	45.00	116.11	1581.00
	送电结束至出加热工位*	2.00	118.11	—
	出加热工位至喂丝开始*	1.00	119.11	—
	喂丝开始至喂丝结束	1.00	120.11	—
	软吹	23.00	143.11	1565.00
	LF 到 VD 炉*		146.34	—
	VD 处理	3.23	146.34	—
连铸	VD 到连铸机*		146.34	—
	平台等待转动*	7.92	154.26	—
	浇铸	49.00	203.26	1527.00

注：数据统计样本数为 785 炉，* 为生产过程中的柔性时间项。

表 4-2　某钢厂转炉炼钢-精炼-连铸过程的柔性时间

柔性时间项	60Si2Mn	
	实际值/min	优化值/min
补吹时间	6.62	3.00
钢包到氩站	1.00	1.00
钢水进 LF 至进加热工位	9.00	6.00
钢水进加热工位至送电开始	2.00	1.00
送电结束至钢包出加热工位	2.00	1.00
钢包出加热工位至喂丝开始	1.00	1.00
LF 到 VD 炉	3.23	1.50
VD 到连铸机		
钢水在钢包回转台座包等待转动	7.92	4.00

注：数据统计样本数为 785 炉。

通过调控柔性时间可对 60Si2Mn 钢的炼钢-连铸过程生产时间进行优化，其中该钢厂炼钢-连铸全流程时间可缩减 14.27 min。

通过上述对 60Si2Mn 钢实际生产过程炼钢、吹氩、精炼、连铸工序/装置作业时间参数的解析，结合运行时间的优化，可制定 60Si2Mn 钢在各工序/装置生产时间的控制方案，运用同样的方法对该钢厂普碳钢生产过程的运行时间进行解析与优化，可得出 60Si2Mn 钢与普碳钢混合生产的工序/装置作业周期控制方案，作为下一章生产计划与调度研究的工序/装置作业周期基准时间方案，如表 4-3 所示。

表 4-3　60Si2Mn 钢与普碳钢混合生产的工序/装置作业周期控制方案

钢种	时间项	转炉/min	氩站/min	LF 精炼/min			连铸机/min	
				座包位	精炼位	软吹位	回转台	浇铸
60Si2Mn	平均作业周期	37	4	12	45	20	5	50
	合理调整范围	33~40	3~5	5~25	40~50	12~30	0~10	47~55
普碳钢	平均作业周期	31	7	—	—	—	10	26
	合理调整范围	28~37	4~20	—	—	—	0~21	24~40

注：60Si2Mn 钢的数据统计样本数为 785 炉，普碳钢的数据统计样本数为 1603 炉。

4.1.2　温度参数解析

合格的钢水温度既是保证炼钢-二次冶金-连铸生产顺行的前提，又是获得良好铸坯质量的基础，因此，在实际生产过程中需要把钢水温度控制在合理的范围内。这不仅要求各工序/装置的钢水温度控制要相对稳定，而且要求钢水温度在各工序/装置之间的衔接匹配最优。分析钢厂生产过程的温度变化规律，工序/装置处理时间和钢包传搁过程时间显然对炼钢-连铸过程中的钢水温降有很大影响，因此，研究特殊钢生产过程温度的变化规律应当建立在对过程时间参数运行规律的解析基础之上。

时间参数和温度参数关系密切，时间控制与温度控制不可分割。生产过程时间的协调依赖于过程温度的稳定，每一生产过程钢水温度的高低通常可以影响该过程操作时间的长短。反之，生产过程时间的均衡也能促使过程温度的合理优化，每一生产过程的操作时间波动直接影响该过程的钢水温度变化。

本节将炼钢-连铸生产过程作为一个整体系统，对其生产运行的温度参数进行解析。以能耗最小原则为准则[2]，通过优化控制炼钢-连铸生产过程的温度参数，可以逐步提高炼钢厂系统运行过程的稳定性。在对某钢厂时间参数、温度参数系统解析的基础上，优化制造过程时间，分析过程温降规律，综合考虑制造过程的时间参数和温度参数，形成优化的温度制度，为实施时间-温度的协调控制与优化确立目标。炼钢区段生产的各钢种在不同工序/装置的控制目标温度值的计算过程，如图 4-1 所示。

同样，以该钢厂生产 60Si2Mn 钢种为例，其生产过程温度的变化规律如表 4-4 所示[3]，温度变化曲线如图 4-2 所示。

表 4-4　60Si2Mn 钢炼钢-连铸生产过程温度变化情况

温度项	时间/min	温度/℃	温度变化速率/℃ · min^{-1}
出钢温度	0	1628	—
氩站测温	4	1572	11
到精炼站温度	9	1546	-5.06
到加热工位温度	21	1540	-0.57
离加热工位温度	69	1581	0.87
离开精炼站温度	91	1565	-0.75
到连铸平台温度	101	1565	-0.01
一次中包测温	117	1527	-2.33
二次中包测温	127	1526	-0.09
三次中包测温	137	1527	0.06
四次中包测温	147	1525	-0.20

注：数据统计样本数为 417 炉。

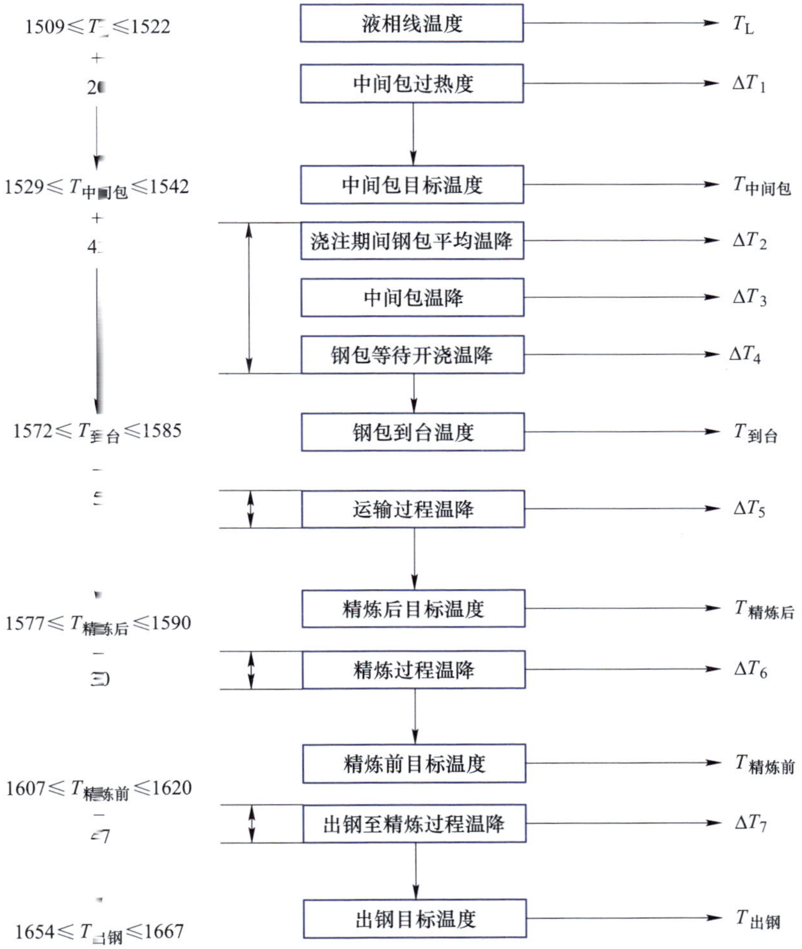

图 4-1　炼钢-连铸过程关键工位控制温度的确定

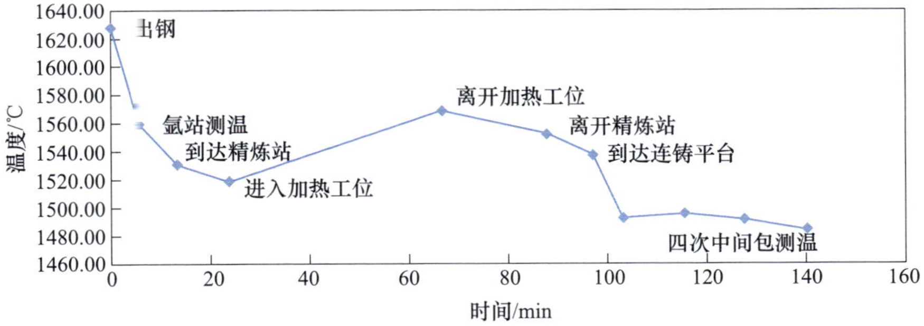

图 4-2　60Si2Mn 钢炼钢-连铸生产过程温度变化曲线

钢厂冶炼操作水平与生产调度都对出钢温度有较大的影响，若生产调度通常迫使炼钢炉提高出钢温度来协调后步各工序/装置之间的衔接，而生产过程钢水温度的波动又会影响各工序/装置的作业时间节奏，从而形成影响生产顺行的恶性循环，转炉出钢温度波动范围的控制应稳定，其波动范围尽可能低，以±20 ℃左右为佳。

由图 4-3 可见，仍有个别炉次出钢温度超出了钢水调控范围。因此，只有不断提高工序/装置运行的稳定性，提升生产计划与调度水平，优化运行时间调控，不断提高冶炼时间、温度、产量的“三命中”率，才能有助于改善这一状况。

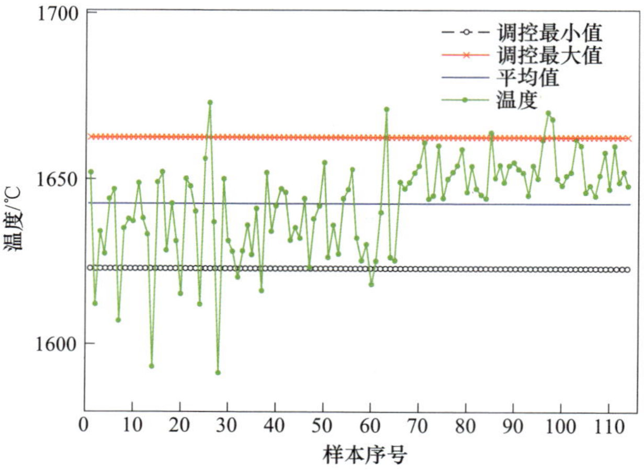

图 4-3　转炉冶炼 60Si2Mn 钢出钢温度波动情况

4.1.3　炼钢-连铸过程生产数据统计与分析

随着钢铁制造流程工艺的不断发展和进步，钢厂越来越重视对炼钢-炉外精炼-连铸整个流程运行规律的精确把握。运用信息化手段提升钢铁企业管控水平，为生产部门制定计划以及现场操作提供依据和指导。

本节介绍的炼钢-连铸流程统计分析模块（Process Statistics and Analysis，PSA）采用 C/S 结构，支持 Windows XP/Windows 7 系统，数据库采用 SQL Server，开发语言采用 C#编辑语言，其结构如图 4-4 所示[4]。

PSA 模块内“工序时间”子模块的主要功能是对转炉炼钢-连铸过程各工序/装置的操作时间进行详细统计，如图 4-5 所示，通过界面右上角的时间控件可选择需要分析的时间范围（以月为单位）。通过点击工序/装置的某一操作，在界面右侧可显示该操作时间的柱状分布图。

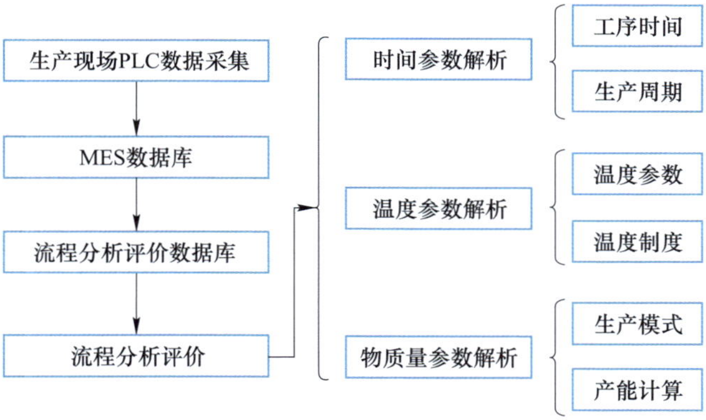

图 4-4 炼钢-连铸流程统计分析（PSA）模块结构图

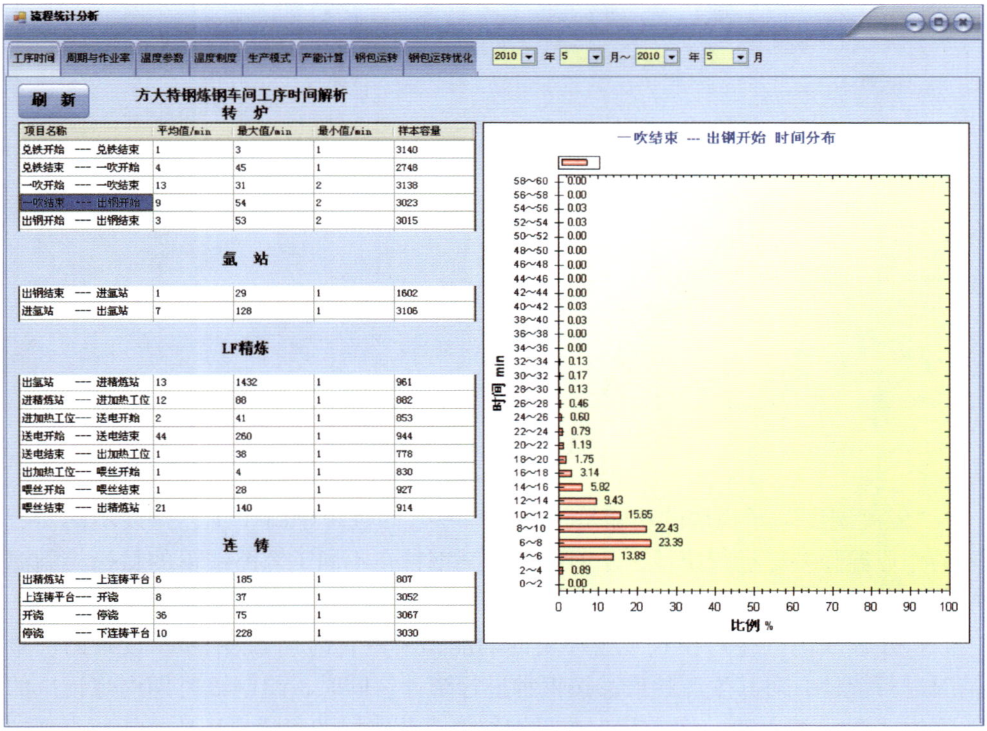

图 4-5 PSA 模块——工序时间子模块

“周期与作业率”子模块的功能是对炼钢厂不同装置的生产周期按钢种进行分类统计，并以柱状分布图的形式予以显示。同时，可为炼钢厂生产计划与调度方案的制定和实施提供数据支持。

PSA 模块内“温度参数”子模块的主要功能是对炼钢-连铸过程各工序/装置的温度参数进行统计，如图 4-6 所示，左上角表格显示一定时期内不同钢种的生产过程温度数据，通过对数据的点击可在左下方的图形中显示该钢种生产过程的温度曲线，在右侧的图形中显示该钢种在该工序/装置的温度分布情况。

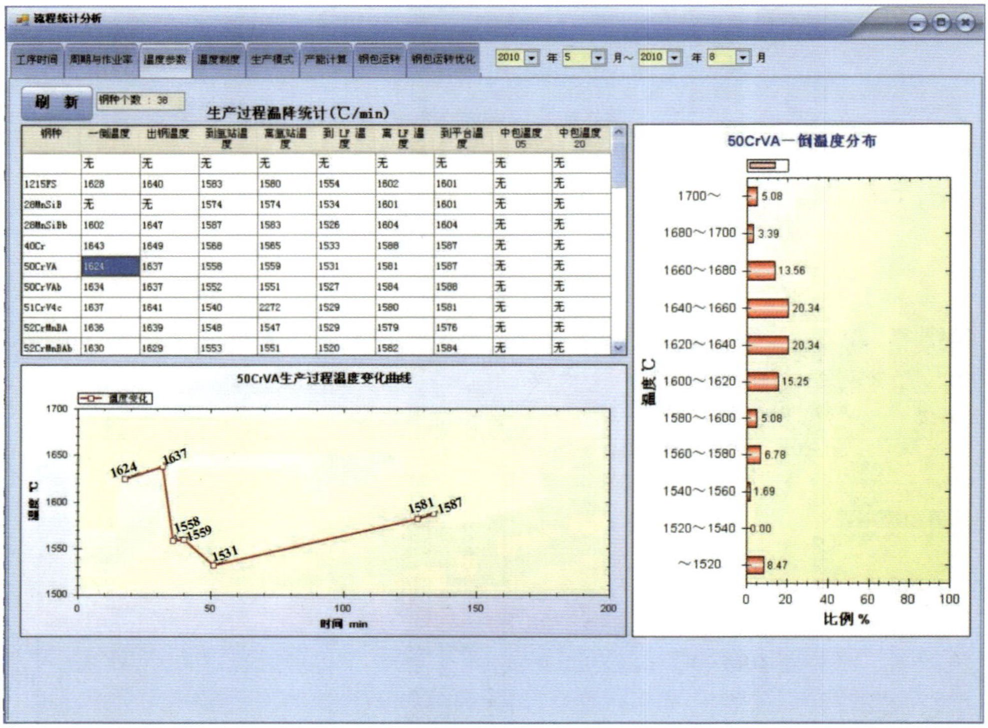

图 4-6 PSA 模块——温度参数子模块

“温度制度”子模块的功能是将不同钢种生产过程中由于工艺路线不同而带来的作业温降差异进行统计，从而归纳出某钢种在不同工艺路线下的目标控制温度，为现场生产工艺路线的选择提供依据。

PSA 模块内“生产模式”子模块的功能是对一定时期内各装置/设备的产量情况进行统计，对其生产的产品按钢种进行统计。同时，绘制该时期内炼钢厂的生产模式图（图 4-7），图中箭头的粗细与该工艺路线的产量成正比，能够直观地显示炼钢厂的生产运行情况。“产能计算”模块是通过对转炉、连铸机参数的设置及选择来计算不同装置的产能与生产周期、作业率以及拉速等因素之间的关系。

应用流程统计分析模块对炼钢-连铸生产过程物质流运行基本参数进行分析，掌握炼钢-连铸流程时间、温度参数的运行规律，为生产运行模式的解析与优化奠定基础。

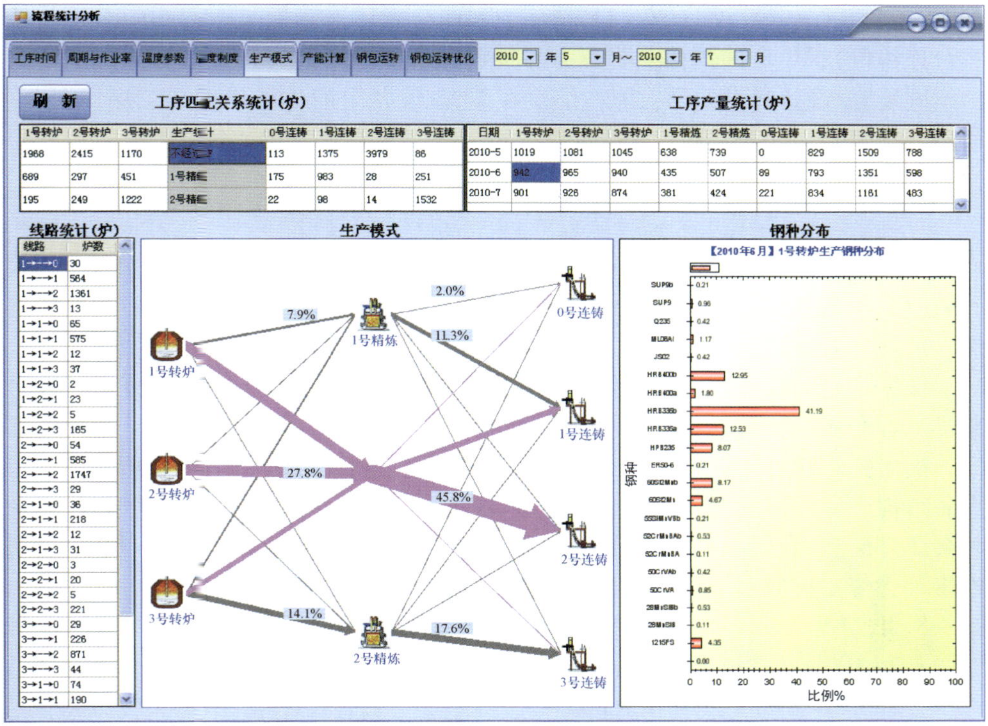

图 4-7 PSA 模块——生产模式子模块

4.2 炼钢-连铸过程工序产能与生产运行模式的智能决策

4.2.1 系统产能决策

要实现炼钢厂系统产能的精准决策，首先要对炼钢-连铸过程各个工序/装置的产能进行解析。转炉炼钢厂的炼钢-连铸过程主要包含三个主体工序，即炼钢、炉外精炼、连铸。面对多钢种混合生产模式，各个工序/装置的生产能力，可由式（4-1）计算得到[5]。

$$C_k = \sum_{sg \in SG} \sum_{l \in M_k} \frac{\gamma_l^{sg} \times w_l}{\sum_{sg \in SG} (T_{sg,k,l} \times \gamma_l^{sg})} \times (60 \times TS) \times \eta_k \qquad (4\text{-}1)$$

式中，C_k 为某一时间跨度内的工序产能，t；sg 为钢种代号；SG 为钢种集合；k 为工序编号；l 为工序 k 内装置编号；γ_l^{sg} 为装置 l 上钢种 sg 的生产比例；w_l 为装置 k 的公称容量，t；TS 为时间区段，如班组/日/月/年，h；η_k 为工序 k 日历作业率；$T_{sg,k,l}$ 为钢种 sg 在工序 k 的装置 l 上的标准作业周期，min。

本节以某转炉炼钢厂为例，对系统产能的决策内容做详细的介绍。该厂目前拥有三座 80 t 转炉，两座 80 t LF 精炼炉和四台方坯连铸机（连铸车间扩建前是三台连铸机），生产的钢种主要分为品种钢和普碳钢两大类，且认为同一工序内的不同装置/设备间无差异，即各炉次在装置/设备上的作业周期与工序内装置/设备选择无关，因而工序产能的计算式可以进一步简化为式（4-2）。

$$C_k = \frac{m_k \times 80}{T_{vs,k} \times \gamma_k^{vs} + T_{cs,k} \times (1 - \gamma_k^{vs})} \times (60 \times TS) \times \eta_k \tag{4-2}$$

式中，m_k 为工序 k 内装置/设备总数；$T_{vs,k}$ 为品种钢在工序 k 的标准作业周期，min；$T_{cs,k}$ 为普通钢在工序 k 的标准作业周期，min；γ_k^{vs} 为工序 k 内品种钢生产比例；η_k 为工序 k 的日历作业率。

根据式（4-2）可以分别对转炉、精炼、连铸各工序的产能进行分析，进而通过三者产能的比较，找到不同产品结构下工序产能的限制性环节，即瓶颈工序，提出针对性的改进方案。其中，炼钢工序、连铸工序的产能（扩建前）与产品结构、日历作业率（工序日历作业率(%)）=［工序内装置/设备作业时间总和/(工序装置/设备数×日历时间)］×100%，其中，作业时间 = 日历时间 -［定期检修（大修、中修、小修）时间+不定期检修时间+非检修停工时间］的关系如图 4-8、图 4-9 所示。由于品种钢需经 LF 精炼处理，因而 LF 精炼工序的品种钢比例 $\gamma_{LF}^{vs} = 100\%$，两座 LF 精炼炉的工序年产能为：

$$C_{LF} = \frac{2 \times 80}{T_{vs,LF}} \times (60 \times 365 \times 24) \times \eta_{LF} \tag{4-3}$$

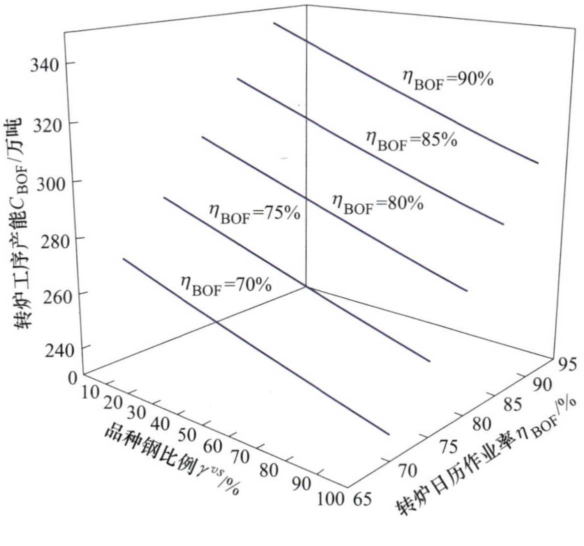

图 4-8　转炉工序年产能与产品结构和日历作业率的关系图

LF 精炼工序采用双工位操作，其冶炼周期 $T_{vs,LF} = 45$ min。在钢种只划分为品

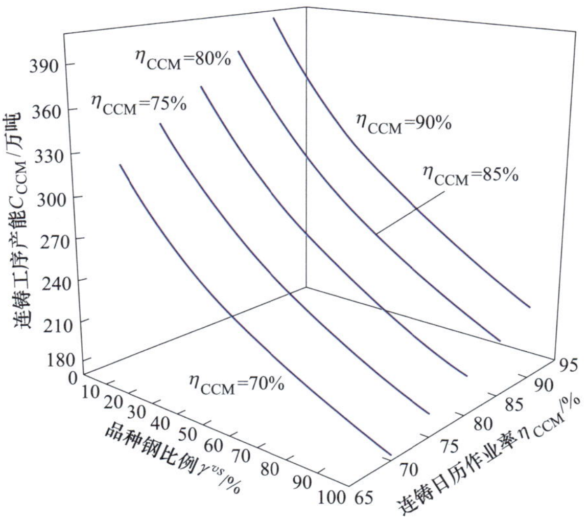

图 4-9　连铸工序年产能与产品结构和日历作业率的关系图（3 台连铸机）

种钢和普通钢两大类情况下，精炼工序产能只与日历作业率有关，85%日历作业率下精炼工序产能 C_{LF} = 158. 84 万吨。

炼钢-连铸系统的产能受瓶颈工序产能的限制，在工序产能分析的基础上，通过比较炼钢、精炼、连铸各工序产能的大小，可找出整个炼钢-连铸系统产能的限制性环节。由于工序产能受产品结构和日历作业率两方面的影响，本节主要讨论的是产品结构与产能的关系，对此先确定各工序的日历作业率。根据该厂炼钢-连铸系统的检修计划和实际生产情况，可假定各工序的日历作业率均为 85%（即各设备的实际作业时间均为 310 天）。图 4-10 为相同日历作业率 η_k = 85%下，各工序台炼品种钢的年产能的比较关系。

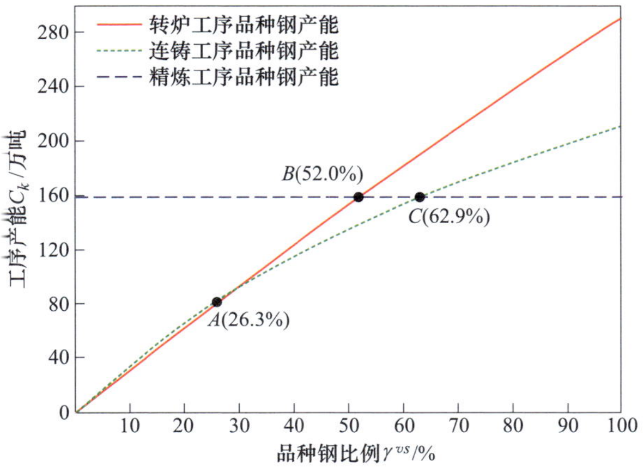

图 4-10　不同品种钢比例下各工序年产能力间的关系图（3 台连铸机）

图 4-10 中 A 点表示转炉工序品种钢产能=连铸工序品种钢产能，B 点表示转炉工序品种钢产能=精炼工序品种钢产能，C 点表示连铸工序品种钢产能=精炼工序品种钢产能，A、B、C 三点可将整个品种钢生产比例范围划分为 4 个区间。当品种钢生产比例 $\gamma^{vs}<26.3\%$时，精炼工序品种钢产能>连铸工序品种钢产能>转炉工序品种钢产能，此时转炉工序的品种钢产能最小，由于各工序品种钢生产比例相等，因而转炉工序的总产能亦最小，即此时转炉工序是炼钢-连铸系统的瓶颈工序；当品种钢生产比例 $26.3\%<\gamma^{vs}<52.0\%$时，精炼工序品种钢产能>转炉工序品种钢产能>连铸工序品种钢产能，此时连铸工序品种钢的产能最小，即此时连铸工序成为炼钢-连铸系统的瓶颈工序；当品种钢生产比例 $52.0\%<\gamma^{vs}<62.9\%$时，转炉工序品种钢产能>精炼工序品种钢产能>连铸工序品种钢产能，此时，品种钢产能最小的仍然是连铸工序，即此时连铸工序仍然是炼钢-连铸系统的瓶颈工序；当品种钢生产比例 $62.9\%<\gamma^{vs}<100\%$时，转炉工序品种钢产能>连铸工序品种钢产能>精炼工序品种钢产能，此时精炼工序品种钢的产能最小，即此时精炼工序成为炼钢-连铸系统的瓶颈工序；不同品种钢比例下的三个工序产能间的关系如表 4-5 所示。

表 4-5　不同品种钢比例下系统产能与工序产能的关系（3 台连铸机生产）

品种钢比例 γ^{vs}/%	工序产能关系	瓶颈工序	炼钢-连铸系统产能
[0, 26.3)	$C_{LF}>C_{CC}>C_{BOF}$	转炉工序	$C=C_{BOF}$
[26.3, 52.0)	$C_{LF}>C_{BOF}>C_{CC}$	连铸工序	$C=C_{CC}$
[52.0, 62.9)	$C_{BOF}>C_{LF}>C_{CC}$	连铸工序	$C=C_{CC}$
[62.9, 100]	$C_{BOF}>C_{CC}>C_{LF}$	精炼工序	$C=C_{LF}$

根据表 4-5 按式（4-2）计算，可得到炼钢-连铸系统产能与品种钢比例的关系，如图 4-11 所示。

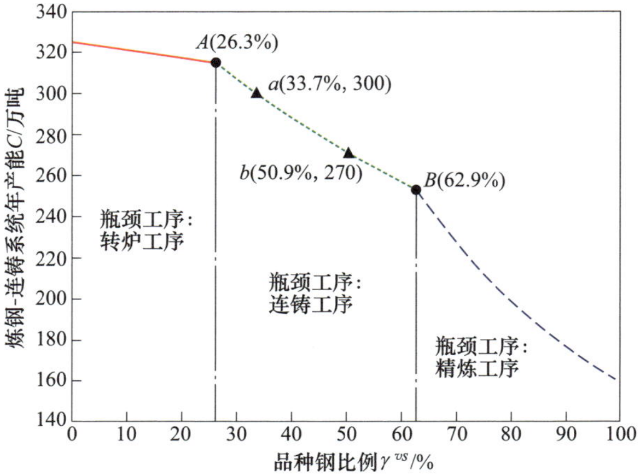

图 4-11　炼钢-连铸系统产能与品种钢比例的关系图（3 台连铸机生产）

根据图 4-11 所示结果，该炼钢厂连铸车间扩建前，当品种钢生产比例为 $33.7\% \leqslant \gamma^{vs} \leqslant 50.9\%$时，可实现系统年产能为 270 万吨$\leqslant C \leqslant$300 万吨的目标。

4.2.2 多工序运行仿真

采用 Plant Simulation 仿真软件构建考虑天车运行和钢包周转约束的炼钢-连铸过程多工序运行仿真模型，可实现多工序/装置实际生产作业的准确模拟与预测，对炼钢厂工序产能与生产模式的决策与评价具有重要的指导意义。

4.2.2.1 Plant Simulation 简介

作为面向对象的动态系统仿真软件，Plant Simulation 于 2011 年被引入我国，发展至今已广泛应用于制造业各领域，可供生产、物流领域以及工程领域的分析、研究及教学，可有效进行工厂及生产物流过程的模拟与仿真。该软件主要具有如下特点：

（1）直观的操作环境。在使用传统仿真软件时，动画须在完成建模及仿真运行之后才能显示。使用 Plant Simulation 软件时，可同时进行建模、仿真和动画表示过程，且三者相互独立。这样在修改模型时仍然可以进行仿真并查看动画表示，极大提高了工作效率。

（2）面向对象的建模过程。Plant Simulation 软件内部具有模型库，用户可调用模型控件并按照需求进行属性修改。并通过控件的继承机制减少了用户的重复操作，极大减少了建模的工作量。

（3）简单的模型控制。Plant Simulation 软件只需设置模型控件的控制、触发和执行条件等简单操作，软件即可实现仿真过程的控制，具有时钟推进机制，并且在仿真过程中，软件设置、详细控制等功能可以简单使用 SimTalk 编程语言改变，可实现复杂生产/制造流程仿真任务。

Plant Simulation 仿真软件中，其主要建模控件分为五个部分，分别是物流类组件、资源类组件、信息流组件、用户界面组件及分析工具组件。通过这些内置模型组件控件，开发人员可快速建立所需仿真模型。基本分类如图 4-12 所示。

通过将上述构成组件的模型控件拖拽至工作区即可建立对象，并可通过修改模型对象属性，其中的组件主要构成如下：

（1）物流类组件。物流类组件又可大致分为三类，控制类物流控件、生产类物流控件和运输类物流控件。控制类物流控件主要作为控制整个仿真模型的运行，例如 Frame 控件、EventControl 控件、FlowControl 控件等，几乎所有仿真模型都会用到控制类组件。生产类物流通常用于表示工作站、仓库等设施。例如 Source 控件、SingleProc 控件、Store 控件等，这类控件控制着生产货物的物流及操作等，根据所需建立的模型进行选择合适的生产物流控件。运输类物流控件就是用于表示模型中的轨道、运输工具等控件，例如 Line 控件、Track 控件等。

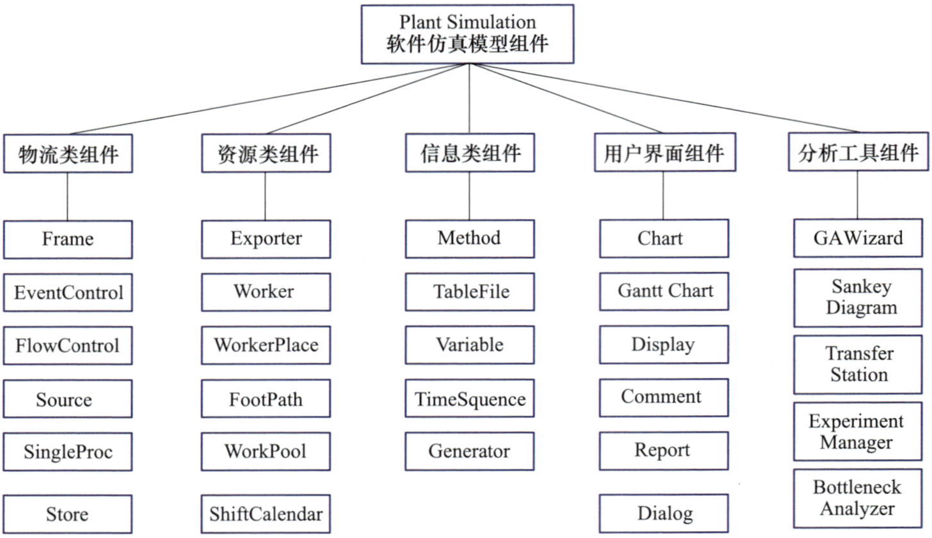

图 4-12　Plant Simulation 仿真模型组件结构

（2）资源类组件。此类组件通常为服务于物流控件的组件，如服务提供者（Exporter）、工人（Worker）等。这类组件通常表示生产过程中满足物流控件的某些需求所产生的控件，物流类组件提出“服务”要求，资源类组件提供“服务”，一般需要将物流类组件与资源类组件相互配合，进行生产流程的模拟。

（3）信息类组件。信息类物流组件是用于仿真模型运行过程中对象或者所产生数据的记录、传递、控制的控件，例如 Method 控件、Variable 控件、TableFile 控件等。模型仿真过程中所产生的数据及仿真控制等都是信息类物流控件完成。

（4）用户界面组件。用户界面组件主要用于仿真产生数据信息的表示以及仿真运行的控制方法，其中，Chart 控件、Gantt Chart 控件等可将生产模型仿真信息实时动态用图像直观表达出来，方便开发人员进行模型仿真控制。

（5）分析工具组件。分析工具组件是向用户提供一些简单常用的分析统计工具，主要用于模型仿真前后及运行中对结果数据的统计规律分析及优化。主要有 Sankey Diagram 组件、GAWizard 组件等，可满足大多数仿真数据处理要求。

4.2.2.2　仿真模型

A　建模思路

不同于一般的离散制造业，炼钢-连铸过程具有间歇/准连续运行的特点，属于混合型生产流程，并以连铸机为中心组织生产，即生产过程中要确保连铸机的多炉连浇。对于生产调度问题的研究，一般思路是先为生产计划内的各浇次计划指定连铸机，而后按照逆流程顺序，依次为浇次内的炉次计划指派精炼炉和转炉。为保证仿真模型中的连铸机连浇，通过对炼钢-连铸流程的倒转，来实现连铸机连浇约束下的物质流运行仿真。流程逆转的方法如式（4-4）和式（4-5）所示。

$$t_i^* = 2t_n - t_i \tag{4-4}$$

$$t_{ij}^* = t_i^* + (\Phi_i - j)t \tag{4-5}$$

式中，t_i^* 为流程逆转后浇次的开浇时间；$t_i(i=1, 2, \cdots, n)$ 为各浇次计划（实际）停浇时间；t_{ij}^* 为逆转后浇次 i 内炉次 j 的开浇时间；t 为单个炉次的浇铸周期；Φ_i 为浇次 i 中的连浇炉次总数。

B 仿真模型构建

炼钢-连铸过程多工序运行仿真模型的构建主要包括以下 2 个步骤[6]：

（1）根据炼钢-连铸区段的车间布局，运用 Plant Simulation 中的物流、资源类控件进行仿真模型物理架构的设计，并根据各控件所指代对象的含义与功能，进行相关参数的设置。

（2）依据炼钢-连铸区段的多工序运行特点，运用 Plant Simulation 内置的 SimTalk 语言设计流程中各类对象的运行程序，实现多工序运行的仿真。

图 4-13 为某中大型转炉炼钢厂炼钢-连铸区段的车间布局图，应用 Plant Simulation 构建其仿真模型，其仿真模型的物理架构如图 4-14 所示。架构中主要装置/设备对象的含义与功能见表 4-6。因仿真模型中钢水的工艺路线与实际情况

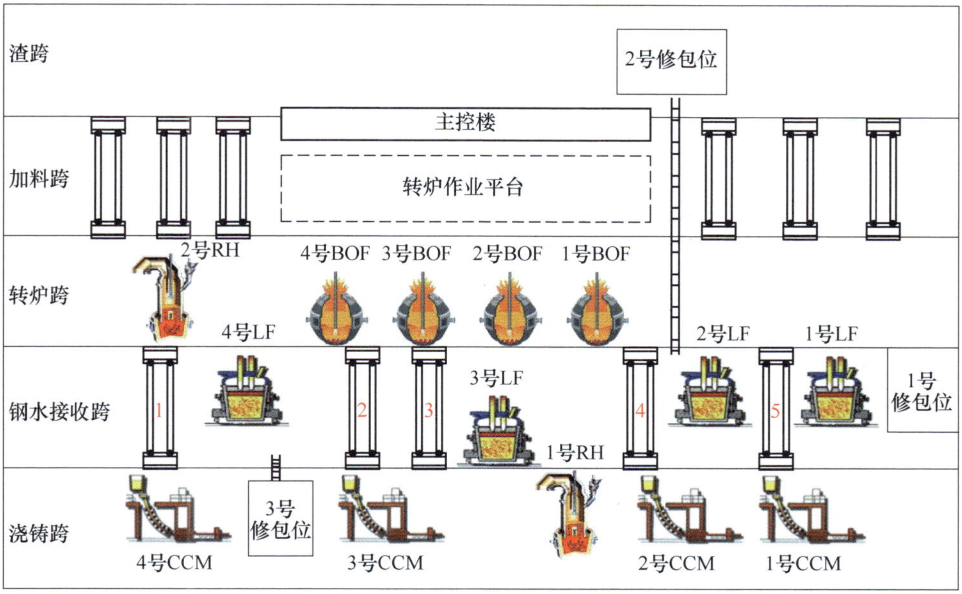

图 4-13 某炼钢厂车间布局图

相反，因此，仿真模型中各类装置/设备对象所表示的功能并非实际意义上的工序功能。

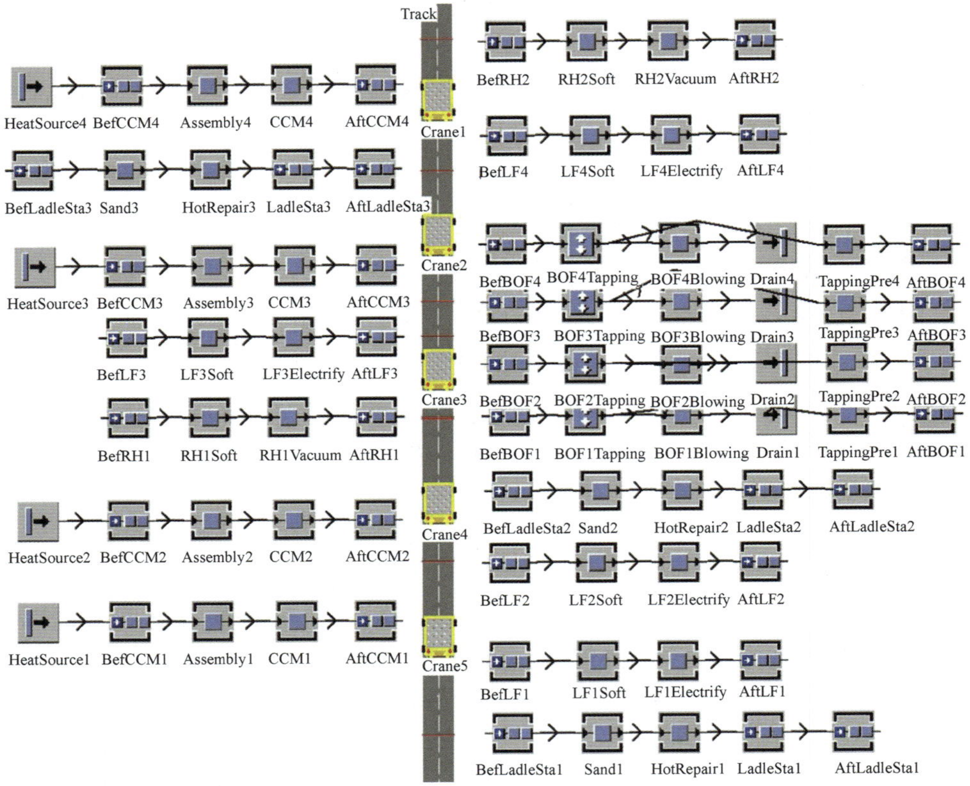

图 4-14　仿真模型的物理架构

表 4-6　模型中主要装置/设备对象的含义与功能

对象名称	含义与功能
CCM(x)	连铸机浇铸工位
BefCCM(x)+Assembly(x)	发出配包指令,实现钢水与钢包的组合
AftCCM(x)	钢水浇铸后钢包等待吊运的工位
LF(x)Electrify/LF(x)Soft	LF 通电加热工位和软吹工位
BefLF(x)/AftLF(x)	LF 精炼前/后钢包的等待工位
RH(x)Vacuum/RH(x)Soft	RH 真空精炼工位和软吹工位
BefRH(x)/AftRH(x)	RH 精炼前/后钢包的等待工位
BOF(x)Tapping	转炉出钢工位,实现钢水与钢包的分离
BOF(x)Blowing	转炉吹炼工位
BefBOF(x)/AftBOF(x)	转炉冶炼前/后钢包的等待工位

续表 4-6

对象名称	含义与功能
TappingPre(x)	转炉出钢后,发出钢包吊运指令
HotRepair(x)	钢包热修工位
Sand(x)	钢包注砂工位
BefLadleSta(x)	钢包注砂前的等待工位
LadleSta(x)	钢包的存储工位
AftLadleSta(x)	钢包上线前等待吊运的工位
HeatSource(x)	存储和发出仿真计划
Crane(x)	表示天车
Track	表示天车运行的轨道

建立仿真模型物理架构后，下一步将根据各类对象的功能来编写运行程序，主要包括炉次配包、天车运行程序的设计以及炉次工序作业时间、等待时间的记录。其中，相邻天车运行冲突的消解是仿真模型能否有效模拟实际生产的关键。以“Crane 1”和“Crane 2”为例来说明相邻天车作业冲突的消解策略，如图 4-15 所示。仿真过程中，被动运行的天车（即处于空闲状态的天车）到达指定位置后停止运行，当主动运行的天车（即承担运输任务的天车）完成卸包后，则根据下一运输任务的执行路径，重新对两部天车运行的优先级进行决策。参照上述天车作业冲突的消解策略，可实现对同一作业跨内多部天车运行的控制。

C 仿真模型假设

（1）仿真所用的各计划浇次开浇（停浇）时间、连浇炉数、连铸机和钢种等信息均提前已知。

（2）钢水浇铸过程遵循恒拉速原则，仿真模型中连铸机浇铸周期根据连铸坯断面规格来确定。

（3）空钢包运行阶段内各项工艺严格按照规程操作，作业周期设为标准恒定值。

（4）钢包台车主要作为钢包缓冲工位来使用，忽略其短程运输对多工序运行的影响。

（5）仿真模型暂不考虑钢包大修下线的情况。

D 仿真模型应用

针对复杂的炼钢-连铸生产过程，确定合理的“转炉-精炼炉-连铸机”衔接对应模式，对于生产运行组织和天车调度具有重要的意义。本节应用仿真模型对图 4-13 所示炼钢厂最具代表性的“四炉对三机”生产运行模式，即 1~4 号 BOF-1/2/4 号、LF-1/2/4 号 CCM 进行分析，结合实际生产情况，提出如下两种转炉

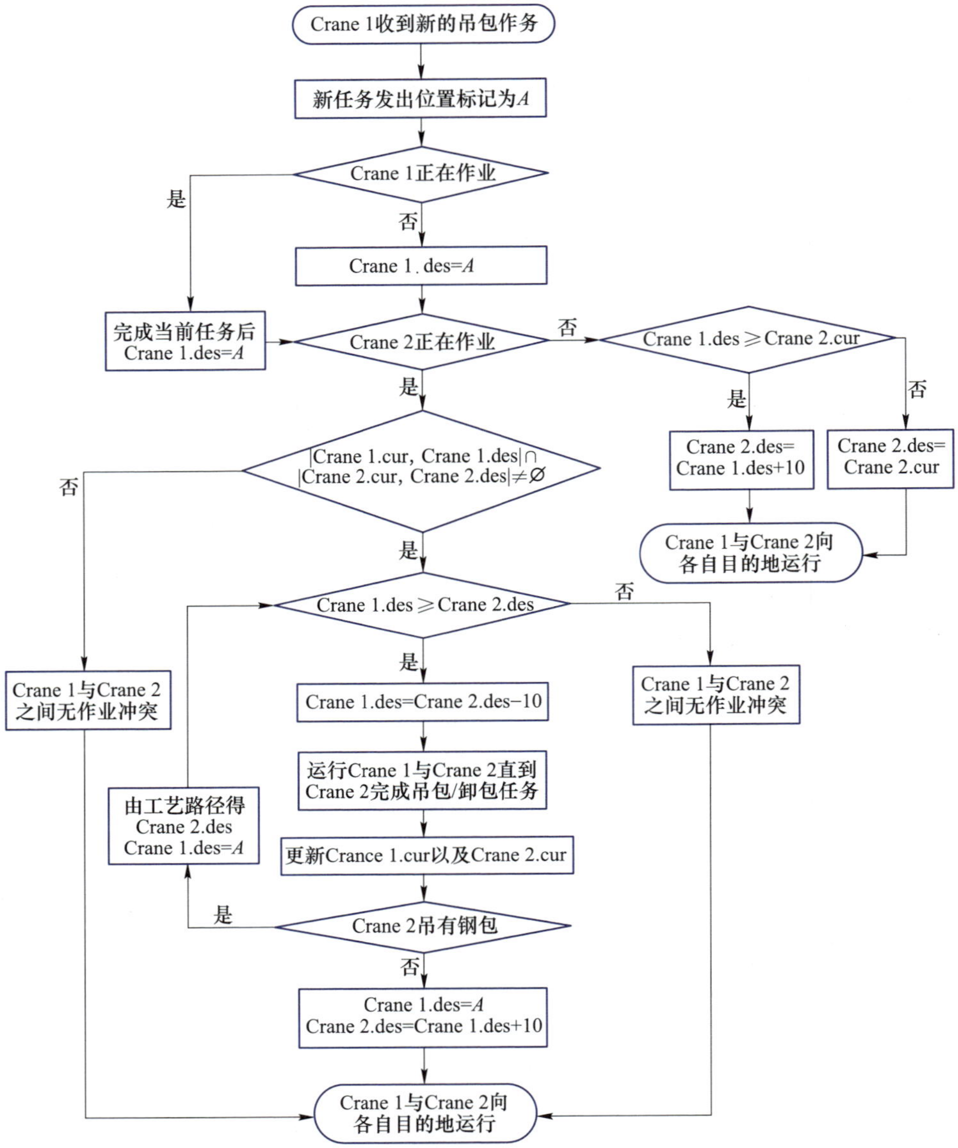

图 4-15　相邻天车作业冲突的消解策略[6]

与精炼炉的衔接对应模式，如图 4-16 所示。两种对应模式下，1 号 BOF 与 1 号 LF 均具有良好的一一对应关系，用于异形坯的专线化生产。图 4-16（a）中，2 号、3 号、4 号转炉依次为 2 号、4 号 LF 供应钢水，每座转炉为每座 LF 精炼炉供应钢水的比例均为 50%，而图 4-16（b）中，2 号、4 号转炉冶炼的钢水分别供应 2 号、4 号 LF，且供应钢水比例均为 100%，3 号 BOF 依次为两座 LF 供应钢水，供应钢水比例均为 50%。根据图 4-16 所示转炉与精炼炉的衔接对应模式，编写排产程序，得到生产计划中每个炉次的工艺路径，并作为仿真模型的输入项。通过仿真实验可得到在天车和钢包约束下的仿真排产方案。本节通过统计分析生产计划总运行时间，计划内钢包周转数量以及工序之间钢包传搁时间，对转炉-精炼炉两种衔接对应模式进行评价。其中，图 4-16（a）所示的衔接对应模式定义为模式 1，图 4-16（b）所示的衔接对应模式定义为模式 2。

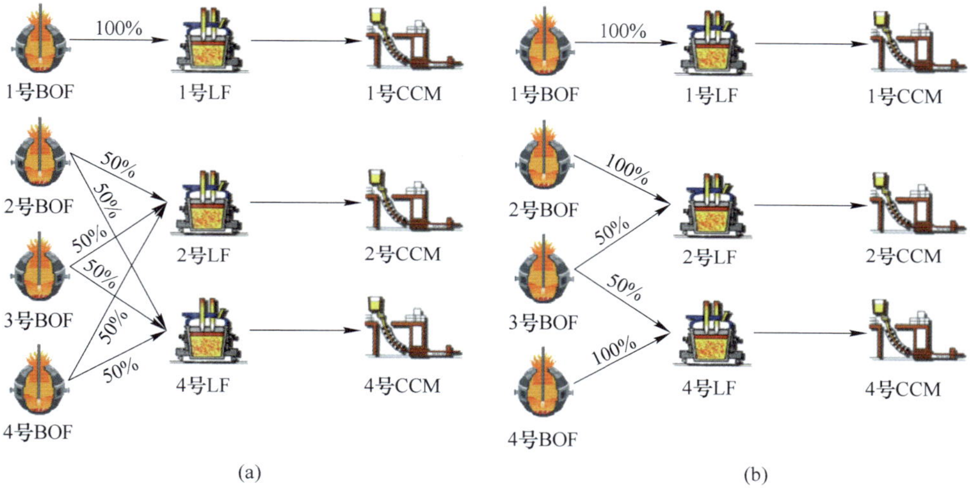

图 4-16　转炉与精炼炉衔接对应的两种模式

（a）模式 1；（b）模式 2

表 4-7 为两种衔接对应模式下的仿真结果。由表 4-7 可知，模式 2 所得排产结果除 BOF-LF 工序之间钢包平均传搁时间长于模式 1 外，其余结果均优于模式 1，且也优于实际调度结果。此外，还对工序间钢包传搁时间做了进一步分析，如图 4-17 所示。由图 4-17（a）可知，模式 1 下，除个别炉次在 BOF-LF 工序间的钢包传搁时间较长外，其余炉次的钢包传搁时间主要分布在 0～15 min 范围内。对于模式 2 所得结果，仅一个炉次的钢包传搁时间大于等于 30 min，优于模式 1，而在 0～10 min 传搁时间范围内，分布的炉次数少于模式 1 的结果。而对于炉次在 LF-CCM 工序间的钢包传搁时间，如图 4-17（b）所示，模式 2 条件下炉次数的分布情况显著优于模式 1，钢包传搁时间均不超过 25 min。通过现场调研可知，炉次在 BOF-LF 工序间的钢包传搁时间上限一般为 35 min，炉次在 LF-CCM 工序间的钢包传搁时间上限一般为 25 min。对于两种衔接模式，炉次 BOF-LF 工序间的钢包传搁时间均满足实际生产要求，而模式 1 下存在 LF-CCM 工序间传搁时间大于 25 min 的炉次，不利于钢水稳定浇铸。综上所述，模式 2 下转炉与精炼炉的衔接对应模式相对较优，可满足实际生产运行要求。

表 4-7 两种衔接对应模式下的仿真结果

对比项	总运行时间/min	钢包周转数量			工序间平均传搁时间/min	
		1 号 CCM	2 号 CCM	4 号 CCM	BOF-LF	LF-CCM
模式 1	1257	5	7	7	9. 1	17. 5
模式 2	1254	5	7	6	10. 9	15. 9

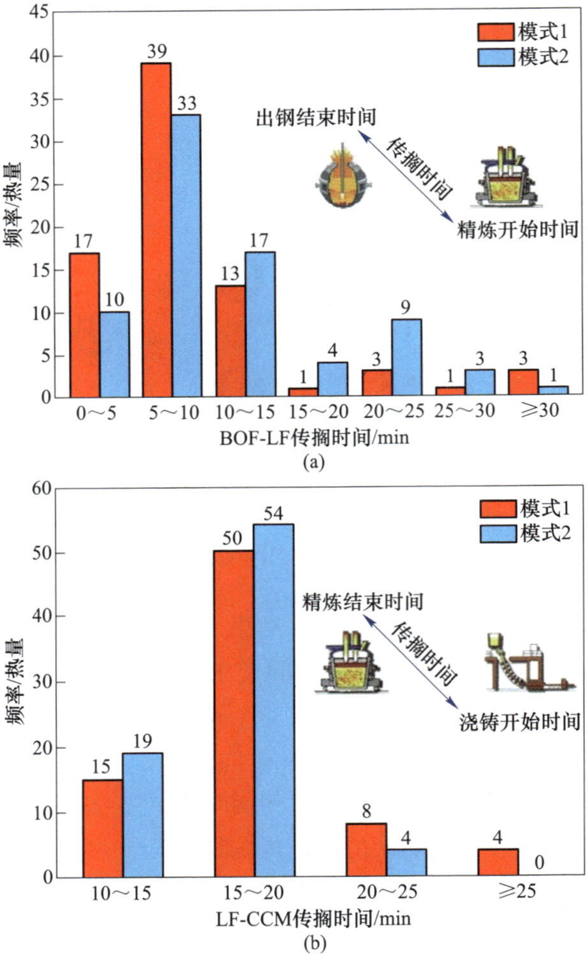

图 4-17 两种衔接对应模式下炉次在不同工序间钢包传搁时间的仿真结果

4. 2. 3 生产模式优化

生产模式在炼钢厂系统运行过程中具有举足轻重的地位。车间布局、生产模式、生产组织与工序制造四者之间的逻辑关系如图 4-18 所示[7]。图 4-18（a）表示在现存系统中，其逻辑关系是：工序制造→生产组织→生产模式→车间布局（微小调整），"⇧"表示"递阶影响"的含义。即对于现存系统，随着工序制造水平的提高，会产生由生产组织、生产模式到车间布局逐层进行调整优化的要求，并"逐步"使之成为现实。图 4-18（b）表示在优化或新建系统中，其逻辑关系为：车间布局→生产模式→生产组织→工序制造，图中"⇩"表示"指导/决定"的含义。即对于新建系统，或者是优化后的系统，车间布局合理/趋向合理，生产模式优化/逐步优化，生产组织简洁/简化，工序制造高效/高效化。而且在系统演进的过程中，现存系统和优化系统之间逐渐形成一种"良性循环"，可相互转化。现存系统经过内部层层"递阶影响"后成为在一定程度上的"优化系统"，该系统遵循图 4-18（b）的逻辑关系。在实施内部层层"指导"的过程中，它又成为"现存系统"，遵循图 4-18（a）的逻辑关系，如此往复，系统不断得以循环优化，并向最优化靠近。

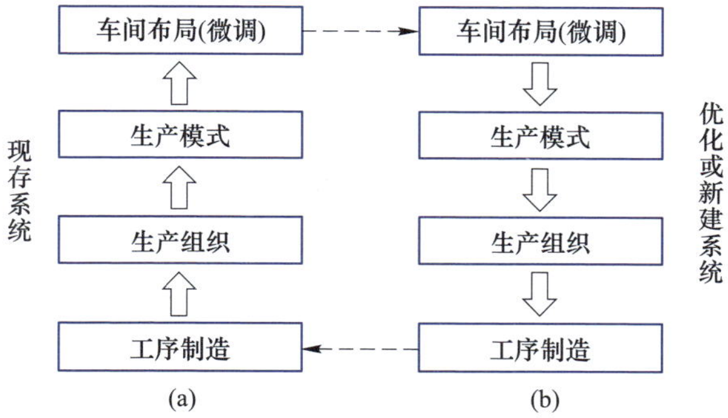

图 4-18 生产模式在炼钢厂系统运行过程中的地位及其逻辑关系[7]

综上所述，炼钢厂流程生产模式的优化具有以下三方面效应[7]：（1）车间平面布置趋向合理、简洁；（2）工序缓冲趋向合理、有效；（3）工序运行趋向高效、优化。下面将以某炼钢厂为例，介绍生产模式优化的一般方法。

4.2.3.1 不同钢种工艺路径的确定

为了实现炼钢厂多工序协同运行，达到炼钢-连铸过程的层流或准层流生产模式，需对不同钢种的主要生产作业路线和辅助生产作业路线进行分析，明确各工序/装置之间的衔接对应关系，对于工序生产任务分配、装置/设备选择具有指导作用。工艺路径的确定主要依据钢种在不同生产作业路线上工序温度的变化，遵循"能耗最小"原则优先选择过程能耗最小的作业路线，以保证"炉"与"机"之间明确的对应关系。图 4-19 为该厂工艺路径优化前的实际生产作业路线图，由该图可知，工艺路径优化前，各工序/装置间没有明确的对应关系，生产过程中炉机"交叉"作业频繁，给生产调度带来了较大的困难。

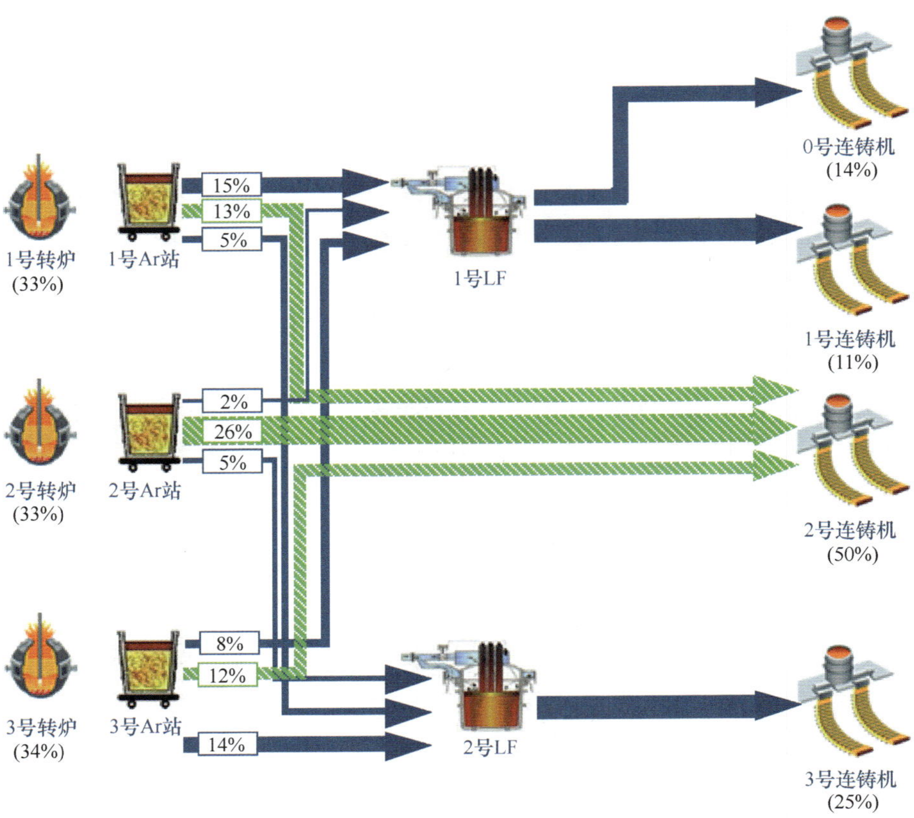

图 4-19　某炼钢厂工艺路径优化前的实际生产作业路线图

以该厂生产 HRB335 钢为例，解析普碳钢生产过程温度变化，普碳钢生产工艺流程较为单一，表现为转炉（BOF)→氩站（Ar)→连铸机（CCM)。通过对实际生产数据的解析，得到不同作业路线生产 HRB335 的温度变化规律，如表 4-8 所示。

表 4-8　HRB335 钢不同生产作业路线的工序温度变化

BOF→Ar→CCM 路线	转炉出钢温度/℃	氩站离站温度/℃	连铸上平台温度/℃		温降/℃
	2 号	2 号	2 号	3 号	
2→2→2	1672	1627	1623	—	49
2→2→3	1679	1629	—	1613	66

注：表中“2→2→2”表示钢水生产作业路线为 2 号转炉→2 号氩站→2 号连铸机，其他类同。

以该厂 60Si2Mnb 钢的生产为例，工艺流程为转炉→LF 精炼炉→连铸机。通过对实际生产数据的解析，得到不同作业路线生产 60Si2Mnb 的温度变化情况，如表 4-9 所示。

表 4-9　60Si2Mnb 钢不同生产作业路线的工序温度变化

BOF→LF→CCM 路线	转炉出钢温度/℃	氩站离站温度/℃	LF 精炼离站温度/℃		连铸上平台温度/℃		温降/℃
	1号	1号	1号	2号	1号	3号	
1→1→1	1619	1563	1533	—	1527	—	92
1→1→3	1639	1583	1553	—	—	1543	96
1→2→1	1628	1572	—	1536	1527	—	101
1→2→3	1642	1586	—	1550	—	1543	99

注：表中“1→1→1”表示生产作业路线为 1 号转炉→1 号 LF 精炼炉→1 号连铸机，其他类同。

表 4-9 中列出了 1 号转炉生产 60Si2Mnb 的部分作业路线，不同作业路线下 1 号转炉的目标出钢温度最大相差 23 ℃；转炉-连铸钢水温降相差最大为 101 ℃。其中，作业路线“1→1→1”的温度损失最小，即在安排生产 60Si2Mnb 作业路线时，优先选择 1 号转炉生产的品种钢经由 1 号 LF 供应钢水给 1 号连铸机浇注。

将此思路应用于转炉、氩站、精炼、连铸工序其他设备上的生产数据分析后，得到如下作业路线：

（1）主要作业路线：

1）品种钢——“BOF1→LF1→CCM0”“BOF1→LF1→CCM1”“BOF3→LF2→CCM3”。

2）普碳钢——“BOF2→Ar2→CCM2”“BOF3→Ar3→CCM3”。

（2）辅助作业路线：

1）品种钢——“BOF3→LF1→CCM0”“BOF3→LF2→CCM1”。

2）普碳钢——“BOF3→Ar3→CCM2”“BOF1→Ar1→CCM2”。

4.2.3.2　产品结构的解析与决策

前面通过对炼钢-连铸过程温降的分析，确定了品种钢和普碳钢的合理作业路线选择。实际生产时的作业模式还与具体的产品结构有关。生产产品结构可分为工序产品结构和设备产品结构，两者间的关系如式（4-6）所示。

$$\eta^{\mathrm{pro}} = \frac{P_{\mathrm{s}}^{\mathrm{pro}}}{P^{\mathrm{pro}}} = \frac{\sum_{i}^{n} \frac{\eta^{i} w^{i}}{\eta^{i}\tau_{\mathrm{s}}^{i} + (1-\eta^{i})\tau_{\mathrm{c}}^{i}}}{\sum_{i}^{n} \frac{w^{i}}{\eta^{i}\tau_{\mathrm{s}}^{i} + (1-\eta^{i})\tau_{\mathrm{c}}^{i}}} \tag{4-6}$$

式中，η^{pro}为工序品种钢比例；$P_{\mathrm{s}}^{\mathrm{pro}}$ 为工序品种钢产能；η^{i} 为设备 i 的品种钢比例；w^{i} 为设备 i 的公称容量；τ_{s}^{i} 为品种钢在设备 i 上的生产周期；τ_{c}^{i} 为普碳钢在设备 i 上的生产周期。

在实际生产操作过程中，每个设备生产的钢种或完成的生产任务越专一，越有利于生产的稳定操作以及设备的快捷维护，所以，本节提出单个设备“产能优先满足”的原则，即在生产模式分析的基础上，确定某钢种在生产过程中的主要生产作业路线和辅助生产作业路线，将生产任务优先安排在主要生产作业路线的设备进行生产，当选定设备品种钢产量超过该设备的最大品种钢产能时，由辅助生产作业路线的设备承担剩余品种钢生产任务。基于此原则，根据式（4-6）可以确定转炉工序与连铸工序产品结构与设备产品结构的关系，分别见表 4-10 与表 4-11（根据炼钢厂实际生产状况，2 号转炉主要生产普碳钢，故设定转炉品种钢生产优先顺序为 1 号炉→3 号炉→2 号炉，连铸品种钢生产优先顺序为 0 号机→1 号机→3 号机→2 号机）。

表 4-10　转炉工序产品结构与设备产品结构的关系

方案	设备产品结构（品种钢比例）				工序产品结构（品种钢比例）计算公式	转炉工序品种钢比例（η^{pro}）
	1 号	3 号	2 号	范围		$\tau_c=31$ min $\tau_s=37$ min
1	η^{BOF1}	0	0	$0\leqslant\eta^{BOF1}\leqslant1$	$\dfrac{\tau_c\times\eta^{BOF1}}{(2\tau_s-2\tau_c)\times\eta^{BOF1}+3\tau_c}$	0~29.5%
2	100	η^{BOF3}	0	$0\leqslant\eta^{BOF3}\leqslant1$	$\dfrac{(2\tau_c\tau_s-\tau_c^2)\times\eta^{BOF3}+\tau_c^2}{(\tau_s^2-\tau_c^2)\times\eta^{BOF3}+\tau_c^2+2\tau_c\tau_s}$	29.5%~62.6%
3	100	100	η^{BOF2}	$0\leqslant\eta^{BOF2}\leqslant1$	$\dfrac{(3\tau_s-2\tau_c)\times\eta^{BOF2}+2\tau_c}{(2\tau_s-2\tau_c)\times\eta^{BOF2}+2\tau_c+\tau_s}$	62.6%~100%

表 4-11　连铸工序产品结构与设备产品结构的关系

方案	设备产品结构（品种钢比例）					工序产品结构（品种钢比例）计算公式	连铸工序品种钢比例（η^{pro}）
	0 号	1 号	3 号	2 号	范围		$\tau_c=26$ min $\tau_s=50$ min
1	η^{CCM0}	0	0	0	$0\leqslant\eta^{CCM0}\leqslant1$	$\dfrac{\tau_c\times\eta^{CCM0}}{(3\tau_s-3\tau_c)\times\eta^{CCM0}+4\tau_c}$	0~14.8%
2	100	η^{CCM1}	0	0	$0\leqslant\eta^{CCM1}\leqslant1$	$\dfrac{(2\tau_c\tau_s-\tau_c^2)\times\eta^{CCM1}+\tau_c^2}{(2\tau_s^2-\tau_c^2-\tau_c\tau_s)\times\eta^{CCM1}+\tau_c^2+3\tau_c\tau_s}$	14.8%~34.2%
3	100	100	η^{CCM3}	0	$0\leqslant\eta^{CCM3}\leqslant1$	$\dfrac{\tau_s(3\tau_s-2\tau_c)\times\eta^{CCM2}+2\tau_c^2}{(\tau_c\tau_s+\tau_s^2+2\tau_c^2)\times\eta^{CCM2}+2\tau_c^2+2\tau_c\tau_s}$	34.2%~60.9%
4	100	100	100	η^{CCM2}	$0\leqslant\eta^{CCM2}\leqslant1$	$\dfrac{(4\tau_s-3\tau_c)\times\eta^{CCM3}+3\tau_c}{(3\tau_s-3\tau_c)\times\eta^{CCM3}+3\tau_c+\tau_s}$	60.9%~100%

表 4-10 与表 4-11 对于钢厂产品结构优化以及生产模式优化均具有重要作用，当工序产品结构确定时，可通过表 4-10 与表 4-11 确定优化的生产模式运行方案。以 2016 年某月该厂 56.0%品种钢生产比例为例，查表 4-10 与表 4-11 可知，转炉工序应选取方案 2，由方案 2 对应的公式反推得 3 号转炉的品种钢比例 η^{BOF3} = 78.1%。连铸工序应取方案 3，由方案 3 对应的公式反推得 3 号连铸机的品种钢比例 η^{CCM3} = 91.7%，相应的炉-机衔接/对应方案即可得出，如图 4-20 所示。图 4-20 中绿色线段表示常规钢作业路线，蓝色线段表示品种钢作业路线，图中设备下方的数字表示该设备当月产量与炼钢厂当月总产量的比值，箭头线段上的数值（或者箭头线段的宽窄程度）表示该作业路线的当月产量与炼钢厂当月总产量的比值。

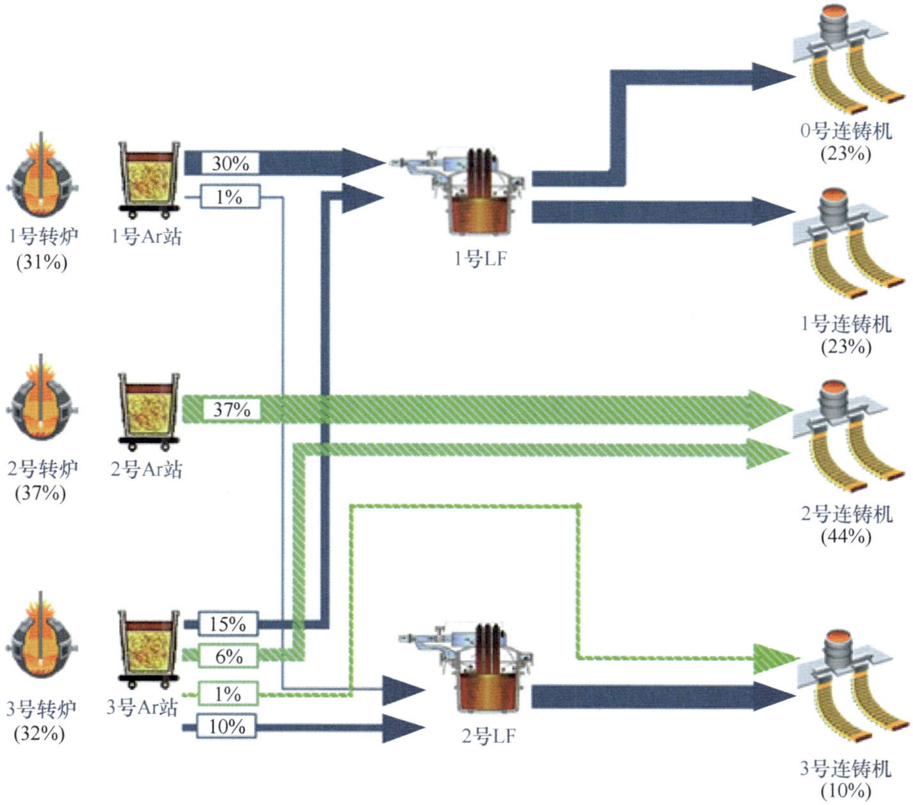

图 4-20　某炼钢厂三炉-四机生产模式优化方案（56%品种钢生产比例）

通过分析优化后，炉-机匹配模式中转炉工序当量周期与 3 号转炉冶炼弹簧钢比例 η^{BOF3}之间的关系（如图 4-21 所示），进一步分析该模式的缓冲能力。

图 4-21 中，连铸工序浇注品种钢当量周期 24.5 min 和浇注普碳钢当量周期 27.2 min 的临界点是依据图 4-20 所示的改进后炉-机匹配方案中各连铸机产品结

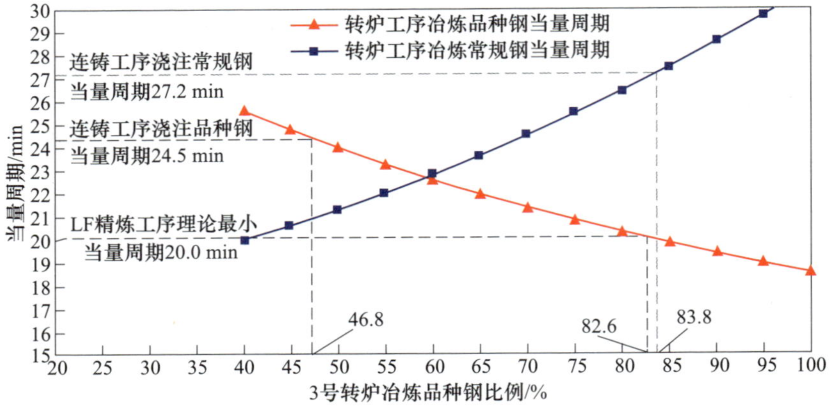

图 4-21　转炉工序当量周期与 3 号转炉产品结构的关系

构计算而得。随着 3 号转炉弹簧钢生产比例 η^{BOF3} 增大，炼钢厂转炉冶炼弹簧钢当量周期逐渐减小，同时，转炉冶炼常规钢当量周期逐渐增加。根据约束条件可对 3 号转炉弹簧钢生产比例 η^{BOF3} 范围进行确定，具体过程如下（以 τ_s^{bof}、τ_c^{bof} 分别表示转炉工序冶炼弹簧钢、常规钢当量周期）。

约束条件 1：若 $\tau_s^{bof} \leqslant 24.5$ min，则 3 号转炉弹簧钢生产比例 $\eta^{BOF3} \geqslant 46.8\%$；

约束条件 2：若 $\tau_c^{bof} \leqslant 27.2$ min，则 3 号转炉弹簧钢生产比例 $\eta^{BOF3} \leqslant 83.8\%$；

约束条件 3：若 $\tau_c^{bof} \geqslant 20.0$ min，则 3 号转炉弹簧钢生产比例 $\eta^{BOF3} \leqslant 82.6\%$；

约束条件 4：根据约束条件 3，当 3 号转炉弹簧钢生产比例 $\eta^{BOF3} \leqslant 82.6\%$时，由于转炉工序生产的弹簧钢全部经过 LF 精炼工序，此时，LF 精炼工序当量周期=转炉工序弹簧钢当量周期，即该约束条件等同于条件 2，约束结果为 3 号转炉弹簧钢生产比例 $\eta^{BOF3} \leqslant 83.8\%$。

综上所述，在上述 4 个约束条件综合作用下，3 号转炉生产弹簧钢比例 η^{BOF3} 在 46.8%～82.6%之间均可满足现场生产运行的炉、机节奏匹配。图 4-20 所示的改进后匹配方案中，3 号转炉弹簧钢生产比例 η^{BOF3} 为 78.1%，在 46.8%～82.6%范围之内。该优化匹配方案可通过调整 3 号炉弹簧钢生产比例 η^{BOF3} 来保证“炉”与“机”的节奏匹配，使生产顺行。说明该方案生产节奏缓冲能力充足，可作为一种优化方案。下面将通过对该方案进行炉-机匹配度评价，进一步讨论该方案相比于该炼钢厂现行匹配模式的优化程度。

优化后的炉-机衔接对应模式图（图 4-20）与该钢厂 2012 年某月份实际炉-机衔接对应模式图（图 4-19）相比，可以明显地看出“炉”与“机”之间的对应关系变得简洁清晰了。对优化前/后的炉机衔接对应模式分析其“炉-机匹配度”和“机-炉匹配度”[8]，结果见表 4-12 与表 4-13。

表 4-12　生产模式优化前/后的“炉-机匹配度”

炼钢炉	炉-机匹配度		匹配的连铸机
	优化前/%	优化后/%	
1 号转炉	3.2	47.6	0 号、1 号连铸机
2 号转炉	54.2	100	2 号连铸机
3 号转炉	8.8	15.7	1 号、2 号、3 号连铸机

表 4-13　生产模式优化前/后的“机-炉匹配度”

连铸机	机-炉匹配度		主要匹配的炼钢炉
	优化前/%	优化后/%	
0 号连铸机	14.4	100	1 号转炉
1 号连铸机	37.1	33.9	1 号、3 号转炉
2 号连铸机	7.6	59.4	2 号、3 号转炉
3 号连铸机	11.1	85.3	3 号转炉

由表 4-12 与表 4-13 可知，炉-机衔接对应模式经优化后，车间内转炉和连铸机的匹配度明显提高，其中 2 号转炉的钢水全部供应 2 号连铸机，“炉→机”匹配度达到 100%；0 号连铸机的钢水全部由 1 号转炉供应，“机→炉”匹配度达到 100%。由此可见，该模式中“炉”与“机”之间对应关系更加明确“专一”。从以上分析中可以归纳总结得出炼钢厂炼钢-连铸过程生产模式评价与优化技术，如图 4-22 所示。该技术方法可应用于不同类型炼钢厂炉-机衔接对应与生产模式运行优化的定量评价。

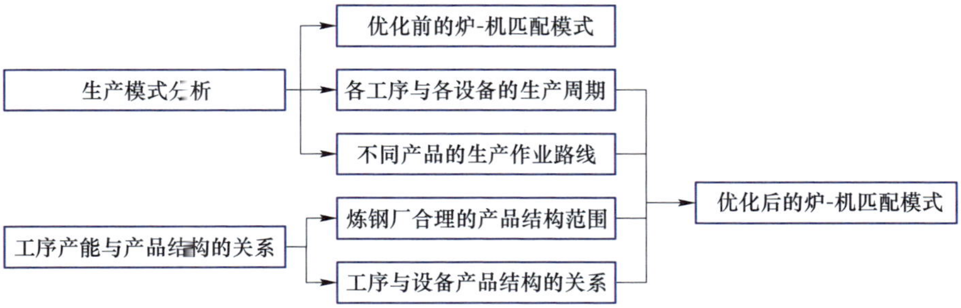

图 4-22　炼钢-连铸过程生产模式评价与优化技术框架

4.2.4　炉-机对应方案

本节以图 4-13 所示的炼钢厂为研究对象，该厂主要工序的设备/装置配置情况如表 4-14 所示。由图 4-13 可知，该厂因炼钢-连铸车间无精炼跨，钢水出钢、精炼以及其他辅助运输均在出钢跨内进行，导致出钢跨内五部天车的调度极为困难，运输作业冲突频发。此外，由表 4-14 可知，该厂四台连铸机类型各不相同，浇铸周期具有较大的变化范围。其中，炉冶钢水在 2 号连铸机和 4 号连铸机上的浇铸周期较短，难以与单座转炉形成“一炉对一机”的层流匹配关系；而钢水在 3 号连铸机上的浇铸周期过长，虽然能与单座转炉形成“一一对应”的关系，但对应转炉的生产能力无法得到充分发挥。因此，需要深入研究该厂的炉-机衔接/对应关系，以确定最佳的炉-机衔接对应模式。

表 4-14　炼钢-连铸车间主要工序的设备配置

工序/设备类型	数量/个	规格	作业周期/min
转炉（BOF）	4	4×130 t	40
钢包精炼炉（LF）	4	4×130 t	通电加热/软吹：30/12
真空精炼炉（RH）	2	2×130 t	真空处理/软吹：30/12
异形坯连铸机（CCM）	1	$(550/750)\times(370/440)\times90\ mm^3$	CCM1：40/45/47
中板带连铸机（CCM）	2	$175\times(980\sim1360)\ mm^3$	CCM2：28/30/33/38/39 CCM3：56/60
宽厚板连铸机（CCM）	1	$(200/250/300)\times(1500\sim2500)\ mm^3$	CCM4：27/28/30/32/36/43

通过对各工序/设备生产能力的核算，该厂四座转炉的生产能力小于四台连铸机的生产能力，经调研得出该厂“四炉对三机”生产模式的产量占到总产量的 80%以上，故本节针对该模式研究炉-机衔接对应衔接方案的优化问题。基于此，本节将对不同连铸机停机情况下的“四炉对三机”生产运行模式进行研究。

4.2.4.1　1 号连铸机停机

当 1 号连铸机停机时，1~4 号转炉为 2~4 号连铸机供应钢水，因 2 号、4 号连铸机部分浇次内炉次的浇铸周期小于 30 min，与 LF 精炼的通电时间相当，则 1 号连铸机停机条件下，可能存在如下四种“炉-机对应”模式。

A　$T_{CCM2}\geqslant30$ min 且 $T_{CCM4}\geqslant30$ min

若 2 号、4 号连铸机的浇铸周期均不小于 30 min，则三台连铸机均可与对应的 LF 精炼炉实现“一一对应”的层流匹配关系，具体的“炉-机对应”模式见图 4-23。若 4 号连铸机浇铸品种钢，则 1 号、2 号 RH 真空精炼炉交替为其供应钢水。

B　$T_{CCM2}<30$ min 且 $T_{CCM4}\geqslant30$ min

若 2 号连铸机的浇铸时间小于 30 min，则 2 号连铸机的浇铸节奏快于 2 号 LF 炉的精炼节奏，2 号 LF 精炼炉供应的钢水无法满足 2 号连铸机的连浇要求，需启动 1 号 LF 精炼炉，1 号、2 号 LF 精炼炉同时为 2 号连铸机供应钢水。在此情况下，“炉-机对应”模式如图 4-24 所示。

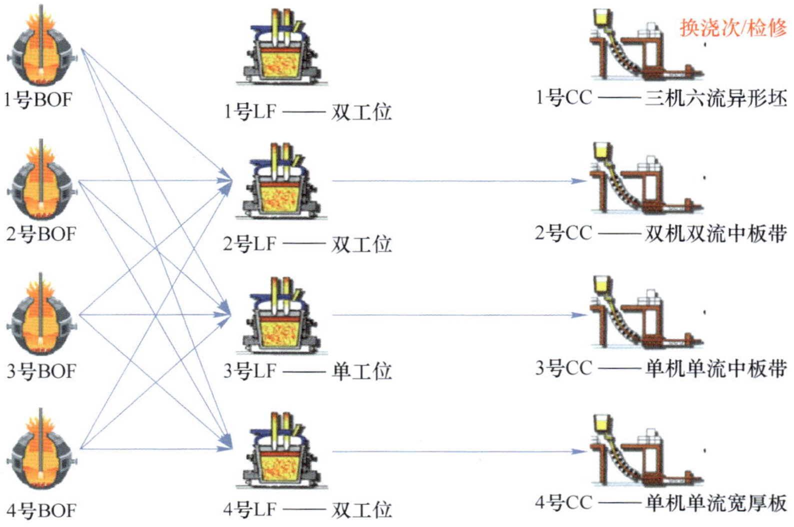

图 4-23　1 号连铸机停机下的生产模式（$T_{CCM2}\geqslant 30$ min 且 $T_{CCM4}\geqslant 30$ min）

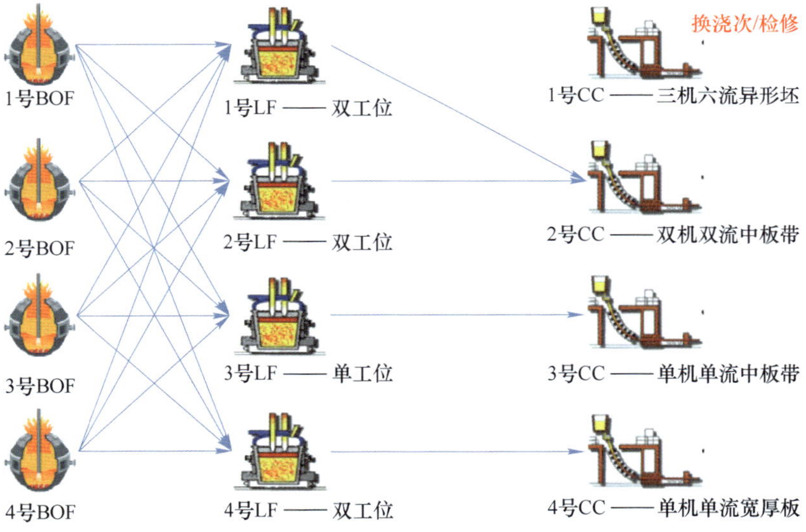

图 4-24　1 号连铸机停机下的生产模式（$T_{CCM2}<30$ min 且 $T_{CCM4}\geqslant 30$ min）

C　$T_{CCM2}\geqslant 30$ min 且 $T_{CCM4}<30$ min

同上，当 4 号连铸机的浇铸周期小于 30 min 时，同样需要两座 LF 精炼炉供应钢水，基于某炼钢厂钢水接收跨内的设备布局，以最小化天车作业冲突为目标，确定如图 4-25 所示的“炉机对应”模式。因 1 号、2 号 LF 精炼炉与 4 号连铸机之间的运输距离较长，若采用 1 号与 4 号 LF 精炼炉或 2 号与 4 号 LF 精炼炉为 4 号连铸机供应钢水的方案，则钢水由 1 号或 2 号 LF 工位运输至 4 号连铸机等待工位的过程中，天车之间的作业冲突难以避免，导致其余天车的避让与等待，不利于生产顺行。综合考虑，图 4-25 所示的生产模式方案最为合理。

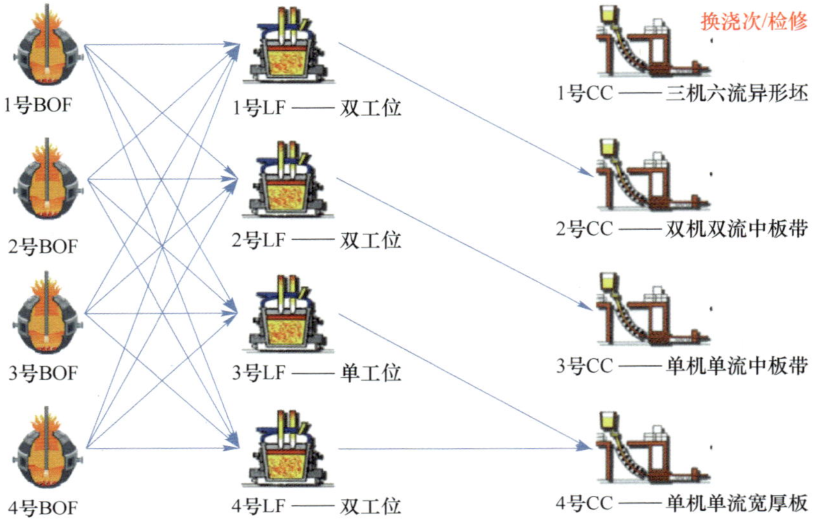

图 4-25　1 号连铸机停机下的生产模式（$T_{CCM2} \geqslant 30$ min 且 $T_{CCM4} < 30$ min）

D　$T_{CCM2} < 30$ min 且 $T_{CCM4} < 30$ min

当 2 号、4 号连铸机的浇铸周期均小于 30 min 时，则均需要两座 LF 精炼炉供应钢水，才能满足连浇要求，考虑具体的车间布局，设定 1 号、2 号 LF 精炼炉依次为 2 号连铸机供应钢水，3 号、4 号 LF 精炼炉依次为 4 号连铸机供应钢水。因 3 号连铸机浇铸周期较慢，则 2 号、3 号 LF 精炼炉可交替为其供应钢水。具体的“炉-机对应”模式如图 4-26 所示。

在 1 号连铸机停机的情况下，根据产能计算可知，1 号、2 号两座转炉的生产能力大于 2 号连铸机的生产能力，而小于 2 号、3 号两台连铸机的生产能力。若 1~3 号三座转炉为 2~3 号两台连铸机供应钢水，则 4 号转炉无法满足 4 号连铸机的连浇要求，该方案不可取。若设定一座转炉仅为 3 号连铸机供应钢水，其余三座转炉为 2 号、4 号连铸机供应钢水，根据产能计算结果表明该方案可行；然而，考虑到具体的车间布局，该种方案将会导致天车作业冲突频繁发生。综上所述，转炉工序与 LF 精炼工序之间难以建立起明确的装置/设备对应关系，实现生产的高效运行。因此，钢水在转炉工序的设备指派问题，需采用运筹学方法或启发式、群智能算法来求解。

4.2.4.2　2 号连铸机停机

当 2 号连铸机停机时，1~4 号转炉为 1 号、3 号、4 号连铸机供应钢水，因

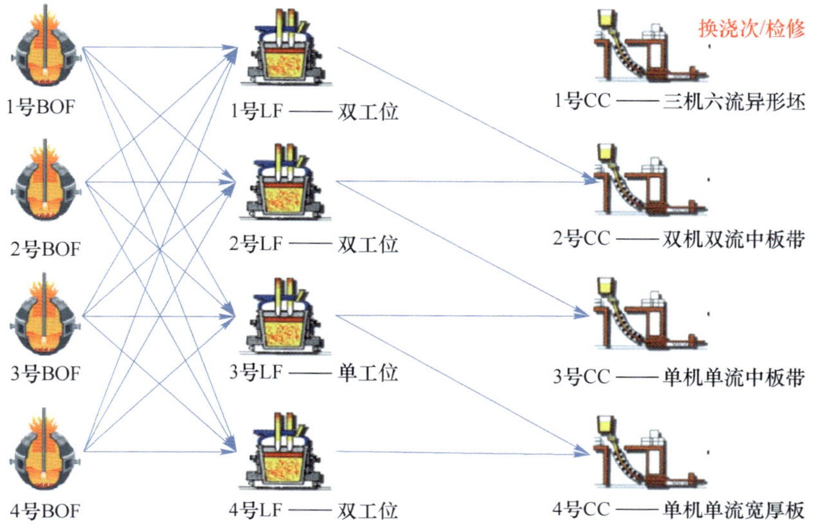

图 4-26 1 号连铸机停机下的生产模式（$T_{CCM2}<30$ min 且 $T_{CCM4}<30$ min）

1 号、3 号连铸机的浇铸周期相对较长，均大于 40 min，炼钢厂生产节奏并不紧张，排产计划的编制相对容易，故 2 号连铸机停机情况下，仅需考虑 4 号连铸机浇铸周期变化对“炉-机对应”模式的影响，则可能存在两种“炉-机对应”模式。

A $T_{CCM4}\geqslant 30$ min

若 4 号连铸机的浇铸周期不短于 30 min，则 4 号 LF 精炼炉供应的钢水能够满足其连浇要求。1 号、3 号、4 号 LF 精炼炉实现与 1 号、3 号、4 号连铸机的一一对应运行模式，炉-机对应关系明确，有利于排产计划的编制和现场天车的调度。此外，通过产能计算，2~4 号三座转炉的生产能力大于 3~4 号两台连铸机的生产能力，故 1 号转炉可仅为 1 号 LF 精炼炉（1 号连铸机）供应钢水，实现异形坯生产线炉、机的一一对应，该情况下的“炉-机对应”模式如图 4-27 所示。

B $T_{CCM4}<30$ min

当 4 号连铸机的浇铸周期短于 30 min 时，需两座 LF 精炼炉为其供应钢水，依据就近原则，考虑 3 号、4 号 LF 精炼炉为 4 号连铸机供应钢水，2 号 LF 精炼炉为 3 号连铸机供应钢水，“炉-机对应”模式如图 4-28 所示。

在 2 号连铸机停机情况下，任意两座转炉的生产能力均大于 3 号、4 号连铸机的生产能力。因此，可以适时地安排两座转炉为 3 号、4 号连铸机供应钢水，其余一座转炉进行设备维护或检修。

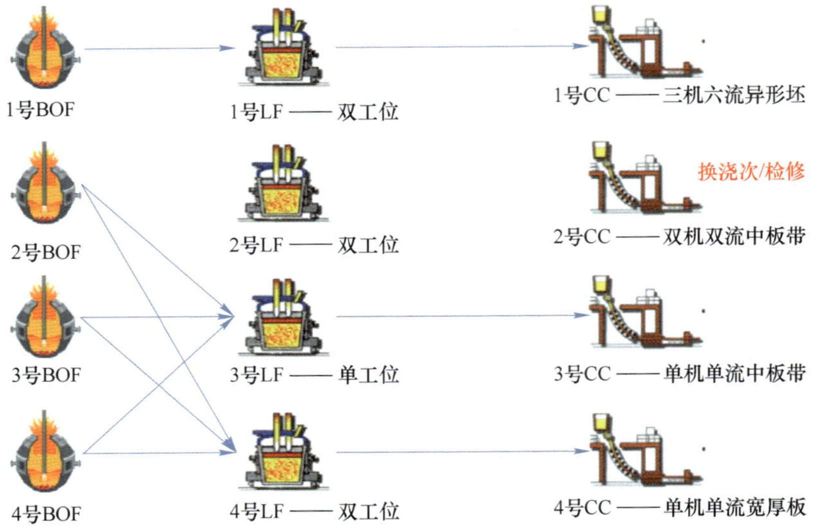

图 4-27　2 号连铸机停机下的生产模式（$T_{CCM4}\geqslant 30$ min）

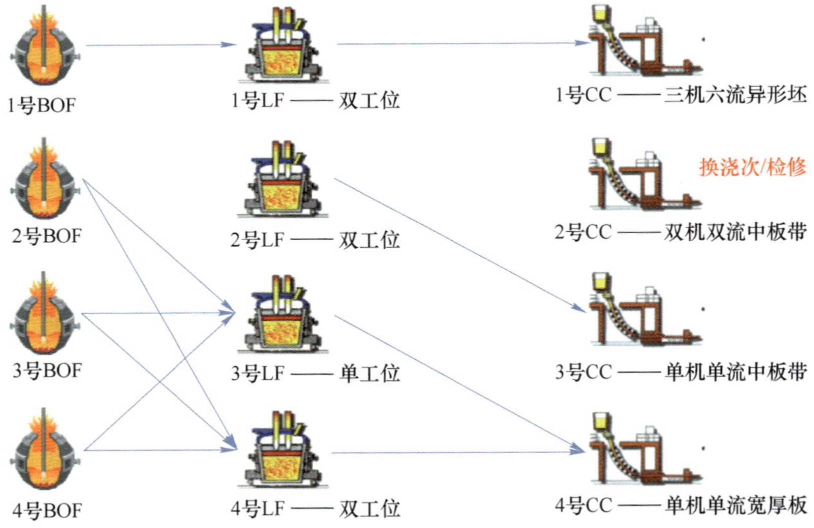

图 4-28　2 号连铸机停机下的生产模式（$T_{CCM4}<30$ min）

4.2.4.3　3 号连铸机停机

3 号连铸机停机时，炼钢厂生产节奏最快，排产计划的编制最为困难，在该工况下，“炉-机对应”模式可归纳为以下四类。

A　$T_{CCM2}\geqslant 30$ min 且 $T_{CCM4}\geqslant 30$ min

2 号、4 号连铸机的浇铸周期均不小于 LF 精炼炉的通电时间，可实现 LF 精炼炉与连铸机一一对应的层流关系，具体的“炉-机对应”模式如图 4-29 所示。因 2~4 号三座转炉的生产能力大于 2 号、4 号两台连铸机的生产能力，2~4 号三座转炉可交替为 2 号、4 号连铸机供应钢水，1 号转炉仅为 1 号连铸机供应钢水，有序化程度较高。

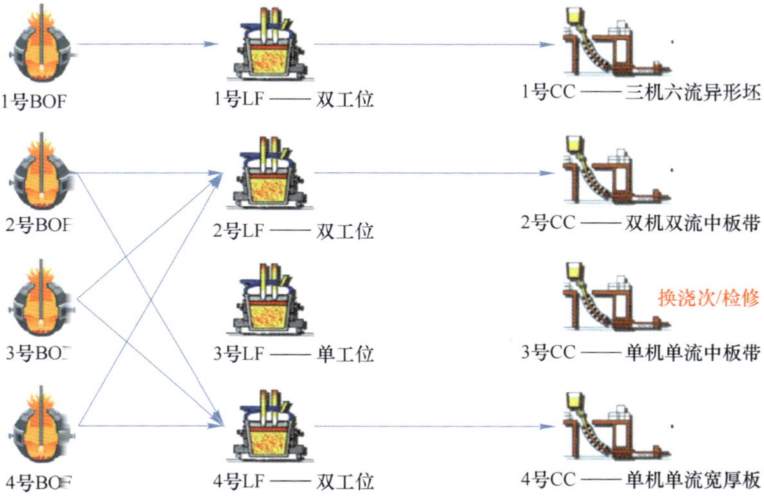

图 4-29 3 号连铸机停机下的生产模式（$T_{CCM2} \geqslant 30$ min 且 $T_{CCM4} \geqslant 30$ min）

B $T_{CCM2} < 30$ min 且 $T_{CCM4} \geqslant 30$ min

若 2 号连铸机浇铸周期短于 LF 精炼炉的通电时间，则需 2 号、3 号两座 LF 精炼炉为其供应钢水，即图 4-30 所示的“炉-机对应”模式。

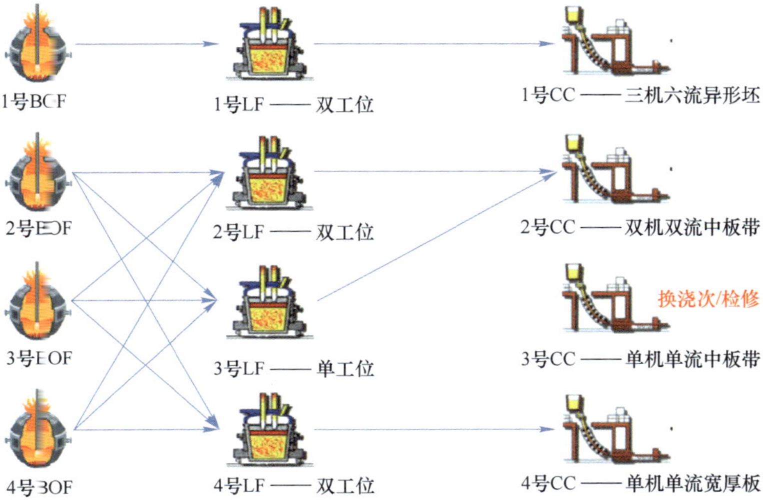

图 4-30 3 号连铸机停机下的生产模式（$T_{CCM2} < 30$ min 且 $T_{CCM4} \geqslant 30$ min）

C　$T_{CCM2} \geqslant 30$ min 且 $T_{CCM4} < 30$ min

当 4 号连铸机的浇铸周期短于 30 min 时，可参照 4.2.4.1 中炉-机对应关系的调整策略，炉-机对应关系的确定需保证天车作业冲突发生频率最小，则有如图 4-31 所示的“炉-机对应”模式。

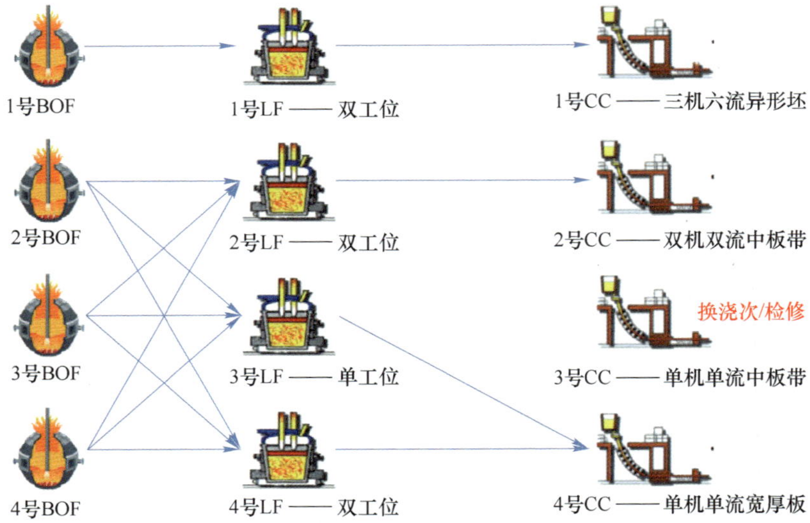

图 4-31　3 号连铸机停机下的生产模式（$T_{CCM2} \geqslant 30$ min 且 $T_{CCM4} < 30$ min）

D　$T_{CCM2} < 30$ min 且 $T_{CCM4} < 30$ min

当 2 号、4 号连铸机的浇铸周期均短于 30 min 时，炼钢厂生产节奏最为紧张，因 1 号 LF 精炼炉与 1 号连铸机的生产节奏较为接近，1 号 LF 精炼炉难以及时为其余连铸机供应钢水，则需要 3 号 LF 精炼炉交替为 2 号、4 号连铸机供应钢水，此情况下的“炉-机对应”模式如图 4-32 所示。该模式可能出现如下情况，即 2 号连铸机的钢水即将浇完，而 2 号、3 号 LF 精炼炉上的钢水还未处理完毕，4 号 LF 精炼炉上的钢水已处理完毕，此时需要将 4 号 LF 精炼炉处理完毕的钢水吊运至 2 号连铸机的工位上进行浇铸，以避免 2 号连铸机的断浇。同理，2 号 LF 精炼炉要适时地为 4 号连铸机供应钢水，如图中虚线所示路径。

4.2.4.4　4 号连铸机停机

同 4.2.4.2 节内容，4 号连铸机停机时，仅需考虑 2 号连铸机浇铸周期的变化对“炉-机对应”模式的影响。

A　$T_{CCM2} \geqslant 30$ min

当 2 号连铸机的浇铸周期不小于 30 min 时，可实现 LF 精炼炉与连铸机的一一对应层流运行；此外，1 号转炉仅为 1 号连铸机供应钢水，其余三座转炉为 2 号、3 号连铸机供应钢水。因任意两座转炉的生产能力大于 2 号、3 号连铸机的

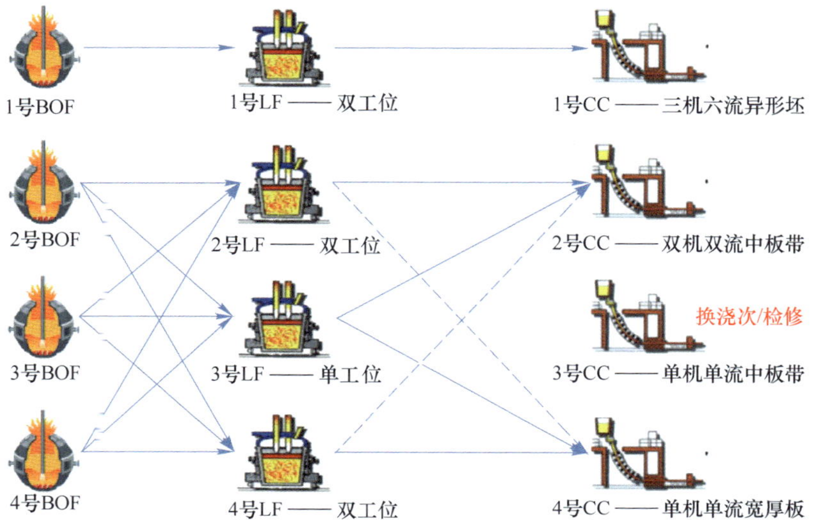

图 4-32　3 号连铸机停机下的生产模式（T_{CCM2}<30 min 且 T_{CCM4}<30 min）

生产能力，可以适时地对 2～4 号转炉中的一座设备进行维护或检修，其余两座转炉为两台连铸机供应钢水，以提高生产效率。生产模式见图 4-33。

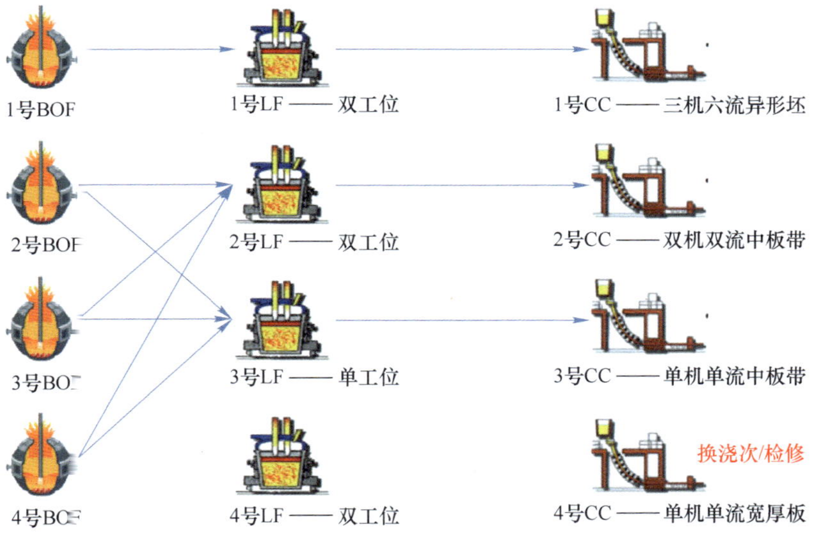

图 4-33　4 号连铸机停机下的生产模式（T_{CCM2}≥30 min）

B　T_{CCM2}<30 min

若 2 号连铸机的浇铸周期小于 30 min，则安排 2 号、3 号 LF 精炼炉为其供应钢水，同时启动 4 号 LF 精炼炉，为 3 号连铸机供应钢水，生产模式见图 4-34。

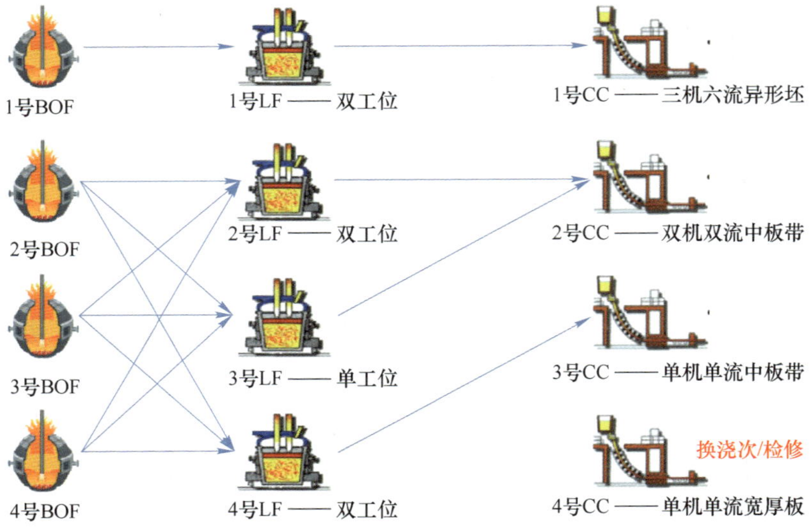

图 4-34　4 号连铸机停机下的生产模式（T_{CCM2}<30 min）

可从上述炉-机衔接/对应模式的优化结果提取归纳该厂的生产调度规则，结合数学规划、启发式以及群智能等优化算法，构建基于“规则+算法”的生产调度模型，用于解决炼钢-连铸过程的生产调度问题。该内容将在本书 5. 2 节中详细介绍。

4. 3　炼钢厂多工序协同运行水平的量化评价

4. 3. 1　层流运行水平评价模型

炼钢-连铸区段物质流层流运行的基本条件为单台连铸机浇铸周期不短于单座炼钢炉冶炼周期和单座精炼炉精炼周期[1]。但考虑到精炼炉不仅具有调控钢水成分、温度，净化钢水的功能，还能起到协调炼钢炉、连铸机之间生产运行节奏（作业周期）的作用。在单座炼钢炉冶炼周期略长于单台连铸机浇铸周期的情况下，依靠精炼炉的协调缓冲能力，仍可实现物质流的层流运行。但由于生产工艺的约束，精炼炉的协调缓冲能力不能无限大，在连铸机连浇炉数过多的情况下，则难以保证物质流的层流运行。

除精炼炉外，炼钢与连铸的工序界面之间还存在有其他生产运行节奏的缓冲工位，如炼钢炉出钢位、连铸机大包回转台等。当前，大多数炼钢厂的炼钢炉（精炼炉）座数不少于连铸机台数，且两座炼钢炉（精炼炉）的生产能力通常不小于单台连铸机的生产能力。在此情况下，不需要借助工序界面的缓冲即可实现“多对一”的稳定运行，在与其他设备互不影响的条件下也可称为层流运行。本研究对该类情况不作重点讨论，而着重分析一座炼钢炉（精炼炉）对应一台连铸机情况下的物质流运行。鉴于此，本节基于文献［5］提出的“一炉对一机”模式下炼钢炉、连铸机工序作业周期与连铸机连浇炉数之间的量化关系模型，同时考虑产品大纲或产品订单中不同钢种和断面规格下工序作业周期、连浇炉数、工序界面之间各缓冲工位的协调缓冲能力等因素，构建层流运行水平评价模型，如式（4-7）~式（4-9）所示，用于研究炼钢-连铸区段单条生产线和整个炼钢-连铸区段的层流运行水平，为后续物质流的运行优化提供基础参数。实际生产中为提高多样化订单需求下炼钢-连铸生产过程的有序性和稳定性，多数炼钢厂通常依据某些原则，如“就近供钢”“专线化”原则等，来确定若干条作业路线作为主要生产线，当主要生产线无法连续稳定作业时，便依靠其他辅助生产线进行交叉作业，以保证炼钢-连铸区段生产的顺行。因此，通过分析若干条主要生产线的运行状况，即可评估炼钢-连铸区段的层流运行水平。鉴于此，同时为便于描述该评价模型，作如下设定：炼钢-连铸区段炼钢炉、精炼炉和连铸机个数均为 M 个，将距离较近的炼钢炉、精炼炉与连铸机组成一条生产线，总共可构成 M 条主要生产线。式（4-7）~式（4-9）中的参数 m 表示主要生产线的编号。

$$\alpha_{mij}=\begin{cases}\lambda_{mij}\cdot\min\left\{1,\left[\dfrac{\sum\limits_{k=1}^{K_m}\left(\min\{T_{\mathrm{SF},mij},T_{k,mij}^{\max}\}-T_{k,mij}^{\min}\right)}{T_{\mathrm{SF},mij}-T_{\mathrm{CCM},mij}}+1\right]\cdot\dfrac{1}{N_{mij}}\right\}\\ \lambda_{mij}\\ \lambda_{mij}\cdot\min\left\{1,\left[\dfrac{\sum\limits_{k=k'+1}^{K_m}\left(\min\{T_{k',mij}^{\min},T_{k,mij}^{\max}\}-T_{k,mij}^{\min}\right)}{T_{k',mij}^{\min}-T_{\mathrm{CCM},mij}}+1\right]\cdot\dfrac{1}{N_{mij}}\right\}\\ 0\end{cases}$$

$$\mathrm{s.t.}=\begin{cases}(T_{\mathrm{SF},mij}>T_{\mathrm{CCM},mij})\wedge(\max\limits_{k\in\{1,2,\cdots,K_m\}}T_{k,mij}^{\min}\leqslant T_{\mathrm{SF},mij}),m\in\{1,2,\cdots,M\},i\in\boldsymbol{I}_m,j\in\boldsymbol{J}_m\\ (T_{\mathrm{SF},mij}\leqslant T_{\mathrm{CCM},mij})\wedge(\max\limits_{k\in\{1,2,\cdots,K_m\}}T_{k,mij}^{\min}\leqslant T_{\mathrm{CCM},mij}),m\in\{1,2,\cdots,M\},i\in\boldsymbol{I}_m,j\in\boldsymbol{J}_m\\ (\max\{T_{\mathrm{SF},mij},T_{\mathrm{CCM},mij}\}<\max\limits_{k\in\{1,2,\cdots,K_m\}}T_{k,mij}^{\min})\wedge(T_{k',mij}^{\min}=\max\limits_{k\in\{1,2,\cdots,K_m\}}T_{k,mij}^{\min})\wedge(k'+1\leqslant K_m),\\ \qquad m\in\{1,2,\cdots,M\},i\in\boldsymbol{I}_m,j\in\boldsymbol{J}_m\\ (\max\{T_{\mathrm{SF},mij},T_{\mathrm{CCM},mij}\}<\max\limits_{k\in\{1,2,\cdots,K_m\}}T_{k,mij}^{\min})\wedge(T_{k',mij}^{\min}=\max\limits_{k\in\{1,2,\cdots,K_m\}}T_{k,mij}^{\min})\wedge(k'+1>K_m),\\ \qquad m\in\{1,2,\cdots,M\},i\in\boldsymbol{I}_m,j\in\boldsymbol{J}_m\end{cases}$$

（4-7）

$$\alpha_m = \sum_{i \in \boldsymbol{I}_m} \sum_{j \in \boldsymbol{J}_m} \alpha_{mij} \quad m \in \{1, 2, \cdots, M\} \tag{4-8}$$

$$R_M = \sum_{m=1}^{M} \eta_m \cdot \alpha_m \tag{4-9}$$

式中，λ_{mij}为第 m 条生产线的产品大纲或产品订单中，钢种为 i、断面规格为 j 的连铸坯的产量比例,%；α_{mij}为第 m 条生产线生产钢种为 i、断面规格为 j 的连铸坯时，该生产线的层流运行指数，无量纲数；α_m 为第 m 条生产线的层流运行指数，无量纲数，取值范围为 0~1；R_M 为系统层流运行指数，无量纲数，用于评价整个炼钢-连铸区段的层流运行程度，取值范围为 0~1；$T_{k,\ mij}^{\max}$、$T_{k,\ mij}^{\min}$、$T_{\mathrm{SF},\ mij}$ 和 $T_{\mathrm{CCM},\ mij}$ 分别为第 m 条生产线生产钢种为 i、断面规格为 j 的连铸坯时，钢水在缓冲工位 k 的最长、最短作业（等待）时间，以及炼钢炉和连铸机的标准作业周期，min；N_{mij} 为第 m 条生产线生产钢种为 i、断面规格为 j 的连铸坯时，连铸机的最大连浇炉数，炉；η_m 为第 m 条生产线的相对作业率,%；使用该生产线上的连铸机相对作业率来近似表征，计算式为 $\overline{T_m} \cdot \mu_m \Big/ \left(\sum_{m=1}^{M} \overline{T_m} \cdot \mu_m \right)$，其中，$\mu_m$ 为第 m 台连铸机的产量与连铸工序总产量的比值,%，$\overline{T_m}$ 为第 m 台连铸机的平均浇铸周期，min；$\eta_1 + \eta_2 + \cdots + \eta_M = 1$；$K_m$ 为第 m 条生产线的缓冲工位个数；$\boldsymbol{I}_m$ 和 $\boldsymbol{J}_m$ 分别为第 m 条生产线的钢种和断面规格集合。

对于层流运行水平评价模型，若 $\alpha_{mij} = \lambda_{mij}$，则表示第 m 条生产线生产钢种为 i、断面规格为 j 的连铸坯时，可实现层流运行。α_m 和 R_M 值越大，表示第 m 条生产线和整个炼钢-连铸区段的层流运行程度越高。当 R_M 等于 1 时，表示区段内各条主要生产线均可实现炉、机之间"一一对应"模式下的层流运行；当 R_M 值小于 1 时，各条主要生产线无法同时作业，且需要其他辅助生产线交叉供应钢水来保证整个炼钢-连铸区段生产的顺行，随着 R_M 值的减小，交叉供应钢水越发频繁，物质流运行的无序性也越发显著，呈紊流运行模式。

4.3.2 工序匹配水平评价模型

炼钢生产流程中炼钢炉与连铸机之间存在着两种对应关系[9]："一炉对一机（一一对应）"和"定炉对定机"。由于实际生产中存在多钢种、小批量、多规格的订单特点，炼钢炉与连铸机之间的对应关系通常表现为"定炉对定机"模式。

为分析与评价炼钢炉与连铸机之间的对应关系，构建了炉-机匹配水平的评价模型，提出了炉→机（机→炉）匹配度的量化指标[8]。当前多数炼钢厂的炼钢-连铸区段均设有炉外精炼工序，故对于工序匹配的评价，应全面分析炼钢、炉外精炼和连铸等多工序之间的匹配程度。本节在炉-机匹配水平评价模型的基础上，同时考虑炼钢厂实际产量与计划产量、工序作业周期的匹配程度，构建工序匹配水平评价模型，如式（4-10）~式（4-13）所示，从物质量、时间和炉-机对应关系三个维度来较为系统地分析实际生产中多工序之间的匹配水平。目前，绝大多数炼钢厂均按照订单组织生产，多样化订单的完成情况越来越受到从业者的重视，其取决于主体设备、运输设备配置的合理性和运行的协同性。因此，将连铸坯实际产量与计划产量的匹配程度作为工序匹配水平的量化评价参数之一；而不同工序之间产量的匹配情况可间接由工序作业周期的匹配程度来表征，在此不作考虑。上一节中提出的层流运行水平评价模型深入探究了炼钢炉、精炼炉和连铸机三者作业周期的量化关系，故在工序匹配水平评价模型中，以系统层流运行指数 R_M 来表征多工序作业周期的匹配程度。

$$R_{Q_{ij}} = \begin{cases} 1 & 1 \leqslant \dfrac{Q_{ij,\ \mathrm{Act}}}{Q_{ij,\ \mathrm{Pla}}} \leqslant 1 + \dfrac{Q_{ij,\ \mathrm{Tem}}}{Q_{ij,\ \mathrm{Pla}}} \\ 0 & \text{否则} \end{cases} \tag{4-10}$$

$$R_Q = \sum_{i \in \boldsymbol{I}} \sum_{j \in \boldsymbol{J}} \lambda_{ij} \cdot R_{Q_{ij}} \tag{4-11}$$

$$R_{P \to N} = \sum_{a=1}^{A} \eta_a \cdot R_{P \to N}^{a} = \sum_{a=1}^{A} \eta_a \frac{\sum_{b=1}^{B} \left(f_{a-b} - \dfrac{1}{B}\right)^2}{1 - \dfrac{1}{B}} \tag{4-12}$$

$$R = \gamma_1 \cdot R_Q + \gamma_2 \cdot R_M + \gamma_3 \cdot \frac{\sum_{n=1}^{n_{\mathrm{Pro}}-1} R_{P \to N}}{n_{\mathrm{Pro}} - 1} \tag{4-13}$$

式中，R_Q 和 $R_{Q_{ij}}$ 分别为炼钢厂连铸坯的实际产量与计划产量的匹配度（简称为系统产量匹配度）和钢种为 i、断面规格为 j 的连铸坯实际产量与计划产量的匹配度（简称为特定类型连铸坯产量匹配度），无量纲数；$R_{P \to N}^{a}$ 和 $R_{P \to N}$ 分别为炉→机匹配度和考虑同一工序不同设备作业率差异的加权炉→机匹配度，无量纲数；R 为工序匹配度，无量纲数；$R_Q(R_{Q_{ij}})$、$R_{P \to N}^{a}(R_{P \to N})$ 和 R 的取值范围均为 0~1，数值越大表示匹配程度越高；$Q_{ij,\ \mathrm{Act}}$ 和 $Q_{ij,\ \mathrm{Pla}}$ 分别为统计时间段内钢种为 i、断面规格为 j 的连铸坯的实际产量与计划产量（不包括临时紧急订单量），t；$Q_{ij,\ \mathrm{Tem}}$ 为统计时间段内接受的临时紧急订单量，t；$\boldsymbol{I}$ 和 $\boldsymbol{J}$ 分别为统计时间段内产品大纲或产品订单的钢种和断面规格集合；λ_{ij} 为统计时间段内炼钢-连铸区段钢种为 i、断面规格为 j 的连铸坯的产量比例，%；η_a 为相邻工序之间前一工序中设备 a 的相对作业率，%，参考上一节连铸机相对作业率的计算方法求解；$A(B)$ 为前（后）工序的设备总数，座（台）；f_{a-b} 为设备 a 向设备 b 供应的钢水量与设备 a 处理的钢水总量的比值，%，计算方法详见文献［8］；γ_1、γ_2 和 γ_3 分别为系统产量匹配度、系统层流运行指数和加权炉→机匹配度的权重，无量纲数；n_{Pro} 为炼钢-连铸区段的工序总数，包括炼钢、炉外精炼和连铸三个工序。

对于工序匹配水平评价模型，R_Q、$R_{P\to N}$ 和 R 的大小与系数 λ_{ij}、η_a 和 γ_1、γ_2、γ_3 密切相关，而上述系数的确定需要准确反映炼钢-连铸区段的实际生产要求。例如，完成多样化的订单是生产组织的首要目标，故 γ_1 的值要大于 γ_2 和 γ_3 的值。

4.3.3　调度模型可用性评价模型

炼钢-连铸区段的生产调度问题是一类具有多种工艺约束的 NP 难题，该类问题的建模与求解方法主要包括：数学规划法、启发式算法、生物进化算法以及仿真方法等。由于炼钢-连铸区段车间平面布置的复杂性和生产的产品类型多样性，难以找到一种通用的调度策略来解决炼钢厂的生产调度问题。对于不同规模和类型炼钢厂的生产调度问题，求解策略往往会有所差异。因此，如何根据实际生产运行状况选择最优的调度策略是各炼钢厂实现多工序协同运行的关键。一般而言，炼钢厂按照产品大纲或产品订单来选取与之相匹配的生产运行模式来组织生产，因产品大纲或产品订单中各类钢种生产比例、数量、质量的不同，因此，不同生产运行模式对炼钢厂产能和效益的贡献率也会有所差异。此外，由不同调度策略所得出调度方案的评价指标有多种，且不同生产工况下每种指标的重要性也有所不同，比如生产对浇铸温度较为敏感的钢种时，更为注重炉次在工序之间传搁时间的控制。本节基于调度方案评价指标和生产运行模式的考虑，提出了调度模型可用性评价模型，如式（4-14）~式（4-16）所示。

$$\varphi_{l,z,p}=\begin{cases}\dfrac{X_p^{l,z}-X_{\min}^{l,z}}{X_{\max}^{l,z}-X_{\min}^{l,z}} & X_{\max}^{l,z}\neq X_{\min}^{l,z}\text{ 且评价指标值与调度模型性能正相关}\\[2ex] \dfrac{X_{\max}^{l,z}-X_p^{l,z}}{X_{\max}^{l,z}-X_{\min}^{l,z}} & X_{\max}^{l,z}\neq X_{\min}^{l,z}\text{ 且评价指标值与调度模型性能负相关}\\[2ex] 1 & X_{\max}^{l,z}=X_{\min}^{l,z}\end{cases}$$

$$l\in\{1,2,\cdots,L\},\ z\in\{1,2,\cdots,Z\},\ p\in\{1,2,\cdots,P\} \tag{4-14}$$

$$\varepsilon_{l,p}=\sum_{z=1}^{Z}\nu_z\cdot\varphi_{l,z,p}\quad l\in\{1,2,\cdots,L\},\ p\in\{1,2,\cdots,P\} \tag{4-15}$$

$$\varepsilon_p=\sum_{l=1}^{L}\sum_{z=1}^{Z}\omega_l\cdot\nu_z\cdot\varphi_{l,z,p}\quad p\in\{1,2,\cdots,P\} \tag{4-16}$$

式中，ε_p 和 $\varepsilon_{l,p}$ 分别为调度模型 p 的可行性指数和调度策略 p 在生产运行模式 l 下的可行性指数，无量纲数，取值范围均为 0~1；$\varepsilon_p(\varepsilon_{l,p})$ 值越大，表示调度模型 p 的性能越优；L、Z 和 P 分别为生产运行模式个数、评价指标个数以及调度模型个数；$X_{\max}^{l,z}$、$X_{\min}^{l,z}$ 和 $X_p^{l,z}$ 分别为生产运行模式 l 下，P 种模型策略得到的所有调度方案中评价指标 z 的最大值、最小值以及调度模型 p 所得方案的评价指标 z

的值；$\varphi_{l,z,p}$ 为生产运行模式 l 下，调度模型 p 所得方案的评价指标 z 归一化处理后的值；ν_z 和 ω_l 分别为评价指标 z 和生产运行模式 l 的权重，无量纲数，且满足 $\nu_1+\nu_2+\cdots+\nu_Z=1$，$\omega_1+\omega_2+\cdots+\omega_L=1$。

对于调度模型可用性评价模型，ε_p 和 $\varepsilon_{l,p}$ 的大小与系数 ν_z 和 ω_l 密切相关。在实际应用过程中，需根据评价指标 z 的相对重要性和生产运行模式 l 的应用频率来决定 ν_z 和 ω_l 的取值。

本节提出的三种评价模型中，层流运行水平评价模型是针对产品大纲或待处理的产品订单情况来进行一个预测性的评价，评估特定生产计划下炼钢-连铸区段多工序协同运行的可能性。工序匹配水平评价模型是根据实际生产运行结果来进行一个客观性的评价，明晰特定生产计划下炼钢-连铸区段多工序协同运行的水平。调度模型可用性评价模型是依据仿真实验结果或实际应用结果来评价不同调度模型的可用性，从而选出最优调度模型。

4.3.4 量化评价模型的应用

4.3.4.1 层流运行程度分析

应用层流运行水平评价模型分析炼钢厂的层流运行程度，需确定各条主要生产线的设备组成，产品大纲或产品订单中不同钢种和断面规格连铸坯生产时各工序的作业周期，以及炼钢-连铸流程工序界面各缓冲工位的协调缓冲能力等内容。本节选择两家无精炼跨转炉炼钢厂（分别命名为 A 厂和 B 厂）来进行分析讨论。A 厂、B 厂的工艺路线总数分别为 64 条和 27 条。在实际生产中，两家钢厂基于工序之间运输距离最短的原则，结合各自车间平面布置特点，主要按照如下工艺路线进行作业，即采用的主要生产线如下。A 厂：1 号转炉→1 号 LF 精炼炉→1 号连铸机（1 号生产线），2 号转炉→2 号 LF 精炼炉→2 号连铸机（2 号生产线），3 号转炉→3 号 LF 精炼炉→3 号连铸机（3 号生产线）和 4 号转炉→4 号 LF 精炼炉→1 号（2 号）RH 精炼炉→4 号连铸机（4 号生产线）；B 厂：1 号转炉→3 号 LF 精炼炉→1 号连铸机（1 号生产线），2 号转炉→1 号 LF 精炼炉→2 号连铸机（2 号生产线）和 3 号转炉→2 号 LF 精炼炉→3 号连铸机（3 号生产线）。据现场调研，A 厂、B 厂分别有 38%和 44%的订单任务采用上述主要工艺路线进行生产。

A 厂生产的钢种既包括 Q235B 钢、Q345B 钢、SPHC 钢等普通钢种，也包括 Q550D 钢、NVA36 钢等高品质钢种。普通钢种的生产工艺为：BOF→LF→CCM，高品质钢种的生产工艺为：BOF→LF→RH→CCM。对于不同钢种的生产工艺，转炉和精炼炉的标准作业周期无差异，即转炉的标准作业周期为 40 min，LF 精炼炉的标准作业周期为 42 min（精炼处理 30 min+氩气软吹 12 min），RH 精炼炉的标准作业周期为 30 min（真空处理 18 min+氩气软吹 12 min）。因同一台连铸机浇铸不同钢种的标准拉速无明显差异，则其浇铸周期主要由断面规格决定。表 4-15 表示了 A 厂各台连铸机的断面规格、对应的浇铸周期（单个炉次）和最大连浇炉数。B 厂以 SHPC 钢和 SS400 钢系列为主，生产工艺均为 BOF→LF→CCM。对于这两类钢种，转炉和 LF 精炼炉的标准作业周期也无差异，分别为 30 min 和 34 min（精炼处理 26 min+氩气软吹 8 min）。连铸机的浇铸周期同样由断面规格决定，表 4-16 表示了 B 厂各台连铸机的断面规格、对应的浇铸周期（单个炉次）和最大连浇炉数。A 厂、B 厂炼钢-连铸工序界面各缓冲工位的协调缓冲能力均由现场提供，表 4-17 表示了两家钢厂炼钢-连铸区段各缓冲工位的最长和最短作业（等待）时间，二者差值用来表征缓冲工位的协调缓冲能力。

表 4-15　A 厂 4 台连铸机的断面规格、对应的浇铸周期和最大连浇炉数

连铸机号	断面规格/mm^2	浇铸周期/min	最大连浇炉数/炉
1 号	440×555	47	23
	370×750	45	24
	390×1024	40	27
2 号	175×1030	34	32
	175×1235	30	36
	175×1270	28	39
3 号	175×1270	60	18
	175×1360	56	19
4 号	200×1800	36	30
	250×1800	30	36
	250×2200	27	40

表 4-16　B 厂 3 台连铸机的断面规格、对应的浇铸周期和最大连浇炉数

连铸机号	断面规格/mm^2	浇铸周期/min	最大连浇炉数/炉
1 号	180×1250	32	42
	180×1265	30	45
	180×1270	30	45
2 号	180×1265	50	27
	180×1270	50	27
3 号	70×1250	40	25
	70×1525	37	27
	78×1525	35	29

表 4-17 炼钢-连铸区段各缓冲工位的最长（短）作业（等待）时间

缓冲工位（k）	$T_{k,mij}^{\max}$/min		$T_{k,mij}^{\min}$/min	
	A 厂	B 厂	A 厂	B 厂
转炉出钢后等待工位	10	15	0	0
LF 炉精炼前座包位	15	25	0	0
双工位 LF 炉精炼工位	35	40	25	22
双工位 LF 炉软吹工位	20	18	7	8
单工位 LF 炉精炼+软吹工位	55	58	32	30
RH 炉精炼前座包位	15	—	0	—
双工位 RH 炉精炼工位	30	—	13	—
双工位 RH 炉软吹工位	20	—	12	—
连铸机回转台等待工位	10	12	0	0

由表 4-15~表 4-17 可知，A 厂 1 号和 3 号生产线以及 B 厂各条主要生产线，对于 $\forall i \in I_m$，$\forall j \in J_m$，均满足（$T_{\mathrm{BOF},\ mij} \leqslant T_{\mathrm{CCM},\ mij}$）$\wedge$（$\max\limits_{k \in K_m} T_{k,\ mij}^{\min} \leqslant T_{\mathrm{CCM},\ mij}$），由式（4-7）和式（4-8）计算得到 A 厂 1 号和 3 号生产线以及 B 厂各条主要生产线的层流运行指数 α_m 均为 1。对于 A 厂 2 号和 4 号生产线，由式（4-7）和式（4-8）计算得到两条生产线的 α_m 与各自生产线上不同断面规格连铸坯产量比例的量化关系，如图 4-35 所示。由图可知，2 号与 4 号生产线在生产不同断面规格组合的连铸坯时，α_m 的取值范围分别 0.128~0.313 和 0.200~0.833，即按照连铸机最大连浇炉数进行生产时，两条生产线均无法实现层流运行。在大多数断面规格组合下，2 号和 4 号生产线的 α_m 均较低，这主要是由于 2 号和 4 号连铸机的

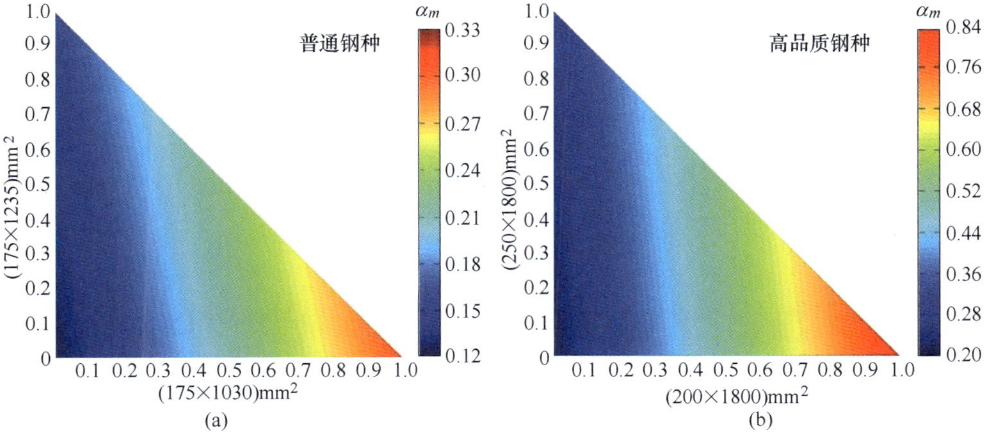

图 4-35 α_m 与不同断面规格连铸坯产量比例的量化关系

（a）2 号生产线；（b）4 号生产线

浇铸周期均小于转炉冶炼周期，且在多炉连浇要求下，工序界面缓冲工位无法协调转炉与连铸机之间的生产运行节奏，需要其他生产线的转炉为 2 号和 4 号连铸机供应钢水来保证其连浇。但相比于 2 号生产线，4 号生产线实现层流运行的可能性更大，主要因为 4 号生产线生产高品质钢种，钢水需依次经过 LF 和 RH 两个精炼工序，炉外精炼工序可更好地发挥其协调缓冲的能力。

表 4-18 展示了 A 厂 2019 年 4—7 月期间每月各种断面规格连铸坯的产量比例，由此计算得到该段时间内 A 厂 2 号和 4 号生产线每月的 α_m，结果如图 4-36 所示。该段时间内，A 厂 2 号和 4 号生产线 α_m 的最大值仅为 0.207 和 0.347，两条生产线的层流运行程度均较低。

表 4-18　A 厂 2019 年 4—7 月期间各种断面规格连铸坯的产量比例　（%）

生产线	断面规格/mm×mm	4 月	5 月	6 月	7 月
2 号生产线	175×1030	32.8	30.2	20.0	22.3
	175×1235	39.7	58.7	38.3	41.6
	175×1270	27.5	11.1	41.7	36.1
4 号生产线	200×1800	18.0	15.1	16.9	14.1
	250×1800	34.8	37.5	51.6	39.0
	250×2200	47.2	47.4	31.5	46.9

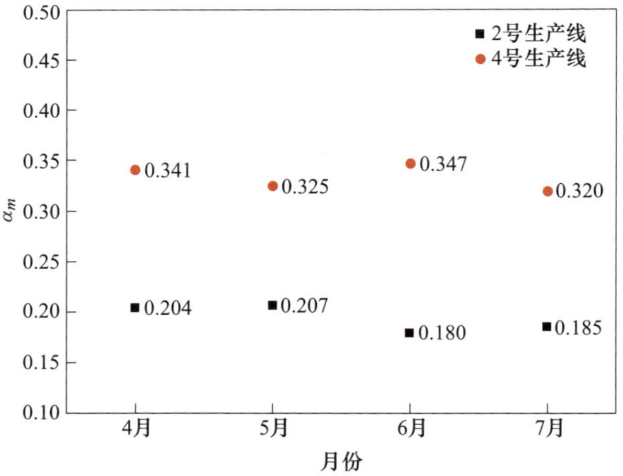

图 4-36　A 厂 2019 年 4—7 月期间 2 号和 4 号生产线的层流式运行指数

图 4-37 和图 4-38 分别为两家钢厂 2019 年 4—7 月期间炉-机对应关系的统计结果。因 A 厂 1 号和 2 号 RH 精炼炉处理的钢水均来自 3 号和 4 号 LF 精炼炉，且两座 RH 精炼炉处理的钢水均送往 4 号连铸机浇铸，故图 4-37 中对 A 厂 RH 精炼炉与 LF 精炼炉和连铸机的对应关系未进行相应描述。

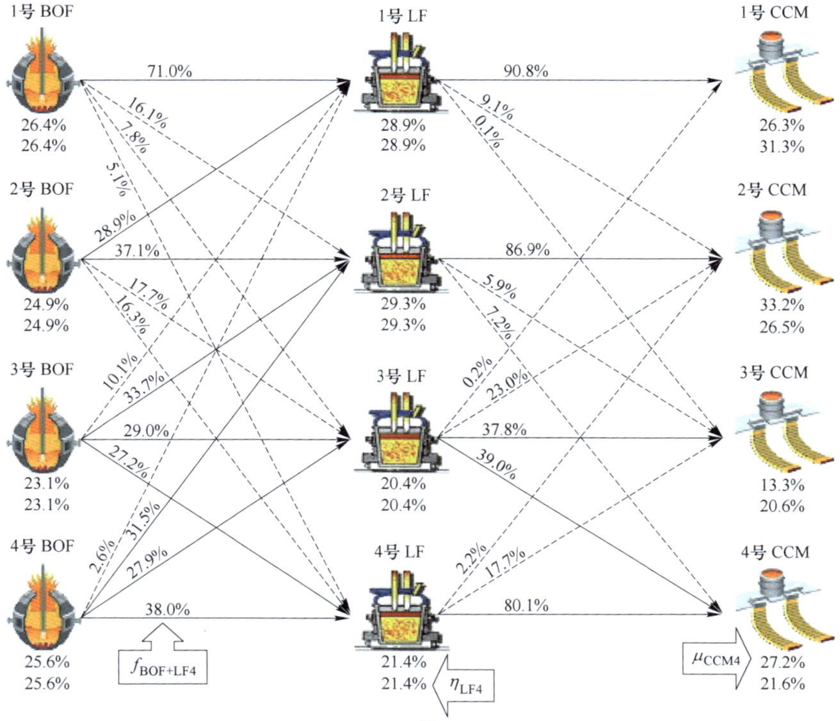
1号 BOF
26.4%
26.4%
2号 BOF
24.9%
24.9%
3号 BOF
23.1%
23.1%
4号 BOF
25.6%
25.6%
1号 LF
28.9%
28.9%
2号 LF
29.3%
29.3%
3号 LF
20.4%
20.4%
4号 LF
21.4%
21.4%
1号 CCM
26.3%
31.3%
2号 CCM
33.2%
26.5%
3号 CCM
13.3%
20.6%
4号 CCM
27.2%
21.6%
71.0%
16.1%
7.8%
5.1%
28.9%
37.1%
17.7%
16.3%
10.1%
33.7%
29.0%
27.2%
2.6%
31.5%
27.9%
38.0%
90.8%
9.1%
0.1%
86.9%
5.9%
7.2%
0.2%
23.0%
37.8%
39.0%
2.2%
17.7%
80.1%
$f_{BOF+LF4}$
η_{LF4}
μ_{CCM4}
(a)

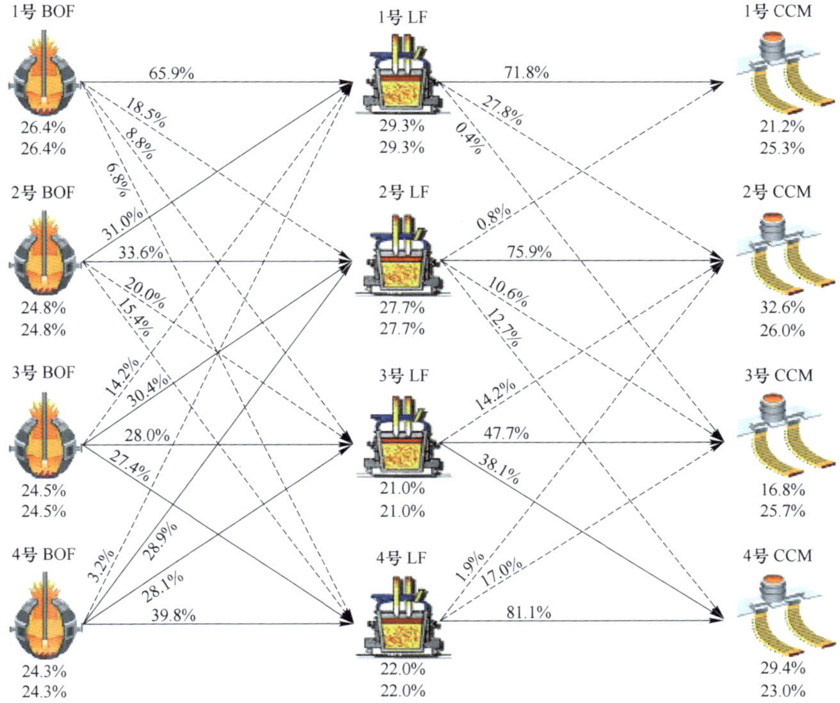
1号 BOF
26.4%
26.4%
2号 BOF
24.8%
24.8%
3号 BOF
24.5%
24.5%
4号 BOF
24.3%
24.3%
1号 LF
29.3%
29.3%
2号 LF
27.7%
27.7%
3号 LF
21.0%
21.0%
4号 LF
22.0%
22.0%
1号 CCM
21.2%
25.3%
2号 CCM
32.6%
26.0%
3号 CCM
16.8%
25.7%
4号 CCM
29.4%
23.0%
65.9%
18.5%
8.8%
6.8%
31.0%
33.6%
20.0%
15.4%
14.2%
30.4%
28.0%
27.4%
3.2%
28.9%
28.1%
39.8%
71.8%
27.8%
0.4%
0.8%
75.9%
10.6%
12.7%
14.2%
47.7%
38.1%
1.9%
17.0%
81.1%
(b)

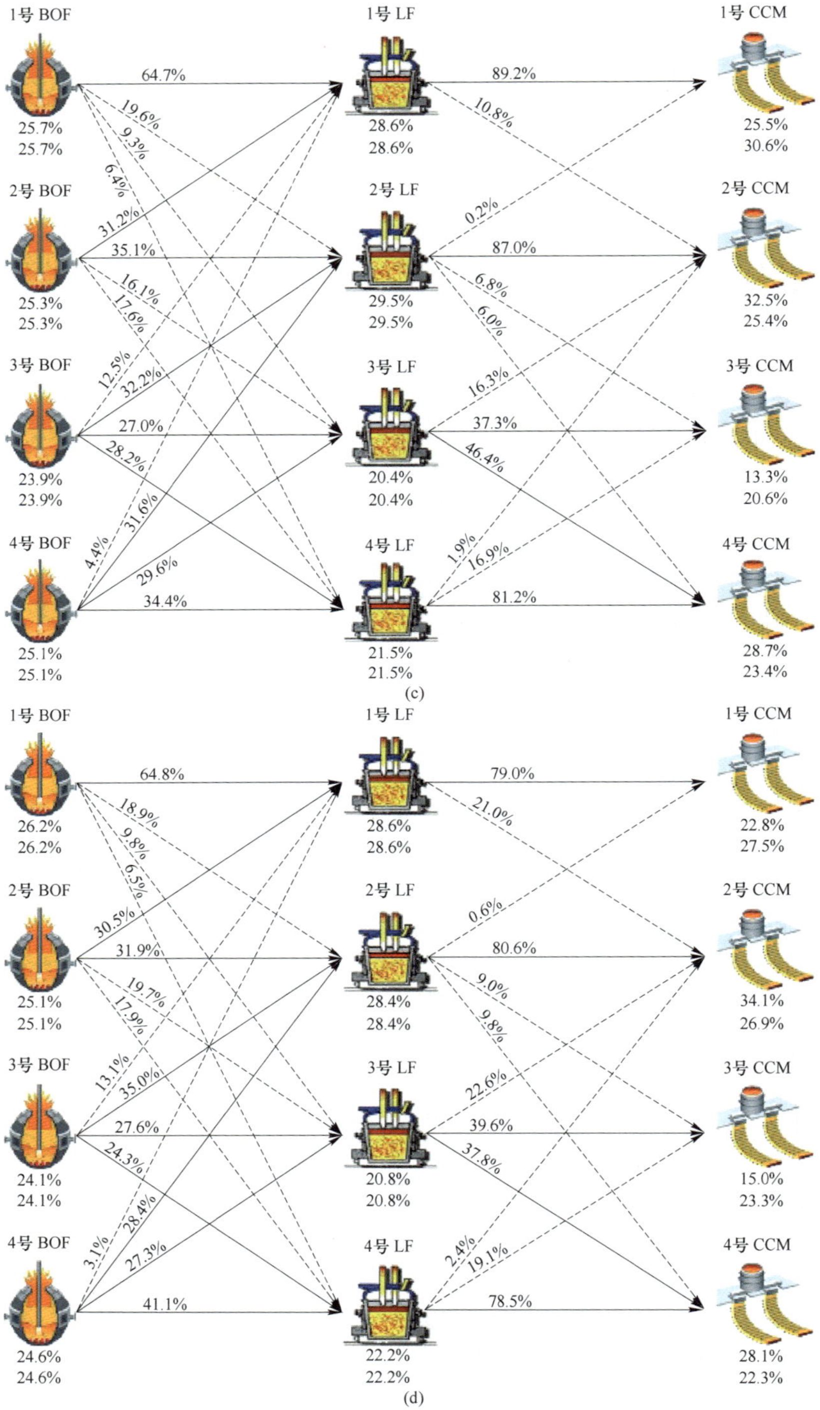

图 4-37　A 厂炉-机对应关系统计结果

(a) 4 月；(b) 5 月；(c) 6 月；(d) 7 月

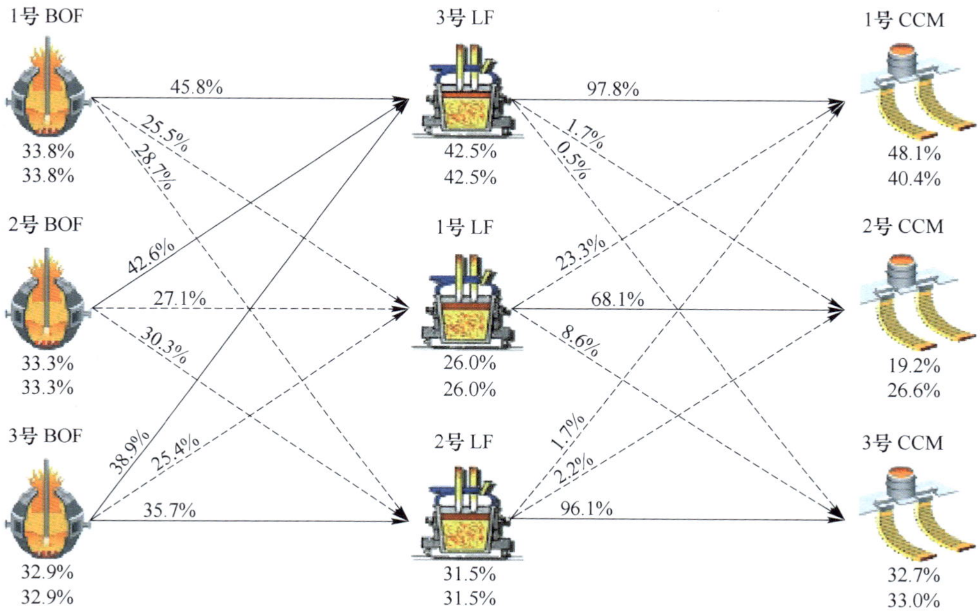
1号 BOF
33.8%
33.8%
2号 BOF
33.3%
33.3%
3号 BOF
32.9%
32.9%
3号 LF
42.5%
42.5%
1号 LF
26.0%
26.0%
2号 LF
31.5%
31.5%
1号 CCM
48.1%
40.4%
2号 CCM
19.2%
26.6%
3号 CCM
32.7%
33.0%
45.8%
25.5%
28.7%
42.6%
27.1%
30.3%
38.9%
25.4%
35.7%
97.8%
1.7%
0.5%
23.3%
68.1%
8.6%
1.7%
2.2%
96.1%

(a)

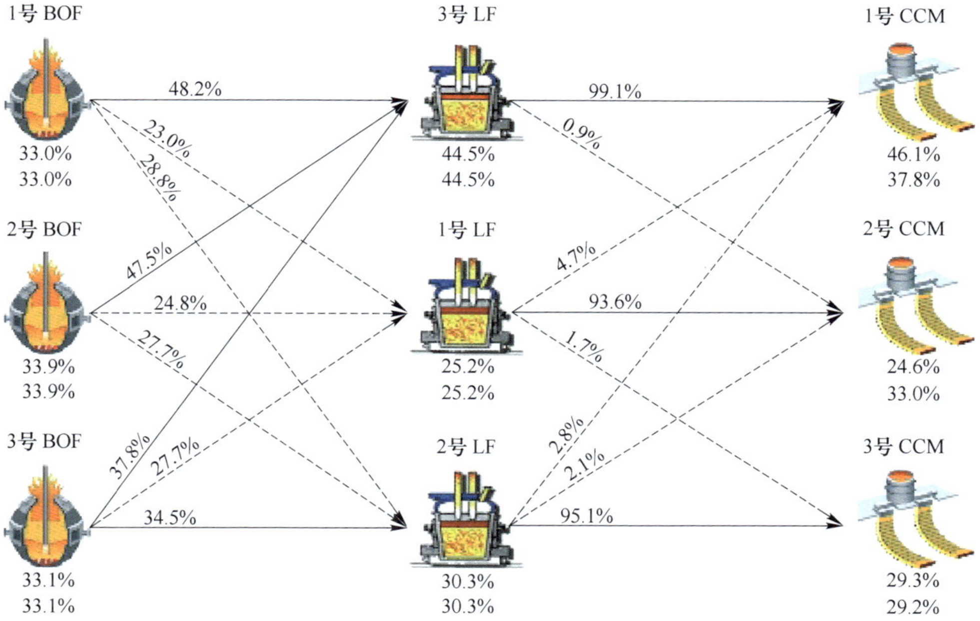
1号 BOF
33.0%
33.0%
2号 BOF
33.9%
33.9%
3号 BOF
33.1%
33.1%
3号 LF
44.5%
44.5%
1号 LF
25.2%
25.2%
2号 LF
30.3%
30.3%
1号 CCM
46.1%
37.8%
2号 CCM
24.6%
33.0%
3号 CCM
29.3%
29.2%
48.2%
23.0%
28.8%
47.5%
24.8%
27.7%
37.8%
27.7%
34.5%
99.1%
0.9%
4.7%
93.6%
1.7%
2.8%
2.1%
95.1%

(b)

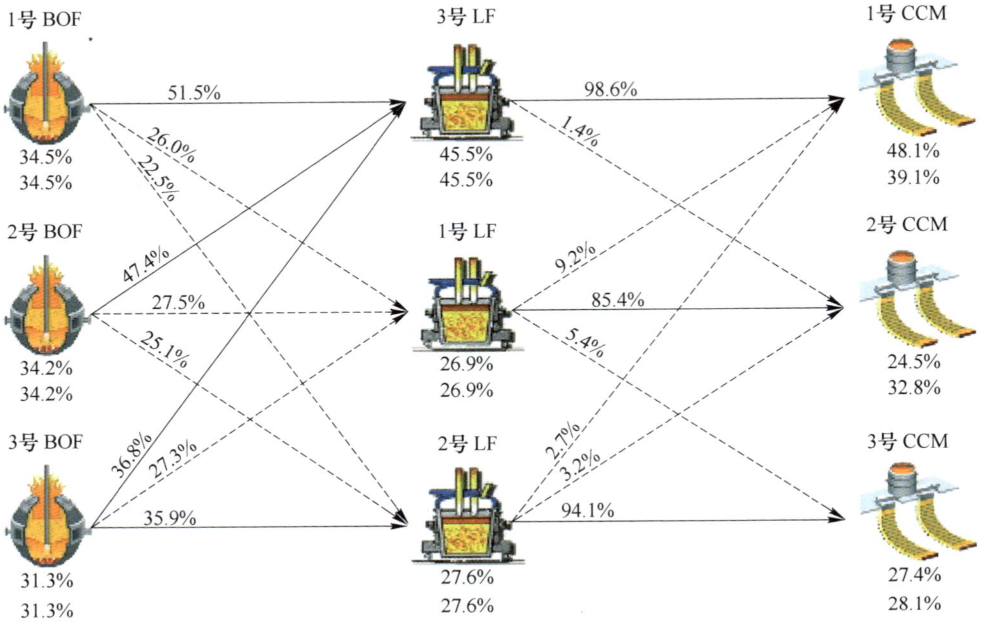

(c)

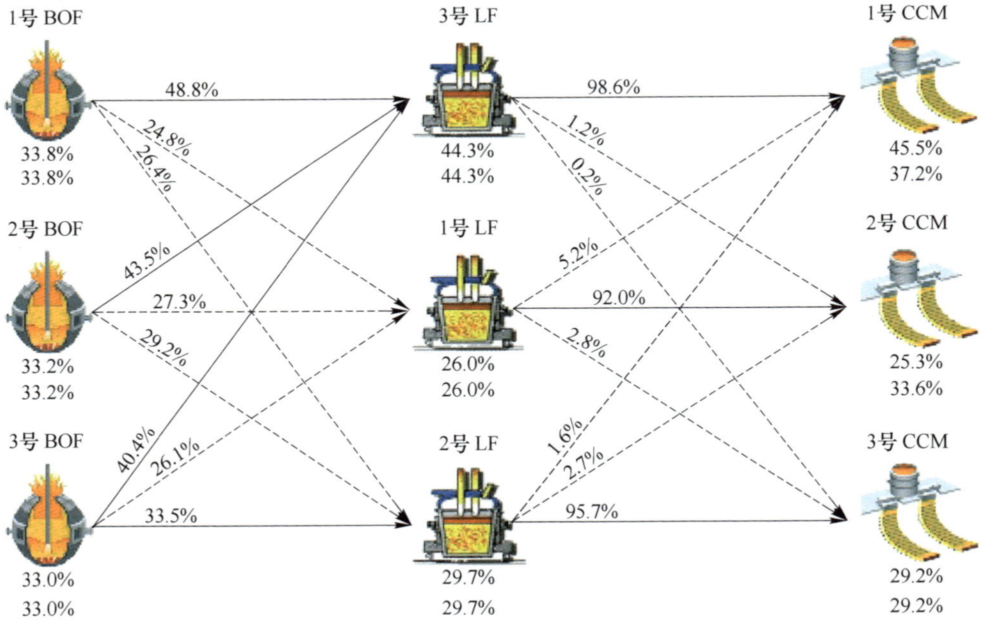

(d)

图 4-38　B 厂炉-机对应关系统计结果

(a) 4 月；(b) 5 月；(c) 6 月；(d) 7 月

由上述内容可知，任何工况下 A 厂 1 号和 3 号生产线与 B 厂各条主要生产线的层流运行指数 α_m 均为 1，结合图 4-36 所示，A 厂 2 号和 4 号生产线的 α_m 以及图 4-37、图 4-38 所示各台连铸机的相对作业率 η_m，由式（4-9）计算得到 A 厂、B 厂 2019 年 4—7 月期间的系统层流运行指数 R_M，如表 4-19 所示。由此可知，B 厂炼钢厂完全具备层流运行的潜力，而 A 厂 R_M 的最大值仅为 0.647，意味着实际生产中不同生产线之间需要交叉供应钢水才能保证连铸生产顺行。

表 4-19　A、B 两厂 2019 年 4—7 月期间系统层流运行指数

炼钢厂	R_M			
	4 月	5 月	6 月	7 月
A	0.647	0.638	0.639	0.629
B	1.0	1.0	1.0	1.0

4.3.4.2　工序匹配程度分析

为进一步分析 A 厂、B 厂的多工序协同运行水平，本节对两家钢厂 2019 年 4—7 月期间工序匹配程度进行了分析。根据图 4-37 和图 4-38 所示炉-机对应关系的统计结果，由式（4-12）计算得到 A、B 两厂 2019 年 4—7 月期间的加权炉→机匹配度 $R_{P\to N}$，如图 4-39 所示。由图 4-39（a）可知，该段时间内两家钢厂转炉与 LF 精炼炉之间的 $R_{P\to N}$ 均较低，但 A 厂高于 B 厂，A 厂 $R_{P\to N}$ 的平均值为 0.122，B 厂 $R_{P\to N}$ 的平均值仅为 0.034。B 厂 $R_{P\to N}$ 较低的原因在于该厂为按时交付连铸坯且追求高产量，各座转炉均高负荷甚至满负荷作业，这就使得 1 号和 2 号单工位 LF 精炼炉的生产运行节奏低于各自对应转炉的生产运行节奏，为避免转炉出钢后钢水等待时间过长，对应转炉需适时地为 3 号双工位 LF 精炼炉供应钢水，如此以往，钢水的供应关系变得越发混乱。由图 4-39（b）可知，该段时

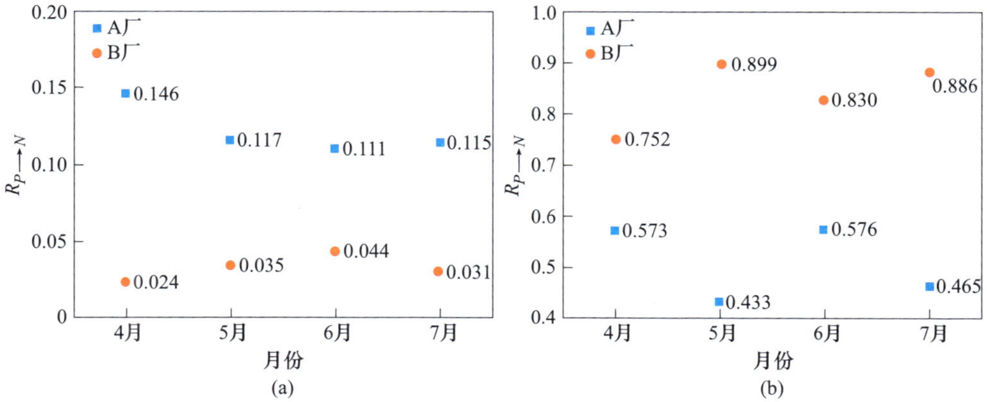

图 4-39　A、B 两厂 2019 年 4—7 月期间加权炉→机匹配度 $R_{P\to N}$

（a）BOF→LF；（b）LF→CCM

间内 A 厂、B 厂 LF 精炼炉与连铸机之间的 $R_{P\to N}$ 平均值分别为 0.512 和 0.842，B 厂高于 A 厂。此外，两家钢厂 LF 精炼炉与连铸机之间的 $R_{P\to N}$ 均显著高于各自转炉与 LF 精炼炉之间的 $R_{P\to N}$，说明 A 厂、B 厂的 LF 精炼炉与连铸机之间均具有较好的匹配关系。如图 4-38 所示，B 厂 3 号 LF 精炼炉每月处理的钢水量均有 97%以上供给 1 号连铸机，基本实现了“一一对应”的匹配模式。该段时间内 A 厂、B 厂的 $R_{P\to N}$ 均存在一定的波动，这与每月产品订单的变化密切相关。

通过对 A 厂、B 厂 2019 年 4—7 月期间不同钢种和断面规格连铸坯的实际产量、目标产量以及临时紧急订单量的统计，由式（4-10）和式（4-11）计算得到 A 厂、B 厂特定类型连铸坯产量匹配度 $R_{Q_{ij}}$ 和系统产量匹配度 R_Q。表 4-20 和表 4-21 为两家钢厂几类主要连铸坯的 $R_{Q_{ij}}$ 和 R_Q。该段时间内 A 厂、B 厂每月的 R_Q 均处在 0.7~0.9 范围内，连铸坯产量控制水平有待提高。

表 4-20　A 厂 2019 年 4—7 月期间几类主要连铸坯的 $R_{Q_{ij}}$ 和该厂的 R_Q

钢种	断面规格/mm×mm	$R_{Q_{ij}}$			
		4 月	5 月	6 月	7 月
Q235B	440×555	1	1	1	0
	370×750	0	0	1	0
	175×1270	1	1	0	1
Q345B	440×555	1	0	1	1
	370×750	0	1	1	1
	175×1270	1	1	1	1
SPHC	175×1030	1	1	0	1
	175×1235	1	1	1	1
	175×1270	0	1	1	1
Q550D/NVA36	250×1800	1	1	1	1
	250×2200	1	1	1	1
R_Q		0.765	0.818	0.841	0.807

表 4-21　B 厂 2019 年 4—7 月期间几类主要连铸坯的 $R_{Q_{ij}}$ 和该厂的 R_Q

钢种	断面规格/mm×mm	$R_{Q_{ij}}$			
		4 月	5 月	6 月	7 月
SS400	180×1270	1	1	0	1
	70×1250	1	1	1	1
	70×1525	0	1	0	1

续表 4-21

钢种	断面规格/mm×mm	$R_{Q_{ij}}$			
		4 月	5 月	6 月	7 月
SPHC	180×1250	1	1	1	1
	180×1265	1	1	1	0
	180×1270	1	1	1	1
	78×1525	1	0	1	1
R_Q		0.833	0.874	0.723	0.845

当前，炼钢厂通常是按照订单组织生产，在此基础上追求工序运行节奏和炉-机对应关系的优化，由此，确定了式（4-13）中系统产量匹配度、系统层流运行指数和加权炉→机匹配度的权重值 γ_1、γ_2 和 γ_3 分别为 0.4、0.3 和 0.3，进而计算得到 A 厂、B 厂 2019 年 4—7 月期间的工序匹配度 R，如表 4-22 所示。由表 4-22 可知，A 厂每月的 R 均低于 B 厂，主要原因在于 A 厂每月的系统层流运行指数 R_M 均低于 0.65，而 B 厂每月的 R_M 均为 1；此外，A 厂 LF 精炼炉与连铸机之间的加权炉→机匹配度 $R_{P\to N}$低于 B 厂也是导致其 R 较低的原因。对于 R_M，其值主要取决于产品订单等非可控因素，不易通过工艺技术的改进和生产组织的优化加以提升；而 A 厂、B 厂转炉与 LF 精炼炉之间的 $R_{P\to N}$均较低，具有较大的提升空间。通过炉-机对应关系的研究与优化，可提高加权炉→机匹配度 $R_{P\to N}$和工序匹配度 R 值。

表 4-22　A、B 两厂 2019 年 4—7 月期间工序匹配度

炼钢厂	R			
	4 月	5 月	6 月	7 月
A	0.608	0.601	0.631	0.599
B	0.749	0.789	0.720	0.776

4.3.4.3　生产调度的改进与评价

由上述分析结果可知，B 厂的层流运行水平和工序匹配水平均高于 A 厂。鉴于此，本节以 A 厂为研究对象，应用调度模型可用性评价模型对比研究了基于炉-机对应模式优化的调度模型（记作模型 p_1）[10]、基于遗传算法的调度模型（记作模型 p_2）[11]、基于贪婪规则的调度模型（记作模型 p_3）[12]和 A 厂人工调度模型（记作模型 p_4）的优劣。

本节所选取的实验算例如表 4-23~表 4-26 所示。本节实验选取的评价指标包括生产计划总完工时间 t_{total}，周转钢包总数量 n_{ladle}，炉次在工序之间传搁时间的平均值（$t_{tran(BOF \to LF,ave)}$，$t_{tran(LF \to CC,ave)}$）、最大值（$t_{tran(BOF \to LF,max)}$，$t_{tran(LF \to CC,max)}$），浇次开浇时刻调整量的最大值 Δt_{max} 以及钢水接收跨内五部天车的平均有效作业率 η_{ave}。表 4-27 为应用 4.2.2 节提出的多工序运行仿真模型得到的调度模型 p_1、p_2 和 p_3 下算例调度方案的仿真运行结果以及算例的实际作业结果（调度模型 p_4 对应的结果），表中每一行数据为同一生产运行模式下的五个算例在同一调度模型下的仿真运行结果和实际作业结果在各项评价指标下的平均值。

表 4-23　1 号连铸机停机时“4 炉-3 机”生产运行模式下的算例

算例	连浇炉数/炉			浇铸周期			开浇时刻		
	2 号	3 号	4 号	2 号	3 号	4 号	2 号	3 号	4 号
1	30	15	25	28	56	30	00:04:20	00:03:00	00:05:30
2	36	18	33	30	60	27	00:12:30	00:13:15	00:11:52
3	31	16	37	34	60	27	01:01:09	00:23:45	01:00:25
4	38	12	29	28	60	30	00:05:10	00:06:00	00:04:35
5	34	16	31	30	56	36	00:16:50	00:17:28	00:18:00

表 4-24　2 号连铸机停机时“4 炉-3 机”生产运行模式下的算例

算例	连浇炉数/炉			浇铸周期			开浇时刻		
	1 号	3 号	4 号	1 号	3 号	4 号	1 号	3 号	4 号
1	21	14	27	45	60	30	00:20:45	01:00:00	00:22:10
2	24	16	30	47	60	30	00:23:10	00:22:40	01:00:15
3	26	15	35	40	56	27	00:07:30	00:06:06	00:06:55
4	23	18	29	47	60	36	00:14:25	00:14:58	00:13:40
5	24	13	33	45	56	30	00:03:00	00:02:17	00:03:35

表 4-25　3 号连铸机停机时“4 炉-3 机”生产运行模式下的算例

算例	连浇炉数/炉			浇铸周期			开浇时刻		
	1 号	2 号	4 号	1 号	2 号	4 号	1 号	2 号	4 号
1	23	34	35	47	30	27	00:13:30	00:12:00	00:14:15
2	25	36	30	45	30	27	00:03:18	00:04:00	00:05:05
3	22	35	35	47	30	30	00:21:33	00:20:50	00:22:00
4	24	30	38	45	34	27	00:11:10	00:12:00	00:12:39
5	24	33	36	45	28	30	01:00:05	01:00:45	00:23:30

表 4-26 4 号连铸机停机时“4 炉-3 机”生产运行模式下的算例

算例	连浇炉数/炉			浇铸周期			开浇时刻		
	1号	2号	3号	1号	2号	3号	1号	2号	3号
1	20	31	13	47	30	60	00:18:00	00:19:00	00:19:30
2	21	38	20	47	28	56	00:17:35	00:16:46	00:18:10
3	24	35	18	45	30	60	01:00:25	00:23:50	01:01:02
4	27	37	15	40	28	60	00:10:15	00:11:00	00:09:33
5	23	32	17	45	34	56	00:14:00	00:14:30	00:15:25

表 4-27 实验算例的仿真运行结果和实际作业结果

生产运行模式	调度模型	t_{total} /min	n_{ladle} /个	BOF-LF		LF-CC		Δt_{max} /min	η_{ave}/%
				$t_{tran,ave}$/min	$t_{tran,max}$/min	$t_{tran,ave}$/min	$t_{tran,max}$/min		
1	p_1	1210.7	16.4	9.9	22.6	13.1	22.7	20.4	68.3
	p_2	1211.9	16.8	10.1	22.2	13.2	23.3	22.0	63.2
	p_3	1213.5	17.0	10.5	24.7	13.5	23.9	26.6	64.8
	p_4	1214.3	17.0	10.7	23.2	13.6	23.0	23.5	69.5
2	p_1	1227.4	14.0	9.3	20.2	12.0	21.2	15.6	72.0
	p_2	1226.8	14.2	8.9	20.7	12.3	21.9	21.3	67.7
	p_3	1229.0	14.2	9.2	21.3	12.5	22.4	19.0	69.6
	p_4	1228.1	14.0	9.6	20.0	12.3	22.6	13.8	71.1
3	p_1	1241.6	17.2	12.4	26.3	13.8	25.7	26.2	65.2
	p_2	1243.2	17.6	13.1	31.4	13.5	27.9	25.0	59.8
	p_3	1252.7	17.8	13.9	29.1	15.2	33.8	31.7	61.3
	p_4	1247.5	17.6	12.9	27.8	14.0	25.4	32.1	68.0
4	p_1	1216.9	14.0	9.1	18.9	11.9	21.7	15.8	73.9
	p_2	1216.7	14.0	9.1	20.9	12.1	23.1	20.4	69.1
	p_3	1217.6	14.2	9.3	20.5	12.3	22.0	13.7	70.2
	p_4	1218.0	14.0	9.5	21.3	12.4	20.7	15.3	73.7

根据 A 厂高效率、低成本的生产运行目标，确定了评价指标 t_{total}、n_{ladle}、$t_{tran(BOF\to LF,ave)}$、$t_{tran(BOF\to LF,max)}$、$t_{tran(LF\to CC,ave)}$、$t_{tran(LF\to CC,max)}$、Δt_{max} 和 η_{ave} 的权重值分别为 0.2、0.15、0.1、0.1、0.15、0.1、0.1 和 0.1。考虑到炉次由 LF→CC 的传搁时间直接决定着钢水的浇铸温度，进而影响最终连铸坯质量，因此，$t_{tran(LF\to CC,ave)}$ 的权重值大于 $t_{tran(BOF\to LF,ave)}$。基于表 4-27 所示的算例仿真运行结果与

实际作业结果，应用式（4-14）和式（4-15）计算得到调度模型 p_1、p_2、p_3 和 p_4 在不同“4 炉-3 机”生产运行模式下的可用性评价指数 $\varepsilon_{l,p}$，如图 4-40 所示。生产运行模式 1、2、3 和 4 的权重值分别为 0.2、0.1、0.6 和 0.1，由式（4-16）计算得到四种调度模型的可用性评价指数 ε_p，结果分别为 0.919、0.579、0.115 和 0.509。由此可知，基于炉-机对应模式优化的调度模型优于其余三种模型。

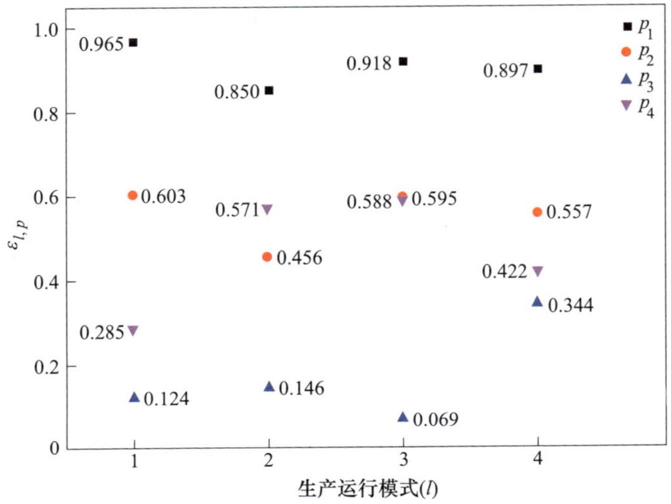

图 4-40　四种调度策略的评价指数 $\varepsilon_{l,p}$

4.4　本章小结

基于冶金流程工程学理论与方法，开展炼钢-连铸过程运行模式解析与优化，是实现炼钢厂有序、协同、准连续运行的重要前提。通过对炼钢厂生产过程时间、温度与物质量基本参数的解析，厘清炼钢-连铸过程物质流的运行规律，在此基础上，明晰产品结构与设备/工序/系统产能之间的定量化关系，确定不同产品结构下，影响系统产能的瓶颈工序，进而进行解析，指导生产模式的优化。

基于炉-机匹配的炼钢-连铸过程生产模式的优化，能够最大限度地实现炼钢厂系统内物质流的层流运行，显著降低天车与钢包调度的难度，并显著加快生产节奏与提高生产效率。基于生产模式优化的生产调度系统的研发应作为炼钢厂智能化发展的重要工作内容。

面对多样化的订单，多数炼钢厂均存在前/后工序生产运行节奏不匹配的问题，难以实现层流运行，故炼钢-连铸区段多工序协同运行水平的准确量化评价对于明晰炼钢厂的生产运行状况、优化生产计划与调度以及提高炼钢厂的生产效率均具有重要意义，是工序界面技术研究的重要内容，对于生产运行极为复杂的众多无精炼跨炼钢厂尤为重要。

参考文献

[1] 殷瑞钰．冶金流程工程学［M］. 2版．北京：冶金工业出版社，2009：205-209.

[2] 刘青，田乃媛，殷瑞钰．炼钢厂的运行控制［J］. 钢铁，2003，38（9）：14-18.

[3] 王彬．长材型特殊钢厂炼钢-连铸过程生产计划优化与协同调度［D］. 北京：北京科技大学，2014.

[4] 穆衍清．转炉特殊钢厂炼钢-连铸生产过程运行优化研究［D］. 北京：北京科技大学，2012.

[5] 王刚，王彬，王宝，等．基于“炉机对应”原则的炼钢-连铸调度模型［J］. 北京科技大学学报，2013，35（8）：1080-1092.

[6] 杨建平，洪兰杰，刘倩，等．基于“炉-机匹配”的炼钢-连铸过程多工序运行仿真［J］. 中南大学学报（自然科学版），2020，51（3）：587-599.

[7] 刘青，黄星武，富平原．炼钢厂系统生产模式优化［J］. 北京科技大学学报，2005，27（6）：735-739.

[8] 穆衍清，尹丰，谢飞鸣，等．特殊钢厂炉机匹配研究［J］. 北京科技大学学报，2013，35（1）：126-133.

[9] 刘青，田乃媛，殷瑞钰. 炼钢厂系统的运行原则与调控策略［J］. 过程工程学报，2003，3（2）：17?-176.

[10] Yang J P，Wang B L，Liu Q，et al. Scheduling model for the practical steelmaking-continuous casting production and heuristic algorithm based on the optimization of “furnace-caster matching” mode［J］. ISIJ International，2020，60（6）：1213-1224.

[11] 徐兆俊，郑忠，高小强. 炼钢连铸生产调度的优先级策略混合遗传算法［J］. 控制与决策，2016，31（8）：1394-1400.

[12] 刘光航，李铁克. 炼钢-连铸生产调度模型及启发式算法［J］. 系统工程，2002，20（6）：44-48.

5　炼钢-连铸过程生产计划与调度

所谓生产计划，是以市场需求预测或客户实际订单为基础、以企业设备和资源为依据，制定出包括产品品种、规格、产量和执行期限在内的生产规划和决策。所谓生产调度，是指根据生产计划要求，在满足生产约束条件的前提下，通过合理安排作业任务、工艺路线以及其他资源，实现制造系统性能的优化。生产调度包括两方面的内容：（1）安排具体工序的具体设备接受某些合同计划中的生产任务，发布执行生产任务的初始指令，一般称为静态调度；（2）因执行的生产任务提前完成或滞后拖延，使得原始调度被迫根据发生的变化及异常作出修改、更新、协调控制，称为动态调度、重调度或再调度。

炼钢-连铸生产过程是一种具有间歇与准连续特征的复杂制造过程。生产计划与生产调度问题虽然面向的过程、阶段不同，为了保证其研究的完整性和系统性，通常将生产计划与生产调度当作整体进行研究。面对炼钢-连铸过程生产计划与调度问题的复杂生产状况，如将生产计划与调度系统与炼钢-连铸过程各工艺模型相融合（工艺模型通过自身对设备、生产的调控作用将会保证计划与调度的顺利实施，而计划编制和静态调度过程中以工艺模型“预先”提供的信息提前作出调整），充分保障生产计划与调度系统“动态-有序-协同-稳定”的运行，炼钢-连铸过程的计划与调度才会向着集成化、精细化、动态化和智能化的方向发展[1]。

5.1　炼钢-连铸过程生产计划

对于多品种、基本小批量、多规格的优特钢生产过程，优化高效的生产组织尤为重要，需在物质流参数解析与生产模式优化的基础上，进一步对生产计划编制方法进行研究并优化。

如果缺乏全局性的、科学有效的生产计划和生产安排，将导致生产工序/装置衔接不协调、物质流运行不畅、生产节奏不稳定，影响生产顺行。依靠人工编制生产计划的工作量大、效率不高，且人为的随机性影响较大，对企业信息资源的利用程度低，难以实现调度的系统优化，导致在计划执行过程中，容易造成物质流运行不畅或设备闲置，严重时还会造成钢水冻结、连铸断浇等现象。因此，在对炼钢-连铸过程物质流基本参数解析与运行优化的基础上，构建生产计划编制模型，制定合理的生产计划是十分必要的，本节将从炼钢炉次计划模型与连铸浇次计划模型两个方面内容对生产计划模型进行阐述。

5.1.1 生产计划编制规则库

没有规矩，不成方圆。生产计划的制定应当有其前提，编制规则的建立是生产计划制定的前提。本节结合某炼钢厂生产计划编制模型以及实际生产计划编制人员经验，构建包括炉次计划模型与浇次计划模型的生产计划编制规则库。

5.1.1.1 炉次计划模型编制规则库

目前，市场对钢产品的需求具有多品种、小批量、多规格的特点，而炼钢厂组织生产的惯性要求是希望按照大批量订单进行排产，因而需要把交货期接近、牌号相同的钢材小合同组成同一炉次进行生产。炉次计划在炼钢生产计划编制过程中扮演着重要角色，一个合理的炉次计划，能够降低钢厂生产成本，减少无尾材（余材）产量，进而减少其存储空间，提高生产效率并准时交货。在实际生产中，对同一炉次有如下编排规则（表 5-1）。

表 5-1 炉次生产计划编制规则

编制规则	规则描述
规则 1	每个合同只能分配到一个炉次中
规则 2	每个炉次的合同总质量不超过炉容量
规则 3	每个炉次内相邻合同钢级差异尽量小
规则 4	每个炉次内相邻合同宽度差异尽量小（宽板带材） 每个炉次内相邻合同宽度相同（型棒线材）
规则 5	每个炉次内合同总质量尽量不小于炉容量下限
规则 6	每个炉次内生产的余材尽量少
规则 7	每个炉次内交货日期差异尽量小

5.1.1.2 浇次计划模型编制规则库

在钢厂生产计划编制中，生产计划排好后，炉次计划并不能直接安排生产，只有将多个炉次计划组成浇次计划，才能安排其在连铸机上进行浇铸。因此，浇次计划是对生产炉次进行合理组合以及对生产浇次进行合理排序的过程，是炼钢厂计划编制系统中不可或缺的重要一环。浇次生产计划编制有以下规则（表 5-2）。

表 5-2 浇次生产计划编制规则

编制规则	规则描述
规则 1	各炉次板坯宽度变化在一定范围内，且应按宽度非递增顺序排列
规则 2	各炉次的交货期相近

续表 5-2

编制规则	规则描述
规则 3	在所有组成浇次的生产时间范围内，连铸机平均作业率最大
规则 4	一个炉次只属于一个浇次
规则 5	同一浇次中总炉次数在对应的中间包寿命要求范围内
规则 6	同一浇次各炉次钢种一致
规则 7	同一浇次各炉次浇注规格一致

5.1.2 最优炉次计划模型

问题描述

炉次是炼钢的最小基本单位，一个炉次是指同时在一个转炉或电弧炉内冶炼的一炉钢水，从开始冶炼到浇铸或模注为止的整个过程[2]。炼钢炉次计划的编制是在对生产订单进行分解、组坯（坯料设计）的基础上，考虑钢种、铸坯规格尺寸、交货期等约束条件，进而将钢坯组成炉次的过程。所以，炉次计划问题是一种限制条件较多、复杂组合优化的问题。

组炉要求及模型假设

在实际连铸生产中，对同一炉次的组炉合同有以下要求：

（1）钢种必须相同；

（2）钢坯断面尺寸相同；

（3）总质量不得超过炉容量；

（4）交货期相近。

基于上述条件，进行以下模型假设：

（1）由一定数目合同组成的炉次数未知；

（2）允许有剩余合同；

（3）每个炉次内的合同总质量可在 95%~100%炉容量之间浮动；

（4）合同的钢种、宽度、厚度已知。

模型构建

根据以上组炉要求与模型假设条件，构建炉次计划模型。

$$\min z_1 = \sum_{j=1}^{n}\sum_{p=1}^{o}\sum_{q=1}^{o}(P_{pq}^1 + P_{pq}^2)x_{pj}x_{qj} + \sum_{j=1}^{n}(P_j^3 + P_j^4) + \sum_{j=1}^{n}\sum_{p=1}^{o}P_{pj}^5 \cdot x_{pj} \quad (5\text{-}1)$$

s. t.

$$\sum_{j=1}^{n} x_{pj} \leqslant 1 \quad p = 1,2,\cdots,o \quad (5\text{-}2)$$

$$\sum_{p=1}^{o} w_{pj} \leqslant V_{\max} \quad j = 1,2,\cdots,n;\ x_{pj} = 1 \quad (5\text{-}3)$$

$$x_{pj} = \begin{cases} 1 & \text{炉次} j \text{内有合同} p \\ 0 & \text{其他} \end{cases} \quad p = 1,\cdots,o;\ j = 1,\cdots,n \tag{5-4}$$

$$P_{pq}^{1} = \begin{cases} c_1(G_p - G_q) & \text{合同} p,q \text{属于同一钢级} \\ +\infty & \text{其他} \end{cases} \tag{5-5}$$

$$P_{pq}^{2} = \begin{cases} c_2(W_p - W_q) & \text{合同} p,q \text{宽度在某一范围内} \\ +\infty & \text{其他} \end{cases} \tag{5-6}$$

$$P_{j}^{3} = \begin{cases} c_3 \cdot \sum_{p=1}^{o} w_{pj}x_{pj} & \sum_{p=1}^{o} w_{pj} < V_{\min} \\ 0 & \text{其他} \end{cases} \tag{5-7}$$

$$P_{j}^{4} = \begin{cases} c_4(95\%V_{\max} - \sum_{p=1}^{o} w_{pj}x_{pj}) & V_{\min} \leqslant \sum_{p=1}^{o} w_{pj}x_{pj} \leqslant 95\%V_{\max} \\ 0 & 95\%V_{\max} \leqslant \sum_{p=1}^{o} w_{pj}x_{pj} \leqslant V_{\max} \\ +\infty & V_{\max} < \sum_{p=1}^{o} w_{pj}x_{pj} \end{cases} \tag{5-8}$$

$$P_{pj}^{5} = c_5(d_{pj} - d_{ej})w_i \tag{5-9}$$

其中，式（5-1）为基于组炉结果总惩罚值最低建立的目标函数，包括三项，第一项是所组炉次中的相邻合同因钢级、宽度差异所引起的惩罚；第二项是余材量惩罚或合同未被选中所引起的惩罚；第三项为交货日期差异所引起的惩罚。式（5-2）~式（5-9）为目标函数对应的约束条件，其中，式（5-2）表示每个合同只能分配到一个炉次中；式（5-3）表示每个炉次的合同总质量不超过炉容量；式（5-4）为合同是否属于某一炉次的判断函数，只能取集合｛0，1｝中的值；式（5-5）为炉次 j 中相邻合同的钢级差异所引起的惩罚费用的计算方法；式（5-6）表示炉次 j 中相邻合同的宽度差异所引起的惩罚费用；式（5-7）表示炉次内合同总质量小于炉容量下限而不能生产所引起的惩罚费用；式（5-8）表示炉次内生产的余材所引起的惩罚费用；式（5-9）表示炉次 j 中由于交货日期差异所引起的惩罚费用。

对于方坯连铸，在合同组炉之前，通常先将合同按钢种和断面进行分类，模型中宽度差异和钢级差异的惩罚可做简化处理，得到简化的炉次计划模型如式（5-10）所示。

$$\min z_2 = \sum_{j=1}^{n}(P_j^3 + P_j^4) + \sum_{j=1}^{n}\sum_{p=1}^{o} P_{pj}^5 \cdot x_{pj} \tag{5-10}$$

遗传算法是建立在自然选择和群体遗传学基础上的一种非数值计算优化方法，通过群体的不断进化，利用“优胜劣汰”的自然选择机制，使群体中的个体不断朝着最优解的方向移动，最终搜索到问题的最优解。相比于其他求解算法，遗传算法具有内在的隐并行性和较好的全局寻优能力，主要通过选择、交叉、变异等操作，使进化结果趋于问题最优解。遗传算法具有较强的全局搜索能力，已被成功应用于求解一些组合优化问题，如 Job-Shop 调度问题。然而，遗传算法编码复杂，爬山能力弱，在实际应用中容易产生早熟收敛等问题，而且在进化后期搜索效率降低。本团队通过多次试验发现，遗传算法在求解实际炉次计划问题时，会使求解过程变得复杂。然而，单亲遗传算法，作为一种特殊的遗传算法，取消了传统遗传算法的交叉算子，全部遗传操作都只在一个个体上进行，可以简化遗传操作，提高计算效率；并且，不要求初始群体中个体的多样性，也不存在“早熟收敛”问题。因此，单亲遗传算法能够简化炉次计划问题的求解过程。

近年来，单亲遗传算法已被成功应用于求解一些组合优化问题。本节在典型单亲遗传算法的基础上，通过改进适应度函数，提出一种改进的单亲遗传算法来简化炉次计划的求解过程[3]。

5.1.2.1　算法基本参数确定

本节以某炼钢厂最大炉容量为 80 t 的转炉为研究对象。采用单亲遗传算法对模型进行求解时，需要设定进化代数、搜索方式、种群规模、惩罚系数等基本参数。

通常情况下，在求解优化问题时最优解都是未知的。因此，常常设定停止准则来结束求解过程。在算法运行过程中，当符合下列条件中的一个或多个时，计算停止：

（1）进化代数达到预先设定代数；

（2）连续进化的几代中，各个体的适应度差别不大；

（3）种群多样性小于某一很小的数值；

（4）连续两代最优个体的适应度小于某一很小的数值。

其中，停机准则（4）容易陷入局部最优解，不宜采用；停机准则（1）较为简单，被广泛采用。本节也采用停机准则（1），通过设定进化代数结束求解过程，而获取近优解。经多次试验发现，当算法进化至 100 代时，仿真结果基本满足要求；进化 100 代以后，仿真结果变化不大，反而会大幅度增加计算时间。因此，本节将进化代数设定为 100 代，然后，通过对其他参数进行分析，得出较为合理的算法参数。

A　搜索方式的确定

单亲遗传算法的搜索方式（基因换位方式）可分为单点搜索（单点换位）和多点搜索（多点换位）。前者是交换一条染色体中两个基因的位置，后者是交换一条染色体中 $m(m\geqslant 2)$ 对基因的位置。采用单亲遗传算法解决实际问题时，所采用的搜索方式应根据实际问题的特点而定。对于炉次计划问题，不同搜索方式下的收敛性如图 5-1 所示。从该图中可以看出，随着进化代数的增加，单点搜索方式逐渐收敛，明显优于其他几种多点搜索方式，故求解炉次计划问题时采用单点搜索方式。

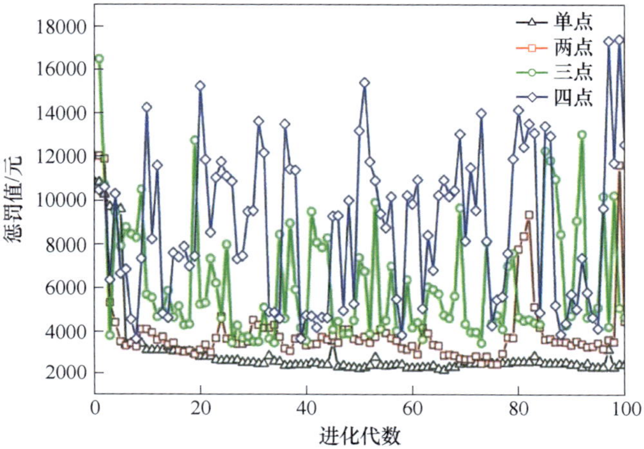

图 5-1 不同搜索方式下的收敛性比较

B 种群规模的确定

不同种群规模下的收敛性情况比较如图 5-2 所示。从该图中可以看出，当种群规模为 40 时，算法收敛性较好，进化至第 100 代时，组炉结果的惩罚值趋于最小值。

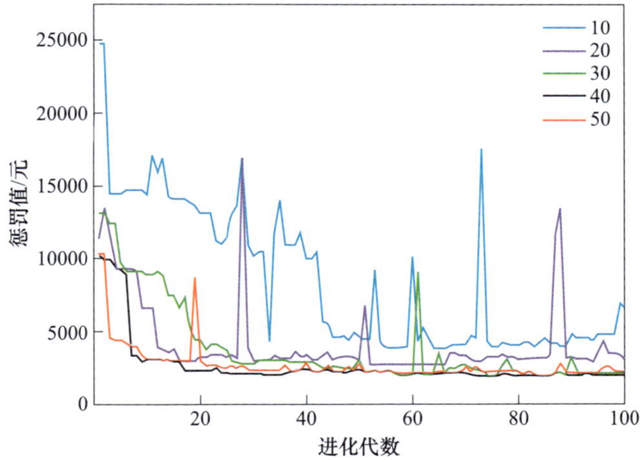

图 5-2 不同种群规模下的收敛性比较

C 惩罚系数的确定

炉次计划模型的求解目标是在满足余材量最小和组成的总炉次数最少的前提

下，使得惩罚值最低，故应增大 c_4(余材量惩罚系数) 的权重；然后，选取合适的 c_3(合同未排入炉次的惩罚系数)；最后，选取 c_5(交货期差异惩罚系数)。其中，c_5 的权重应设置为最低。多次试验证明，c_5 设为 2￥/(d·t) 和 1￥/(d·t) 为宜。

设定 c_4 = 100￥/t，表 5-3 和表 5-4 分别显示 c_5 = 2￥/(d·t) 和 1￥/(d·t) 情况下、不同 c_3 下的余材量及炉次数变化情况。通过大量试验看出，当选取的参数不同时，一定数目合同组成的炉次数有 18、19、20 炉等多种情况，余材量也各不相同。比较以上表中数据，可以得出，当 c_3 = 130￥/t、c_5 = 1￥/(d·t) 时，试验次数为 22 次的情况下，平均余材量为 0.650 t，组成炉次数为 18，均为最小值。故选定 c_3 = 130￥/t、c_4 = 100￥/t、c_5 = 1￥/(d·t)。

表 5-3　c_5 = 2 ￥/(d·t) 下的余材量及炉次数变化

c_3/￥·t^{-1}	50	60	70	80	90	100	110	120	130
余材量/t	8.118	4.259	4.403	0.876	1.558	2.370	3.608	7.497	0.810
炉次数	18.095	18.045	18.045	18.000	18.000	18.023	18.045	18.091	18.000
样本容量	21	22	22	22	22	44	22	22	19

表 5-4　c_5 = 1 ￥/(d·t) 下的余材量及炉次数变化

c_3/￥·t^{-1}	50	60	70	80	90	100	110	120	130
余材量/t	0.740	0.932	0.907	3.748	3.889	3.745	0.678	0.842	0.650
炉次数	18.000	18.000	18.000	18.045	18.045	18.045	18.000	18.000	18.000
样本容量	21	22	22	22	22	22	22	23	22

D　基本参数

通过以上分析比较，得出优化的单亲遗传算法基本参数，如表 5-5 所示。

表 5-5　单亲遗传算法基本参数

算法参数	进化代数	搜索方式	种群规模	c_3/￥·t^{-1}	c_4/￥·t^{-1}	c_5/￥·$(d·t)^{-1}$
结果数值	100	单点搜索	40	130	100	1

5.1.2.2　个体评价方法

同遗传算法一样，单亲遗传算法也通过构造个体的适应度函数来评价个体的优劣；然后，通过计算各个体的适应度，根据适应度大小进行复制、基因换位等操作而进化至下一代。

采用单亲遗传算法求解过程中，通常在计算适应度时，将进化过程中的每一代中所有个体的适应度均进行计算，子代个体由父代个体通过交叉、变异得到。由于计算量大，势必会降低求解效率。事实上，一些惩罚值较大的个体，没有必要进行这些操作。因此，本节对单亲遗传算法作了改进，仅对进化过程中每一代中惩罚值低的几个精英个体进行计算适应度操作。然而，进化每一代中选择个体的数目也不能太少，少了种群会由于缺乏多样性而陷入局部最优解。试验发现，对于一个规模为40的种群，选择最优（惩罚值最低）的5个个体，足够保证种群多样性。适应度函数通常由目标函数变换而来，适应度函数如式（5-11）所示。

$$f(x_i) = \frac{\dfrac{1}{z(x_i)}}{\sum_{i=1}^{5} \dfrac{1}{z(x_i)}} \tag{5-11}$$

适应度函数满足：

$$\sum_{i=1}^{5} f(x_i) = 1 \tag{5-12}$$

式中，x_i 为某一代种群中第 i 个个体；$z(x_i)$ 为第 i 个个体的惩罚值。

5.1.2.3 炼钢炉次计划模型的求解

单亲遗传算法运行流程图如图5-3所示。

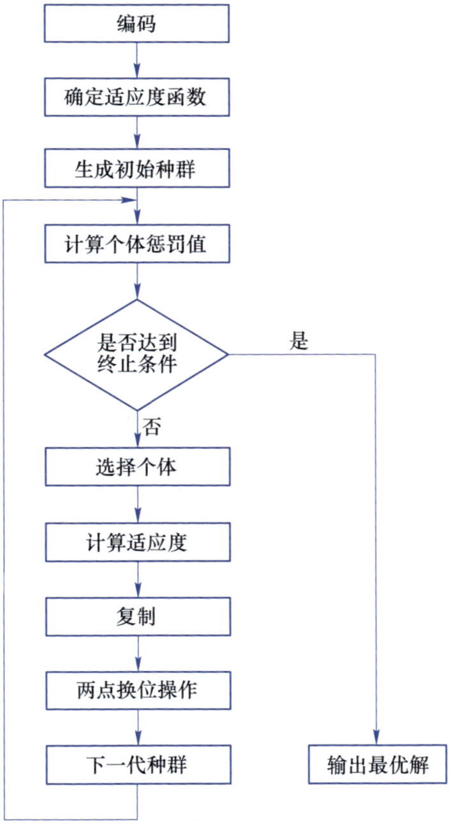

图5-3 单亲遗传算法运行流程图

在以上算法基本参数分析的基础上，得到采用单亲遗传算法求解炉次计划模型的具体步骤如下：

步骤 1：编码。编码方法有实数编码和序数编码两种，实数编码常用于求解复杂的工程优化问题，而序数编码常用于求解组合优化问题。因此，本节采用序数编码方式对钢种及合同分别进行编码。编码方法如下：

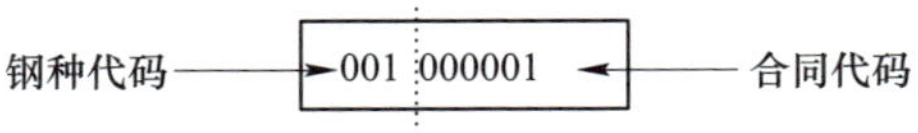

步骤 2：根据式（5-11）确定个体的评价函数，即适应度函数。

步骤 3：设定基本参数，种群规模、进化代数以及各惩罚系数。

步骤 4：产生初始种群，计算种群中各个体惩罚值。

步骤 5：选择。最常用的选择方式是轮盘赌（Roulette Wheel）选择方式，也称比例选择或复制。在该方法中，各个体被选择的概率和其适应度值成比例。本节选择惩罚值最低的 5 个个体，并计算各个体的适应度。

步骤 6：复制。按适应度大小进行复制操作，使下一代个体总数保持不变，即与初始设定的种群规模相同。

步骤 7：基因换位。对个体进行单点交叉，产生新个体，组成下一代种群。单亲遗传算法的一种单点交叉过程如下所示：

父代：x_1，x_2，$\boldsymbol{x_3}$，x_4，x_5，$\boldsymbol{x_6}$

子代：x_1，x_2，$\boldsymbol{x_6}$，x_4，x_5，$\boldsymbol{x_3}$

子代个体在父代个体的基础上交换了两个基因 x_3 与 x_6 的位置。

步骤 8：循环操作，直至进化结束，输出最优解。

该算法采用了种群中精英个体（指惩罚值最低、适应度最大的个体）的最大程度保留策略。前一代种群中的最优个体按适应度大小复制到下一代，然后进行单点换位，使最优个体尽可能少地破坏，将优化基因以较大程度地传递到下一代，从而提高全局收敛性和计算效率。通过基因换位，不但克服了传统遗传算法易于陷入局部最优解的缺陷，而且使算法解决了早熟收敛的问题，并能有效降低遗传算法的计算量，从而使模型达到快速收敛至最优解的目的。

根据以上分析得出的单亲遗传算法参数及求解步骤，本节采用某转炉炼钢厂 80 t 转炉一组含有 240 个钢种的合同数据进行组炉求解，验证炉次计划模型。采用 Microsoft Visual C# 语言进行仿真，试验环境为 Pentium（R）Dual-Core CPU/3. 20Hz/2. 00GB/Windows 7。当算法进化至第 100 代时，得到进化过程中的最优解，合同组炉结果见表 5-6，所有合同全部排入炉次，共组成 17 个炉次，余材量为 0. 687 t，惩罚值为￥5293. 22。

表 5-6　合同组炉结果

炉次号	合同数	合同质量/t	实际质量/t	余材量/t	惩罚值/￥
1	31	76.244	76.25	0.006	728.66
2	14	77.492	77.492	0	0
3	8	78.117	78.117	0	140.615
4	17	75.62	76.25	0.63	659.84
5	18	76.242	76.25	0.008	275.78
6	4	78.74	78.74	0	315.585
7	8	78.742	78.742	0	240.6
8	23	76.244	76.25	0.006	772.405
9	17	76.243	76.25	0.007	575.655
10	25	76.245	76.25	0.005	162.99
11	10	76.867	76.867	0	618.68
12	14	76.243	76.25	0.007	485.03
13	11	77.492	77.492	0	0
14	12	76.241	76.25	0.009	316.48
15	10	77.492	77.492	0	0
16	8	76.866	76.866	0	0
17	10	76.241	76.25	0.009	0.9

图 5-4 为在求解炉次计划问题时，单亲遗传算法（PGA）与改进单亲遗传算法（MPGA）的收敛性比较。从图中可以看出，随着进化代数增加，惩罚值逐渐

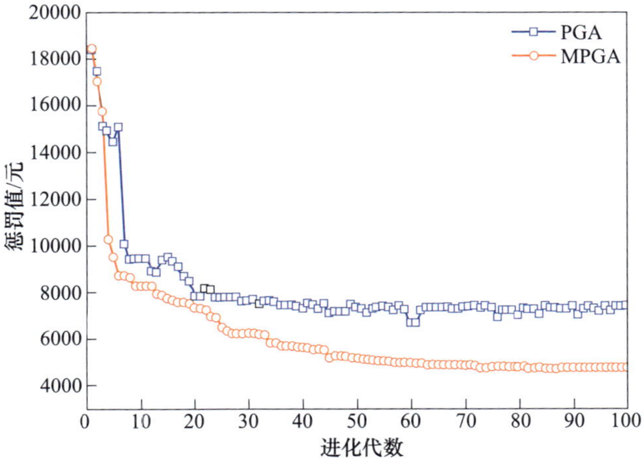

图 5-4　改进单亲遗传算法与单亲遗传算法的收敛性比较（80 t 转炉）

降低，且改进单亲遗传算法的收敛效果明显优于 PGA。仿真结果表明，改进 PGA 能够达到减少炉次数、降低余材量的预期目标。

为了验证算法及其参数的通用性，选取另一钢厂 100 t 转炉进行试验，结果如图 5-5 所示。从该图中可以看出，在进化的前 23 代，惩罚值曲线以较快的速率收敛，之后，收敛速率变缓，表明该算法具有一定的通用性。

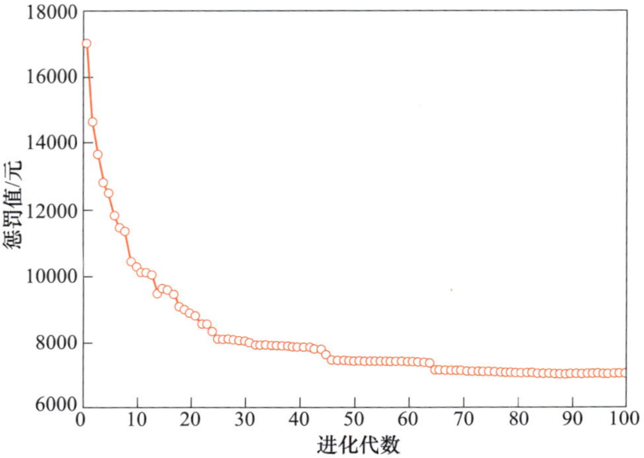

图 5-5　惩罚值与进化代数关系（100 t 转炉）

通过实例仿真，验证了单亲遗传算法在求解炉次计划问题中的可行性和有效性。采用单亲遗传算法能够缩短计划编制周期，通过减少组成的炉次数、余材量，能够降低生产成本以及库存成本，进而提高经济效益。

5.1.3　最优浇次计划模型

问题描述

在炼钢-连铸生产过程中，炉次是最小的生产单位，浇次是指在同一台连铸机上使用同一个中间包或同一个结晶器进行连续浇铸的所有炉次的集合。对于连铸机而言，每开启一次都需要更换结晶器或中间包等，需要一定的设备调整时间，且会造成较大的电力浪费，消耗成本很高。这就促使钢铁企业在编制生产计划时，在满足中间包寿命（指一个中间包能够连续进行生产的最多炉次数）的前提下，尽可能安排一个浇次内较多的炉次在连铸机上进行连续浇铸，即炉次组浇问题。同样，由于每台连铸机的性能有所不同，各铸机所生产的钢种也有所差异，再加上每个浇次包含的炉次数会发生变化，使得每个浇次的生产周期不稳定。因此，在完成炉次组浇以后，需要解决的是浇次排序问题。为此，需要合理安排每台连铸机的生产浇次，充分利用各台连铸机的性能，使效益达到最大化。

模型假设

（1）目前，对板坯生产过程中一个浇次内的炉次有以下要求：

1）各炉次钢级应在一定范围内；

2）各炉次板坯厚度一致；

3）各炉次板坯宽度变化在一定范围内，且应按宽度非递增顺序排列；

4）总炉次数不得超过中间包寿命；

5）各炉次的交货期相近。

（2）根据板坯生产的要求，在方坯实际生产中，对组成一个浇次的炉次要求可作如下简化：

1）各炉次钢种必须相同；

2）各炉次断面尺寸相同；

3）总炉次数不得超过中间包寿命；

4）各炉次交货期相近。

（3）对于浇次排序问题，根据实际生产情况，有如下假设：

1）每台连铸机能够生产的钢种不同；

2）必要时，每台连铸机可以生产多种断面；

3）每台连铸机生产一炉钢水时，若钢种不同或断面不同时，生产周期可能不同；

4）假设一个浇次内各炉次的生产周期相同。

模型构建

基于以上假设，建立如下模型：

$$\min z_3 = \sum_{i=1}^{m} \sum_{j=1}^{n} \sum_{s=1}^{n} (C_{js}^1 + C_{js}^2 + C_{js}^3) \times X_{ij} \times X_{is} \tag{5-13}$$

$$\min z_4 = \frac{\sum_{i=1}^{m} n_i t_{i,\mathrm{CCM}}}{t^E - t^S} \tag{5-14}$$

s. t.

$$\sum_{i=1}^{m} X_{ij} = 1 \tag{5-15}$$

$$TL_{i,\min} \leqslant \sum_{j=1}^{n} X_{ij} \leqslant TL_{i,\max} \tag{5-16}$$

$$X_{ij} = \begin{cases} 1 & \text{炉次 } j \text{ 属于浇次 } i \\ 0 & \text{炉次 } j \text{ 不属于浇次 } i \end{cases} \tag{5-17}$$

$$C_{js}^1 = \begin{cases} 0 & \text{炉次 } j \text{ 与炉次 } s \text{ 钢种相同} \\ +\infty & \text{炉次 } j \text{ 与炉次 } s \text{ 钢种不同} \end{cases} \tag{5-18}$$

$$C_{js}^2 = \begin{cases} 0 & \text{炉次 } j \text{ 与炉次 } s \text{ 断面相同} \\ +\infty & \text{炉次 } j \text{ 与炉次 } s \text{ 断面不同} \end{cases} \tag{5-19}$$

式中，m 为总浇次数；n 为总炉次数；n_i 为浇次 i 中所含炉次数；$t_{i,\mathrm{CCM}}$ 为浇次 i 在对应生产连铸机上的作业周期；t^{S} 为所有生产浇次中最早开浇时刻；t^{E} 为所有生产浇次中最晚结束浇铸时刻；$TL_{i,\min}$，$TL_{i,\max}$ 为中间包使用寿命的下限值和上限值。

式（5-13）为针对组浇问题建立的目标函数，即由 n 个炉次组成的所有浇次惩罚费用最低；式（5-14）为针对浇次排序问题建立的目标函数，即在所有组成浇次的生产时间范围内，连铸机平均作业率最大。式（5-15）~式（5-19）为目标函数对应的约束条件，其中，式（5-15）指一个炉次只属于一个浇次；式（5-16）指同一浇次中总炉次数在对应的中间包寿命要求范围内；式（5-17）为炉次与浇次的对应关系式；式（5-18）为同一浇次各炉次由钢种差异引起的惩罚费用计算表达式；式（5-19）为同一浇次各炉次由断面差异引起的惩罚费用计算表达式。

不同的炉次计划，钢种、交货期可能不同，而同一浇次计划内，各炉次计划的钢种、断面需要尽可能一致。可见，浇次计划也是一种具有多重约束的组合优化问题。但是，炼钢厂的浇次计划问题有其特殊性。炼钢厂生产钢种较多，对于不同钢种，每个浇次的连浇炉数可能不同；即使是浇铸同一钢种，各个浇次所包含炉次数也会在一定范围内波动。因此，相比炉次计划问题，浇次计划问题显得更为复杂。对于这种问题，智能算法受多种限制，求解过程复杂，并不能充分体现其优化效果。启发式规则（Heuristic Rules）是一种较为实用的组浇问题求解算法，能够根据实际问题的性质和某些经验，启发计算机摆脱盲目搜索并找到满意解，具有易于实现、计算复杂度低、计算效率高等优点，在求解组合优化问题时得到了广泛应用。针对浇次计划问题中的组浇问题和浇次排序问题，本节尝试采用两阶段启发式算法对浇次计划模型进行求解。下面对组浇问题和浇次排序问题的求解方法分别进行阐述。

5.1.3.1　组浇问题

根据某钢厂浇次计划问题的特点，建立如下启发式规则对组浇问题进行求解[4]：

（1）编制钢种代码，建立钢种、代码、中间包寿命对应关系，如表 5-7 所示。

表 5-7　钢种、代码与中间包寿命的对应关系

钢种	代码	中间包寿命
60Si2Mn	1	15
SUP9	2	15
HRB335	3	25
…	…	…

（2）对炉次计划按钢种、铸坯断面进行分类，某钢厂生产连铸坯断面有三种，规格及对应代码如表 5-8 所示。

表 5-8　连铸坯断面规格及对应代码

连铸坯断面/mm×mm	代码
150×150	1
160×160	2
180×180	3

（3）根据钢种、铸坯断面及中间包寿命，对炉次计划进行分组，进而得出各炉次计划对应的浇次，判断每个浇次所包含炉次数是否在允许浇铸炉数范围之内，将不在此范围内的炉次作为剩余炉次。

（4）输出炉次组浇结果。

5.1.3.2　浇次排序问题

浇次排序问题是在满足炼钢厂工艺约束的条件下，确定各个浇次在各台连铸机上的浇铸顺序，以保证一个浇次内不能断浇，且满足浇次之间的设备检修及准备时间，从而提高生产效率，节约物流成本。本节采用启发式规则，按以下步骤对浇次排序问题进行求解：

（1）统计每台连铸机所生产的钢种类别；

（2）建立连铸机、钢种、铸坯断面、浇铸周期对应关系；

（3）设定每台连铸机生产的第一个浇次开浇时刻，以及浇次之间的设备调整时间；

（4）计算各个浇次的生产周期，计算方法见式（5-20）：

$$t_i = n_i \times t_{i,\mathrm{CCM}} \tag{5-20}$$

式中，t_i 为浇次 i 的生产周期；n_i 为浇次 i 所含炉次数；$t_{i,\mathrm{CCM}}$ 为浇次 i 内生产 1 个炉次所用的周期。

根据排序规则，推算出各台连铸机生产的浇次顺序，并计算各个浇次的浇铸开始和结束时刻。浇次排序过程采用以下启发式规则进行排序：

规则 1——为提高钢厂产量，应提高所有连铸机的平均生产能力，合理安排各连铸机的生产浇次；

规则 2——根据组浇结果，确定各台铸机生产钢种；

规则 3——为减少设备调整时间及费用，各台铸机生产的相邻浇次铸坯断面规格尽可能一致；

规则 4——各台连铸机生产的前/后浇次的钢种尽可能一致；

规则 5——各台连铸机生产浇次的顺序按交货期先后顺序排列。

本节采用某钢厂一个含有 5 个钢种（为 60Si2Mn、SUP9、HRB335、

50CrVA、ML08Al)、3 种方坯断面（150 mm × 150 mm、160 mm × 160 mm、180 mm ×180 mm)、1000 个炉次的炉次计划进行仿真计算。根据实际生产状况，设定每个浇次能够安排生产的最少炉次数为 8 炉，采用启发式规则进行组浇计算，得到合格浇次 63 个，剩余炉次 23 炉。部分组浇结果如表 5-9 所示。

表 5-9　炉次组浇结果

炉次序号	钢种	质量/t	交货日期/天	连铸坯断面 /mm×mm	浇次号	炉次号
217	60Si2Mn	72	1	150×150	1	1
809	60Si2Mn	72	1	150×150	1	2
174	60Si2Mn	72	2	150×150	1	3
428	60Si2Mn	73	3	150×150	1	4
484	60Si2Mn	74	3	150×150	1	5
557	60Si2Mn	72	3	150×150	1	6
948	60Si2Mn	73	3	150×150	1	7
596	60Si2Mn	74	4	150×150	1	8
701	60Si2Mn	74	4	150×150	1	9
778	60Si2Mn	74	4	150×150	1	10
666	60Si2Mn	73	5	150×150	1	11
931	60Si2Mn	71	5	150×150	1	12
949	60Si2Mn	71	5	150×150	1	13
58	60Si2Mn	73	6	150×150	1	14
81	60Si2Mn	74	6	150×150	1	15
835	60Si2Mn	74	7	150×150	2	1
94	60Si2Mn	74	8	150×150	2	2
126	60Si2Mn	72	8	150×150	2	3
395	60Si2Mn	71	9	150×150	2	4
487	60Si2Mn	71	9	150×150	2	5
22	60Si2Mn	71	10	150×150	2	6
84	60Si2Mn	72	10	150×150	2	7
…	…	…	…	…	…	…

以该钢厂有4台连铸机（0号、1号、2号、3号连铸机）同时生产为例，0号、1号连铸机生产弹簧钢等（60Si2Mn、SUP9、50CrVA、ML08Al等），2号连铸机生产普碳钢（HRB335等），3号既生产弹簧钢也生产普碳钢。安排1号连铸机生产弹簧钢150 mm×150 mm和部分180 mm×180 mm连铸坯，3号连铸机生产弹簧钢160 mm×160 mm和部分180 mm×180 mm连铸坯，2号连铸机生产普碳钢150 mm×150 mm、160 mm×160 mm、180 mm×180 mm连铸坯，3号连铸机生产弹簧钢和普碳钢的150 mm×150 mm、160 mm×160 mm、180 mm×180 mm连铸坯。钢种、断面及对应的生产1炉的周期对应关系如表5-10所示。按照前文所述启发式规则及求解步骤，得到了生产浇次表，部分生产浇次如表5-11所示。

表5-10　钢种、铸坯断面与生产周期对应关系

钢种	铸坯断面/mm×mm	生产周期/min
弹簧钢	150×150	53
	160×160	50
	180×180	47
普碳钢	150×150	31
	160×160	28
	180×180	26

表5-11　生产浇次表

浇次号	炉次数/炉	钢种	连铸坯断面/mm×mm	连铸机号	浇铸顺序	生产周期/min
1	15	60Si2Mn	150×150	1	1	795
2	15	60Si2Mn	150×150	1	2	795
3	15	60Si2Mn	150×150	1	3	795
4	15	60Si2Mn	150×150	1	4	795
5	13	60Si2Mn	150×150	1	5	689
6	15	60Si2Mn	160×160	3	1	750
7	15	60Si2Mn	160×160	3	2	750
8	15	60Si2Mn	160×160	3	3	750
9	15	60Si2Mn	160×160	3	4	750
10	11	60Si2Mn	160×160	3	5	550
11	15	60Si2Mn	180×180	1	20	705
12	15	60Si2Mn	180×180	1	21	705
13	15	60Si2Mn	180×180	1	22	705
…	…	…	…	…	…	…

根据生产浇次表，设定各台连铸机所生产第一个浇次的开浇时刻，以及各浇次之间的设备检修及准备时间，则可得到各浇次对应的生产起止时刻表及相应的生产浇次甘特图，见图 5-6。

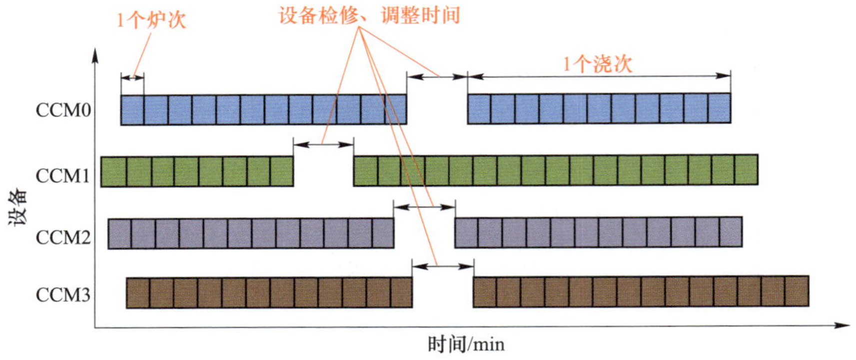

图 5-6　连铸生产浇次甘特图

经检验，共 977 个炉次组成 63 个浇次，在各浇次内钢种、铸坯断面一致，每个浇次内的炉次数符合中间包寿命要求。各浇次在对应连铸机上按排序规则进行了合理排序，无冲突情况。剩余 23 个炉次计划采用其他方法进行安排或调整。由此，炼钢、连铸工序生产作业计划的编排得以完成。

5.2　炼钢-连铸过程生产调度

炼钢-连铸过程是一个复杂的多阶段、多产品的生产过程，涉及一系列复杂的物理-化学变化，其运行的好坏直接影响着最终产品的质量及全流程的生产效率，它是钢铁制造流程的关键区段。通过科学的生产调度可以优化钢厂的生产运行模式，提高炼钢-连铸区段各工序/装置的生产效率，减少钢水在工序/装置之间的等待时间，降低生产过程的物耗和能耗，对研究炼钢厂复杂生产调度问题的求解具有重要的理论价值和现实意义。

5.2.1　生产调度问题进展

炼钢-连铸区段是钢铁制造流程的核心区段，多阶段、多约束及多缓冲的特性决定其生产调度的复杂性，研究高效稳定的生产调度方法有益于提升生产效率、减少能耗和降低成本。生产调度是在满足约束条件的前提下，安排其作业任务的生产设备、开工时间及加工顺序，获得生产任务执行时间或成本的最优化。

5.2.1.1　生产调度问题的概念

在钢铁生产之初，冶金工作者已经考虑到了各工序之间生产调度的问题，但相应的学术研究少有记载。比较早的生产调度研究可以追溯到 1954 年 Johnson 有关两台机床的 Flow-Shop 调度问题的研究[5]。炼钢-连铸生产过程是钢铁制造流程的关键环节，是生产计划与调度技术应用的主要对象，在生产运行系统中发挥着承上启下的关键作用。图 5-7 为炼钢-连铸区段的核心工序/装置，该区段主要由炼钢、精炼（多类型/阶段）、连铸等多个工序组成，每个工序有多台并行装置/设备，其中，炉外精炼工序需要根据生产的钢种选择适宜的设备。炼钢-连铸区段的调度问题要求在满足生产工艺约束的基础上，根据生产计划，为各炉次确定最佳的工艺路径、生产设备以及相应设备上作业的起/止时间，确保整个生产流程稳定高效运行。因此，炼钢-连铸调度问题是一类特殊的混合 Flow-Shop 调度问题，对于出现炉次回炉作业等情况的炼钢-连铸动态重调度问题和具有复杂精炼环节的静态调度问题则可抽象为更复杂的柔性 Job Shop 问题。

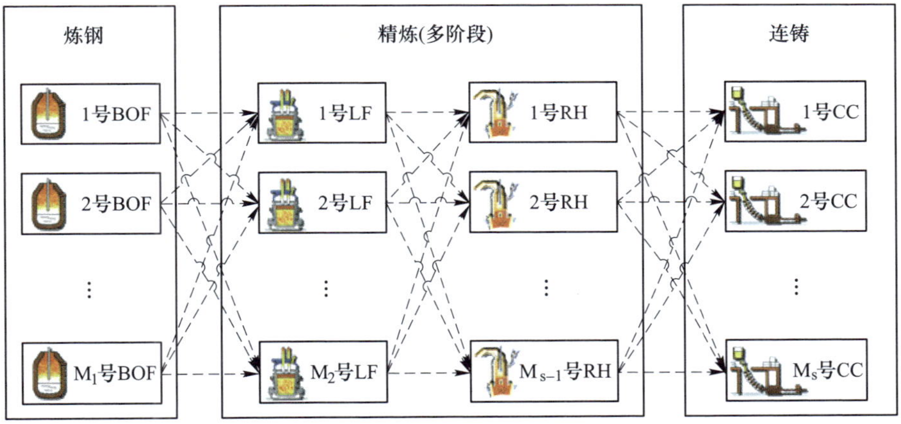

图 5-7 炼钢-连铸工序衔接/对应关系图

5.2.1.2 生产调度问题的特点

炼钢-连铸区段的生产调度作为钢铁制造流程运行控制的关键问题，关系着生产工艺的顺行、生产成本的控制和生产效益的提高，已成为钢铁冶金领域关注的热点之一。然而，钢铁制造业作为典型的流程型工业，具有以下特点：

（1）冶金过程包含复杂的物理变化和化学变化，甚至出现气、液、固多相共存，生产过程复杂，并且要实现多个目标优化；

（2）物质流在工序/设备上的运行路线多，时间节奏上既衔接紧凑，还要保持一定的柔性范围；

（3）区别于传统模铸，连铸阶段必须保证多炉连浇，极大地增加了炼钢-连铸过程生产调度的难度；

（4）生产过程伴随能量耗散，在保证等待时间约束上限的条件下，应尽可能缩小工序/装置等待时间；

（5）实际生产的随机性与不确定性大，生产扰动频发。正是基于这些特点，致使炼钢-连铸过程的生产调度极为复杂，理论研究成果往往难以应用于实际生产。

5.2.1.3　生产调度问题的研究方法

钢铁生产过程的调度问题大多是复杂的组合优化问题，是典型的 NP（多项式复杂程度的非确定性问题）难题。随着调度模型从简单到复杂，调度研究方法也从经典的运筹学方法发展到如今的人工智能优化方法。Tang 等[6]对钢铁企业的计划调度问题进行了评述，将计划调度方法归结于运筹学方法、人工智能、人机协作和多智能体四类，分别叙述了其应用情况。郑忠等[7]重点分析了钢铁企业从生产订单、生产批量计划、生产调度到生产执行不同层次的计划调度技术特点，从建模和求解两个维度综述了近 10 年钢铁企业计划调度问题的代表性研究方法。王彬等[8]对特殊钢厂炼钢-连铸过程的生产计划与调度问题进行了评述，对国内外研究现状进行分析，指出了生产计划与调度结构的发展趋势。许多学者在生产调度的理论方面做了大量研究工作，对生产计划和调度的总结与归纳较多，但研究结果在与企业实际生产结合及应用上尚有明显的不足；并且，生产调度的研究范围涉及众多行业诸多领域，不同调度方法的优缺点、适用领域也有较大的差异。表 5-12 是笔者对钢铁生产调度研究方法的总结。

表 5-12　钢铁生产调度的研究方法

算法	特点	案例
运筹学方法	（1）计算结果准确，使用有效性高，在理论上能获得问题的全局最优解； （2）适用于产品品种单一、脉络较为清晰的生产流程，对较为简单的调度问题，能快速得到最优调度方案； （3）随着生产规模或者约束条件的复杂化，计算时间将呈指数化增长； （4）不能涵盖所有的影响因素，实际应用范围较小，且计算难度较大	数学规划[9-10]、拉格朗日松弛法[11-12]、分支定界法[13-14]
启发式算法	（1）操作简单、求解速度快，解的质量较高； （2）求解规模较大的问题时搜索效率低，评估解的质量的手段较少； （3）在性能上并不要求精确解，只希望尽可能接近“最优解”	多种规则的启发式算法[15-17]

续表 5-12

算法			特点	案例
人工智能方法	基于仿生学算法	遗传算法[18]	（1）计算时间短，具有很好的收敛性、鲁棒性强； （2）个体数量较多时，搜索空间大且搜索时间较长； （3）算法对新空间的探索能力有限，往往会出现早熟，收敛到局部最优解的情况，由于该算法的进化过程存在随机性，解的可靠性及稳定性较差； （4）对初始种群很敏感，初始种群选择不好会影响解的质量和算法效率	混合遗传算法[19-20]、改进遗传算法[21-22]
		蚁群算法[23]	（1）具有较强的鲁棒性和搜索较好解的能力； （2）对初始路线要求不高，求解结果不依赖于初始路线的选择，而且在搜索过程中不需要进行人工的调整； （3）在解决大型优化问题时，存在搜索空间和时间性能上的矛盾，易出现过早收敛于非全局最优解以及计算时间过长等问题	其他算法与蚁群算法结合[24-25]
		粒子群算法	（1）算法结构简单、需要调节的参数少、实现方式容易； （2）对于离散的优化问题处理不佳，容易陷入局部最优； （3）广泛应用于函数优化、多目标优化、求解整数约束和混合整数约束优化问题、神经网络训练、信号处理等实际问题中	离散粒子群算法[26-27]、其他算法与粒子群算法结合[28]
		人工蜂群算法	（1）控制参数少、收敛速度快、稳定性好和效率高； （2）后期收敛速度慢、易陷入局部最优、搜索精度不高	改进人工蜂群算法[29-30]
	禁忌搜索[31]		（1）收敛性好，快速而高概率地向好的方向移动； （2）需要调整不同的参数，参数的选取对最后得到的解有着直接的影响，没有很好的鲁棒性； （3）禁忌长度和禁忌表不宜太大，禁忌长度太小容易循环搜索，禁忌表太长容易陷入“局部解”	求解最优炉次计划[32]、与其他算法结合[33]
	模拟退火[34]		（1）它的解是随机近似解，所求解的质量有赖于大量实验； （2）突破局域搜索的限制，因此其全局搜索性较强； （3）各个参数选择比较困难，如果选择不得当，就会使得计算时间很长，而且可能得不到好的结果	模拟退火与遗传算法结合[35]、混合排序免疫模拟退火[36]

续表 5-12

算法		特点	案例
人工智能方法	系统仿真	（1）通过建立仿真模型来模拟实际生产情况，对实际系统全局性进行分析； （2）设计、建立和运行仿真模型进行生产调度在时间、费用上成本很高； （3）仿真的准确性受操作人员的判断技巧的限制，甚至很高精度的仿真模型也无法保证能找到最优或次优的调度	仿真优化[37]、Petri网模型[38]、eM-Plant建模[39]
	专家系统	（1）应用大量的专家知识和推理方法求解复杂问题； （2）专家系统能解决特定领域的一些具体问题，在炼钢-连铸过程中多用于建立生产调度系统	专家系统[40-41]
	多智能体系统	（1）特别适用于解决具有大量交互作用的复杂问题； （2）将复杂大系统分解成结构简单且彼此相互通信及相互协调的、易于管理的多个简单 Agent 组成的复杂系统	与其他算法结合[42-43]

由该表可以看出，生产调度研究方法特点如下：（1）不同调度方法有其特定的适用条件，集成多种调度方法可以充分发挥自身优势，解决复杂优化问题；（2）运筹学方法、启发式算法、仿生学算法等多用于解决静态调度问题，专家系统、多智能体系统等多用于解决动态调度问题；（3）人工智能方法发展迅速，由于其优势性所在，是未来发展趋势所在。根据求解目标选择合理的研究方法，并在此基础上，寻求更多的智能算法，是当前生产调度研究的一个重要方向。探索将这些研究方法应用于炼钢-连铸实际生产流程，而不局限于理论研究，寻找并确立适宜的求解思路与建模的方法，对钢厂实现稳定化、高效化、智能化运行具有重要的现实意义。

5.2.1.4　生产调度问题的研究思路及方法

炼钢-连铸生产过程中存在两类典型的调度问题：静态调度和动态调度。炼钢-连铸过程静态调度问题具体到生产工序/装置包括转炉、炉外精炼、连铸机等工序/设备的静态调度。动态调度是指当实际生产过程中发生扰动使得生产无法按计划进行时，根据现场实际情况，及时调整静态调度计划，以最小的代价保证生产顺利进行。

笔者在总结前人研究成果的基础上，结合长期研究与实践的体会，对炼钢-连铸生产过程中的两类典型调度问题提出如下的研究思路及解决方法。

A　静态调度："运行规则+智能算法"

目前，钢厂产品呈现多品种、小批量、多规格等特点，不同钢种的工艺路径及断面规格不同，各个阶段的工序会有多台并行设备，造成炉-机不匹配的情况频繁出现，许多大型炼钢厂设备多，天车需要承担的作业任务繁多，作业路线交叉频繁，规律性的认识仍较欠缺。由于实际生产的复杂性，通过算法模型求解的初始调度在现场的可执行性差。寻求合适的求解方法，确保静态调度的可执行性是当前智能化制造环境下的一项重要研究内容。

在总结前人经验的基础上，结合笔者所在团队长期研究与实践的体会，提出了“运行规则+智能算法”的研究思路来解决静态调度问题。针对不同的生产计划和生产环境，运用规则确定最佳的生产组织模式和准确的约束条件，来构建调度模型，进而采用合适的算法求解模型。所谓“运行规则”，即根据实际生产状况和现场调度人员的经验，建立一些基本原则，包括生产调度基本规则、时间控制规则、设备匹配规则、人工调整规则等，形成生产调度规则库。所谓“智能算法”，即求解炼钢-连铸生产过程调度问题的计算方法，例如，运用启发式算法、遗传算法等求解排产计划，对静态调度问题求解。

笔者所在研究团队，对静态调度进行了长期实践研究，文献［44-47］以某特殊钢厂为例，运用“炉-机对应”的炼钢厂运行原则[48]，综合考虑合理的产品结构以及不同产品在各工序/设备的生产节奏等因素，利用柔性工序缓冲策略进行调度求解，对生产模式进行优化。生产调度问题求解过程中，运用建立的生产调度规则，确立优化的炼钢-连铸生产运行模式。在此基础上，辅之以优化的智能算法进行综合计算，使获得的静态调度方案更加适应实际情况，提高静态调度的可执行性。图 5-8 为生产模式优化前/后的炉-机匹配方案，其中，绿色路线表示常规钢生产的作业路线，蓝色路线表示弹簧钢生产的作业路线，设备下方的数字表示该设备当月产量与炼钢厂当月总产量的比值，箭头线段上的数值表示该作业路线的当月产量与炼钢厂当月总产量的比值。对不同产品结构的生产流程根据不同的运行模式进行生产组织，可形成产品结构与炉-机运行协调的优化调度技术。该技术应用于某钢厂后，转炉平均冶炼周期由 37 min 降低到 35 min，吨钢合金料消耗成本降低 5‰，吨钢钢铁料消耗降低 4 kg，连铸坯平均合格率由 99. 87% 提升至 99. 93%[49]。

以某大中型炼钢厂的计划排产为例，图 5-9 为该厂“四炉-三机”下的生产模式。考虑到等待时间和炉-机匹配程度两方面的影响，笔者根据生产实际结合人工操作经验，建立包括时间调整规则和设备指派规则在内的规则库，根据时间调整规则确定合理的目标函数和约束条件，建立以炉次总等待时间最小为优化目标的炼钢-连铸生产调度模型；运用遗传算法求解该模型，在遗传操作过程中，引入设备指派规则以改善初始种群质量，根据炼钢/精炼与连铸生产周期及衔接匹配关系，当连铸周期大于精炼/转炉周期时，表现为“一一对应”模式/关系，反之则表现为“定炉对定机”模式/关系，图 5-9 所示 1 号 BOF-1 号 LF-1 号 CC

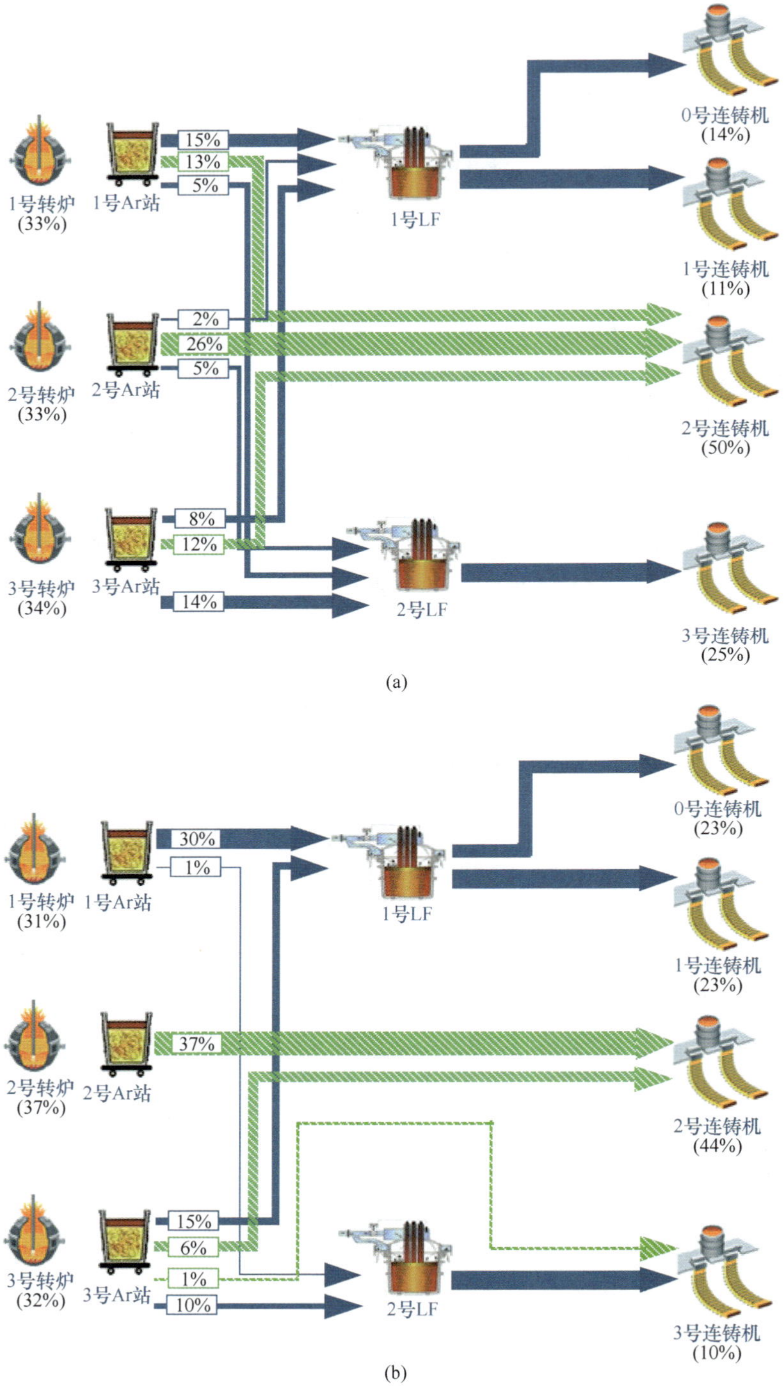

图 5-8　工序与设备产能匹配关系[50]

（a）改进前生产模式；（b）改进后生产模式

作业路线即为“一一对应”模式。改进后的遗传算法减少了工序/设备指派的随机性，在减少不同设备之间的交叉作业、优化钢厂生产模式上具有较好效果。运行规则与优化/智能算法的有机结合，获得的静态调度方案既满足了实际生产情况，又保证了生产运行的“正点率”和准确性。由此，通过优化生产模式，运用“运行规则+智能算法”的研究思路，可为实现炼钢-连铸生产过程静态调度的高效化和智能化运行提供理论与方法的支撑。

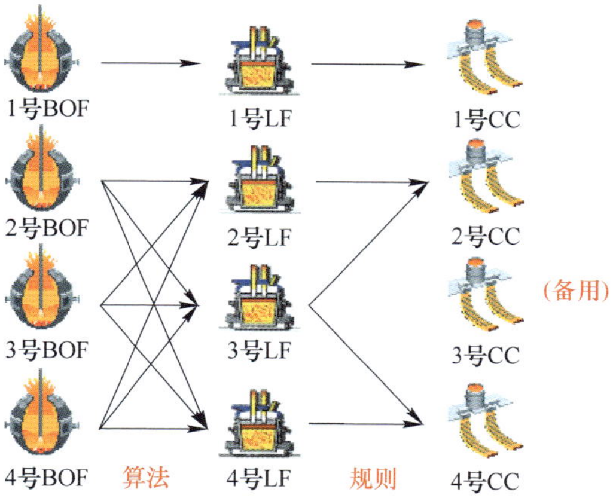

图 5-9 四炉-三机生产模式（3 号连铸机停机）

B 动态调度：多工序协同

炼钢-连铸生产过程存在着诸多不确定性和随机性的扰动因素，如任务扰动、设备扰动、生产工艺扰动、工序扰动等。然而，当前炼钢-连铸过程的调控主要侧重于对单体工序或操作过程的控制，对流程运行的综合管控不足。当某一工序出现生产扰动时，其他工序难以及时有效地做出调整来改变生产节奏，以消除或减弱扰动对于生产的影响。工序工艺控制和生产调度相互脱节，已无法解决炼钢-连铸过程复杂的动态调度问题，因此，开展多工序的协同运行与控制的研究是解决炼钢-连铸过程动态调度问题的发展趋势。

多工序协同即综合考虑多个工序生产工艺与产品质量的协同控制，具有自优化、自决策功能的动态调度是实现炼钢-连铸过程多工序协同运行的手段。基于炼钢-连铸过程物质流的运行特点，结合大数据和人工智能技术，形成炼钢-连铸全流程协同控制与优化的建模理论和方法，构建各关键工序工艺控制、质量管控与生产调度的协同机制。本节采用分布式多智能体技术，建立工艺模型智能体（炼钢、炉外精炼、连铸等）、动态调度智能体、产品质量管控智能体，根据动态调度智能体和工艺控制智能体执行的结果，对产品质量管控智能体进行反馈和质量预测，对生产过程出现的实时扰动，适时调整工艺参数和调度策略，实现炼钢-连铸过程多工序工艺控制、质量管控与生产调度之间的协同控制，如图 5-10 所示。

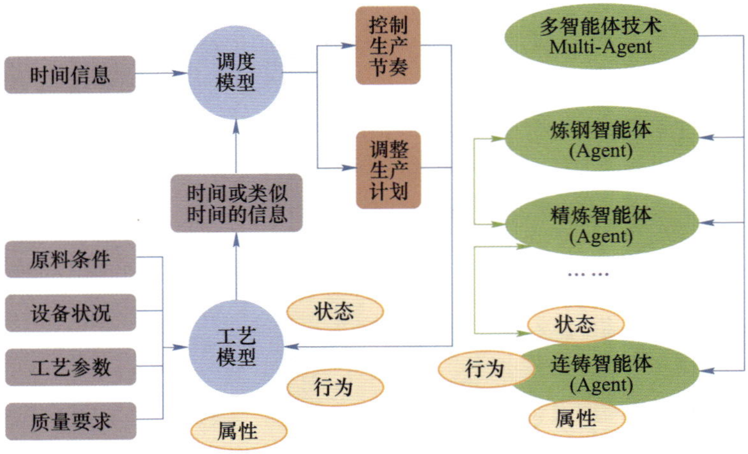

图 5-10　炼钢-连铸过程多工序协同控制技术要素及其关系

截止到当前，笔者所在的研究团队对动态调度问题开展了一些研究，文献［45］对动态调度提出基于规则推理的动态调整策略，文献［50］提出基于多智能体技术的生产调度模型与工艺模型的协同，文献［51-52］针对机器故障下的炼钢-连铸动态调度问题，基于动态约束满足技术开发了能够灵活反映各种动态因素的建模机制，文献［53］针对混合流水车间调度问题，设计了一种基于多 Agent 的混合流水车间动态调度系统，文献［54］基于混合知识表示和规则推理技术设计了炼钢-连铸过程重调度专家系统原型。经过团队长期实践，提出基于案例推理（Case-based Reasoning，CBR）和规则推理（Rule-based Reasoning，RBR）技术相结合的炼钢-连铸动态调度策略，如图 5-11 所示。案例库存放扰动信息，策略库存放扰动类别对应的调度规则，将当出现扰动时，基于案例推理技术，为生产扰动匹配相应的扰动类别和动态调整机制；基于规则推理技术，为扰动类别建立调度规则选择模型，根据扰动类别自动选择调度规则组合。根据扰动类别采用相应的动态调度策略，进而建立工艺优化控制方案以及协同调度方案，实现炼钢-连铸生产调度多工序工艺控制之间的协同。

基于本团队多年研究工作，下面以某钢厂实际静态生产调度为例，建立生产调度规则，优化钢厂的生产运行模式，改善钢厂的生产计划编制水平，增强生产计划的可执行性，加强现场实时调控，以实现炼钢-连铸过程的稳定化、连续化运行。

5.2.2　生产调度规则库建立

结合某炼钢厂的实际生产状况和现场调度人员的经验，归纳总结了以往的研究工作，较为系统地构建了包括生产调度基本规则、时间控制规则、设备匹配规

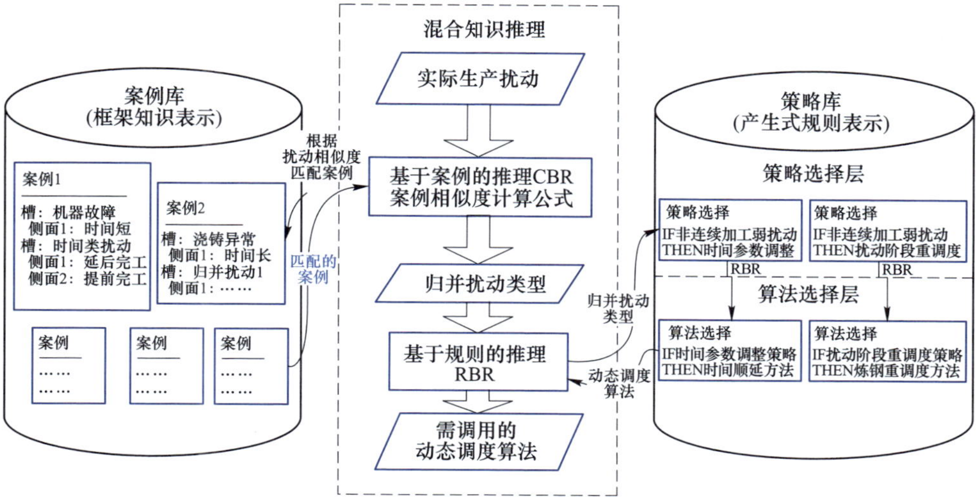

图 5-11 基于案例推理和规则推理的炼钢-连铸动态调度策略

则，以及动态调整规则等的生产调度规则库。

5.2.2.1 生产调度基本规则

生产调度基本规则是根据炼钢-连铸生产过程的流程特点，结合炼钢-连铸生产实际归纳总结出的、具有普适性的、在生产调度过程中必须遵守的基本原则，主要内容如表 5-13 所示。

表 5-13 生产调度基本规则

规则	内 容
规则 1	在同一浇次内，一台连铸机实现多炉次连浇数最大
规则 2	同一浇次内，一台连铸机的连浇时间不超过中间包寿命
规则 3	同一浇次内，连铸机不断浇
规则 4	在同一工位，某时刻只能生产一个炉次（不包含 LF 双工位的情况）
规则 5	同一炉次只有在前一工序的生产完成后，才能开始下一工序的生产
规则 6	同一设备的下一个炉次的操作必须在上一炉次处理完后进行
规则 7	同一连铸机上相邻浇次之间需要一定的时间间隔，用来更换中间包，调整结晶器宽度和厚度
规则 8	优先运用工序过程柔性时间对调度过程中的设备故障、时间冲突进行调节
规则 9	在钢水温度以及成分不影响前后工序生产的前提下，可运用钢包在二次冶金工位的处理时间进行前后工序的缓冲
规则 10	在钢水温度和拉速满足连铸工艺参数要求的前提下，连铸工序可在一定范围内对拉速或者连铸浇铸的流数进行微调

5.2.2.2　时间控制规则

时间控制规则是进行初始调度方案计算时的时间参数控制规则，以及出现时间和设备冲突时用于消解冲突的调整规则，具体见表 5-14。

表 5-14　时间控制规则

规则	内　容
规则 11	连铸工序某浇次的开浇时刻 = 该浇次第 1 炉次的开始生产时刻
规则 12	连铸工序某炉次的开始时刻 = 本浇次内上一炉次在此连铸机的结束时刻（不包含第 1 炉次）
规则 13	生产任务的开始时刻 = 生产任务的结束时刻 - 生产任务的生产时间
规则 14	生产任务的结束时刻 = 生产任务在相邻下一工序的开始时刻-两个工序间的运输等待时间
规则 15	生产任务的开始时刻 < 在同一设备相邻上一个生产任务的结束时刻
规则 16	过程等待时间介于运输时间与最长等待时间之间
规则 17	在同一设备执行同一类生产任务的时间存在一个生产周期范围

5.2.2.3　设备匹配规则

设备匹配规则是指在生产过程中生产任务与设备匹配、生产工艺路线选定的原则。由于不同炼钢厂工艺流程、生产组织模式、产品结构不尽相同，所以设备匹配规则也不同。以某钢厂为例，其炼钢—连铸区段有 3 座转炉、3 座氩站、2 座 LF 和 4 台连铸机，表 5-15 所示为该厂实现炼钢—连铸生产调度的设备匹配规则。

表 5-15　设备匹配规则

规则	内　容
规则 18	转炉炼钢工序的生产任务为冶炼弹簧钢，若 1 号转炉可用，则匹配 1 号转炉
规则 19	转炉炼钢工序的生产任务为冶炼普碳钢，若 2 号转炉可用，则匹配 2 号转炉
规则 20	3 号转炉可用于冶炼弹簧钢和冶炼普碳钢两大类生产任务的匹配
规则 21	需经吹氩工序的炉次，默认匹配与其冶炼转炉距离最近的吹氩站执行吹氩操作
规则 22	经炉外精炼工序的炉次，优先匹配与其吹氩站距离最近的 LF 炉执行二次冶金操作
规则 23	连铸工序的生产任务优先根据钢种进行设备匹配，0 号铸机优先匹配弹簧钢生产任务，2 号铸机优先匹配普碳钢，1 号、3 号连铸机均可以匹配弹簧钢生产或普碳钢生产

5.2.2.4　工艺约束规则

工艺约束规则是指各工序或者设备按照生产钢种所遵循的冶金工艺要求来指导生产运行的法则，主要涉及转炉、精炼炉、连铸机、钢包、天车等主要工序设备。各炼钢厂因其生产钢种不同，设备配置不同等，因此在工艺约束上存在区别。以某钢厂为例，其炼钢-连铸区段有 4 座转炉、4 座 LF、2 座 RH 和 4 台连铸机，以普碳钢与海工用钢、铁路车辆用钢等品种钢生产为主，其工艺约束规则具体见表 5-16。

表 5-16　工艺约束规则

规则	内　容
规则 24	转炉生产的大部分钢种采用单渣法冶炼操作，标准作业周期 40 min，少量钢种采用双渣法冶炼，相应的转炉作业周期增加 4 min，重点品种钢（海工用钢、铁路车辆用钢等）因检测钢水成分还需增加 2 min
规则 25	LF 精炼炉标准作业周期为 42 min，其中，通电时间 30 min，软吹时间 12 min；RH 精炼炉标准作业周期为 30 min，若生产过程中出现设备故障，在不影响钢水温度和化学成分的前提下，通过调整精炼工序的作业时间，来实现对生产节奏的调控
规则 26	若 3 号、4 号连铸机浇注的上一炉次钢水经过 RH 精炼，则 LF 精炼软吹时间控制为 5 min，若上一炉次钢水没有经过 RH 精炼，则 LF 精炼软吹时间控制为 12 min
规则 27	考虑炼钢厂实现最大生产能力充分发挥各设备的利用率，将 3 号连铸机作为备用，当更换浇次或者其他连铸机检修时，则启动 3 号连铸机
规则 28	连铸机开浇第一炉时，该炉次的浇注时间增加 5 min
规则 29	在钢水温度和拉速满足连铸工艺要求的前提下，连铸工序可在一定时间范围内对拉速进行微调，以保证多工序运行节奏的匹配
规则 30	4 号连铸机生产小规格断面的铸坯时，应全部由 4 号转炉供应钢水，正常炉次全部经过 4 号 LF 供钢，生产特殊品种钢（如 X65M 等）时，可由 2 座 LF 交叉供应钢水
规则 31	4 号连铸机生产大规格断面的铸坯时，生产 Q345B 系列和含 B 钢时，可由 2 座 LF 交叉供应钢水，生产 Q235B 系列炉次的精炼路径为 4 号 LF-2 号 RH
规则 32	4 台连铸机满负荷生产时需要配置 16~17 个钢包，1 号连铸机专包专用，需要 4~5 个钢包，2 号、3 号、4 号连铸机所用钢包可通用（SPHC 钢除外）
规则 33	加料跨 1 号、2 号天车负责翻铁水包作业；3 号、4 号天车担负兑铁水作业
规则 34	钢水接受跨 11 号天车负责 1 号连铸机钢包下包、翻包、将钢包运至钢水生产线上等待作业；12 号天车负责为 1 号、2 号 LF 钢水进站、转炉出钢位座包、2 号连铸机吊运钢水等作业；13 号天车负责为 2 号连铸机吊空包、翻包、立包、为 2 号 LF 吊钢水进站等作业；14 号天车负责为 3 号连铸机吊钢水进站、上钢、下包等作业；15 号天车负责为 4 号连铸机钢水进站、上钢、下包提供服务

5.2.2.5　动态调整规则

在实际生产中，设备故障与系统异常事件时有发生，需要对生产计划进行修改，而在生产计划的执行过程中，这样的修改或调整越少，炼钢-连铸过程系统的运行才会越稳定。生产任务与生产设备的匹配频繁变化，会导致工艺操作不断发生变化，对生产节奏与产品质量带来严重影响。因此，在生产调度的执行过程中，若未出现重大的设备故障或系统异常，尽量运用实时调整规则增减设备之间的缓冲时间、调整生产节奏来实现生产计划的“平稳”调整。

规则 35：若参与生产任务的连铸机台数为 3，则可启动第 4 台连铸机。

规则 36：若需增加一个炉次，向正在执行的连铸浇次计划中临时增加 1 个炉次。

规则 37：若某浇次的剩余炉次无法执行，则停止该浇次中的剩余炉次。

规则 38：从某浇次计划中选择 1 个或多个炉次移至其他即将执行的浇次计划中。

规则 39：将某浇次计划中的剩余浇次计划移至其他浇次计划中。

规则 40：对某炉次的钢种、规格、作业路线等工艺参数进行调整，以抵消异常的影响。

规则 41：若某炉次的完成时刻发生延迟，且延迟的时间段可以控制在二次冶金工序处理的时间缓冲范围内，即满足：

$$t_{i,j,1}^{\mathrm{E}}{}' - t_{i,j,1}^{\mathrm{E}} \leqslant t_{i,j,2,\max}^{\mathrm{SE}} - t_{i,j,2}^{\mathrm{SE}} \quad (i = 1,2,\cdots,m;\ j = 1,2,\cdots,n_i) \tag{5-21}$$

则充分运用二次冶金工序的时间缓冲范围对延迟时间段进行缓冲，而无需调整该炉次在连铸工序的开始时刻。

规则 42：若某炉次的完成时刻发生延迟，而延迟的时间段超出二次冶金工序处理的时间缓冲范围，即不满足式（5-21），则对该炉次要充分运用二次冶金工序的最长处理时间进行缓冲后，需对前一炉次在连铸工序降低拉速来实现缓冲：

$$t_{i,j,2}^{\mathrm{E}}{}' = t_{i,j,2}^{\mathrm{E}} + t_{i,j,2,\max}^{\mathrm{SE}} \quad (i = 1,2,\cdots,m;\ j = 2,3,\cdots,n_i) \tag{5-22}$$

$$t_{i,j-1,3}^{\mathrm{E}}{}' = t_{i,j-1,3}^{\mathrm{E}} + (t_{i,j,1}^{\mathrm{E}}{}' - t_{i,j,1}^{\mathrm{E}}) - (t_{i,j,2,\max}^{\mathrm{SE}} - t_{i,j,2}^{\mathrm{SE}}) \quad (i = 1,2,\cdots,m;\ j = 2,3,\cdots,n_i) \tag{5-23}$$

该浇次内的后续炉次，在各工序开始时刻和结束时刻都需要进行相应延后调整。同一炉次在不同工序之间的作业时刻按式（5-24）进行调整，同一设备上同一浇次及相邻浇次的前后炉次之间的作业时刻可分别按式（5-25）、式（5-26）进行调整：

$$t_{i,j,k+1}^{\mathrm{S}}{}' = t_{i,j,k}^{\mathrm{E}}{}' + t_{i,j,(k,k+1)}^{\mathrm{T}}{}' \quad (i = 1,2,\cdots,m;\ j = 1,2,\cdots,n_i;\ k = 1,2) \tag{5-24}$$

$$t_{i,j+1,k}^{\mathrm{S}}{}' = t_{i,j,k}^{\mathrm{E}}{}' + t_{i,(j,j+1),k}^{\mathrm{G}}{}' \quad (i = 1,2,\cdots,m;\ j = 1,2,\cdots,n_i - 1;\ k = 1,2,3) \tag{5-25}$$

$$t_{i+1,1,k}^{\mathrm{S}}{}' = t_{i,n_i,k}^{\mathrm{E}}{}' + t_{\mathrm{EA}}{}' \quad (i = 1,2,\cdots,m - 1;\ k = 1,2,3) \tag{5-26}$$

规则 43：若某炉次的完成时刻延迟时间段大于二次冶金工序与连铸工序缓冲时间范围之和，即满足：

$$t_{i,j,1}^{\mathrm{E}}{}' - t_{i,j,1}^{\mathrm{E}} > (t_{i,j,2,\max}^{\mathrm{SE}} - t_{i,j,2}^{\mathrm{SE}}) + (t_{i,j,3,\max}^{\mathrm{SE}} - t_{i,j,3}^{\mathrm{SE}}) \quad (i = 1,2,\cdots,m;\ j = 1,2,\cdots,n_i) \tag{5-27}$$

则该连铸机需进行停浇。

规则 44：若某浇次的某炉次在连铸工序的完成时刻延迟，则此连铸机后续的炉次作业时刻需相应延迟，可按式（5-24）~式（5-26）进行调整。

规则 45：由于开浇时中间包内壁温度相对钢水温度要低一些，中间包会从钢水中吸收热量，因此，各浇次的第 1 个炉次在炼钢工序需提高出钢温度，进而炼钢工序的生产时间将延长，出钢时刻会有所延迟，可依照规则 25~规则 27 进行判断，从而对生产计划作出相应调整。

规则 46：若某炉次在某工序的完成时刻提前，则需在生产条件和设备条件允许的范围内，通过缩减工序之间的生产等待时间，使后一工序的开始作业时刻提前，并调整后续炉次的开始时刻与完成时刻，进而加快生产节奏。后一工序的开始时刻调整方法见式（5-28）。

$$t_{i,j,k}^{\mathrm{S}}{}' = t_{i,j,k}^{\mathrm{S}} - (t_{i,j,k-1}^{\mathrm{E}} - t_{i,j,k-1}^{\mathrm{E}}{}') \quad (i = 1,2,\cdots,m;\ j = 1,2,\cdots,n_i;\ k = 2,3) \tag{5-28}$$

后续炉次的开始作业时刻按式（5-4）~式（5-6）进行协调。

依照上述生产调度的调整规则，结合实时调整的生产计划，可实现动态调度。

5.2.3 静态调度模型构建与求解

5.2.3.1 基于规则的静态调度模型构建

A 模型基本假设

炼钢-连铸生产流程是一个多品种、多批量、多规格的高复杂高动态的过程系统，其变化因素与变量较多。本章讨论的调度模型是基于第 4 章炼钢炉次计划与连铸浇次计划研究展开的，因此，设定以下模型假设：

（1）只考虑炼钢、二次冶金、连铸三个关键工序及其生产装置/单元，对于铁水罐、钢包、天车等辅助生产装置/单元，认为其生产能力足够，且各生产装置/单元运行平稳，可为炼钢-连铸过程的关键工序的生产运行提供充足的原燃辅料。

（2）连铸浇次数及各浇次的炉次数、各浇次相应的连铸机及各浇次的各炉次在连铸工序的生产顺序和开始生产时刻均为已知。

（3）各炉次的生产任务与炼钢、二次冶金工序/装置的匹配不受限制，且各炉次在各工序相应装置的生产周期及其合理波动范围为已知。

（4）相邻关键工序之间的平均运输时间、钢包最长允许传搁/等待时间及连铸工序相邻浇次之间的准备时间均为已知。

B　变量定义

为便于论述，定义变量符号如下：

r 为连铸浇次号，N 为总连铸浇次数，$n \in \{1, 2, \cdots, N\}$ 。

i 为炼钢炉次号，F 为所有炼钢炉次的集合，$i \in F$。

F_n 为连铸浇次 r 内的炉次集合，f_n 为连铸浇次 r 内的炉次总数。

F^{s} 为所有连铸浇次第 1 个炉次的集合，f_n^{s} 为连铸浇次 r 在连铸工序开浇的第 1 个炉次。

F^{e} 为所有连铸浇次最后 1 个炉次的集合，f_n^{e} 为连铸浇次 r 在连铸工序完成的最后一个炉次。

P_i 为炼钢炉次 i 需历经的工序集合，$P_i = \{1, 2, \cdots, p_i\}$，$p_i$ 为炼钢炉次 i 需历经的工序总数。

k 为炼钢炉次 i 的工序 k 的顺序编号，$1 \leqslant k \leqslant p_i$。$k=1$，炼钢工序；$1<k<p_i$，二次冶金工序；$k=p_i$，连铸工序。

M_k 为工序 k 内的装置/单元集合，$M_k = \{1, 2, \cdots, m_k\}$，$m_k$ 为工序 k 内的可匹配的设备总数。

l，l'，l''为炼钢炉次 i 在工序 k 内匹配装置的编号，$1 \leqslant (l, l', l'') \leqslant m_k$。

$I_{(i,k,l)}$ 为与炼钢炉次 i 在工序 k 的装置 l 执行生产的后一相邻炉次。

$t_{i,k,l}^{\mathrm{E}}$为炼钢炉次 i 在工序 k 的装置 l 上的完成时刻。

$t_{i,k,l}^{\mathrm{S}}$为炼钢炉次 i 在工序 k 的装置 l 上的开始时刻。

$t_{i,k,l}^{\mathrm{SE}}$为炼钢炉次 i 在工序 k 的装置 l 上的生产周期。

$T_{i,k,l}$为炼钢炉次 i 在工序 k 的装置 l 上的平均生产周期。

$T_{i,k,l}^{\min}$为炼钢炉次 i 在工序 k 的装置 l 上的最小允许作业周期。

$T_{i,k,l}^{\max}$为炼钢炉次 i 在工序 k 的装置 l 上的最大允许作业周期。

$t_{i,(k-1,k)}^{\mathrm{T}}$ 为炼钢炉次 i 从工序 $k-1$ 到工序 k 的平均传搁时间。

$t_{i,(k-1,k)}^{\mathrm{W}}$ 为炼钢炉次 i 从工序 $k-1$ 到工序 k 的最长允许传搁/等待时间。

t_{RT}为连铸生产过程中，相邻浇次间的平均间隔准备时间。

TL 为中间包寿命。

$Q_{1,a}$为某时间段内，工序 1 的装置/单元 a，即转炉 a 所生产的钢水量。

$Q_{p_i,b}$为某时间段内，工序 p_i 的装置/单元 b，即连铸机 b 所浇铸的钢水量。

$Q_{1,a\to p_i,b}$为某时间段内，转炉 a 向连铸机 b 供应的钢水量。

$f_{a,b} = \dfrac{Q_{1,a\to p_i,b}}{Q_{1,a}} \times 100\%$为转炉 a 向连铸机 b 供应的钢水量占该转炉冶炼钢水总量的比值。

$R_a = \dfrac{\sum_{b=1}^{m_{p_i}} \left(f_{a,b} - \dfrac{1}{m_{p_i}}\right)^2}{1 - \dfrac{1}{m_{p_i}}} \times 100$ 为转炉 a 的“炉-机匹配度”，当转炉 a 向多个连铸机供应钢水时，各连铸机从转炉 a 得到的钢水量越平均，“炉-机匹配度”越小，即转炉与连铸机的对应性越差，m_{p_i} 为工序 p_i 的装置/单元总数。

C_1，C_2，C_3，C_4，C_5 分别表示“炉-机匹配度”、连铸浇次断交惩罚系数、总生产时间惩罚系数、炉次传搁/等待时间惩罚系数、作业周期波动惩罚系数。

C 数学模型

基于上述炼钢-连铸调度问题描述和调度模型的基本假设，构建多目标优化的炼钢-连铸调度数学模型如下：

$$\max Z_1 = C_1 \sum_{a \in M_1} R_a \tag{5-29}$$

式（5-29）是在“炉机对应”的运行原则下提出的基于最大化炉机匹配度的目标函数，明确转炉与连铸机间的对应关系，优化作业路线，保证生产运行的稳定、有序、高效；

$$\min Z_2 = C_2 \sum_{i,I \in F} \left(t^{\mathrm{E}}_{I_{(i,p_i,l)},p_I,l} - t^{\mathrm{S}}_{i,p_i,l}\right) \tag{5-30}$$

式（5-30）是在保证连铸机连浇的前提下，即实现最大连浇炉数的目标函数，从而提高中间包和连铸机设备利用率；

$$\min Z_3 = C_3 \sum_{n=1}^{N} \left(t^{\mathrm{E}}_{f^e_n,p_{f^n_n},l'} - t^{\mathrm{S}}_{f^s_n,1,l''}\right) \tag{5-31}$$

式（5-31）是使所有生产浇次的总生产完工时间最短的目标函数，旨在提高整个炼钢区段的生产效率，实现节能降耗；

$$\min Z_4 = C_4 \sum_{i \in F} \left(t^{\mathrm{S}}_{i,p_i,l'} - t^{\mathrm{E}}_{i,1,l''} - \sum_{k=2}^{p_i-1} t^{\mathrm{SE}}_{i,k,l}\right) \tag{5-32}$$

式（5-32）是使生产过程炉次传搁/等待时间最短的目标函数，即缩减工序之间的非生产运输时间和等待时间，降低过程温降和能耗；

$$\min Z_5 = C_5 \sum_{i \in F} \left| t^{\mathrm{SE}}_{i,k,l} - T_{i,k,l} \right| \tag{5-33}$$

式（5-33）是使各生产任务在装置/单元上的作业周期波动最小化，以保证生产节奏运行平稳。

模型构建必需的约束条件：

$$x_{i,k,l} = \begin{cases} 1 & i\ \text{被指派到工序}\ k\ \text{的机器}\ l\ \text{上} \\ 0 & i\ \text{未被指派到工序}\ k\ \text{的机器}\ l\ \text{上} \end{cases} \quad \sum_{i \in M_k} x_{i,k,l} = 1 \quad \forall i \in F, \forall k \in P_i \tag{5-34}$$

式（5-34）所表达的约束条件是指某炼钢炉次在不同工序执行作业时，只能与相应工序的某一台装置/单元进行匹配；

$$t^{S}_{i,k,l'} \geq t^{E}_{i,k-1,l''} \quad \forall i \in F, \forall k, k-1 \in P_i, \forall l' \in M_k, \forall l'' \in M_{k-1} \tag{5-35}$$

式（5-35）所表述的约束条件是指某炉次只有在完成相邻前一工序的生产任务后才可以开始后一工序的生产，即时序约束；

$$t^{S}_{I_{(i,k,l)},k',l} \geq t^{E}_{i,k,l} \quad \forall i, I_{(i,k,l)} \in F, \forall k \in P_i, \forall k' \in P_{I_{(i,k,l)}}, \forall l \in (M_k = M_{k'}) \tag{5-36}$$

式（5-36）所表达的约束条件是指同一设备只有在执行完某一生产任务后才能开始执行相邻的下一个生产任务，即设备析取约束；

$$t^{T}_{i,(k-1,k)} \leq t^{S}_{i,k-1,l'} - t^{E}_{i,k,l''} \leq t^{W}_{i,(k-1,k)} \quad \forall i \in F, \forall k, k-1 \in P_i, \forall l' \in M_{k-1}, \forall l'' \in M_k \tag{5-37}$$

式（5-37）所表达的约束条件是指在生产过程中，根据“能耗最小”原则，为满足各工序生产工艺的温度要求，需减少能量的消耗，相邻工序之间的传搁/等待时间除必要运输时间外，不能超出最大允许等待时间范围，即等待时间受限约束；

$$T^{\min}_{i,k,l} \leq t^{SE}_{i,k,l} \leq T^{\max}_{i,k,l} \quad \forall i \in F, \forall k \in P_i, \forall l \in M_k \tag{5-38}$$

式（5-38）所表述的约束条件是指为协调关键工序的生产节奏，需要调整各工序的生产周期，但生产周期的调整时间不允许超出合理的波动范围，即柔性作业时间约束；

$$t^{S}_{I_{(i,p_i,l)},p_{I_{(i,p_i,l)}},l} \geq t^{E}_{i,p_i,l} + t_{RT} \quad \forall i, I_{(i,p_i,l)} \in F, \forall l \in (M_{p_i} = M_{p_{I_{(i,p_i,l)}}}) \tag{5-39}$$

式（5-39）所表述的约束条件是指同一连铸机的相邻浇次之间需留出一定的准备时间用于调整设备参数、更换中间包、更换结晶器等操作，即连铸生产准备时间约束；

$$\sum_{i \in F_n} t^{SE}_{i,p_i,l} \leq TL \quad \forall n \in \{1,2,\cdots,N\}, \quad \forall l \in M_{p_i} \tag{5-40}$$

式（5-40）所表述的约束条件是指连铸浇次数不能超过中间包寿命，即中间包寿命约束。

5.2.3.2　基于规则的静态调度模型求解

在炼钢-连铸生产调度执行过程中，针对不同产品结构的生产流程应依照不同的生产模式组织生产。因此，在生产时间参数已知的条件下，针对不同产品结构的生产流程进行生产模式分析，结合生产模式优化，在“炉机对应”这一炼钢厂基本运行原则的基础上，运用柔性工序的缓冲调节策略求解优化生产模式下的炼钢-连铸调度模型。

A　生产模式的选择

对于某钢厂而言，生产不同牌号弹簧钢（如 60Si2Mn、SUP9、50CrVA 等）

的生产周期相近，生产不同牌号普碳钢（如 HRB400、HRB335、HPB300 等）的生产周期也相近，但弹簧钢与普碳钢的生产周期则相差较大，为便于分析讨论，将该钢厂所生产的钢种划分为弹簧钢和普碳钢两类，且假定同一关键工序内的不同装置/单元无差异，3 座转炉的公称容量均为 80 t，即各生产任务的生产周期与其所匹配的装置/单元无关，因而各工序的产能可以按式（5-41）进行计算确定。

$$C_k = \frac{m_k \times 80}{T_{vs,k} \times \gamma_k^{vs} + T_{cs,k} \times (1 - \gamma_k^{vs})} \times (60 \times TS) \times \eta_e \tag{5-41}$$

式中，C_k 为某时间段的工序产能，t；m_k 为工序 k 的设备数量；$T_{vs,k}$ 为工序 k 内，弹簧钢的平均生产周期，min；$T_{cs,k}$ 为工序 k 内，普碳钢的平均生产周期，min；γ_k^{vs} 为工序 k 内，弹簧钢的生产比例；TS 为时间段，h；η_e 为有效日历作业率。

在保证总产能和满足装置/单元约束式（5-42）情况下，在实际生产调度过程中选定相应产品结构下的生产模式。

$$L = \frac{C_k \times [T_{vs,k} \times \gamma_k^{vs} + T_{cs,k} \times (1 - \gamma_k^{vs})]}{TS \times 60 \times 80 \times \eta_e} \leqslant m_k \tag{5-42}$$

式中，L 为完成工序产能指标 C_k 所需的设备个数。

图 5-12 是以每天 3 个班（$TS = 8\ \text{h} \times 3$）完成 123(41×3) 个炉次的（$C_k = 41 \times 3 \times 80\ \text{t}$）生产任务的前提下，按式（5-42）计算出的各关键工序/设备数量 L 随弹簧钢生产比例 γ_k^{vs} 变化的关系图（假定有效作业率 $\eta_e = 100\%$）。在现有装备条件下的弹簧钢生产比例 $\gamma_{BOF}^{vs} \leqslant 53\%$，受二次冶金设备的制约，弹簧钢生产比例 $\gamma_{LF}^{vs} \leqslant 52\%$，而连铸机所能浇铸的弹簧钢比例 $\gamma_{CCM}^{vs} \leqslant 82\%$。在装备条件和生产节奏的制约下，只有弹簧钢生产比例为 $\gamma^{vs} \leqslant 52\%$时，才能实现既定的总产量目标。

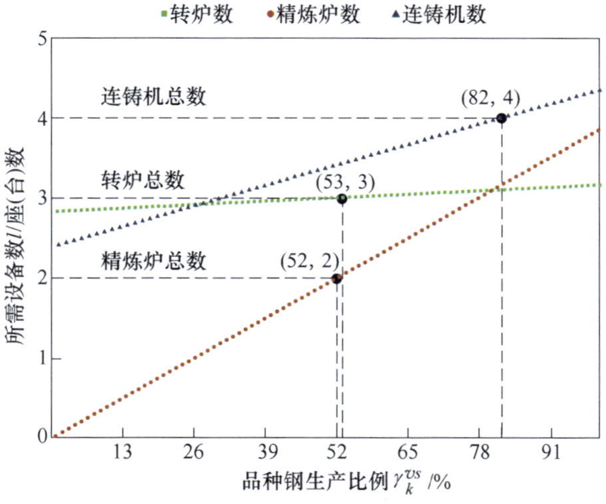

图 5-12 炼钢-连铸过程所需设备数量随弹簧钢生产比例的变化关系

图 5-13 是弹簧钢与普碳钢连铸机使用数量随弹簧钢生产比例的变化关系，根据连铸机数的不同，图 5-13 中 $\gamma_1(\gamma^{vs}=16\%)$、$\gamma_2(\gamma^{vs}=23\%)$、$\gamma_3(\gamma^{vs}=31\%)$、$\gamma_4(\gamma^{vs}=46\%)$ 4 个点划分出 5 种生产模式，如表 5-17 所示。表 5-17 中，连铸机 A、B、C、D 分别指代 1 号、2 号、3 号、4 号连铸机，由此得出，模式Ⅰ：即当弹簧钢生产比例 $\gamma^{vs}<16\%$时，为完成 123 炉次/班次的生产任务，需开 2 台连铸机 A、B 普碳钢；一台连铸机 C 浇铸部分弹簧钢和部分普碳钢，且连铸机 C 的理论作业率小于 100%。模式Ⅱ：即连铸机 A 全部浇铸普碳钢；连铸机 B、C 分别浇铸普碳钢和弹簧钢，且作业率均小于 100%。模式Ⅲ：即连铸机 A、B 分别浇铸弹簧钢和普碳钢；连铸机 C 既浇铸弹簧钢也浇铸普碳钢，作业率小于 100%。模式Ⅳ：即连铸机 A、B 分别浇铸弹簧钢和普碳钢；连铸机 C、D 分别浇铸弹簧钢和普碳钢，但作业率小于 100%。模式Ⅴ：即连铸机 A、B 全部浇铸弹簧钢，连铸机 C 全部浇铸普碳钢；连铸机 D 浇铸部分弹簧钢和部分普碳钢，作业率小于 100%。

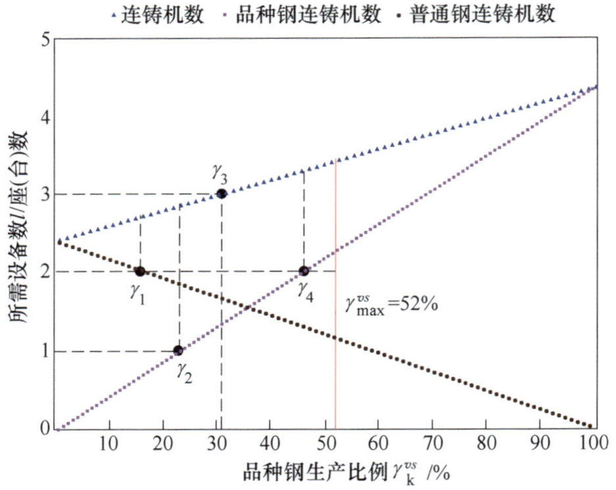

图 5-13 弹簧钢与普碳钢连铸机使用数量随弹簧钢生产比例的变化关系

表 5-17 炼钢-连铸过程不同产品结构的生产模式

连铸机选择 \ 生产模式	Ⅰ(0，16%)	Ⅱ(16%，23%)	Ⅲ(23%，31%)	Ⅳ(31%，46%)	Ⅴ(46%，52%)
连铸机 A	$\eta_{cs}=1$	$\eta_{cs}=1$	$\eta_{vs}=1$	$\eta_{vs}=1$	$\eta_{vs}=1$
连铸机 B	$\eta_{cs}=1$	$\eta_{cs}<1$	$\eta_{cs}=1$	$\eta_{cs}=1$	$\eta_{vs}=1$
连铸机 C	$\eta_{(cs+vs)}<1$	$\eta_{vs}<1$	$\eta_{(cs+vs)}<1$	$\eta_{vs}<1$	$\eta_{cs}=1$
连铸机 D	—	—	—	$\eta_{cs}<1$	$\eta_{(cs+vs)}<1$

注：η_{cs}为浇铸普碳钢的连铸机的作业率；η_{vs}为浇铸弹簧钢的连铸机的作业率；$\eta_{(cs+vs)}$为既浇铸普碳钢又浇铸弹簧钢的连铸机的作业率。

B 调度求解策略

“炉机对应”是确保炼钢厂有序、稳定、高效、连续运行的基本原则，也是指导炼钢厂生产调度的基本调控策略。“炉机对应”原则[48]是指在由铁水供应、炼钢、二次冶金、连铸、铁水包、钢包、中间包、天车、系统维护以及其他的辅助工序等组成的“柔性链”制造系统中，确立“刚性”组元即系统的主要工序：炼钢和连铸工序中不同装置之间明确的对应关系，在力求过程等待时间和总生产时间最小化以及连浇炉数最大化等目标的前提下，发挥柔性工序的缓冲调节能力，合理调控炼钢、连铸刚性组元的运行节奏，实现炉机运行的匹配优化，以使生产模式简捷优化，生产组织便利顺畅。

a 基于“炉机对应”原则的柔性工序缓冲策略

实际生产调度中可能出现三种状况：铸机与转炉运行协同、钢水等铸机、铸机等钢水，与此对应，炼钢与连铸工序时间节奏的配合有以下两种状况。

（1）转炉作业周期 $T_{\mathrm{BOF}} \leqslant$ 连铸机作业周期 T_{CCM}。弹簧钢的转炉冶炼节奏要快于连铸机浇铸节奏，即转炉工序的生产能力要大于连铸工序的生产能力，可以在一台转炉对一台连铸机的“一一对应”生产模式下实现多炉连浇。此种情况下，担负弹簧钢冶炼的刚性工序：炼钢（包括吹氩）、连铸工序（弹簧钢在吹氩站停留时间短且作业周期分布集中，可以认为吹氩工序周期一定）的作业周期取其平均生产周期，柔性工序 LF 精炼和等待工位钢包回转台（Ladle Turret，LT）的作业周期按最短作业周期计算即可。如图 5-14 所示，若 $t_{1,\mathrm{CCM}}^{S}=st_{vs}$ 已知，则每个炉次在各个工序的作业开始和作业结束时刻可由连铸工序逆推而知：

$$t_{i,\mathrm{CCM}}^{S}=st_{vs}+(i-1)\times T_{vs,\mathrm{CCM}},\ t_{i,\mathrm{CCM}}^{E}=t_{i,\mathrm{CCM}}^{S}+T_{vs,\mathrm{CCM}}$$
$$t_{i,\mathrm{LT}}^{E}=t_{i,\mathrm{CCM}}^{S},\ t_{i,\mathrm{LT}}^{S}=t_{i,\mathrm{LT}}^{E}-T_{vs,\mathrm{LT}}^{\min}$$
$$t_{i,\mathrm{LF}}^{E}=t_{i,\mathrm{LT}}^{S}-t_{i,(\mathrm{LF},\mathrm{LT})}^{T},\ t_{i,\mathrm{LF}}^{S}=t_{i,\mathrm{LF}}^{E}-T_{vs,\mathrm{LF}}^{\min}$$
$$t_{i,\mathrm{Ar}}^{E}=t_{i,\mathrm{LF}}^{S}-t_{i,(\mathrm{Ar},\mathrm{LF})}^{T},\ t_{i,\mathrm{Ar}}^{S}=t_{i,\mathrm{Ar}}^{E}-T_{vs,\mathrm{Ar}}$$
$$t_{i,\mathrm{BOF}}^{E}=t_{i,\mathrm{Ar}}^{S},\ t_{i,\mathrm{BOF}}^{S}=t_{i,\mathrm{BOF}}^{E}-T_{vs,\mathrm{BOF}}$$

（2）转炉作业周期 $T_{\mathrm{BOF}}>$连铸机作业周期 T_{CCM}。浇铸普碳钢时拉速较快，连铸机的生产节奏快于转炉冶炼节奏时，为保证连铸机的钢水供应而不断浇，转炉需要提前生产且实时调整柔性工序 Ar 站的作业周期和钢水等待工位钢包回转台的等待时间。一炉对一机下的最大连浇炉数 n 为：

$$n=\frac{(T_{os,\mathrm{Ar}}^{\max}+T_{os,\mathrm{LT}}^{\max})-(T_{os,\mathrm{Ar}}^{\min}+T_{os,\mathrm{LT}}^{\min})}{\Delta t_{\mathrm{os}}}$$

$$\Delta t_{os}=T_{os,\mathrm{BOF}}-T_{os,\mathrm{CCM}},\ \Delta t'_{os}=\frac{(T_{os,\mathrm{Ar}}^{\max}+T_{os,\mathrm{LT}}^{\max})-(T_{os,\mathrm{Ar}}^{\min}+T_{os,\mathrm{LT}}^{\min})}{n}$$

连浇炉次数 i 不超过一炉对一机下的最大连浇炉数 n 时，即 $i\leqslant n$。

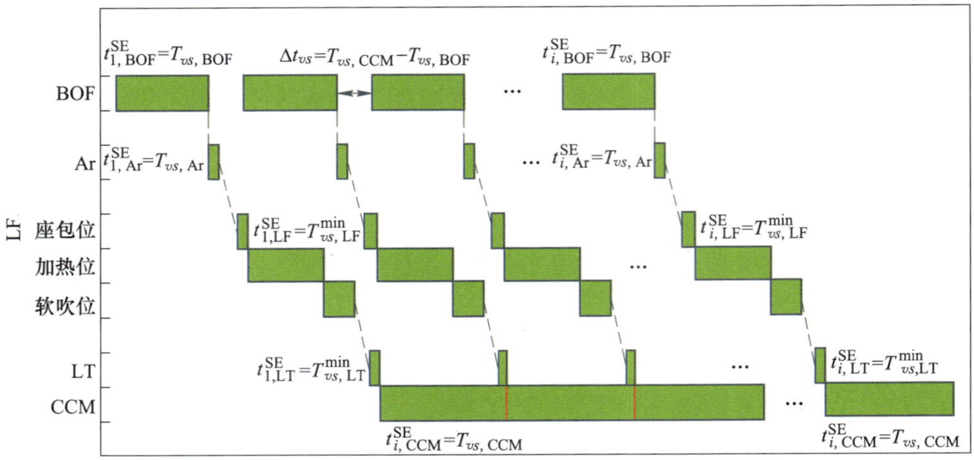

图 5-14　$T_{BOF} \leqslant T_{CCM}$ 下的调度问题求解示意图

若已知连铸机开浇时刻 $t_{1,CCM}^{S}=st_{os}$，保证一炉对一机情况下，各炉次在每个工序的作业起止时刻如图 5-15 所示，具体求解规则为：

$t_{i,CCM}^{S}=st_{os}+(i-1)\times T_{os,CCM}$，$t_{i,CCM}^{E}=t_{i,CCM}^{S}+T_{os,CCM}$；

if $(T_{os,LT}^{max}-T_{os,LT}^{min}\geqslant(i-1)\times\Delta t'_{os})$

{

$t_{i,LT}^{E}=t_{i,CCM}^{S}$，$t_{i,LT}^{S}=t_{i,LT}^{E}-[T_{os,LT}^{max}-(i-1)\times\Delta t'_{os}]$；

$t_{i,Ar}^{E}=t_{i,LT}^{S}-t_{i,(Ar,LT)}^{T}$，$t_{i,Ar}^{S}=t_{i,Ar}^{E}-T_{os,Ar}^{max}$；

}

else

{

$t_{i,LT}^{E}=t_{i,CCM}^{S}$，$t_{i,LT}^{S}=t_{i,LT}^{E}-T_{os,LT}^{min}$；

$t_{i,Ar}^{E}=t_{i,LT}^{S}-t_{i(Ar,LT)}^{T}$，$t_{i,Ar}^{S}=t_{i,Ar}^{E}-\{T_{os,Ar}^{max}-[(i-1)\times\Delta t'_{os}-(T_{os,LT}^{max}-T_{os,LT}^{min})]\}$；

}

$t_{i,BOF}^{E}=t_{i,Ar}^{S}$，$t_{i,BOF}^{S}=t_{i,BOF}^{E}-T_{os,BOF}$

同一浇次中，各炉次钢水在吹氩站和钢包回转台的总处理时间不同，且随炉次号的增加而依次递减 $\Delta t'_{os}$。

连浇炉次数 i 大于一炉对一机下的最大连浇炉数 n 时，即 $i>n$ 时，普碳钢转炉冶炼节奏滞后于连铸机浇铸节奏，需要具有剩余产能的弹簧钢转炉穿插生产普碳钢并供应钢水给普碳钢连铸机以保证不断浇，原有的弹簧钢作业计划时间作相应调整，各工序作业时间提前并减少转炉作业间隔时间，柔性工序 LF 的二次冶金处理时间和钢水等待工位 LT 座包时间适当延长，如图 5-16 所示。

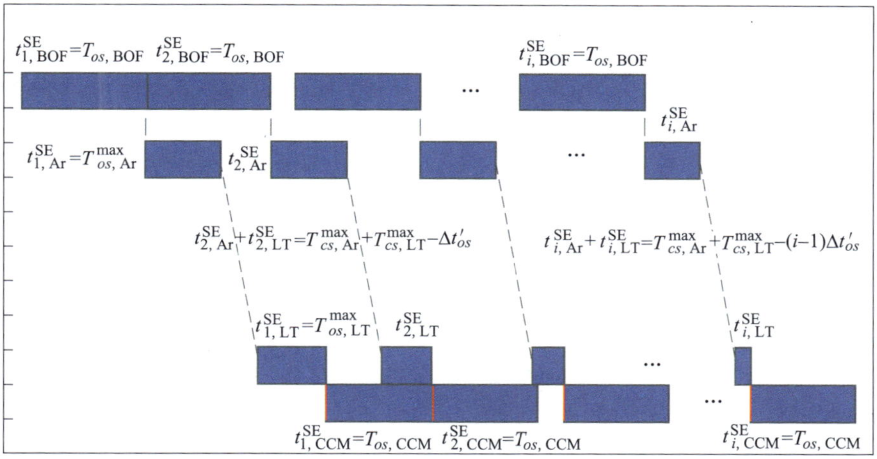

图 5-15 $T_{BOF}>T_{CCM}(i\leqslant n)$ 下的调度问题求解示意图

图 5-16 $T_{BOF}>T_{CCM}(i>n)$ 下的调度问题求解示意图

b 不同生产模式下的调度模型求解

对于表 5-17 中的 5 种生产模式，模式Ⅰ、模式Ⅱ的弹簧钢生产比例相对较低，所需生产弹簧钢连铸机台数为 1，最多有 1 台弹簧钢连铸机和 2 台普碳钢连铸机同时浇铸；模式Ⅲ、模式Ⅳ弹簧钢生产比例高，复杂情况为 2 台生产弹簧钢连铸机和 2 台生产普碳钢连铸机同时浇铸；对模式Ⅴ，理论上可以同时开 3 台弹簧钢连铸机和 1 台普碳钢连铸机，但是由于 LF 精炼炉生产能力的制约，钢水需经由 2 座 LF 精炼炉供应 3 台弹簧钢连铸机，穿插作业较为频繁，生产组织复杂、生产运行不稳定，因而实际生产时最多只允许 2 座 LF 精炼炉对应 2 台弹簧钢连铸机，即实际生产弹簧钢比例 $\eta^{vs}>46\%$，故生产模式Ⅴ不予考虑采用。这样，不同产品结构下的生产模式即为：

（1）$0<\gamma^{vs}\leqslant 23\%$，3 座转炉-3 座 Ar 站-1 座 LF 精炼炉-1 台弹簧钢连铸机、2 台普碳钢连铸机；

（2）$23\%<\gamma^{vs}\leqslant 46\%$，3 座转炉-3 座 Ar 站-2 座 LF 精炼炉-2 台弹簧钢连铸机、2 台普碳钢连铸机。

对于生产模式（1），若所选连铸机 CCM1 浇铸弹簧钢，CCM2、CCM3 浇铸普碳钢，则如图 5-17 所示。延长 CCM2 浇铸周期使之等于 BOF3 冶炼周期，实现图 5-14 所示的“一炉对一机”模式；根据普碳钢生产任务确定 CCM1 浇铸周期，BOF1 冶炼 CCM0 浇铸所需的弹簧钢，按图 5-15、图 5-16 中的柔性工序缓冲策略辅助生产普碳钢供应 CCM1，实现“两炉对两机”的生产模式。

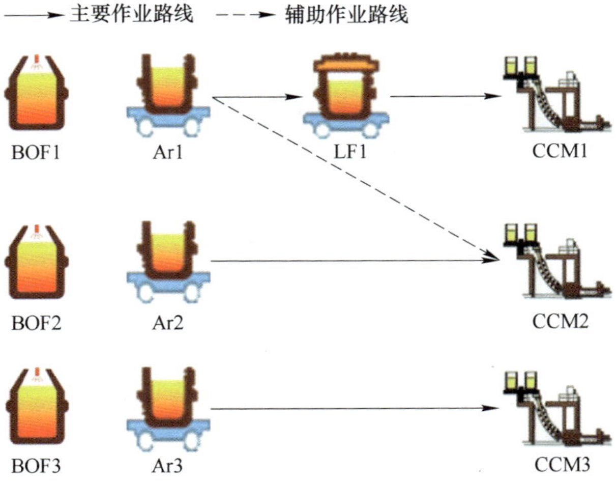

图 5-17　3 炉对 3 机下的优化生产模式

对于生产模式（2），弹簧钢生产比例高，普碳钢生产任务减少，可以适度延长普碳钢浇铸周期，以协调 3 座转炉和 4 台连铸机的生产节奏确保连浇。若所选连铸机为 CCM0、CCM1：生产弹簧钢，CCM2、CCM3：生产普碳钢，则优化的作业模式选择和调度求解策略如图 5-18、图 5-19 所示。调整 CCM2 浇铸周期使之同步于 BOF2 冶炼周期以保证“一炉对一机”；BOF1 冶炼的弹簧钢经过 LF1、LF2 精炼处理后吊运至 CCM0 和 CCM1 上进行浇铸，当 BOF1 钢水供应紧张时，BOF3 穿插生产部分弹簧钢辅助供应 CCM0、CCM1，此时，需要延长 CCM3 的普碳钢浇铸周期和实时调整过程柔性工序以确保 BOF3 有剩余产能生产弹簧钢。

5.2.3.3　基于“运行规则+智能算法”的静态调度模型构建

为了优化作业生产路线，选择最佳的生产模式，考虑到过程等待时间与炉-

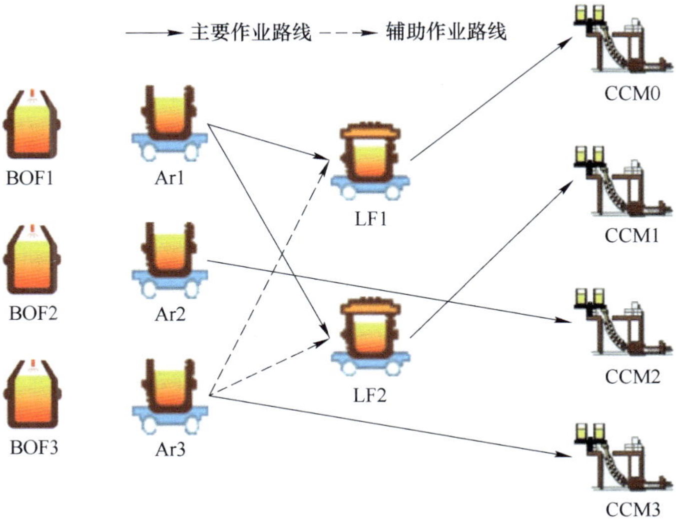

图 5-18　3 炉对 4 机下的优化生产模式

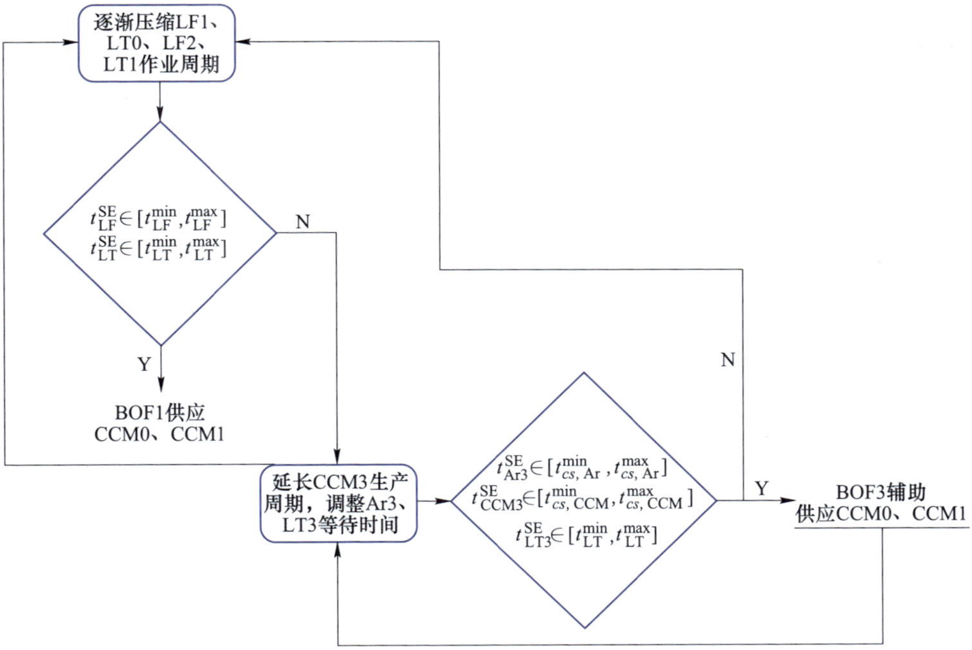

图 5-19　3 炉对 4 机生产模式下的调度求解逻辑图

机匹配程度的相互制约，以炉次总等待时间最小为优化目标，建立炼钢-连铸生产调度模型。

A　问题假设

为了确保生产流程的高效稳定运行，在满足约束条件的基础上，调度问题主要是根据浇次计划为每个工序上的生产炉次在多台并行设备中选择合理的设备，并安排其作业任务的起止时间。此外，还需考虑不同的加工路径造成运输过程时间差异，造成炉次等待时间过长，影响整个生产过程生产顺行。本节研究的炼钢-连铸生产调度是在给定浇次计划下进行的，满足以下基本假设：

（1）浇次数量、浇次包含的钢种类别、炉次顺序及对应连铸机均为已知。

（2）浇次的计划开浇时间和停浇时间已知。

（3）炉次在不同工序（冶炼、炉外精炼、连铸等）的作业周期已知。

（4）炉次在冶炼、精炼工序上的设备指派不受限制，且精炼工序具有一定的时间缓冲。

（5）不考虑设备因突发事故造成的生产中断。

B　模型建立

除运输时间外，炉次在炼钢-连铸过程的等待时间要尽可能少。等待时间为下一工序的开始作业时间 $t^{S}_{i,j',k'}$ 与上一工序结束时间、工序之间的运输时间 $t^{T}_{i,(j,j')}$ 的差，上一工序的结束时间即为上一工序开始作业时间 $t^{S}_{i,j,k}$ 与工序操作时间 $P_{i,j,k}$ 之和。基于上述描述和假设，建立以目标炉次在多工序之间总等待时间最小为目标函数的炼钢-连铸生产调度模型，见式（5-43）。

$$\min \sum_{i=1}^{I} \sum_{j,j' \in J; k,k' \in M_j} (t^{S}_{i,j',k'} - (t^{S}_{i,j,k} + t^{SE}_{i,j,k}) - t^{T}_{i,(j,j')}) \tag{5-43}$$

调度模型的约束条件如下：

（1）每个浇次准时开浇：

$$t_{l,1,J,k} = Z^{s}_{l}(l \in \Omega_l) \tag{5-44}$$

（2）每个工序的每台设备只能处理一个炉次：

$$\sum_{i \in I} \sum_{j \in J} x_{i,j,k} = 1 \tag{5-45}$$

（3）同一浇次内的相邻炉次要进行连续浇铸：

$$t^{S}_{l,i',J,k} = t^{S}_{l,i,J,k} + t^{SE}_{l,i,j,k} \quad (i,i' \in I;\ k \in M_j) \tag{5-46}$$

（4）同一个炉次在下一个工序的操作须在上一个工序结束后进行：

$$t^{S}_{i,j',k'} \geqslant t^{S}_{i,j,k} + t^{SE}_{i,j,k} + t^{T}_{i,(j,j')} \quad (i \in I;\ j,\ j' \in J_i;\ k,k' \in M_j) \tag{5-47}$$

（5）同一设备生产的下一个炉次的操作须在上一炉次处理完后进行：

$$t^{S}_{i',j,k} \geqslant t^{S}_{i,j,k} + t^{SE}_{i,j,k} \quad (i,i' \in I;\ j,\ j' \in J_i;\ k \in M_j) \tag{5-48}$$

（6）浇次之间调整和准备时间约束：

$$t^{S}_{Z_{l+1},1,J,k} = t^{S}_{Z_l,N,J,k} + t^{SE}_{Z_l,N,J,k} + t_{RT} \quad (Z_{l+1} \in \Omega_{l+1}, Z_l \in \Omega_l, k \in M_j) \tag{5-49}$$

5.2.3.4　基于“运行规则+智能算法”的静态调度模型求解

本节以遗传算法为例进行介绍。遗传算法的主要内容包括：染色体编码、初始种群生成、适应度计算、交叉和变异。针对炼钢-连铸生产过程中由于不同工序、不同设备运行过程交叉作业衔接频繁造成的钢水等待时间过长，以及天车调度困难等问题，本节在种群生成过程引入“炉-机对应”策略以改进种群质量，并根据转炉（精炼炉）与连铸机的作业周期比较，来确定是否对个体进行交叉、变异操作。

A 染色体编码与解码

编码和解码是设计遗传算法的首要和关键的问题，在一定程度上影响了算法的有效性和效率。为方便对染色体进行编码和解码，本节的编码方式采用分段组合编码[19]。构造的染色体编码包含浇次信息和设备选择信息，因此，编码分为两个部分，其中第一部分包括各浇次的开工时间，第二部分是炉次在各工序的设备号。如下染色体：

$$C_1 = \{(T_1, T_2, \cdots, T_l), (123, 232, \cdots, 424)\} \tag{5-50}$$

式中，T_1 为第 1 个浇次的开浇时间；T_l 为第 l 个浇次的开浇时间。123 代表 1 号炉次的生产路径为：1 号转炉→2 号精炼炉→3 号连铸机。基于以上的编码方式，运用遗传算法求解炉次在不同工序中的设备选择信息，根据已知的浇次信息，通过倒推便可得到对应的其他工序上的时间信息，解码后的结果包含设备选择方式和开始、结束时间信息。

B 基于“炉-机对应”策略的初始种群生成

炼钢-连铸过程的“炉-机对应”原则是保证钢厂运转有序、稳定、高效、连续的基本运行原则。所谓“炉-机对应”原则是指炼钢、炉外精炼工序和连铸工序中不同设备之间明确的对应关系，“炉-机对应”原则的表现形式一般分为“定炉对定机”和“一一对应”两种[48]。“炉-机对应”调控策略则是炼钢-连铸过程实现工序/设备的节奏匹配和产能平衡的具体调控措施，使炼钢-连铸生产过程工艺路径、生产模式、时间参数在整个运行过程中更加协调优化。考虑到实际生产中的连浇约束，以及过长等待时间对钢水质量与生产节奏的影响，以炉次在多工序之间总等待时间最小为优化目标，给出炉次的合理设备指派和作业时间信息。基于以上分析，生成初始种群的四个步骤如下：

步骤 1：将浇次信息，包括炉次信息、时间参数、算法参数等输入。

步骤 2：根据钢种要求，为炉次选择最佳的生产作业路径并指派相应的设备，设备指派遵循以下 4 条“炉-机对应”调控策略：

（1）如果 $t_{i,2,k}^{\mathrm{SE}} \leqslant t_{i,3,k}^{\mathrm{SE}}$，即精炼周期不长于浇铸周期，在不考虑过程等待时间时，一台精炼炉即可满足一台连铸机连浇所需的钢水供应。

（2）如果 $t_{i,2,k}^{\mathrm{SE}} > t_{i,3,k}^{\mathrm{SE}}$，即精炼周期长于浇铸周期，至少需要一座以上的精炼炉才能保证连铸机连浇，即在该座精炼炉向对应的连铸机供应钢水的同时，还需要其他精炼炉也适时向对应的连铸机供应钢水，才能保证对应的这台连铸机连浇。

（3）如果 $t_{i,1,k}^{SE} \leqslant t_{i,3,k}^{SE}$，即转炉冶炼周期不长于连铸机浇铸周期，在不考虑过程等待时间时，一台转炉即可匹配一台连铸机连浇。

（4）如果 $t_{i,1,k}^{SE} > t_{i,3,k}^{SE}$，即转炉冶炼周期长于连铸机浇铸周期，至少需要一座以上的转炉才能保证铸机连浇，即在该转炉向某台铸机供应钢水的同时，还需要其他转炉适时供应钢水，才能保证对应的这台连铸机连浇。

步骤 3：在理想状态下，假设所有相邻工序之间的运输时间均为 $T_{j,j'}$，倒推出各炉次在冶炼、精炼设备上的开始作业时间，图 5-20 所示为炉次在各工序/设备上开始作业时间的求解过程：

$$t_{i,j} = Z_l^S + \left(\sum_{i'=z_{l-1}+1}^{i-1} t_{i',2}^{SE} + t_{i,(j,j')}^{T}\right) + \left(\sum_{j'=j}^{2} t_{i',1}^{SE} + t_{i,(j,j')}^{T}\right)\ (i \in \Omega_l) \tag{5-51}$$

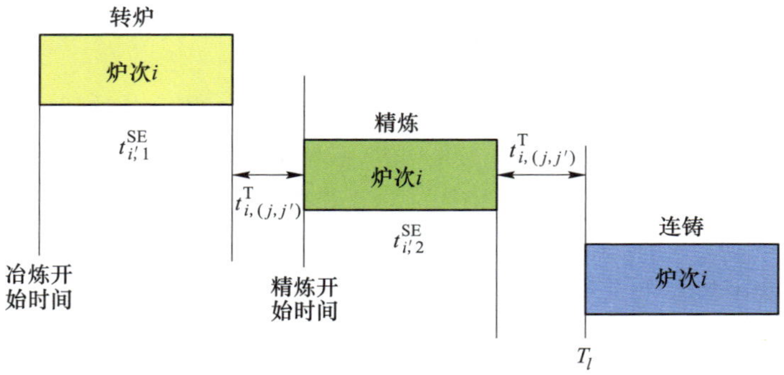

图 5-20 炉次在冶炼、精炼工序/设备的开始时间

当工序 j' 上炉次出现先到后处理现象时，重新返回炉次 i 在上一工序 j 的作业次序，遵循先到先处理原则，对炉次顺序进行重新调整，从而消除时间冲突，如图 5-21 所示。

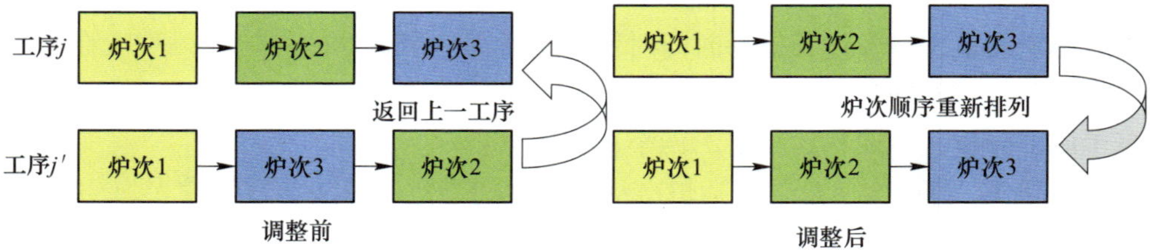

图 5-21 炉次顺序调整

步骤 4：重复步骤 2、3 直到初始种群生成。

C 适应度计算

遗传算法的适应度计算是染色体性状的评价指标。常见的适应度选择方法主要有轮盘赌和排序选择等。基于排序选择能够根据适应度的大小进行选择操作，能够保留优良个体直接进入后代种群，因此，本节选择基于排序选择的适应度计算，其适应度分配的计算公式[55]为：

$$F = 2 - SP + 2(SP - 1)(Pos - 1)/(Nind - 1) \tag{5-52}$$

式中，Nind 为种群中个体数目；Pos 为个体在种群中的排序位置；SP 为选择压力，一般取［1.0，2.0］，这里取 2.0。

D 遗传操作

通过编码组成初始群体后，遗传操作就是对个体按照它们适应度的大小进行选择、交叉和变异。遗传操作的关键步骤如下：

（1）选择操作：选择操作是在适应度函数的评估上进行的，通过基于排序适应度选择方法进行操作，将上一代优良的个体保留下来，淘汰性能较差的个体。

（2）交叉操作：随机选择种群内某两个个体，交换两个个体上同一炉次 i 在工序 j 的加工设备（不包含连铸工序）。

（3）局部搜索：将（2）中当前最优解作为局部搜索的初始解，通过邻域动作交换相邻工序上的设备指派（不包括连铸工序），从当前解的临近解空间中选择一个最优解作为当前解，迭代 100 次，直到达到最优解。

（4）变异操作：随机选择种群内某个个体工序 j 上的任意两台设备，并从两台设备上分别随机选择所生产的炉次 i'、i''进行交换。

E 基于“炉-机对应”策略的改进遗传算法

为获得更为合理、可行性高的调度方案，考虑到等待时间和炉-机匹配程度的相互制约，本节在遗传算法初始种群生成过程中引入“炉-机对应”策略，为验证改进算法的高效性，同时采用启发式算法求解模型，作为对照实验，讨论中用到的求解算法详细说明如下：

（1）算法 A1：不包含“炉-机对应”策略的遗传算法。

（2）算法 A2：在 A1 算法基础上，种群生成过程中引入“炉-机对应”调控策略，若个体满足 5.2.2 节中的策略（1）或（3），则该个体对应工序上的炉次不进行交叉、变异操作；若个体不满足策略（1）或（3），则该个体对应工序上的炉次进行交叉、变异操作。

（3）算法 A3：启发式算法，以目标炉次在各工序之间总等待时间最小为优化目标，在连续浇铸的前提下，倒推得出各炉次在各工序的开始和结束作业时间，以设备时间冲突最小规则为炉次指派设备，生成粗调度方案，再运用线性规划模型消除设备冲突。

图 5-22 为两类改进遗传算法求解步骤，输入浇次计划信息及算法参数，将“炉-机对应”策略引入遗传算法的种群生成过程，进行设备指派，然后倒推计算出炉次在精炼和冶炼设备/工序的开始生产时间；若产生炉次作业时间冲突，遵

循先到先生产原则，返回炉次上一工序，重新对炉次生产顺序进行调整，消除时间冲突；此时，若满足进化代数直接输出最优解，若不满足进化代数，进行适应度计算，选择最优个体进入下一代，然后，进行交叉、局部搜索和变异操作，形成新一代的种群，重复上述操作直至产生最优解。

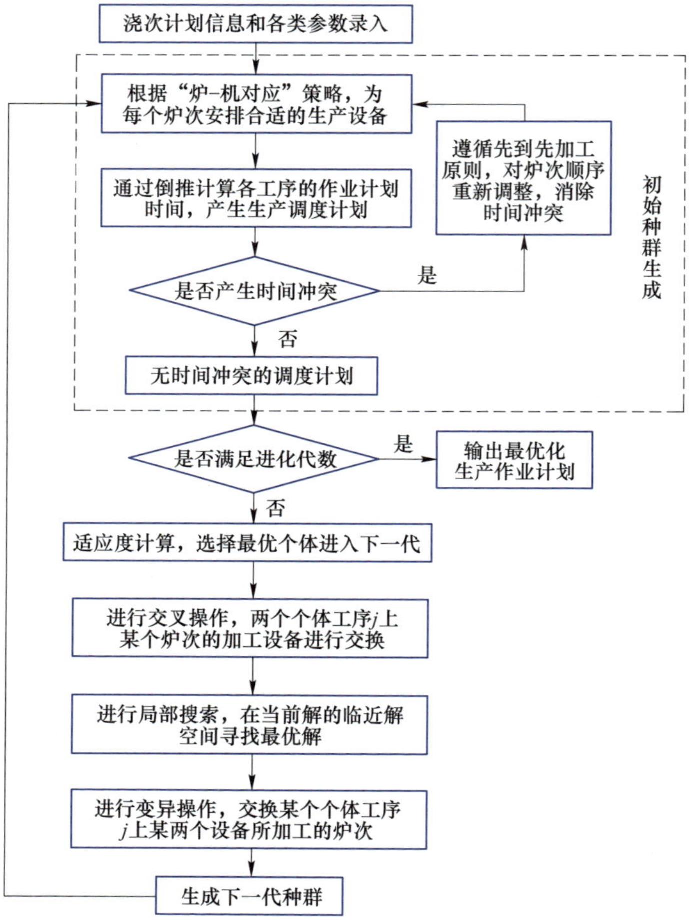

图 5-22　基于“炉-机对应”策略的遗传算法求解流程

“炉-机对应”策略是通过工序生产节奏与产能平衡的大小关系，为不同炉次选择最佳的生产模式、工艺路径及设备匹配，建立炼钢（精炼）工序和连铸工序/设备之间明确的对应关系，减少由于设备随机指派造成的工序/设备之间对应关系不明确、工序/设备交叉混乱；同时，减少由于设备随机指派造成个别炉次出现前后工序/设备间距离较远的情况。

5.2.3.5　实验结果讨论分析

以某中大型转炉炼钢厂三种生产模式下的生产调度方案编制为例，应用

5.2.6 节提出的三种算法，即算法 A1、A2 和 A3，对本节建立炼钢-连铸生产调度模型进行求解。从运行时间结果和炉-机匹配程度两个维度进行分析和评估，选出性能最佳的智能算法与生产调度方案。

A 实验背景与基础数据

根据该炼钢厂生产实际情况调研，在稳定炉料装入量的前提下，转炉冶炼、LF 精炼工序的标准作业周期分别为 40 min 和 42 min，连铸浇注周期根据铸坯断面规格确定。该厂有 4 座转炉、4 座 LF 精炼炉、4 台连铸机，由于 4 台连铸机的生产能力大于 4 座转炉，因此，兼顾工序产能匹配和产能最大化的前提下，主要采用 4 座转炉向 3 台连铸机供应钢水的生产模式；在更换浇次或者进行设备检修维护的情况下，4 台连铸机同时开启，采用 4 座转炉向 4 台连铸机供应钢水的生产模式。该厂正常运行的生产模式中，4BOF-3CCM 模式大约占比 80%，4BOF-4CCM 模式大约占比 10%，3BOF-3CCM 模式占比 10%。表 5-18 和表 5-19 为某一天两种典型生产模式下的实验算例，表 5-18 是对应于 4BOF-3CCM 模式的算例 1，表 5-19 是对应位于 4BOF-4CCM 模式的算例 2。

求解算法采用 C#语言进行编程，运行于 Microsoft Visual Studio 软件。基于前人的研究成果[3,19]，经过多次实验，确定改进遗传算法参数设置如下：进化代数为 100，种群规模为 500，自适应函数参数 $pc=0.8$、$pm=0.001$。

表 5-18 仿真实验算例 1（4BOF-3CCM 生产模式）

连铸机号	浇铸顺序	浇次内炉次数	连铸机开浇时刻	连铸机停浇时刻	浇铸周期/min
CCM1	—	—	—	—	—
CCM2	1	31	2018-12-25. 18:30	2018-12-26 13:00	36
CCM3	2	21	2018-12-26. 01:00	2018-12-26 21:30	59
CCM4	3	24	2018-12-26. 04:30	2018-12-26 18:30	35

表 5-19 仿真实验算例 2（4BOF-4CCM 生产模式）

连铸机号	浇铸顺序	浇次内炉次数	连铸机开浇时间	连铸机停浇时间	浇铸周期/min
CCM1	1	22	2018-12-28 16:00	2018-12-29 09:30	47
CCM2	2	29	2018-12-28 20:00	2018-12-29 11:30	31
CCM3	4	5	2018-12-29 07:30	2018-12-29 12:30	56
CCM4	3	21	2018-12-28 19:30	2018-12-29 07:30	35

B 实验结果与分析讨论

下面运用上文建立的三种算法进行生产调度模型求解，并从运行过程的等待时间和炉-机匹配程度两个维度对调度方案进行分析讨论。

a　等待时间分析

由上述研究可知，前面提出三种算法来比较所求调度方案的有效性。除炉次在各工序间的等待时间之和最小的目标函数之外，还选取部分能够反映实际生产顺行情况的数据作为算法有效性的评价指标，即炉次在工序之间最长等待时间、工序之间等待时间大于 30 min 的炉次占比以及浇次开浇时间最大偏离量。分别运用三种算法对两种主要生产模式对应的算例 1（4BOF-3CCM 生产模式）和算例 2（4BOF-4CCM 生产模式）进行排产方案的求解，具体结果见表 5-20。表中计算结果为三种算法运行 10 次结果的平均值，求解时间均在 2 min 以内。

表 5-20　用三种算法求解的两个算例的结果

遗传算法	目标函数（炉次各工序之间等待时间之和）/min		工序之间最长等待时间/min		工序之间等待时间大于 30 min 的炉次占比/%		开浇时间最大偏离量/min	
	算例 1	算例 2	算例 1	算例 2	算例 1	算例 2	算例 1	算例 2
A1	2331	3844	77	97	19	35	0	0
A2	2281	3366	54	76	13	29	0	0
A3	4413	4167	102	100	41	33	80	94

由表 5-20 可知，运用遗传算法得到的开浇时间最大偏离量均为 0，表明每天的基本生产任务可以完成；用启发式算法得到的开浇时间有一定偏离，生产模式 2 的最大偏离达到 94 min，不能保证每天基本生产任务的完成。用 A3 算法求得的结果在目标函数、工序前最长等待时间及工序前等待时间大于 30 min 的炉次占比均比其他两种方法所得效果差，4BOF-3CCM 模式下的算例 1 的最长等待时间甚至达到 102 min，工序前等待时间大于 30 min 的炉次达到 41%，与实际情况相差较大，故该方法不可用。A2 与 A1 算法的求解结果相比，A2 所求结果在目标函数上优于 A1，算例 1 在工序之间最长等待时间上由 77 min 减少到 54 min，4BOF-4CCM 模式下的算例 2 在工序之间最长等待时间上由 97 min 减少到 76 min；生产模式 1 在工序前等待时间大于 30 min 的炉次占比由 19%减小到 13%，算例 2 在工序前等待时间大于 30 min 的炉次占比由 35%减小到 29%。

由于上述两个算例难以体现改进算法的有效性，考虑到随机生成的浇次计划可能存在不合理性，因此，根据实际生产计划又选取了 8 个算例，考虑了四炉对三机、四炉对四机、三炉对三机等几种主要的生产运行模式，分别用三种算法进行求解，具体结果见表 5-21。

表 5-21　用三种算法求解的算例结果

算例	炉次	生产模式	目标函数/min			工序之间最长等待时间/min			工序之间等待时间大于 30 min 占比/%			开浇时间最大偏离量/min		
			A1	A2	A3	A1	A2	A3	A1	A2	A3	A1	A2	A3
3	90	4BOF-3CCM	1952	2036	5735	65	34	103	6	16	57	0	0	105
4	93	3BOF-3CCM	4302	3944	4932	94	76	100	30	29	39	0	0	59
5	65	4BOF-3CCM	1371	1272	2926	45	43	97	9	7	40	0	0	94
6	77	4BOF-3CCM	2456	2014	4658	78	60	92	27	12	54	0	0	78
7	84	4BOF-3CCM	2932	2811	5518	106	88	110	22	18	60	0	0	110
8	77	4BOF-4CCM	2878	3055	6052	84	78	114	28	30	67	0	0	108
9	80	4BOF-4CCM	2968	2280	2532	116	84	88	27	15	23	0	0	52
10	67	4BOF-3CCM	2286	2091	4046	75	72	102	25	18	52	0	0	44

从表 5-21 可以看出，A3 算法在上述四个评价指标上的性能均差于 A1、A2 算法，算例 7 开浇时间最大偏离量达到 110 min，算例 8 工序之间最长等待时间达到 114 min，算例 8 工序前等待时间大于 30 min 炉次占比达到 67%，这是由于启发式算法考虑了设备冲突问题，为消除设备上的资源冲突问题，造成开浇时间偏离，从而导致工序间等待时间变长，目标函数变大，因此，该算法不能满足实际生产需求。A2 算法在目标函数及工序之间最长等待时间两方面均较为显著的优于 A1 算法，算例 9 的目标函数从 2968 min 减小到 2280 min，工序之间最长等待时间由 116 min 减少到 84 min，这是由于未引入“炉-机对应”策略的 A1 算法在设备选择上随机性大，个别炉次的作业路径较为复杂，造成等待时间的不合理。A2 算法引入“炉-机对应”策略，在工序/设备上表现为“定炉对定机”或“一一对应”运行模式，减少了个别炉次等待时间的不合理，进一步提高了排产方案的可行性。

b　炉-机匹配程度分析

为进一步验证 A2 算法的有效性，对不同生产模式下的炉-机匹配程度进行深入分析。应用 A1 与 A2 算法，对比了算例 1（4BOF-3CCM 模式）和算例 2（4BOF-4CCM 模式）各工序/设备及其生产能力的匹配关系。

图 5-23 和图 5-24 分别为算例 1(4BOF-3CCM 模式) 和算例 2(4BOF-4CCM 模式) 改进前/后的炉-机对应关系图，其中，四种颜色路线表示四座转炉（精炼炉）至连铸机的钢水“运行”路线，箭头上的数值表示该设备生产的钢水去往下个工序某台设备上的比例，箭头的粗细代表该设备上去往下个工序的产能匹配的大小。用 A1 算法求解的算例 1 的调度方案其设备选择较为分散，转炉-精炼炉、精炼炉-连铸机的钢水供应较为平均；用 A2 算法求解的调度计划炉-机匹配程度大大提升，3 号转炉去往 3 号精炼炉的钢水比例由 25%提升到 61%，3 号精炼炉去往 3 号连铸机的钢水比例由 25%提升到 67%，由于 3 号连铸机连铸周期长于 3 号精炼/转炉周期，图 5-23（b）所示 BOF3-LF3-CCM3 表现为“一一对应”运行模式。用 A1 算法求解的算例 2 的调度方案各设备上产能匹配较为平均，设备间的对应关系较为混乱，BOF1-LF4 的对应关系虽然明确，但二者在运输距离上较远，设备指派较为不合理；用 A2 算法求解的调度计划其精炼炉与连铸机的对应关系较为明确，1 号转炉去往 1 号精炼炉的钢水比例由 12%提升到 42%，3 号转炉去往 3 号精炼炉的钢水比例由 31%提升到 64%，由于 1 号连铸机连铸周期大于 1 号精炼/转炉冶炼周期，图 5-23（b）所示 BOF1-LF1-CCM1 表现为“一一对应”运行模式。改进后的遗传算法减少了工序/设备指派的随机性，明确设备间的对应关系，在减少不同设备之间的交叉作业、优化钢厂生产模式上具有较好效果。

综上所述，三种算法在计算时间上较为接近，两种遗传算法能保证完成每天的生产任务，A3 启发式算法的开浇时间有所偏离，不一定能保证基本的生产任务，A3 算法在其他几个评价指标上的性能均差于 A1、A2 算法，不建议用。A2 算法与 A1 算法获得调度方案相比，二者在总等待时间上较为接近，用 A2 算法求解的调度方案大大减少了炉次间的最长等待时间，并提高了炉-机匹配程度，其中，4BOF-3CCM 模式下的算例 1 的工序之间最长等待时间由 77 min 减少到 54 min，降低了 30%；4BOF-4CCM 模式下的算例 2 工序之间最长等待时间由 97 min 减少到 76 min，降低了 22%，炉-机匹配程度也明显提高；4BOF-3CCM 模式下的算例 1 的 3 号精炼炉去往 3 号连铸机的钢水比例由 25%提升到 67%，4BOF-4CCM 模式下的算例 2 的 3 号转炉去往 3 号精炼炉的钢水比例由 31%提升到 64%。

5.2.4 动态调度模型构建与求解

现有的炼钢-连铸调度研究大多针对静态调度，采用集中决策方式，优化模型与算法求解都在集中式的静态调度过程中完成，而设备和炉次只被视为一类被动接收计算结果的客体，而不是参与调度过程的实体。然而，实际的生产系统又是离散的、分布式的、动态的、随机的，一般的求解方法缺乏灵活性并且在发生意外事件时难以及时响应做出调整。在调度问题研究中，通常考虑的不确定因素

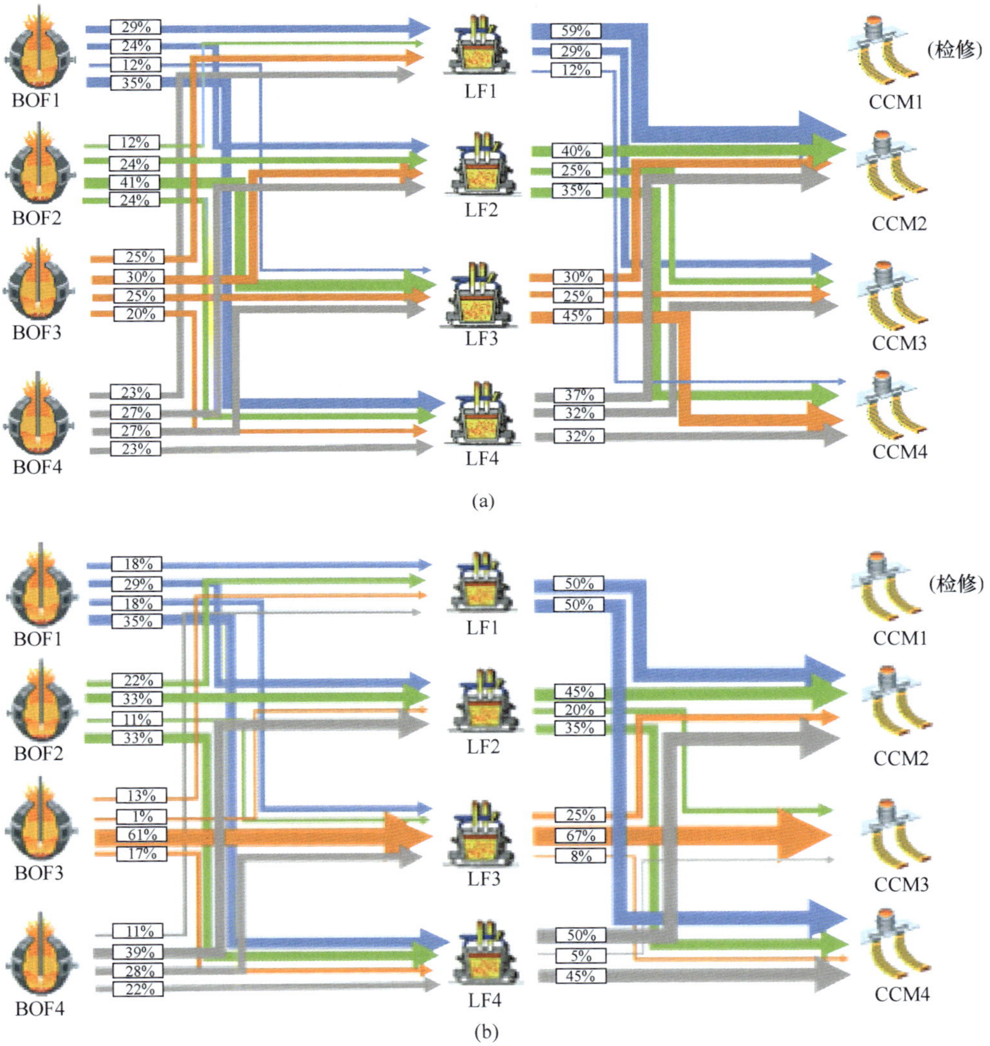

图 5-23 改进前/后算例 1 的炉-机对应关系

(a) 改进前；(b) 改进后

主要有以下三个：

(1) 在线调度。在线调度假设炉次在未到来时其所有信息是未知的，调度算法需要对每个到来的炉次进行即时调度。对于在线调度，主要考虑：

1) 初始时刻没有待生产炉次，炉次随时间推移持续到来，新订单在到来之前炉次信息是未知的。

2) 订单到来的时间可能是生产开始时刻到结束前的任何时间，新加入订单可能包含单个炉次或者多个炉次。

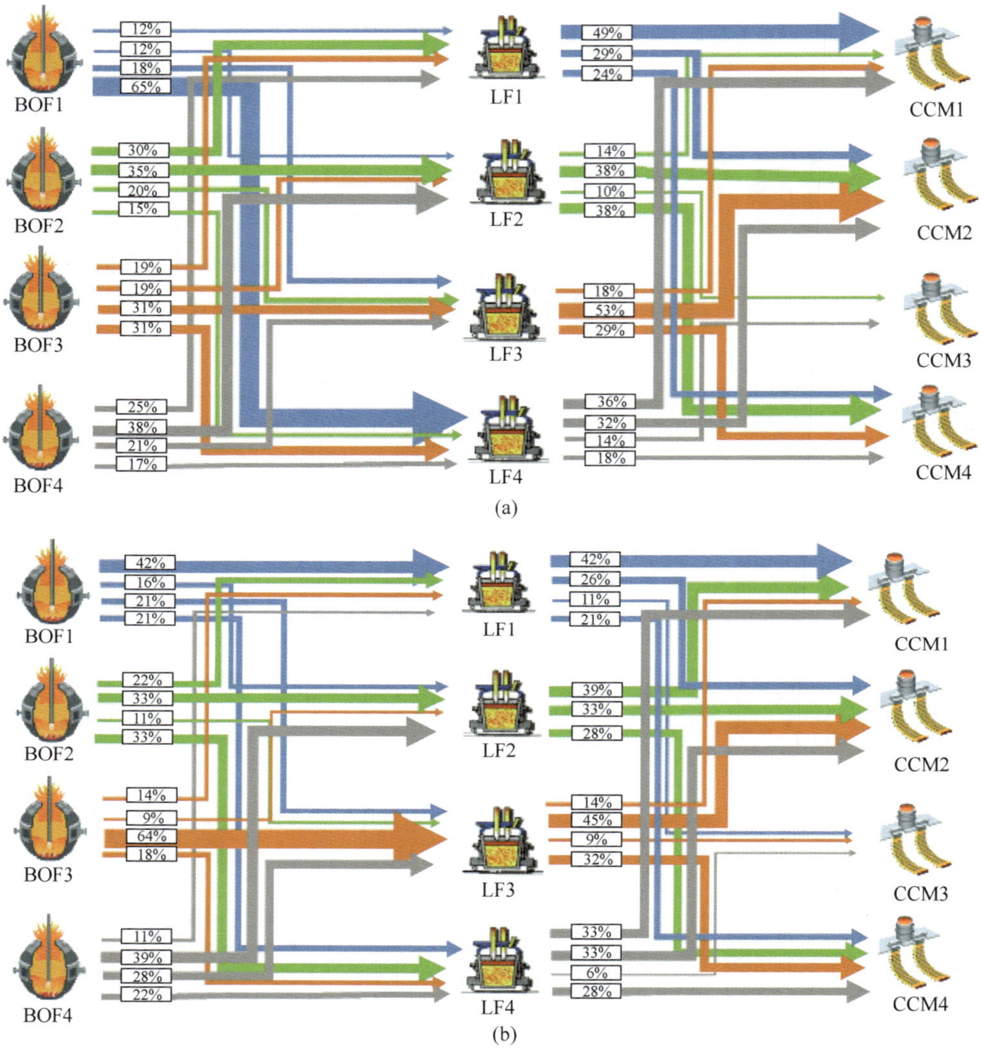

图 5-24　改进前/后算例 2 的炉-机对应关系

（a）改进前；（b）改进后

3）以最小化 Makespan 作为调度目标。

（2）设备故障。设备故障是实际生产过程中较为常见的动态事件，主要考虑以下几点：

1）设备空闲时不发生故障；故障在生产过程中随机发生，持续时间为随机。

2）被中断生产的炉次需要重新加工。

3）设备故障不仅会导致炉次在设备故障发生之前对设备的占用时间失去意义，并且设备需要占用时间来进行修复，因此，发生设备故障会导致 Makespan

增大，重调度的目标是最小化 Makespan。

（3）订单插入。订单插入是指在初始调度执行的过程中有新的生产订单到来，主要考虑：

1）在初始时刻存在已知炉次信息的若干待加工炉次并且初始调度方案由制造执行系统（MES）产生。订单在到来之前其包含的炉次信息是未知的。

2）订单加入的时间可能为生产开始时刻到结束前的任何时间，新加入订单可能包含单个炉次或者多个炉次。

3）新订单加入后的重调度目标是最小化 Makespan。

5.2.4.1 基于多智能体（Multi-agent Systems，MAS）的 Agent 调度系统

为了便于描述，记 i 为炉次序号，$i \in I = \{1, \cdots, n\}$；$j$ 为阶段序号，$j \in J = \{1, \cdots, s\}$；$m$ 为设备编号，$m = 1, 2, \cdots, m_j$；p_{ij} 为第 i 个炉次在第 j 阶段的生产时间；s_{ij} 为炉次 i 在第 j 阶段生产的开始时间；c_{ij} 为炉次 i 在第 j 阶段的完工时间，$c_{i0} = 0$；在 HFS（差值排序）问题中，n 个炉次在流水线上进行 s 个阶段的生产，每个阶段有 $m_j \geqslant 1$ 台同类型生产设备，且至少其中一个阶段的并行设备数量 $m_j > 1$。在某一阶段各设备对同一炉次的生产时间可能不同，炉次要经过所有阶段的生产，但对于某一阶段，炉次可在该阶段的任意一台设备上生产，已知炉次经历各道工序在各设备上的处理时间 p_{ij}，问题的目标是把炉次 i 指派到阶段 j 的设备 m 上，并对各设备上的指派炉次进行排序，即确定炉次的指派方案和排序方案。并确定炉次 i 在阶段 j 的开工时间 s_{ij} 和完工时间 c_{ij}，以最小化最大时间表长 $C_{\max}$。本节针对上述的三类常见的动态调度问题建立 Agent 模型。

多 Agent 调度系统由管理 Agent、策略 Agent、炉次 Agent、设备 Agent 组成。系统结构如图 5-25 所示。

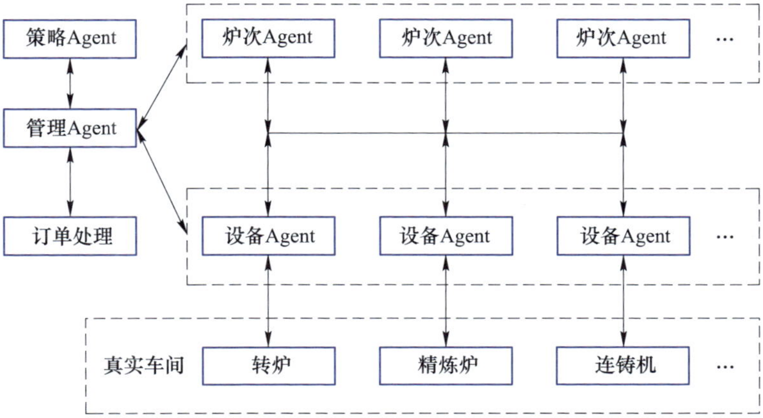

图 5-25 基于 Agent 的 HFS 调度系统模型

A　管理 Agent

管理 Agent(Manage Agent，MA）由炉次数据库、车间结构模块、黑板系统和调度管理模块构成，管理 Agent 结构如图 5-26 所示，具体如下：

（1）炉次数据库。在调度开始之前 MAS 系统的订单处理模块将已存在的订单所包含的所有炉次信息记录在管理 Agent 的炉次数据库中以便其他 Agent 在需要时查询炉次相关信息。如果在生产过程中有订单加入，订单处理模块立即将新加入炉次的信息记录在炉次数据库。

（2）车间结构模块。车间结构模块从炉次数据库中读取所有炉次的信息并从实际车间读取车间设备信息；然后，根据这些信息动态的生成与实际车间情况对应的炉次 Agent 群和设备 Agent 群。

（3）黑板系统。黑板系统即 Agent 之间交互通信所需的共享通信平台，黑板系统存储各个 Agent 公共可见的动态数据，如生产过程中设备的状态和可用的空闲时间（以下简称为可用时间)、炉次在各阶段的生产状态和可以开始生产的时间（以下简称为可加工时间）等，以便 Agent 在协调的过程中能够更加快速地查找所需的信息来完成自己求解的子问题。

（4）调度管理模块。调度管理模块功能是在调度开始时激活所有 Agent 开始工作，并且将所有设备的生产态、当前生产炉次及炉次各阶段的开工和完工时间通过动态甘特图显示出来。

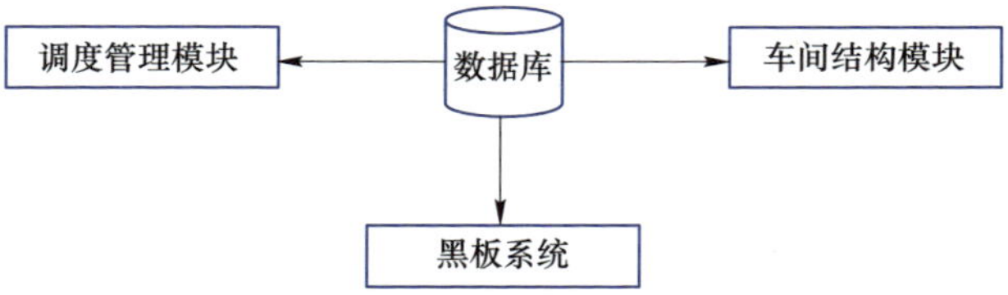

图 5-26　管理 Agent 结构

B　策略 Agent

策略 Agent(Strategy Agent，SA）是产生高效调度方案的核心一环。在生产开始或者发生动态事件时，策略 Agent 会调用所选择的算法产生初始序列（将 SA 产生的炉次序列称为 Strategy 序列)，随即炉次 Agent 和设备 Agent 根据所产生的 Strategy 序列按照集成的行为逻辑进行协调并开始生产，因此，策略 Agent 产生排序方案的好坏直接影响最终调度结果的质量。

调度规则和启发式算法因为计算速度快、反应灵活，被广泛用于解决调度问题。因此，本节采用构造启发式算法指导 SA 的炉次排序，提出了一种插值排序算法（HFS-Aimed Interpolation Sorting，HIS)。除了 HIS 算法以外，SA 也集成了 NEH 算法和多种调度规则作为产生 Strategy 序列的可选算法。

C 炉次 Agent

炉次 Agent(Job Agent，JA) 是由管理 Agent 根据已到来的炉次动态生成的，每个炉次对应一个 JA，JA 由数据模块、状态显示模块和行为模块组成，如图 5-27 所示，具体如下：

（1）数据模块记录两部分数据，一部分是静态数据，另一部分是生产过程产生的动态数据。静态数据包括炉次的序号，各阶段的生产时间等信息；动态数据包括炉次的优先值、各阶段开工/完工时间、各阶段分配设备、各阶段生产状态等；这些数据同样作为管理 Agent 中的黑板系统中的公用数据，以便其他 Agent 能够快速查询到所需的信息。

（2）状态显示模块用状态图的形式显示出炉次当前所处状态。

（3）行为模块集成了 JA 与其他 Agent 的协调逻辑。

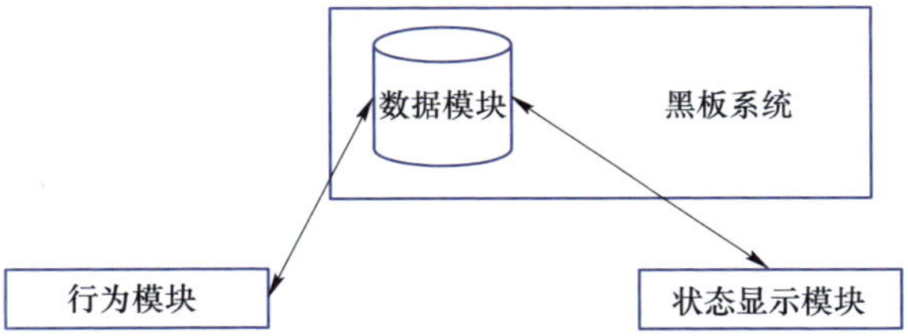

图 5-27 设备 Agent 及炉次 Agent 结构

D 设备 Agent

设备 Agent 也称为资源 Agent(Resource Agent，RA)，是由管理 Agent 根据读取的实际车间信息生成的。炼钢、精炼、连铸各阶段的每台设备均对应一个 RA。与 JA 相似，RA 由数据模块、状态显示模块和行为模块构成，如图 5-27 所示，但其中内容有所不同，具体如下：

（1）数据模块中的静态数据包括设备序号、设备类型；动态数据包括设备可用时间、已安排在设备上生产的炉次和设备当前状态。这些数据同样作为黑板系统里的公用数据。

（2）状态显示模块用状态图的形式来显示设备当前的状态。

（3）行为模块集成 RA 与其他 Agent 的协调逻辑。

E Agent 之间协调机制

HFS 动态调度系统的四类 Agent 之间协调机制如图 5-28 所示，具体描述如下：

（1）初始调度的生成与交互。调度开始时，SA 调用指定的算法或者调度规则产生初始序列，在本节中将 SA 产生的炉次序列称为 Strategy 序列。SA 在产生 Strategy 序列之后将通知 MA，MA 根据炉次在 Strategy 序列中的位置，对各 JA 赋予相应的优先值（在 Strategy 序列中靠前的炉次优先值更大），并通知 RA 和 JA 生产开始。

（2）在生产开始后每个 RA 和 JA 分别独立进行工作，二者的协调机制如下：

生产开始时，所有待生产炉次都进入炼钢阶段待作业，所有设备初始可用时间都为 0。对于每个 JA，当炉次准备开始生产时，就请求安排到可用时间最早的空闲设备上。

当 RA 接收到 JA 的安排请求时，如果同时只接到一个 JA 发出的请求，则立即安排对应炉次进行生产。否则，如果接收到多个 JA 同时发出的安置请求，则选择其中优先值最大的炉次安排生产，并向被选择炉次发送消息通知请求被接受，对另外的炉次则通知其请求被拒绝。

当 JA 接收到拒绝通知时，则重新查询空闲设备，如果有则向其 RA 发送安置请求。

每当有设备空闲时，RA 去查询该阶段的等待炉次，如果有则安排其中优先值最大的炉次开始生产。

每当炉次完成一阶段的生产时就立即进入下一阶段待生产，同时 JA 向下一阶段的设备发送安置请求，直到所有阶段任务完成，该炉次完成生产。直到所有炉次完成生产结束。

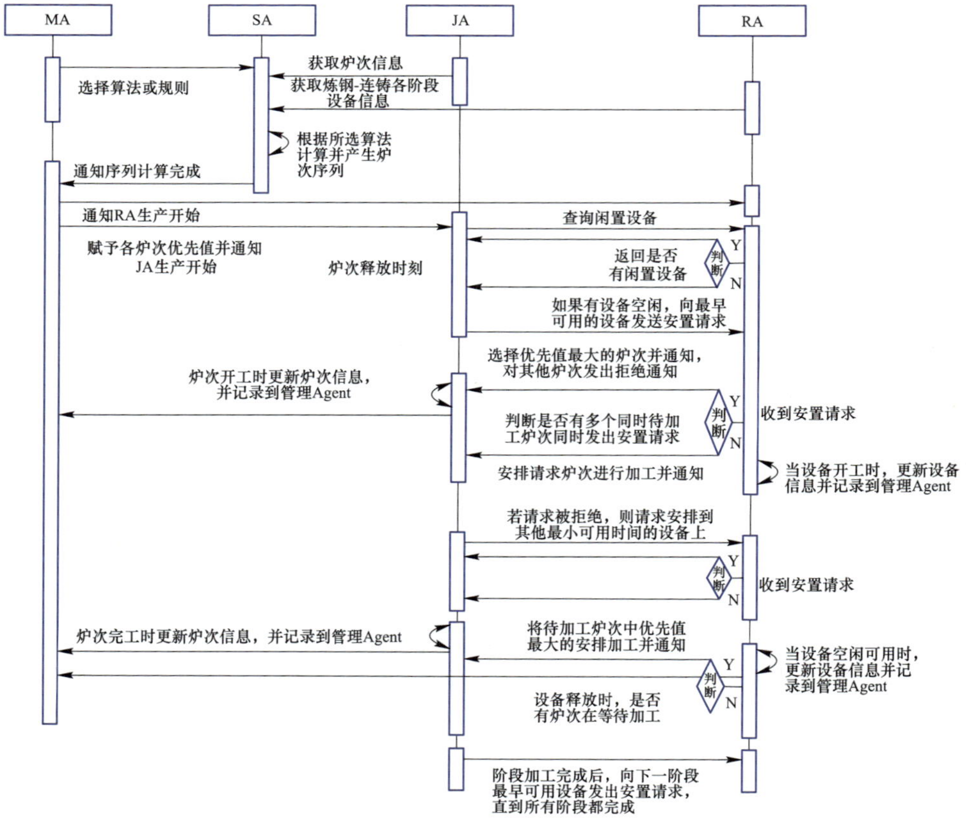

图 5-28　Agent 之间的协调机制

5.2.4.2 动态调度策略与算法

本节设计的重调度方法在发生动态事件时根据当前炼钢-连铸生产车间的状态，调用插值排序算法 HIS 重新产生 Strategy 序列。在重新生成 Strategy 序列之后，所有 JA 和 MA 能立即根据新的 Strategy 序列按照预先设定的协调机制继续进行工作，在重调度时不需要改变 JA 和 MA 之间的协调机制，只需要 SA 调用 HIS 算法重新产生 Strategy 序列。因此，即使系统中存在多种动态事件，或有动态事件多次连续发生的情况下，MAS 系统都可以迅速进行重调度并确保生产即刻继续运行，呈现较好的适应性和灵活性。

本节将针对动态环境特征，设计转炉/精炼炉发生故障和插入紧急订单情形的调度策略，并提出 HIS 算法。

A 转炉/精炼炉故障处理策略

当故障发生时，故障设备 RA 会更新设备信息：先将设备状态标为故障，随后将中断炉次从已安排炉次队列中删除，更新可用时间为当前时刻加上故障修复所用时间。随即向该炉次 JA 发送故障消息，当中断炉次 JA 收到故障消息时，即刻更新炉次信息，该炉次重新进入故障阶段。管理 Agent（MA）查询此时在炼钢阶段中所有待生产炉次，如果超过一个则调用 HIS 算法重新产生 Strategy 序列，否则 Strategy 序列不变。在策略 Agent 调用算法产生新的 Strategy 序列之后，通知 MA 根据新队列通知各 JA 更新优先值，并通知所有 JA 和 RA 继续运行。处理过程各 Agent 的协调机制如图 5-29 所示。

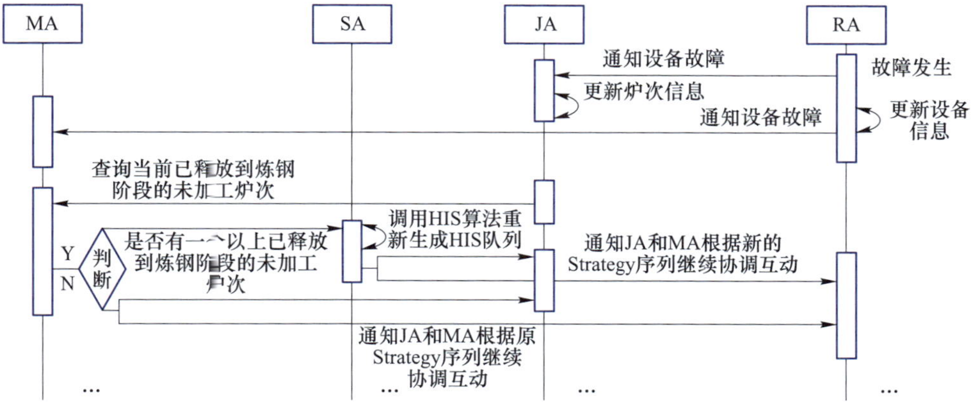

图 5-29 设备故障重调度处理机制

B 新订单加入的处理策略

当生产过程中有订单插入或者在线调度订单到来时，“新来”炉次立刻释放到炼钢阶段，管理 Agent 查询此时在炼钢阶段中待生产的炉次数，如果有 2 个或以上时，则通知策略 Agent 调用 HIS 算法重新产生 Strategy 序列。当策略 Agent 产生新的 Strategy 序列之后，通知 MA，MA 根据新队列通知各 JA 更新优先值，并通知所有 JA 和 RA 继续运行。处理过程各 Agent 的协调机制如图 5-30 所示。

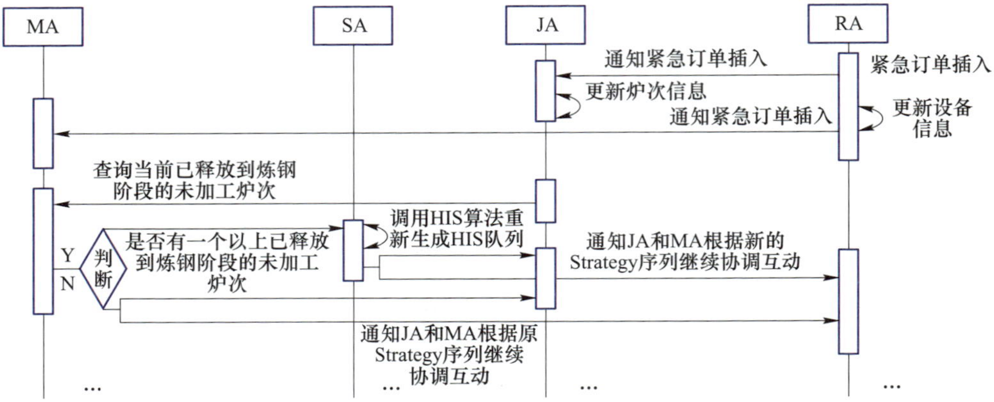

图 5-30　紧急订单重调度过程机制

C　HIS 算法

HIS 算法（HFS-Aimed Interpolation Sorting，HIS）是针对混合流水车间环境，基于 NEH 算法的设计思路提出的，主要分为两个阶段：炉次排序、设备指派。

a　主算法：插值排序法

与 NEH 相似，HIS 算法同样对所有待安排生产炉次进行迭代插入并计算 C_{max}，最终将所有炉次插入后形成 Strategy 序列。其区别在于，NEH 针对置换流水车间的环境计算 C_{max}，并且只用于静态调度；HIS 则针对混合流水车间环境，考虑了在多 Agent 系统协调机制下的设备分配机制和设备上待生产炉次的排序机制。根据 Strategy 序列，按照多 Agent 系统协调机制下的设备分配策略和设备上待生产炉次的排序策略，产生炉次的分配和在待生产设备上的排序，在炉次的分配和排序确定后，Strategy 序列对应的 C_{max} 即被确定。并且在进行动态调度时，HIS 算法将考虑当前车间的生产状态——即在各炉次和设备当前生产状态的基础上，根据 Strategy 序列对当前尚未开始加工的炉次进行设备分配及排序，进而计算出 Strategy 序列对应的 C_{max}。因此，HIS 算法能有效地解决动态环境下混合流水车间的调度问题，同时，也很容易扩展到静态调度问题的解决。

HIS 算法表述如下：

步骤 1：将所有当前在炼钢阶段已安排生产的炉次按开工时间 s_{i1} 由小到大排列建立序列 Q_1（如果几个炉次 s_{i1} 相同则按其优先值排列先后顺序），将所有当前在炼钢阶段尚未安排生产的炉次按各阶段总生产时长 $\sum_{j=1}^{s} p_{ij}$ 从大到小排序建立序列 Q'_2。对于初始调度，显然 Q_1 为空。

步骤 2：将 Q_2' 中的前两个炉次（设它们为 i_1 和 i_2），将 i_1, i_2 按不同顺序放入 Q_1 之后形成序列 $\{Q_1, i_1, i_2\}$ 以及 $\{Q_1, i_2, i_1\}$，随后得出若 Q_1, i_1, i_2 为全部炉次，分别以这两个序列作为 Strategy 序列，在多 Agent 的协调机制下，根据 Strategy 序列确定炉次指派方案和各设备上的炉次排序方案，进而得到 $C_{\max}$。选择两者中更优的 $C_{\max}$ 所对应的队列进行下一步。

步骤 3：将 Q_2' 中第 k 个（$k=3$ to $|Q_2'|$）炉次分别插入 Q_1 后的 k 个可能的位置，选择最优 $C_{\max}$ 对应的序列，直到 Q_2' 最后一个炉次插入完毕并建立序列 $\{Q_1, Q_2\}$，此序列即为 HIS 产生的 Strategy 序列。产生 Strategy 队列中前部分 Q_1 决定的是已经在炼钢阶段开始生产炉次在随后阶段的优先顺序，后部分 Q_2 决定的是在炼钢阶段等待炉次在炼钢阶段安排的优先顺序。

b 设备分配及排序子算法

HIS 算法针对混合流水车间各阶段的多机环境，在 Strategy 序列确定后，按照多 Agent 系统的设备分配机制和设备上的炉次排序机制将待生产的炉次分配到相应的设备上，一旦待生产炉次所需的设备分配和排序确定，Strategy 序列对应的 Makespan 就确定下来。具体步骤为：

步骤 1（初始化）：

读取所有炉次在各阶段的生产状态，对于 $j=1$，…，s 建立在阶段 j 尚未安排生产的炉次的集合 C_j，定义 c_{ij-1} 为炉次在阶段 j 的可生产时间，对于 $j=2$，…，s，如果炉次 i 在 $j-1$ 阶段已安排生产则读取 c_{ij-1}，对于 $j=1$，对于所有在初始调度时已存在炉次在阶段 j 的可生产时间 $c_{i0}=0$。令阶段数 $j=1$。

步骤 2：若此时 $C_j \neq \varnothing$，则：

（1）找到此阶段可用时间最少的设备 m，记录其可用时间 t_m。

（2）查看所有炉次在阶段 j 的可生产时间，记为 c_{ij-1}；若对于所有炉次有 $c_{ij-1} > t_m$，即在设备空闲时所有炉次均不可生产，则转到步骤 3，否则转至步骤 4。

（3）选择 c_{ij-1} 最小的炉次 i，如有多个炉次 c_{ij-1} 相同，则根据在 Strategy 序列中的相对位置选择优先值最大的炉次（Strategy 序列中靠前的炉次优先值更大）设其为 i，将 i 安排到设备 m 上，更新炉次的此阶段完工时间 $c_{ij}=c_{ij-1}+p_{ij}$，更新设备可用时间 $t_m=c_{ij-1}+p_{ij}$，将炉次 i 从 C_j 中删除。

（4）若只有一个炉次满足 $c_{ij-1} \leqslant t_m$，即在设备可用时只有一个炉次 i 已释放，则将此炉次安排到设备上，更新炉次此阶段的完工时间 c_{ij}，更新设备的可用时间 t_m，将炉次 i 从 C_j 中删除。否则，若有多个炉次满足 $c_{ij-1} \leqslant t_m$，即在设备可用时有多个炉次已释放，则根据 Strategy 序列选择优先值最大的炉次 i 安排到设备上，更新炉次此阶段的完工时间 c_{ij}，更新设备可用时间 t_m，将炉次从未安排集合 C_j 中删除。

（5）若 $C_j \neq \varnothing$，则转到步骤 1，否则转到步骤 3。

步骤 3：若此时 $j=s$，则转到步骤 4，否则 $j=j+1$ 并转到步骤 2。

步骤 4：检查所有炉次在连铸阶段的完工时间 c_{is}，最大值即为此 Strategy 序列对应的 $C_{\max}$。

5.2.4.3 仿真实验

采用 Anylogic7.3.6 作为基于 Agent 的建模工具。实验环境为 CPU Intel Core I5 CPU @ 2.20GHz/RAM 8GB。

A 在线调度

在线调度的仿真中，模拟了不同炉次的到来频率下和不同炉次总数的在线调度，炉次在各阶段的生产时间 $p_{ij}\in[5, 30]$，共 5 个阶段，每个阶段有 3 台相同设备，零时刻到达 10 个炉次，第一组测试随后每隔 20 个时间单位到达 10 个炉次；第二组随后每隔 30 个时间单位到达 10 个炉次。两组测试分别仿真计算了总共到来 100 个炉次和共到来 200 个炉次的情况。策略 Agent 分别选择 HIS 算法以及常用的调度规则产生 Strategy 序列，随后炉次 Agent 和设备 Agent 根据 Strategy 序列进行协调并完成生产，对比各自对应的最大完工时间 $C_{\max}$，参与对比的调度规则包括：最短加工时间优先（Shortest Processing Time First，SPT）、最长加工时间优先（Longest Processing Time First，LPT）、最大剩余加工时长优先（Most Work Remaining First，MWRF）、最小剩余加工时长优先（Least Work Remaining First，LWRF）、最大总加工时长优先（Most Total Work First，MTWF）、最小总加工时长优先（Least Total Work First，LTWF）。仿真实验结果如表 5-22 所示。

表 5-22 在线调度实验结果

炉次到达频率	10 炉次/20 min						10 炉次/30 min					
炉次数量	100			200			100			200		
算例序号	1	2	3	4	5	6	1	2	3	4	5	6
HIS	690	690	678	1271	1270	1281	692	681	689	1267	1273	1293
SPT	713	703	720	1296	1299	1315	701	718	717	1296	1297	1326
LPT	857	852	868	1633	1633	1642	849	850	845	1634	1596	1642
MWRF	733	716	720	1312	1337	1350	730	720	735	1332	1338	1351
LWRF	741	722	725	1349	1352	1369	733	746	734	1367	1338	1362
MTWF	733	723	727	1335	1325	1359	722	728	736	1340	1334	1361
LTWF	756	724	737	1334	1338	1385	739	742	757	1348	1348	1369

仿真结果表 5-22 表明，在两种不同的订单到来频率下，在不同数量炉次的情况下，本节提出的多 Agent 调度系统，能够迅速地在订单到来之时即时对未安排生产的炉次进行重调度，实验结果表明，在 HIS 算法产生排序方案的基础上最

终的 C_{max} 明显优于其他调度规则产生的排序方案所得的完成加工 C_{max}。

B　故障重调度

在故障重调度的仿真实验中，炉次数量为 20 个，共计 3 个阶段，每个阶段有 3 台设备，炉次在各阶段的生产时间服从均匀分布，$p_{ij} \in [5, 30]$，在调度开始时，策略 Agent 调用 HIS 算法产生静态调度下的 Strategy 序列，随后所有炉次 Agent 和设备 Agent 根据 Strategy 序列进行协调并开始生产。故障随机产生，故障参数如表 5-23 所示。

表 5-23　故障参数表

持续时间	发生时刻	发生位置
$U[0.01, 0.08] * C_{max}$	$U[0.05, 0.9] * T$	$U[1, s]$

注：T 表示初始调度中发生故障设备上最后一个操作的完工时间。

同时，将调度规则与 HIS 算法进行重调度结果的对比。运用调度规则进行重调度时，在发生故障后根据选择调度规则赋予炉次在各阶段的优先值，各 Agent 根据优先值进行协调并完成生产。

根据故障参数产生实验算例，共进行 20 次故障重调度仿真实验。故障发生阶段、发生时间、持续时间、中断前炉次已加工时间如表 5-24 所示，初始调度 C_{max}、调用 HIS 算法及调度规则重调度后的 C_{max} 见表 5-25。在即时重调度机制下，能够在故障发生时迅速重新计算 Strategy 队列，各 Agent 根据新的 Strategy 队列能够立刻重新开始协调工作并且使生产得以继续进行。在 20 次实验中仿真结果表明，在多 Agent 调度系统下，调用 HIS 算法产生新的 Strategy 序列并根据新序列完成重调度，初始调度和重调度 C_{max} 的时间相似度为 97.6%，实验结果表明 HIS 算法的调度效果优于调度规则，能够很大程度消除故障对于最大完工时间的影响。图 5-31 为算例 3 故障发生前后的甘特图，其中图 5-31（a）是调用 HIS 算法形成的初始调度甘特图，初始调度 Makespan 为 155 min；图 5-31（b）是在初始调度基础上，在阶段 2 发生故障时调用 HIS 算法进行重调度后得出的甘特图，其中故障发生时间为 26 min，持续时间为 12 min，设备发生故障前已加工时间为 19 min，重调度后 Makespan 为 156 min。

表 5-24　故障重调度实验算例　（min）

算例序号	故障发生阶段	故障发生时间	故障持续时间	中断前炉次已加工时间
1	2	75	8	8
2	1	69	7	3
3	2	26	12	19
4	1	58	1	24
5	2	24	8	2

表 5-25　故障重调度实验结果　　　　(min)

算例序号	初始调度 C_{max}	HIS	SPT	LPT	MWRF	LWRF	MTWF	LTWF
1	139	142	146	146	146	148	142	148
2	150	150	166	173	152	165	167	165
3	155	156	181	168	165	175	165	175
4	150	157	181	159	156	182	157	182
5	140	141	160	161	146	168	148	170

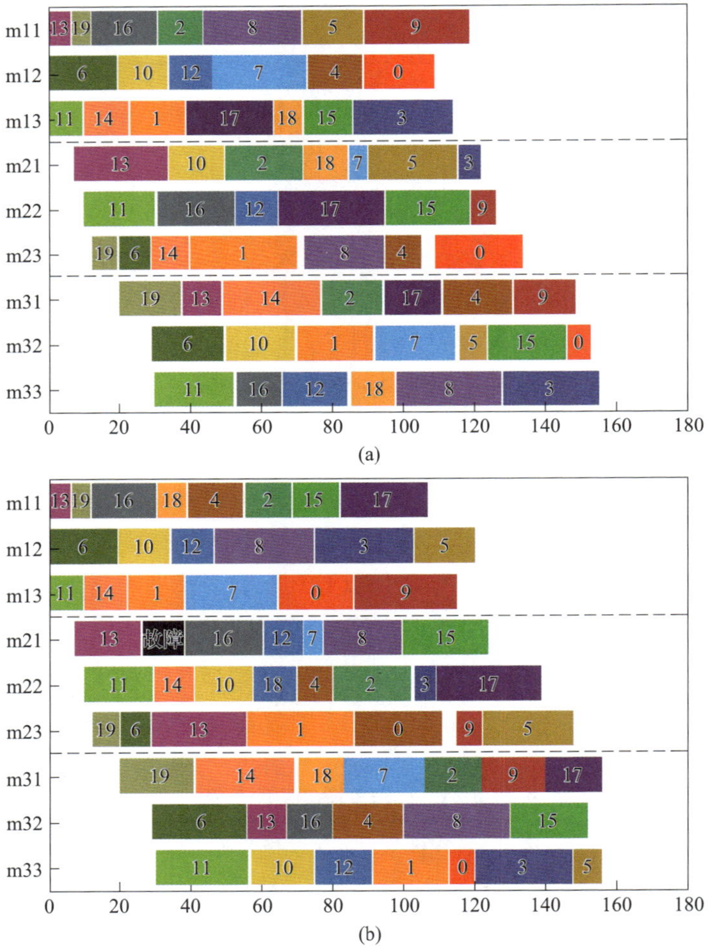

图 5-31　发生故障重调度前/后甘特图对比

(a) 初始调度甘特图；(b) 故障重调度甘特图

C 订单插入动态调度

在订单插入动态调度仿真中，炉次数量为 20 个，阶段数为 3，炉次加工时间服从均匀分布 $p_{ij} \in [5, 30]$，插入订单到来时间 $T = U[0.1, 0.9] * C_{\max}$，插入订单包含炉次数量为随机 1~5 个。为了对比 HIS 算法的重调度效果，将 HIS 算法与调度规则进行对比实验。订单插入发生后，在调用 HIS 算法重调度时，调用 HIS 算法产生新的 Strategy 序列，随后各 Agent 根据产生的序列继续协调并完成生产。在调用调度规则进行重调度时，根据所选择的调度规则赋予炉次在各阶段的优先值，随后各 Agent 根据炉次优先值进行协调并完成生产。实验结果如表 5-26 所示，算例 7 插单前以及插单后用两种方法进行重调度甘特图对比如图 5-32 所示，其中图 5-32（a）为初始调度甘特图，图 5-32（b）为初始调度基础上在 t = 22 单位时间时刻插入炉次 j_{20}、j_{21}、j_{22}，调用 HIS 算法重调度形成的甘特图，图 5-32（c）为在订单插入后将新到炉次插入到 Strategy 序列末尾，即运用先进先出规则（First In First Out，FIFO）完成生产后的甘特图。

表 5-26 订单插入重调度实验结果 (min)

算例	插入炉次数	原 Makespan	HIS	FIFO	SPT	LPT	MWRF	LWRF	MTWF	LTWF
1	5	140	168	183	172	183	173	185	175	188
2	3	151	169	189	180	193	171	196	171	196
3	3	139	161	175	166	175	162	178	165	178
4	2	150	157	176	172	173	161	184	167	186
5	4	152	166	172	172	179	179	172	179	172
6	1	155	156	164	163	164	159	168	159	168
7	3	155	167	178	184	202	176	200	177	200

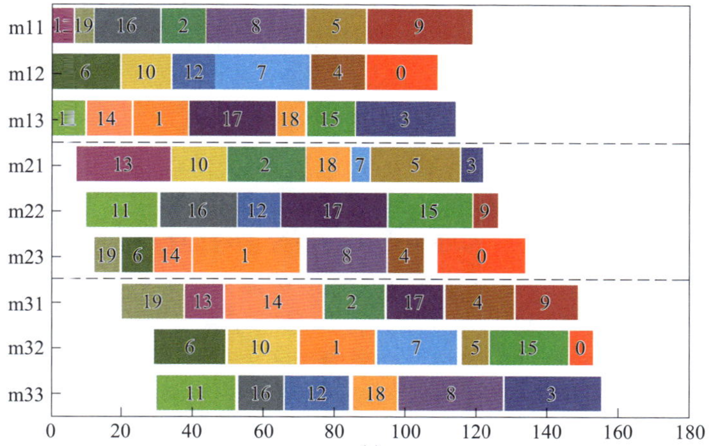

(a)

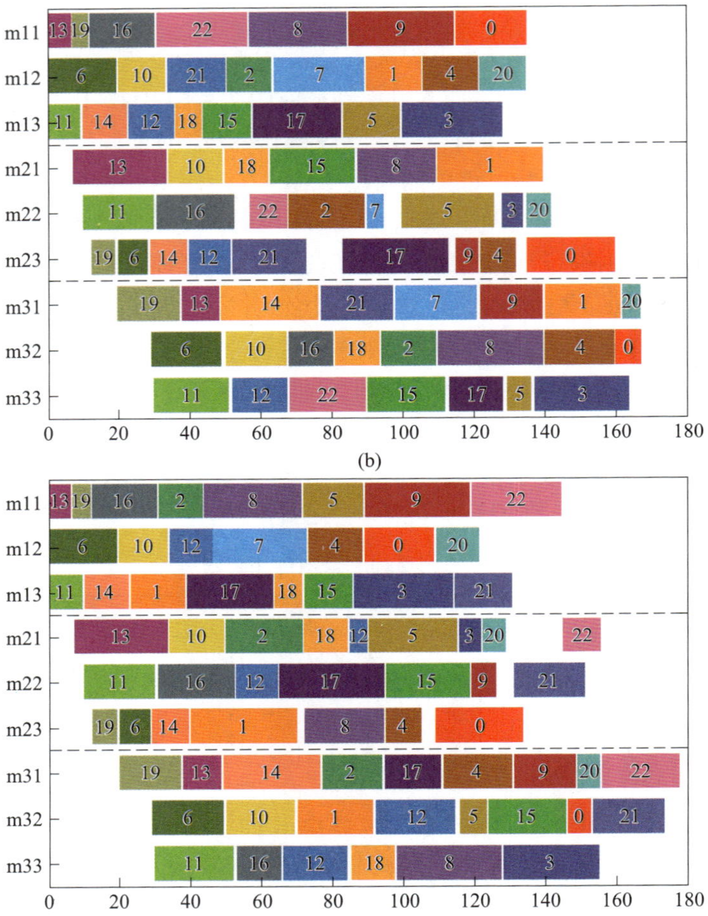

(b)　(c)

图 5-32　订单插入重调度前后甘特图

（a）初始调度甘特图；（b）HIS 算法重调度甘特图；（c）FIFO 规则处理新订单甘特图

5.3　小结

（1）本章对炼钢-连铸过程的生产调度问题进行了介绍，包括生产调度的概念、特点、研究方法等，结合课题组以往的研究，对静态调度和动态调度分别提出“运行规则+智能算法”和“多工序协同”的研究思路，在此基础上，对静态调度和动态调度分别提出基于生产模式优化和基于多智能体的炼钢-连铸过程多工序工艺、质量与调度之间协同控制的研究方法。

（2）总结归纳以往研究成果，根据钢厂实际调研，构建了包括基本调度规则、时间控制规则、设备选择规则、工艺约束规则以及动态调整规则等 5 大类规则在内的调度规则库，指导后续静态或者动态调度生产。

（3）针对某炼钢厂炼钢-连铸过程静态生产调度问题，从简化生产组织，保证生产过程有序、稳定、协调运行的角度出发，构建了符合炼钢厂实际生产需求的、以“炉-机匹配度”最大、连浇炉数最大以及过程等待时间最短和柔性工序周期波动最小为主要目标函数的多目标优化调度模型。

（4）以某炼钢厂为例开展研究。对于弹簧钢生产过程，转炉作业周期 $T_{BOF} \leqslant$ 连铸作业周期 T_{CCM}；对于普碳钢生产过程，连铸作业周期 $T_{CCM} \leqslant$ 转炉作业周期 T_{BOF}。不同产品结构的生产流程其生产模式不同，在确定产品结构的基础上，分析了不同产品结构下的生产模式选择方案，制定了不同生产模式下的调度模型求解策略。

（5）应用基于“运行规则+智能算法”的生产调度模型对某钢厂炼钢-连铸生产过程三种主要的生产模式进行仿真计算，结果表明：提出的基于“炉-机对应”原则的改进算法的性能显著优于经典遗传算法和启发式算法，优化了生产过程等待时间，工序间最长等待时间由 77 min 减少到 54 min，降低 30%；炉-机匹配程度也明显提高，为研究炼钢厂复杂生产调度问题提供了一种高效的解决方案。

（6）综合考虑“能耗最小”原则、“连浇”原则，基于 Agent 建立了混合流水车间调度模型，设计了各 Agent 之间的协调机制。针对混合流水车间问题以及动态调度问题的特点，提出了系统的核心算法 HIS，该算法适用于静态调度和多种动态调度问题。最终仿真结果表明，此多 Agent 系统得到的调度效果比多种调度规则更优，能够适用于多种动态事件同时并存的动态生产环境。

参 考 文 献

[1] 邵鑫，杨建平，王柏琳，等．炼钢-连铸区段多工序运行协同控制［J］．钢铁，2021，56（8）：101-112.

[2] 唐立新，杨自厚，王梦光．炼钢-连铸最优炉次计划模型与算法［J］．东北大学学报，1996（4）：440-445.

[3] Wang C，Liu Q，Li Q Y，et al. Optimal charge plan model for steelmaking based on modified patrheno-genetic algorithm［J］. Control Theory and Applications，2013，30（6）：734-741.

[4] 邹草云．长材型特殊钢厂炼钢-连铸过程生产计划研究［D］．北京：北京科技大学，2015.

[5] 吴秀丽，孙树栋，杨展，等．多目标柔性 Job Shop 调度问题的技术现状和发展趋势［J］．计算机应用研究，2007，24（3）：1-5.

[6] Tang L，Liu J，Rong A，et al. A review of planning and scheduling systems and methods for integrated steel production［J］. European Journal of Operational Research，2001，133（1）：1-20.

[7] 郑忠，龙建宇，高小强，等．钢铁企业以计划调度为核心的生产运行控制技术现状与展望［J］．计算机集成制造系统，2014，20（11）：2660-2674.

[8] 王彬，王闯，王宝，等．炼钢-连铸过程生产计划与调度问题综合优化研究［J］. 武汉科技大学学报，2014，37（3）：161-166.

[9] Achraf T, Abdelwahed E, Adil B, et al. A hybrid metaheuristic method to optimize the order of the sequences in continuous-casting [J]. International Journal of Industrial Engineering Computations, 2016, 7 (3): 385-398.

[10] Tang L, Liu J, Rong A, et al. A mathematical programming model for scheduling steelmaking-continuous casting production [J]. European Journal of Operational Research, 2000, 120 (2): 423-435.

[11] Pang X F, Gao L, Pan Q K, et al. A novel Lagrangian relaxation level approach for scheduling steelmaking-refining-continuous casting production [J]. Journal of Central South University, 2017, 24 (2): 467-477.

[12] Cui H J, Luo X C. An improved lagrangian relaxation approach to scheduling steelmaking-continuous casting process [J]. Computers & Chemical Engineering, 2017, 106 (5): 133-146.

[13] Xu W J, Tang L X, Pistikopoulos E N. Modeling and solution for steelmaking scheduling with batching decisions and energy constraints [J]. Computers & Chemical Engineering, 2018, 116 (3): 368-384.

[14] 安玉伟，严洪森．一类两阶段生产系统生产计划与调度的集成优化［J］. 计算机集成制造系统，2012，18（4）：796-806.

[15] Yu S P, Chai T Y. Heuristic scheduling method for steelmaking and continuous casting production process [J]. Control Theory and Applications, 2016, 33 (11): 1413-1421.

[16] 冯振军，杨根科，杜斌，等．炼钢连铸调度的启发式和线性规划两步优化算法［J］. 冶金自动化，2005，29（4）：18-22.

[17] Liu G H, Li T K. A steelmaking-continuous casting production scheduling model and its heuristic algorithm [J]. Systems Engineering, 2002, 20 (6): 44-48.

[18] Holland J H. Adaptation in Natural and Artificial System [M]. Michigan: University of Michigan Press, 1992.

[19] 徐兆俊，郑忠，高小强．炼钢连铸生产调度的优先级策略混合遗传算法［J］. 控制与决策，2016，31（8）：1394-1400.

[20] Fujii S, Tanimoto S, Tomiyama S, et al. Genetic algorithm with reduction of search space using operational constraints and its application to scheduling system for steelmaking process [J]. Tetsu To Hagane-Journal of The Iron and Steel Institute of Japan, 2003, 89 (12): 1220-1226.

[21] 袁帅鹏，李铁克，王柏琳．多目标炼钢-连铸生产调度的改进带精英策略的快速非支配排序遗传算法［J］. 计算机集成制造系统，2019，25（1）：115-124.

[22] 李铁克，苏志雄．炼钢连铸生产调度问题的两阶段遗传算法［J］. 中国管理科学，2009，17（5）：68-74.

[23] Dorigo M, Maniezzo V, Colorni A. Ant system: Optimization by a colony of cooperating agents [J]. IEEE Transactions on Systems Man & Cybernetics Part B Cybernetics A Publication of the

IEEE Systems Man & Cybernetics Society, 1996, 26 (1): 29.

[24] Zhu D F, Zheng Z. Hybrid genetic algorithm optimization-based production planning and simulation analysis for steelmaking and continuous casting [J]. Computer Engineering & Applications, 2010, 17 (9): 19-24.

[25] Fang Y D, Wang F, Wang H. Research of multi-objective optimization study for job shop scheduling problem based on grey ant colony algorithm [J]. Advanced Materials Research, 2011, 308-310: 1033-1036.

[26] Xue Y C, Zheng D L, Yang Q W. Optimum charge plan of steelmaking continuous casting based on the modified discrete particle swarm optimization algorithm [J]. Computer Integrated Manufacturing Systems, 2011, 17 (7): 1509-1517.

[27] 郑鹏, 唐秋华, 张启敏, 等. 基于离散粒子群算法的炼钢连铸生产调度 [J]. 机械设计与制造, 2016 (7): 49-51.

[28] Zarandi M H F, Dorry F. A hybrid fuzzy PSO algorithm for solving steelmaking-continuous casting scheduling problem [J]. International Journal of Fuzzy Systems, 2017, 20 (15): 1-17.

[29] Pan Q K. An effective co-evolutionary artificial bee colony algorithm for steelmaking-continuous casting scheduling [J]. European Journal of Operational Research, 2015, 250 (3): 702-714.

[30] Peng K K, Pan Q K, Zhang B. An improved artificial bee colony algorithm for steelmaking-refining-continuous casting scheduling problem [J]. Chinese Journal of Chemical Engineering, 2018, 26 (8): 135-143.

[31] Fred G, Greenberg H J. New approaches for heuristic search: A bilateral linkage with artificial intelligence [J]. European Journal of Operational Research, 1989, 39 (2): 119-130.

[32] 于港, 田乃媛, 徐安军. 炼钢-连铸区段生产调度与计算机仿真 [J]. 北京科技大学学报, 2009, 31 (9): 1183-1188.

[33] Zhang Q, Manier H, Manier M A. A genetic algorithm with tabu search procedure for flexible job shop scheduling with transportation constraints and bounded processing times [J]. Computers and Operations Research, 2012, 39 (7): 1713-1723.

[34] Kirkpatrick S, Gellatt C D, Vecchi M P. Optimisation by simulated annealing [J]. Science, 1982, 220 (4598): 671-680.

[35] 赵卫. 模拟退火遗传算法在车间作业调度中的应用 [J]. 计算机仿真, 2011, 28 (7): 361-364.

[36] Shivasankaran N, Kumar P S, Raja K V. Hybrid sorting immune simulated annealing algorithm for flexible job shop scheduling [J]. International Journal of Computational Intelligence Systems, 2015, 8 (3): 455-466.

[37] Yang Z, Qiu H L, Luo X W, et al. Simulating schedule optimization problem in steelmaking continuous casting process [J]. International Journal of Simulation Modelling, 2015, 14 (4): 710-718.

[38] Wu Y, Zeng J C, Hu W J, et al. Dynamic scheduling algorithm for batch process systems based

on hybrid petri nets [J]. Journal of X'ian Jiaotong University, 2002, 36 (2): 147-151.
[39] 单多，徐安军，汪红兵，等．基于 eM-Plant 的加热炉群调度的仿真与优化 [J]. 冶金自动化，2013，37 (2)：9-14.
[40] Liao S H. Expert system methodologies and applications—A decade review from 1995 to 2004 [J]. Expert Systems with Applications, 2005, 28 (1): 93-103.
[41] 孙福权，唐立新．炼钢-连铸生产调度专家系统 [J]. 冶金自动化，1998 (6)：31-33.
[42] 马长波．基于多智能体的炼钢厂车间天车调度仿真方法研究 [D]. 昆明：昆明理工大学，2011.
[43] Gu X J, Zhu Z Y, Zhang J, et al. Multi agent ant colony optimization for dynamic scheduling of steelmaking and continuous casting [J]. Science Technology & Engineering, 2016, 16 (27): 50-57.
[44] 陈博，邵鑫，张江山，高山，李宏辉，刘青．基于“炉-机对应”的炼钢-连铸排产灰狼优化算法 [J]. 工程科学与技术，2024，56 (6)：73-81.
[45] 王闯，刘青，王彬，等．特殊钢厂炼钢-连铸调度模型 [J]. 北京科技大学学报，2013，35 (3)：371-378.
[46] 王刚，王彬，王宝，等．基于“炉机对应”原则的炼钢—连铸调度模型 [J]. 北京科技大学学报，2013，35 (8)：1080-1092.
[47] 穆衍清，尹佳，谢飞鸣，等．特殊钢厂炉机匹配研究 [J]. 北京科技大学学报，2013，35 (1)：126-133.
[48] 刘青，田乃媛，殷瑞钰．炼钢厂系统的运行原则与调控策略 [J]. 过程工程学报，2003，3 (2)：171-176.
[49] 刘青，王彬，汪宙，等．炼钢厂的精益制造技术 [J]. 中国科技成果，2014 (11)：78-80.
[50] 王彬．长材型特殊钢厂炼钢—连铸过程生产计划优化与协同调度 [D]. 北京：北京科技大学，2015.
[51] 张春生，李铁克，王柏琳，等．炼钢机器故障下炼钢-连铸调度 DCSP 建模与算法 [J]. 计算机工程与应用，2012，48 (22)：226-234.
[52] 王柏琳，李铁克，张春生，等．基于动态约束满足的考虑连铸机故障的炼钢连铸调度算法 [J]. 计算机集成制造系统，2011，17 (10)：2185-2194.
[53] 王芊博，张文新，王柏琳，等．基于 Agent 的混合流水车间动态调度系统 [J]. 计算机应用，2017，37 (10)：2991-2998.
[54] Wang B L, Wang H F, Li T K. Design of a monitoring and rescheduling system for steelmaking-continuous casting production [J]. International Journal of Performability Engineering, 2018, 14 (12): 3076-3086.
[55] 汪红兵，徐安军，姚琳，等．应用改进遗传算法求解炼钢连铸生产调度问题 [J]. 北京科技大学学报，2010，32 (9)：1232-1237.

协同控制篇

XIETONG KONGZHI PIAN

6 炼钢-连铸区段运行优化与动态协同

炼钢-连铸区段的运行过程是复杂的物质转变、运输、控制过程，以时间、温度、物质量的融合、贯通与协同为表现。因此，要实现炼钢厂系统的运行优化，应以其生产流程物质流基本参数（时间、温度、物质量）的解析为基础，运用冶金流程工程学理论，综合考虑产品结构、生产节奏、产能、能耗、产品质量等因素，从而制订合理有效的优化运行方案[1]。精炼工序是炼钢炉和连铸机实现稳定、长时间准连续化运行的保障，是炼钢-连铸区段运行优化的关键环节之一。此外，钢包周转贯穿整个炼钢厂制造流程的始终，提出科学合理的钢包运行控制模型对实现炼钢厂运行优化意义重大。本章从影响炼钢-连铸过程运行效率的炉机界面——LF 钢水精炼工序和炼钢-连铸全流程物质流的载体——钢包运行两个重要环节出发，开展炼钢-连铸运行过程解析与优化的讨论。同时，基于多智能体系统技术实现多工序控制与生产调度的动态协同，并与炼钢厂制造执行系统（MES）进行深入融合，实现炼钢-连铸过程多工序运行的智能管控。

LF 钢包精炼工序在转炉与连铸机之间起到缓冲调节的作用，缓冲能够有效地缓解和抵消异常事件对炼钢厂正常运行的影响，对于降低工序/装置的能耗和重调度的频率、保持生产系统的稳定运行具有积极的作用。炼钢厂各工序/装置生产衔接紧密、“工件”生产过程温度高、来自系统内/外部的变动因素复杂等，这些因素的存在使得炼钢工序急需适度的缓冲来稳定生产、减少能源和经济损失[2]。目前，炼钢厂的生产缓冲多是根据经验确定，缺乏定量依据。因此，合理的 LF 工序缓冲策略是炼钢-连铸过程运行优化的核心内容。钢包运行控制的内容主要包括钢包数量和周转效率的控制，钢包运转的解析与优化涉及炼钢系统运行过程中的各个工序[3]，是炼钢厂系统运行优化炉机对应原则、能耗最小原则、拉速决定流量原则、连浇原则在炼钢厂生产过程中的集中体现[4]。钢包运行控制研究成果方面，国外主要运用匹配模型、数值模拟等对钢包调度和热状态控制进行研究[5-7]，国内主要运用产量计算法、时间计算法、周转期匹配法等方法确定使用钢包数量。另外，在钢包的使用管理、钢包周转模式的建立方面也有研究[2, 8-10]。随着高效恒拉速连铸的实现，生产节奏加快，钢水的浇铸温度与常规连铸相比要求更为严格，因此，掌握钢包运转规律，实施生产过程钢包运转的过程优化尤为重要。

炼钢-连铸过程的整体协同优化是实现炼钢厂高效化和绿色化生产的系统要

求。目前，国内各钢铁企业的生产管控系统（MES、APS 等）主要发挥其计划与调度、物流跟踪、库存管理和绩效考核等管控功能，而对与之密切相关的冶金工艺过程却涉及不深，未能实时参与工艺过程的调控，致使生产管控系统的工艺性不足，工艺与流程运行控制的“精准率”不高，制约了钢铁生产智能化的进程[11]。对此，笔者研究团队开发了 MES 与炼钢、精炼、连铸工序工艺过程控制系统、计划与调度系统之间的数据接口技术，实现了工艺精准控制与生产调度的动态协同，并将综合了工艺精准控制、流程协调运行和精益生产计划与调度的炼钢-连铸过程集成制造技术应用于实际生产，取得了良好的效果。

6.1　LF 钢包精炼工序运行缓冲策略及优化

时间参数的调控对炼钢-连铸生产系统的物耗、能耗、产品质量、成本、环境负荷有着综合性影响。由于炼钢厂生产钢种的成分要求和工艺控制要求较为严格，一般而言各工序/装置生产过程的实际时间以及工序/装置之间的衔接、等待和缓冲时间波动范围较大，合理调控时间因素显得尤为重要。其中，LF 钢包精炼工序是转炉炼钢工序与连铸工序衔接的重要“柔性”环节。因此，本节以三个炼钢厂为例，在对 LF 钢包精炼工序的生产节奏进行分析的基础上，综合考虑各炼钢厂工序工艺、车间布局、衔接匹配等情况，探讨 LF 工序缓冲策略和优化措施。

6.1.1　LF 钢包精炼工艺流程分析

LF 钢包精炼钢水工艺处理过程包括从转炉出钢至软吹结束吊运钢液至连铸机回转台。LF 钢包精炼工艺分为双钢包车式 LF 炉和单钢包车式 LF 炉，分别如图 6-1 和图 6-2 所示。两者处理一包钢液的过程基本一致，在双钢包车式 LF 炉中，一般是喂丝工位与软吹工位在同一位置；而在单钢包车式 LF 炉中，座包位、喂丝工位与软吹工位均在同一位置。

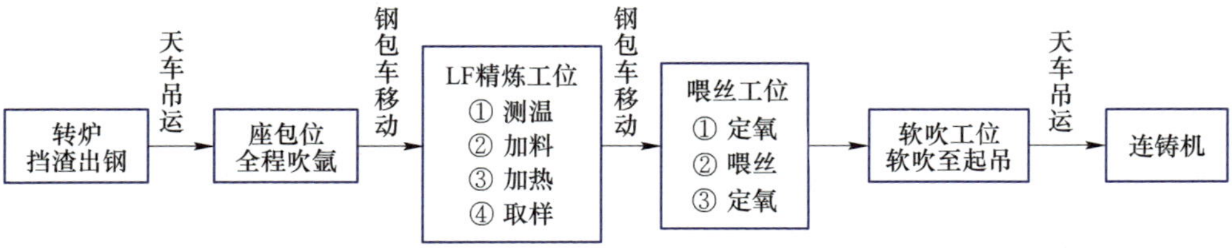

图 6-1　双钢包车模式 LF 炉工艺流程图

双钢包车式 LF 炉有两个钢包车，可以同时进行两包钢液的处理，即配置“双工位”。“双工位”作业是相对于 LF 钢包精炼炉的“单工位”而言的，在 LF 工序中，一般 LF 工位只配置一台钢包车，所以只有在天车先吊走前包钢水之后，后包钢水才能座包。这样会造成钢水精炼过程处理时间上的耽搁，或是钢包等待

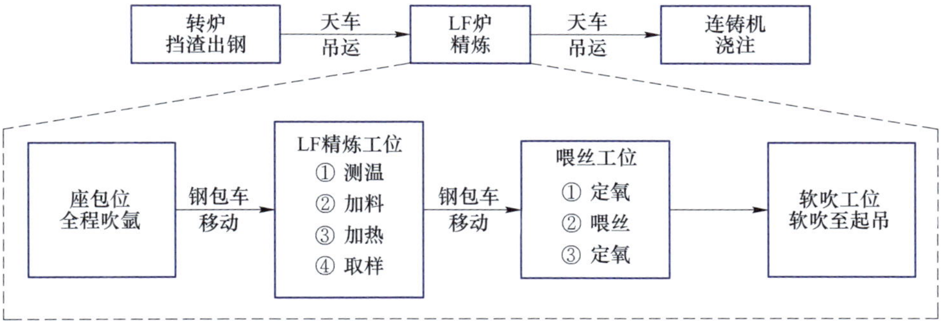

图 6-2 单钢包车模式 LF 炉工艺流程图

或是工位闲置，若只有单部天车服务这一过程，则造成大量时间浪费，使得后一包钢水等待时间延长，且 LF 工位也处于闲置状态；而若使用两部天车分别吊运前包、后包钢水，则会加大天车调度的困难，同时也存在一定程度的时间耽搁（前包钢水吊起时间和后包钢水座包时间）。

“双工位”和“单工位”的主要区别就是前包、后包钢水的吊运次序。“双工位”作业是先将待处理钢水吊运至座包，后吊运前一包 LF 处理完毕钢水。下面举例进行说明。甲、乙两个钢厂的 LF 钢包精炼炉采用了两台移动钢包车，其“双工位”作业情形如图 6-3 所示。其中 A、B、C、D 等字母表示待 LF 精炼处理钢液的炉次号，字母后的数字 1、2 和 3 表示一包钢液的三个不同处理状态（1 表示钢液在座包位等待处理，2 表示钢液在精炼位进行精炼处理，3 表示钢液在软吹/喂丝位进行精炼后的喂丝和软吹处理）。以钢包车开始移动为采样点，依次选取三个时刻Ⅰ、Ⅱ和Ⅲ。图中横虚线（橙色）隔开的是在同一个 LF 炉轨道上 1 号和 2 号两个钢包车在三个不同时刻所处的状态。

两台钢包车可以同时提供两个工位，当其中一台用作 LF 钢包精炼处理工位时，另外一台钢包车用作 LF 钢包精炼处理前钢水座包工位或 LF 处理毕钢水软吹工位。这样一来，在 LF 要进行处理的前包、后包钢水和 LF 工位都无耽搁或闲置，可最大限度地使 LF 加热工位处于准连续的工作状态，使前包、后包钢水的精炼处理衔接紧凑。如此一来，虽然没有缩短一包钢液在 LF 炉的精炼时间，但是加快了 LF 炉精炼处理钢液的效率，增强了 LF 炉的精炼能力。

图 6-3 所示为一包钢液通过该工序处理的全过程及前包、后包钢液的衔接运行情况，按采样时间先后顺序Ⅰ→Ⅱ→Ⅲ，具体运行过程描述如下[12]：

时刻Ⅰ

（1）当炉次 B 被吊运至 1 号钢包车座包位（B1）时，前一包炉次 A 正在 2 号钢包车上进行精炼位（A2），这时可以对炉次 B 进行精炼前的辅助操作；

（2）炉次 A 精炼完毕出站后，进入软吹工位（A3）进行喂丝和软吹操作；

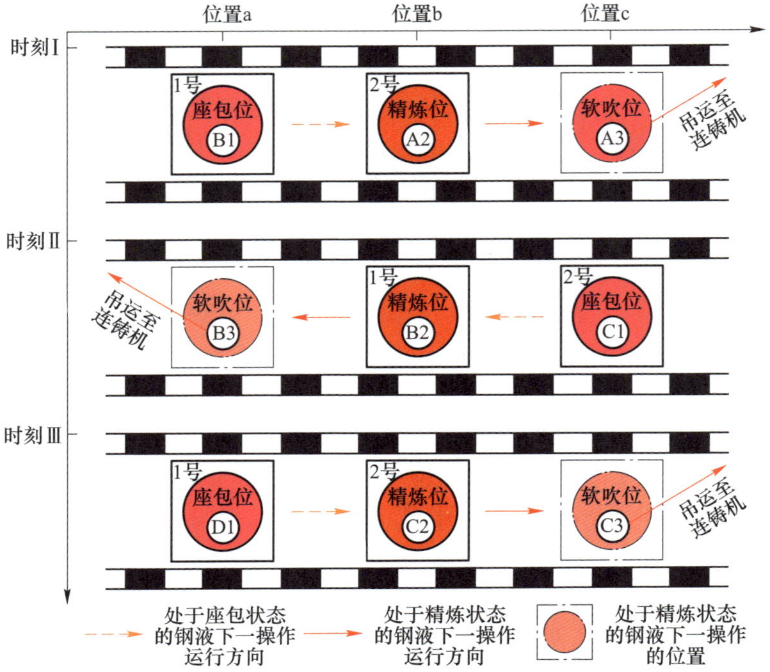

图 6-3　LF 炉双工位作业示意图

(3) 当炉次 A 完全离开精炼位后，炉次 B 进入精炼位进行精炼。

时刻Ⅱ

(1) 当炉次 A 软吹完毕吊运至连铸平台后，炉次 C 吊运至 2 号钢包车座包位（C1）等待处理；

(2) 炉次 B 精炼完毕出站后，进入软吹工位（B3）进行喂丝和软吹操作。

时刻Ⅲ

(1) 当炉次 B 完全离开精炼位后，炉次 C 进入精炼位（C2）精炼；

(2) 当炉次 B 软吹完毕被吊运至连铸平台后，炉次 D 吊运至 1 号钢包车座包位（D1）等待处理。

之后，后续钢水的精炼过程重复上述操作步骤，1 号和 2 号钢包车以精炼位为基点，分别在位置 a 和 b、位置 c 和 b 之间移动。

丙钢厂的 0 号和 3 号 LF 炉为钢包回转台式，与双钢包车式相似，可以同时进行钢水精炼操作：(1) 前一炉次从精炼工位到喂丝/软吹工位；(2) 后一炉次从座包位到精炼位。这样可以进一步减少精炼过程的辅助操作时间。三种形式 LF 炉非精炼时间的情况如表 6-1 所示。

表 6-1　三种 LF 炉非精炼时间表[13]

序号	LF 炉承载钢水形式		非精炼时间/min	备　注
1	钢包回转台式		2~3	回转台按 1 r/min 计算
2	双钢包车式		3~4	钢包车速度按 20 m/min 计算
3	单钢包车式	在线	14~18	每座 LF 炉按 1 部天车计，否则应减少 5~8 min
		离线	18~20	

双钢包车式/钢包回转台式 LF 炉主要是将钢液精炼与精炼后的软吹分离，在不同工位进行精炼和软吹，虽然一包钢液在 LF 炉内的整个处理时间没有缩短，但是加快了 LF 炉的生产节奏，提高了 LF 炉的精炼能力。通过对 LF 炉工序运行过程的解析，使 LF 炉有可能满足转炉-LF 炉-连铸机“一一对应”的层流节奏/周期要求。例如，转炉冶炼周期和连铸机单炉浇铸周期均为 30 min，单工位 LF 炉的精炼周期为 43 min（其中精炼位处理时间为 28 min，软吹位处理时间为 15 min），这时 LF 炉的精炼周期长于转炉冶炼周期和连铸单炉浇铸周期，无法满足“一一对应”层流模式铸机连浇的要求，这种情况下，可以通过增加 LF 炉的座数来增加精炼钢水的供应能力。而对于双钢包车式 LF 炉，其精炼位处理时间为 28 min，软吹位处理时间为 15 min，均短于转炉冶炼周期和连铸单炉浇铸周期，可满足“一一对应”层流模式铸机连浇的要求，运行甘特图如图 6-4 所示。

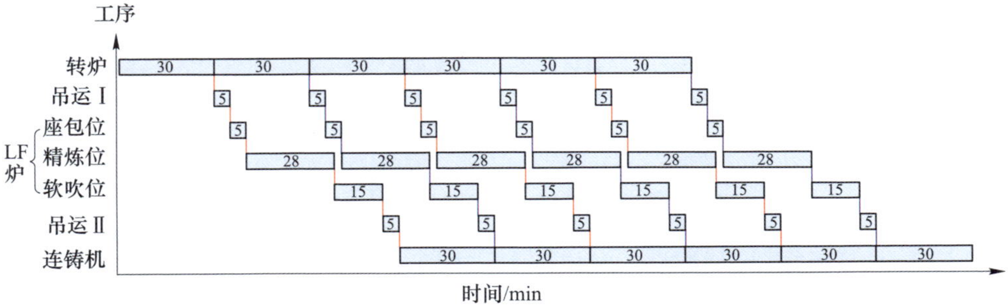

图 6-4　转炉-LF 炉（双工位）-连铸机“层流”运行模式

6.1.2　LF 工序处理时间解析

上述三个钢厂中甲、乙两钢厂 LF 炉采用双工位作业，并全程吹氩，即自转炉出钢完毕后，钢包吊运至 LF 副工位 1（即座包等待工位）开始吹氩，经过短时的等待，在前一包钢水出站之后，进入 LF 工位进行精炼处理（主要包括测温、取样、加料、加热等操作），加热结束后测温、取样，而后进入副工位 2（即喂丝/软吹工位）喂丝/吹氩弱搅拌直至达到钢水精炼的工艺要求；吹氩结束后，天车吊运钢水离开，LF 钢水精炼过程时间解析如图 6-5 所示。在丙钢厂中，共有 4

座 LF 炉，其中 2 座为单工位，2 座为双工位，其基本操作步骤相同。

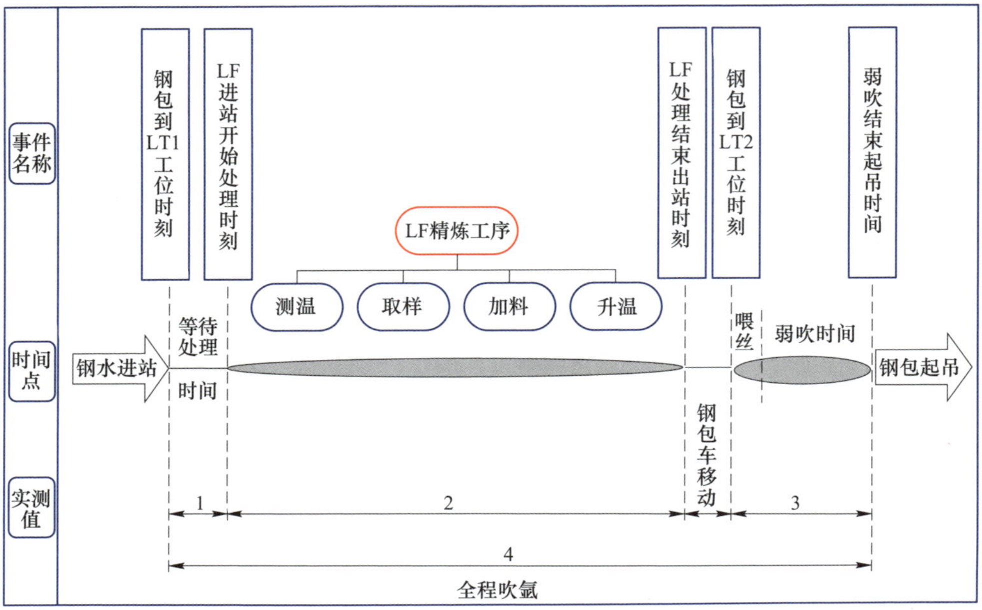

图 6-5　甲、乙钢厂 LF 钢包精炼工序过程时间解析图

通过对甲、乙、丙三个钢厂 LF 钢包精炼炉实测时间和生产记录数据进行统计分析，得出三个钢厂 LF 工艺过程各时间项的平均值分别如表 6-2~表 6-4 所示。其中，喂丝时间一般为 2 min 左右，通常归入副工位处理时间（即在软吹时间范围内）。

表 6-2　甲钢厂 LF 工序主要时间项统计结果表　　(s)

序号	过程时间项	平均值	最大值	最小值	样本容量
1	钢水等待处理时间	336	1140	60	107
2	加热开始至结束时间	1680	2700	960	107
3	喂丝/软吹时间	1098	2280	360	107
4	LF 炉精炼周期（钢水进站至软吹毕）	3114	4800	2460	—

表 6-3　乙钢厂 LF 工序主要时间项统计结果表　　(s)

序号	过程时间项	平均值	最大值	最小值	样本容量
1	钢水等待处理时间	256	605	67	127
2	加热开始至结束时间	954	1800	480	176
3	喂丝/软吹时间	555	840	240	176
4	LF 炉精炼周期（钢水进站至软吹毕）	1765	3245	787	—

表 6-4 丙钢厂 LF 工序主要时间项统计结果表 (s)

序号	过程时间项	平均值	最大值	最小值	样本容量
1	钢水等待处理时间	324	957	115	80
2	加热开始至结束时间	3001	6900	1380	228
3	喂丝/软吹时间	918	1265	750	228
4	LF 钢包精炼周期（钢水进站至软吹毕）	4243	9122	2245	—

甲、乙、丙三钢厂 LF 炉的精炼周期平均值分别为 51.9 min、29.4 min 和 70.7 min。精炼周期不同主要受各钢厂产品结构的影响（比如丙钢厂是生产合金结构钢等的特殊钢厂），同时，LF 的精炼周期也与炼钢厂不同的生产运行模式有关（甲钢厂是 1 座转炉对应 1 座 LF 炉，乙钢厂为 2 座转炉轮流向 1 座 LF 炉供应钢水，丙钢厂为 2 座转炉对应 4 座 LF 炉）。

通过以上分析可知，虽然甲钢厂 LF 钢包精炼总处理时间较长，达到了近 52 min 甚至存在更长时间的情况，但是由于采用了“双工位”作业，使得主工位 LF 钢包精炼位和副工位 LT1 等待位/LT2 软吹位可以并行作业，在对某一包钢水进行 LF 钢包精炼的同时，可以完成前一包钢水的软吹作业或接受后一包钢水的座包等待及精炼前的处理准备工作；这样可以在不压缩操作时间的情况下，使得 LF 炉的生产节奏基本适应转炉和连铸机的生产节奏匹配的要求。如果需要进一步加强 LF 炉的操作，则需要进一步提升 LF 的精炼能力，如此可以为进一步提升炼钢厂生产能力创造条件。

虽然乙钢厂的 LF 炉精炼总处理时间较短，但是该钢厂生产钢种以低碳钢和普碳钢为主，因此，提高优质钢乃至特殊钢种比例，成为乙钢厂发展的一个重要方向。在提升优特钢比例时，将对现有 LF 炉运行提出新的要求，特别是在精炼过程操作时间方面。

丙钢厂作为特殊钢厂，LF 炉总处理时间要根据精炼钢种的要求，其生产模式为 2 座转炉对应 4 座 LF 炉，1 座 LF 炉理论精炼总处理时间可以为 1 座转炉冶炼周期的 2 倍，其中 0 号和 3 号 LF 炉为承载钢水回转台式，并且还需对 1 号和 2 号单钢包车式 LF 炉进行改造，将这两座 LF 炉的软吹安排在辅助工位进行，减少一个炉次钢包占用钢包车的时间。这些措施都使 LF 炉有更充足的操作时间，以满足不同特殊钢种的生产需求。

6.1.3 LF 钢包精炼运行的缓冲策略

在炼钢厂 BOF—LF—CCM 生产流程中，既要使钢水等待处理时间尽可能短，同时要避免频繁改变生产计划，其时间缓冲的处置原则为在定量化分析流程运行规律的基础上，科学地设置时间缓冲的区间。若缓冲时间安排得较长，钢水到达目标工位的时间提前量增加，将造成精炼过程温降较大，有可能导致温度不适，使得精炼好的钢水回炉并造成经济损失；若缓冲时间安排得太短，生产计划的抗干扰性随之变弱，造成生产不稳定，同样会带来经济损失[14]。

从炼钢-连铸区段物质流运行的特点来看，在炼钢过程中转炉是过程物质流的“推力源”，连铸机是过程物质流的“拉力源”，二者对 LF 炉作用效果的时效不同。在一个炉次钢水的生产过程中，LF 炉首先受到上游工序——转炉的“推力”（特别是转炉冶炼周期和相应钢水运输时间的延长），而后在生产过程中，LF 炉受下游工序——连铸机浇注情况变化的影响，表现为加快或减慢生产运行节奏。因此，LF 的时间缓冲能力首先表现在对转炉冶炼周期和相应钢水运输时间波动量的吸收；其次表现为随连铸机浇注时间波动而加快或减慢 LF 的生产作业时间[15]。下面对 LF 的时间缓冲能力进行分析讨论。首先，假定转炉和连铸机作业时间节奏匹配较好，钢水从 LF 到连铸机的运输时间不变，而且连铸机的生产节奏满足流程运行要求，具有一定的缓冲能力。

在分析 LF 的时间缓冲能力之前，需要对如下几个时间值进行定义，其中，吊运时间为天车将钢水从转炉吊运至 LF 座包位的时间。

转炉冶炼周期和吊运时间的波动值 $\Delta\tau$ =［第（N+1）炉次转炉冶炼周期+吊运时间］-［第 N 炉次转炉冶炼周期+吊运时间］（N=1，2，3，…）。

对于第一个炉次，$\Delta\tau$ =［第 1 炉次转炉冶炼周期+吊运时间］-［设定的转炉冶炼周期+吊运时间］。

LF 座包位的缓冲时间为 $\Delta\tau_1$；LF 精炼位的缓冲时间为 $\Delta\tau_2$；LF 软吹位的缓冲时间为 $\Delta\tau_3$；连铸机的合适缓冲时间为 $\Delta\tau_4$。

假定 LF 座包位的缓冲时间为 $\Delta\tau_1 \leqslant 2$ min；LF 精炼位的缓冲时间为 $\Delta\tau_2 \leqslant 2$ min。LF软吹位的缓冲时间为 $\Delta\tau_3 \leqslant 3$ min；连铸机的合适缓冲时间为 $\Delta\tau_4 \leqslant 3$ min。

当一包钢水从转炉吊运到 LF 时，LF 的三个工位操作时间应随 $\Delta\tau$ 变化作相应调整，LF 潜在缓冲能力（$\Delta\tau_1+\Delta\tau_2+\Delta\tau_3$）使用策略决定于 $\Delta\tau$。下面对不同 $\Delta\tau$ 下，LF 钢包精炼工序采取的七种缓冲策略逐一进行介绍。

当转炉冶炼周期和钢水吊运时间的波动值 $\Delta\tau<0$ 时，LF 要延长操作时间，综合时间、成本和连铸机接受钢水等因素将时间 $|\Delta\tau|$ 分配到 LF 座包位和精炼位，以保证连铸机正常运行，如图 6-6 所示。

当转炉冶炼周期和钢水吊运时间的波动值 $\Delta\tau=0$ 时，LF 三个工位正常运行操作，即按照标准操作时间对钢水精炼处理，如图 6-7 所示。

当转炉冶炼周期和钢水吊运时间的波动值 $\Delta\tau$ 大于 0，且小于 LF 座包位的缓冲时间 $\Delta\tau_1$ 时，即 $0<\Delta\tau<\Delta\tau_1$ 时，LF 座包位吸收波动时间，其他两工位正常运行操作，如图 6-8 所示。

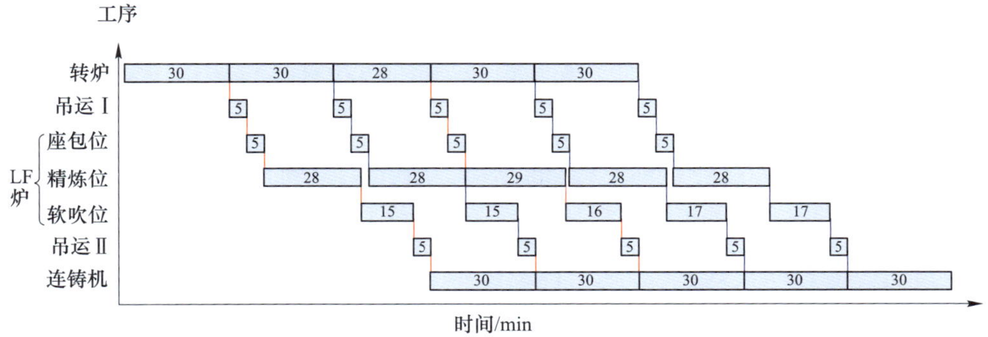

图 6-6 LF 操作时间应对策略Ⅰ($\Delta\tau<0$)

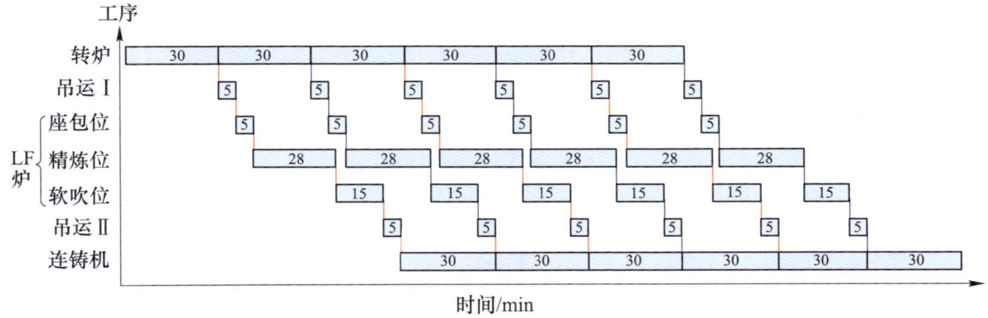

图 6-7 LF 操作时间应对策略Ⅱ($\Delta\tau=0$)

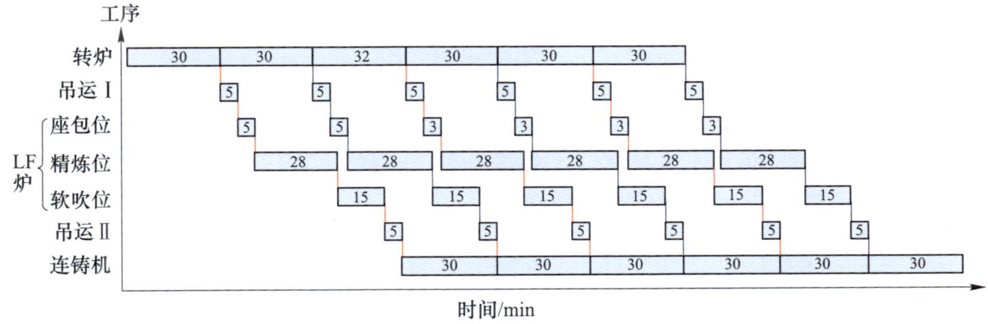

图 6-8 LF 操作时间应对策略Ⅲ($0<\Delta\tau<\Delta\tau_1$)

当转炉冶炼周期和钢水吊运时间的波动值 $\Delta\tau$ 大于 LF 座包位的缓冲时间 $\Delta\tau_1$,且小于 LF 座包位的缓冲时间 $\Delta\tau_1$ 与 LF 软吹位的缓冲时间 $\Delta\tau_3$ 之和时,即当 $\Delta\tau_1<\Delta\tau<\Delta\tau_{1,3}$时,首先 LF 座包位吸收波动时间($\Delta\tau_1$),软吹位吸收剩余波动时间($\Delta\tau-\Delta\tau_1$),精炼工位正常运行操作,如图 6-9 所示。

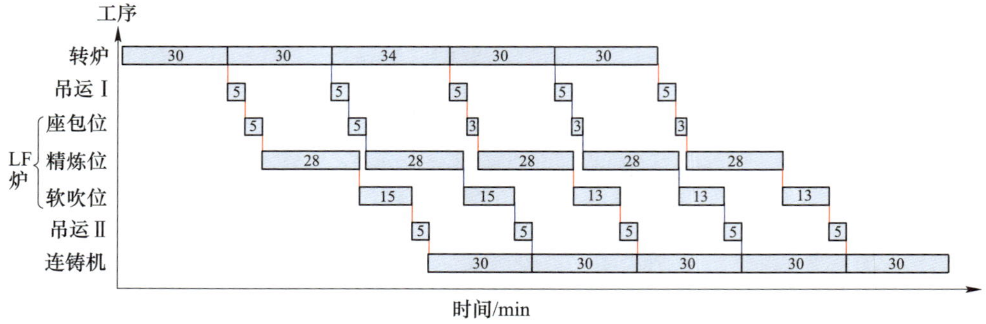

图 6-9　LF 操作时间应对策略Ⅳ（$\Delta\tau_1<\Delta\tau<\Delta\tau_{1,3}$）

当转炉冶炼周期和钢水吊运时间的波动值 $\Delta\tau$ 大于 LF 座包位的缓冲时间 $\Delta\tau_1$ 与 LF 软吹位的缓冲时间 $\Delta\tau_3$ 之和，且小于 LF 三个工位的总缓冲时间 $\Delta\tau_{1,2,3}$时，即当 $\Delta\tau_{1,3}<\Delta\tau<\Delta\tau_{1,2,3}$时，首先 LF 座包位和软吹位吸收波动时间（$\Delta\tau_1$、$\Delta\tau_3$），精炼工位吸收波动（$\Delta\tau-\Delta\tau_1-\Delta\tau_3$），如图 6-10 所示。

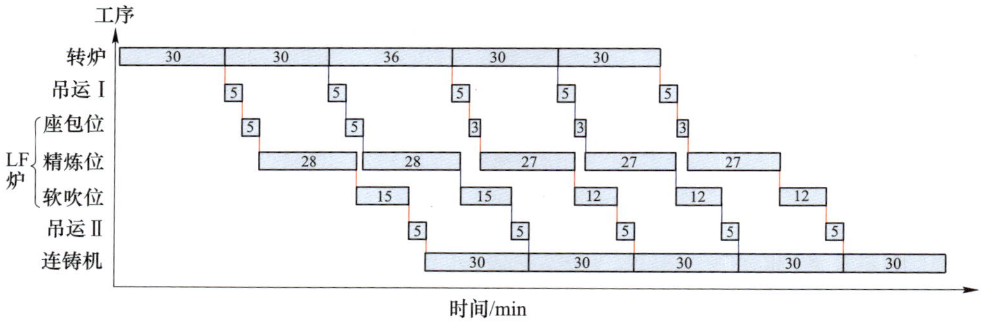

图 6-10　LF 操作时间应对策略 Ⅴ（$\Delta\tau_{1,3}<\Delta\tau<\Delta\tau_{1,2,3}$）

当转炉冶炼周期和钢水吊运时间的波动值 $\Delta\tau$ 大于 LF 三个工位的总缓冲时间 $\Delta\tau_{1,2,3}$，且小于 LF 三个工位总缓冲时间 $\Delta\tau_{1,2,3}$与连铸机的合适缓冲时间 $\Delta\tau_4$ 之和时，即当 $\Delta\tau_{1,2,3}<\Delta\tau<\Delta\tau_{1,2,3,4}$时，LF 三个工位全力缓冲，且三个工位的操作时间保持为三者的最短工艺要求操作时间，并且连铸机适当降低拉速，以适度延长浇铸时间，如图 6-11 所示。

当转炉冶炼周期和钢水吊运时间的波动值 $\Delta\tau$ 大于 LF 三个工位的总缓冲时间 $\Delta\tau_{1,2,3}$与连铸机的合适缓冲时间 $\Delta\tau_4$ 之和时，即当 $\Delta\tau_{1,2,3,4}<\Delta\tau$ 时，连铸机断浇，需要根据连铸机上引锭杆等作业时间，确定 LF 操作时间，如图 6-12 所示。

综合座包位（测温/等待）、精炼位（加热）和软吹位（软吹/喂线）对钢水温度和成分的影响，规定当 LF 需要缩短操作时间时，压缩时间的工位顺序为座包位、软吹位、精炼位；当 LF 需要延长操作时间时，延长时间的工位顺序为座

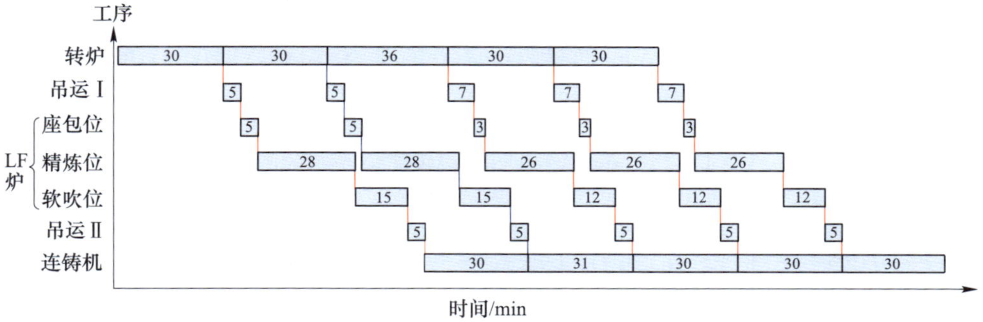

图 6-11 LF 操作时间应对策略Ⅵ($\Delta\tau_{1,2,3}<\Delta\tau<\Delta\tau_{1,2,3,4}$)

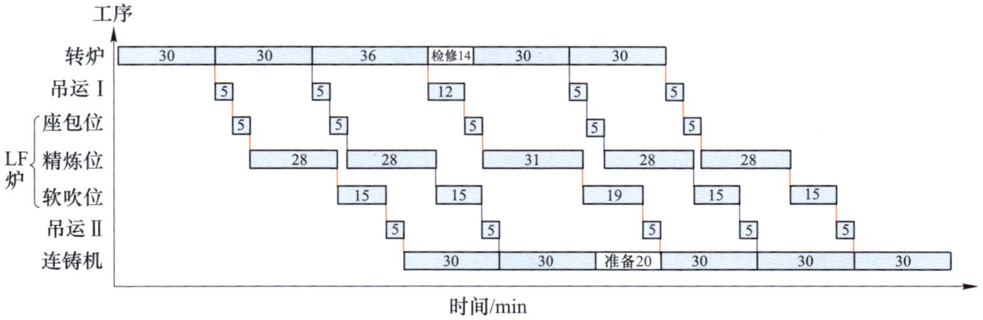

图 6-12 LF 操作时间应对策略Ⅶ($\Delta\tau_{1,2,3,4}<\Delta\tau$)

包位、精炼位、软吹位。延长精炼时间,可进一步改善钢水成分、温度等,但是会增加成本;延长软吹时间,可进一步均匀钢水化学成分、温度,促进钢中夹杂物上浮等,但是时间过长会造成温降过大,影响连铸机顺利浇注。在延长精炼和软吹时间时,还要同时考虑前一包、后一包钢水的处理情况,特别是延长钢水精炼时间的情形。为保证给连铸工序提供温度和成分合格的钢水,一般在操作中要求尽量确保精炼位的稳定;软吹位在精炼位之后,钢水在软吹位的变化会影响其在精炼位的处理结果;而座包位位于精炼位之前,钢水在座包位操作的变化可在精炼位进行调整。所以在一般情况下,若要缩短 LF 操作时间,则应优先考虑改变座包位的操作时间,优先发挥座包位的缓冲作用。基于上述 LF 钢包精炼炉运行调控策略,下文将进一步对钢包的运行进行讨论。

6.1.4 LF 钢包精炼优化的措施

炼钢-连铸区段的瓶颈环节对炼钢-连铸全流程的实际生产能力具有重大的影响,因此,缩短瓶颈环节的运行时间,可增大该区段多工序/装置的生产能力。对于 BOF—LF—CCM 生产流程而言,消除瓶颈对流程运行产生不利影响的措施有三种[12],如图 6-13 所示。

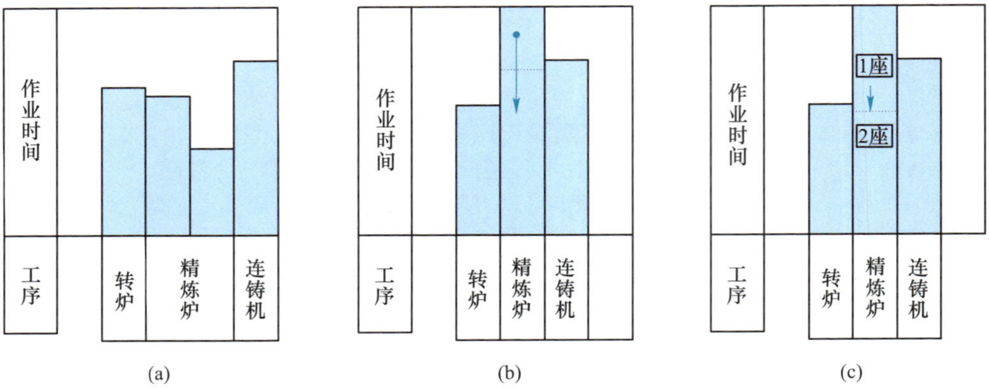

图 6-13　缩短瓶颈时间的措施

（a）精炼工序功能分解；（b）各工序周期平衡；（c）改善精炼工序设备配置数量

（1）LF 工序功能解析。在钢厂产能一定的前提下，以优化工序匹配为出发点，一般不推荐提高转炉冶炼强度，而是对 LF 炉的工序功能进行分解，将精炼、喂丝和软吹操作分解到不同工位（双工位）。由于精炼时间大于喂丝和软吹时间，所以一般将喂丝和软吹集中在同一工位。

（2）精炼周期平衡调控。在工序运行时间解析的基础上，平衡生产线多工序/设备的运行节奏，调整各工序/设备作业时间，减少工序/设备的运行时间波动。各工序/设备之间的作业周期差距越小，生产线运行节奏就越平衡。主要表现为优化改进 LF 炉的精炼工艺，缩短 LF 炉的精炼周期，使得 LF 炉的精炼周期短于转炉的冶炼周期和连铸机的浇注周期。

（3）改善精炼设备配置。在 LF 工序解析和精炼周期平衡调控的基础上，如果生产线的精炼工序产能仍未达到炉-机匹配产能平衡的要求，就需要增加“瓶颈”工序的设备，扩大精炼工序的生产能力，实现生产线多工序/设备的协同运行。对于转炉炼钢流程，通常采用增加 LF 炉座数和增加连铸机的流数/台数等措施。

在 1 座转炉→1 座 LF 炉（单工位）→1 台连铸机的炼钢-连铸生产流程中，由于 LF 钢包精炼周期较长，可能超出其作为“柔性组元”的极限调控范围，会无法发挥其柔性调节功能，严重制约转炉和连铸机的协同运行。其中，LF 炉提温速度慢、钢包保温性能差、过程温降大等是可能造成 LF 炉精炼周期长的主要原因，钢包保温性能差、过程温降大还会导致 LF 出钢温度高，致使精炼周期延长。精炼渣层炉渣结壳严重、化渣速度慢、电能利用率低是 LF 炉升温速度慢的主要原因。为此，可采取增大 LF 输入功率、强化埋弧操作、提高钢包保温性能、减少过程温降等措施，以提高 LF 精炼工序的处理钢水能力。

在以上措施中，“增大 LF 炉输入功率”可能会受制于钢厂外部电网承载；“强化埋弧操作”和“提高钢包保温性能以减少过程温降”与工厂操作人员的技术与操作水平有关，具有较大的波动性，且通常情况下，LF 炉生产的作业率可能是转炉、精炼、连铸三个工序/设备中最低的。LF 炉（单工位）在节奏和产能上一般不能满足炼钢-连铸生产流程的运行要求。因此，改变 LF 炉“柔性”不足的状况，较易于实现的方法是改变 LF 炉的工位状况和其在炼钢-连铸生产流程中的配置数量。改变 LF 炉的工位状况的主要目的是尽量减少钢液进行 LF 炉精炼的辅助时间和等待时间，主要方法是变单钢包车模式为双钢包车模式，有条件的钢铁企业可以改造为钢包回转台式。

在准时制（JIT）生产中，以生产均衡化和生产同步化为基础的适时适量生产对于转炉炼钢生产流程具有借鉴意义。在炼钢生产过程中，要求钢水尽量在下一工序需要时准时到达并完成相应的作业操作，这样可以减少钢水的热量损失，保证钢水在合适的温度下进入下一工序进行作业，从而减少整个流程的运行成本。同时，合理配置工序/设备，特别是 LF（包括座数和工位形式），既可提高钢水质量，保障正常的工序运行节奏平衡，又可降低生产成本，提高流程的整体生产能力。采用准时制生产，可以不断地促进生产过程的有序性、协调性。准时制生产的最大优点在于给生产流程的各个环节施加压力，激发现场各工序/设备以及管理、维护人员不断改善工作，使生产在更高运行水平上达到平衡。

相对于准时制生产强调生产过程的执行，最优生产技术（OPT）则更强调生产的优化，特别适合多品种、小批量、多规格、高质量复杂制造系统的生产计划体系。在生产管理中，首先要找出“瓶颈”工序和关键资源，然后对其进行优化，最后制订生产作业计划。在制订生产计划时，“瓶颈”工序的上游工序采用“推动式”排产方法，“瓶颈”工序的下游工序采用“拉动式”排产方法。并在“瓶颈”工序前建立适当的“库存”缓冲区，以保证“瓶颈”工序满负荷运行。基于 OPT 对钢材制造过程中“瓶颈”工序进行生产调度优化，可以提高“瓶颈”工序的设备作业率，从而大大提高整个钢铁企业制造系统的运行效率，显著降低库存和生产成本。在 BOF—LF—CCM 流程中，LF 炉最有可能成为整个流程的“瓶颈”工序。因此，从产能平衡角度看，需要对 LF 的操作进行改进，例如将“单工位”改造为“双工位”，提高 LF 炉精炼位的使用率，从而减少电极的热量损失等。特别是对 LF 工序生产能力小于转炉或连铸机生产能力的钢厂，在追求优特钢比例时，生产运行不仅要满足指导炼钢厂运行优化的四条原则[4]，还要使精炼钢水运行满足于“双工位”LF 炉的生产节奏，保证需要精炼的钢水在适宜的时间被吊运至 LF 炉座包位，在完成精炼前的准备操作后，钢水尽快进入精炼位进行作业，以满足全流程运行节奏的匹配要求，同时降低生产成本，提高生产效率。

6.2　钢包运行解析与优化

6.2.1　钢包运行过程的解析

钢包在炼钢厂内的运行过程根据钢厂生产工艺的不同而变化。一般可划分为满包运行及空包运行两个阶段，满包运行是指钢包从转炉出钢承接钢水开始，直至连铸机浇注完钢包内钢水的过程；之后的运行阶段即为空包运行。空包运行是指钢包从连铸机浇注完成之后，经过一系列工序/设备，最后运送至转炉，为下一次承接钢水做准备。具体运行流程图如图 6-14 所示[16]。

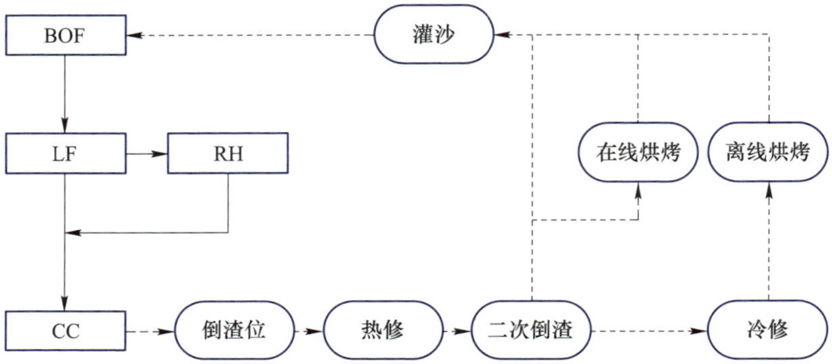

图 6-14　钢包运行流程图

（1）满包运行阶段。所谓钢包的满包运行阶段[17]，是指转炉出钢后钢包开始承接钢水至该包钢水在连铸平台浇铸结束。满包运行过程主要有以下步骤：钢包作为上线钢包，在转炉冶炼结束后到转炉工位承接钢水，根据钢种需要及计划排产选择精炼工位，炉外精炼可能有多种方式，这里以某钢厂为例进行介绍。例如，某炼钢厂主要有两种钢水精炼方式，一种为 LF 单精炼，另一种为 LF-RH 双精炼。LF 单精炼是指钢包所承接钢水只采用 LF 钢包精炼方式，而 LF-RH 精炼是指钢包所承接钢水在先经过 LF 钢包精炼之后，再进行 RH 精炼的方式，钢包所承接钢水根据钢种的不同要求选择不同的精炼方式。钢包在钢水完成精炼工序后，由天车将其运输至相应的连铸机进行浇注，钢水浇注结束即表示钢包满包运行过程完成。LF 钢包精炼过程满包运行示意如图 6-15 所示。

LF-RH 双精炼过程满包运行示意如图 6-16 所示。

在钢包整个运行过程中，作为炼钢工序中钢水的承载工具，钢包是生产排产计划的重要对象之一。实际生产中，由于钢包运行过程中满包运行是炼钢厂物质流运行的主要阶段，其运行过程直接影响炼钢厂的生产顺行及钢坯质量，所以需要重点关注钢包运行过程中的满包运行阶段。

（2）空包运行阶段。所谓钢包的空包运行阶段[17]，是指该包钢水连铸浇铸

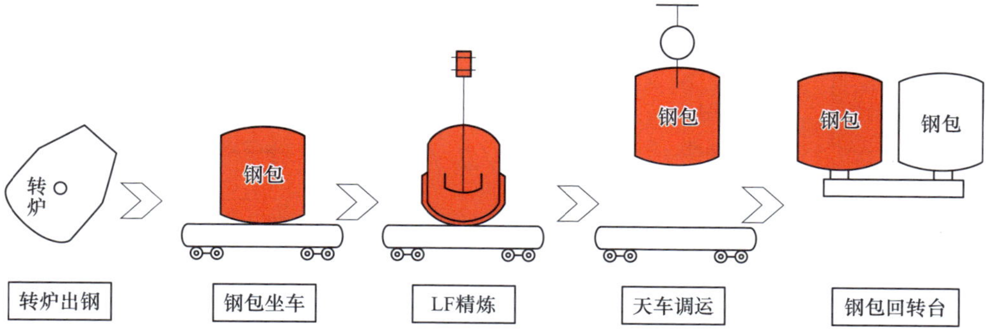

图 6-15 LF 钢包精炼过程满包运行示意图

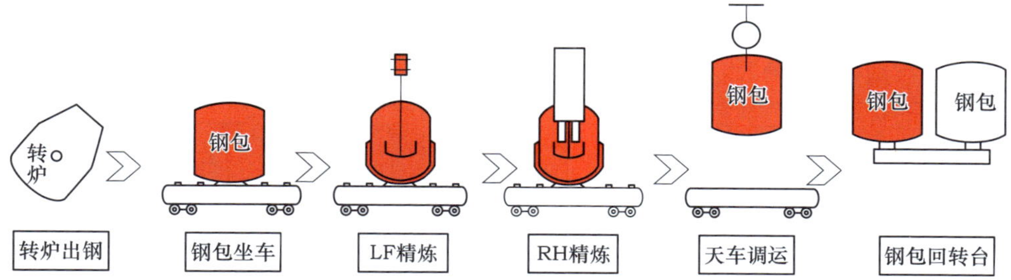

图 6-16 LF-RH 双精炼过程满包运行示意图

完毕为起点至该包开始承接下一炉钢水为终点。钢包空包运行过程主要有以下几个步骤：钢包从钢包回转台由天车吊起，经过钢包台车及天车的运输，到达翻渣位，随后进行翻包处理并被天车吊运到修包位，对钢包水口和滑板等部件进行热修/更换，之后进行二次翻渣。在空钢包运行阶段有三类运行方式，即钢包正常运转、钢包等待超时和钢包下线修理。其中，正常线上钢包运转在热修及二次翻渣之后，进行灌沙操作，之后即可运行至转炉出钢处等待承接钢水，其运行过程如图 6-17 所示。

当空钢包运行等待超时，钢包在完成热修及二次翻渣处理后，会在等待期间完成在线烘烤处理，以确保下次接钢水时满足工艺要求的钢包温度。在需要承接钢水时，进行灌沙工序后可运行至转炉出钢处承接钢水，其运行过程如图 6-18 所示。

当生产计划中钢包需要下线或者钢包运行异常时，经过热修处理后的钢包将被天车运输至钢包砌修跨，随后进行冷修处理并作为离线钢包管理。在需要承接钢水时，提前在离线烘烤位进行离线烘烤，待其温度达工艺标准之后可进行灌沙操作，随后可运行至转炉出钢处等待承接钢水，其运行过程如图 6-19 所示。

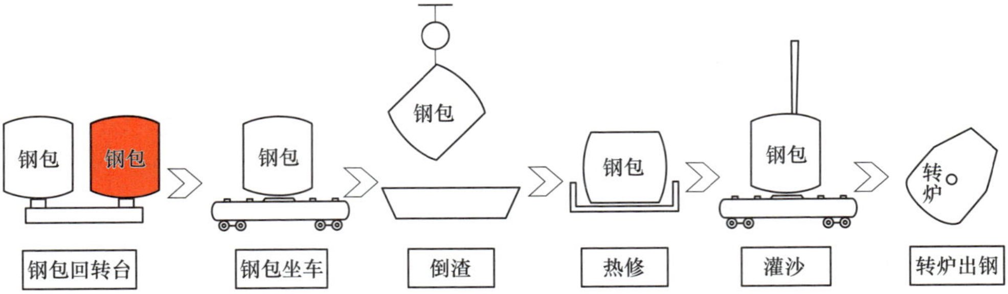

图 6-17　空钢包正常运行示意图

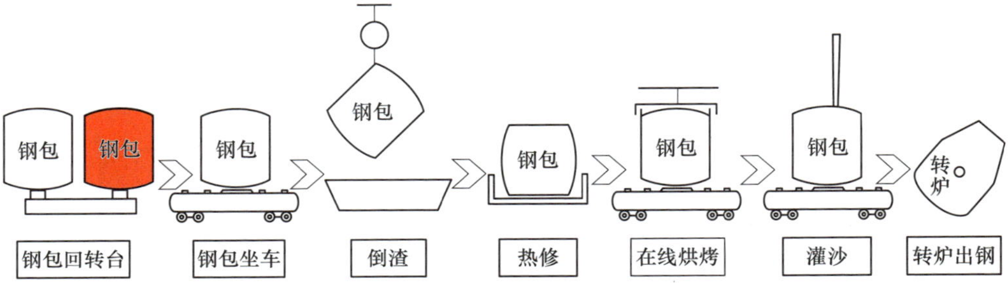

图 6-18　空钢包等待超时运行示意图

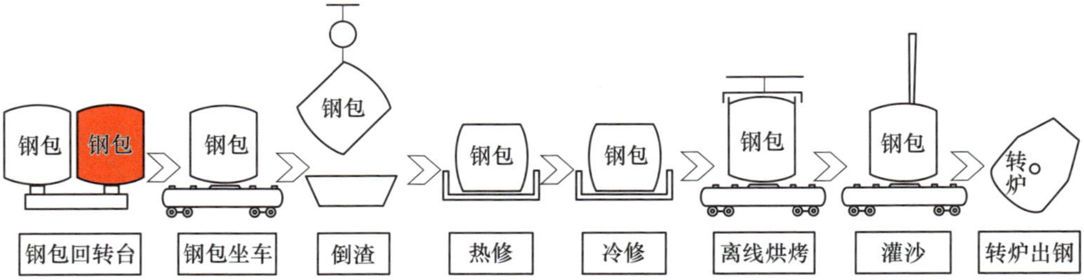

图 6-19　空钢包离线运行示意图

虽然钢包在空包运行阶段不承担钢水运输任务，但是空钢包运行过程的所用时间长短，会直接影响钢包的运行效率。

钢包转运过程受车间平面布置、工艺路线、生产组织等因素的影响，为了更好地认识钢包转运情况，本节以某 80 t BOF 钢厂的钢包运行过程为例进行介绍。其钢包在车间运转过程采用人工跟踪记录方式采集数据，采集过程以钢包承接转炉出钢钢水→LF 钢包精炼→连铸钢水→烘包→接转炉出钢钢水等运行全过程为循环，对在线转运的钢包行程时间进行记录，数据精确到秒。表 6-5 所示为某钢厂钢包转运过程的时间参数情况[17]。

表 6-5　钢包运转时间解析

钢包运行过程数据项	最小值/s	最大值/s	平均值/s	样本容量	优化值/s
出钢时间	136	340	223	29	180
转炉至氩站	21	171	62	25	60
氩站停留时间	26	1025	120	28	60
出氩站至天车下钩	21	910	210	16	60
天车下钩至起吊	14	293	76	32	
起吊时间	15	499	60	43	
吊运至精炼站时间	110	200	168	26	180
LF 钢包精炼待炼时间	150	1371	625	26	240
LF 钢包精炼加热工位处理时间	2424	2577	2486	26	2700
软吹时间	1127	1571	1349	26	1200
LF 钢包精炼至连铸平台	68	178	122	26	120
等待转动	10	2549	323	38	40
转动时间	32	118	56	45	30
等待浇注	24	124	67	35	0
浇铸时间	2486	3358	3000	34	3000
等待转动	5	567	220	36	0
转动时间	39	304	102	36	30
下平台时间	32	383	245	34	300
下平台至倒渣位	17	323	117	38	
倒渣时间	25	198	81	45	
倒渣位至修包位	16	182	57	41	
修包时间	31	3856	358	34	300
修包位至缓冲位	15	354	300	2	300
缓冲位至钢包车	184	2186		3	
钢包到车至装引流砂位	11	335	83	24	30
装引流砂时间	30	793	200	24	120
装完引流砂至在线烘包位	36	465	218	23	30
烘烤时间	197	1364	577	21	300
烘烤结束等待出钢时间	100	662	150	9	60
总计	7402	27256	11655	825	9340

本节研究钢厂钢包运转总时间约为 194 min，为了进一步分析其钢包运转行为，需运用到钢包运行过程“柔性时间”的概念[18]。所谓钢包转运过程的“柔

性时间”，是指在炼钢厂系统运行过程中，钢包在不同工位之间传搁当中等待作业所用的时间。钢包转运过程中的柔性时间参见表 6-6。

表 6-6　钢包运转过程的柔性时间

柔性时间数据名称	平均值/s	最大值/s	最小值/s	样本容量
在连铸平台等待时间	226	689	11	12
钢包修完等待吊运	316	316	316	1
在空位等待时间	1448	2186	184	5
天车到达至开始烘烤	333	465	236	6
柔性时间总计	2324	3656	747	—

该钢厂钢包运转过程的平均柔性时间约为 39 min，占其运行总时间的 20%。大量的柔性时间意味着钢包运转过程中存在频繁等待作业的情况，这些对于实际生产的高效组织十分不利；同时，钢包等待作业会对生产中其他工序/设备的操作造成影响，往往会形成一种不良循环，使得钢包运转周期越来越长，投入在线运转的钢包个数不断增多。将该钢厂钢包运转过程按前文所述的“满包”“空包”运行进行分析，结果见表 6-7。

表 6-7　满包、空包运行时间分析

钢包运行时间项	最大值	最小值	平均值
满包运行时间/s	10765	5795	7870
满包运行所占比例/%	—	—	84. 3
空包运行时间/s	5999	1182	1470
空包运行占比例/%	—	—	15. 7

由表 6-7 可知，空包运行时间约为 25 min，占总运行时间的 15. 7%。根据现场的实际情况，空包运行波动范围较大的时间段为空包到达转炉前钢包车的等待接钢的时间。工艺要求温度较低的钢包需要进行烘包以减少钢水温降，但由于生产节奏不协调造成“冷包”烘包时间不够或“红包”等待出钢的情形。满包的波动时间段主要为钢包上连铸平台后等待开浇时间。

钢包运转过程的优化，主要目标为减少运行过程的“柔性时间”。根据表 6-6 钢包运行的柔性时间统计结果，与表 6-5 中钢包运行的总时间可知，可将该厂钢包的运转周期优化至 156 min。而在表 6-5 的统计结果中，其钢包运转的最小周期为 123. 4 min。为此，可认为该钢厂钢包的运行周期控制在 123 ~ 156 min 内较为合理。

钢包运转情况从一个侧面体现出炼钢厂的生产与管理水平，实现钢包运转的优化需要从炼钢厂整体的生产组织调控入手。

（1）稳定各工序/设备的生产操作水平，避免生产过程异常情况对生产顺行的影响；

（2）制订合理的生产计划，明确工序/设备的生产任务，使操作人员对短期、长期的生产情况有一定的预见性，进而合理控制钢包的状态及作业任务，做到有的放矢。

（3）建立快速有效的调度原则及调控策略，对异常生产情况进行及时处理，避免临时增加在线运转的钢包个数。

（4）对钢包状态及运转过程进行实时监控，提高钢包运转过程管理的透明性、可控性，同时为钢包运转过程的分析优化提供数据支撑。

6.2.2 钢包运行过程热状态监测

6.2.2.1 研究方法

钢包运行过程热状态监测的研究方法主要包括钢包/钢水温度实测法和数值模拟方法。其中，实测法具有较高的可靠性，但操作困难且投资较大；而数值模拟方法能够研究各种复杂工况下的钢包热状态，但运算量较大且结果准确性难以检验。下面对这两种方法的应用进行讨论分析。

在实测法方面，吴晓东等[19]对宝山钢铁集团炼钢厂炼钢-精炼-连铸过程钢包的热状态进行了检测，研究了钢包在各个阶段的包衬温度分布及其变化规律。根据钢包热周转的情况，制订了如下测试方案：（1）测定钢包运转过程中包衬耐材内部温度分布和包壳表面温度变化，全面了解钢包各周转阶段的热循环状态；（2）测试各关键工序点的钢水温度值；（3）测试运转钢包在各工序之间的运输时间。通过在包衬内埋入热电偶的方法测量包衬温度，跟踪测试了钢包前4个周转周期的包衬热状态变化情况，并分析了每个周期内钢包浇注结束至出钢前快速烘烤或冷却阶段、出钢结束至精炼结束阶段、钢包浇注阶段三个阶段包衬温度的变化情况。

田乃媛等[20]为研究迁钢210 t钢包烘烤过程的传热规律以实现节能降耗的目的，对钢包的烘烤过程进行了跟踪测试，并对测试数据进行了分析。使用的方法为热电偶实测法，新包砌筑时，在钢包内衬埋入热电偶。测试钢包为中修包，其烘烤过程分为两个阶段进行，先在冷修包烘烤位烘烤8 h，用测温仪连续测量，冷却后，在使用之前在离线烘烤位烘烤8 h并连续测量。得到冷修包烘烤位和离线烘烤位的热电偶温度变化趋势图后，通过对烘烤过程进行分析，得出钢包上部升温速率最快、升温幅度大，沿高度方向，钢包从上到下温度逐渐降低。因冷修包烘烤位烘烤和离线烘烤位的烘烤不能连续进行，出现冷却间隔，离线烘烤结束时，包衬内各点热量尚未平衡，温度上升趋势明显。应适当延长第二阶段烘烤时间或者减少中间的冷却时间，以保证包衬温度达到平衡。

André 等[21]使用热电偶对承载低碳钢钢包的包衬温度进行了实验测试，其在包衬每一层（工作层、永久层、保温层和包壳）的内外表面分别安装了热电偶进行测温，如图 6-20 所示，并使用侵入式热电偶对钢水进行测温，测试了钢包周转不同阶段的包衬和钢水温度。结合计算结果得出结论：LF 钢包精炼加热期间，有大约 83%的能量没有提高钢水温度而损失掉，这其中一部分是通过包衬向外界散失的热量，同时浇铸结束后的空钢包在等待过程中也造成了显著的包衬热损失。随着测温技术的发展，Ucci 等[22]使用红外热成像仪监测钢包运行过程的包衬温度，研究了五种不同绝热板对钢包热状态的影响，最终确定成分为 52% Al_2O_3+45%SiO_2，并以 SiO_2 为黏结剂的绝热板保温效果最优。除了测量包衬温度，钢水测温也属于实测法研究钢包热状态的常用手段，Zhou 等[23]设计了一种带有真空层的新型钢包，通过热电偶对钢包运行过程中钢水温度变化的测量，得到当真空层气压为 50 Pa 时，其保温效果是一般绝热层的 11 倍，但该新型钢包是通过外焊不锈钢板来构造真空层的，对其使用寿命尚需做进一步评价。

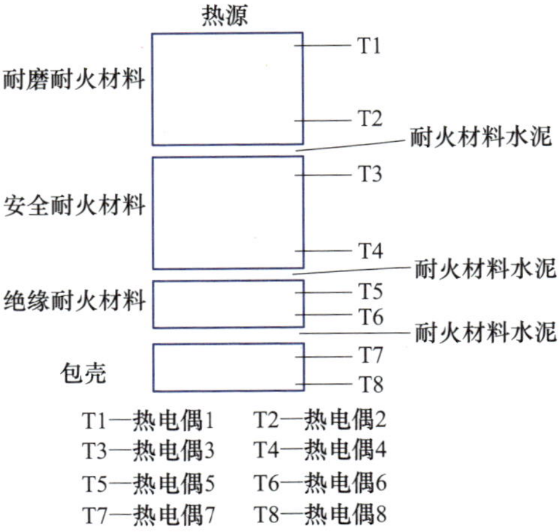

图 6-20　包衬热电偶布置

关于数值模拟方法，其一直是研究复杂多相系统传热-流动行为的重要手段，先前由于计算机性能和模拟软件功能的限制，通常构建一维传热模型来研究钢包运行过程热状态，虽然计算效率高，但一维传热模型忽略了较多影响因素，计算结果的可信性较低。随着计算机运算能力的大幅提高和模拟软件的不断升级，二/三维传热模型的高效求解成为可能。

Zabadal 等[24]基于有限差分法构建了二维传热模型，研究新、旧两类钢包运行过程包衬不同位置的温度场分布和散热情况。计算得到的钢包温度与在巴西薄板钢厂获得的实验数据较为吻合。目前，该工厂大约 80%的钢包批次符合其生产要求，而之前在没有使用该模型的情况下观察到的比例仅为 45%。该模型在

AMD K6Ⅱ 300 MHz 计算机上的平均运行时间为 100 s，适用于钢包的实时热跟踪。

Ji 等[25]考虑了钢水热分层和自然对流行为，应用 Fluent 软件求解了钢包/钢水传热的三维模型。结果表明，钢水热分层和流动对包衬传热和包壳散热有显著影响，但渣线以下包壳表面温度和散热较为均匀，如图 6-21 所示。相比于一维传热模型，二维/三维传热模型因考虑了更多的影响因素，计算结果的可靠性有了较大提高，但要实现钢包运行过程热状态的精准监测，仍需结合实测法来对数值模拟结果进行检验和校正。

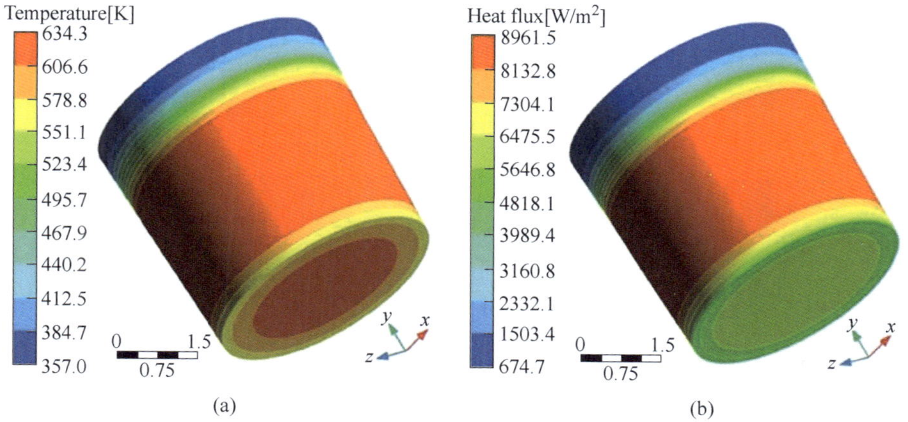

图 6-21　钢包包壳温度与热流量分布图
（a）温度分布；（b）热流量分布

Tripathi 等[26]采用基于数学模型的流体动力学计算（CFD）方法建立了钢包和钢水的温度预测模型，同时考量了渣层厚度对钢水温降的影响，经过炼钢厂实际生产数据验证，实测值和模拟值的误差范围在 4%以内，此模型经修正可用来预测出钢温度。

综上，通过包衬内嵌热电偶的实测法虽然能够获得较为准确的钢包热状态监测结果，但需要对钢包进行一定的改造，增加了实验成本，且内嵌热电偶仅能获取钢包特定部位的温度值，无法实现钢包整体热状态的监测。而应用数值模拟方法虽然能够监测到钢包各个位置的热状态，但该方法在建模中通常对钢包/钢水的传热行为进行了一定假设，影响了计算结果的准确性，且数值模拟方法较长的求解时间一直是制约其应用的主要因素，采用 GPU（图形处理器）等高性能运算手段可显著提高运算效率，但对于复杂的三维传热模型，其求解时间仍较长。结合上述两种方法，仅在钢包壁 1/2 处、1/4 处及包底等关键位置嵌入热电偶或直接采用红外测温手段，可在一定程度上降低实验成本，并应用实测值对数值模拟结果进行修正，这对于钢包热状态的精准监测和钢水过程温度的窄窗口控制具有重要意义。

当前，随着人工智能技术的发展，深度（卷积）神经网络、极限学习机等机器学习方法因其建模的灵活性和求解的高效性而得到了广泛的关注，并已逐渐应用于炼钢-连铸生产过程。采用机器学习方法，如基于深度学习的图像识别技术，对得到的大量钢包热状态数值模拟数据和实测数据，包括文本结构化数据、图像等非结构化数据进行建模，将为钢包热状态的实时精准监测提供可能。

6.2.2.2 影响因素

实现钢包热状态的精准控制，可靠的研究方法是基础，对钢包热状态影响因素的掌握是关键。影响钢包运行过程热状态的因素有很多，内在因素包括包衬材料特性和包衬结构，外在因素包括包龄、空包时间、烘烤时间等。近 20 年来研究钢包热状态影响因素的部分代表性工作见表 6-8。

表 6-8　钢包热状态影响因素的研究

序号	作者（年）	影响因素	方法（工具）/模型类型	参考文献
1	Xia(2001)	钢包衬里初温、渣层散热率及底部吹风与否	CFX 软件/二维传热模型	[27]
2	Volkova(2003)	衬里厚度和工作层材料	—/二维传热模型	[28]
3	Glaser(2011)	衬板厚度、从盖板到钢包边缘的距离和预热时间	COMSOL 软件/二维传热模型	[29]
4	Tripathi(2012)	渣层厚度、攻丝温度、钢包寿命和钢包衬里初温度	Gambit 和 Fluent 的软件/二维传热模型	[30]
5	Huang(2016)	修复时间、预热时间、烘烤气温度和冷却时间	—/二维传热模型	[31]
6	Phanomchoeng (2016)	不同材料的热阻和相同材料在不同温度下的热阻	有界雅可比非线性观察者/一维传热模型	[32]
7	Wang(2016)	钢包衬里的材料和结构	Fluent 软件/三维传热模型	[33]
8	Gong(2016)	在线/离线预热时间、冷却时间及钢包衬里侵蚀程度	带有 ParaMesh/二维传热模型的 Ansys 软件	[34]
9	Yuan(2017)	钢包预热方法	Fluent 软件/三维传热模型	[35]
10	Santos(2018)	工作层材料与绝缘层不相接	Abaqus 软件/二维传热模型	[36]
11	Hou(2018)	钢包衬里厚度和导热系数	Abaqus 软件和 Taguchi 方法/二维传热模型	[37]

由表 6-8 可知，近年来冶金学者对影响钢包热状态的内/外在因素进行了较为全面的研究，内在因素和外在因素的研究可分别为具有高保温效果包衬结构的

设计和钢包运行的优化提供指导，这为钢包热状态的精准监测与控制奠定了基础。在实际生产中，钢包一直处在高温状态下运行，满包阶段需盛载百十吨甚至300t 的钢水，且包衬与钢水直接接触，故包衬的热机械性能、耐热性、耐腐蚀性等也影响着钢包运行的稳定性，对于具有特殊成分钢种的生产，需做到专包专用。因此，对于钢包热状态的监测与控制，应兼顾其热机械性能、耐热性、耐腐蚀性等性能。

6.2.3 钢包在线周转数量的确定

6.2.3.1 周转钢包数量计算方法的研究

炼钢厂周转钢包数量与其周转模式有关，而周转模式则由炼钢厂的车间平面布置和冶炼工艺路线决定，基于此，Huang 等[38]研究了不同浇次计划重叠时间与周转钢包个数的关系，并应用甘特图方法计算出双浇次计划下的最少周转钢包个数；同时，给出了满足钢包互用的浇次计划重叠时间，缩短重叠时间虽然有利于提高钢包互用比例，但在一定程度上降低了连铸机的作业率，对于生产任务较重的钢厂，需权衡彼此之间的利弊。以上研究主要考虑了满包阶段的生产因素对周转钢包数量的影响，而空包阶段也存在诸多不确定因素，如空包时间、维修时间等，这些因素也会影响周转钢包数量。蔡峻等[39]分析了炼钢厂钢包周转过程，运用 Plant Simulation 软件建立了钢包周转过程的仿真模型，研究了包龄、热修时间、空包时间等因素对周转钢包数和钢包周转率的影响，特别研究了钢包周转率与红包出钢率的关系。仿真结果表明，红包出钢率随空包时间的增加而降低。日产 45 炉典型钢种时，随着热修时间增加，红包出钢率由 94%减少到 45%。修包包龄越高，红包出钢率增加越明显。同时，随着红包出钢率的提高，钢包周转率在一定程度上也有所提高。仿真结果对炼钢厂提高红包出钢率和优化能源消耗具有重要指导意义。

由于钢包运行在满包和空包两个运行阶段均存在较大的波动性，周转钢包数量的计算应全面分析流程中各因素的影响，特别对于转炉冶炼周期大于连铸机浇铸周期的情况，钢包备包时间影响着钢包的使用个数；同时，备包过程钢水温降对最大连浇炉数的制约也不容忽视。此外，因生产作业计划直接影响周转钢包数量，也可将其作为钢包调度模型的优化目标来进行求解。除了周转钢包数量，所需离线钢包数量的确定对优化钢包管控也有着重要意义。目前，笔者研究团队已在深化相关研究工作，通过优化炼钢厂离线钢包的配置，提高钢包周转率，逐步完善离线钢包烘烤制度，以降低能源消耗，这部分内容将在下面介绍。

6.2.3.2 基于传统方法的钢包运转数量计算

在炼钢-连铸生产过程中，炼钢过程以炼钢炉为钢水载体，而炉外精炼、连铸过程始终以钢包为钢水载体。从钢包运行控制的角度来看，炼钢-连铸过程可以看作是炼钢工序/装置循环与钢包运转循环的结合过程，见图 6-22。

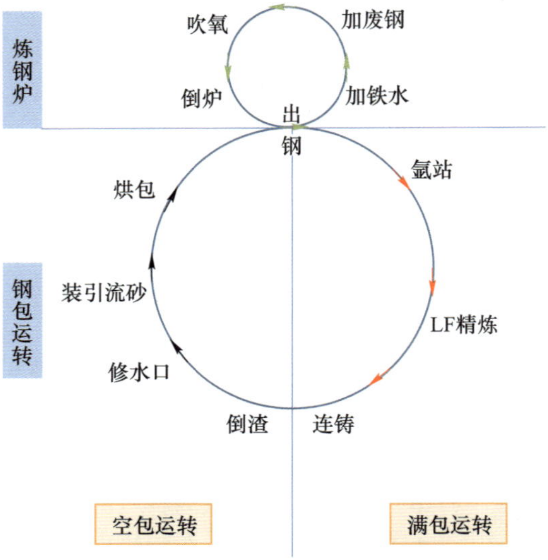

图 6-22　钢包运转示意图

对某钢厂 8 h 时间（一个班组工业时间）在线运转钢包个数进行统计，结果见图 6-23。

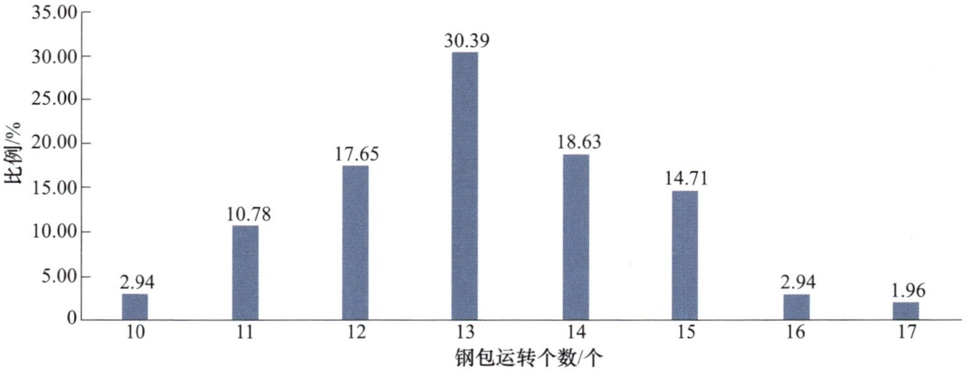

图 6-23　钢包运转个数统计

由图 6-23 可知，在线运转的钢包个数所占比重最高的为 13 个，最少时 10 个钢包即可满足生产需求，最多时在线运转钢包商量达 17 个。在炼钢生产过程中，钢包使用个数与炼钢炉的生产节奏和钢包转运过程的时间有关，可用转炉冶炼周期与钢包转运时间来计算转炉炼钢过程的钢包使用个数，即周期匹配法[3]，如式（6-1）所示。

$$n_{\text{ladle}}^{\text{real}} = \frac{\tau_{\text{ladle}}^{\text{real}}}{\tau_{\text{BOF}}^{\text{tt}}} \tag{6-1}$$

式中，$n_{\text{ladle}}^{\text{real}}$为钢包周转个数，个；$\tau_{\text{ladle}}^{\text{real}}$为钢包转运周期，min；$\tau_{\text{BOF}}^{\text{tt}}$为转炉冶炼周期，min。

根据公式（6-1）可计算出钢厂转炉炼钢过程钢包使用个数，结果见表 6-9。

表 6-9　钢包使用个数的计算结果[17]

生产模式	BOF→LF→CCM	BOF→Ar→CCM
钢包运转周期/min	145	65
转炉冶炼周期/min	37	31
工艺线路/条	2	1
合理钢包运转个数/个	4	3
合计/个	11	

品种钢生产的钢包实际运转周期为 194 min，优化运转周期为 145 min，缩短了 49 min。普碳钢生产的钢包实际运转周期为 93 min，优化运转周期为 65 min，缩短了 28 min。优化前钢包运转个数为 13 个；根据公式（6-1）可计算出炼钢厂理想的钢包运转个数为 11 个。

为了对钢包的运转情况进行评价，采用了钢包运行频率这一评价指标，钢包运行频率[40]是指在一定时间内（通常以一个生产作业班组的工作时间（8 h）为标准），炼钢厂生产过程中参与运转的钢包数量与钢包运转周期的比值，单位为 h^{-1}，钢包运行频率越大表明钢包运转越快。其计算公式如式（6-2）所示。

$$f_1 = \frac{n_{\text{L}}^{\text{re}}}{\tau_1^{\text{re}}} \tag{6-2}$$

式中，f_1为钢包运行频率，h^{-1}；n_{L}^{re}为 8 h 内的钢包使用个数，个；τ_1^{re}为钢包运转周期，h。

根据式（6-2）可计算出炼钢厂品种钢生产工艺路线的钢包运行频率为 1.5 h^{-1}，普碳钢生产工艺路线的钢包运行频率为 1.9 h^{-1}。优化前/后钢包运行频率的对比情况如表 6-10 所示。

表 6-10　优化前/后钢包运行频率对比[17]

对比项	生产工艺路线	钢包运转个数/个	钢包运转周期/min	钢包运行频率/h^{-1}
优化前	品种钢	5	194	1.5
	普碳钢	3	93	1.9
优化后	品种钢	4	145	1.6
	普碳钢	3	65	1.9

从表 6-10 可以看出，优化后该炼钢厂品种钢生产工艺路径钢包的运行频率为 1.6 h^{-1}，普碳钢生产工艺路线钢包的运行频率为 1.9 h^{-1}。与优化前相比，主要表现为品种钢生产路线的钢包运转有所加快，其运行频率由 1.5 h^{-1} 提升至 1.6 h^{-1}，提升幅度虽然较小，但对现场生产的运行情况仍具有一定的改善作用。优化前/后普碳钢生产路径的钢包运行频率保持为 1.9 h^{-1} 不变。由此可知，通过对品种钢生产线路进行优化，可减少钢包的在线使用数量。下面将进一步分析产品结构对钢包数量的影响，量化产品结构与钢包运转数量的关系，为炼钢厂的优化配包提供指导。

6.2.3.3　产品结构与钢包运转数量的关系

在上文的钢包个数计算中，优特钢的工艺线路按 2 条进行计算，而实际生产中，当产品结构发生变化，即普碳钢与优特钢生产线路比并非 2∶1 时，钢包的运转个数也要随之发生变化。因此，针对某钢厂实际情况，对钢包运转个数的计算方法做了如下改进[17]，如式（6-3）所示。

$$n = \frac{T^{n}}{\tau^{n}} \times \frac{\eta \times \tau^{n}}{\eta \times \tau^{n} + (1 - \eta) \times \tau^{s}} + \left[3 - \frac{\eta \times \tau^{n}}{\eta \times \tau^{n} + (1 - \eta) \times \tau^{s}}\right] \times \frac{T^{s}}{\tau^{s}} \tag{6-3}$$

式中，n 为总钢包运转个数，个；T^{n} 为普碳钢路线钢包运转周期，min；η 为普碳钢钢种比例,%；τ^{n} 为普碳钢炼钢炉生产周期，min；3 为指炼钢炉个数，个；T^{s} 为品种钢路线钢包运转周期，min；τ^{s} 为品种钢炼钢炉生产周期，min。

式（6-3）综合考虑了炼钢厂产品多样化对钢包运转的影响，是对以往钢包管控与优化工作的深化与发展，由式（6-3）可得出钢包运转个数与炼钢厂产品结构间的关系，如图 6-24 所示。

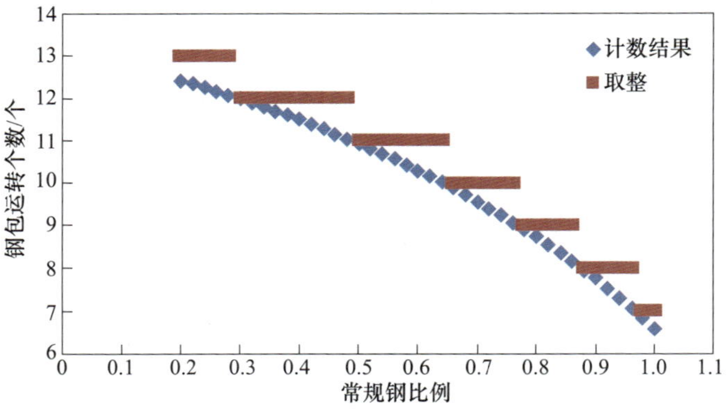

图 6-24　钢包运转个数与产品结构关系

由图 6-24 可知，炼钢厂在线钢包运转个数随着其产品中普碳钢比例的增大而减小，这是由于普碳钢生产工艺路线的钢包运转周期明显短于优特钢的钢包运转周期。对于最佳的钢包运转个数，由式（6-3）的计算结果取整得到，目前，该钢厂优特钢与普碳钢的生产路线比刚好为 2∶1，其产品结构为普碳钢 47.4%、优特钢 52.6%。该情况下合理钢包运转个数为 11~12 个，与表 6-9 的计算结果基本一致。然而，当产品结构发生变化，例如当普碳钢比例为 60%时，此时该炼钢厂的合理钢包运转个数为 10~11 个。式（6-3）所示钢包使用个数的计算方法将原计算方法中的工艺线路约束改为产品结构约束，使得计算结果的精确度得以提升。

6.2.4　离线烘烤钢包数量的确定

离线烘烤钢包作为炼钢厂使用钢包的重要组成部分，其数量的确定是炼钢厂钢包使用数量不可或缺的内容。多次仿真模拟过程发现，在不同模拟参数设置下，钢包使用次数会发生变化，进而对离线烘烤钢包的数量产生影响。

6.2.4.1　离线钢包仿真模拟实验

离线钢包数量仿真运行模拟的参数设置包括钢包寿命设置、工序作业周期（离线烘烤周期、连铸浇注周期）设置和浇次信息（浇次间隔时间、连浇炉数）设置。因钢包寿命是与耐材物性等相关的参数，工序/设备作业周期和浇次信息是与工艺相关参数，两者之间无直接影响关系，本书针对两类这参数设计了单一变量对照实验，探讨不同模拟参数设置对离线烘烤钢包数量的影响。单一变量对照实验组如表 6-11 所示，对照实验模拟结果如表 6-12 所示。

表 6-11　单一变量对照实验组

对照组	连铸机状态/浇注周期 /min	连浇炉数 /炉	浇次间隔时间 /min	钢包寿命 /次	离线烘烤周期 /h
1	1 号开机/51	12	180	80	72
	2 号开机/35	12	180	80	72
2	1 号开机/51	40	180	80	72
	1 号开机/51	30	180	80	72
3	1 号开机/51	40	180	80	72
	1 号开机/51	40	300	80	72
4	1 号开机/51	40	180	80	72
	1 号开机/51	40	180	40	72
5	1 号开机/51	40	180	80	72
	1 号开机/51	40	180	80	48
6	1 号开机/51	40	180	80	72
	1 号开机/51	40	180	80	72
	2 号开机/35	12	180	80	72

表 6-12　单一变量对照实验模拟结果

对照组	连铸机状态/浇注周期/min	模拟时间/h	钢包使用次数/次	离线烘烤钢包数量/72 h
1	1 号开机/51	72	66	66/80
	2 号开机/35	72	90	90/80
2	1 号开机/51	72	78	78/80
	1 号开机/51	72	74	74/80
3	1 号开机/51	72	78	78/80
	1 号开机/51	72	72	72/80
4	1 号开机/51	72	78	78/80
	1 号开机/51	72	78	78/40
5	1 号开机/51	72	78	78/80
	1 号开机/51	72	78	(78/80)/48 h
6	1 号开机/51	72	78	78/80
	1 号开机/51 2 号开机/35	72	78+90	78/80+90/80

注：表中右列数据“/”前数为钢包使用次数，“/”后数据为钢包寿命。

6.2.4.2　离线烘烤钢包数量计算模型的建立

由对照实验结果可知，除离线烘烤周期、钢包寿命对离线钢包数有影响外，浇次间隔时间缩短、连铸机生产节奏加快、连浇炉数增多，都会增加钢包的使用次数，影响离线烘烤钢包的使用数量。这和实际生产过程中生产节奏快、钢包使用次数多的情况相符合。据此归纳总结，建立离线烘烤钢包数量计算模型，如式（6-4）所示。

$$L_{\text{ladle}} = \sum_{n'=1}^{n}\left[\frac{T_{\text{offroast}}}{\sum_{i=1}^{M}(t_i + T_{\text{middle},i})}\right]n' \tag{6-4}$$

式中，L_{ladle}为离线烘烤钢包数，个；T_{offroast}为单个钢包离线烘烤周期，min；M为一个钢包寿命周期执行的浇次数量，个；n为连铸机开机数，台；t_i为各浇次作业时间，min；$T_{\text{middle},i}$为各浇次间隔时间，min。

浇次计划实施过程中，一台连铸机使用完一个钢包寿命可执行M个浇次的连铸生产计划，对于每个浇次计划，实施的时间为t_i，各浇次之间的间隔时间为$T_{\text{middle},i}$，那么使用完一个钢包寿命的时间为$\sum_{i=1}^{N}(t_i + T_{\text{middle},i})$。实际生产中，每使用完一个钢包，就需要提供一个新钢包上线，每个新钢包上线前需要完成离线烘

烤周期 $T_{offroast}$ 时间的烘烤。因此，一台连铸机每经过 $T_{offroast}$ 时间，需烘烤浇次计划消耗钢包数量相当的离线钢包，以保证达到使用寿命的钢包下线后有新钢包上线，保证生产顺行。n 台连铸机同时浇注时，对数量进行求和。

其中，

$$\sum_{i=1}^{M}(t_i + T_{middle,i}) = \frac{N_{life}}{N}(N \times t_{CC} + T_{middle}) \tag{6-5}$$

式中，N_{life} 为钢包使用寿命，次；（N_{life}/N）为使用完一个钢包执行的浇次数，（$N \times t_{CC}+T_{middle}$）为完成一个浇次计划的时间，浇次间隔时间越短、连铸机生产节奏越快、连浇炉数越多，则钢包使用次数越多。为使离线烘烤钢包数量完全满足生产需求，在炼钢厂钢包寿命和离线烘烤周期相对固定情况下，分别取连浇炉数最大值、连铸机浇注周期和浇次间隔时间最小值，对炼钢厂离线烘烤钢包数量进行计算，如式（6-6）所示。

$$L_{ladle} = \sum_{n'=1}^{n}\left[\frac{T_{offroast}}{\frac{N_{life}}{N_{max}}(N_{max} \times t_{CC,min} + T_{middle,min})}\right]n' \tag{6-6}$$

式中，$t_{CC,min}$ 为连铸机最小浇注周期，min；$T_{middle,min}$ 为最小浇次间隔时间，min。

运用式（6-6）可计算出完全满足生产需求的离线烘烤钢包数量，计算结果可优化炼钢厂实际生产中离线烘烤钢包的使用数量，进而优化炼钢厂钢包管控。

6.2.4.3　离线烘烤钢包数量计算模型的实际运用

目前，某炼钢厂缺乏对离线烘烤钢包的有效管理，通常情况下其 16 个离线烘烤位全部开启进行钢包烘烤，在没有钢包使用需求的情况下无疑会造成煤气量浪费，增加生产成本。运用离线烘烤钢包数量计算模型，对某炼钢厂 5 种生产模式下的离线烘烤钢包数量进行计算，结果如表 6-13 所示。

表 6-13　离线烘烤钢包数量计算结果　（个）

生产模式				实际烘烤钢包	计算结果
序号	连铸机状态	工艺参数	产能占比/%	$L_{ladle} \cdot 72\ h^{-1}$	$L_{ladle} \cdot 72\ h^{-1}$
1	4 号停机	N_{max}、$t_{CC,min}$、$T_{middle,min}$	48	16	5
2	3 号停机		16	16	6
3	2 号停机		8	16	5
4	1 号停机		8	16	5
5	无停机		15	16	7

由表 6-13 可知，对于平均离线烘烤周期为 72 h、钢包寿命为 80 次的某炼钢厂，运用离线烘烤钢包数量计算模型，可使每 72 h 离线烘烤钢包数量由 16 个下降至 7 个，即减少 9 个离线烘烤的钢包，在满足生产需求的同时显著减少了钢包

使用数量。

综上所述，离线烘烤钢包数量计算模型的建立，有助于减少炼钢厂离线烘烤钢包数量，优化钢包管控，对实际生产具有较强的参考价值。

6.2.5 钢包运行建模与仿真

实际钢包运行过程是一个关于生产计划及异常扰动下的复杂调度过程，属于典型 NP（Non-deterministic Polynomial，多项式复杂程度的非确定性）难题。由于异常扰动对钢包运行过程的影响非常复杂，在钢包混用的情况下难以准确确定不同生产模式下钢包的和连铸机投用数量及其运行规律，很有必要对其运行过程进行仿真模拟，以进一步探讨不同生产条件下钢包的运行规律。本节根据某钢厂钢包运行特性和实际生产情况，运用 Plant-simulation 仿真软件建立了钢包运行过程仿真模型。最后，通过分析应用钢厂实际生产数据，对一定条件下钢包运行过程信息加以综合仿真研究。

钢包运行与一般制造业中的离散事件不同，是非随机系统，炼钢厂各工序/装置之间相互制约、相互协调，每个工序/装置可能随机发生一些事件会对整个钢包运行过程产生影响。Plant-simulation 软件可通过简便的规则模拟复杂变化的事件，解决了数学公式难以描述的问题。鉴于 Plant-simulation 软件较强的仿真建模功能，本节运用此软件对炼钢厂实际钢包的运行过程进行模拟。

6.2.5.1 钢包运行过程建模

在钢铁冶金流程仿真建模中，连铸机的连续浇注既是流程优化的最基本目标，也是难以实现的终极目标，在整个仿真过程中，所有事件都会对最终结果产生影响，即对连铸工序造成影响。大多数模拟采用后推算法对浇次计划进行分析，再通过生产设备的分配解决炼钢厂生产计划排产问题，但由于实现算法较为复杂实现，为简化问题，通常将炼钢生产流程倒转（逆序）建立仿真模型，来保证铸机连浇目标。因此，钢包运行过程仿真模型也借鉴这一思路，通过对钢包运行过程倒转，来实现连铸机连浇约束下的钢包周转过程仿真。

所谓钢包运行过程倒转，是指将炼钢厂生产运行顺序倒转，使钢包承载钢水由连铸机流向精炼、转炉等工序，空包再从转炉运至连铸机的周转过程。原定钢包的运行过程依次为转炉、精炼、连铸工序，再进行空包运行。钢包运行过程倒转仿真则将钢包生产过程倒置，假设钢包与钢水从连铸工序上线，再经过精炼工序，最后到达转炉工序，炉次钢水即可退出模拟，钢包进入空包运行阶段。连铸工序设置为钢包运行的开始部分，将浇次计划输入对象即可保证炼钢厂仿真模型的连浇，并在其余设备工位设置先到先作业，避免了设备的冲突，可很好地模拟实际生产状况。仿真模型以原有炼钢厂车间布置为基础，将生产设备及附属设施按功能分类抽象为独立加工单元——工位，将钢包台车、天车等运输设备抽象为运输线路，生产工位之间通过运输线路连接成生产流程网络。

“倒转”的炼钢厂生产设备及线路，根据实际生产数据对仿真模型中的工位及路线进行制约，钢包从连铸机进入仿真过程，并通过炉外精炼、出钢及空包运行对整个流程进行仿真。钢包经过上述工位及线路，完成运行周转，实现炼钢厂生产及钢包运行仿真模拟。

仿真模型对象选用综合钢包运行及炼钢厂生产特点，对生产过程做出以下假设：

（1）浇次计划已知；

（2）已建模型中工位设备均可用；

（3）钢包运输能力充足；

（4）仿真开始前，生产流程中无运行钢包；

（5）根据生产现场调查，钢包循环使用并且受钢种约束；

（6）钢包从连铸机进入仿真模型，并按照浇次计划进入。

Plant-simulation 通过基于面向对象和事件驱动的方式实现了模型建立和过程仿真，软件提供了丰富的预置控件选择，根据炼钢厂生产设备特点及钢包运行条件，本节选用一部分控件进行设备仿真，如表 6-14 所示。主要选取控件有以下几种：模拟源 Source 控件、单工位加工 SingleProc 控件、回收 Drain 控件、移动单元 Entity 控件、承载单元 Container 控件、运输单元 Line 控件、方法 Method 控件以及信息表 TableFile 控件。通过各控件的综合模拟，即可建立钢包在炼钢厂整个生产过程的仿真模型。

表 6-14　Plant-simulation 预置建模控件及其功能

预置建模控件	功能
Source	产生移动单元
SingleProc	单工位工作站
Drain	回收移动单元
Entity	移动单元
Container	移动单元，承载 Entity 控件
Line	移动路线、轨道
Method	方法，SimTalk 编程
TableFile	信息表，提供信息存取

模型简化了实际生产过程，仅考虑钢包在各工位作业时间、各工位之间的运输时间，炉次用 Source 控件进行建模、钢包用 Container 控件建模，两者组合便可模拟炼钢厂生产的每一炉钢水。同时，各生产工位用 SingleProc 控件进行建模，因其单工位工作站特点，使用其对转炉、LF 钢包精炼炉、连铸机、空包处理位

等建模，并在每炉钢水完成生产之后，采用 Drain 控件对钢水进行回收。最后，使用 SimTalk 语言对 Method 控件建模编辑程序，实现炼钢厂钢包运行控制的仿真，采用 TableFile 控件对浇次、生产信息、时间等进行记录。仿真模拟中忽略天车等设备，采用 Line 控件模拟运输路径并输入实际生产工位之间的时间间隔，将各工位连接形成生产网络。这样便对整个模型的对象进行了系统设置。

建模对象设置完成后，需要对仿真模型的运行进行配置实现。根据实际生产浇次计划，将承载钢水的钢包加入仿真模型，建立钢包运行仿真模型，具体实现过程如下：

仿真模型采用逆流仿真方法，将实际生产中的各工序根据时间顺序进行逆转，并实现生产流程的设置。钢包运行过程逆转，假设钢包与钢水从连铸机流入，再经过炉外精炼装置，最后到达转炉，钢水即可退出模拟过程，钢包进入空包运行阶段，其中钢包采用 Container 控件建模，每炉钢水采用 Entity 控件建模，各工序工位采用 SingleProc 控件建模，各工序之间衔接路径采用 Line 控件建模，根据炼钢厂生产布置，完成如图 6-25 所示的钢包运行简单网络。

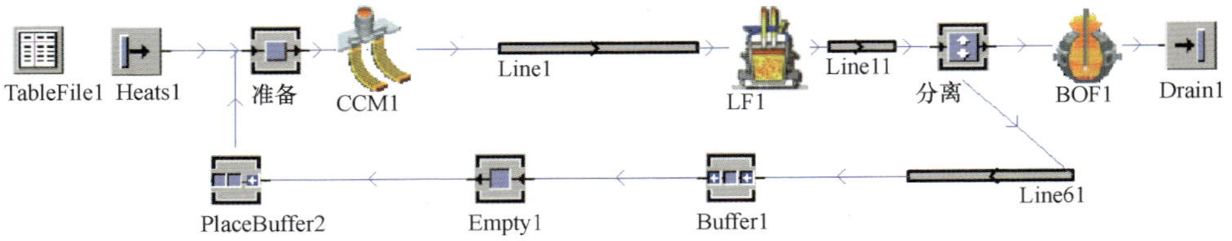

图 6-25　钢包运行网络示意图

仿真模拟过程从连铸机开始，与实际生产过程的“流”向相反，但是同样都是受浇次计划的约束，目的都是保证连铸机的连浇。在实际生产中，浇次计划有详细的浇次开浇时间、连浇炉数、浇注钢种、目标铸机等，为了在逆流仿真模型中进行设置，需要将实际浇次计划进行逆转，才能使仿真模型与实际生产有严格对应关系。为了方便计算，一般以浇次计划中最后浇次的完成时间 τ_0 作为起始时间，其余浇次以 τ_0 作为对称零点进行逆转，浇次中每一炉次的开浇时间 τ 逆转为 τ'，逆转后的开浇时间为 τ_c。采用 SimTalk 编程语言对 Method 控件进行编程，运行程序完成浇次计划的逆转。

$$\tau_0 = \tau_i + n_i \Delta\tau_i \tag{6-7}$$

$$\tau' = \tau - \tau_0 \tag{6-8}$$

$$\tau_c = \tau_0 - (\tau' - n_i\tau_i) \tag{6-9}$$

式中，τ_0 为最迟开浇最后一炉浇注完成时间；τ_i 为最迟开浇浇次开始时间；n_i 为最迟开浇浇次连浇炉数；$\Delta\tau_i$ 为最后完成浇次每炉计划浇注时间；τ' 为其他浇次逆转后的开浇时间；τ_c 为时间倒转后的开浇时间。

钢包运行网络与计划模型设置完成后可进行仿真实验。通过 Event Controller 控件控制仿真模型的运行，使用 Method 控件实现接口对仿真流程的初始化控制。并且随着仿真时钟的推进，可实时调整时间流动速率及暂停仿真。

仿真过程中，通过每个工作站的进口及出口可触发 Method 程序，程序中可对钢包数据进行记录，例如钢包运行次数、工序/设备作业周期等，并将实验数据保存在 TableFile 记录表或者 Container 自编属性中。并且可以选择通过 Plant-simulation 软件自带分析组件，输出模拟结果。

6.2.5.2 钢包运行仿真实现

钢包运行仿真的实现主要包括四分部内容：生产浇次数据的输入、仿真模型的运行设置、仿真运算以及仿真结果生成。

首先，对炼钢厂主要生产对象建立相应的仿真模型，重点研究炼钢厂 LF 钢包精炼钢包的运行路径。主要生产设备及工位如表 6-15 所示。

表 6-15 主要生产设备及编号

生产设备	设备编号
转炉	BOF1、BOF2、BOF3、BOF4
LF 炉	LF1、LF2、LF3、LF4、
连铸机	CCM1、CCM2、CCM3、CCM4
空包处理工位	Empty1、Empty2、Empty3

针对实际生产中各设备的特点及其任务，仿真模型与实际生产设备对应关系如表 6-16 所示。

表 6-16 仿真模型控件与实际生产影响因素对应表

生产影响因素		仿真模型控件
设备	炼钢厂工位	SingleProc
	钢包	Container
	炉次	Entity
	天车与钢包台车	Line
信息与控制	浇次计划	TableFile、Source
	约束控制	Method

对模型控件的基本属性进行设置，所有工序的工位作业时间应与炼钢厂的实际作业时间对应，以保证仿真实验的完整性与可行性。仿真模型中对象的操作时间设置按照实际生产时间进行设置，可保证模型与实际生产的相似性。

其次，输入浇次计划，提取目标钢厂生产浇次数据进行数据输入，将实际浇次计划计算为逆转仿真计划并存入相应 Source 控件，模拟得出实际连铸机对每一炉次的浇次计划。某浇次计划如表 6-17 所示，逆转模型需同时倒转浇次计划，逆转浇次程序及处理后浇次的结果如图 6-26 所示。

表 6-17　实际浇次计划表

钢种/牌号	炉数	铸机号	开浇时刻	连铸机浇注周期/min
Q345B-1	25	1	2016-12-02　03:51:50	45
SPHC-1	30	2	2016-12-02　01:22:51	30
SPHC	11	2	2016-12-02　18:35:07	30
Q235B	20	3	2016-12-02　21:19:03	55
Q345B	10	4	2016-12-02　16:21:45	35

```
is
     t:time;
     tr:time;
     ts:time;
     i:integer;
     n:integer;
     j:integer;
     x:integer;
do
     x:=1;
     tr:=.models.frame.tablefile[1,10];
     n:=.models.frame.tablefile[3,x];
     ts:=.models.frame.tablefile[1,x];
     for i:=1 to n loop

         t:=2*tr-ts-45*60*i;
         .models.frame.tablefile1[1,i]:=t;
         .models.frame.tablefile1[2,i]:=".Models.MUs.Entity";
         .models.frame.tablefile1[4,i]:=.models.frame.tablefile[4,x];
         .models.frame.tablefile1[3,i]:=1
             next;
end;
```

1	2:08:41:16.0000	.Models.MUs.Entity	1	Q345B1
2	2:09:26:16.0000	.Models.MUs.Entity	1	Q345B1
3	2:10:11:16.0000	.Models.MUs.Entity	1	Q345B1
4	2:10:56:16.0000	.Models.MUs.Entity	1	Q345B1
5	2:11:41:16.0000	.Models.MUs.Entity	1	Q345B1
6	2:12:26:16.0000	.Models.MUs.Entity	1	Q345B1
7	2:13:11:16.0000	.Models.MUs.Entity	1	Q345B1
8	2:13:56:16.0000	.Models.MUs.Entity	1	Q345B1
9	2:14:41:16.0000	.Models.MUs.Entity	1	Q345B1
10	2:15:26:16.0000	.Models.MUs.Entity	1	Q345B1
11	2:16:11:16.0000	.Models.MUs.Entity	1	Q345B1
12	2:16:56:16.0000	.Models.MUs.Entity	1	Q345B1

图 6-26　倒转浇次程序及其输出浇次计划

对工序中设备工位处理时间进行设置，保证其仿真与实际生产的相似性。具体时间设置过程如图 6-27 所示。

最后，需对整个仿真模型网络运行进行控制，通过移动单元属性及 Method

图 6-27　工位处理时间设置

程序，记录钢包在流程网络中的运行数据，例如钢包运行次数及钢包在线个数等，并且通过 SimTalk 语言将钢包运行约束条件编写成相应的 Method 程序，对钢包控制程序如图 6-28 所示。

```
is
do
    if @.typeof(.models.mus.entity) then
        if .models.frame.placebuffer1.occupied then
            .models.frame.placebuffer1.cont.move(cc1);
            @.move(cc1.cont);
        else
            .models.mus.container.create(heats1);
            @.move(heats1.cont);

        heats1.cont.move(singleproc1);
        end;
    end;
end;
```

```
is
    count:integer;
    name:string;

do
    name:=?.name;
    ?.cont.ccproc:=name;

    if @.online=false then
        @.online:=true;
        counter:=counter+1;
        if name="CC1" then
            counter1:=counter1+1;
        elseif name="CC2" then
            counter2:=counter2+1;
        elseif name="CC3" then
            counter3:=counter3+1;
        else
            counter4:=counter4+1;
        end;

    end;
    @.runcount:=@.runcount+1;
    @.ccend:=eventcontroller.simtime;
    @.ccstart:=@.ccend+?.proctime;
end;
```

图 6-28　钢包上线规则控制程序及钢包信息统计程序

对所有模型对象进行检查，按照实际生产布置图进行工序/设备工位的布置及采用路径 Line 控件连接，便可实现仿真模型设置。

为保证连铸机正常浇注，仿真模型中钢包运行过程是实际炼钢厂生产运行过程的倒转，钢包承载钢水由连铸工序运行至精炼、转炉等工序，浇注完的空包再从转炉运送至连铸机的运行过程，模型中运行流程如图 6-29 所示。

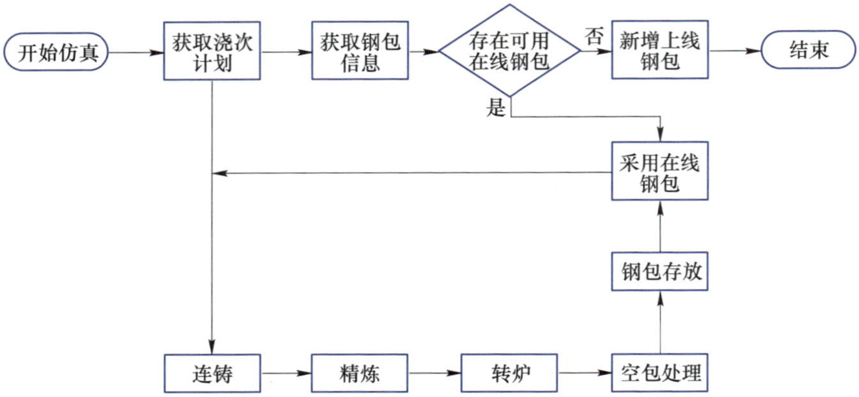

图 6-29　钢包运行仿真流程

仿真模型运行开始时，首先，对模型进行初始化；然后，Source 控件从 TableFile 读取浇次表，按照浇次计划生成炉次进入连铸机，并且启用钢包上线约束控制，对 4 台连铸机所处理炉次分别决定了钢包的使用情况，若无可用在线钢包，则 Source 控件生成 Container 钢包并与 Entity 炉次单元进行承接，此时，两种移动单元合并为一个，在接下来的工序中同时处理，即模拟实际生产中钢包承接钢水并进行周转；随后，此炉次与相应钢包根据等待时间约束进入相应 LF 炉进行钢水精炼处理；钢水精炼完成后，钢包运行至转炉出钢位分离，钢包运行至空包处理工位，经过在车间空包位的处理，进入等待区，此时，可作为上线钢包对其他炉次进行承接钢水。至此，钢包在生产流程逆流仿真中完成运行一次。当所有炉次在模型中运行完毕后，则完成模拟运行。

结合炼钢厂车间平面布置与仿真模型对象的特点，确定钢包运行流程网络，完成钢包运行模型的建立，如图 6-30 所示。

在炼钢厂生产组织中，钢包数量是炼钢厂优化控制生产及成本的重要内容之一，一般而言，在线运行的钢包数量越少，炼钢厂运行控制水平越高，生产成本越低。钢包运行数量多少是衡量炼钢厂生产过程顺行的重要因素。由于炼钢厂炉机对应模式的复杂性，某一台连铸机在交叉供应钢水模式下的钢包使用数量难以计算为某一台连铸机使用钢包。而逆流仿真模型中钢包从连铸机进入开始记录钢包信息，这样即可统计单个连铸机使用钢包数量，较好地解决了钢包数量的计算问题。

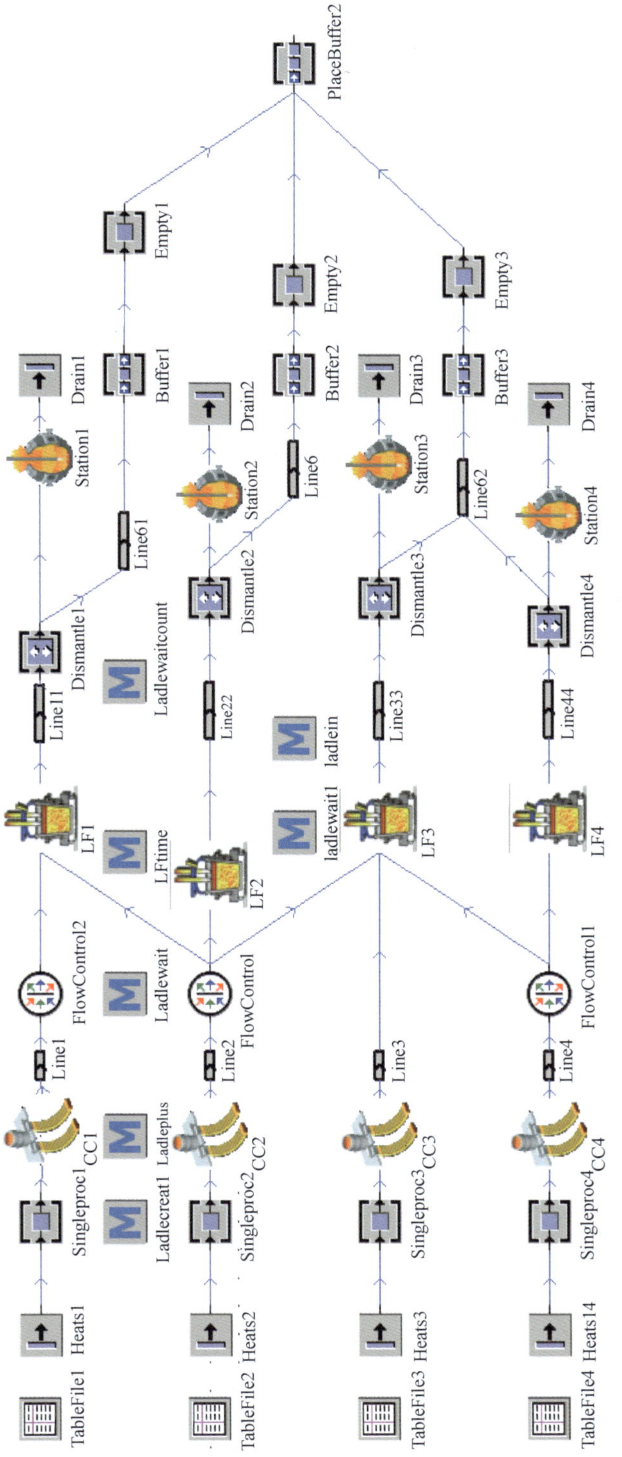

图 6-30 钢包运行过程仿真模型结构

A “一一对应”生产模式下的钢包运行模拟

所谓“一一对应”生产模式，是指[4]对连铸机与转炉“一一对应”模式下钢包运行进行仿真模拟。结果表明，在计划浇次下，炼钢厂生产运行所需钢包为12个，其中1号连铸机使用钢包2个；2号连铸机使用钢包5个，由于其浇次中在第6炉连浇之后钢水在精炼工序等待时间大于110 min，超过钢厂为保证连浇所允许的最大等待时间，故未能完成本浇次连浇；3号连铸机使用钢包4个；因为4号连铸机浇次重叠较少且与3号连铸机有共用钢包，所以4号连铸机使用钢包1个。其仿真运行甘特图如图6-31所示。

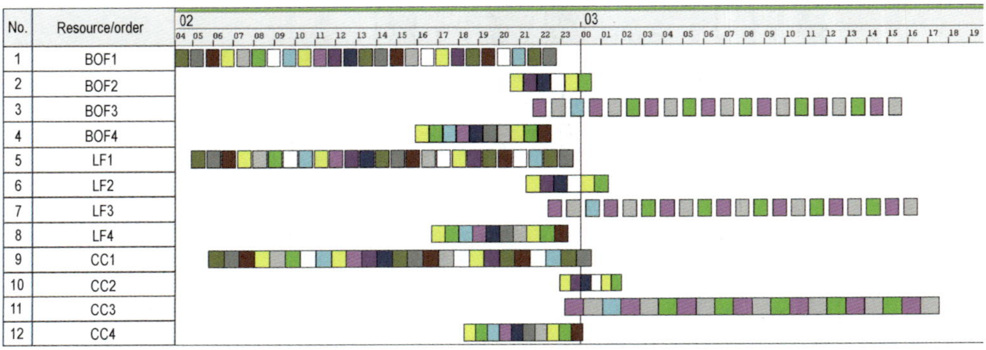

图6-31　“一一对应”生产模式运行甘特图（使用钢包12个）

在图6-31中，相同颜色的方块为同一钢包的运行过程，2号连铸机由于备包时间过长，导致在完成6炉连浇后断浇，未能完成本浇次任务。钢包周转次数分布数据如图6-32所示。

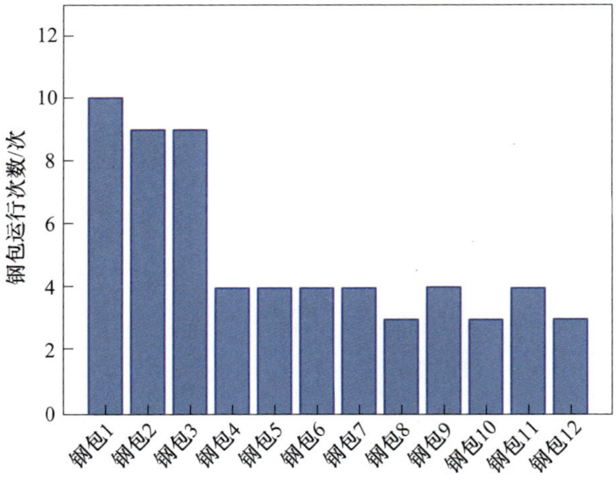

图6-32　“一一对应”生产模式钢包运行次数统计

B “定炉对定机”生产模式下的钢包运行模拟

所谓定炉对定机生产模式，是指[4]对连铸机与转炉在“定炉对定机”生产模式下对钢包运行进行模拟。结果表明，在计划浇次下，炼钢厂生产运行所需钢包为 15 个，其中，1 号连铸机主要使用 4 个钢包，与其他铸机混用 5 个钢包；2 号连铸机主要使用 5 个钢包，与其他铸机混用 6 个钢包；3 号连铸机主要使用 3 个钢包，与其他铸机混用 1 个钢包；4 号连铸机由于浇次较短，其使用的钢包与其他连铸机进行共用。其仿真运行甘特图如图 6-33 所示。

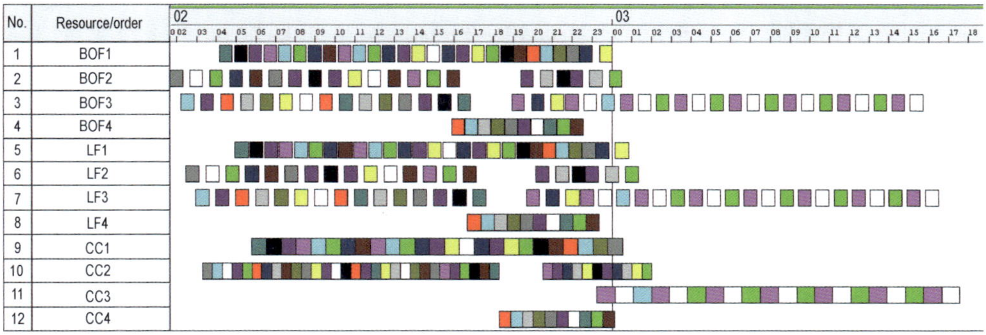

图 6-33 “定炉对定机”生产模式运行甘特图（使用钢包 15 个）

在图 6-33 中，相同颜色的方块为同一钢包在不同工位，可以看出，在其他转炉生产钢水的协助供应下，2 号连铸机完成了两个浇次的浇注任务，并且各工序之间设备无冲突。钢包周转次数分布数据如图 6-34 所示。

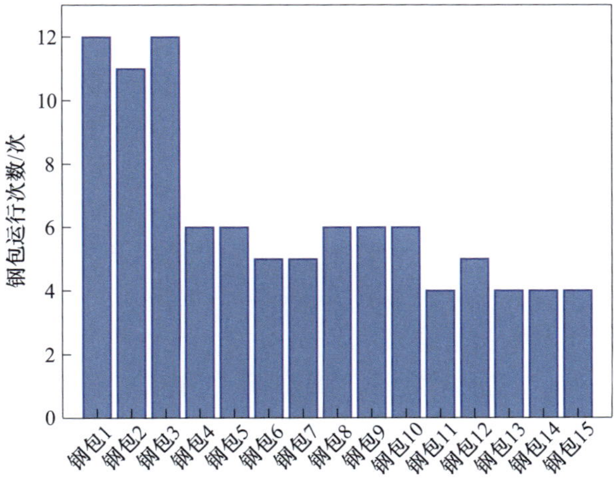

图 6-34 “定炉对定机”生产模式钢包运行次数统计

C　不同模式下钢包运行仿真结果对比讨论

在炼钢厂生产过程中，钢包运行控制水平不能简单地使用钢包周转数量进行衡量，其中钢包运行频率与钢包周转率作为评估炼钢厂钢包周转效率的重要指标，可以在一定程度上表征炼钢厂单位时间内的钢包运行控制水平。钢包运行频率的定义前文已作出解释，而钢包周转率[40]是指一定时间范围内（通常 24 h），钢包运行数量与连铸机生产炉数的比值，其物理意义为一定时间内钢包运行的平均次数。

根据对某厂钢包的运行次数进行统计，分别对钢包运行频率及钢包周转率进行计算。“一一对应”模式下 24 h 总共生产了 57 炉，共有 12 个钢包参与周转运行，钢包周转周期为 3.5 h。计算可知，研究目标炼钢厂钢包运行频率为 3.4 h^{-1}，“一一对应”生产模式下钢包周转率仅为 4.8 次/天。根据“定炉对定机”模式下钢包运行次数统计及钢包周转率的计算，可知“定炉对定机”生产模式下钢包运行频率为 4.3 h^{-1}。此生产模式下 24 h 完成了浇次计划总共 97 炉，钢包周转率为 6.5 次/天，在完成了浇次任务的前提下，钢包周转率也较“一一对应”生产模式有一定提高。对两种生产模式钢包运行评价的比较如表 6-18 所示。

表 6-18　不同生产模式下钢包运行状况的评价

评价指标	“一一对应”生产模式	“定炉对定机”生产模式
生产炉数/炉	57	97
使用钢包数量/个	12	15
钢包运行频率/h^{-1}	3.4	4.3
钢包周转率（24 h）/次	4.8	6.5

根据表 6-18，从生产炉次数来看，“一一对应”模式 24 h 完成总浇次的钢水量为 57 炉，浇注炉次少的原因是在 2 号连铸机连浇 6 炉之后，备包时间过长，超过钢厂实际备包控制时间，故未能完成连浇。而“定炉对定机”生产模式下 24 h 完成了所有浇次计划 97 炉钢水，说明了“定炉对定机”模式的高效性；从使用钢包数量来看，“一一对应”生产模式使用 12 个钢包，“定炉对定机”生产模式使用 15 个钢包，是因为“一一对应”模式下未能完成更多的连浇任务，所以使用钢包较少；从钢包运行频率来看，“一一对应”生产模式钢包运行频率为 3.4 h^{-1}，而“定炉对定机”生产模式钢包运行频率为 4.3 h^{-1}，可以看出，“定炉对定机”生产模式下其钢包运转较“一一对应”生产模式要快；从钢包周转率来看，24 h 浇次计划“定炉对定机”生产模式钢包周转率为 6.5 次/天，大于“一一对应”模式生产模式钢包周转率 4.8 次/天，说明在“定炉对定机”生产模式下，钢包的运行效率更高。

D　仿真实验方案的可行性讨论

仿真模拟实验使用钢包运行次数统计如图 6-34 所示，炼钢厂实际生产钢包运行次数统计如图 6-35 所示，完成一天（24 h）浇次计划实际生产使用钢包 18 个，而仿真实验使用钢包 15 个，实际生产使用钢包比仿真实验多 3 个。由图 6-33、图 6-34 比较可知，实际生产中 94.4%的钢包运行次数在 7 次以下，只有 1 个钢包运行次数达到 11 次；而仿真研究中 73.3%的钢包运行次数在 5 次以上，并且有 3 个钢包达到 11 次以上，总体钢包利用率较高。同时，在 24 h 内生产 97 炉钢水，仿真模型钢包周转率为 6.5 次/天，而实际生产中钢包周转率仅为 5.4 次/天。究其原因，在实际生产中人工排产导致炉机衔接过程交叉供应钢水过多，生产节奏较快时连铸机钢水供应不及时，钢包在生产流程中运行时间较长，在线钢包不能及时运行至转炉出钢位，导致转炉出钢处增加使用离线的钢包，故实际生产中钢包运行次数较低，相应钢包周转率也较低。而优化炉机对应模式可优化钢包运行过程，可有效避免使用过多的钢包。从研究结果来看，优化炼钢厂炉机对应模式，提高各工序规范化作业时间，可有效提高炼钢厂钢包运行效率，减少钢包周转数量 3 个。

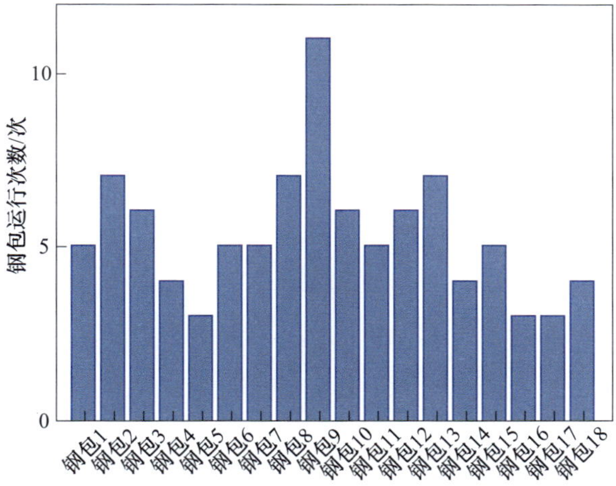

图 6-35 实际生产钢包运行次数统计

6.2.6 空钢包运行调度遗传优化模型

现阶段钢包调度研究主要集中于满包运行阶段，空包运行阶段钢包调度问题的研究相对较少。对于已编制好的生产计划，空包调度计划的缺失会导致满包运行前的钢包选配效率低、炼钢-连铸区段生产计划无指定钢包按时进行实施，进而影响满包运行阶段的钢包调度。此外，空包运行阶段钢包调度计划的编排还能优化空包运行等待时间、减少钢包温降不合理等现象，以提高红包利用率。因此，建立空包运行阶段钢包运行优化模型很有必要。本节将通过数学模型建立、遗传算法设计及钢包温降控制策略设置，对空包运行阶段钢包调度问题进行求解[41]，并在生产模式优化基础上，使用某钢厂实际生产数据进行模拟计算，验证空钢包运行调度遗传优化模型的优化效果。

6.2.6.1 问题描述与模型建立

A 空包运行阶段工艺流程分析

由图 6-14 钢包周转过程示意图可知，空包运行阶段钢包运行主要涉及连铸、修包、冶炼三个工序：

（1）连铸。炼钢-连铸区段冶炼的钢水，由钢包运输至连铸机进行浇注，钢水浇注完后钢包进入修包工序。

（2）修包。该工序包括钢包倒渣、热修（水口更换、滑板更换、在线烘烤）、冷修、离线烘烤等多个环节。其中热修环节针对不同使用程度的钢包，采用不同检修方式。冷修环节是将达到使用寿命的钢包下线，进行彻底维修，包括更换耐火砖、离线烘烤等。

（3）转炉冶炼。以铁水、废钢、铁合金为主要原料进行冶炼，在转炉中完成炼钢任务的过程。钢水冶炼完成后，需要钢包对其进行承接并转运，因此在每炉钢水完成冶炼前，需要提前对转炉接钢工位的钢包进行选配以保证生产顺行。

B 问题描述与假设

空包运行阶段钢包调度的主要目的，是通过对空钢包运行阶段工序/设备的合理选择，协调钢包在连铸、修包、转炉三个工序之间的运行节奏，以减少空包运行/等待时间、降低钢包过程温降、明确空包运行路径，进而指导后续钢包的调度。本节探讨的空钢包运行阶段钢包调度问题是在连铸机浇次计划确定的情况下进行的，因此应满足以下假设条件：

（1）空包运行阶段钢包调度次数由连铸机浇次计划确定，所有浇次计划的炉次数之和为钢包调度总次数；

（2）浇次计划所包含的连浇炉数、钢种类别、对应连铸机号及浇注顺序已知；

（3）浇次计划开浇、停浇时间已知；

（4）钢包在连铸、修包、冶炼等工序作业周期已知；

（5）钢包在修包、冶炼工序上的设备指派不受限制；

（6）达到使用寿命的钢包下线后，由离线烘烤钢包上线替换，离线烘烤钢包数量由离线烘烤钢包数计算模型确定；

（7）不考虑工序设备或钢包故障导致的生产中断。

C 数学模型

为准确表述数学模型，现对模型中具体参数进行说明：

l 为浇次序号，$l=1, 2, \cdots, L$；L 为浇次总数。

i 为炉次序号，也是执行炉次 i 的钢包调度序号，每个炉次浇注完毕后对应钢包需进行空包调度，$i=1, 2, \cdots, I$；I_l 为浇次 l 的最大炉次数，是一个浇次内钢包调度的最大序号。

j 为工序号，$j=1, 2, \cdots, J$；J 为工序编号最大值。

k 为工序 j 中的设备编号，由 M_j 台设备组成，$k=1, 2, \cdots, M_j$。

i' 为工序 j 工位 k 上炉次 i 的下一炉次。

j' 为调度序号为 i 的钢包调度路径中工序 j 的后一工序。

k' 为调度序号为 i 的钢包运行至下一个工序 j' 上的设备编号。

$X_{i,j,k}$ 为调度序号为 i 的钢包在工序 j 的设备 k 上的开始运行时间。

$X_{l,i,j,k}$ 为浇次 l 中调度序号为 i 的钢包在工序 j 的设备 k 上的开始运行时间。

$P_{i,j,k}$ 为调度序号为 i 的钢包在工序 j 的设备 k 上的运行时间。

$P_{l,i,j,k}$ 为浇次 l 中调度序号为 i 的钢包在工序 j 的设备 k 上的运行时间。

$T_{j,j'}$ 为钢包在相邻工序 j 和工序 j' 之间工艺规程所要求的运行时间。

$t_{i,j}$ 为调度序号为 i 的钢包浇注结束到完成工序 j 的运行时间。

T_l 为第 l 个浇次的开浇时间。

σ 为执行不同浇次之间的调整时间。

$$x_{i,j,k} = \begin{cases} 1 & \text{调度序号为 } i \text{ 钢包被指派到工序 } j \text{ 的设备 } k \text{ 上} \\ 0 & \text{调度序号为 } i \text{ 钢包未被指派到工序 } j \text{ 的设备 } k \text{ 上} \end{cases}$$

空包运行阶段的钢包调度，是研究钢包在连铸、修包、冶炼三个工序/设备之间运行情况的混合流水调度问题，基于数学规划方法，建立如下数学模型：

（1）目标函数 T_{waittime}：

$$T_{\text{waittime}} = \min \sum_{i=1}^{I} \sum_{\substack{j,j'=1,2,\cdots,J; \\ k,k'=1,2,\cdots,M_j}} (X_{i,j',k'} - (X_{i,j,k} + P_{i,j,k}) - T_{j,j'}) \tag{6-10}$$

空包运行阶段钢包调度问题的优化目标是最小化空包运行阶段钢包运行的总等待时间 T_{waittime}。

（2）设备指派唯一性约束：

$$\sum_{j=1,2,\cdots,J} \sum_{k=1,2,\cdots,M_j} x_{i,j,k} = 1 \tag{6-11}$$

$$\sum_{i=1,2,\cdots,I} x_{i,j,k} = 1 \tag{6-12}$$

$$X_{i',j,k} \geqslant X_{i,j,k} + P_{i,j,k} \quad (i,i'=1,2,\cdots,I;\ j,j'=1,2,\cdots,J;\ k=1,2,\cdots,M_j) \tag{6-13}$$

式（6-11）表示钢包只能在每个工序中的一台设备上作业；式（6-12）表示钢包每完成一次浇注任务都需要进行空包调度，指派到每个工序的某个设备上，且各工序只指派一次；式（6-13）表示同一设备的前提下，一个钢包的运行必须在上一个钢包运行完成的基础上进行。

（3）执行不同浇次钢包之间的时间约束：

$$X_{l,1,1,k} = T_l \quad (l = 1,2,\cdots,L) \tag{6-14}$$

$$X_{l+1,1,1,k} = X_{l,I,J,k} + P_{l,I,J,k} + \sigma \quad (l = 1,2,\cdots L-1;\ k = 1,2,\cdots,M_j) \tag{6-15}$$

式（6-14）表示每次钢包调度从第一个工序开始准时进行，即执行浇次计划的各钢包准时开始浇注任务；式（6-15）表示执行前一浇次最后一炉次钢包与后一浇次第一炉次钢包衔接的调整时间。

（4）执行同一浇次钢包之间的时间约束：

$$X_{l,i',1,k} = X_{l,i,1,k} + P_{l,i,1,k} \quad (i,i' = 1,2,\cdots I;k = 1,2,\cdots,M_j) \tag{6-16}$$

$$X_{i,j',k'} \geqslant X_{i,j,k} + P_{i,j,k} + T_{j,j'} \quad (i = 1,2,\cdots,I;\ j,\ j' = 1,2,\cdots,J;\ k,k' = 1,2,\cdots,M_j) \tag{6-17}$$

式（6-16）表示执行同一浇次相邻炉次的钢包是连续调度的，且调度时间间隔相同，等于一炉次的浇注时间；式（6-17）表示调度钢包至下一工序作业必须在上一工序运行完成的基础上进行。

联立式（6-10）~式（6-17），构成空包运行阶段钢包调度问题的数学模型。

6.2.6.2　算法求解

遗传算法具有内在的隐并性和良好的全局寻优能力，本书设计基于温降控制的改进遗传算法对所建立模型进行求解，具体过程如下。

A　编码及解码

编码决定了算法的性能与效率，本书编码采用分段组合的方式，编码包含浇次信息和钢包运行设备选择信息。如式（6-18）所示，编码的第一部分为各浇次开浇时间 T_l，即各浇次执行第一炉次的空钢包运行阶段开始运行的时间，编码的第二部分为钢包调度至各工序运行的设备号 M_j。

$$C_1 = \{(T_1,T_2,\cdots,T_l),(233,232,\cdots,424)\} \tag{6-18}$$

式中，T_1 代表第 1 个浇次的开浇时间，是第 1 个浇次中调度序号为 1 的钢包，在空包运行阶段的开始运行时间；233 表示调度序号为 1 的空钢包的运行路径：2 号连铸机→3 号修包位→3 号转炉接钢位。

基于上述编码，根据已知浇次信息，运用改进遗传算法求解钢包在空包运行阶段不同工序/设备的选择信息，累加钢包在不同工序/设备的开始运行时间。

B　基于钢包温降控制策略的初始种群生成

随着空包运行阶段钢包调度的进行，钢包温度会随时间逐渐降低，当钢包温度低于转炉接钢处选配钢包所要求的最低温度时，需要增加烘烤时间才能使钢包达到接受钢水的温度要求。所谓“钢包温降控制”策略，是指调控钢包在空包运行阶段温降不合理现象的具体调控方向，以工序之间工艺规程所要求的运行时间为标准，比较同时段所有需要调度钢包的空包运行时间，延长运行时间较短钢包的等待时间，优先调度空包运行时间偏长的钢包进入下一工序，使运行时间过长钢包的等待时间得到缩减，降低空包运行过程温降。基于此策略的初始种群生成步骤如下：

步骤 1：输入浇次信息、空包运行阶段工序/设备信息和算法参数；

步骤 2：根据浇次信息，为执行各炉次钢包选择空包运行路径，并对钢包运行至各个工序进行设备指派；

步骤 3：理想情况下，钢包在相邻工序间的标准运行时间为 $T_{j,\ j'}$，因此，根据式（6-19）可推出不同调度序号钢包在修包位、转炉接钢处的开工时间 $X_{i,\ j}$。

$$X_{i,j} = T_l + \left(\sum_{i'=1}^{i} P_{i',1,k} + T_{j,j'}\right) + \left(\sum_{j'=j-2}^{j-2} P_{i',2,k} + T_{j,j'}\right) \quad (i = 1,2,\cdots,I) \tag{6-19}$$

当工序 j' 上出现调度序号为 i' 的钢包，在调度序号为 i 的钢包之前完成调度，进入工序 j' 运行时，需要重新返回上一工序 j，消除调度序号为 i 和 i' 的两个钢包运行冲突，运行冲突的消除遵循“钢包温降控制”策略，优先调度工序 j、j' 之间运行时间过长的钢包，减少空包运行过程温降。本节的“钢包温降控制”策略具体内容有如下两条。

（1）计算调度序号为 i 和 i' 的两个钢包在工序 j' 前的已运行时间分别为 $t_{i,j}$、$t_{i',j}$。

$$t_{i,j} = X_{i,j,k} - X_{i,1,k} + P_{i,j,k} \tag{6-20}$$

$$t_{i',j} = X_{i',j,k} - X_{i',1,k} + P_{i',j,k} \tag{6-21}$$

（2）以工序 j、j' 之间工艺规程所要求的运行时间 $T_{j,j'}$ 为时间标准，对 $t_{i,j}$、$t_{i',j}$ 进行比较，衡量钢包在工序 j' 前已经运行时间是否过长。

当 $j \leqslant 1$ 时，工序 j、j' 之间钢包调度遵循“先到先指派”原则；

当 $j>1$ 时，如果 $t_{i,j}>t_{i',j}$ 且 $t_{i,j}-t_{i',j}>T_{j,j'}$，说明调度序号为 i 的钢包在工序 j' 前的已经运行时间偏长，为了减少调度序号为 i 的空钢包运行过程温降，优先调度序号为 i 的钢包进入工序 j'，序号为 i' 的钢包额外等待 $T_{j,j'}$ 时间，从而使调度序号为 i 的钢包运行等待时间缩减，降低过程温降；

如果 $t_{i,j}>t_{i',j}$ 且 $t_{i,j}-t_{i',j} \leqslant T_{j,j'}$，则说明调度序号为 i 和 i' 的两个钢包在工序 j' 前的已经运行时间接近，为了达到空包运行阶段钢包运行总等待时间最小的目标，工序 j、j' 之间钢包调度应遵循“先到先指派”原则；

如果 $t_{i,j} \leqslant t_{i',j}$ 且 $t_{i,j}-t_{i',j}>T_{j,j'}$，则说明调度序号为 i' 的钢包在工序 j' 前的已经运行时间过长，为了减少调度序号为 i' 的空钢包运行过程温降，优先调度序号为 i' 的钢包进入工序 j'，序号为 i 的钢包需要额外等待 $T_{j,j'}$ 时间，从而使调度序号为 i' 的钢包运行等待时间缩减，降低过程温降；

如果 $t_{i,j} \leqslant t_{i',j}$ 且 $t_{i,j}-t_{i',j} \leqslant T_{j,j'}$，则说明调度序号为 i 和 i' 的两个钢包在工序 j' 前的已经运行时间接近，为了实现空包运行阶段钢包运行总等待时间最小的目标，工序 j、j' 之间钢包调度遵循“先到先指派”原则。

当工序 j、j'之间某一时间段有多个钢包需要调度时，重复上述操作。

步骤 4：在步骤 2、3 重复操作的基础上生成包含所有钢包调度序号的初始种群。

C 适应度计算

适应度是遗传算法中个体评价指标，本书采用基于排序的适应度分配法，计算公式为：

$$F = 2 - \mathrm{SP} + 2(\mathrm{SP} - 1)(\mathrm{Pos} - 1)/(\mathrm{Nind} - 1) \tag{6-22}$$

式中，Nind 表示种群中个体数目；Pos 表示个体在种群中的排序位置；SP 表示选择压力，一般取［1.0，2.0］。

D 遗传运算

（1）选择运算：轮盘赌选择，通过适应度计算对个体进行评估，选择评估优良的个体进入后代种群，淘汰评估较差的个体。

（2）交叉运算：双点交叉，随机对种群内的两个个体进行选择，对调度序号不同的个体钢包在工序 j 的加工设备（不包含连铸工序）进行交换。

（3）变异运算：两点变异，随机对种群内某个工序 j 上任意两台设备进行选择，并分别从两台设备上随机选择调度序号为 i'、i''的钢包调度计划进行交换。

E 基于钢包温降控制策略的改进遗传算法

图 6-36 为基于钢包温降控制策略的改进遗传算法求解步骤。输入炼钢厂浇次信息和算法相关参数，对空钢包运行阶段进行设备指派，正向叠加钢包在修包工位、转炉工位的开始运行时间。若空钢包运行过程出现运行冲突，则返回上一层级，遵循“钢包温降控制”策略，重新对不同调度序号的钢包进行运行路径优化调整，直至钢包运行冲突取消。进化代数达到设定时，输出目标函数最优解；如进化代数未达到设定，则通过适应度计算评估选出优良个体进入后代种群，进行交叉、变异运算，从而形成新一代种群。重复以上操作直至满足进化代数设定，产生目标函数最优解。

6.2.6.3 仿真实验

A 实验背景及数据

某炼钢厂近年来由于产能不断扩大，出现了生产流程管控乏力、钢包调度不佳等生产运行方面问题。其中，空包运行阶段钢包调度问题是该厂亟须解决的问题之一。由前面内容可知，该炼钢厂现有 4 台连铸机、3 个修包工位和 4 座 130 t 转炉，另有 16 个离线钢包烘烤位，连铸机台数与修包工位个数不匹配，是空包运行阶段钢包调度较为复杂的原因。某炼钢厂空包运行阶段各工序时间参数和空包运行阶段时间分类见第 3 章。本节将根据炼钢厂实际生产数据，对空包运行阶段钢包调度遗传优化模型进行浇次信息等参数设置，运用遗传优化模型对炼钢厂空包运行阶段钢包调度问题进行求解。

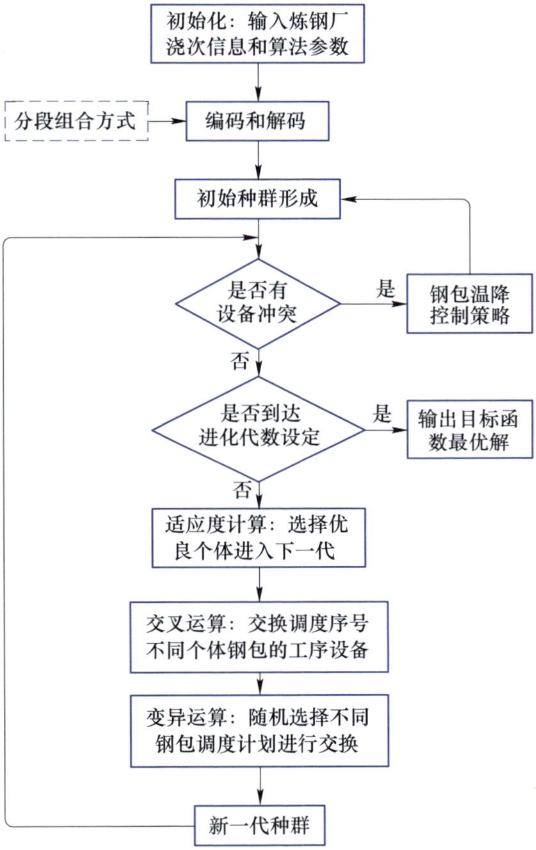

图 6-36 改进遗传算法的求解步骤

设置算法参数：进化代数 100，种群规模 1000，自适应函数参数 pc = 0.8、pm = 0.01。在 Windows10 操作系统 Microsoft Visual Studio 软件平台，使用 C#语言编程，针对某炼钢厂主要的 5 个生产模式进行仿真实验。

B 实验结果与分析

a 空包运行等待时间分析

分别选取某炼钢厂 5 个主要生产模式的实际生产数据，相应生成 5 个算例，输入空包运行阶段钢包调度遗传优化模型进行计算。这 5 个算例在遗传优化模型使用前后的空包运行等待时间对比如表 6-19 所示。其中，$T_{\mathrm{waittime},1}$表示模型使用前空包运行总等待时间，min；$T_{\mathrm{waittime},2}$表示模型使用后空包运行总等待时间，min；T_{optimize}表示空包运行总等待时间优化，min；T_{average}表示空包运行平均等待时间优化，min。

表 6-19 空包运行等待时间对比表

算例	铸机状态	生产模式	炉数	$T_{waittime,1}$/min	$T_{waittime,2}$/min	$T_{optimize}$/min	$T_{average}$/min
1	1 号停机	4BOF-3CCM	76	3923	2909	1014	13
2	2 号停机	4BOF-3CCM	93	5006	3859	1147	12
3	3 号停机	4BOF-3CCM	77	4122	3150	972	12
4	4 号停机	4BOF-3CCM	93	3997	3129	868	9
5	无停机	4BOF-4CCM	90	5965	4943	1022	11

由表 6-19 可知，运用空包运行阶段钢包调度遗传优化模型，对选取的某炼钢厂产能占比 95%的 5 种主要生产模式的生产数据进行计算，空包运行总等待时间减少了 868～1147 min。遗传优化模型能够有效改善炼钢厂的钢包运行过程，减少钢包在空包运行阶段的总等待时间，加快炼钢厂运行节奏，提高生产效率。此外，对于选取的 5 个算例，单个钢包在空包运行阶段等待时间平均减少了 9～13 min，对于“四炉对三机”生产模式，可减少 1 个在线周转钢包；对于“四炉对四机”生产模式，可减少 2 个在线周转钢包，对炼钢厂减少在线周转钢包数量具有显著的贡献。

b 钢包温降分析

钢包在上一个浇注任务结束至再次回到转炉工位接受钢水的过程，即空钢包在运行过程中，包衬温度会随时间的流逝而降低。对空包运行时间进行合理控制，可使空钢包处于“红包”状态，以优化钢包热状态、减少钢包烘烤、降低转炉出钢温度。根据该炼钢厂记录数据和相关研究可知，该炼钢厂单个空钢包运行的合理周转时间为 90 min，超出这个时间，钢包温降过大，无法满足空钢包接收钢水的温度要求，需额外增加空钢包的烘烤时间。针对上述情况，本书运用“钢包温降控制”策略调控空钢包周转，减少温降不合理的空钢包调度次数。

图 6-37 所示为算例 1 的空包运行时间散点图，算例 1 数据选取自 1 号连铸机停机状况下的“四炉对三机”生产模式，因该炼钢厂转炉供应钢水能力不足以满足 4 台连铸机同时浇注钢水的需求，常由 4 台转炉供应 3 台连铸机连浇用钢水，在此生产模式下，3 台连铸机共完成 76 炉次浇注任务时，由图 6-37（a)(b）情况比较可知，使用“钢包温降控制”策略，可使算例 1 中空钢包的运行时间区间由 91 min 减小至 77 min，大于 90 min 合理周转时间的空钢包调度次数由 30 次减少为 15 次，即运行时间不合理的空钢包调度次数比例由 39. 5%下降至 19. 7%。这是因为钢包温降控制策略增加了同时段调度过程中运行时间较短的空包运行等待时间的工况占比，优先调度空包运行时间过长的钢包进入下一工序，使多数钢包的空包运行时间小于合理周转时间 90 min，进而可直接在转炉接钢位接受钢水、上线周转，提高了红包利用率，同时，减少了钢包调度过程中为求解空包运行总等待时间最少使部分空包的运行时间出现极大值的情况。

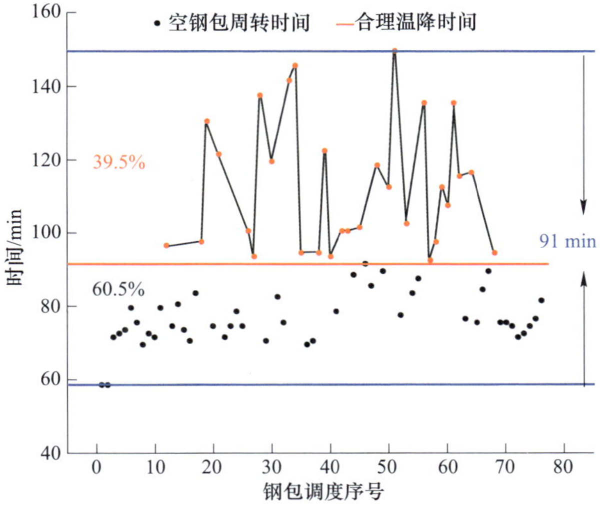

(a)

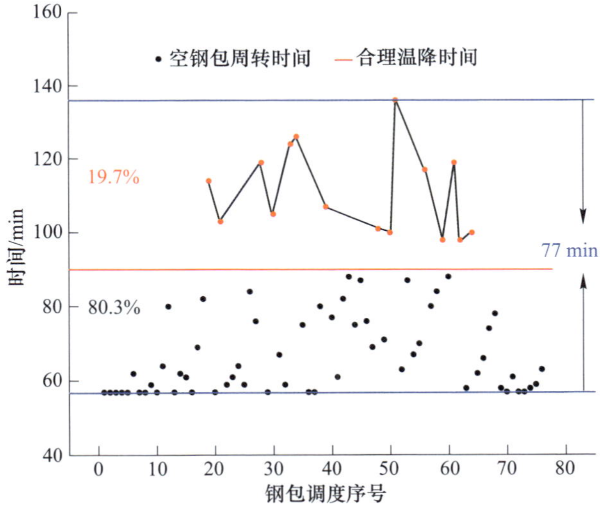

(b)

图 6-37　算例 1 空包运行时间散点图

（a）优化前；（b）优化后

C　空包运行路径分析

空包运行阶段钢包调度遗传优化模型可根据输入的浇次信息，在最小化空包运行总等待时间的目标下，对空钢包进行设备指派，正向叠加各调度序号钢包在修包位和转炉工序的开始运行时间，得到优化的空包运行阶段钢包运行路径。

图 6-38 所示为算例 1 空钢包运行路径甘特图（图中序号为钢包调度序号），各调度序号钢包在空包阶段各工序/设备的开始/结束运行时间、设备选择信息均

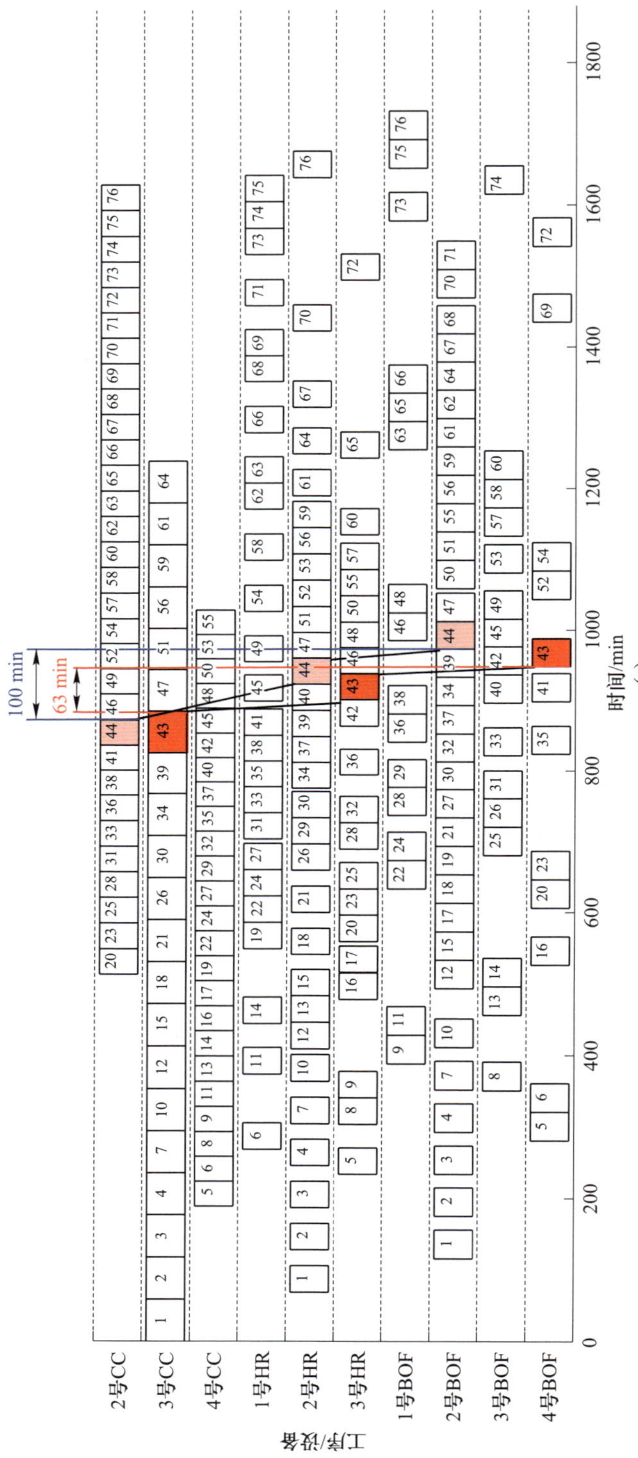

2号CC
3号CC
4号CC
1号HR
2号HR
3号HR
1号BOF
2号BOF
3号BOF
4号BOF
工序/设备
时间/min
100 min
63 min
0
200
400
600
800
1000
1200
1400
1600
1800

(a)

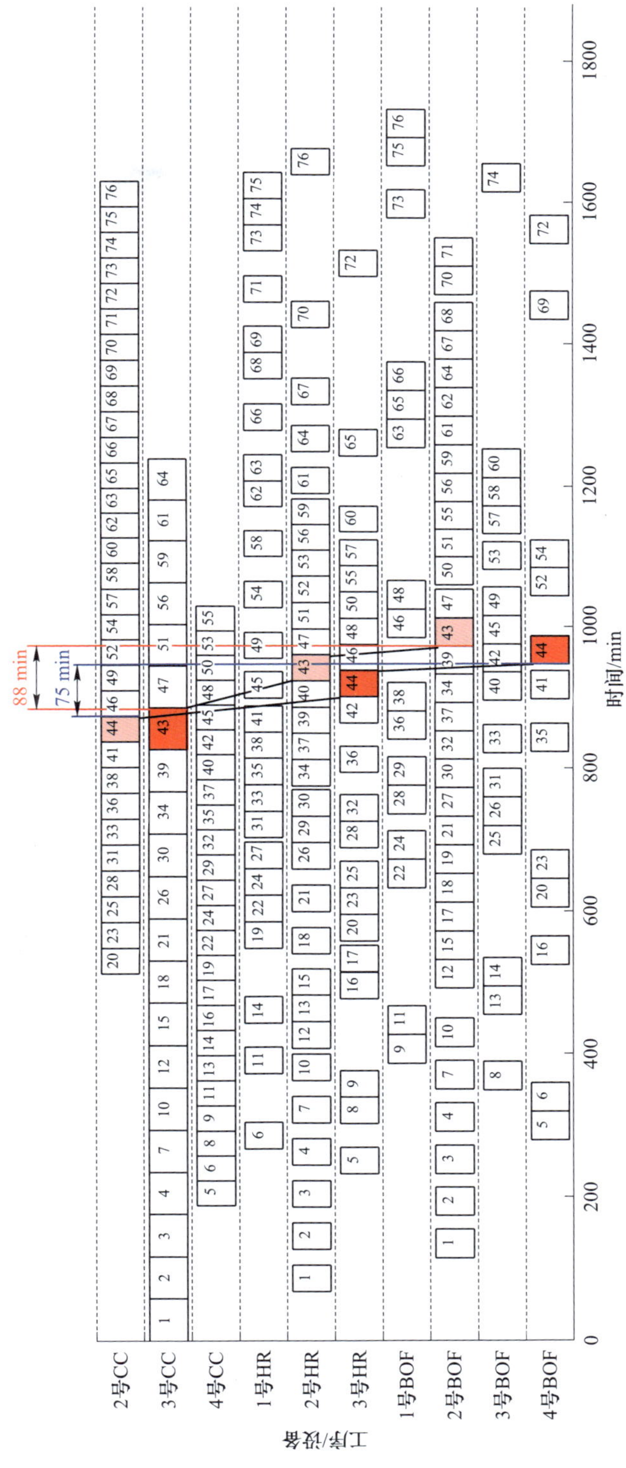

图 6-38 算例 1 空钢包运行路径甘特图

（a）钢包温降控制策略使用前；（b）钢包温降控制策略使用后

可知，在实际生产中，可供现场技术人员参考，以指导空钢包的调度，优化空钢包运行。

此外，图 6-38 还可将钢包温降控制策略运用过程及优化效果可视化。以钢包调度序号 43 号、44 号为例，钢包温降控制策略使用前，如图 6-38（a）所示，空包运行阶段钢包调度模型对空钢包进行的是逐个调度，在各工序都始终优先调度 43 号钢包，使得调度序号为 43 号的空钢包运行时间为 63 min，而调度序号为 44 号的空钢包运行时间达到了 100 min，即调度序号为 44 号的空钢包运行时间超过合理周转时间。钢包温降控制策略使用后，如图 6-38（b）所示，连铸工序与修包工位之间，空钢包运行遵循“先到先指派”原则，优先调度序号为 44 号的钢包进入修包工序；而在修包位和转炉工序间进行钢包调度时，因为浇注结束到完成工序 2 的时间 $t_{43,2}$ 为 75 min、$t_{44,2}$ 为 65 min，两者之差等于修包工位与转炉接钢工位之间工艺规程所要求的运行时间 10 min，根据“钢包温降控制”策略，优先调度序号为 44 号的钢包进入转炉接钢工位。

经比较可知，采用钢包温降控制策略调控后，调度序号为 44 号的空钢包运行时间得以优化，由 100 min 减少为 75 min，从而处于合理周转时间 90 min 内；调度序号为 43 号的空钢包运行时间由 63 min 增长为 88 min，仍处于合理周转时间范围，实现了对这两个钢包的协同调控。

图 6-39 是在图 6-38 基础上绘制的算例 1 空包运行阶段炉-机对应图，其中，三种颜色路线表示三座连铸机（修包位）至转炉的空包运行路线，箭头上的数值表示空钢包去往下一工序某台设备上的调度次数所占比例，箭头的粗细代表该经设备去往下一工序的钢包数多少。由图 6-39（a）、（b）可知，调度模型使用

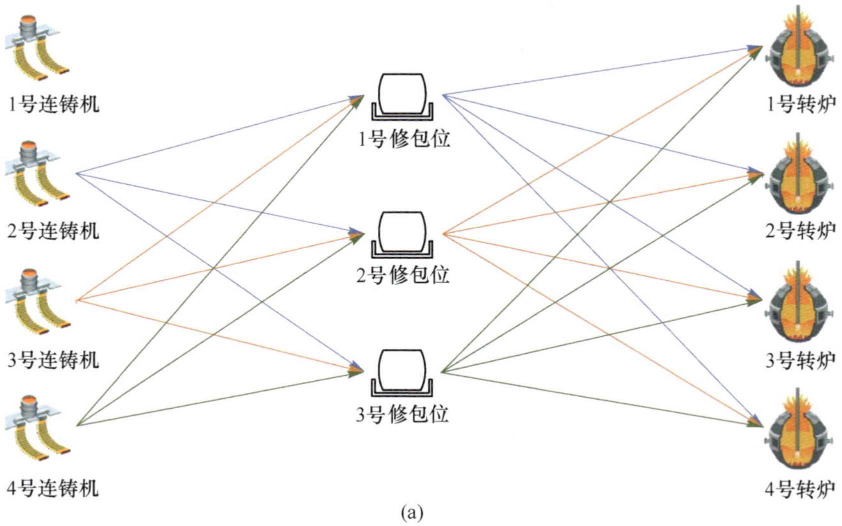

(a)

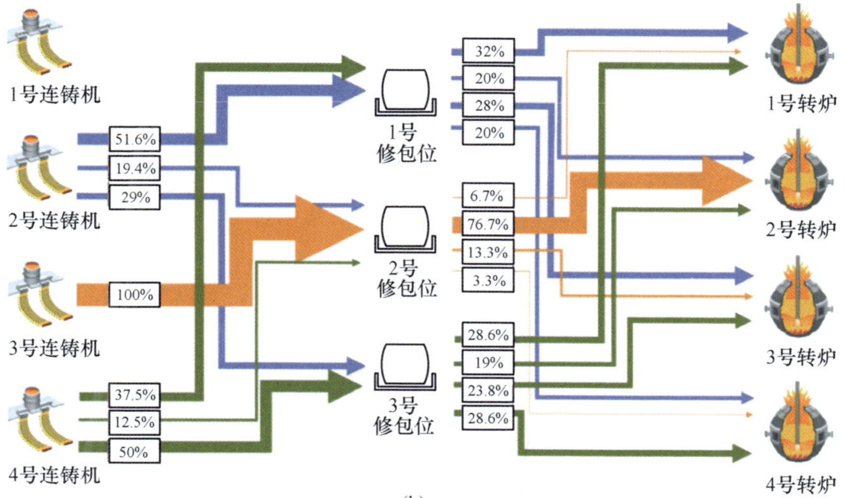

(b)

图 6-39 算例 1 空包运行阶段的炉-机对应图

（a）优化前；（b）优化后

后，算例 1 中空钢包运行过程设备指派明确，“一一对应”关系的工序/设备衔接对应情况增加，经 2 号连铸机去往 1 号修包位修理的钢包比例达到 51.6%，经 3 号连铸机去往 2 号修包位修理的钢包比例达到 100%，经 4 号连铸机去往 3 号修包位修理的钢包比例达到 50%，即调度模型的使用实现了空钢包运行过程生产模式的优化，使空钢包运行过程炉-机对应关系明确，各工序/设备作业能力得到充分释放。

6.3 工序控制与生产调度的动态协同

6.3.1 生产调度模型与工艺控制模型协同的系统架构

炼钢厂调度过程是通过对各工序/装置不间断地进行生产信息的动态交互，实现不同工序/装置的高效运行。其中，生产调度模型与工艺控制模型具有不同的功能，并不断生成不同的数据，各模型之间需要互通数据、互传指令，这对协同调度系统的动态性和智能性提出了较高的要求。多智能体（Multi-agent Systems，MAS）是当今智能控制与人工智能优化领域的热门技术，对分布式、多模块、动态交互的复杂问题求解独具优势[42-44]。本节基于多智能体系统技术对协同调度进行架构分析，发挥多智能体系统技术的分步求解优势，将复杂的生产调度任务逐个分解成相对简单的个体单元模块，在生产调度模型与工艺优化模型的协同和交互中完成调度任务。

基于工艺模型和多智能体技术的炼钢-连铸过程协同调度系统架构如图 6-40

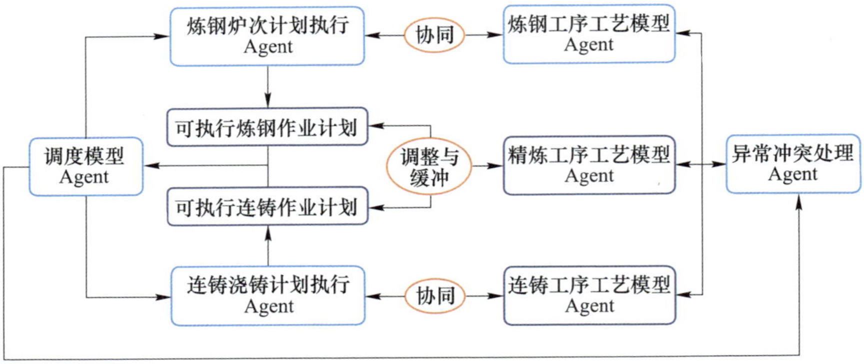

图 6-40　基于多智能体技术的炼钢-连铸区段协同调度系统架构[1]

所示，该系统中的炉次作业计划执行 Agent 与浇次作业计划执行 Agent 完成生产计划的实施与执行，调度优化模型 Agent 根据生产计划执行情况进行后续作业计划的修改与生产任务的分配。各作业计划执行 Agent 根据生产设备的实际运行状况和生产能力来实施相应的生产工序/装置作业计划，并传送至相应工序的工艺模型 Agent 集；工艺模型 Agent 集完成作业计划的调度任务，其中，炼钢作业 Agent 集包括转炉炼钢工艺模型 Agent 或电炉炼钢工艺模型 Agent，炉外精炼工艺模型 Agent 集包括 LF、VD、RH 或其他精炼装备的工艺模型 Agent（根据目标钢厂具体生产设备的情况而定），连铸工艺模型 Agent 集根据连铸机生产铸坯的规格/尺寸分成相应的 Agent；当各工艺模型 Agent 执行调度过程中遇到生产异常问题时，交由异常冲突处理 Agent 通过内部协调机制解决，调度执行的所有情况均由生产作业记录 Agent 进行记录。各 Agent 具体功能描述见表 6-20。

表 6-20　炼钢-连铸区段协同调度系统各智能体（Agent）的功能

智能体名称	智能体的功能
炉次作业计划执行 Agent	将调度优化模型 Agent 生成的炉次计划传至炼钢工艺模型 Agent，并不断与炼钢工艺模型 Agent 进行协同调度
浇次作业计划执行 Agent	将调度优化模型 Agent 生成的浇次计划传至连铸工艺模型 Agent，并不断与连铸工艺模型 Agent 进行协同调度
调度优化模型 Agent	实时分析动态调度情况，显示当前生产状态，绘制动态甘特图，根据生产计划执行情况进行后续作业计划的修改与生产任务的分配
异常冲突处理 Agent	当工艺模型 Agent 集遇到无法解决的调度问题或冲突时，对问题进行描述，传至异常处理模块寻求解决方案，之后将解决方案通过相应的作业计划执行 Agent 传至工艺模型 Agent
炼钢工艺模型 Agent 集	接受炉次作业计划执行 Agent 分配的炉次计划，调控炼钢过程工艺，保证生产计划的正常执行；炼钢过程遇到异常时，提供解决方案，将计划调整情况传至处理异常冲突 Agent

续表 6-20

智能体名称	智能体的功能
精炼工艺模型 Agent 集	精炼过程是炼钢过程与连铸过程的衔接缓冲环节，精炼工艺模型 Agent 通过工艺控制与精炼缓冲策略对炼钢工艺模型 Agent 和连铸工艺模型 Agent 进行协调
连铸工艺模型 Agent 集	接受浇次作业计划执行 Agent 分配的浇次计划，调控连铸过程工艺，保证生产计划的正常执行；连铸过程遇到异常时，提供解决方案，将计划调整情况传至处理异常冲突 Agent
生产作业记录 Agent	将生产调度过程的任务分配、作业时间等做详细记录，形成生产记录表

6.3.2　炼钢工序控制与生产调度的动态协同

上文针对基于多智能体技术的协同调度系统架构进行了介绍，下文将对炼钢-连铸区段转炉炼钢工艺优化模型 Agent 集、LF 钢包精炼工艺优化模型 Agent 集以及连铸工艺优化模型 Agent 集的结构属性定义以及各工艺优化模型 Agent 与生产调度模型 Agent 的协同过程/方案进行描述。

转炉冶炼是一个非常复杂的高温、多相、多组元物理化学过程，同时，由于其冶炼周期短、原料种类多、高温钢水的检测难度大，转炉冶炼终点钢水温度及成分的命中率直接决定了炼钢生产流程控制水平的稳定性。运用转炉炼钢过程模型提供的转炉冶炼状态、设备运行周期以及生产过程时间预测等信息，可以协助调度系统作出更为合理的调度作业方案与工艺操作决策，以提高转炉冶炼进程的平稳性，进而精准调控冶炼周期，提高转炉生产效率，保障调度方案的顺利执行。

转炉炼钢过程模型对于改进转炉冶炼过程的操作工艺，优化转炉冶炼各阶段操作时间具有重要作用。前文对转炉冶炼过程的时间参数进行了解析。对于冶炼过程的非吹氧操作，有进一步优化的空间：比如兑铁水结束到吹炼开始的摇炉、下枪时间可以通过调节倾炉和氧枪系统缩短至 2 min；改进转炉出钢口参数，将出钢口内径扩大 10 mm，在保证出钢口使用寿命不降低的同时，可使出钢时间缩短近 1 min；优化转炉溅渣护炉工艺参数，对溅渣护炉时的氮气供气压力和枪位进行调整，根据转炉冶炼终点钢水氧活度和温度控制合理转炉排渣倾动角度和调质冷却剂加入量，可以缩短溅渣时间至 2 min 等。下文分别从转炉炼钢工艺模型 Agent 的定义以及协同机制进行具体阐述。

转炉炼钢工艺模型 Agent 的结构属性定义如式（6-23）所示。

$$\text{Agent}_{\text{SMM}} = \{\{P_1, P_2, \cdots, P_n\}, \{S_1, S_2, \cdots, S_n\}, \text{KB}, T\} \tag{6-23}$$

式中，$\text{Agent}_{\text{SMM}}$ 为转炉炼钢工艺模型 Agent，$\{P_1, P_2, \cdots, P_n\}$ 为属性集，$\text{Agent}_{\text{SMM}}$ 主要用于具体表征转炉的工艺参数，包括公称容量、出钢量、平均冶炼周期、不同原

料的加入量、平均出钢温度、钢种成分等信息；$\{S_1, S_2, \cdots, S_n\}$ 为状态集，用于具体表征转炉的工艺操作，包括兑铁水、加废钢、加辅料、开始吹炼、加铁合金、溅渣护炉等，每一个状态值须对应一个开始时刻参数和一个结束时刻参数；KB 为知识库，包括工艺优化控制方案以及协同调度方案与规则库，作为协同行为的执行策略；T 为转炉工序实际运行时间。

根据前文叙述的炼钢-连铸调度模型求解策略，求解排产计划时，调度优化模型以转炉平均冶炼周期值为参考求解炉次作业计划，通过将各炉次的生产时间在转炉冶炼周期范围内进行调整，进而形成转炉炼钢作业计划，但在作业计划执行时，需要根据每一炉次的具体生产状况，明确判断实际冶炼周期与排产计划给出的炼钢过程执行时间是否匹配，从而向调度系统及时反馈是否需要调整排产计划的时间。在此过程中，调度优化模型 Agent 与转炉炼钢工艺模型 Agent 的协同方案如图 6-41 所示，通过转炉炼钢过程模型与调度模型的相互协同，使炉次作业计划能够顺利执行，具体执行步骤如下：

步骤 1：当炉次作业计划执行 Agent 下达初始炉次计划至 $Agent_{SMM}$，实现 $Agent_{SMM}$的实例化，并赋初始值：Initialize($Agent_{SMM}$)；

步骤 2：$Agent_{SMM}$须结合作业计划中的产品钢种信息以及质量要求，根据该炉次的原料加入量、温度、成分等属性集信息、设备状况与工艺参数，确定冶炼工艺方案并预计冶炼过程时间 $Agent_{SMM} \rightarrow T$；

步骤 3：通过比较 $Agent_{SMM} \rightarrow T$ 与作业计划中规定的完成时间，预先判断该生产任务是否能够接受，如果判定不能在初始炉次作业计划规定的时间内完成生产任务，则反馈炉次计划修改方案至调度优化模型 Agent，重新接受经调整后的炉次计划；

步骤 4：如果 $Agent_{SMM}$判定可以在初始炉次作业计划规定的时间内完成生产任务，则执行该作业计划，在实际生产过程提供辅助控制的支持，实时反馈冶炼时间以及当前生产状态 $\{S_1, S_2, \cdots, S_n\}$，将实时工艺数据的变化反馈至调度优化模型 Agent；

步骤 5：调度优化模型 Agent 实时跟踪各 $Agent_{SMM}$反馈的数据，并将后步工序的缓冲时间调整信息、相邻炉次的信息传送到 $Agent_{SMM}$，$Agent_{SMM}$根据这些信息对出钢温度在合理范围内进行调整，并反馈出钢量等信息，调度优化模型 Agent 根据 $Agent_{SMM}$提供的出钢量等信息动态地调整后续炉次计划的生产量。

$Agent_{SMM}$与调度优化模型 Agent 按上述执行方案不断进行交互与融合，实现转炉炉次作业计划平稳顺利实施，保障炼钢-连铸区段的动态调度有序、高效进行。

6.3.3　精炼工序控制与生产调度的动态协同

LF 钢包精炼炉在转炉与连铸之间起到“缓冲与调节”的作用，有效地减缓

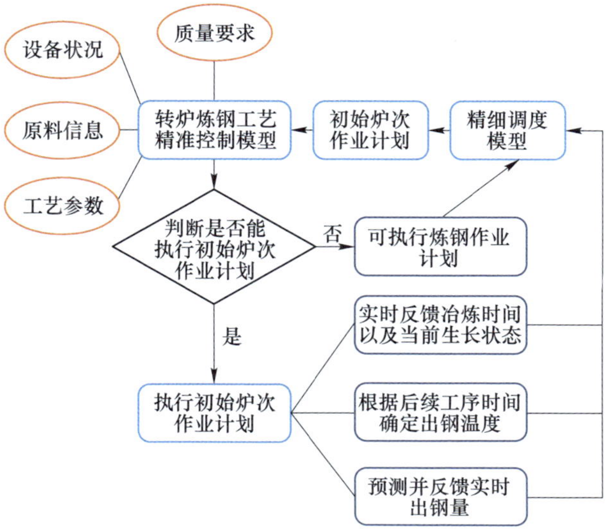

图 6-41　转炉炼钢过程模型的协同调度执行方案

甚至抵消系统异常、设备故障、设备冲突等对生产运行的影响，对节能降耗、降低重调度频率、保证炼钢-连铸过程系统的稳定运行具有重要意义。由于炼钢-连铸区段各工序/设备生产节奏快、生产工艺复杂，而且生产过程来自内部和外部的扰动因素较多，这些因素的存在使得炼钢-连铸区段生产过程迫切需要适度的缓冲来保证生产计划的顺利执行、生产过程的稳定进行。

定义 LF 钢包精炼工艺模型 Agent 的结构属性如式（6-24）所示：

$$\text{Agent}_{\text{LFM}} = \{\{P_1, P_2, \cdots, P_n\}, \{S_1, S_2, \cdots, S_n\}, \text{KB}, T\} \tag{6-24}$$

式中，$\text{Agent}_{\text{LFM}}$为 LF 钢包精炼工艺模型 Agent，$\{P_1, P_2, \cdots, P_n\}$ 为属性集，$\text{Agent}_{\text{LFM}}$主要用于具体表征 LF 的工艺参数，包括钢包容量、平均精炼周期、电极供电电流电压、吹氩工艺参数、不同辅料的加入量、钢种精炼终点钢水温度、初始/终点钢水成分等信息；$\{S_1, S_2, \cdots, S_n\}$ 为状态集，用于具体表征 LF 的工艺操作，包括钢包进站、加料、加热、喂线、软吹等，每个状态值必须对应一个开始时刻参数和一个结束时刻参数；KB 为知识库，包括工艺优化控制方案以及协同调度方案，作为协同行为的执行策略；T 为精炼工序实际运行时间。

$\text{Agent}_{\text{LFM}}$与调度优化模型 Agent 的协同机制主要为 LF 的缓冲策略。首先表现在对转炉冶炼周期和相应运输时间波动的吸收，其次表现为随连铸机浇注时间波动而加快或减慢 LF 的生产时间。所以，在此假定转炉和连铸工序运行时间较为匹配，钢包从 LF 到连铸机的运行时间固定。并且假设连铸机的生产能力满足流程运行要求，而且也具有一定的缓冲能力。具体缓冲执行策略如下：

炉次从转炉至 LF 座包位的运行时间波动定义为 $\Delta\tau_{\text{p}}$；转炉冶炼周期与 $\Delta\tau_{\text{p}}$

之和的波动值定义为 $Agent_{LFM}\to\Delta\tau$，$Agent_{LFM}\to\Delta\tau$=[第（N+1）炉次转炉冶炼周期+$\Delta\tau$] − [第 N 炉次转炉冶炼周期+$\Delta\tau_p$]（N=1，2，3，…）；LF 座包位的缓冲时间为 $\Delta\tau_1$；LF 钢包精炼位的缓冲时间为 $\Delta\tau_2$；LF 软吹位的缓冲时间为 $\Delta\tau_3$；连铸机的合适缓冲时间为 $\Delta\tau_4$。根据调研，假定 LF 座包位的缓冲时间为 $\Delta\tau_1\leqslant2$ min；LF 钢包精炼位的缓冲时间为 $\Delta\tau_2\leqslant2$ min；LF 软吹位的缓冲时间为 $\Delta\tau_3\leqslant3$ min；连铸机的合适缓冲时间为 $\Delta\tau_4\leqslant3$ min。图 6-42 所示为基于 LF 操作时间缓冲策略的协同调度机制显示程序界面，该程序可以清晰直观地展现出在不同情况下 LF 钢包精炼过程模型对协同调度的缓冲方案。

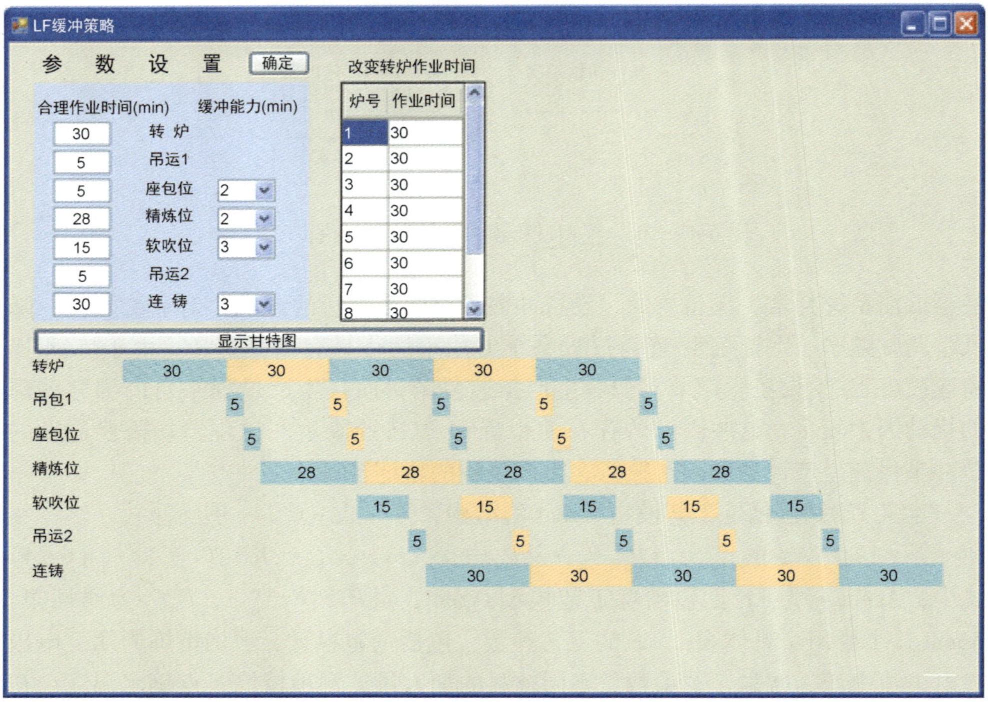

图 6-42　基于 LF 操作时间缓冲策略的协同调度机制显示程序界面

综合考虑座包位（测温-等待）、精炼位（加热）和软吹位（软吹-喂线）对钢液温度和成分的影响，规定当 $Agent_{LFM}$ 需要压缩操作时间时，压缩操作时间的工位顺序为座包位、软吹位、精炼位；当 $Agent_{LFM}$ 需要延长操作时间时，延长操作时间的工位顺序为座包位、精炼位、软吹位。延长精炼时间，可以进一步改善钢液成分、温度等，但是会增加生产成本；延长软吹时间，可以进一步均匀钢水的成分和温度，促进钢水中夹杂物的上浮，但是延长操作时间可能会造成钢水温降过大，影响浇注顺行。在延长精炼和软吹时间时，还要同时考虑前/后炉次的处理，特别是延长钢水精炼时间。为保证给连铸工序提供温度和成分合格的钢水，一般在操作中要求尽量保证精炼位的稳定运行，软吹位在精炼位之后，软吹位的变化会影响精炼位处理结果，而座包位位于精炼位之前处理，座包位操作的变化可以在精炼位得以补偿。所以在一般情况下，若需要延迟后缩短 LF 操作时间 $Agent_{LFM} \to T$，则优先考虑改变座包位的操作时间，优先发挥座包位的缓冲作用。

6.3.4 连铸工序控制与生产调度的动态协同

就炼钢厂而言，连铸生产的高速化带动了炼钢冶炼的高效化，使连铸坯产量得以大大提高。连铸工序的运行水平是衡量炼钢厂系统运行效率的主要指标，在保证连铸坯质量达标的前提下，能否对连铸机拉速进行合理控制会直接影响整个炼钢-连铸过程的生产节奏、产品产量以及生产调度。

定义连铸工艺模型 Agent 的结构属性如式（6-25）所示：

$$Agent_{CCM} = \{\{P_1, P_2, \cdots, P_n\}, \{S_1, S_2, \cdots, S_n\}, KB, T\} \quad (6\text{-}25)$$

式中，$Agent_{CCM}$为连铸工艺模型 Agent，$\{P_1, P_2, \cdots, P_n\}$ 为属性集，$Agent_{CCM}$用于具体表征连铸过程的工艺参数，包括中间包容量、平均浇铸周期、连铸坯断面尺寸、拉速、过热度等信息；$\{S_1, S_2, \cdots, S_n\}$ 为状态集，用于具体表征连铸过程的工艺操作，包括开始浇铸和结束浇铸（包含时刻信息）；KB 为知识库，包括工艺优化控制方案以及协同调度方案，作为协同运行的执行策略；T 为连铸工序实际运行时间。

调度优化模型 Agent 求解浇次作业计划以连铸平均浇铸周期值为参考，通过将浇次的平均作业时间在连铸浇铸周期范围内进行优化，进而形成浇次生产计划，但在生产计划执行时，需要根据每一浇次的具体生产状况，明确判断实际浇铸周期与生产计划给出的连铸过程执行时间是否匹配，从而向调度系统及时反馈是否需要调整生产计划时间。在此过程中，连铸坯凝固冷却过程模型会体现出重要的协同作用。$Agent_{CCM}$与调度优化模型 Agent 的相互融合与协同，使得生产计划能得以顺利执行，具体执行步骤如下：

步骤 1：当浇次作业计划执行 Agent 下达初始浇次作业计划至 $Agent_{CCM}$后，$Agent_{CCM}$须结合作业计划中产品的钢种信息以及质量要求，根据前后浇次的钢水供应情况、过热度、化学成分等信息、设备状况与工艺参数，综合拉速与冷却水量等调控技术，在保证前后浇次连浇的前提下，确定合适的冷却控制方案并预计浇铸过程时间，从而预先判断该生产任务是否能够接受，如果判定不能在初始浇次作业计划规定的时间内完成生产任务，则反馈浇次计划修改方案至调度优化模型 Agent，重新接受调整后的浇次计划；

步骤 2：如果 $Agent_{CCM}$判定可以在初始浇次作业计划规定的时间内完成生产任务，则执行该作业计划，在实际生产过程提供辅助调控支持，实时反馈浇铸剩余时间以及当前生产状态，将实时工艺数据的变化反馈给调度优化模型 Agent；

步骤 3：调度优化模型 Agent 实时跟踪各连铸 $Agent_{CCM}$反馈的数据，并将后续工序的缓冲时间调整信息、相邻浇次的信息传送至各连铸 $Agent_{CCM}$，$Agent_{CCM}$根据这些信息对拉速和冷却水量进行合理范围内的优化与调整。

$Agent_{CCM}$与调度优化模型 Agent 按上述执行步骤不断交互与融合，实现连铸浇次作业计划平稳顺利地实施，保障炼钢-连铸过程的动态调度有序高效地进行。

综上所述，工序工艺模型可以将调度模型无法考虑到的工艺控制参数、产品质量因素、设备匹配因素等信息“转换”为时间信息，反馈给调度模型，调度模型与工艺模型不断互动进行调整，从而实现基于工序工艺模型的多智能体协同调度。

6.4 工序控制与生产调度同 MES 的数据接口

上节主要阐述了运用多智能体技术对工艺控制模型与生产调度模型相融合的协同调度系统进行架构，以及工艺控制模型与生产调度模型相融合的协同调度方案。协同调度系统如何与制造执行系统（MES）相融合，如何更充分、更有效地利用 MES 运行过程中采集到的大量生产数据，是钢厂工艺控制和运行优化与 MES 相融合的关键。针对钢厂 MES 与工艺控制、流程协同运行、生产计划与调度系统之间存在的信息“脱节”问题，研发钢铁生产工序工艺控制与 MES 之间的数据接口，实现 MES 与工序工艺调控、流程运行控制、生产计划与调度系统的有机融合。

6.4.1 数据接口的定义与功能

所谓生产调度模型和工艺控制模型同 MES 的数据接口，是指在生产调度模型、工艺控制模型和 MES 之间，以数据视图或者数据表的形式采集与传输数据，并将模型计算数据向 MES 反馈更新的联系枢纽与连接组件。

在钢厂的自动化系统架构中，该数据接口是持续运行于二级（工艺优化系统层）与三级（制造执行系统层）之间的系统服务程序，炼钢-连铸过程工艺控制模型、生产计划与调度模型同钢厂 MES 接口关系图如图 6-43 所示。在工艺控制模型与生产调度模型协同的基础上，形成对生产过程海量数据采集的需求，数据接口将海量数据采集需求以数据视图或者数据表的形式向 MES 数据库查询，数据接口获取数据后，迅速将数据传输至相应的工艺控制模型或者生产调度模型，工艺控制模型或者生产调度模型接收数据后，完成相应的计算与调优操作，数据接口再将计算结果以插件输出的形式返回至 MES。数据接口实时响应工艺模型与生产调度模型的数据采集需求，并通过连续的数据调用、数据传输、数据更新、数据反馈等操作，实现工艺控制模型与生产调度模型同 MES 数据的实时更新与动态传递。

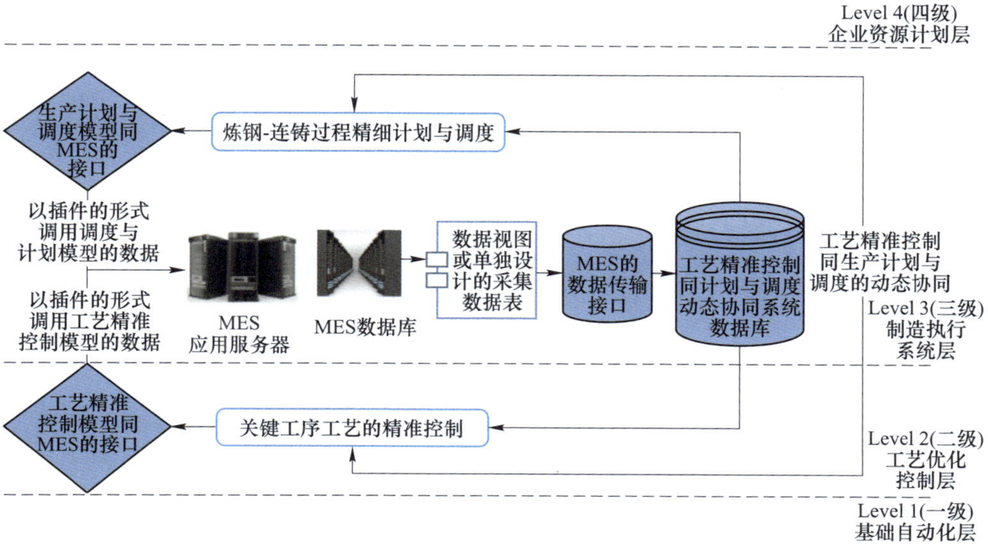

图 6-43 炼钢-连铸区段工艺控制模型、生产计划与调度模型同钢厂 MES 接口关系图

生产调度模型与工艺控制模型同 MES 的数据接口的功能主要有：

(1) 通过接口模块（程序）的系统集成，使生产调度模型、工艺控制模型以及 MES“连接”起来，成为一个数据传输通道畅行的整体系统。

(2) 对生产计划与调度模型以及工艺控制模型的数据库进行实时同步数据更新（更新频率为每秒 1 次）。

(3) 生产计划与调度模型以及工艺控制模型的计算数据内容和数据状态发生改变时，数据接口对 MES 中相对应的数据实施同步更新。

生产调度模型与工艺控制模型同 MES 之间的数据传输内容主要包括以下数据表构成：转炉炼钢过程数据表（表 6-21）、LF 钢包精炼过程数据表（表 6-22）、连铸冷却过程数据表（表 6-23）等。

表 6-21 转炉炼钢过程数据表

名称	数据类型	长度	含义	备注
HEATID	NUMBER	10	炉次号	
HOTMETALSI	FLOAT	10	铁水 Si 含量	
HOTMETALMN	FLOAT	10	铁水 Mn 含量	
HOTMETALP	FLOAT	10	铁水 P 含量	
HOTMETALS	FLOAT	10	铁水 S 含量	

续表 6-21

名称	数据类型	长度	含义	备注
HOTMETALTEMP	FLOAT	10	铁水温度	可选
HOTMETALAMOUNT	FLOAT	10	铁水装入量	
SCRAPAMOUNT	FLOAT	10	废钢装入量	
PIGIRONAMOUNT	FLOAT	10	生铁装入量	
CLINKERAMOUNT	FLOAT	10	渣钢装入量	
BOFFTDC	FLOAT	10	一次倒炉碳含量	
BOFFTDMN	FLOAT	10	一次倒炉锰含量	
BOFFTDP	FLOAT	10	一次倒炉磷含量	
BOFFTDS	FLOAT	10	一次倒炉硫含量	
BOFFTDTEMP	FLOAT	10	一次倒炉温度	可选
BOFENDC	FLOAT	10	终点碳含量	
BOFENDMN	FLOAT	10	终点锰含量	
BOFENDP	FLOAT	10	终点磷含量	
BOFENDS	FLOAT	10	终点硫含量	

表 6-22　LF 钢包精炼过程数据表

名称	数据类型	长度	含义
HEATID	NUMBER	10	炉次号
SHIYOUJIAO	FLOAT	10	石油焦加入量
GUIMENGTIE	FLOAT	10	硅锰铁加入量
DITANMENGTIE	FLOAT	10	低碳锰铁加入量
PENGXIAN	FLOAT	10	硼线加入量
GETIE	FLOAT	10	铬铁加入量
FANTIE	FLOAT	10	钒铁加入量
GUITIE	FLOAT	10	硅铁加入量
QITALIAO	FLOAT	10	其他料加入量
LFSAMPLEC1	FLOAT	10	一次取样碳成分
LFSAMPLESI1	FLOAT	10	一次取样硅成分
LFSAMPLEMN1	FLOAT	10	一次取样锰成分
LFSAMPLECR1	FLOAT	10	一次取样铬成分
LFSAMPLEV1	FLOAT	10	一次取样钒成分
LFSAMPLEAL1	FLOAT	10	一次取样铝成分

续表 6-22

名称	数据类型	长度	含义
LFSAMPLEB1	FLOAT	10	一次取样硼成分
LFSAMPLEC2	FLOAT	10	二次取样碳成分
LFSAMPLESI2	FLOAT	10	二次取样硅成分
LFSAMPLEMN2	FLOAT	10	二次取样锰成分
LFSAMPLEB2	FLOAT	10	二次取样硼成分
LFSAMPLECR2	FLOAT	10	二次取样铬成分
LFSAMPLEV2	FLOAT	10	二次取样钒成分

表 6-23 连铸凝固冷却过程数据表

名称	数据类型	长度	含义
EquipmentID	NUMBER	10	连铸设备号
SteelGradeID	NUMBER	10	钢种牌号
Section_billet	NUMBER	10	铸坯断面
CastNo	NUMBER	10	浇次号
HeatNO	NUMBER	10	炉号
Temp_Env	NUMBER	10	环境温度
Temp_cast	NUMBER	10	浇铸温度
mWater1f	FLOAT	10	一流结晶器冷却水（1f）
sWater1f0	FLOAT	10	一流 0 段二冷水量（1f0）
sWater1f1	FLOAT	10	一流 1 段二冷水量（1f1）
sWater1f2	FLOAT	10	一流 2 段二冷水量（1f2）
sWater1f3	FLOAT	10	一流 3 段二冷水量（1f3）
mWater2f	FLOAT	10	二流结晶器冷却水（2f）
sWater2f0	FLOAT	10	二流 0 段二冷水量（2f0）
sWater2f1	FLOAT	10	二流 1 段二冷水量（2f1）
sWater2f2	FLOAT	10	二流 2 段二冷水量（2f2）
sWater2f3	FLOAT	10	二流 3 段二冷水量（2f3）
mWater3f	FLOAT	10	三流结晶器冷却水（3f）
sWater3f0	FLOAT	10	三流 0 段二冷水量（3f0）
sWater3f1	FLOAT	10	三流 1 段二冷水量（3f1）
sWater3f2	FLOAT	10	三流 2 段二冷水量（3f2）
sWater3f3	FLOAT	10	三流 3 段二冷水量（3f3）
mWater4f	FLOAT	10	四流结晶器冷却水（4f）

续表 6-23

名称	数据类型	长度	含义
sWater4f0	FLOAT	10	四流 0 段二冷水量（4f0）
sWater4f1	FLOAT	10	四流 1 段二冷水量（4f1）
sWater4f2	FLOAT	10	四流 2 段二冷水量（4f2）
sWater4f3	FLOAT	10	四流 3 段二冷水量（4f3）
mWater5f	FLOAT	10	五流结晶器冷却水（5f）
sWater5f0	FLOAT	10	五流 0 段二冷水量（5f0）
sWater5f1	FLOAT	10	五流 1 段二冷水量（5f1）
sWater5f2	FLOAT	10	五流 2 段二冷水量（5f2）
sWater5f3	FLOAT	10	五流 3 段二冷水量（5f3）
Casting_speed_1f	FLOAT	10	一流拉速
Casting_speed_2f	FLOAT	10	二流拉速
Casting_speed_3f	FLOAT	10	三流拉速
Casting_speed_4f	FLOAT	10	四流拉速
Casting_speed_5f	FLOAT	10	五流拉速
Temp_diff1	FLOAT	10	一流进出水口温差
Temp_diff2	FLOAT	10	二流进出水口温差
Temp_diff3	FLOAT	10	三流进出水口温差
Temp_diff4	FLOAT	10	四流进出水口温差
Temp_diff5	FLOAT	10	五流进出水口温差

6.4.2　数据接口的运行机制

生产调度模型与工艺控制模型向 MES 提出数据采集需求，MES 数据库服务器以数据视图（View）和单独数据表（Table）的形式建立采集数据源，应用服务器的数据接口程序从该数据源中读取数据后，在内存中进行处理，生产调度模型与工艺控制模型均通过统一的数据接口进行数据调用，使用不同的数据处理方式对数据进行操作，并使用不同的表现形式对数据进行展示，生产调度模型与工艺控制模型同 MES 的数据接口主要包括：炼钢-连铸过程物质流参数解析子系统同 MES、转炉炼钢过程钢水化学成分与温度的精益控制模型同 MES、LF 钢包精炼工艺精益控制模型同 MES、连铸凝固冷却过程精益控制模型同 MES 以及生产计划与调度模型同 MES 五个子数据接口，下面进行具体阐述：

（1）炼钢-连铸过程物质流参数解析子系统同 MES 的子数据接口。MES 通过数据接口将生产过程大量的工艺控制数据和过程运行信息动态连续地向炼钢-连铸过程物质流参数解析子系统输送，在生产流程时间参数运行规律、温度参数运行规律以及炼钢-连铸生产运行模式解析的基础上，炼钢-连铸过程物质流参数解析子系统对 MES 采集的大量数据执行聚类分析、分类预测、关联规则发现等一系列数据挖掘任务，充分挖掘物质流运行规律，实现对炼钢-连铸过程物质流参数数据的动态解析，运用数据库对重要数据进行针对性的筛分、遴选与存储，并以图与表的形式动态直观地显示物质流运行数据分析结果。

（2）转炉炼钢过程钢水成分与温度精益控制模型同 MES 的子数据接口。MES 通过数据接口为转炉炼钢过程钢水成分与温度的精益控制模型提供入炉主副原料初始信息、钢种目标成分和温度等数据，转炉炼钢过程钢水成分与温度的精益控制模型对转炉冶炼过程中的副原料加入量进行精准预测；MES 通过数据接口为转炉炼钢过程钢水成分与温度的精益控制模型提供冶炼过程氧枪枪位实时变化数据和氧流量等信息，转炉炼钢过程钢水成分与温度的精益控制模型进行熔池实时碳含量和温度的计算；转炉炼钢过程钢水成分与温度的精益控制模型根据 MES 提供的过程加料信息进行冶炼终点成分和温度的预测，根据 MES 提供的取样成分和温度信息提供补吹方案，进而实现对出钢过程合金加入量进行预测和当前炉次冶炼成本的计算。

（3）LF 钢包精炼工艺精益控制模型同 MES 的子数据接口。LF 钢包精炼工艺精益控制模型通过 MES 提供的温度取样数据以及电极加热数据等对 LF 精炼终点钢水温度进行精确预测；LF 根据 MES 提供的合金加料情况与初始钢水成分，进行包括碳、硅、锰、硼、铬、钒等终点钢水成分的精确预测，并根据现场实际需求，LF 钢包精炼工艺精益控制模型根据 MES 提供的初始钢水成分与精炼终点钢水成分，进行合金加入量的精确预测。通过 MES 数据接口对生产过程数据进行高效传输，使 LF 钢包精炼工艺精益控制模型在转炉炼钢过程钢水成分与温度精益控制模型与连铸凝固冷却过程精益控制模型之间起到缓冲调节的作用，从而能够有效地衰减和抵消扰动事件对 MES 系统正常运行的影响，进而保持整个生产过程系统的稳定。

（4）连铸凝固冷却过程精益控制模型同 MES 的子数据接口。MES 通过数据接口，将钢水的供应情况、过热度、成分等信息、设备状况与工艺参数等连铸生产过程数据向连铸凝固冷却过程精益控制模型进行动态连续的传输，连铸凝固冷却过程精益控制模型结合生产计划中的产品钢种信息以及质量要求，综合拉速与冷却水量等调控，在保证前、后浇次连浇的前提下，通过 MES 动态、实时地反馈相应工况条件下所生产连铸坯的温度分布、坯壳厚度和液芯长度等重要参数，定量掌握铸坯整个凝固过程的温度变化，依据计算获得的凝固参数结果数据，预计浇铸过程时间，实施连铸坯的“纵—横”均匀冷却，实现连铸凝固冷却过程的精益控制。

（5）生产计划与调度模型同 MES 的子数据接口。生产计划与调度模型根据浇次计划，通过 MES 数据接口获得各设备生产周期，根据各设备之间位置信息，实现生产计划与调度模型的数据初始化，MES 通过数据接口，将人工编制的生产计划传输至生产计划与调度模型，生产计划与调度模型基于生产计划编制规则库以及智能算法（如单亲遗传算法等）对模型进行求解，进而实现对炉次计划与浇次计划的优化，使 MES 生成的生产计划更为合理。在此基础上，基于多智能体的动态调度模型对生产过程各工序/设备的运转进行动态、有序的协调，根据 MES 反馈的生产计划执行信息，在生产出现扰动时，快速产生实时调度方案。生产计划与调度模型通过 MES 数据接口的数据传输作用，与转炉炼钢过程钢水成分与温度的精益控制、LF 钢包精炼过程钢水成分与温度的精益控制、连铸凝固冷却过程的精益控制等模型实现数据的互联互通，将工艺过程调优与生产运行控制互联融合，实现炼钢-连铸过程的精益控制与动态协同调度。

综上所述，通过数据接口模块的研发，可使炼钢厂生产流程物质流参数解析、工序/装置的精益控制以及精益生产计划与动态调度同 MES 深度融合，使炼钢-连铸过程 MES 与工序工艺优控、生产计划与调度有机结合起来，实现高效化、精益化生产，进而实现炼钢厂的集成制造，为钢铁行业实现具有“冶金规律”的 MES 树立样板，为炼钢厂的智能化探索提供范例。

6.5　炼钢-连铸区段集成制造技术的应用

在炼钢-连铸流程运行解析，转炉炼钢、LF 钢包精炼、连铸工艺解析与过程调控以及生产计划与调度优化等综合研究的基础上，笔者研究团队开发了炼钢-连铸区段集成制造技术[45-46]，是指在炼钢厂生产过程中，以单元装置尺度的工艺优化控制、车间工序尺度的物质流运行优化及炼钢区段尺度的协同运控为支撑的炼钢-连铸区段系统制造技术。该技术已应用于实际生产，解决了炼钢厂 MES 与生产工艺“脱节”、工序工艺控制的精准率不高、多工序/设备运行协同性不佳等问题，实现了炼钢厂的稳定、优质、低耗、高效生产。下面将对技术架构与应用情况进行概要介绍。

在工序层面，研发转炉炼钢和连铸工序的工艺精益控制技术，解决关键工序工艺控制的精准率不高问题；在工序/设备匹配层面，提出工序/设备的协调运行与优化技术，解决弹簧钢/普碳钢混合型钢厂多工序/设备之间的协调匹配问题；从全流程层面，开发“规则+算法”的生产计划与动态调度技术，解决弹簧钢/普碳钢混合型钢厂面对多品种、小批量、多规格订单生产排产和调度困难的问题；最后，通过研制 MES 与各工序工艺过程精准控制系统、生产计划与调度系统之间的数据接口模块，构建协同工艺精准控制、流程协调运行和“规则+算法”生产计划与调度的炼钢-连铸过程集成制造技术体系，实现工艺精准控制与生产调度的动态协同，最终实现基于准连续/连续特征的高品质钢稳定、优质、高效、低耗生产。技术路线如图 6-44 所示。

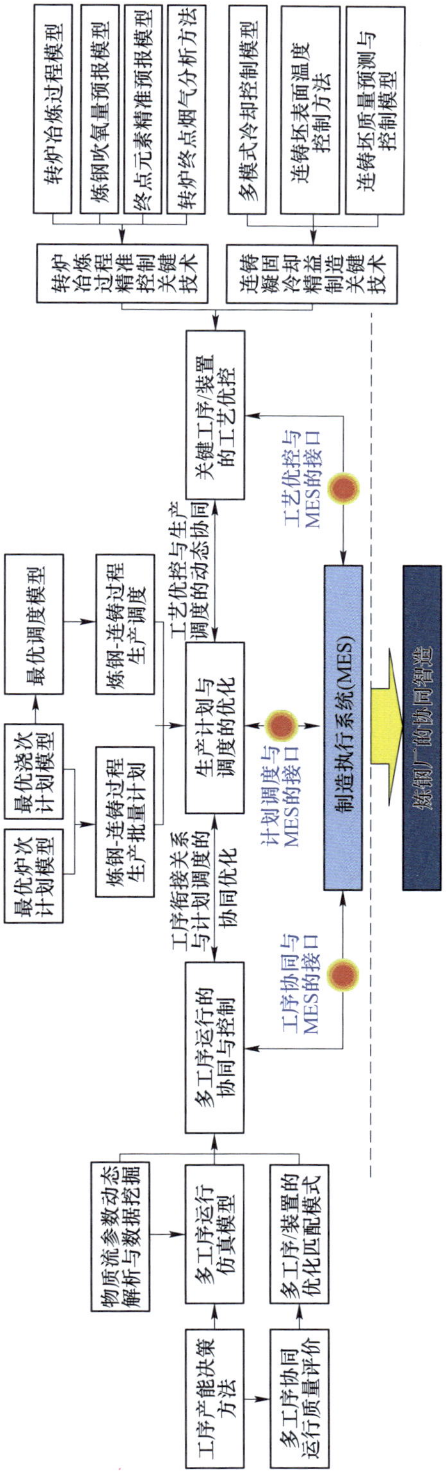

图 6-44 炼钢厂集成制造技术路线图

通过炼钢-连铸过程集成制造技术的研发，笔者研究团队对某钢厂钢包运行数据进行跟踪记录，在对采集数据进行处理的基础上，运用 C#编辑语言和 SQL Server 数据库开发了钢包监控程序[17]。图 6-45 所示为钢包监控系统的运行界面。界面主题画面是对炼钢厂钢包停靠位置以及运转路径的实时状况显示；左上方表格显示的是在线运行的钢包参数，包括钢包号、钢包状态、状态编号、开始时刻、结束时刻、包龄等；界面右上角所示是对当前所有在线钢包个数的统计，包括钢包使用的总个数、满包个数、空包个数。

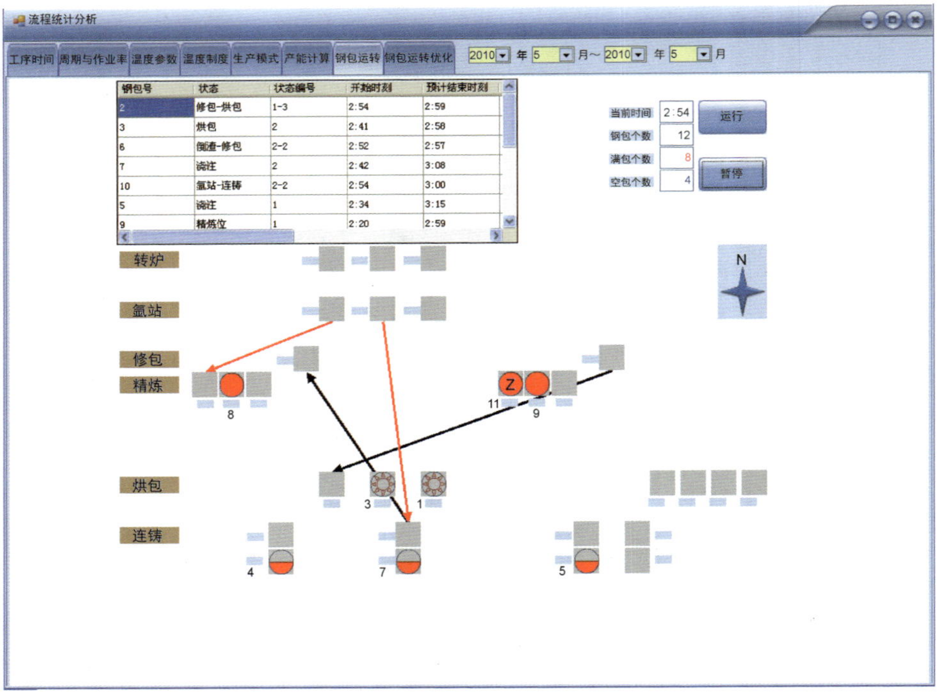

图 6-45　钢包运行监控界面

如图 6-45 所示，该程序对不同运行状态的钢包进行标记，在标记下方显示该钢包的钢包号。对于正处于运输过程的钢包，程序用箭头予以标记，红色箭头表示满包运输路线，黑色箭头表示空包运行路线。钢包不同状态的标记如表 6-24 所示。

表 6-24　钢包运行状态标记符号

标记符号	钢包状态	标记符号	钢包状态
	满包		空包
	LF 钢包精炼座包		修包

续表 6-24

标记符号	钢包状态	标记符号	钢包状态
	LF 钢包精炼软吹		烘包
	浇注		砌包

钢包监控程序的运行可对炼钢厂钢包运转过程进行直观的显示，为生产现场操作人员以及管理人员指挥生产、处理异常提供参考。更为重要的是，可为不同状态钢包的选用提供依据，避免因钢包备包质量问题造成钢水的温度及质量异常，从而有助于降低生产过程能耗，提高铸坯质量。

炼钢-连铸区段集成制造技术在某钢厂投用后，现场的部分实施情况见图 6-46。技术应用于实际生产后，取得了显著的经济效益：炼钢-连铸生产流程炉次总作业时间缩短了 14.27 min，连续三年产量累计提高 2528017.37 t；转炉冶炼钢种的临时改判、连铸坯的质量改判现象大幅度降低，废品和质量改判降低 3326.624 t；转炉平均冶炼周期缩短 2 min；吨钢合金料消耗成本降低 14.32 元，吨钢辅料成本降低至 4.2 元/t，转炉吨钢氧耗量降低 1.82 Nm^3/t；连铸坯平均合格率由 99.877%提升至 99.928%。

图 6-46　炼钢厂集成制造技术在某钢厂的实施情况

该技术的研发，解决了炼钢-连铸过程物质流参数解析与工序协调控制、生产计划与调度、工序工艺控制等诸系统对钢厂制造执行系统 MES 海量数据的高效利用问题，实现了炼钢-连铸区段的集成制造，提升了炼钢厂的整体智能化制造水平。该技术具有良好的推广前景，取得了显著的社会效益，可推广至同类型钢厂，并对其他类型钢厂协同制造技术的研发具有引导作用。更为重要的是，成果所构建的炼钢-连铸区段集成制造技术是对炼钢-连铸过程智能制造的探索与实践，为炼钢厂的智能化发展提供了成功案例。

参 考 文 献

[1] 王彬．长材型特殊钢厂炼钢—连铸过程生产计划优化与协同调度［D］．北京：北京科技大学，2015.

[2] 刘文涛，柴丽俊，张群，等．利用 OPT 确定炼钢厂的时间缓冲［J］．冶金能源，2004（6）：9-12.

[3] 刘青，赵平，吴晓东，等．钢包的运行控制［J］．北京科技大学学报，2005，27（2）：235-239.

[4] 刘青，田乃媛，殷瑞钰．炼钢厂系统的运行原则与调控策略［J］．北京科技大学学报，2003，3（2）：171-176.

[5] Tetrault C，Young S，Zhou C，et al. CFD Analysis of Heat Loss in Steel Ladle Cycling［C］// International Energy Conversion Engineering Conference，2013.

[6] Keshari K K，Mukhopadhyay B，Das P C. Superheat control with efficient ladle management［C］// 14 th Steelmaking Conference，2003.

[7] Atighehchian A，Bijari M，Tarkesh H. A novel hybrid algorithm for scheduling steel-making continuous casting production［J］. Computers & Operations Research，2009，36（8）：2450-2461.

[8] 肖茂元，王崇．钢包周转的优化研究［J］．连铸，2016，41（4）：18-22.

[9] 黄帮福，王建军，朱道飞．钢包数量计算模型［J］．钢铁研究学报，2014，26（5）：17-23.

[10] 董长征，曾建立，潘艳华，等．武钢 CSP 连铸提高钢包寿命的生产实践［J］．炼钢，2012（3）：19-22.

[11] 殷瑞钰．冶金流程集成理论与方法［M］．北京：冶金工业出版社，2013.

[12] 尹佳．中小转炉流程 LF 的合理配置及其对生产运行的影响研究［D］．北京：北京科技大学，2007.

[13] 邹永龙，陈林权，田伟达．杭钢二次精炼的选择及实践［C］//第十四届全国炼钢学术会议论文集，2006.

[14] Liu Q，Yin J，Wang B. Research on Rational Collocation of LF in Medium and Small Size BOF Process［C］// AIST Conference，USA，2009.

[15] 王锋，田乃媛，贺东风．在线双工位 LF 有效利用系数的讨论［J］．炼钢，2011，27（1）：71-74.

[16] 余相灼．炼钢厂钢包运行优化与仿真模拟研究［D］．北京：北京科技大学，2019.
[17] 穆衍清．转炉特殊钢厂炼钢-连铸生产过程运行优化研究［D］．北京：北京科技大学，2011.
[18] 刘青，侯文义，田乃媛，等．方坯高效连铸钢包运行系统的物理模型［C］// 1999 年中国钢铁年会论文集（上），1999.
[19] 吴晓东，刘兴国，郑建忠．炼钢-精炼-连铸过程钢包热状态测试研究［J］．中国冶金，2007，17（2）：29-33.
[20] 田乃媛，梁柏勇，景财良，等．迁钢 210 t 钢包烘烤过程热测试［J］．冶金能源，2009（6）：54-57.
[21] André Z，Álvaro N C L，Rafael M T，et al. Heat transfer in steelmaking ladle［J］. Journal of Iron and Steel Research，International，2008，15（3）：11-14.
[22] Ucci V M. Insulation Board Investigation and Trials in 300 Tonne Steel Ladles at Arcelormittal Dofasco［M］. New York：John Wiley & Sons.
[23] Zhou J A，Xie J B，Wang B，et al. New insight into investigation of thermal transfer of molten steel inside a ladle with vacuum shell［J］. Journal of Thermal Analysis & Calorimetry，2016，128（1）：481.
[24] Zabadal J R S，Vilhena M T M B，Leite S Q B. Heat transfer process simulation by finite differences for online control of ladle furnaces［J］. Ironmaking & Steelmaking，2004，31（3）：227-234.
[25] Ji C，Cai Z Z，Wang W L，et al. Effect of transverse distribution of secondary cooling water on corner cracks in wide thick slab continuous casting process［J］. Ironmaking & Steelmaking，2014，41（5）：360-368.
[26] Tripathi A，Saha J K，Singh J B，et al. Numerical simulation of heat transfer phenomenon in steel making ladle［J］. ISIJ International，2012，52（9）：1591-1600.
[27] Xia J L，Ahokainen T. Transient flow and heat transfer in a steelmaking ladle during the holding period［J］. Metallurgical & Materials Transactions B，2001，32（4）：733-741.
[28] Volkova O，Janke D. Modelling of temperature distribution in refractory ladle lining for steelmaking［J］. ISIJ International，2007，43（8）：1185-1190.
[29] Glaser B，GRnerup M，Sichen D. Thermal modelling of the ladle preheating process［J］. Steel Research International，2011，82（12）：1425-1434.
[30] Tripathi A，Saha J K，Singh J B，et al. Numerical simulation of heat transfer phenomenon in steel making ladle［J］. ISIJ International，2012，52（9）：1591-1600.
[31] Huang Y，Xiong W，Fan Z. Effect of ladle thermal state on the LF endpoint temperature of molten steel［C］//International Conference on Sustainable Energy & Environmental Engineering，2016.
[32] Phanomchoeng G，Chantranuwathana S，Charunyakorn R. On-line ladle lining temperature estimation by using bounded jacobian nonlinear observer［J］. Journal of Iron and Steel Research，2016，23（4）：792-799.
[33] 王森．新型耐火材料改善钢包热特性的研究［D］．沈阳：东北大学，2017.

[34] 龚华超，徐安军，袁飞，等．钢包热状态对钢水温降影响因素分析算法优化［J］．炼钢，2016，32（6）：19-26.

[35] 袁飞．钢包蓄热式烘烤及周转过程温度模拟和优化研究［D］．北京：北京科技大学，2017.

[36] Santos M F, Moreira M H, Campos M G G, et al. Enhanced numerical tool to evaluate steel ladle thermal losses［J］. Ceramics International, 2018, 44（11）: 12831-12840.

[37] Hou A D, Jin S L, Harmuth H, et al. A Method for steel ladle lining optimization applying thermomechanical modeling and Taguchi approaches［J］. JOM, 2018, 70（11）: 2449-2455.

[38] Huang B F, Tian N Y, Shi Z, et al. Steel ladle exchange models during steelmaking and continuous casting process［J］. Journal of Iron and Steel Research International, 2017, 24（6）: 617-624.

[39] 蔡峻，汪红兵，徐安军，等．炼钢厂钢包红包出钢率的影响因素仿真［J］．钢铁研究学报，2014，26（1）：27-32.

[40] 刘青．现代长材型转炉炼钢厂的模式优化研究［D］．北京：北京科技大学，2002.

[41] Hong Y J, Liu Q, Yang J P, et al. Genetic optimization of ladle scheduling in empty-ladle operation stage based on temperature drop control［J］. Journal of Iron and Steel Research International, 2022, 29（4）: 563-574.

[42] Torre O A, Sapena Ó, Onaindia E. FMAP: A platform for the development of distributed multi-agent planning systems［J］. Knowledge-Based Systems, 2018, 145: 166-168.

[43] Ren W, Beard R W. Consensus seeking in multiagent systems under dynamically changing interaction topologies［J］. IEEE Transactions on Automatic Control, 2005, 50（5）: 655-661.

[44] Takahashi Y, Edazawa K, Asada M. Multi-module learning system for behavior acquisition in multi-agent environment［C］// IEEE/RSJ International Conference on Intelligent Robots & Systems, 2008.

[45] 刘青，王彬，汪宙，等．高品质钢炼钢—连铸过程的集成制造［J］．连铸，2016，41（3）：1-8.

[46] 刘青，邵鑫，杨建平，等．炼钢厂多尺度建模与协同制造［J］．工程科学学报，2021，43（12）：1698-1712.

7 炼钢-连铸过程智能化展望

随着新技术的突破和新理念的普及，新理念、新技术不断推动着产业创新和发展：以人工智能大模型、量子计算与通信、第三代半导体、物联网、区块链为代表的新一代信息技术加速突破应用；以合成生物学、基因编辑、脑科学、再生医学等为代表的生命科学领域孕育新的变革；融合人型机器人、新材料等先进制造技术正在加速推进制造业向高端化、智能化、绿色化转型；以清洁高效可持续为目标的能源技术加速发展将引发全球能源变革；未来空间技术正在拓展人类生存发展新疆域。

钢铁产业的创新和发展更需要持续不断的技术创新和理念升级，炼钢厂系统的运行过程是钢铁生产全流程中相对复杂的物质转变、运输、控制过程，以时间、温度、物质量的融合、贯通与协同为表现[1-5]。

前沿科技层出不穷，势必催生新的产业格局与生产力。新时代赋予了钢铁产业创新者新的意义和使命。前沿技术快速更新迭代和颠覆性技术不断涌现，需要对新技术和产业发展和需求都有深度理解的企业服务机构。新时代背景下，企业服务平台要立足于新的世界格局和全球化视野，才能更好地推动新的生产方式、新型生产力发挥价值。

基于笔者研究团队在炼钢-连铸过程模拟与流程优化领域多年的研究与实践[6-10]，笔者瞄准工序工艺、质量管控与计划调度协同优化切入点，对炼钢-连铸过程工序智能控制（工业大数据、具身智能、数字孪生、工业大模型、工业元宇宙）、流程协同运行和系统融合集成分三部分进行了思考，本章着眼于未来，展望炼钢-连铸过程智能化的创新技术与应用。

7.1 炼钢-连铸过程智能化的发展趋势展望

本书 1.3 节中提出了炼钢-连铸过程智能化的系统架构，先后从基础理论与技术、工序装置、工序衔接、计划与调度和系统综合五个层级进行了剖析，本节从未来前沿技术应用预测的角度，绘制出炼钢-连铸过程智能化发展的远景图。

7.1.1 炼钢-连铸过程智能化的发展进程

提到智能化，必将提及数字化与信息化，信息化是数字化的基础，而数字化是信息化发展的高级阶段，常有人将信息化比作“手和脚”，而将数字化比作

“脑”，信息化提高了生产效率，而数字化本身就代表更强的生产力。

数字化发展到较为成熟的阶段后，需要大量智能算力支撑，在算力结构和能源结构不改变的情况下，目前的资源和环境都难以满足智能制造的算力要求，所以必须同时具备绿色可持续发展的条件，才能真正实现智能化。

7.1.1.1 国内钢铁企业正处于由信息化向数字化发展的“过渡阶段”

信息化是数字化的基础。在钢铁生产中，信息化为数字化提供了必要的基础设施和数据处理能力，从而为更高效、精准的生产运营管控创造了有利条件。

首先，信息化在钢铁生产中主要涉及对生产流程的监控和管理。通过传感器和数据采集系统，钢铁企业可以实时监控各个生产环节的数据，如温度、压力、物料流量等。这些数据被记录下来后，通过信息系统进行整理和分析，从而帮助管理者了解生产情况，及时发现并解决问题。这种信息化的过程为后续的数字化提供了数据基础。

其次，信息化还涉及对设备的管理和维护。通过物联网技术，钢铁企业的设备可以相互连接，形成一个网络。这样，设备的运行状态、维护需求等信息都可以被实时采集和处理，提高了设备管理的效率和精准度。这种信息化的设备管理方式为数字化的设备维护和故障预测打下了基础。

最后，信息化还体现在对生产计划和调度的高效管理上。通过建立智能的管理信息系统（MIS）、制造执行系统（MES），钢铁企业可以对生产计划、物料需求、物流调度等进行充分优化。这些信息化的管理方式为数字化的智能生产排程和精益生产调度提供了可能。

笔者提出的将工艺精准控制模型与精益生产调度系统相融合，是国内钢铁企业生产组织管理由信息化向数字化迈出的重要一步。而基于数字化实现智能化，则需要大量的生产数据、模型算法和智能算力三方面的支撑。

7.1.1.2 钢铁企业的全流程低碳化是实现生产智能化的先决条件

上文提到，基于数字化实现智能化，需要大量的生产数据、模型算法和智能算力三方面的支撑。随着人工智能大模型的技术突破，中美两国在人工智能模型算法领域已经位居世界前列，但是目前我国大模型技术应用水平同美国相比，还存在一定的差距，主要体现在算力和应用两方面，中国算力在全球的占比要比美国低 5%，而美国对华输出的 AI 芯片能力仅为其自身的 1/6；应用层面，美国在通用人工智能领域，预计三年内可实现大的突破，而中国仍处于跟随研发阶段，各产业大模型渗透率较低，大规模深度应用场景尚未充分挖掘，在钢铁制造领域的应用需更进一步的探索。

过去 15 年，GPU 算力增长了 3000 万倍，然而目前仅够十几家大模型企业作为模型训练计算使用，当下社会对于算力的消耗量相当于工业革命刚开始对于电力的消耗量。就炼钢-连铸流程的模拟与控制而言，每一个细分工艺场景都需要海量计算，对于算力需求是呈指数级增加的。换句话说，当下的算力供给相对未来需求而言是远远不足的。实现钢铁产业智能化发展需要大量智能算力支撑，智能算力又需要消耗大量的能源，自然环境对于钢铁工业可持续发展的要求会越来越高，对生产能耗和排放的控制会越来越严，所以，只有在数字化高速发展的同时推进低碳化技术的应用，才能真正发展到智能化阶段。也就是说，钢铁企业的全流程低碳化是实现生产智能化的先决条件之一。

7.1.2 炼钢-连铸过程智能化的未来体系

将钢铁生产系统的智能化类比为人体的不同系统，对于理解这一复杂而高度集成的工业过程而言，是一个有趣且富有启发性的方式。以下是对各组成部分的详细阐述：

(1) 智能生产调度系统：大脑（神经中枢系统）。就像大脑是人体的控制中心，智能生产调度系统是钢铁生产的核心。它负责决策、规划和优化生产过程，以确保生产的高效和连续性。这个系统集成了数据分析、机器学习和人工智能技术，以制订最优的生产策略与运行方案。

(2) 冶金工艺模型：运动系统。冶金工艺模型在钢铁生产中的作用可以类比于人体的运动系统。它负责将智能调度系统的决策转化为具体的生产动作，控制物料的作业和转化过程，确保生产过程符合既定的质量和效率标准。

(3) 物联网和传感器：神经系统。物联网和传感器在智能化钢铁生产中起到类似人体神经系统的作用。它们负责收集生产线上的实时数据（如温度、压力、化学成分等），并将这些信息传递给智能生产调度系统，以便于实时监控和调整生产过程。

(4) 智慧物流：血液（循环系统）。智慧物流系统在钢铁制造过程中扮演着循环系统（血液）的角色。它负责高效、及时地运输原材料、半成品和成品，确保生产各阶段的顺畅连接。这就像血液循环为人体提供氧气和养分，带走废物一样重要。

(5) 环保体系：呼吸系统。环保体系在钢铁生产中的角色可类比为人体的呼吸系统。它负责管理和减少生产过程中的污染，比如通过净化排放的气体、循环使用水资源等方式。这就像呼吸系统为身体提供氧气并排出二氧化碳一样，可确保生产过程的环境友好性。

(6) 资源回收与循环利用系统：消化系统。资源回收与循环利用系统在钢铁生产中的作用可以类比人体的消化系统。这个系统负责处理生产过程中产生的废弃物和副产品，将其转化为可再次使用的资源，提高资源利用效率，减少浪费。

通过这种类比，可以更直观地理解钢铁生产系统智能化的复杂性和综合性。每个“系统”都扮演着关键的角色，并且彼此相互依赖、紧密协作，共同确保整个生产过程的高效、智能和环境友好，进而阐释钢铁产业的智能化未来体系是一个整体。

7.2　炼钢-连铸过程智能化的技术应用

上节对炼钢-连铸过程智能化的发展趋势进行了预测，本节将针对智能化技术的具体应用进行展望。炼钢-连铸过程兼具物理变化与化学变化，对于工艺控制具有较强的挑战性，多工序、多设备的生产模式又增加了生产组织的复杂性，随着钢铁产业创新发展的进程越来越快，智能化技术将会发挥越来越重要的推动作用，正在构建一个从数据采集到深度模拟，再到智能决策和全面仿真的完整技术链条，以此实现生产过程的整体优化和效率提升，最终带动整个行业发生质的变化[9]。

数据是智能化的前提和基础，随着数据采集技术、数据存储与治理技术、数据存证溯源与安全技术、数据分析与挖掘技术的不断发展，未来，很多炼钢-连铸过程中产生的海量信息（过去可能是被忽视的重要信息），将被充分数据化和深度结构化。这些数据包括但不限于原材料数据、产品和生产过程数据、工艺模型参数、能耗情况、设备状态、质量控制、环境监测以及市场与客户反馈数据等，为后续分析和决策提供了丰富的“原料”。这些数据经过处理后，能够揭示生产过程中的关键变量和潜在的改进点。

智能物联网与边缘计算技术则将传感器、设备、近源计算和系统通过网络连接起来，实现数据的实时收集和交换。这样，炼钢-连铸过程中的各个环节能够实时监控和协调，智能物联网确保生产过程数据的连贯性和稳定性，边缘计算确保生产过程数据的准确性和实时性，同时也为远程监控和管理提供了可能。

具身智能与机器人技术在此基础上进一步发挥作用，通过将先进的人工智能算法与机器人技术结合，赋予机器以“身体”，即让机器不仅能“思考”（处理和分析数据），还能“行动”（执行物理任务）。在炼钢-连铸过程中，具身智能和机器人将会产生大量应用场景，能够实现自动取样和实时检测分析、智能调节工艺参数、精准控制生产设备等，提升操作的精确度和效率。

在大数据、智能物联网与边缘计算、具身智能与机器人等动态协同的基础上，运用数字孪生技术可以创建炼钢-连铸过程的“副本”，即在不干扰实际生产的情况下进行精准模拟、深度分析和不断优化生产过程。数字孪生能够帮助优化生产流程和模式的顶层设计、演练生产计划与调度、预测设备故障、迭代工艺模型，进而提高生产效率和控制产品质量。

基于数字孪生与实时在线的大规模工业数据积累，结合大量冶金、制造、管理、材料等机理和理论层级的文献资料，运用机器学习技术和推理、训练模型，理论与实践相结合，将形成炼钢-连铸工业大模型（以下简称“炼钢大模型”），炼钢大模型既拥有强大的模型训练能力，又具备基于冶金机理的深度学习和推理能力，是生产组织篇章中提出的“规则+算法”的升级形态，可对炼钢-连铸过程进行深度学习和分析，提供高精度的预测、优化和智能决策支持。它能够处理更复杂的问题，实现生产过程的全面优化，最终形成一整套可落地实施的工艺规程、运营范式和标准体系。

最后，基于炼钢大模型的不断完善，实体炼钢厂和数字孪生之间的界限将变得模糊，实时数据流使得虚拟世界能够精确反映和预测物理世界的状态，将形成一个高度集成融合的平台——钢铁工业元宇宙，作为一个集成了前述所有技术的综合平台，将突破上下游的界限和产业的边界，有望使中国乃至全球钢铁工业成为一个整体。

综上所述，从工业大数据到工业元宇宙，这一系列技术逐步构建了一个全面的智能化炼钢-连铸生产系统，极大地提高了生产效率，降低了能耗，同时也提升了产品质量和生产安全性。

7.2.1 工业大数据

工业大数据是指在工业生产和运营过程中产生的，具有体量大、类型多、速度快等特点的数据集合。它通过对这些数据进行分析和挖掘，可以揭示生产过程中的规律和趋势，提高生产效率，降低成本，增强企业的市场竞争力。工业大数据的发展和应用，需要很多不同类型的支撑技术，如表 7-1 所示。

表 7-1 工业大数据支撑技术

技术类型	技术名称	技术描述
数据采集技术	传感器技术	利用温度、压力、流量等传感器实时监控和记录设备状态和生产环境
	工业互联网技术	通过工业以太网、无线通信技术等将设备连接起来，实现数据的即时传输
	边缘计算	在数据源附近进行数据处理和分析，减少数据传输所需的时间和带宽
数据存储和治理技术	分布式存储系统	如 Hadoop HDFS、NoSQL 数据库等，它们可以高效存储处理大量的数据
	数据湖与数据仓库	集中存储企业中的结构化和非结构化数据，支持数据的多种处理方式（如批处理、流处理）
	数据治理	确保数据的质量、安全和合规性，包括数据清洗、数据分类、数据权限管理等

续表 7-1

技术类型	技术名称	技术描述
数据存证溯源与安全技术	区块链	提供一个去中心化、不可篡改的数据记录方式，可用于确保数据的完整性和可追溯性
	数据安全	保护数据不被未授权访问或泄露，包括数据加密、访问控制、网络安全等
数据分析和挖掘技术	机器学习和深度学习	通过算法模型对数据进行分析，预测未来趋势，发现数据间隐含的关系
	大数据分析工具	如 Apache Spark、Apache Flink 等，它们能够处理大规模数据集，支持复杂的数据分析任务
	数据可视化	将数据分析的结果以图形的方式展示出来，帮助用户更直观地理解数据

这些技术共同构成了工业大数据的技术体系，通过集成与综合应用，可以实现对生产过程的深入理解和优化，推动工业智能化和数字化转型。

工业大数据的应用覆盖了生产过程优化、设备维护预测、产品质量控制、能源管理等多个方面。炼钢-连铸生产过程是一个复杂的工业流程，涉及原材料预处理、冶炼、精炼、连铸等子过程，过程中会产生各种类型的大数据，这些数据对于优化生产过程、提高产品质量、降低成本等方面具有重要价值。

炼钢-连铸生产过程产生的数据类型有：

（1）生产过程数据：包括炉温、炉压、熔炼时间、精炼时间、连铸速度等参数，这些数据反映了生产过程的实时状态和条件。

（2）能耗数据：记录了生产过程中的各项能源消耗，如电能、煤气、氧气等的消耗。

（3）设备状态数据：涵盖了生产线上各主要设备的工作状态、故障记录、维护日志等信息。

（4）物料数据：包括原料、辅料的种类、批次、质量、化学成分等信息，以及产品的化学成分和物理性能数据。

（5）环境数据：生产环境的温度、湿度、粉尘浓度等信息。

（6）质量控制数据：产品的尺寸、表面质量、内部缺陷等质量检测数据。

通过集成和分析炼钢-连铸生产过程中产生的大数据，企业不仅能够提高生产效率和产品质量，还能实现资源的高效利用和环境保护，从而在激烈的市场竞争中获得优势。在未来，大数据和高级分析技术将在炼钢-连铸过程中发挥更加革命性的作用，从而实现高度优化的生产流程，提高产品质量，减少能耗和降低对环境的影响。以下是一些未来应用场景的畅想：

（1）智能预测控制系统：结合机器学习与人工智能技术，实时分析生产参数数据（如温度、压力、流速等），预测炉内状况，自动调整操作参数以达到最佳炼钢效率和质量。这将极大提高生产过程的灵活性和适应性，减少能耗和原材料浪费。

（2）智能运维系统：通过持续监控设备状态数据和运行性能，利用预测性分析模型预测设备故障和性能下降，实施提前维护和修复。这将减少意外停机时间，延长设备寿命，降低维护成本。

（3）全过程质量智能跟踪系统：使用大数据分析技术，对从原材料到最终产品的每一个生产环节进行质量监控和分析，实时检测和预防质量问题。通过深度学习模型分析产品缺陷的成因，实现质量的持续改进。

（4）能源优化系统：集成能耗数据分析，优化各种冶金炉燃烧效率，减少能源浪费。同时，利用环境监测数据，实施更有效的污染控制和废物管理策略，推动绿色制造。

未来，随着数据治理、数据资产入表、数据交易和数据范式与标准相关政策的不断完善，工业大数据在对炼钢-连铸过程智能化起到至关重要的基础作用的同时，还将产生由数据增值带来的额外收益，为整个钢铁生产系统带来“第二发展曲线级别”的发展机会。

7.2.2 智能物联网与边缘计算

在炼钢-连铸生产过程大数据得以充分积累和有效治理的基础上，智能物联网（以下简称“AIoT”）和边缘计算将发挥巨大的作用，形成应用与控制层的基础设施。在开始讨论 AIoT 与边缘计算在炼钢-连铸过程发挥的作用之前，先对其技术定义和优势进行介绍：

AIoT 是人工智能（AI）与物联网（IoT）技术的结合。这一概念描述了一个系统，其中物联网的设备用于收集数据，而人工智能技术则用于数据的分析和处理，以提高效率，实现自动化和优化决策过程。AIoT 利用 AI 的决策能力和 IoT 的连接能力，使设备更智能、更互联，能够在没有人类直接干预的情况下自主运行。

AIoT 的关键组成部分：

（1）物联网（IoT）：包括连接到互联网的各种物理设备，如传感器、智能设备和其他可收集数据的设备。这些设备能够收集、发送和接收数据，实现设备间的通信。

（2）人工智能（AI）：涉及机器学习（ML）、深度学习、自然语言处理（NLP）等技术，用于分析 IoT 设备收集的大量数据，从中提取有用信息，做出智能决策或预测。

AIoT 的优势：

（1）提高效率和自动化程度：通过自动收集和分析数据，AIoT 可以提高各个领域的运营效率和自动化水平。

（2）实时决策支持：AIoT 系统能够提供实时的洞察和分析，帮助做出更快、更准确的决策。

（3）增强用户体验：AIoT 可以根据用户行为和偏好提供个性化的服务和体验。

AIoT 代表了技术融合的前沿，它将继续推动智能化和数字化转型的进程，在多个行业和生活领域创造新的可能性和价值。

边缘计算是一种分布式计算架构，其核心理念是将数据处理从中心化的数据中心或云转移到网络的边缘，即靠近数据源的地方。这样做的目的是减少延迟，提高处理速度，并减轻中心服务器的负载。通过在数据产生的地方即时处理数据，边缘计算能够提供更快的响应时间和更高的效率，这对于需要实时处理和分析的应用尤为关键。

边缘计算的关键特点包括：

（1）低延迟：由于数据处理发生在靠近数据源的位置，边缘计算可以显著减少数据传输时间，从而降低延迟。

（2）带宽优化：通过在本地处理数据，减少了对中心数据中心或云服务的数据传输需求，有助于节省带宽和降低成本。

（3）提高隐私和安全：边缘计算可以在本地处理敏感数据，减少了数据在网络中传输的需要，从而增强了数据隐私和安全性。

边缘计算与 AIoT 紧密相关，它们共同构成了一个更加高效、智能的系统。AIoT 设备在收集数据的同时，边缘计算使得这些数据能够在设备附近或设备内即时分析和处理，而无需将数据发送到远程服务器或云。这种架构对于需要快速响应的 AIoT 应用尤为重要，如自动驾驶汽车、实时监控系统和智能制造。

总之，边缘计算为 AIoT 提供了一个高效、可靠和安全的数据处理平台，使其能够在接近实时的情况下处理和分析大量数据，进而在各种应用领域实现智能化和自动化。

AIoT 与边缘计算在炼钢-连铸过程中的智能化提升主要体现在以下几个方面：

（1）数据采集实时性与数据处理能力敏捷性大幅提升。通过 AIoT 技术，可以实现对炼钢-连铸过程中各种设备、传感器等的全面连接，从而实时、准确地采集生产现场的数据。这些数据包括温度、压力、流量、成分等多种关键工艺参数，对于后续的生产控制和优化至关重要。

边缘计算技术则能够在数据产生的源头进行实时处理和分析，减少数据传输的延迟，提高处理效率。这对于需要快速响应和实时控制的炼钢-连铸过程来说是非常重要的。

（2）工艺控制精准性与生产过程组织智能性不断提高。基于 AIoT 和边缘计算技术，可以实现炼钢-连铸过程的工艺精准控制与生产过程智能组织不断迭代。通过实时分析生产数据，系统可以自动调整生产参数，确保生产过程的稳定性和产品质量。这些技术还可以用于优化生产流程，例如通过预测维护来减少设备停机时间，提高生产效率。同时，通过对历史数据进行分析，可以找出生产过程中的瓶颈和问题，为后续的改进提供有力支持。

AI 算法可以分析市场需求、原材料供应情况、设备状态等多方面因素，优化生产计划和调度，使得生产过程更加高效和灵活。

AIoT 和边缘计算技术在炼钢-连铸过程应用的未来发展构想如下：

（1）智能传感器和边缘计算芯片微型化将推动智能材料工艺快速发展。随着智能传感器和边缘计算芯片的微型化发展，AIoT 与边缘计算不仅能够在炼钢-连铸过程生产效率提升方面发挥作用，而且能够钢铁材料本身的智能性方面起到非常关键的改进和提升，推动智能材料工艺的快速发展。

未来，微型智能传感器（目前已经存在纳米级的微型传感器）结合 AI 技术通过对材料工艺中各种参数的精确监测和分析，可以深入理解材料的微观结构和性能，进而实现对材料结构的精确控制和优化，提高材料的性能和品质。同时，智能传感器可以帮助监测和管理材料工艺中的能源消耗、废物排放等环境指标，推动材料生产工艺向更加环保和可持续的方向发展。

（2）边缘计算能力的提升将提升钢铁生产过程敏捷制造标准。边缘计算能力的提升确实将提升钢铁生产过程的敏捷制造标准，敏捷制造强调的是对市场需求变化做出迅速响应的能力，以及高效、灵活地组织生产的能力。在钢铁生产过程中，随着边缘计算能力的提升，这种敏捷性可以得到显著提升。

边缘计算大幅减少数据传输的延迟，传统的云计算模式需要将所有数据上传到远程的数据中心进行处理，再将处理结果返回给生产设备，这个过程可能会产生较大的延迟。而边缘计算将计算任务和数据存储推向网络的显著提升边缘，即生产设备附近，这样数据可以在本地进行实时处理和分析，从而大大减少了数据传输的延迟，提高了生产设备的响应速度，这样的方式更适合复杂程度较高的炼钢-连铸过程。通过实时分析生产现场的数据，边缘计算可以帮助钢铁企业实现更精准的生产控制、更优化的生产流程以及更高效的能源管理。边缘计算能力的提升将显著提升钢铁生产过程的敏捷制造标准，使钢铁企业能够更快速、更灵活地响应市场需求变化，提高生产效率、降低成本并提升客户满意度。

7.2.3　具身智能与机器人

具身智能（Embodied Intelligence）是人工智能（AI）的一个分支，它强调智能体必须有能力直接与其环境互动，以获得知识和学习能力。这一概念基于

“具身认知”理论，该理论认为智能行为是通过身体在物理世界中的活动产生的，而不仅仅是大脑或计算设备内部的信息处理。

具身智能涉及智能体（如机器人或其他类型的自动化系统）通过其物理形态与环境的直接交互来理解和学习世界。这意味着智能不仅仅局限于算法和计算过程，还包括智能体的物理组成和它如何感知及作用于其周围的环境。具身智能强调的是感知-动作循环（Perception-Action Cycle），即智能体通过感知环境并据此采取行动来实现其目标。

由于中国钢铁企业生产流程（尤其是特殊钢企业）具有多品种、小批量、多规格的特点，而炼钢-连铸生产区段涉及多种物理与化学变化，生产流程与工艺都相对复杂，具身智能与机器人技术在炼钢-连铸过程中应用，未来充满发展机会，具身智能与机器人技术可以使炼钢-连铸生产系统成为一个高度智能化、自适应的“变形金刚”工厂（图 7-1）。

图 7-1　“变形金刚”式的炼钢-连铸生产系统

如图 7-1 所示，在这个场景中，具身智能技术将深度融入钢铁生产的各个环节，使生产系统能够实时感知、理解和响应生产环境的变化，基于不同的生产任务和订单要求，动态地构建出灵活多变、高效智能的生产工艺、设备组合和生产流程。

在这个未来化的钢铁生产厂房里，工人们不再需要直接参与高风险、高强度的作业，而是通过具身智能和机器人技术远程控制和管理生产系统。厂房内，机器人和自动化设备穿梭于各个生产环节，它们通过内置的传感器和算法，实时收集和处理生产数据，实现精准控制和协同作业。

炼钢炉前的机器人可以根据炉内温度、原料成分等实时数据，自动调整冶炼参数，确保钢水的质量和产量。连铸机则能够根据钢水的流动性和温度等参数，智能调整铸造速度和冷却强度，以获得理想的铸坯质量。

在整个生产过程中，具身智能系统能够实时感知生产环境的变化，如原料供应、设备状态、产品质量等，并通过智能算法进行预测和优化。当生产环境发生变化时，系统能够迅速做出反应，调整生产流程和工艺参数，以适应新的生产需求。

7.2.4 数字孪生

数字孪生技术能够创建物理系统的虚拟模型，并在数字环境中模拟其行为和性能。这种虚拟仿真可以帮助实现实时监测、预测和优化，从而提高生产效率和产品质量，能够实现与现实世界中的传感器和数据源实时数据集成，从而实现对生产过程的实时监控和控制[10]。这种实时数据集成可以帮助企业及时发现和应对生产中的问题，提高反应速度和决策效率。数字孪生技术结合了人工智能和机器学习算法，能够实现智能优化和决策支持。通过分析大数据和模拟不同的生产方案，数字孪生可以帮助企业找到最优的生产方案，从而提高生产效率和经济效益。数字孪生技术通常具有直观的可视化界面，能够直观地展现生产过程的状态和性能。这种可视化界面可以帮助管理者和工程师更好地理解生产过程，并进行实时监控和优化。

随着数字孪生技术的发展，正不断呈现出很多丰富的应用场景：

（1）智能化和自动化：未来，数字孪生技术将更加智能化和自动化。随着人工智能和机器学习算法的发展，数字孪生将能够实现更高级的智能优化和决策支持，从而进一步提高生产效率和质量。

（2）跨产业整合：未来，数字孪生技术将与不同实体产业的数字孪生系统进行整合，实现跨行业的优化和创新。例如，制造业的数字孪生系统可以与供应链和物流行业的数字孪生系统进行整合，实现整个价值链的优化和协同。

（3）生态系统建设：未来，数字孪生技术将建立更加完善的生态系统。各种数字孪生系统将共享数据和资源，形成一个统一的数字化平台，促进信息流、物流和价值流的畅通，实现全面的智能化和数字化转型。

（4）增强现实和虚拟现实的应用：未来，数字孪生技术将与增强现实和虚拟现实技术相结合，实现更加沉浸式的体验。例如，工程师和操作人员可以通过增强现实眼镜在实际生产现场中查看数字孪生模型，从而实现更直观的监控和操作。

总的来说，数字孪生技术将在未来发展中扮演越来越重要的角色，成为推动工业智能化和数字化转型的关键技术之一。

数字孪生技术在炼钢-连铸生产过程中的未来构想如图 7-2 所示，主要功能包括：

（1）生产过程控制优化：数字孪生可以模拟整个炼钢-连铸生产过程，并实时监测关键参数。通过分析数据并进行预测，数字孪生可以帮助优化生产参数，提高生产效率和产品质量。

（2）故障预测与远程维护：数字孪生可以用于监测设备状态，并预测潜在的故障。这有助于实现预防性维护，减少停机时间，并延长设备的寿命。数字孪生技术可以帮助工程师远程监控炼钢-连铸设备的运行状态，并通过实时数据分析设备的健康状况。当设备出现故障时，工程师可以通过远程诊断功能，快速定位问题并提供解决方案。

（3）可持续发展：通过数字孪生技术，可以对生产过程中的能源消耗进行建模和分析，找到降低能源消耗的有效途径。数字孪生将帮助炼钢厂实现更加可持续的生产方式，包括优化能源利用、减少废物排放和提高资源利用率。

（4）互动式生产培训：数字孪生技术可以构建高度仿真的虚拟学习环境，即数字孪生实训室。通过虚拟现实（VR）、增强现实（AR）等技术，学员可以在虚拟环境中进行炼钢-连铸生产流程的操作和练习，熟悉工作流程，掌握操作技能。根据学员的个性化需求，数字孪生技术可以提供定制化的学习支持。通过分析学员在学习过程中的数据，识别学员的学习偏好和弱势领域，并提供个性化的学习材料和指导。同时，通过虚拟现实或增强现实技术，学员可以进入虚拟场景中，与虚拟物体进行互动，获得沉浸式的学习体验。这种学习方式能够提供更加直观、真实的感受，使学员更好地理解和应用所学知识。

图 7-2　数字孪生技术在未来炼钢-连铸生产过程中的构想

这些创新将使炼钢-连铸生产过程更加智能化、高效化和可持续化，推动工业制造业向着更先进的方向发展。

7. 2. 5 炼钢大模型与工业元宇宙

7. 2. 1 节到 7. 2. 4 节从工业大数据到智能物联网与边缘计算，对具身智能与机器人和数字孪生技术在炼钢-连铸生产过程中的应用进行了阐述，其实可以分为两层：工业大数据、智能物联网与边缘计算技术形成了智能化基础设施层，具身智能与机器人和数字孪生技术形成了智能化中间应用层。本节将在以上两个层次的基础上，描绘炼钢-连铸智能化的第三层：炼钢大模型与工业元宇宙，即炼钢-连铸智能化平台层（图 7-3）。

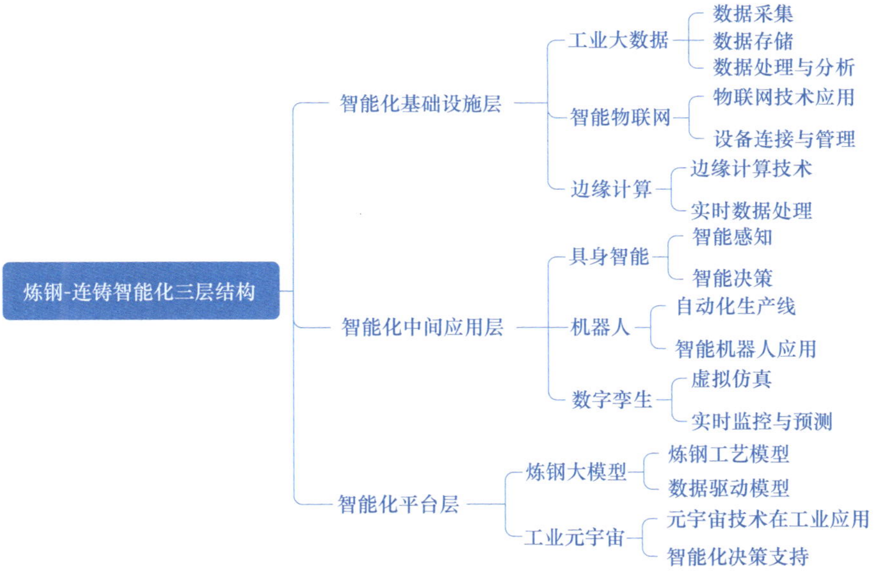

图 7-3 炼钢-连铸智能化三层结构图

大模型，也称“大规模预训练模型”或“基础模型”，是一种基于深度学习的模型。它们通常使用海量的无标签数据进行预训练，从而学习到数据中的通用特征。这种预训练过程使得大模型能够在各种下游任务中快速适应并达到较好的性能。大模型具有强大的表征学习能力和泛化能力，能够处理各种复杂的自然语言处理、图像识别、语音识别等任务。

近年来，随着计算能力的提升和大数据的积累，大模型得到了快速的发展。特别是在自然语言处理领域，像 DeepSeek、GPT 等大模型的出现，极大地推动了该领域的技术进步。这些模型在机器翻译、文本生成、问答系统等方面取得了显著的性能提升。同时，大模型在其他领域，如图像识别、语音识别等，也展现出了强大的潜力。

大模型对工业领域具有重要意义。首先，大模型可以提高工业生产的智能化水平。通过引入大模型技术，工业领域可以实现更加精准的设备监控、故障预测和维修管理，从而提高生产效率和设备可靠性。同时，大模型还可以帮助工业企业实现更加智能的供应链管理、库存优化和物流规划等。

大模型可以促进工业领域的创新。大模型具有强大的表征学习能力和泛化能力，可以处理各种复杂的任务。这使得工业领域可以探索新的应用场景和商业模式，推动产业的升级和发展。例如，在智能制造领域，大模型可以支持更加复杂的生产流程和设备协同工作；在能源领域，大模型可以帮助实现更加精准的能源预测和调度等。

大模型还可以提高工业领域的可持续发展水平。通过引入大模型技术，工业领域可以实现更加高效的能源利用和废物处理，降低生产过程中的能耗和排放。同时，大模型还可以支持工业领域的绿色化和低碳化转型，推动工业领域向更加可持续的方向发展。

要构建炼钢大模型，并使其在炼钢-连铸的生产知识和智能化平台层中得到有效应用，要充分结合炼钢-连铸生产系统的特点。

理论模型建立：以冶金传输原理、冶金物理化学等理论为基础，以大量生产数据中碳素流、信息流和物质流等为依据，清晰地描述初始变量与重点变量之间的变量关系，形成可用于模型训练的数据集。

模型训练与优化：利用机器学习、深度学习等算法，对收集到的数据进行训练，构建炼钢大模型。通过不断迭代和优化，提高模型的预测精度和泛化能力，形成炼钢-连铸智能化平台的“软件”部分。

工业元宇宙是一个融合了虚拟现实、增强现实、物联网、人工智能等技术的全新工业生态系统，属于炼钢-连铸智能化平台的“硬件”部分。它将现实世界的工业系统与虚拟世界的数字系统相结合，实现工业全要素链、全产业链、全价值链的智慧化、协同化、开放化和服务化。在工业元宇宙中，人们可以通过虚拟现实技术进入虚拟工厂，与机器人、设备等进行交互操作，实现远程监控、故障诊断、设备维护等功能。同时，工业元宇宙还可以为工业领域提供创新的设计、研发、生产和服务模式，推动工业高质量发展。

将炼钢大模型与工业元宇宙相结合，可以进一步推动炼钢行业的数字化转型和智能化升级。具体来说，这种结合可以带来以下几个方面的优势：

（1）实时模拟与仿真：在工业元宇宙中，炼钢大模型可以对炼钢过程进行实时模拟和仿真，帮助人们更好地理解炼钢过程的复杂性和动态性。这有助于发现潜在的问题和风险，并提前采取措施进行预防。

（2）智能化决策支持：炼钢大模型可以通过分析工业元宇宙中的海量数据，

为钢铁企业提供更加科学、合理的决策支持。例如，在原料采购方面，大模型可以根据市场价格、原料质量、运输成本等因素进行综合评估，帮助企业做出最优的采购决策。

（3）远程监控与维护：在工业元宇宙中，人们可以通过虚拟现实技术远程监控炼钢设备的运行状态，及时发现设备故障并进行维护。这不仅可以降低企业的维护成本，还可以提高设备的可靠性和稳定性。

（4）创新研发模式：工业元宇宙可以为钢铁行业提供创新的研发模式。例如，在产品设计方面，设计师可以在虚拟环境中进行产品设计和测试，避免实际生产中的试错成本。在工艺优化方面，工程师可以在虚拟环境中对炼钢工艺进行模拟和优化，提高产品质量和生产效率。

总之，炼钢大模型与工业元宇宙的结合将为整个钢铁工业带来前所未有的新机遇、新市场与新标准。随着技术的不断发展和应用的不断深入，我们有理由相信这种结合将为炼钢行业带来更加美好的未来。

7.3 智能化推动钢铁产业形成新质生产力

新质生产力[11]是 2023 年 9 月习近平总书记在黑龙江考察调研期间首次提到的新的词汇，强调整合科技创新资源，引领发展战略性新兴产业和未来产业，加快形成新质生产力。新质生产力为新时代新征程加快科技创新、推动高质量发展提供了科学指引。2015 年 1 月习近平总书记在本钢考察时指出[12]：钢铁产业是我们国家的重要基础产业，实体经济是国民经济的根基所在。

要深刻认识和把握新质生产力的内涵和特点，在各行各业加快形成新质生产力。新质生产力有别于传统生产力，涉及领域新、技术含量高，依靠创新驱动是其中关键，新质生产力代表一种生产力的跃迁，它是科技创新在其中发挥主导作用的生产力。新质生产力的提出，不仅意味着以科技创新推动产业创新，更体现了以产业升级构筑新竞争优势、赢得发展的主动权。

从经济学角度看，新质生产力代表一种生产力的跃迁。它是科技创新在其中发挥主导作用的生产力，高效能、高质量，区别于依靠大量资源投入、高度消耗资源能源的生产力发展方式，是摆脱了传统增长路径、符合高质量发展要求的生产力，是数字时代更具融合性、更体现新内涵的生产力。

7.3.1 钢铁工业亟需构建新质生产力的迫切性

随着 2024 年全国两会的召开，国家明确提出加快培育新质生产力的战略方向。钢铁工业作为国家经济发展的重要支柱，其新质生产力的构建不仅是对国家政策的积极响应，更是推动产业向高质量发展、实现产业升级的关键步骤。

当前，钢铁工业面临着市场需求下滑、产能过剩、环保压力增大等多重挑战。构建新质生产力有助于钢铁企业从技术创新、管理创新、产品创新等多个方面入手，提升生产效率、降低成本、提高产品质量，从而更好地应对市场挑战，实现产业转型升级。

新质生产力的核心在于技术创新和绿色发展。钢铁工业急需通过技术创新，培育新产业、新模式、新动能，以实现产业的高质量发展。同时，随着环保政策的日益严格，钢铁企业需要关注绿色发展，通过科技创新实现绿色生产，降低对环境的负面影响。

在全球经济一体化的背景下，钢铁企业需要具备更强的国际竞争力。构建新质生产力有助于提升钢铁企业的技术水平、产品质量和品牌影响力，从而在国际市场上占据更有利的地位。这不仅有助于企业拓展海外市场，还能推动整个行业的国际化发展。

综上所述，钢铁工业急需构建新质生产力，这不仅是响应国家政策、应对市场挑战的需要，更是推动技术创新、实现绿色发展、提升国际竞争力的关键举措。对于钢铁企业来说，只有不断创新、转型升级，才能在激烈的市场竞争中立于不败之地。

7.3.2 基于智能化的钢铁产业新质生产力

“改造提升传统产业，培育壮大新兴产业，布局建设未来产业”，其中钢铁产业属于改造提升传统产业，而炼钢-连铸智能化将成为钢铁产业新质生产力发展的重要驱动力。

通过数字孪生技术实现对生产过程的实时监测和优化，通过人工智能和机器学习算法实现智能化生产决策，通过物联网技术实现设备的远程监控和维护，将进一步提高钢铁产业的生产效率、产品质量和能源利用效率，推动钢铁产业向着智能化、绿色化和可持续化方向发展。

将智能化技术与钢铁产业相结合，可以为钢铁产业注入新的生产力，促进产业的创新和发展。

新质生产力的核心组成部分包括十大战略性新兴产业与六大未来产业，其中，六大未来产业包括未来信息、未来制造、未来材料、未来空间、未来能源和未来健康，未来信息、未来制造、未来能源与钢铁产业新质生产力密切相关。

以下是关于未来信息、未来制造、未来能源与钢铁产业新质生产力结合的构想：

（1）未来信息与钢铁产业新质生产力结合：

1）大数据分析：利用大数据分析技术，对钢铁生产过程中的各个环节进行实时监测和分析，从而优化生产流程，提高生产效率和产品质量。

2）物联网技术：通过物联网技术，实现对生产设备的远程监控和管理，提高设备利用率和维护效率，减少生产中断时间。

3）区块链技术：应用区块链技术对供应链进行透明化和安全化管理，确保原材料的来源和质量可追溯，提高产品的信任度和竞争力。

（2）未来制造与钢铁产业新质生产力结合：

1）智能制造：采用智能制造技术，实现炼钢-连铸生产过程的自动化和智能化，提高生产效率和产品一致性。

2）增材制造：应用增材制造技术，实现对钢铁产品的定制化生产，满足客户个性化需求，提高产品附加值和市场竞争力。利用 3D 打印、激光制造等先进技术，实现定制化、小批量生产，满足市场多样化需求。

（3）未来能源与钢铁产业新质生产力结合：

1）绿色能源应用：采用绿色能源如太阳能和风能等替代传统能源，降低生产过程中的碳排放和能源消耗，实现节能减排和可持续发展。

2）能源智能管理：利用智能能源管理系统，对能源消耗进行实时监控和优化，降低生产成本，提高能源利用效率。

3）能源与物料综合利用：实现能源与物料的综合利用，将废弃物料转化为能源或原料，降低资源浪费，提高资源利用率。

钢铁产业新质生产力的意义和价值在于其对于推动钢铁产业的高质量发展、技术创新、绿色可持续发展以及提升国际竞争力等方面具有深远的影响。

首先，新质生产力符合我国经济高质量发展的要求，特别是在数字时代，它体现了更具融合性和新内涵的生产力特质。对于钢铁工业而言，新质生产力意味着通过技术创新和智能化改造，实现生产过程的优化和升级，提高生产效率，降低生产成本，从而推动整个产业的转型升级。

其次，新质生产力强调创新在其中的主导作用。这意味着钢铁企业需要不断探索新的技术、新的工艺、新的管理模式，以适应市场变化和满足客户需求。通过创新，钢铁企业可以开发出更多具有竞争力的产品，提升品牌影响力和市场地位。

再次，新质生产力还应关注绿色可持续发展。在钢铁生产过程中，新质生产力强调采用环保技术和清洁能源，降低污染排放，提高资源利用效率。这有助于钢铁企业实现绿色生产，减少对环境的影响，满足社会对环保的要求。

最后，新质生产力对于提升钢铁企业的国际竞争力也具有重要意义。在全球经济一体化的背景下，钢铁企业需要具备更强的国际竞争力才能在市场中立于不败之地。新质生产力通过提升技术水平、产品质量和品牌影响力等方面，使钢铁企业更具竞争力，能够更好地参与国际竞争。

综上所述，钢铁产业新质生产力的意义和价值在于其对推动钢铁产业的高质量发展、技术创新、绿色可持续发展以及提升国际竞争力等方面的重要作用。通过发展新质生产力，钢铁企业可以实现产业升级，提高经济效益和社会效益，实现可持续发展。而炼钢-连铸过程智能化，从基础设施、中间应用与平台构建等方面，将为钢铁产业新质生产力的形成做出巨大贡献。

参 考 文 献

[1] 殷瑞钰．冶金流程工程学［M］．北京：冶金工业出版社，2009.

[2] 殷瑞钰．冶金流程集成理论与方法［M］．北京：冶金工业出版社，2013.

[3] 殷瑞钰．冶金流程学［M］．北京：冶金工业出版社，2023.

[4] 殷瑞钰，汪应洛，李伯聪．工程哲学［M］．北京：高等教育出版社，2007.

[5] Liu Q，Zhang J S．Metallurgial Process Simulation and Optimazation［M］. MDPI，2023.

[6] 刘青，王彬，汪宙，等．炼钢厂的精益制造技术［J］．中国科技成果，2014，11（3）：78-80.

[7] 刘青，刘倩，杨建平，等．炼钢-连铸生产调度的研究进展［J］．工程科学学报，2020，42（2）：144-153.

[8] 王彬．长材型特殊钢厂炼钢-连铸过程生产计划优化与协同调度［D］．北京：北京科技大学，2015.

[9] 刘青，邵鑫，杨建平，等．炼钢厂多尺度建模与协同制造［J］．工程科学学报，2021，43（12）：1698-1712.

[10] Xin Z C，Zhang J S，Peng K X，et al. Modeling of LF refining process：a review［J］．Journal of Iron and Steel Research，International. 2024，31（2）：289-317.

[11] 盖凯程，韩文龙．新质生产力［M］．北京：中国社会科学出版社，2024.

[12] 中国政府网．习近平：钢铁产业是我们国家的重要基础产业，实体经济是国民经济的根基所在［EB/OL］.（2025-01-24）［2025-02-07］．https：//www. gov. cn/yaowen/liebiao/202501/content 7000922. htm.